Comité de Selección

Dr. Antonio Alonso
Dr. Francisco Bolívar Zapata
Dr. Javier Bracho
Dr. Juan Luis Cifuentes
Dra. Rosalinda Contreras
Dr. Jorge Flores Valdés
Dr. Juan Ramón de la Fuente
Dr. Leopoldo García-Colín Scherer
Dr. Adolfo Guzmán Arenas
Dr. Gonzalo Halffter
Dr. Jaime Martuscelli
Dra. Isaura Meza
Dr. José Luis Morán
Dr. Héctor Nava Jaimes
Dr. Manuel Peimbert
Dr. José Antonio de la Peña
Dr. Ruy Pérez Tamayo
Dr. Julio Rubio Oca
Dr. José Sarukhán
Dr. Guillermo Soberón
Dr. Elías Trabulse

Coordinadora

María del Carmen Farías R.

Sección de Obras de Ciencia y Tecnología

LA CALIDAD DEL AIRE EN LA MEGACIUDAD DE MÉXICO

Traducción:
Dulce María Ávila, Bárbara Córcega y Silvia Ruiz de Chávez

Revisión técnica:
Adrián Fernández Bremauntz

LUISA T. MOLINA • MARIO J. MOLINA

(coordinadores)

La calidad del aire en la megaciudad de México

Un enfoque integral

Fondo de Cultura Económica

MÉXICO

Primera edición en inglés, 2002
Primera edición en español, 2005

Molina, Luisa T., y Mario J. Molina (coordinadores)
  La calidad del aire en la megaciudad de México : Un enfoque integral / Luisa T. Molina y Mario J. Molina (coordinadores); trad. de Dulce María Ávila; Bárbara Córcega; Silvia Ruiz de Chávez; rev. tec. de Adrián Fernández Bremauntz. — México: FCE, 2005
  463 p. : ilus. ; 23 × 17 cm — (Colec. Sección de Obras de Ciencia y Tecnología)
  Título original Air Quality in the Mexico Megacity: An Integrated Assessment
  ISBN 968-16-7580-0

  1. Aire — Contaminación — Ciudad de México 2. Ecología I. Molina, Mario J., coaut. II. Ávila, Dulce María, tr. III. Córcega, Bárbara, tr. IV. Ruiz de Chávez, Silvia, tr. V. Fernández Bremauntz, Adrián, rev. tec. VI. Ser VII. t

LC TD 883.7 M62 A57   Dewey 363.739 2 M442c

Diseño de portada: *Laura Esponda*

Título original:
Air Quality in the Mexico Megacity: An Integrated Assessment
Copyright © Kluwer Academic Publishers, 2002

Se prohíbe la reproducción total o parcial de esta obra
—incluido el diseño tipográfico y de portada—,
sea cual fuere el medio, electrónico o mecánico,
sin el consentimiento por escrito del editor.

Agradecemos sus comentarios y sugerencias al correo electrónico
laciencia@fondodeculturaeconomica.com

Conozca nuestro catálogo en
http://www.fondodeculturaeconomica.com

D.R. ©, 2005, Fondo de Cultura Económica
Carretera Picacho-Ajusco 227, 14200 México, D.F.

ISBN 968-16-7580-0

Impreso en México · *Printed in Mexico*

Índice general

Prólogo   15
Prefacio   19

1
La calidad del aire: un problema local y global

1. Introducción   23
   1.1 La calidad del aire como un asunto global   25
   1.2 La contaminación del aire en las megaciudades   27
2. Contaminación del aire urbano: el registro histórico   29
   2.1 La "niebla asesina" de Londres   30
   2.2 El *smog* fotoquímico de Los Ángeles   30
3. Fuentes y transportación de la contaminación del aire   32
   3.1 La atmósfera y sus contaminantes   32
   3.2 Características de la atmósfera   33
   3.3 El destino atmosférico de los contaminantes del aire   34
   3.4 Meteorología y topografía   38
4. Efectos de la contaminación del aire   39
   4.1 Salud humana   39
       4.1.1 Contaminantes criterio del aire, *39*; 4.1.2 Contaminantes peligrosos o tóxicos del aire, *42*; 4.1.3 Contaminantes del aire en espacios interiores, *43*
   4.2 Otros efectos de los contaminantes del aire   43
   4.3 Efectos globales de la contaminación atmosférica   44
5. Conclusión   44

2
Limpieza del aire: un estudio comparativo

1. Introducción   45
2. Cómo limpiar el aire: la experiencia de Los Ángeles   47
   2.1 Topografía y meteorología de la cuenca atmosférica de Los Ángeles   48
   2.2 Tendencias de la contaminación del aire en la cuenca atmosférica de Los Ángeles   49

2.3 Programas para el control de la calidad del aire en la cuenca atmosférica de Los Ángeles ... 51

2.3.1 Programas anteriores a 1970, *51*; 2.3.2 De 1970 a la fecha: desarrollo regional del control de la calidad del aire, *51*; 2.3.3 Instituciones para el control de la calidad del aire en la cuenca atmosférica de Los Ángeles, *52*; 2.3.4 Estrategias de control para la cuenca atmosférica de Los Ángeles, *54*; 2.3.5 Políticas sobre la contaminación del aire: el proceso de toma de decisiones, *58*

2.4 Resultados y consecuencias de los esfuerzos en la cuenca atmosférica de Los Ángeles ... 59

3 Cómo limpiar el aire: la experiencia del Área Metropolitana de la Ciudad de México ... 61
  3.1 Topografía y meteorología del AMCM ... 61
  3.2 Tendencias de los contaminantes del aire en el AMCM ... 64
  3.3 Programas de gestión de la calidad del aire en el Área Metropolitana de la Ciudad de México ... 68

3.3.1 De 1960 a mediados de la década de 1980, *68*; 3.3.2 De mediados de la década de 1980 a 1990, *69*; 3.3.3 De 1990 a 2000, *70*; 3.3.4 Dependencias para la gestión ambiental en el AMCM en el decenio de 1990, *72*

  3.4 Políticas y estrategias de control en la década de 1990 ... 74
  3.5 Evaluación de los programas de gestión de la calidad del aire en el AMCM ... 76

3.5.1 Reducción de emisiones, *77*; 3.5.2 Calidad de los combustibles, *77*; 3.5.3 Combustibles alternativos, *80*; 3.5.4 Inspección y mantenimiento, *82*; 3.5.5 Reducción de emisiones en la industria y los servicios, *83*; 3.5.6 Mejoramiento del sistema de transporte, *84*; 3.5.7 Integración de las políticas metropolitanas, *85*

4 Discusión y conclusiones ... 86

3
Factores que propician las emisiones contaminantes en el AMCM

1 Introducción ... 91
2 Crecimiento poblacional ... 92
  2.1 Región Central ... 93
  2.2 Área Metropolitana de la Ciudad de México (AMCM) ... 99
  2.3 El Distrito Federal ... 100
  2.4 Municipios conurbados ... 100
  2.5 Densidad de población ... 100
  2.6 Demografía ... 101

3 Crecimiento urbano   103
   3.1 Expansión del AMCM   103
   3.2 Desarrollo urbano y regional   104
   3.3 Uso del suelo   105
4 Crecimiento económico   106
5 Producción y consumo de energía   112
   5.1 Balance de energía   117
   5.2 Abastecimiento y calidad de los combustibles en el AMCM   118
   5.3 Transporte   121
   5.4 Fuentes de emisiones no relacionadas con el transporte,   122
        5.4.1 Generación de energía eléctrica, *124*; 5.4.2 Producción industrial, *128*;
        5.4.3 Actividades comerciales y de servicios y el sector residencial, *134*
6 Erosión y fuentes de emisión de origen biológico   137
   6.1 Erosión   137
   6.2 Fuentes de origen biológico   138
7 Conclusión   140

4
Beneficios para la salud
por el control de la contaminación del aire

1 Introducción   143
2 Evidencia sobre exposición a la contaminación del aire y sus efectos en la
   salud   145
   2.1 Material particulado   146
        2.1.1 Línea basal de exposiciones, *146*; 2.1.2 Mortalidad, *148*; 2.1.3 Bronquitis
        crónica, *156*
   2.2 Ozono   157
        2.2.1 Línea basal de exposiciones, *157*; 2.2.2 Mortalidad, *158*; 2.2.3 Días de
        actividad restringida, *159*
   2.3 Tóxicos atmosféricos   160
        2.3.1 Benceno, *161*; 2.3.2 1,3-Butadieno, *162*; 2.3.3 Formaldehído, *162*;
        2.3.4 Partículas derivadas de la combustión del diesel, *163*; 2.3.5 Hidro-
        carburos aromáticos policíclicos, *163*; 2.3.6 Metales, *164*
3 Evaluación "sintética" de riesgos   165
   3.1 Partículas   167
   3.2 Ozono   168
   3.3 Tóxicos atmosféricos   169

4 Enfoques para evaluar los efectos en la salud — 169
   4.1 Valores estimados de los efectos en la salud: extrapolación de valores económicos a México — 171
   4.2 Ajuste del VEV por edad y esperanza de vida — 174
   4.3 Evaluación "sintética" de los beneficios — 175
5 Discusión y conclusiones — 178

5
La ciencia de la contaminación del aire en el AMCM:
Entender las relaciones fuente-receptor mediante inventarios de emisiones, mediciones y modelación

1 Introducción — 181
   1.1 Control integral de la contaminación del aire: fuentes, contaminantes y efectos múltiples — 182
   1.2 Objetivos y organización — 184
2 Conocimiento científico básico y asuntos políticos importantes — 185
   2.1 Conocimiento científico básico — 185
   2.2 Cuestiones científicas importantes y su pertinencia para establecer políticas — 187
3 Mediciones meteorológicas y de calidad del aire — 188
   3.1 Mediciones meteorológicas — 188
   3.2 Mediciones rutinarias de la calidad del aire: la RAMA — 192
       3.2.1 Incertidumbres y calidad de los datos, *194*; 3.2.2 Cobertura de la red, *195*
   3.3 Mediciones de depósitos — 195
   3.4 Las campañas intensivas del proyecto MARI — 196
   3.5 La campaña Imada-AVER — 197
       3.5.1 Mediciones meteorológicas, *198*; 3.5.2 Mediciones de la calidad del aire, *198*
   3.6 El Proyecto Azteca y otras investigaciones en la UNAM/CCA — 200
   3.7 Otras mediciones de aerosoles — 201
       3.7.1 Propiedades ópticas de los aerosoles, *202*
   3.8 Mediciones de hidrocarburos — 203
       3.8.1 Otras mediciones de hidrocarburos, *204*
   3.9 Otras mediciones en fase gaseosa — 205
   3.10 Mediciones de perfil de fuentes de emisión — 206
   3.11 Percepción remota de emisiones de automóviles — 206
   3.12 Mediciones de exposición y contaminantes en espacios interiores — 208
   3.13 Resumen de las mediciones de la calidad del aire ambiente — 209

4 Inventarios de emisiones — 212
   4.1 Historia de los inventarios de emisiones y de las emisiones totales por categoría — 212
   4.2 Otras emisiones — 218
   4.3 Calidad del aire y mitigación de los gases de efecto invernadero en el AMCM — 219
      4.3.1 México y el cambio climático, *219*; 4.3.2 Coordinar la reducción de las emisiones de contaminantes locales y globales, *220*; 4.3.3 El AMCM y su contribución a las emisiones de GEI, *220*; 4.3.4 Emisiones de gases de efecto invernadero en México, *221*; 4.3.5 Conclusiones y recomendaciones, *222*

5 Aplicaciones del desarrollo de modelos de contaminación atmosférica — 223
   5.1 Uso de modelos basado en las mediciones de la RAMA — 223
   5.2 Uso de modelos en el proyecto MARI — 223
   5.3 Uso de modelos en las campañas de la Imada — 225
   5.4 Otros estudios de desarrollo de modelos — 227

6 Conocimiento científico, análisis de incertidumbres, métodos de investigación y recomendaciones — 228
   6.1 Formación de ozono — 229
      6.1.1 Sensibilidad del ozono a COV y NO_x en el AMCM, *229*; 6.1.2 Corrección de las emisiones de COV: ¿están subestimadas las emisiones? y ¿de dónde provienen los COV restantes?, *235*; 6.1.3 Efecto de la mezcla vertical en la formación de ozono, *237*; 6.1.4 Especiación y capacidad reactiva de los COV, *239*; 6.1.5 Constantes de la tasa de reacción de fotólisis, *240*; 6.1.6 Mediciones de gases traza e indicadores fotoquímicos, *241*; 6.1.7 Otras necesidades y oportunidades en el uso de modelos de ozono, *242*; 6.1.8 Resumen sobre el ozono, *243*
   6.2 Material particulado — 243
      6.2.1 Partículas de polvo, *245*; 6.2.2 Otros aerosoles inorgánicos, *246*; 6.2.3 Aerosoles orgánicos y hollín, *249*; 6.2.4 Visibilidad y propiedades ópticas de los aerosoles, *254*; 6.2.5 Resumen sobre las partículas, *255*
   6.3 Mejoramiento de los inventarios de emisiones — 256
   6.4 Meteorología — 257
   6.5 Contingencias como producto de la contaminación del aire — 258
   6.6 Vínculos entre la contaminación del aire urbano, regional y global — 260
      6.6.1 Afluencia de contaminantes y condiciones de los modelos de frontera, *261*

7 Resumen de recomendaciones clave — 262
   7.1 Priorizar las mejoras del inventario de emisiones — 264
   7.2 Recomendaciones generales sobre las mediciones — 265
   7.3 Recomendaciones para las mediciones de la RAMA — 266
   7.4 El uso de modelos — 267
   7.5 Conclusiones — 267

6
El sistema de transporte en el AMCM: movilidad y contaminación del aire

1 Introducción	269
2 Transformación urbana	273
3 Demanda de transporte	276
3.1 Viajes de pasajeros en el AMCM	277

3.1.1 Distribución de modalidades de transporte, *280*; 3.1.2 Distribución espacial y temporal, *280*; 3.1.3 Crecimiento a futuro, *282*

3.2 Viajes de carga	284
4 Oferta de transporte	286
4.1 Vialidades y medios de transporte de superficie	286

4.1.1 Niveles de servicio, *288*; 4.1.2 Señalamientos de tránsito, *289*; 4.1.3 Estacionamientos, *289*; 4.1.4 Flota o parque vehicular, *290*; 4.1.5 Automóviles privados y taxis, *296*; 4.1.6 Transporte público de superficie, *299*; 4.1.7 Vehículos de reparto y entrega, *306*

4.2 Tránsito ferroviario	307

4.2.1 Metro, *307*; 4.2.2 Tren ligero, *311*

4.3 Modalidades de transporte público de pasajeros: costos comparativos para el usuario	312
5 Emisiones relacionadas con el transporte	313
5.1 Inventario de emisiones de fuentes móviles	313
5.2 Calidad del combustible	314
5.3 Envejecimiento y renovación del parque vehicular	316
5.4 Inspección y mantenimiento	320

5.4.1 Organización del sistema, *322*; 5.4.2 Procedimientos de prueba, *323*; 5.4.3 Estadísticas relacionadas con el programa, *323*; 5.4.4 Unión del programa de inspección con el Programa "Hoy no circula", *324*; 5.4.5 Revisiones y calibración, *326*; 5.4.6 Puntos clave y recomendaciones, *327*

6 Estructura institucional de la región	330
6.1 Problemas dinámicos	333

6.1.1 Federalismo, *333*; 6.1.2 Capacidad institucional, *333*; 6.1.3 Finanzas, *335*

7 Planeación estratégica del transporte por varias dependencias gubernamentales	336
8 Problemas clave y futuras áreas de políticas	339
8.1 Capacidad institucional, financiera, de planificación y de administración	339

8.2 Uso del suelo, crecimiento urbano e infraestructura — 340
  8.2.1 El caso de la demanda inducida, *341*; 8.2.2 ¿Un camino hacia adelante?, *342*
8.3 Administración de la demanda de viajes y de la infraestructura — 343
8.4 Tecnologías vehiculares y de combustible — 344
8.5 Administración del transporte público y proporción de modalidades — 345
8.6 Verificación y mantenimiento vehicular — 348
8.7 Conclusiones — 348

7
Conclusiones: hallazgos clave y recomendaciones

1 Introducción — 351
2 Marco integral para los planes de manejo de la calidad del aire — 352
3 Beneficios para la salud como consecuencia del control de la contaminación — 352
  3.1 Consecuencias de la exposición a partículas suspendidas — 353
  3.2 Consecuencias de la exposición al ozono — 354
  3.3 Consecuencias de la exposición a otros contaminantes atmosféricos — 354
  3.4 Valor monetario de los beneficios para la salud derivados del control de la contaminación atmosférica — 354
  3.5 Recomendaciones para futuras investigaciones sobre beneficios para la salud — 355
4 La ciencia de la contaminación atmosférica: conocimiento de la relación entre fuente y receptor — 356
  4.1 Formación de ozono — 357
  4.2 Formación de partículas finas — 357
  4.3 Inventarios de emisiones — 358
  4.4 Emisiones de gases de efecto invernadero — 359
  4.5 Recomendaciones para futuras investigaciones en la ciencia de la contaminación atmosférica — 360
    4.5.1 Recomendaciones para mejorar los inventarios de emisiones, *361*; 4.5.2 Recomendaciones para estudios de medición, *362*; 4.5.3 Recomendaciones para estudios de desarrollo de modelos y análisis de datos, *363*
5 Opciones para reducir las emisiones de fuentes móviles y mejorar la movilidad — 364
  5.1 Tendencias clave — 366
  5.2 Opciones de políticas propuestas para reducir las emisiones relacionadas con el transporte — 367
    5.2.1 Composición y operaciones del parque automovilístico, *368*; 5.2.2 Transporte público, *369*; 5.2.3 Calidad de los combustibles, *370*; 5.2.4 Infraestruc-

tura y tecnología, *371*; 5.2.5 Estrategias regionales de uso del suelo, *372*; 5.2.6 Dependencias de gobierno, *372*; 5.2.7 Verificación vehicular, *373*

6 Opciones para reducir las emisiones de fuentes fijas	374
6.1 Plantas generadoras de energía	374
6.2 Producción industrial	375
6.3 Sectores comercial, de servicios y residencial	377
6.4 Sector informal	378
6.5 Fuentes de emisiones de origen biológico y por erosión	379
7 Marco institucional para el manejo de la calidad del aire	380
8 Educación y capacitación	381
9 Mecanismos de financiamiento para programas relativos a la calidad del aire	382
10 Resumen	383
Apéndice A. El Índice Metropolitano de la Calidad del Aire y el Programa de Contingencia Ambiental	385
Apéndice B. El Programa "Hoy no circula"	389
Apéndice C. Siglas y acrónimos	395
Apéndice D. Glosario	401
Sobre los autores	411
Referencias	419
Índice analítico	441

Prólogo

Por siglos, la gente que suele reflexionar se ha dado cuenta de que el desarrollo económico y social basado en el uso necesario del aire, el agua, el suelo, la flora y la fauna altera el medio ambiente y afecta la salud humana. Desde tiempos de Hipócrates se han reconocido vínculos entre enfermedad y medio ambiente.

No obstante, no fue sino hasta el siglo XIX cuando la sociedad se hizo consciente de que la atmósfera en sí misma es un recurso natural que se posee en común, y que es sensible a la degradación. Las medidas tomadas para evitar la contaminación del aire son aún más recientes, pues datan de mediados del siglo XX.

Incidentes mortales a causa de la contaminación del aire en el valle del Mosa, en Bélgica, en 1930; en Donora, Estados Unidos, en 1948, y en Londres, Inglaterra, en 1952 confirmaron la idea de que el aire que respiramos constituye un recurso público vital para la salud de los ciudadanos y el bienestar de la sociedad. A medida que las sociedades en constante crecimiento y los estilos de vida cambiantes llevaron a una mayor concentración de la contaminación del aire, sobre todo en las áreas urbanas, la necesidad de proteger nuestro aire común de la contaminación que emana de los procesos industriales y de los escapes de los vehículos dio lugar a la adopción de una serie de medidas regulatorias y tecnológicas. Finalmente, la intervención formal de los gobiernos comenzó en el decenio de 1970, cuando algunos países empezaron a incorporar en sus políticas públicas métodos de control de la contaminación. Sin embargo, muchos países, cuyos gobiernos se enfocaron en otras prioridades, permanecieron sin actuar.

Desgraciadamente, los habitantes y las autoridades de la Ciudad de México estuvieron entre aquellos que reaccionaron tardíamente ante los problemas de la contaminación, que habían ido creciendo durante décadas. Para el decenio de 1980 la megaciudad de México se había convertido en una de las zonas urbanas más contaminadas del mundo —con un exceso de todos los contaminantes por encima de las normas de calidad del aire establecidas.

Por fortuna, el aire se puede regenerar. Si los contaminantes son controlados y se les impide llegar al aire, la calidad de éste mejorará y sus efectos dañinos en los seres humanos, la flora y la fauna pueden detenerse. Con el tiempo, las emisiones tóxicas ya presentes en la atmósfera pueden ser degradadas o dispersadas por procesos naturales; la forma y el ritmo de esta dispersión dependerán de la cantidad y la calidad de los contaminantes. Sus efectos dañinos podrían llegar a ser eliminados.

¿Qué parte de la atmósfera de una ciudad puede limpiarse y qué tan rápido? Eso depende de las decisiones que tome la gente que en ella vive y de su disposición a pagar por el esfuerzo. Sin factores fisicoquímicos limitantes inherentes al aire, una solución efectiva deberá incluir factores ambientales, sociales y políticos. Los "hechos de la naturaleza", al igual que los "hechos de la vida" deben ser considerados en su totalidad.

La calidad de vida de una población depende en parte de su salud, la cual, a su vez, está ligada a la calidad del aire. Pero si el aire está contaminado por actividades que aportan otros beneficios a la población a un costo menor, ¿cómo pueden ajustar quienes definen las políticas el equilibrio que busca la sociedad entera entre el costo del acceso a los bienes y servicios, por un lado, y el aire limpio y sus beneficios asociados, por otro?

La respuesta de las políticas públicas es muy complicada y debe reflejar todas las consideraciones e intereses. Existen opciones para producir bienes y servicios sin generar contaminación del aire, pero éstas son soluciones que requieren una inversión económica considerable, especialmente en sus inicios. La puesta en práctica de estas opciones depende también de la voluntad política a largo plazo para aprobar y hacer cumplir los reglamentos y manejar los ajustes sociales.

Desgraciadamente, cuando se comparan los costos y los beneficios de incorporar tecnología limpia, por lo general prevalecen los impactos económicos: las decisiones suelen estar constreñidas por la magnitud de la inversión y por quién la pagará. Si el análisis costo-beneficio incluyera todos los costos para la sociedad de no usar tecnología limpia, los resultados podrían ser totalmente diferentes. Estos costos sociales incluyen el ausentismo al trabajo o a la escuela por enfermedad; un incremento en la demanda de servicios de salud; estrés individual y colectivo; descontento social, y la politización de los problemas ambientales. Con un análisis de este tipo se justificaría una mayor inversión para limpiar el aire.

Determinar lo que una sociedad está dispuesta a invertir en tecnología limpia y en políticas *versus* las comodidades que la gente podría estar dispuesta a sacrificar requiere el consentimiento social y reglas claras en cuanto a qué se hará y quién pagará. El gobierno y los ciudadanos deben alcanzar un entendimiento común sobre los peligros de la contaminación del aire y los medios para mejorar su calidad de manera que pueda establecerse un marco político que permita revertir la contaminación en la ciudad.

No obstante, la voluntad para crear este consenso y este marco no es suficiente para establecerlos. Las decisiones políticas correctas dependen de la información precisa y clara sobre los procesos de la contaminación; de indicadores bien definidos para medirla y evaluarla, y de la disponibilidad de conocimientos e información sobre costos de las tecnologías y equipos para reducirla. Además, deben ponerse en acción mecanismos que transmitan a las autoridades y a la población un conocimiento científico y tecnológico imparcial por medios que informen apropiadamente sobre las iniciativas para mejorar la calidad del aire en forma realista y duradera.

La necesidad de conocimientos y esfuerzos concertados es la razón por la cual este libro es importante. Comprende un análisis detallado de las fuerzas que impulsan la contaminación; sus efectos sobre la salud; la ciencia de la contaminación del aire; la ciencia de monitorear y analizar la contaminación del aire; el papel clave del sector del transporte y, sobre todo, una serie de recomendaciones específicas para tomar medidas de control de la contaminación que puedan ser aplicadas en el corto y largo plazos. Éste es el primer esfuerzo respaldado por el gobierno mexicano para establecer una profunda comprensión técnica y científica para una visión política a futuro del problema de la contaminación del aire en la Ciudad de México.

La información y el análisis proporcionados por este libro examinan varios elementos que podrían estar incluidos en una variedad de opciones para el control de la contaminación del aire. Además de aplicar información científica rigurosa, sistematizada y validada, los autores ofrecen una visión integral de los diferentes componentes del problema. Su presentación del análisis político de costo-beneficio incluye no sólo consideraciones sociales sino también económicas, lo que permite hacer recomendaciones viables y realistas.

Ésta es una contribución importante a la comprensión de las ciencias de la contaminación, puesto que los contaminantes del aire de la Ciudad de México y su meteorología, sus realidades económicas y sus múltiples estructuras políticas constituyen un excelente caso de estudio para todo tipo de variables (ambientales, sociales, políticas y económicas).

El Área Metropolitana de la Ciudad de México (AMCM) es una de las megaciudades más grandes del mundo, con cerca de 20 millones de habitantes —muchos de los cuales viven en situación de extrema pobreza—, que abarca 1 500 km^2 urbanos e incluye casi 3.5 millones de vehículos. La ciudad está rodeada por montañas que dificultan la dispersión de los contaminantes. Se ubica en una altitud elevada (2 240 m) y está cerca del ecuador, condiciones que permiten una gran intensidad de la radiación solar, lo que lleva a una rápida formación de ozono y partículas secundarias.

La información que proporciona este libro será de utilidad en la orientación de políticas, no sólo para el AMCM sino también para otras ciudades con condiciones similares o en etapas similares de degradación del aire. Los autores y colaboradores esperan que su lectura motive a los habitantes de otras ciudades, en donde el aire está comenzando a volverse nocivo, a actuar antes de que esté tan contaminado como lo estaba en la Ciudad de México. Si bien cada ciudad tiene sus particularidades propias, y sus acciones tendrán que adaptarse a aquellas diferencias, los resultados y metodología de este estudio serán muy útiles para otros municipios.

Por lo que respecta al AMCM, el libro aporta elementos vitales para las soluciones que esta megaciudad debe encontrar a su problema de contaminación del aire. El análisis histórico de los problemas de la contaminación y sus remedios demuestra que acciones importantes que se tomaron durante los últimos diez años han dado resultados positivos: una reducción del bióxido de azufre, del monóxido de carbono y del plomo en el aire, y una disminución en la frecuencia de episodios críticos de contaminación que afectan seriamente la salud de los ciudadanos, en particular de los niños, los ancianos y los enfermos. Sin embargo, como lo subrayan los autores, el ozono y las partículas suspendidas en el aire continúan siendo problemas serios que requieren nuevas acciones. Este trabajo también analiza la relación entre contaminantes y salud, ofrece un sistema para cuantificar los beneficios para la salud de las políticas de control de la contaminación y establece las necesidades para investigaciones futuras.

El libro demuestra la complejidad del problema y pone énfasis en que éste no puede resolverse con medidas aisladas sino que requiere respuestas integrales. Asimismo proporciona una visión a largo plazo que incorpora acuerdos políticos necesarios más allá del límite del sexenio de los líderes políticos actuales.

Nosotros, los habitantes del Área Metropolitana de la Ciudad de México, estamos muy agradecidos con los doctores Mario Molina y Luisa Molina, quienes generosamente hicieron accesible su amplio conocimiento, sus capacidades inigualables y su reconocimiento internacional. Su disposición para guiar a un grupo interdisciplinario de alto nivel académico, coordinando las contribuciones de más de una docena de instituciones diversas en México y en Estados Unidos, y de más de cincuenta investigadores mexicanos, hizo posible organizar el análisis integral de la calidad del aire de la megaciudad de México contenido en este extraordinario libro.

Julia Carabias Lillo
Ciudad de México, octubre de 2001

Prefacio

La calidad del aire que respiramos es fundamental para la calidad de vida de los cada vez más millones de personas que vivimos en las crecientes megaciudades del mundo. En este libro, expertos en ciencias atmosféricas, salud humana, economía y ciencias sociales y políticas contribuyen a una evaluación integral de los complejos elementos necesarios para estructurar la política de calidad del aire del siglo XXI. El análisis se desarrolla mediante un estudio de caso del Área Metropolitana de la Ciudad de México (AMCM) —una de las megaciudades más grandes del mundo— en donde la contaminación del aire aumentó sin control durante décadas. Las mejoras en la calidad del aire de la Ciudad de México dan testimonio del poder que significa contar con una política clara con conocimiento y con determinación, y resaltan los problemas que quedan por resolver.

Este volumen resume los resultados de la primera fase del Programa Integral sobre la Contaminación del Aire Urbano, Regional y Global: Estudio de Caso de la Ciudad de México (Programa para la Ciudad de México). Aunque enfocado en esta ciudad, el trabajo es significativo para los países en vías de desarrollo en general. El propósito principal del Programa para la Ciudad de México es proporcionar una evaluación objetiva, balanceada, de las causas de los problemas urbanos y regionales de la contaminación del aire en las megaciudades y sugerir soluciones posibles a estos problemas. Uno de los componentes más importantes radica en la capacitación para enfrentar dichos problemas, al contribuir con la educación ambiental de la ciudadanía mexicana. El Programa también está dirigido a intensificar la comunicación entre la comunidad científica y los funcionarios del gobierno involucrados en las cuestiones de la contaminación en el AMCM. Comprende la participación de un grupo multi e interdisciplinario de investigadores de diversas instituciones mexicanas que trabajan en estrecha colaboración con un equipo del cuerpo docente, estudiantes e investigadores científicos del Massachusetts Institute of Technology (MIT) y de la Harvard University. Además, el proyecto cuenta con la colaboración activa de funcionarios públicos y de quienes toman las decisiones.

Los primeros seis capítulos esbozan las áreas fundamentales de conocimiento que deben considerar quienes definen las políticas o toman las decisiones. El mensaje es que sólo la ciencia y las tecnologías bien seleccionadas pueden llevarnos a establecer medidas reglamentarias correctivas; pero sin el compromiso total del gobierno, ninguna ciencia ni tecnología pueden ayudar. Al presentar lo que se conoce como las causas y consecuencias de la contaminación del aire en esta megaciudad, los autores subrayan lo que tiene que hacerse. Muchas áreas clave de medición y metodología requieren aún ser afinadas para evaluar de manera consistente y exacta la calidad del aire y sus efectos. El libro concluye con una extensa lista de recomendaciones de políticas, destacando el valor de una evaluación integral y de una perspectiva a largo plazo.

Mientras que cada ciudad —sus problemas, recursos y perspectivas— es única, la necesidad de una evaluación integral de problemas ambientales complejos es la misma. El estudio de caso de la Ciudad de México presentado en este volumen muestra formas de trabajar dirigidas hacia un conocimiento completo del problema, elemento necesario para construir una política sólida en otras megaciudades en las que se vislumbran problemas de contaminación del aire.

La lista de autores principales y coautores se presenta al comienzo de cada capítulo. Al final del libro hay una sección en la que se proporciona información sobre todos ellos. Damos crédito a los autores por su participación en los capítulos individuales, aunque muchos de ellos también revisaron otros capítulos. Además de los autores, muchas otras personas contribuyeron en la preparación de este libro mediante su colaboración en el Programa para la Ciudad de México. La lista está incluida al final.

Queremos hacer un reconocimiento al Fideicomiso Ambiental del Valle de México, a la Alliance for Global Sustainability y la MIT/AGS, y a la National Science Foundation de Estados Unidos por el apoyo financiero al Programa para la Ciudad de México. Por su invaluable apoyo debemos también expresar nuestro agradecimiento a la Comisión Ambiental Metropolitana (CAM) y a las dependencias que la integran: la Secretaría de Medio Ambiente y Recursos Naturales, el Gobierno del Distrito Federal, el Gobierno del Estado de México y la Secretaría de Salud. A Julia Carabias Lillo, ex secretaria de Medio Ambiente, Recursos Naturales y Pesca, quien nos brindó una gran ayuda para impulsar este proyecto en México. David Marks, quien nos proporcionó los recursos iniciales para arrancar este proyecto en el MIT, merece nuestra gratitud especial. También queremos agradecer a los siguientes ex funcionarios de la CAM por su apoyo durante la primera fase de este proyecto: Enrique Provencio Durazo, Aarón Mastache Mondragón, Yolanda Sentíes Echeverría, Adrián Fernández Bremauntz, Alejandro Encinas Rodríguez, Diana Ponce Nava, Enrique Rico Arzate y Arturo Oropeza Baruch.

Hacemos un reconocimiento con gratitud a las siguientes personas e instituciones por permitirnos utilizar figuras e ilustraciones de sus publicaciones: Centro Nacional de Investigación y Capacitación Ambiental; El Colegio de México; Francisco Covarrubias, del Gobierno del Estado de México; Petróleos Mexicanos; Universidad Tecnológica Netzahualcóyotl y Roberto Acosta. Muchas personas contribuyeron proporcionando información o revisando algunas secciones del libro. Entre ellos: Bart Croes y Ash Lashgari, del California Air Resources Board (Consejo de Recursos del Aire de California); Reza Mahdavi, Shah Dabirian y Fred Minasian del South Coast Air Quality Management District (Distrito de Manejo de la Calidad del Aire en la Costa Sur); Víctor Hugo Páramo, Rafael Ramos y Jorge Sarmiento, del Gobierno del Distrito Federal; Víctor Gutiérrez, Julia Martínez e Hilda Martínez Salgado, del Instituto Nacional de Ecología; César Reyna y Rocío Reyes, del Gobierno del Estado de México; Mauricio Fortes y Guillermo Fernández de la Garza, de la Fundación

México-EUA para la Ciencia; Carl-Heinz Mumme, Walter Vergara y Masami Kojima, del Banco Mundial; Laura Chapa y John Rogers. También queremos agradecer a Joanne Kauffman por sus valiosos comentarios, a Teresa Hill por su asistencia al editar el manuscrito, y a Arno Schouwenburg y Nathalie Jacobs, de Kluwer Academic Publishers, por su ayuda en la preparación de este manuscrito.

Finalmente, estamos agradecidos con los actuales funcionarios de la CAM por su apoyo continuo al Programa para la Ciudad de México: Víctor Lichtinger (secretario de Medio Ambiente y Recursos Naturales), Exequiel Ezcurra (presidente del Instituto Nacional de Ecología), Martha Hilda González (secretaria de Ecología, Gobierno del Estado de México), Claudia Sheinbaum Pardo (secretaria del Medio Ambiente, Gobierno del Distrito Federal) y Carlos Santos Burgoa (director general de Salud Ambiental, Secretaría de Salud). Anticipamos que la investigación en curso, que incluye mediciones de campo, diseño de modelos, estudios adicionales de impacto en la salud y análisis de opciones de control, proporcionará el material para su publicación futura.

MARIO J. MOLINA y LUISA T. MOLINA
Cambridge, Massachusetts, octubre de 2001

1 La calidad del aire: un problema local y global

Luisa T. Molina[a] · Mario J. Molina[a]

1. Introducción

Este capítulo aborda la calidad del aire como un asunto de interés global, particularmente para las crecientes megaciudades del mundo. Proporciona la base para un libro que pone a la vista los muchos factores que contribuyen a un agudo problema urbano de contaminación del aire en uno de estos escenarios, el Área Metropolitana de la Ciudad de México (AMCM), y muestra los aspectos de la ciencia, la tecnología y las políticas que giran alrededor del tema. De estos tres factores, definir las políticas es el más difícil y constante, y requiere la integración de realidades institucionales, políticas, financieras y de desarrollo en muchos niveles. En este capítulo se establece el marco para la discusión explicando cómo se produce la contaminación del aire y por qué es tan importante proteger el ambiente de sus efectos. Los capítulos subsecuentes detallan los estudios de caso de Los Ángeles y el AMCM; los factores que propician la contaminación del aire en el AMCM; sus efectos sobre la salud; la ciencia de la contaminación del aire; la ciencia de medir, analizar y monitorear; el papel clave del sector transporte, y, finalmente, recomendaciones para la acción positiva en el corto y largo plazos. El mensaje importante de este capítulo es que el problema de la contaminación del aire debe ser abordado mediante un estudio integral de sus fuentes, impactos y mecanismos de control, diseñado específicamente para las circunstancias de cada ciudad.

El crecimiento de la población es la causa fundamental del incremento de los problemas ambientales. Más de 60 millones de personas se suman a las ciudades cada año. La mayor parte de esta expansión tiene lugar en las áreas urbanas de países en vías de desarrollo, agravando los de por sí enormes atrasos en el desarrollo de vivienda e infraestructura, tales como sistemas de transporte cada vez más saturados, insuficiente suministro de agua, deterioro en el saneamiento y contaminación ambiental. A pesar de ello, la gente sigue migrando a las ciudades con la esperanza de una mejor calidad de vida (PNUMA, 2000).

La urbanización fue uno de los desarrollos más sorprendentes del siglo XX. Cerca de 70% de la población de América y Europa vive hoy en ciudades. En todo el mundo,

[a] Massachusetts Institute of Technology, EUA.

alrededor de 325 ciudades tienen en la actualidad una población de más de un millón de habitantes, comparadas con 270 ciudades en 1990. Entre los problemas ambientales más serios en esas ciudades se encuentran la contaminación del aire y del agua, la acumulación y el desecho de desperdicios (incluyendo los residuos tóxicos y peligrosos), y el ruido.

En años recientes la calidad del aire se ha deteriorado notablemente en las grandes ciudades de los países en vías de desarrollo. Millones de personas están expuestas a niveles dañinos de contaminantes del aire provocados sobre todo por las emisiones provenientes de la quema de combustibles fósiles en los vehículos automotores y en los procesos industriales, y durante la generación de calor y energía. Otros contaminantes son producidos por incineradores, plantas petroquímicas y refinerías, fundidoras de metales e industrias químicas. En principio, el problema puede solucionarse en gran parte mediante el uso de tecnologías limpias. Por ejemplo, los automóviles nuevos con convertidores catalíticos de tres vías emiten tan solo un pequeño porcentaje de la cantidad de contaminantes que emiten los automóviles sin control de emisiones. En la práctica, existen grandes barreras socioeconómicas y políticas para la transición a nuevas tecnologías. Además, otros problemas persistentes asociados con el crecimiento urbano desenfrenado, como los congestionamientos de tráfico, están incrementando la contaminación del aire en todo el mundo.

¿Hasta qué punto podrían los países en vías de desarrollo afrontar el gasto de la reducción del deterioro ambiental en las grandes ciudades? Una respuesta simple es que los controles ambientales se pagarían a sí mismos en el largo plazo; las ciudades contaminadas representan opciones menos eficaces y más costosas para el funcionamiento de la sociedad, además de reducir la calidad de vida de los ciudadanos. Una respuesta más fina requiere una evaluación balanceada de la cantidad óptima de recursos que un gobierno, con múltiples responsabilidades, es capaz de gastar para mantener un medio ambiente más limpio. El asunto involucra no sólo la disponibilidad de recursos, sino también el cómo utilizar dichos recursos eficientemente. En algunos casos, diversas soluciones creativas podrían llevar a mejoras significativas a un costo relativamente bajo, pero enfrentan barreras sociales o políticas importantes para su puesta en práctica. El material que se presenta en este libro está organizado para contribuir a esta discusión viva utilizando el AMCM como estudio de caso.

El AMCM está situada en una latitud casi tropical y a una elevada altitud. Siendo una zona urbana rodeada por montañas, experimenta frecuentes inversiones térmicas. En este escenario geográfico, cerca de 20 millones de habitantes, 3.5 millones de vehículos y 35 000 industrias consumen diariamente más de 40 millones de litros de combustible, lo que provoca uno de los peores problemas de contaminación del aire en el mundo.

El problema de la contaminación del aire en el AMCM ha sido ampliamente reconocido tanto por el gobierno como por los ciudadanos desde los años setenta. Diversas iniciativas de políticas aprobadas en los noventa han sido efectivas para tratar algunos aspectos del problema: ha habido reducciones en las concentraciones de plomo, bióxido de azufre y monóxido de carbono, pero las de ozono, óxidos de nitrógeno y material particulado muestran poca mejoría en el último decenio (Garza, 1996; INE, 1998). Aún quedan retos sustanciales para reducir efectivamente las concentraciones de estos contaminantes en tanto se mejoran los niveles de vida para la población creciente de la Ciudad de México.

A pesar de llevar años de ventaja respecto a otras ciudades latinoamericanas en la identificación y definición de la naturaleza y alcance de la contaminación del aire, el AMCM continúa enfrentando muchas barreras para abordar el problema de manera efectiva. Esto incluye obstáculos para formular políticas adecuadas y para la toma de decisiones, y cuellos de botella para su instrumentación. Muchas barreras involucran la necesidad por parte de quienes toman las decisiones y del público de entender mejor los impactos sobre la salud, los riesgos y las ventajas y desventajas. No han tenido éxito algunos intentos previos por cuantificar las variables de tipo social, como los problemas de equidad, e incorporarlas a modelos de decisión lineal (LANL, 1994). Las respuestas a las políticas se han visto, además, obstaculizadas por grandes incertidumbres y falta de información sobre las fuentes de emisiones, la química atmosférica y la efectividad de las estrategias de control.

Esperamos que la comprensión de los complejos problemas ambientales que hoy vive el AMCM inspire reflexiones sobre los retos que enfrentan otras grandes ciudades del mundo. Existen muchas estrategias potencialmente valiosas para mejorar la calidad del aire en el AMCM; no obstante, no existe ninguna medida mágica única que pueda solucionar el tenaz problema. La combinación correcta de diversas estrategias debe ser seleccionada, desplegada y puesta en práctica para tener efectos sustanciales.

1.1 La calidad del aire como un asunto global

La contaminación del aire es generalmente vista como un problema local más que como un cambio global de largo plazo. Empero, como se analizó en un informe reciente publicado por la National Academy of Sciences de Estados Unidos, el incremento dramático de la población global y la urbanización, y la rápida industrialización en muchas regiones del mundo podrían tener consecuencias significativas en este siglo para la calidad del aire a gran escala o incluso a escala global (NRC, 2001a). La dispersión regional o global de los contaminantes generados localmente ha quedado bien establecida en el caso de la deposición ácida, el cambio climático y la reducción del ozono estratosférico. La preocupación por el ozono troposférico y el material particulado ha aumentado recientemente debido a que el gran alcance en la transportación de estos contaminantes podría afectar la calidad del aire en regiones lejanas a sus fuentes y debido a que también podrían contribuir al cambio climático.

La contaminación del aire puede ser causada por fenómenos naturales o por el ser humano. Por ejemplo, ocurre de manera natural durante las erupciones volcánicas, los incendios forestales y las tormentas de arena; dichos eventos han provocado problemas ocasionales para los humanos. Sin embargo, durante los últimos cien años, la contaminación de origen humano se ha vuelto un problema grave y persistente en muchas áreas urbanas en todo el mundo. Las concentraciones de contaminantes emitidos por actividades humanas han alcanzado a menudo niveles con claros efectos adversos sobre la salud de plantas, animales y personas. A largo plazo, la transportación de contaminantes más allá de las fronteras nacionales y entre continentes podría tener potencialmente serias consecuencias para los ecosistemas y para los humanos a escala global.

Aunque el problema ha estado presente desde hace tiempo, fue apenas recientemente cuando la sociedad se volvió lo bastante consciente e informada para actuar. La preocupación ha aumentado conforme la urbanización e industrialización han reunido grandes concentraciones de población en pequeñas áreas. Un ejemplo importante es el notable avance logrado durante las últimas décadas en el conocimiento del *smog* fotoquímico. Basados en los muchos años de cuidadosa investigación sobre el fenómeno del *smog* de Los Ángeles, científicos e ingenieros han desarrollado una explicación de su formación y de cómo reducir sus niveles, mejorando así la calidad del aire.

Se han promulgado leyes, aunque no siempre se han cumplido, para tratar con las formas más obvias del deterioro ambiental, especialmente la contaminación del aire y del agua en el medio ambiente local. En tales situaciones, la conexión entre causas y efectos es a menudo clara; por ejemplo, un periodo de *smog* que causa disminución de la visibilidad, ojos llorosos y molestias respiratorias está indudablemente ligado a la contaminación y estimula acciones para controlarlo.

La contaminación también podría remediarse a escala global. Por ejemplo, el Protocolo de Montreal sobre las Sustancias que Agotan la Capa de Ozono es un acuerdo internacional para limitar y eliminar gradualmente la producción y liberación de clorofluorocarbonos y otras sustancias que reducen el ozono estratosférico en el ambiente (Molina y Rowland, 1974; Rowland y Molina, 1994). Esto comprende a casi todos los países del mundo y es un ejemplo modelo de cooperación internacional para proteger el medio ambiente. Desgraciadamente, los esfuerzos por imitar este modelo en otros temas como el cambio climático y la conservación de la biodiversidad no han alcanzado un éxito comparable. Esto representa amenazas de la misma magnitud que cualquier asunto que haya atraído la atención pública, pero toma mucho más tiempo detectar sus efectos, las medidas de control son más costosas y amenazantes para ciertos intereses, y las causas son múltiples y mucho menos fáciles de rastrear para ser ubicadas en el campo de competencia de alguna jurisdicción. En una situación como ésta se debe aplicar el principio precautorio, aunque esto podría involucrar costos económicos que den lugar a una fuerte oposición social (Nordhaus, 1994; Levin, 1999).

1.2 La contaminación del aire en las megaciudades

Desde 1974, el Programa de las Naciones Unidas para el Medio Ambiente (PNUMA) y la Organización Mundial de la Salud (OMS) han estado colaborando en un programa de monitoreo urbano de la calidad del aire para abordar el problema de su contaminación. Con el propósito de prestar más atención a los problemas de la calidad del aire en las megaciudades, particularmente en los países tropicales en vías de desarrollo, las dos organizaciones publicaron en 1992 un informe que ilustra la necesidad urgente de una planeación más efectiva de los requerimientos energéticos y del transporte para reducir la exposición humana a los contaminantes y los riesgos para la salud y el medio ambiente (PNUMA/OMS, 1992).

Para los propósitos del informe PNUMA/OMS, las megaciudades son definidas como aquellas aglomeraciones urbanas con poblaciones de 10 millones o más en el año 2000. Las megaciudades no son necesariamente las ciudades más contaminadas del mundo; sin embargo, todas ellas tienen serios problemas de contaminación. De acuerdo con los datos recopilados en ese informe, en 1950 sólo había tres ciudades con una población de más de 10 millones de personas; para 1980 el número se había duplicado (una de ellas es el AMCM), y en 1990 se había duplicado una vez más. Algunos investigadores evaluaron la calidad del aire en 20 megaciudades y encontraron que la contaminación estaba muy extendida. Cada una tenía al menos un contaminante importante que excedía los valores máximos establecidos por la OMS, 15 tenían por lo menos dos y siete tenían tres o más. Las siete megaciudades con la mayor contaminación del aire eran la Ciudad de México, Beijing, El Cairo, Jakarta, Los Ángeles, São Paulo y Moscú. La Ciudad de México tenía la peor contaminación total del aire y estaba clasificada como una ciudad con graves problemas de bióxido de azufre, material particulado, monóxido de carbono y ozono, además de contaminación entre moderada y severa por plomo y óxidos de nitrógeno. Un alto nivel de partículas suspendidas era la forma más frecuente de contaminación, seguida por bióxido de azufre y ozono.

En el año 2000 había 15 megaciudades con una población de más de 10 millones, un crecimiento de cinco veces respecto a 1950. El AMCM es la segunda ciudad más grande del mundo, después de Tokio. Además, existen más de 80 centros urbanos con poblaciones de más de tres millones. El cuadro 1.1 presenta una lista de las 15 megaciudades y los datos sobre su calidad del aire según información recopilada por el Banco Mundial (2001); los datos están basados en mediciones de sitios urbanos de monitoreo y representan la media anual (concentraciones promedio observadas en estos sitios en microgramos por metro cúbico). La cobertura no está completa dado que no todas las ciudades cuentan con sistemas de monitoreo. Los valores de la media anual según la OMS para las normas de la calidad del aire son 90 µg/m³ de partículas suspendidas totales (PST), 50 µg/m³ de bióxido de azufre (SO_2) y 40 µg/m³ de bióxido de nitrógeno (NO_2).

Los problemas de la contaminación del aire en las megaciudades difieren amplia-

Cuadro 1.1 Calidad del aire en las megaciudades del mundo

Megaciudad	Población (millones) 2000[a]	PST ($\mu g/m^3$) 1995[b]	SO_2 ($\mu g/m^3$) 1998[c]	NO_2 ($\mu g/m^3$) 1998[c]
Tokio, Japón	26.44	49	18	68
Ciudad de México, México	18.13	279	74	130
Mumbai (Bombay), India	18.07	240	33	39
São Paulo, Brasil	17.76	86	43	83
Nueva York, EUA	16.64		26	79
Los Ángeles, EUA	13.14		9	74
Calcuta, India	12.92	375	49	34
Shanghai, China	12.89	246	53	73
Delhi, India	11.70	415	24	41
Jakarta, Indonesia	11.02	271		
Osaka, Japón	11.01	43	19	63
Manila, Filipinas	10.87	200	33	
Beijing, China	10.84	377	90	122
Río de Janeiro, Brasil	10.58	130	129	
El Cairo, Egipto	10.55		69	
NORMA DE LA OMS		90	50	40

FUENTE: Banco Mundial, 2001, p. 174.
[a] La población de una ciudad es el número de sus residentes según los define el gobierno de su país y lo informa a las Naciones Unidas. El término 'ciudad' se refiere principalmente a los conglomerados urbanos.
[b] Los datos se refieren al año más reciente disponible en el periodo de 1990 a 1995. La mayor parte pertenece a 1995.
[c] Los datos se refieren al año más reciente disponible en el periodo de 1990 a 1998. La mayor parte pertenece a 1998.

mente y se ven afectados por un número de factores relacionados con la topografía, la demografía, la meteorología y el nivel y la tasa de industrialización y desarrollo socioeconómico. Estos problemas son de una importancia cada vez mayor porque el crecimiento proyectado para la población urbana del mundo aumenta tanto las principales fuentes de contaminación del aire como el número de personas expuestas a contaminantes nocivos. El informe PNUMA/OMS de 1992 reveló que los vehículos automotores son una fuente primaria de contaminación del aire en todas las megaciudades; en la mitad de ellas constituye la más importante. Sólo algunas de estas megaciudades cuentan con sistemas municipales o nacionales adecuados para monitorear la calidad del aire o para recopilar información sobre sus fuentes de emisiones. Además, en la mayoría de las megaciudades no existe la recopilación sistemática de información sobre los riesgos para la salud y los efectos de la contaminación del aire (PNUMA/ OMS, 1992).

Durante la última década la preocupación por los temas del medio ambiente ha aumentado de manera considerable. Casi todos los países han creado instituciones ambientales y han propuesto nuevas leyes y normas ambientales. Sin embargo, los análisis preliminares indican que el manejo ambiental sigue siendo fragmentario y aborda únicamente problemas específicos, sin una integración coherente y explícita de estrategias económicas y sociales. La falta de recursos financieros, tecnología, personal capacitado y, en algunos casos, la existencia de marcos legales excesivamente extensos y complejos son los problemas más comunes (PNUMA/OMS, 1992).

2. Contaminación del aire urbano: el registro histórico

La contaminación del aire no es un fenómeno reciente. El aire nunca se encuentra completamente "limpio" en la naturaleza. Gases como el bióxido de azufre, el ácido sulfhídrico y el monóxido de carbono son liberados continuamente a la atmósfera como subproductos de eventos naturales como la descomposición de la vegetación y los incendios forestales. Además, micropartículas sólidas y líquidas se dispersan en toda la atmósfera por el viento, los incendios forestales, erupciones volcánicas y otros disturbios naturales similares.

Sumados a estos contaminantes naturales existen sustancias resultantes de actividades humanas. Los hombres primitivos crearon la primera contaminación "no natural" del aire al iniciar fuegos para calentarse y cocinar. Intentos para mantenerse fuera del "mal aire" o lejos de las áreas en donde habían sido depositados cadáveres humanos o basura pestilente era lo más aproximado al manejo de la calidad del aire en épocas antiguas. Sin embargo, a medida que las poblaciones fueron creciendo, alejarse de una fuente de contaminación dejó de ser práctico.

En el siglo XIII, el carbón empezó a remplazar a la madera para el calentamiento doméstico y los usos industriales en Inglaterra. En esa época, el humo del carbón estaba ya reconocido como perjudicial para la salud humana. En 1273, el rey Eduardo I llevó a cabo el primer intento conocido para controlar la calidad del aire al prohibir el uso del carbón marino —un carbón suave proveniente de las costas de Inglaterra—, que producía mucho humo al ser quemado. El uso del carbón aumentó en Europa en el siglo XIX a medida que la madera se volvió escasa, sobre todo cerca de las áreas urbanas. La única forma de responder a las concentraciones crecientes de contaminantes y a las consecuentes quejas públicas era construir chimeneas más altas en los centros de población. Esto brindó un poco de alivio en las zonas más cercanas, pero contribuyó al deterioro general de la calidad del aire en las áreas circundantes.

Casi al final del siglo XIX se hizo evidente que la industrialización estaba contribuyendo a la contaminación del aire. Hacia el comienzo del nuevo siglo empezaron a instituirse controles sobre el humo y los olores provenientes de las fábricas. En 1906, F.C. Cottrell inventó el primer dispositivo práctico contra la contaminación del aire: un precipitador electrostático para controlar las emisiones de gotitas de ácido de una planta productora de ácido sulfúrico (Griffin, 1994).

2.1 La "niebla asesina" de Londres

Los graves efectos de la contaminación del aire sobre la salud en las grandes ciudades están bien documentados. Aun después de establecerse algunos controles en los primeros años del siglo XX, la formación de contaminantes provenientes de la industrialización ocasionó serios incidentes de salud pública. El término *smog*, una combinación de las palabras *smoke* (humo) y *fog* (niebla), fue probablemente acuñado por el médico londinense H.A. Des Voeux, en un informe a la Smoke Abatement League en 1911. Sus investigaciones sugerían que una combinación de humo, gases sulfurosos y niebla había cobrado más de 1 000 vidas en Glasgow y Edimburgo en 1909 (Perkins, 1974; Griffin, 1994). Eventos similares continuaron ocurriendo, el más devastador de los cuales comenzó en 1952, la famosa "niebla asesina" de Londres, que ocasionó la pérdida de 4 000 vidas.

Estos efectos fueron probablemente una consecuencia de la quema de carbón rico en azufre en presencia de una densa niebla, liberándose así bióxido de azufre, lo que llevó a la formación de partículas tóxicas de ácido sulfúrico. Este tipo de contaminación del aire ha sido llamado "*smog* de Londres". A raíz de ello, el gobierno de Gran Bretaña emitió la Clean Air Act para reducir las emisiones, cuya observancia hizo posible en años subsecuentes reducir drásticamente el número de defunciones al presentarse condiciones atmosféricas similares a las de 1952 (Perkins, 1974).

2.2 El *smog* fotoquímico de Los Ángeles

Otros incidentes graves relacionados con la contaminación del aire sucedieron en muchas ciudades de Estados Unidos. En el verano de 1943, el estado de California registró su primer caso de *smog*. La visibilidad era de tan solo tres cuadras y los habitantes sufrían irritación en los ojos, molestias respiratorias, náusea y vómito. Se pensó que la causa eran las emisiones de una planta industrial (que producía butadieno, hoy conocido como probable cancerígeno), pero incluso después de ser clausurada el problema persistió (CARB, 1999).

Fitopatólogos de la Universidad de California, en Riverside, observaron también un hecho particular que afectaba las cosechas agrícolas en áreas de la cuenca de Los Ángeles y lo describieron como un nuevo tipo de contaminación del aire, hoy conocido como "*smog* de Los Ángeles," "*smog* fotoquímico" o simplemente *smog* (Middleton *et al.*, 1950). En contraste con el de Londres, éste se genera en los días calientes, soleados y no en los días fríos y con niebla. El *smog* de Los Ángeles se caracteriza por la presencia en el aire de sustancias químicas altamente oxidantes que provocan ojos llorosos y molestias respiratorias.

En 1952, Arie Haagen-Smit,[1] profesor de bioquímica del California Institute of Technology, descubrió la naturaleza y las causas del *smog*. Haagen-Smit y colaboradores demostraron que el aire sintético contaminado —que contiene compuestos orgánicos volátiles (COV) y óxidos de nitrógeno (NO_x)— expuesto a la luz del Sol podía causar daños en las plantas similares a los observados en el área de Los Ángeles. Se advirtieron efectos parecidos con gases de escape de auto diluidos irradiados con luz solar. Haagen-Smit determinó que el principal componente del *smog* es el ozono creado por la interacción de NO_x (producidos por fuentes de combustión, automóviles, calentadores, etc.) y COV (provenientes de la evaporación de gasolina y solventes utilizados en productos como la pintura). Estos dos tipos de contaminantes en presencia de la luz del Sol (radiación ultravioleta) producen el ozono a ras del suelo (CARB, 1999):

$$COV + NO_x + \text{luz solar} \longrightarrow O_3 + NO_2 + PAN + HNO_3 + \text{partículas, etc.}$$

Desde entonces han sido registrados altos niveles de ozono en muchas áreas urbanas en todo el mundo. El *smog* fotoquímico es hoy reconocido como un problema mundial en lugares donde emisiones de COV y NO_x de fuentes mayores móviles y fijas quedan atrapadas por inversiones térmicas y son irradiadas por la luz solar en su recorrido hacia otras regiones, impulsadas por el viento. Esto lleva a la formación de una multitud de contaminantes secundarios, siendo el más prominente el ozono. Algunos de éstos son "contaminantes criterio", para los cuales han sido establecidas las normas de calidad del aire (véase la sección 4). Algunos otros son "contaminantes traza", no criterio, como el nitrato de peroxiacetilo (PAN),[2] el ácido nítrico (HNO_3) y el formaldehído (HCHO), que tienen efectos significativos sobre la salud. (Para una descripción detallada de las reacciones fotoquímicas, véase, por ejemplo, Seinfeld y Padis, 1998; Finlayson-Pitts y Pitts, 2000).

---

[1] A. Haagen-Smit fue designado primer presidente de la California Air Resources Board en 1968.
[2] El PAN o nitrato de peroxiacetilo desempeña un papel importante en la química del *smog*; su descomposición térmica libera un radical orgánico, así como NO_2 y ambos son precursores activos de la formación del ozono. Es también un fuerte irritante de los ojos y es tóxico para las plantas.

3. Fuentes y transportación de la contaminación del aire

3.1 La atmósfera y sus contaminantes

El aire es una mezcla de nitrógeno, oxígeno y cantidades diminutas de otros gases que rodean la Tierra y forman su atmósfera. Las concentraciones de gas mostradas en el cuadro 1.2 varían en cierto modo de punto a punto sobre la superficie del planeta (Griffin, 1994).

Cuadro 1.2 Composición típica de la atmósfera limpia cerca del nivel del mar

Componente gaseoso	Símbolo/Fórmula	Porcentaje por volumen	Partes por millón por volumen
Gases permanentes			
Nitrógeno	N_2	78.084	
Oxígeno	O_2	20.946	
Argón	Ar	0.934	
Neón	Ne		18.2
Helio	He		5.2
Kriptón	Kr		1.1
Hidrógeno	H_2		0.5
Óxido nitroso	N_2O		0.3
Xenón	Xe		0.09
Gases variables			
Vapor de agua	H_2O	0.01–7	
Bióxido de carbono	CO_2	0.035	
Metano	CH_4		1.5
Monóxido de carbono	CO		0.1
Ozono	O_3		0.02
Amoniaco	NH_3		0.01
Bióxido de nitrógeno	NO_2		0.001
Bióxido de azufre	SO_2		0.0002
Ácido sulfhídrico	H_2S		0.0002

Fuente: Griffin, 1994, p. 2.

La cantidad de vapor de agua en el aire varía entre alrededor de 0.01 y 7% dependiendo del clima y la temperatura. Para especificar las concentraciones se utilizan diferentes unidades; la más común es la que expresa el número de partes por millón (ppm), es decir, la cantidad de moléculas de un contaminante específico encontrada en un millón de moléculas de aire; esto es equivalente a la cantidad de volúmenes del contaminante en un millón de volúmenes de aire. Una segunda es el porcentaje por volumen, que es la cantidad de volúmenes del contaminante contenida en 100 volúmenes de aire. Una tercera unidad de medida es la masa de contaminante por volumen de aire, por lo general expresada como microgramos por metro cúbico.

Si en el aire existen otras partículas o gases que no son parte de su composición normal hablamos entonces de "contaminación del aire" y dichas partículas o los gases como los del cuadro 1.2 son llamados "contaminantes del aire". A simple vista es posible ver algunos contaminantes del aire, como la neblina café-rojiza del *smog*; sin embargo otros, incluyendo algunos de los más peligrosos para la salud humana, son invisibles.

3.2 Características de la atmósfera

La atmósfera se divide en diferentes regiones de acuerdo con la variación de la temperatura como una función de la altitud. La figura 1.1 muestra un perfil típico de la temperatura de la atmósfera.

En la capa inferior, la troposfera, la temperatura generalmente disminuye al aumentar la altitud. Esto se debe al fuerte efecto del calentamiento en la superficie de la Tierra proveniente de la absorción de la radiación solar. En la tropopausa, zona de transición entre la troposfera y la estratosfera, el perfil de la temperatura cambia, permaneciendo constante o en aumento con la altitud a lo largo de la estratosfera. La razón es una serie de reacciones fotoquímicas críticas que involucran ozono (O_3) y oxígeno molecular (O_2), propuesta por primera vez por Sidney Chapman, un físico inglés, en la década de 1930. Este mecanismo describe cómo la radiación solar convierte las diversas formas de oxígeno (O, O_2 y O_3) de una a otra; también explica por qué las concentraciones más altas de ozono tienen lugar en la estratosfera, la capa que se encuentra entre 8 a 15 y 50 km de altura sobre la superficie. La absorción de la radiación solar por el ozono lleva a un incremento de temperatura con la altitud, produciendo un perfil de temperatura "invertido", como se muestra en la figura 1.1. Esta característica de la estratosfera determina su gran estabilidad frente a los movimientos verticales.

En contraste, en la capa inferior —la troposfera— la temperatura decrece con la altitud y los vientos dispersan los componentes atmosféricos traza de manera muy eficiente a escala global, en una escala de tiempo de meses dentro de cada hemisferio, y de cerca de un año o dos entre dos hemisferios (véase, p. ej., Molina y Molina, 1992; 1998). En la mesosfera, de alrededor de 50 a 85 km, la temperatura cae otra vez con la

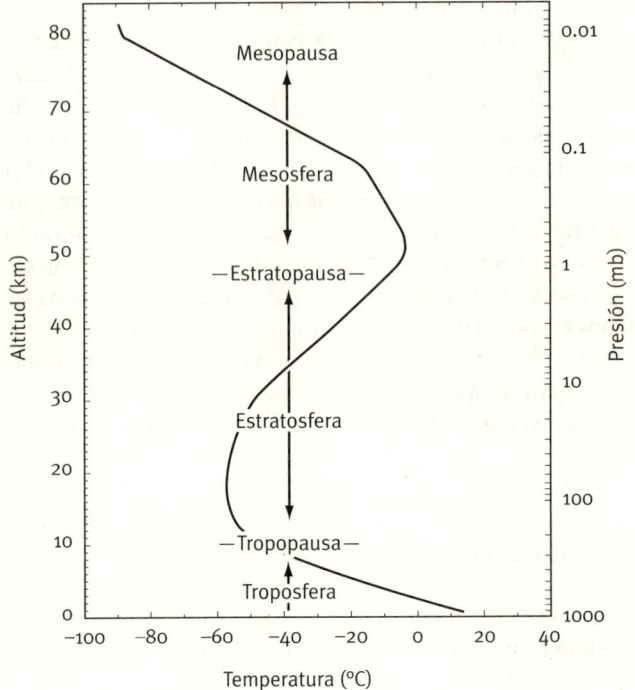

Figura 1.1 Temperatura y presión atmosférica típicas como función de la altitud.

altitud. Esta tendencia de la temperatura se debe a la reducción de la concentración de ozono en esas altitudes. En la región por encima de los 85 km, la termosfera, la temperatura se eleva otra vez debido al aumento en la absorción de la radiación solar de longitud de onda corta, principalmente por oxígeno y nitrógeno. Debe notarse que las ubicaciones de las zonas de transición entre las diferentes capas atmosféricas (tropopausa, estratopausa, mesopausa) no son fijas, sino que varían con la latitud y la estación.

3.3 El destino atmosférico de los contaminantes del aire

Como se mencionó previamente, la atmósfera es un recurso compartido que no respeta fronteras. Los contaminantes del aire no se detienen cuando llegan a los límites de una ciudad o un país. El tipo de influencia o impacto que un contaminante del aire puede producir —ya sea local, regional o global— depende del tiempo que el químico permanezca en la atmósfera y, por lo tanto, de qué tan lejos puede viajar desde su origen.

Existen varios procesos por los cuales los químicos son eliminados de la atmósfera inferior, es decir, la troposfera, donde vive la gente. Estos procesos de eliminación pueden dividirse en dos tipos:

1] Eliminación física: la eliminación de un químico de la atmósfera por lluvia se llama "depositación húmeda," es decir, el químico se disuelve en una gota de lluvia y cae al suelo con la gota. El químico deja de ser un contaminante del aire, aunque ahora podría afectar otra parte del medio ambiente. Por ejemplo, si el químico es un ácido, puede terminar en un lago, con posibles consecuencias para el ecosistema acuático.
2] Eliminación química: el segundo tipo de proceso de eliminación, la pérdida por reacción química, destruye la especie original, convirtiéndola en otra. Por ejemplo, los hidrocarburos son finalmente convertidos en agua y bióxido de carbono. Cuando ocurre una reacción química, algunas de las sustancias químicas transformadas (contaminantes secundarios) son potencialmente más dañinas que sus precursoras (contaminantes primarios).

Hay, sin embargo, compuestos como los clorofluorocarbonos (CFC), que permanecen en la atmósfera por varias décadas. Estos compuestos son químicamente inertes y prácticamente insolubles en agua, así que no son eliminados por los mecanismos de limpieza disponibles en la troposfera. Estos compuestos son capaces de persistir en la atmósfera el tiempo suficiente para difundirse hacia la estratosfera, en donde finalmente son descompuestos por radiación solar de alta energía y de corta longitud de onda, para producir radicales que pueden destruir el ozono mediante un proceso catalítico (Molina y Rowland, 1974; Molina y Molina, 1992).

En contraste, compuestos como el amoniaco y el cloruro de hidrógeno son eliminados rápidamente por la lluvia, siendo de semanas el tiempo promedio de eliminación. Desde una perspectiva global, los hidrocarburos y los óxidos de nitrógeno son también eliminados rápidamente; los hidrocarburos no son solubles en agua, pero son primero oxidados por varias especies como el radical hidroxilo (OH), que los convierte en compuestos solubles que son eliminados por la lluvia. El destino predominante de los óxidos de nitrógeno es también la eliminación por lluvia, después de la conversión a ácido nítrico que contribuye a la depositación ácida.

Desde una perspectiva local y regional, los hidrocarburos y óxidos de nitrógeno son causantes de la degradación de la calidad del aire al formar ozono y material particulado secundario. Los hidrocarburos más activos fotoquímica y oxidativamente podrían descomponerse en una escala de tiempo de minutos, mientras que los menos reactivos podrían perdurar muchas horas, contribuyendo a la formación de ozono y partículas arrastradas a favor del viento desde las fuentes y a menudo fuera de las ciudades en donde son emitidas. En lugares como Los Ángeles y el AMCM, las montañas circundantes con frecuencia atrapan los contaminantes el tiempo suficiente para que sufran transformaciones químicas mientras permanecen en una forma relativamente

Cuadro 1.3 Principales contaminantes primarios y sus efectos

Contaminante	Fuentes antropogénicas	Tiempo de permanencia[a]	Efectos y consecuencias
1,3-Butadieno	Escapes de vehículos	2 horas	Probable cancerígeno; precursor del ozono
Formaldehído*	Escapes de vehículos	4 horas	Irritante respiratorio; probable cancerígeno; precursor del ozono
Benceno	Escapes de vehículos	10 días	Cancerígeno
Alquenos, hidrocarburos aromáticos	Escapes de vehículos; solventes	De horas a 2 días	Precursores del ozono
Óxidos de nitrógeno (NO_x)	Escapes de vehículos; combustión	1 día	Aumento de enfermedades respiratorias; precursor de ozono y de lluvia ácida
Hidrocarburos aromáticos policíclicos (HAP)	Combustión incompleta (p. ej., gasolina, diesel, biomasa)	De horas a días	Algunos son probables cancerígenos
Bióxido de azufre (SO_2)	Combustión de carbón y de otros combustibles fósiles que contienen azufre	De horas a días	Aumento de enfermedades respiratorias; precursor de lluvia ácida
Amoniaco (NH_3)	Tratamiento de desechos; fertilizantes; escapes de vehículos; desechos de origen animal	1 a 7 días	Irritante respiratorio; neutraliza los ácidos
Material particulado respirable (PM_{10})*	Polvo depositado en el camino y polvo esparcido por el viento; combustión incompleta	5 a 10 días	Aumento de enfermedades respiratorias; visibilidad reducida
Material particulado fino ($PM_{2.5}$)*	Quema de combustible; escapes de diesel; polvo esparcido por el viento	5 a 10 días	Aumento de enfermedades respiratorias y cardiopulmonares; visibilidad reducida
Plomo	Gasolinas con plomo; pinturas	5 a 10 días	Daño hepático y cerebral; problemas de aprendizaje
Monóxido de carbono (CO)	Combustión incompleta	2 meses	Enfermedades cardiovasculares y neuroconductuales
Bióxido de carbono (CO_2)*	Quema de combustibles fósiles y de biomasa	3 a 4 años	Calentamiento global
Metano (CH_4)	Arrozales; ganado; fugas de gas natural	8 a 10 años	Calentamiento global
Clorofluorocarbonos (CFC)	Aire acondicionado; refrigeradores; atomizadores; espumas industriales	50 a 100 años	Agotamiento del ozono; calentamiento global

* También se generan a partir de otros contaminantes.
[a] FUENTE: Arey, 2000.

concentrada. Bajo tales circunstancias, deben ponerse en práctica severas medidas para prevenir la acumulación de niveles inaceptables de contaminantes nocivos.

El cuadro 1.3 muestra una lista de contaminantes primarios liberados en la atmósfera desde fuentes específicas; éstos podrían distinguirse de contaminantes secundarios que se forman *in situ* en la atmósfera como resultado de la oxidación o de otras reacciones fotoquímicas. El cuadro también señala las principales fuentes de estos contaminantes, su tiempo de permanencia en la atmósfera y las posibles consecuencias locales, regionales o globales de la liberación de estos químicos en el medio ambiente. Esto se ilustra más ampliamente en la figura 1.2, la cual relaciona emisiones de contaminantes en el ambiente con sus efectos. Esta figura muestra que existen múltiples

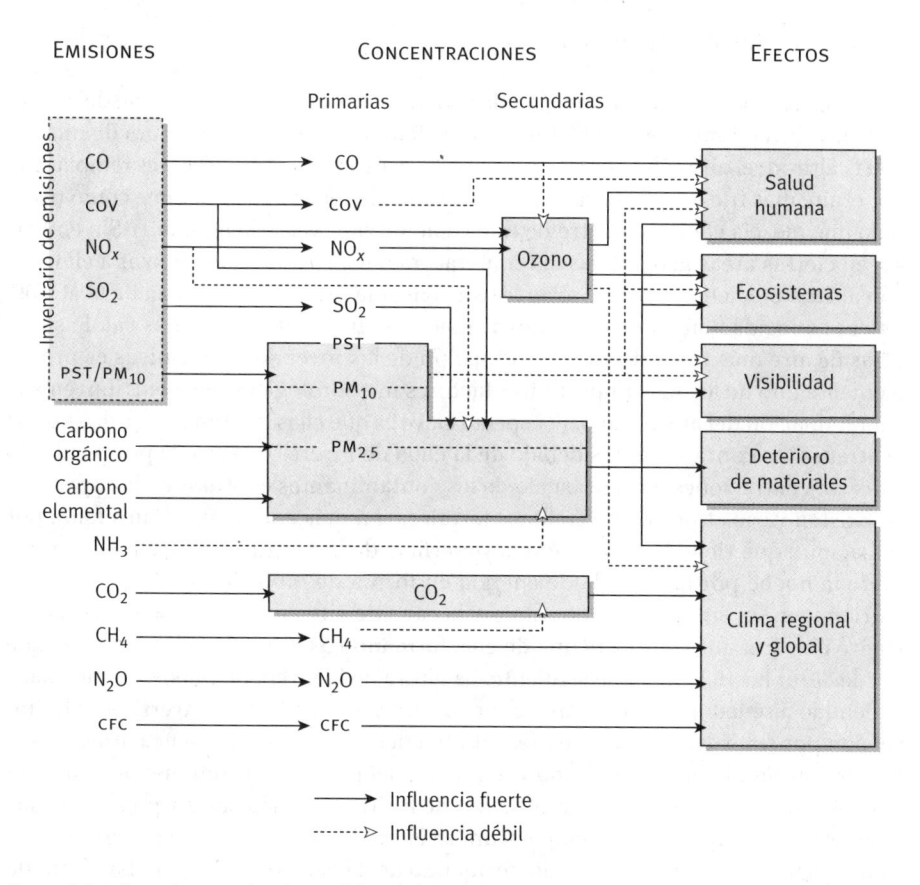

Figura 1.2 Influencias que vinculan emisiones de contaminantes con concentraciones ambientales y con sus efectos. Las influencias más débiles se representan mediante líneas punteadas. El área del recuadro correspondiente a las partículas suspendidas totales (PST) está dividida en PM_{10}, $PM_{2.5}$ y componentes primarios y secundarios; el área representa aproximadamente la masa relativa.

contaminantes y múltiples efectos, que pueden interactuar químicamente en formas complejas. Estos contaminantes son emitidos por varias fuentes; por lo tanto hay muchas acciones de control posibles, cada una de las cuales podría afectar las emisiones y las concentraciones ambientales de múltiples sustancias (Molina *et al.*, 2000b).

Como se mencionó, el destino de los muchos compuestos emitidos desde la superficie de la Tierra depende de su estabilidad. Sin embargo, como lo ilustraron los ejemplos de incidentes graves de contaminación del aire descritos en el apartado 2, la eficiencia de su proceso de eliminación está afectada no sólo por dispersión directa y transportación, sino también por factores meteorológicos como la temperatura, la intensidad de la luz solar y la presencia de nubes y niebla.

3.4 Meteorología y topografía

Un concepto clave en la comprensión de la naturaleza de la contaminación del aire es el de las "inversiones térmicas". En la troposfera normal, la temperatura disminuye con la altitud; el aire cálido cerca de la superficie de la Tierra se eleva y es remplazado por el aire más frío de una elevación mayor. Como hemos visto, esto tiene como resultado una mezcla eficiente dentro de esta capa inferior (véase la figura 1.1). Sin embargo, en ciertas áreas geográficas la temperatura del aire podría comenzar a elevarse con altitud creciente antes de revertirse a sí misma otra vez. Esta zona de la atmósfera es conocida como una "capa de inversión" —una capa de aire más cálido sobre otras de aire más frío y denso. La formación de las inversiones térmicas es probablemente uno de los más importantes factores meteorológicos que contribuyen a la contaminación del aire urbano. El aspecto clave es que ellas limitan la mezcla vertical al atrapar los contaminantes debajo de la capa de inversión. Esto da por resultado altas concentraciones a ras del suelo de los contaminantes emitidos en la superficie.

Existen varios tipos de inversiones térmicas. La más común es la "inversión por radiación", que tiene lugar cuando la superficie de la Tierra se vuelve más fría durante la noche por la pérdida de energía en forma de radiación infrarroja. Si este enfriamiento es suficientemente rápido, la capa de aire adyacente a la superficie se vuelve más fría que el aire encima de ella, formando así una capa de inversión, que puede durar hasta la mañana siguiente. La altura de la inversión puede ser muy baja, a menudo alrededor de 100 metros o menos. Un segundo tipo de inversión es la "inversión por subsidencia", que se presenta frecuentemente en la cuenca atmosférica de Los Ángeles. Ésta ocurre cuando el aire desciende a una altitud menor a su posición original. A medida que el aire se hunde a altitudes más bajas y presiones más altas, éste se comprime y su temperatura se eleva. El aire cerca de la superficie desciende menos y es menos afectado, formando así la capa de inversión. La altura de inversión es típicamente 500 metros o más. Un tercer tipo de inversión común en las áreas costeras es una "inversión marina," que se produce cuando el aire frío de encima del océano es arrastrado a tierra mientras la superficie se calienta. El aire tibio se eleva puesto que es menos denso que el aire frío sobre el océano. Esto da por resultado una capa de inversión.

4. Efectos de la contaminación del aire

4.1 Salud humana

Como vimos antes, la contaminación del aire puede afectar adversamente la salud humana por inhalación directa y por otras formas de exposición como la contaminación por ingestión de agua y alimentos y por transferencia a través de la piel. La información acerca de los efectos en la salud humana proviene de estudios y valoraciones en animales, estudios de exposición humana y epidemiológicos.

4.1.1 *Contaminantes criterio del aire*

Se han encontrado varios contaminantes que tienen efectos adversos en los humanos, las plantas y ciertos materiales. Los así llamados "contaminantes criterio" son aquéllos para los que se han establecido concentraciones límite aceptables para proteger la salud y el bienestar públicos. En EUA hay siete contaminantes criterio para los cuales la Environmental Protection Agency (EPA) ha establecido normas ambientales nacionales para la calidad del aire (NAAQS). El cuadro 1.4 muestra una lista de algunos valores recomendados establecidos por EUA, México y la Organización Mundial de la Salud (OMS). Los valores están expresados en términos de una concentración dada del contaminante en un periodo específico. El concepto de la porción para

Cuadro 1.4 Normas de calidad del aire de la OMS, de EUA y de México

	CO (ppm)	SO_2 (ppm)	O_3 (ppm)	NO_2 (ppm)	PM_{10} (µg/m^3)	$PM_{2.5}$ (µg/m^3)	Plomo (µg/m^3)
OMS[a]	26 (1 h) 9 (8 h)	0.13 (24 h)	0.08 (1 h) 0.06 (8 h)	0.21 (1 h)			0.5–1 (1 año)
EUA (nacional)[b]	35 (1 h) 9 (8 h)	0.14 (24 h)	0.12 (1 h) 0.08 (8 h)	0.21 (1 h)	150 (24 h)	65 (24 h)	1.5[d]
Los Ángeles[b]			0.09 (1 h)				
México[c]	11 (8h)	0.13 (24 h)	0.11 (1 h)	0.21 (1 h)	150 (24 h)		1.5[d]

[a] Fuente: OMS, 2000.
[b] Fuente: CARB, 2001.
[c] Fuente: INE, 2000a.
[d] Promedio trimestral.

cualquier contaminante es por lo tanto una parte integral de la evaluación y/o de la expresión de los niveles aceptables de la calidad del aire. Diferentes países han establecido sus propias normas, que abarcan un rango de valores. Recientemente, la EPA ha revisado algunas normas con base en la nueva evidencia epidemiológica. En EUA y otros países se están llevando a cabo debates sobre qué nivel de concentración de contaminantes es seguro, especialmente en el caso de las partículas finas.

Hay dos categorías de los efectos sobre la salud que están relacionadas con el tiempo: agudos y crónicos. Los efectos agudos tienden a actuar de forma inmediata sobre un órgano específico o un punto de entrada en el cuerpo humano, típicamente los ojos y los pulmones. Los efectos crónicos son aquéllos para los cuales puede haber un largo periodo entre la exposición y los efectos resultantes en la salud. Los efectos humanos directos de la contaminación del aire varían de acuerdo con la intensidad y la duración de la exposición y también con el estado de salud de la población expuesta. Ciertos sectores podrían estar en un riesgo mucho mayor; éstos incluyen a los niños, a los ancianos y a quienes sufren enfermedades respiratorias y cardiopulmonares.

En los siguientes incisos se resumen brevemente las consecuencias para la salud y los impactos ecológicos de cada contaminante criterio. Algunos efectos se examinan de manera más amplia en el capítulo 4.

Ozono. El ozono (O_3) fue descubierto por el químico suizo C.F. Schönbein en 1840 mientras observaba una descarga eléctrica; él notó su distintivo olor penetrante y lo llamó "ozono", que significa "olor" en griego. Las primeras señales de que el ozono atmosférico era el resultado de descargas de relámpagos llevaron a la noción de que el ozono estaba presente generalmente en la atmósfera inferior. Sin embargo, en la década de 1880 el químico inglés W.N. Hartley concluyó que el ozono era un componente normal de la atmósfera superior. También llegó a la conclusión de que la fracción ultravioleta (UV) del espectro solar era el resultado de la absorción de la radiación por el ozono atmosférico. De esta forma, el ozono protege la superficie de la Tierra de la radiación solar UV de alta energía (véase Molina y Molina, 1998).

Como se expuso previamente, el ozono es también un contaminante secundario formado por reacciones fotoquímicas. Es un fuerte oxidante que afecta el sistema respiratorio y daña el tejido pulmonar. Entre los efectos agudos podemos mencionar tos y dolor de pecho, irritación de los ojos, dolores de cabeza, pérdidas en el funcionamiento pulmonar y ataques de asma. Concentraciones ambientales elevadas de ozono han estado relacionadas con el incremento de la tasa de hospitalización diaria y las visitas a la sala de emergencias para tratamientos de asma y otras enfermedades respiratorias. La exposición crónica a niveles elevados de ozono es responsable de pérdidas en el funcionamiento del sistema inmune, envejecimiento acelerado y aumento en la susceptibilidad ante otras infecciones. También puede causar serios daños a las cosechas y a la vegetación. De hecho, aun las normas de ozono establecidos para proteger la salud humana podrían afectar adversamente a ciertas especies de plantas (Molina *et al.,* 2000c).

Bióxido de azufre. El bióxido de azufre (SO_2) es un gas incoloro, no inflamable, que tiene un olor penetrante e irritante. Este gas se produce principalmente por la combustión del carbón, aunque también de la gasolina rica en azufre y del combustóleo. El bióxido de azufre tiene sus propios efectos agudos sobre la salud humana, los cuales incluyen irritación y restricción en el paso del aire, acompañados de síntomas que podrían incluir jadeos, sensación de falta de aire y tensión en el pecho durante el ejercicio en personas con asma. Los efectos crónicos de la exposición al bióxido de azufre incluyen supresión del sistema inmune y aumento en la posibilidad de contraer bronquitis.

Óxidos de nitrógeno. Existen varios óxidos de nitrógeno. Los dos más importantes en la contaminación del aire son el óxido nítrico (NO) y el bióxido de nitrógeno (NO_2). Comúnmente se conocen como NO_x. El óxido nítrico es un gas incoloro e inodoro, mientras que el bióxido de nitrógeno es un gas café-rojizo con un olor penetrante. Este último es corrosivo para materiales y tóxico para humanos. Otro óxido, el nitroso (N_2O), se encuentra también presente en la atmósfera, pero es químicamente muy estable y no afecta la salud humana.

Los vehículos automotores y las plantas generadoras de energía son dos fuentes principales de emisiones de NO_x. Además de ser un precursor de la formación de ozono, el NO_2 tiene sus propios efectos sobre la salud: puede agravar las enfermedades respiratorias crónicas y los síntomas respiratorios en grupos sensibles, como los asmáticos. Entre los efectos agudos podemos incluir el daño a las membranas de las células en el tejido pulmonar y la reducción del paso del aire. Algunos efectos crónicos de la exposición prolongada a niveles suficientemente altos son la necrosis o la muerte celular directa.

Monóxido de carbono. El monóxido de carbono (CO) es un gas inodoro, incoloro e insípido. Producto de una combustión incompleta, el monóxido de carbono es emitido principalmente por los motores de vehículos a gasolina. Sin embargo, los convertidores catalíticos y los controles de emisiones han reducido enormemente las emisiones de CO. Otras fuentes incluyen los incendios forestales y las quemas de la agricultura.

El monóxido de carbono tiene una alta afinidad con la hemoglobina y es capaz de desplazar el oxígeno en la sangre, lo cual, a su vez, puede provocar daño cardiovascular y tener efectos neuroconductuales adversos. El CO es aún más peligroso en altitudes más elevadas, donde la presión parcial del oxígeno es más baja y donde la gente puede ya estar sufriendo un suministro inadecuado de oxígeno.

Material particulado suspendido. El material particulado fue medido inicialmente como partículas suspendidas totales (PST), es decir, el peso del material recolectado en un filtro al pasar el aire a través de él. Sin embargo, los investigadores pronto se dieron cuenta de que el peso estaría afectado de manera desproporcionada por las partículas consideradas grandes en términos de exposición humana. Las partículas grandes son eliminadas normalmente porque se incrustan en las vías respiratorias de la cabeza y el cuello antes de llegar a la región traqueobronquial. De hecho, desde el punto de vista de la salud, las partículas más importantes son aquéllas con un diámetro menor o igual a 10 μm o menos, las llamadas partículas "respirables" o PM_{10}.

Recientemente se ha encontrado que las partículas finas —aquéllas con un diámetro menor de 2.5 μm o $PM_{2.5}$— tienen un impacto aún mayor sobre la salud humana. Las PM_{10} son generadas principalmente por la agricultura, la minería y el tráfico de las carreteras, en tanto que las $PM_{2.5}$ son principalmente partículas de combustión o están formadas como contaminantes secundarios por la condensación de especies en fase gaseosa. La fracción gruesa de las PM_{10} tiene una probabilidad mayor de depositarse en la región traqueobronquial, mientras que las partículas más finas, $PM_{2.5}$, pueden llegar a la periferia de los pulmones, los bronquiolos respiratorios y los alvéolos. Las partículas, especialmente las de la fracción fina, son también responsables de la reducción de la visibilidad.

Plomo. La mayor parte del plomo atmosférico proviene de los compuestos antidetonantes agregados a la gasolina. El uso de gasolina sin plomo ha eliminado prácticamente los problemas de exposición al plomo de la contaminación del aire. El plomo es un metal altamente tóxico, inhibe la síntesis de hemoglobina en los glóbulos rojos de la sangre, deteriora las funciones del hígado y el riñón y causa daño neurológico.

4.1.2 *Contaminantes peligrosos o tóxicos del aire*

Además de los contaminantes criterio, existe la preocupación acerca de emisiones a la atmósfera de otro tipo de compuestos que podrían tener también efectos adversos sobre la salud, a los cuales se les conoce como contaminantes peligrosos o tóxicos del aire (CPA). Un ejemplo es el formaldehído, un compuesto tóxico de particular interés por ser un contaminante del aire en ambientes intramuros; asimismo es emitido por los vehículos automotores en el exterior y se forma también por reacciones fotoquímicas de COV. Los tóxicos del aire también podrían incluir cancerígenos o mutágenos, como es el caso de algunos hidrocarburos aromáticos policíclicos (HAP). En EUA existe una lista oficial de 189 compuestos considerados CPA; éstos son regulados por las enmiendas de 1990 a la Clean Air Act (véase, p. ej., Kelly *et al.*, 1994).

En general, la cantidad de toneladas de tóxicos del aire emitidos directamente a la atmósfera en los centros urbanos es considerablemente menor que la cantidad correspondiente de precursores del *smog* o contaminantes criterio. Sin embargo, algunos COV que son importantes precursores del ozono, como el butadieno y el benceno asimismo son considerados tóxicos del aire, ya que también son cancerígenos. Considerando los niveles ambientales del aire encontrados normalmente en una atmósfera urbana contaminada, el riesgo evaluado en términos de efectos cancerígenos potenciales de dichos compuestos es significativamente menor que los riesgos asociados con los impactos en la salud humana del ozono y las partículas respirables. Los efectos sobre la salud de algunos tóxicos del aire son analizados con más detalle en el capítulo 4.

4.1.3 *Contaminantes del aire en espacios interiores*

El diseño y la construcción de la mayoría de las casas modernas mantienen el nivel de contaminación del aire en el interior a un nivel muy bajo. Sin embargo, si la ventilación de las habitaciones es inadecuada, o si los aparatos domésticos, como estufas y calentadores de agua, tienen fallas, la contaminación puede aumentar hasta niveles que deterioren la salud humana.

Debido a que existen muchas fuentes posibles de contaminantes del aire en el hogar, la calidad del aire interior puede variar considerablemente. Por ejemplo, pintar o raspar pintura en espacios cerrados podría llevar a un incremento temporal de los contaminantes intramuros como los COV. Otra fuente significativa de contaminación en interiores es la quema de combustibles en aparatos sin chimenea, como calentadores portátiles de gas, estufas de gas y hornos. Si un aparato tiene fallas, la combustión incompleta podría dar por resultado la emisión de monóxido de carbono. La falta de mantenimiento en el hogar podría estimular a los ácaros del polvo y las esporas de moho. En algunas partes del mundo, el gas radiactivo radón puede filtrarse en la casa proveniente del piso y acumularse en el interior si la ventilación no es buena. En los hogares donde hay fumadores, la exposición al humo del tabaco es un factor importante para la evaluación de la calidad del aire interior.

En muchos países en vías de desarrollo la población sigue dependiendo del uso de combustibles sólidos no procesados para cocinar y producir calor. Es preocupante el caso de las poblaciones expuestas significativamente a diversos contaminantes dañinos para la salud emitidos por el uso de biomasa como combustible, en especial partículas respirables. En algunas zonas de China e India el uso del carbón doméstico provoca altas concentraciones interiores de flúor y arsénico con los consecuentes efectos sobre la salud (OMS, 2000).

4.2 Otros efectos de los contaminantes del aire

Además de los impactos en la salud humana, una cantidad de contaminantes tiene impactos indirectos sobre el medio ambiente. El azufre y los óxidos de nitrógeno son los principales precursores de la depositación ácida; han estado vinculados con la acidificación del suelo y del agua dulce con los consecuentes efectos adversos sobre los ecosistemas acuáticos y terrestres. El bióxido de azufre, el bióxido de nitrógeno y el ozono son tóxicos para las plantas y las cosechas; el ozono en particular causa pérdidas de cosechas y daño forestal. El deterioro en la visibilidad, así como el daño en materiales, edificios históricos y otras obras de arte está igualmente ligado con los aerosoles a base de ácido sulfúrico, de los cuales el SO_2 es un precursor.

4.3 Efectos globales de la contaminación atmosférica

La acumulación y dispersión de contaminantes, como el ozono troposférico y el material particulado transportado por el aire, no sólo pueden afectar la salud humana y los ecosistemas a escala local y regional, sino también la calidad del aire y el clima de la Tierra a escala global. A su vez, parámetros climáticos como la temperatura y la humedad pueden afectar las fuentes, la transformación química, la transportación y la depositación de los contaminantes. El impacto neto de los cambios concurrentes podría ser difícil de determinar. Por ejemplo, los incrementos en la temperatura aceleran las tasas de producción de ozono troposférico, mientras que los incrementos en vapor atmosférico afectan tanto la producción como la destrucción de aquél (NRC, 2001a).

El ozono es un contaminante local del aire y también un gas de efecto invernadero. Otros contaminantes, como el metano y el bióxido de carbono, no tienen efectos directos sobre la salud humana y los ecosistemas. Sin embargo, como gases de efecto invernadero pueden afectar el clima e, indirectamente, los ecosistemas. Los incrementos en las emisiones atmosféricas de los gases de efecto invernadero (incluyendo ozono, vapor de agua, bióxido de carbono, metano, óxido nitroso y CFC) pueden cambiar el balance de radiación de la Tierra y la temperatura de la atmósfera. Las partículas atmosféricas también pueden afectar el clima al absorber o reflejar la radiación solar y al alterar los procesos de formación, las propiedades ópticas y la eficiencia de precipitación de las nubes. Una discusión acerca de los impactos climáticos potenciales de los gases de efecto invernadero y los aerosoles atmosféricos se encuentra en el Third Assessment Report del Intergovernmental Panel on Climatic Change (IPCC, 2001). Los vínculos entre la calidad del aire urbano, regional y global en el caso del AMCM son examinados más ampliamente en el capítulo 5.

5. Conclusión

Este capítulo resume los factores que contribuyen a los problemas de la contaminación del aire urbano en las crecientes megaciudades del mundo y describe las fuentes y la transportación de los contaminantes del aire y sus efectos. El siguiente capítulo mostrará cómo estos factores han afectado la calidad del aire en dos megaciudades —la cuenca atmosférica de Los Ángeles y el Área Metropolitana de la Ciudad de México. Un análisis comparativo de la contaminación que enfrenta cada una y de los recursos que han podido reunir para combatirla demuestra la importancia de los factores institucionales requeridos para articular una estrategia completa para limpiar el aire.

2 Limpieza del aire: un estudio comparativo

AUTORES
Luisa T. Molina[a] · Mario J. Molina[a]

COAUTORES
Rodrigo Favela[b] · Adrián Fernández Bremauntz[c] · Robert Slott[d]
Miguel A. Zavala[a]

1. Introducción

En este capítulo se exponen los progresos alcanzados en el control de la contaminación del aire en el Área Metropolitana de la Ciudad de México (AMCM) en décadas recientes. Con el fin de comprender los graves problemas, los niveles de mejoría y los requerimientos futuros para una calidad del aire sustentable en el AMCM, se compara la gestión de la calidad del aire en las áreas metropolitanas de Los Ángeles (LA) y la Ciudad de México. Este enfoque ofrece reflexiones particulares sobre el complejo proceso de establecer regímenes normativos que puedan funcionar. En primer lugar, LA y el AMCM son dos de los centros urbanos más grandes, más poblados y más contaminados del mundo. La población del AMCM aumentó de tres millones en 1950 a 18 en el año 2000; el condado de Los Ángeles creció de 3.3 a cerca de 10 millones en el mismo periodo. El South Coast Air Quality Management District, organismo encargado del control del *smog* en los condados de Los Ángeles y Orange y parte de los de Riverside y San Bernardino, incluía 15 millones de personas en el año 2000 (CARB, 2001).[1] En segundo lugar, LA y el AMCM comparten algunas similitudes sorprendentes en cuanto a problemas de contaminación del aire, que incluyen fenómenos geográficos y meteorológicos comparables, los mismos contaminantes y una química atmosférica similar. El cuadro 2.1 presenta una comparación de algunas estadísticas seleccionadas en las dos áreas urbanas. Hay, como se puede apreciar, una gran dife-

---

[1] *Los Angeles Almanac*. En línea: <http://www.losangelesalmanac.com/topics/Population/index.htm#Historical Demographics> (consulta: julio de 2001).

[a] Massachusetts Institute of Technology, Estados Unidos.
[b] Petróleos Mexicanos, México.
[c] Instituto Nacional de Ecología, Secretaría de Medio Ambiente y Recursos Naturales, México.
[d] Consultor.

Cuadro 2.1 Comparación de estadísticas seleccionadas entre el Área Metropolitana de la Ciudad de México y la cuenca atmosférica de Los Ángeles

	Cuenca atmosférica de Los Ángeles[a]	AMCM[b]
Población [2000]	15 millones	18 mllones
Área total (km^2)	27 800	5 300
Área urbanizada (km^2)	17 500	1 500
Densidad de población (habitantes/km^2)	840	12 000 (zona centro) 2 700 (periferia)
PIB per cápita [2000] (dólares norteamericanos)	32 700	7 750
Consumo de energía (petajulios)	4 100	720
Consumo de gasolina [1999] (litros/día)	76 millones	18 millones
Consumo de diesel [1999] (litros/día)	10 millones	5.3 millones (total) 4.4 millones (automotores)
Parque vehicular [1999]	9.3 millones	3.2 millones
Edad promedio de los vehículos (años)	~10	~10
Tecnologías de control de emisiones vehiculares [1998] □ Control previo □ Control temprano □ Tier (nivel) 0 □ Tier (nivel) 1	 1% 8% 66% 25%	 50% 22% 28% ~0
Kilometraje vehicular recorrido (km/día)	512 millones	153 millones
Concentraciones pico de ozono [1999] (ppb/v)*	176	321
Concentraciones pico de PM$_{10}$ [1999] (µg/m^3)	139	202
Emisiones de NO$_x$ (toneladas/año)	400 000 [2000] (80% vehicular)	206 000 [1998] (80% vehicular)
Emisiones de COV (toneladas/año)	362 000 [2000] (40% vehicular)	475 000 [1998] (40% vehicular)

[a] Fuente: CARB, 2001, *The 2001 California Almanac of Emissions & Air Quality*; A. Lasgari (comunicación personal, 2001).
[b] Fuente: CAM, 2001, *Inventario de emisiones 1998 de la Zona Metropolitana del Valle de México*; INE, 2000b, *Almanaque de datos y tendencias de la calidad del aire en ciudades mexicanas*.

* Hemos conservado "ppb" (partes por billón) con el mismo significado que tiene en inglés *parts per billion* (una parte en 10^9), por ser una notación ya establecida en los textos mexicanos sobre contaminación del aire; sin embargo, no debe olvidarse que *billion* significa "mil millones", mientras que billón quiere decir "un millón de millones" [N. del T.].

rencia en el PIB per cápita, en la densidad de población y en la proporción de vehículos equipados con dispositivos para el control de emisiones.

Si bien existen similitudes entre las dos ciudades, son sus diferencias lo que debe ser tomado en cuenta para diseñar y poner en práctica un plan de acción. Política, económica y culturalmente, Los Ángeles y la Ciudad de México difieren de manera considerable. Dentro del complejo conjunto de circunstancias que enfrentan las grandes urbes, los esfuerzos exitosos para el abatimiento de la contaminación requieren una coordinación en los ámbitos político, social, económico y de desarrollo. Un plan de acción congruente en una ciudad podría ser inadecuado en otra.

En este capítulo los autores esbozan el contexto histórico, natural y social de los problemas de la contaminación del aire en estas dos ciudades, poniendo énfasis sobre todo en el AMCM. El propósito es demostrar que mientras que una determinada combinación de factores requiere soluciones integrales específicas, las experiencias de una megaciudad pueden sugerir remedios posibles para otra. Utilizando lecciones de otras megaciudades, una zona metropolitana agobiada por serios y crecientes problemas de contaminación del aire puede planear nuevas maneras de erradicarlos y prevenir dificultades posteriores, aun cuando los enfoques que funcionaron para otras no encajen exactamente con sus circunstancias particulares.

2. Cómo limpiar el aire: la experiencia de Los Ángeles

Esta sección presenta un breve recuento histórico del problema de la contaminación del aire en el área metropolitana de Los Ángeles, donde, como se mencionó en el capítulo 1, la contaminación no es un fenómeno reciente; por ejemplo, el humo industrial y otras emanaciones fueron tan espesas un día del año 1903 que los habitantes pensaron que se trataba de un eclipse de sol (AQMD, 1997). Después de que el primer incidente de contaminación fotoquímica del aire fuera registrado en 1943, los habitantes de California se dieron cuenta de la gravedad del problema y presionaron a las autoridades para atacarlo. En 1945 se estableció el Bureau of Smoke Control, como dependencia del Departamento de Salud de la ciudad, pero pronto se hizo evidente que la contaminación no podría resolverse con un enfoque de "ciudad por ciudad", sino que tendría que ser abordado a escala regional. En 1947, el gobernador de California Earl Warren firmó la Air Pollution Control Act, autorizando la creación de un distrito de control (APCD) en cada condado del estado. El Distrito de Control de la Contaminación del Aire del Condado de Los Ángeles quedó establecido ese mismo año, y fue el primero de su tipo en Estados Unidos (CARB, 1999).

El surgimiento de la conciencia y el activismo ambiental en EUA entre 1950 y 1970 culminó con la celebración del primer Día de la Tierra en 1970. El Congreso promulgó y el presidente Nixon firmó una nueva Federal Clean Air Act (FCAA) ese año. El presidente también estableció por decreto la Environmental Protection Agency (EPA) para, entre otras funciones y responsabilidades, poner en vigor la FCAA. La EPA fijó normas y exigió que cada estado elaborara y pusiera en práctica un plan para alcanzarlas. Durante este periodo se establecieron varios programas en California, en los ámbitos estatal y federal, para investigar las causas y los efectos de la contaminación del aire y desarrollar estrategias para reducir las emisiones de diversas fuentes. El California Air Resources Board (CARB) fue creado en 1967 para coordinar todas las actividades relativas a la contaminación del aire en el estado. En 1969 se fijaron las primeras normas de calidad del aire ambiente para California.

Otros factores pronto rebasaron estos programas legislativos y las medidas de control de la contaminación en el área de Los Ángeles continuaron aumentando. Los elementos generadores de la contaminación, al igual que en muchas otras ciudades del mundo, eran la inmensa población, la motorización y el crecimiento industrial. La demanda pública de mejores niveles de vida con base en un consumo de energía cada vez mayor y más productos industrializados, combinada con las ventajas que brindan los automóviles para la movilidad, no sólo incrementaron la concentración de contaminantes sino también los congestionamientos de tráfico. Durante 30 años Los Ángeles fue considerada la ciudad más contaminada de EUA;[2] no obstante, el aire de Los Ángeles está hoy mucho más limpio de lo que estaba hace 50 años. Por ejemplo, los niveles máximos de ozono se han reducido a menos de la mitad respecto a los de los años cincuenta, a pesar de que la población ha aumentado tres veces y el número de vehículos ha crecido cuatro. El área metropolitana de Los Ángeles cuenta con uno de los mejores sistemas de monitoreo de la contaminación del aire y ha estado a la cabeza al poner en práctica estrategias para su control.

En los siguientes incisos analizaremos el control de la calidad del aire en California y cómo el estado ha reducido la contaminación en las áreas metropolitanas durante los últimos 30 años. La manera como el área metropolitana de Los Ángeles ha lidiado con el problema es un ejemplo de éxito notable, con información útil para las megaciudades del siglo XXI, incluyendo el AMCM.

2.1 Topografía y meteorología de la cuenca atmosférica de Los Ángeles

La cuenca atmosférica de Los Ángeles o cuenca atmosférica de la costa sur —un área de aproximadamente 17 500 km², que abarca los condados de Orange y Los Ángeles y parte de los de Riverside y San Bernardino— está localizada en el paralelo 34°00′ de latitud N y el meridiano 118°15′ de longitud O. Está rodeada de montañas al norte y al este y por el Océano Pacífico al sur y al oeste. Durante el verano se encuentra bajo la influencia de una inversión por subsidencia a gran escala que atrapa una capa de aire de frío proveniente del mar. Los contaminantes emitidos por varias fuentes son empujados tierra adentro durante el día por la brisa marina. Éstos se ven sometidos a

---

[2] Houston sustituyó a Los Ángeles como la capital del *smog* en EUA en octubre de 1999. FUENTE: "Houston, you have a problem and it's smog", *US News & World Report* (25 de octubre de 1999).

reacciones fotoquímicas que bajo intensa luz solar forman ozono. El aire contaminado es detenido en su movimiento ulterior tierra adentro por las montañas, donde las comunidades regionales experimentan los máximos niveles de ozono en la cuenca.

2.2 Tendencias de la contaminación del aire en la cuenca atmosférica de Los Ángeles

Como se señaló, la calidad del aire en la cuenca atmosférica de Los Ángeles ha mejorado a lo largo de los últimos 50 años, a pesar del enorme incremento de población y de vehículos automotores. Las figuras 2.1 y 2.2 muestran los niveles pico de ozono y las tendencias de las partículas en la cuenca atmosférica de LA durante las últimas dos décadas, y a manera de comparación, las del AMCM. El nivel pico de ozono para LA ha disminuido de 0.5 ppm en 1980 a menos de 0.2 ppm en el año 2000. De manera similar, la concentración de partículas ha disminuido significativamente durante la última década. También, como lo muestra la figura 2.3, el número de días con un nivel de contaminación por encima de las normas se ha reducido drásticamente.

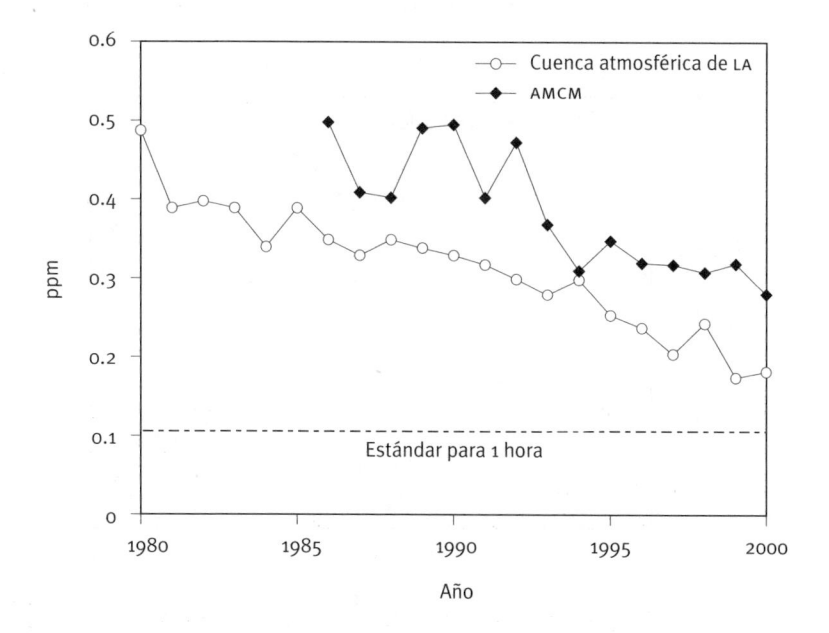

Figura 2.1 Tendencia del ozono (concentraciones pico en una hora) en la cuenca atmosférica de Los Ángeles y el AMCM. FUENTES: CARB, 2001, *The 2001 California Almanac of Emissions and Air Quality*; INE, 2000b, *Almanaque de datos y tendencias de la calidad del aire en ciudades mexicanas*.

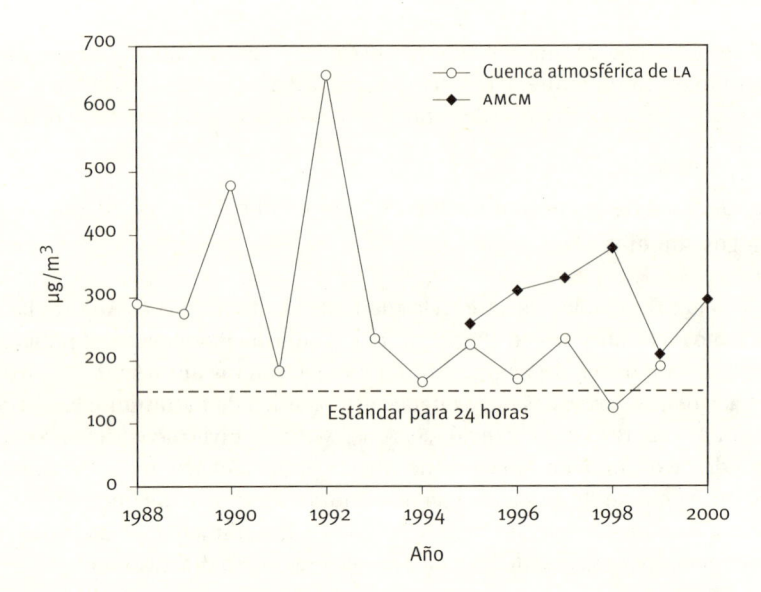

Figura 2.2 Tendencia de PM_{10} (concentraciones máximas en 24 horas) en la cuenca atmosférica de Los Ángeles y el AMCM. FUENTES: CARB, 2001, *The 2001 California Almanac of Emissions and Air Quality*; INE, 2000b, *Almanaque de datos y tendencias de la calidad del aire en ciudades mexicanas*.

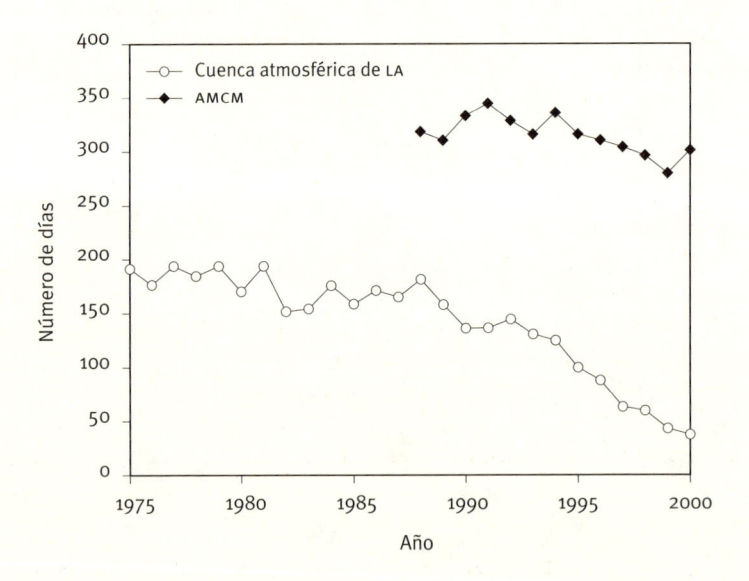

Figura 2.3 Número de días con niveles excedidos de ozono en la cuenca atmosférica de Los Ángeles y el AMCM. FUENTES: CARB, 2001, *The 2001 California Almanac of Emissions and Air Quality*; INE, 2000b, *Almanaque de datos y tendencias de la calidad del aire en ciudades mexicanas*.

2.3 Programas para el control de la calidad del aire en la cuenca atmosférica de Los Ángeles

2.3.1 *Programas anteriores a 1970*

El programa y las normas adoptados por las autoridades de la ciudad de Los Ángeles fueron impulsados por la preocupación pública acerca del deterioro en la calidad del aire. Desde el comienzo, los factores sociales, así como la ciencia y la tecnología, desempeñaron su parte en los esfuerzos de regulación. Durante el decenio de 1940 a 1950, el control de la contaminación del aire se enfocó en fuentes obvias como las quemas en los patios de las casas y los incineradores, la quema abierta en los tiraderos de basura y las emisiones de humo de las fábricas. Las medidas redujeron en dos terceras partes la caída de polvos. Sin embargo, debido a que los habitantes se opusieron a la supresión de los incineradores en los patios, éstos no fueron prohibidos. Finalmente, en 1958 se establecieron nuevos programas de recolección de basura, más de 10 años después de que las quemas en patios estuvieran implicadas en el problema de la contaminación del aire en la ciudad (AQMD, 1977).

En 1953, el APCD de Los Ángeles comenzó a exigir controles para reducir las emisiones de hidrocarburos provenientes de los tanques de almacenamiento de gasolina industrial. Normas subsecuentes redujeron las emisiones de hidrocarburos en el llenado de los tanques de gasolina de los camiones y los de almacenamiento subterráneo de las gasolineras. En 1978 se exigieron mangas para las boquillas de las bombas de gasolina para evitar el escape de los gases de hidrocarburos durante la carga de combustible en los vehículos.

Durante las décadas de 1950 y 1960, los funcionarios encargados de la calidad del aire en el sur de California establecieron el uso obligatorio de equipos para la recuperación de vapores durante la transferencia de gasolina en grandes volúmenes, regularon los solventes a base de petróleo e incluso exigieron permisos de operación para las plantas procesadoras de desperdicios animales. Las normas sobre la calidad del aire redujeron significativamente dichas emisiones, pero los niveles pico de ozono en la cuenca atmosférica de Los Ángeles permanecieron extremadamente altos, más de cuatro veces por encima de los niveles tolerados hoy. El incesante aumento en el número de automóviles fue la causa principal para la continuidad del problema del *smog*.

2.3.2 *De 1970 a la fecha: desarrollo regional del control de la calidad del aire*

A principios de la década de 1970, los habitantes y las autoridades encargadas de la calidad del aire en los condados de San Bernardino y Riverside estaban insatisfechos con los esfuerzos de sus vecinos del lado oeste, los condados de Los Ángeles y Orange, para el control de la contaminación. La mayor parte de la contaminación se originaba por los vehículos y las industrias en estos últimos condados. Sin embargo, puesto que los movimientos de las masas de aire no conocen fronteras, todas las tardes la brisa del océano que viene del oeste de la región arrastraba gran parte de la contaminación hacia los condados de San Bernardino y Riverside, obligando a los habitantes de los valles tierra adentro a sufrir los efectos del *smog*. El conflicto regional provocó la necesidad de crear un organismo para el control de la contaminación que abarcara los cuatro condados de la cuenca de Los Ángeles. Tomó más de cinco años de regateos políticos el que la idea se hiciera realidad.

En 1973 los gobiernos regionales intentaron consolidar voluntariamente sus programas de control de la contaminación. Sin embargo, sin autoridad suficiente para imponerlos, esta organización fracasó en poco tiempo. Finalmente, en 1977, el poder legislativo del estado de California creó el South Coast Air Quality Management District (SCAQMD) combinando programas de los condados de Los Ángeles y Orange y partes de los de Riverside y San Bernardino, que conforman el área metropolitana de Los Ángeles, para desarrollar un conjunto de normas consistentes para los cuatro. Esta área urbana alberga a 15 millones de personas, cerca de la mitad de la población del estado de California. Ésta es la segunda área urbana más poblada de EUA.[3]

2.3.3 Instituciones para el control de la calidad del aire en la cuenca atmosférica de Los Ángeles

A partir de 1970 se crearon los cuerpos normativos federales, estatales y locales con amplias facultades para establecer la normatividad ambiental. Sus actividades y jurisdicciones entrelazadas hicieron posible la limpieza del aire en la cuenca atmosférica de LA.

La Federal Clean Air Act fue revisada en 1977, dando a los estados cinco años para alcanzar las normas, con una extensión de otros cinco para las áreas más severamente afectadas. Sin embargo, 10 años más tarde, muchos estados aún no habían alcanzado las normas y le tomó dos más al Congreso revisar la ley federal que contiene nuevas metas. California sancionó su propia Clean Air Act en 1988 y estableció un sistema sobre cómo se manejaría la calidad del aire en el estado en los siguientes 20 años. Las enmiendas a la FCAA de 1990, que se basaban en lo general en elementos de la ley de California de 1988, demandan una serie de programas enfocados a controlar el ozono urbano, la lluvia ácida rural, el ozono estratosférico, las emisiones de tóxicos contaminantes del aire y las emisiones de vehículos, y establecieron un nuevo sistema nacional uniforme de permisos.

El State Implementation Plan (SIP), derivado de la FCAA, es un compromiso del estado para reducir las emisiones en cierto periodo, dentro de categorías específicas de emisión y de tipo de industria, en una cuenca atmosférica determinada. En California, la responsabilidad del desarrollo y la puesta en práctica del SIP está compar-

---

[3] Información obtenida de la página web del South Coast Air Quality Management District: <http://www.aqmd.gov/> (consulta: julio de 2001).

tida entre los distritos locales de control de la contaminación del aire y el estado. En general, los organismos locales tienen autoridad predominante para controlar las emisiones de fuentes fijas, desde refinerías y plantas de energía hasta gasolineras y tintorerías; el organismo estatal, el California Air Resources Board tiene autoridad predominante para establecer controles para combustibles, productos de consumo y fuentes móviles como autos, camiones, autobuses, equipos de construcción, motocicletas, elevadores de carga y aun podadoras, sierras de cadena y embarcaciones privadas. En Estados Unidos la EPA tiene jurisdicción sobre las emisiones producidas por el comercio entre estados en trenes, aviones, barcos y camiones que transitan de uno a otro. El CARB es responsable de cumplir el mandato federal dentro de los límites del estado, y puede asumir la autoridad en el ámbito local si las autoridades respectivas no desarrollan o no ponen en práctica su propio plan para la calidad del aire.

El CARB es una parte de la California Environmental Protection Agency (CAL/EPA), un componente del brazo ejecutivo del gobierno del estado de California. Este organismo fue creado en 1967 para coordinar todas las actividades del estado relacionadas con la contaminación del aire. El CARB es un consejo independiente, que no informa directamente a la CAL/EPA al tomar decisiones sobre normas.[4] El consejo está formado por 11 miembros designados por el gobernador con el consentimiento del Senado; cinco miembros deben ser elegidos de entre los consejos locales de los distritos para el control de la calidad del aire. Maneja un presupuesto de 150 millones de dólares y un personal de cerca de 1 100 empleados localizados en el norte y el sur del estado. Además, el CARB proporciona asistencia financiera y técnica a 35 distritos locales en el establecimiento de controles de emisiones industriales. El consejo dirige los esfuerzos para el control de la contaminación del aire en California para alcanzar y mantener normas de calidad basadas en la salud de los habitantes y es responsable del control de la contaminación que producen los vehículos automotores y otros bienes de consumo, y de la identificación y el control de los contaminantes tóxicos del aire.

El South Coast Air Quality Management District se compone de un consejo independiente de 12 miembros designados por el gobernador, el Senado y la Asamblea, así como por representantes de las ciudades y los condados; su costo de operación es cubierto con cuotas provenientes de la industria. El consejo fue autorizado para establecer normas para fuentes fijas e imponer multas de hasta 25 000 dólares por día a los transgresores. De esta manera, quienes más contaminan son quienes más pagan para financiar los esfuerzos dirigidos al control de la contaminación; además, las empresas deben pagar cuotas anuales por sus permisos de operación.

Sin embargo, puesto que los vehículos automotores son causantes de más de la mitad del problema de la contaminación en la región, a partir de 1991 se añadió un

---

[4] Página web del California Air Resources Board: <http://www.arb.ca.gov/homepage.htm> (consulta: julio de 2001).

sobrepago a la tarifa para el registro de los vehículos. El recargo consiste en una cuota estatal de 4 dólares, más una cuota distrital adicional de un dólar por vehículo. La cuota de un dólar y el 30% de los 4 dólares de los vehículos registrados en los cuatro condados va al SCAQMD para ser destinado a mejoras en la calidad del aire relacionadas con las fuentes móviles, como las que promueven los viajes compartidos, el desarrollo de combustibles limpios y concesiones para programas tendientes a reducir las emisiones de los vehículos (Lents, 2000).

La aprobación de las enmiendas a la FCAA de 1990 inició un ciclo de planeación para un nuevo State Implementation Plan que fue propuesto por el CARB en 1994 y aprobado por la EPA en 1996. La planeación del SIP evalúa las reducciones adicionales de emisiones que se estiman necesarias para alcanzar las normas ambientales federales y detalla las normas que deben desarrollarse para alcanzar las metas ambientales del aire estatales y locales.

2.3.4 Estrategias de control para la cuenca atmosférica de Los Ángeles

De 1970 a 1990, las actividades de planeación y los compromisos del SIP llevaron al gobierno del estado de California y los organismos locales al desarrollo de una amplia variedad de programas para reducir las emisiones. Los siguientes son algunos programas y medidas de control clave (CARB, 1999).[5]

Control de la contaminación en vehículos automotores. En 1959 la legislatura de California instituyó el California Motor Vehicle Pollution Control Board para evaluar las emisiones y certificar los dispositivos de control. En 1961, el estado impuso la primera tecnología en EUA para este propósito, la ventilación positiva del cárter (VPC), para controlar las emisiones de hidrocarburos del cárter del cigüeñal de estos vehículos. La VPC es un dispositivo que recoge los vapores del cárter y los vuelve a quemar en lugar de liberarlos a la atmósfera.

En 1966, California impuso normas para las emisiones de hidrocarburos y monóxido de carbono de los escapes de automóviles —las primeras de su tipo en EUA. La policía de caminos comenzó a hacer inspecciones al azar en las carreteras, en relación con los dispositivos de control del *smog*.

En 1975, los primeros convertidores catalíticos de dos vías entraron en uso como parte del Motor Vehicle Emission Control Program del CARB. Éste es el dispositivo de reducción de la contaminación más importante y el primer ejemplo de normas de "tecnología obligatoria" por parte del estado, forzando a la industria a desarrollar nuevos métodos para el control de la contaminación con una fecha límite establecida. En 1977 fue introducido el primer convertidor catalítico de tres vías para controlar hidrocarburos, óxidos de nitrógeno y monóxido de carbono.

[5] Los programas del CARB sobre fuentes móviles se encuentran en la página <http://www.arb.ca.gov/msprog/msprog.htm> (consulta: julio de 2001).

Durante los últimos años del decenio de 1970, en Los Ángeles, y más tarde en todo el estado, se exigieron inspecciones vehiculares para asegurarse de que los dispositivos de control de la contaminación estuvieran funcionando correctamente. Este programa evolucionó para convertirse en el California Smog Check Program en 1984. Administrado por el Bureau of Automotive Repair (BAR) del estado, el programa identifica los vehículos que requieren mantenimiento y verifica la eficiencia de sus sistemas de control de emisiones de manera bienal. En 1994, el Smog Check II se convirtió en ley; este programa tiene como objetivo los vehículos que contaminan de 2 a 25 veces más que los vehículos promedio y exige reparaciones e inspecciones subsecuentes de los vehículos en cuestión.

En 1988, el CARB dispuso normas para que a partir de los modelos 1994, los automóviles fueran equipados con un sistema computarizado de diagnóstico a bordo (DAB) para monitorear su funcionamiento en términos de emisiones y alertar a los propietarios cuando hubiera algún problema. Desde 1996, todos los vehículos de menos de 6 350 kg de peso (automóviles de pasajeros, camionetas *Pick up* y vehículos todoterreno) están equipados con sistemas DAB II, que son la segunda generación de las exigencias de sistemas DAB de California y de la EPA. El sistema DAB II monitorea virtualmente todos los componentes que pueden afectar el desempeño del vehículo en términos de emisiones, para asegurar que siga siendo limpio durante toda su vida y ayuda a los mecánicos a diagnosticar y reparar problemas con la ayuda de controles computarizados del motor.

En 1990, el CARB aprobó normas para combustibles más limpios y para vehículos de emisiones bajas y de emisiones cero. En 1999, el CARB enmendó y adoptó las normas para vehículos de bajas emisiones, conocidas como LEV II.[6] California es el único estado que puede establecer normas para vehículos diferentes de las establecidas por la EPA, siempre y cuando las normas señaladas por ese estado sean por lo menos tan estrictas como las señaladas por la EPA. Las LEV II estipulan normas de emisión más severas para la mayor parte de las minivans, pickups y vehículos todoterreno de hasta 3 860 kg de peso bruto, para reducir las emisiones de estos vehículos al nivel de las emisiones de los automóviles normales para 2007. Asimismo, fueron adoptadas normas para motores marinos para reducir considerablemente las emisiones que producen *smog* y la contaminación del agua proveniente de motores fuera de borda y de embarcaciones privadas.

Fue también en 1998 cuando el CARB identificó las emisiones de diesel particulado como un contaminante tóxico del aire (CTA). Esto llevó al desarrollo del Diesel Risk Reduction Plan en 2000, para reducir las emisiones de diesel provenientes tanto de los motores y vehículos nuevos como de los ya existentes. Uno de los elementos clave de este plan es la actualización de los motores a diesel existentes en California para reducir las emisiones de material particulado del diesel a niveles cercanos a cero

---

[6] Página web del programa de vehículos de emisiones bajas: <http://www.arb.ca.gov/msprog/levprog/levprog.htm> (consulta: julio de 2001).

en el lapso más corto posible. El programa se enfoca en varias opciones de control, tales como el diesel de bajo contenido de azufre, junto con filtros sólidos de diesel a base de catalizadores o trampas y otras tecnologías y combustibles alternativos viables.

Control de combustibles. En los años sesenta, las autoridades dieron el primer paso para limpiar los combustibles utilizados en vehículos automotores reduciendo la cantidad de olefinas altamente fotorreactivas en la gasolina. Comenzando en 1970, el gobierno federal eliminó paulatinamente el plomo de las gasolinas. Como resultado, los niveles de plomo en la cuenca atmosférica de Los Ángeles no han excedido las normas de salud estatales o federales desde 1982.

Desde 1977, el CARB inició un programa obligatorio de especificaciones para combustibles para motores, en respuesta a la adopción de la norma estatal de presión de vapor de Reid (PVR).[7] Se adaptaron otras normas para un mayor control de las propiedades químicas de la gasolina limitando su contenido de plomo, azufre, fósforo y manganeso, así como el contenido de azufre del diesel para uso vehicular en la parte sur de California.

En 1991 fue adoptada la Fase I de las normas para la gasolina reformulada en California. Estas normas exigían la eliminación del plomo en la gasolina, la incorporación de oxigenados durante los meses de invierno y el uso de depósitos para control de aditivos. En 1993 se impusieron exigencias en todo el estado sobre el diesel vehicular, limitando los hidrocarburos aromáticos y el contenido de azufre.

En 1996 se introdujo en el mercado la Fase II de la gasolina reformulada, también conocida como gasolina más limpia. Se estima que el uso de este nuevo combustible en el parque vehicular de California tuvo un efecto en la reducción de las emisiones vehiculares equivalente a la eliminación de 3.5 millones de autos de las calles y las carreteras. La reducción de emisiones se logra disminuyendo los componentes previamente regulados (PVR y azufre), exigiendo el uso de oxigenantes todo el año,[8] y regulando los componentes adicionales (benceno, aromáticos totales, olefinas). Además de reducir el *smog*, el uso de gasolina reformulada también disminuye en más de una tercera parte, el riesgo de cáncer a causa de ciertos contaminantes presentes en las emisiones vehiculares.

Combustibles y vehículos limpios. En 1990 el CARB adoptó una norma muy importante dirigida tanto a los vehículos automotores como a los combustibles. El organismo lanzó su programa de vehículos de baja emisión y emisión cero, que exige a los

---

[7] Página web de los programas del CARB sobre combustibles para vehículos: <http://www.arb.ca.gov/cd/fuels.htm> (julio de 2001).
[8] En 2000, California trató, sin éxito, de eliminar el mandato federal sobre los niveles de oxigenación en las gasolinas.

fabricantes de automóviles desarrollar autos más limpios, culminando con la obligación de introducir un vehículo eléctrico con cero emisiones en 1998. Sin embargo, la aplicación de esta medida fue postergada hasta 2003 para dar a los fabricantes tiempo suficiente para mejorar la tecnología de las baterías.

Productos de consumo. En 1998 el CARB enmendó las especificaciones para motores no vehiculares como podadoras, segadoras y otras herramientas de motor pequeño, y en 1999 adoptó una nueva norma que reduce en más de 70% las emisiones que forman *smog* provenientes de los tanques portátiles de gas. Con el propósito de reducir las emisiones formadoras de *smog* se adoptaron también reglas para los bienes de consumo y los compuestos orgánicos volátiles (COV) de alrededor de 2 500 productos domésticos comunes que abarcan desde removedores de barniz de uñas hasta productos para limpiar cristales.

Incentivos de mercado. En 1993 el SCAQMD adoptó el programa Regional Clean Air Incentives Market (RECLAIM), que impone un límite general de emisiones para cada una de las mayores industrias de la región. El límite baja cada año, de tal manera que para 2003 estas instalaciones habrán reducido sus emisiones en 35 ton/día de óxidos de nitrógeno y 8 ton/día de óxidos de azufre. Las fábricas pueden reducir sus emisiones en la forma en que lo deseen, dándoles la flexibilidad para escoger el mejor método en cuanto a costo y resultados. Si una empresa reduce sus emisiones por debajo de su límite en un año determinado, gana créditos o certificados negociables RECLAIM que pueden ser vendidos a alguna empresa renuente o que no esté en posibilidad de alcanzar sus objetivos en ese año. A principios de 1997 se habían negociado más de 30 millones de dólares en créditos y se estaban alcanzando las metas en la reducción de emisiones.

El SCAQMD está expandiendo sus programas de incentivos de mercado para incluir las llamadas fuentes de contaminación de área, como calentadores domésticos de agua. También está desarrollando un programa comercial más amplio que mejorará aún más la eficiencia y el costo-efectividad en la negociación de emisiones.

El CARB cuenta con planes para promover la introducción de vehículos a diesel para trabajo pesado más limpios y para acelerar la renovación del parque vehicular con el fin de aumentar en poco tiempo en número de vehículos de baja emisión. En 2000 California introdujo programas para subsidiar el retiro de la circulación de algunos vehículos ligeros y para reparar otros que no eran aprobados en los programas de inspección de emisiones.

Fomento de tecnologías avanzadas. En 1988, el SCAQMD estableció su Technology Advancement Office para ayudar a la industria privada a acelerar el desarrollo de tecnologías de baja emisión y emisión cero. Éstas incluyen celdas de combustible, vehículos eléctricos, pinturas y solventes sin COV, sensores remotos, vehículos para trabajo pesado y locomotoras a base de combustible alternativo, y la reformulación de productos para encender asadores.[9]

2.3.5 *Políticas sobre la contaminación del aire: el proceso de toma de decisiones*

Las políticas involucradas en este proceso fueron elaboradas durante una primera oleada de normas en los años 1950. Aunque todos quisieran un aire limpio y el problema exige el esfuerzo de los dos partidos políticos en Estados Unidos, las repercusiones económicas de la regulación separaron a los sectores interesados en cuatro grupos: la legislatura (tanto la estatal como la federal); el brazo ejecutivo (el gobernador y sus dependencias ejecutivas); los distritos regionales de gestión de la calidad del aire, y los grupos de intereses particulares (incluyendo tanto las empresas y los servicios públicos como los grupos a favor del ambiente y la salud pública) (Krebs, 1999).

La legislatura de California ha desempeñado siempre un papel importante en el diseño de las políticas sobre contaminación del aire. Esto refleja el alto nivel de interés de sus miembros en estos asuntos. La influencia clave en la Asamblea de California es el Natural Resources Committee, que examina la mayor parte de los proyectos de ley sobre la calidad del aire. Algunas personalidades de la legislatura, tanto en este comité como en el del transporte, tradicionalmente han desempeñado un papel importante influyendo en la legislación. Puesto que la contaminación del aire es un asunto tan cargado políticamente, la mayor parte del debate en California ha girado en torno a cómo "negociarlo" a cambio de otros intereses políticos. Representantes federales y senadores de California llevan estos intereses al Congreso de Estados Unidos, en donde la política nacional sobre el aire ha reflejado desde hace mucho tiempo la experiencia de California. El mismo debate tiene lugar en el nivel federal, en el cual la política sobre el aire limpio es considerada como "buena", pero los costos y beneficios asociados a ella son discutidos acaloradamente.

El gobernador y las dependencias de su brazo ejecutivo son actores clave en el sistema político de California. El gobernador tiene una gran influencia en el proceso legislativo y su control sobre el presupuesto del estado le asegura una posición de poder. El CARB es una de las dependencias más poderosas del brazo ejecutivo: eficiente, con una fuente propia de ingresos (el cobro de cuotas por permisos) y un gran poder político. Tradicionalmente ha sido vista como una dependencia de imposición de tecnología que logra sus metas mediante la vía equilibrada de la formación de consenso que tiene eco con la opinión pública. Aunque ha sufrido cierta agitación política asociada con intereses particulares, el CARB goza de un tremendo apoyo popular y es visto con mucho respeto.

---

[9] Cuando el SCAQMD adoptó una norma en 1990 exigiendo a los fabricantes de productos para asadores caseros reducir radicalmente los ingredientes formadores de humo en los materiales y líquidos encendedores, los escépticos dijeron que esto sería el fin de las carnes asadas en los patios, una de las actividades favoritas del estilo de vida del sur de California. En lugar de esto, los fabricantes encontraron una manera de reformular sus productos para acatar la nueva norma en menos de 15 meses (AQMD, 1997).

La implementación y ejecución real del plan SIP es responsabilidad de los distritos locales de control de la contaminación del aire; el SCAQMD es el responsable directo en la cuenca atmosférica de Los Ángeles. Aunque también obtiene ingresos que provienen de permisos de operación y fondos del gobierno, no se salva de algunos problemas políticos. A principios de los años ochenta fue criticado por la falta de firmeza en sus decisiones. Como respuesta, sus esfuerzos recientes para controlar la contaminación han sido notables y de gran alcance.

Debido a la naturaleza bipartidista del problema, los grupos de presión se han vuelto cada vez más importantes en la política sobre la contaminación del aire. Los tres principales sectores que ejercen presión en relación con la contaminación del aire son: las empresas (especialmente la industria de automóviles y de reparación de autos, y la del petróleo), las compañías de servicios públicos y los grupos de intereses públicos (ambientales y de salud). El peso relativo de los grupos de interés público aumenta y disminuye con el clima político y el interés de la sociedad civil, pero la presión de las empresas es constante. Éstas presionan con base en sus preocupaciones acerca del impacto de las normas ambientales en su competitividad. Buena parte de la presión de las compañías prestadoras de servicios públicos ha tenido lugar en la misma línea, con la competitividad y la equidad como inquietudes principales. La presión del interés público se ha visto beneficiada por una oleada de preocupación por los asuntos del ambiente y la salud entre los ciudadanos afectados; ésta ha sido la fuerza impulsora de muchos de los esfuerzos normativos hasta la fecha.

En California, los grupos de presión por el interés público gozan de un estatus político único como "parte interna" del proceso. Estos grupos están bien financiados y sus actividades son dadas a conocer ampliamente y apoyadas por el público en general, y han tenido mucho éxito al conformar los programas legislativos. La recesión de finales de los años ochenta y principios de los noventa tuvo pocos efectos sobre la presión a favor del ambiente, pues sus defensores se dieron cuenta de que si bien los programas ambientales podían ser costosos, el apoyo popular seguía siendo fuerte. Grupos como el Sierra Club, la American Lung Association y el Natural Resources Defense Council son ejemplos de organizaciones poderosas defensoras del interés público en California (Krebs, 1999).

2.4 Resultados y consecuencias de los esfuerzos en la cuenca atmosférica de Los Ángeles

Los esfuerzos para regular los contaminantes del aire en la cuenca atmosférica de Los Ángeles han hecho que un buen número de contaminantes incluyendo SO_2, NO_2 y plomo pasaran de no cumplimiento a cumplimiento en cuanto a las normas nacionales de calidad del aire. Otros programas han mejorado la calidad del aire, pero no han sido tan efectivos como se había anticipado. Los niveles pico de ozono han bajado 50% respecto a los niveles de los años sesenta. Se han logrado progresos importantes en la reducción de la caída de polvos, la cual llegó a ser de 38.5 ton/km² al mes. Para la mayoría de los informes, la contaminación ha ido declinando de manera constante desde la década de 1960, a pesar del tremendo crecimiento de la población y de la motorización. Los esfuerzos para controlar el ozono han reducido sustancialmente los niveles pico de ozono respecto a los niveles máximos anteriores. Si bien los niveles aún no están dentro de la norma sanitaria, el progreso logrado hasta hoy es promisorio.

También podemos reconocer el éxito en la reducción de los niveles de partículas. Las partículas suspendidas totales han disminuido drásticamente en Los Ángeles, regresando a los niveles previos al decenio de 1940. Cuando el punto central de las medidas regulatorias se desplazó de PST a PM_{10} de nuevo hubo progresos. Aunque no tan drásticamente como las reducciones en PST, los niveles de PM_{10} han caído desde que comenzaron los esfuerzos de monitoreo (véase la figura 2.2). La reducción del material particulado está relacionada con la limpieza en los camiones a diesel (con nuevos programas que apenas están comenzando) y con la extensa normativa para reducir las emisiones de hidrocarburos, NO_x, y SO_2, que llevó a la reducción en la formación de partículas secundarias. Los esfuerzos para regular las emisiones en la agricultura y otras fuentes contaminantes del área han sido menos efectivos.

Muchas medidas para controlar las partículas son complementarias a los esfuerzos para controlar el ozono. El éxito obtenido por los programas para la reducción del ozono como consecuencia de la reducción de partículas también sustenta otra observación importante: los esfuerzos para controlar la contaminación del aire son complementarios y, como tales, a menudo logran más de una meta a la vez. Por ejemplo, los intentos para reducir los precursores del ozono contenidos en el humo proveniente de la combustión de la basura también redujeron las partículas liberadas a la atmósfera. Una vez que la reglamentación sobre la contaminación del aire se volvió un asunto empresarial importante y la industria empezó a abordar el problema con seriedad —el cambio de enfoque de las emisiones sin control a los equipos de control de emisiones— empezaron a reducirse también los niveles de otros contaminantes que no estaban contemplados. Cuando las empresas toman decisiones relacionadas con sus operaciones ya no pueden ignorar los efectos de la elección del equipo para la calidad del aire.

En resumen, los esfuerzos normativos para combatir la contaminación del aire en la cuenca atmosférica de Los Ángeles comenzaron formalmente a principios de los años cincuenta. En esa época, el conocimiento científico de la contaminación del aire era todavía muy elemental y la reglamentación estaba enfocada en los emisores mayores. Si bien se han dado algunos esfuerzos por controlar el comportamiento individual, la reducción más importante en cuanto a emisiones contaminantes ha venido del mejoramiento tecnológico en el sector de automotores. Hoy, los automóviles contaminan 90% menos que en la década de 1970, en gran parte debido a la presión impuesta sobre la industria del automóvil. Además, las fuentes industriales mayores han estado bien controladas o han sido trasladadas fuera del área, y en la actualidad producen un porcentaje relativamente pequeño de las emisiones generales en la cuenca atmosférica de Los Ángeles.

Los esfuerzos normativos en California han creado organismos competentes, poderosos y con financiamiento independiente, capaces de promover políticas sustantivas, aunque algunas veces impopulares, para reducir la contaminación en Los Ángeles. Tanto el CARB como el SCAQMD son dependencias que cuentan con personal profesional y que han logrado un amplio apoyo público para que el poder institucional se aplique en el combate contra la contaminación del aire. El papel del apoyo público en estos esfuerzos es clave, en tanto que los grupos de presión por el interés público cuentan con un gran número de votantes (tanto entre el público como dentro del gobierno del estado de California) a favor de los programas de reducción de la contaminación.

3. Cómo limpiar el aire: la experiencia del Área Metropolitana de la Ciudad de México

El Área Metropolitana de la Ciudad de México y la cuenca atmosférica de Los Ángeles comparten problemas similares en cuanto a la calidad del aire. Sin embargo, existen diferencias, por ejemplo de altitud y latitud, con sus correspondientes desigualdades en los efectos meteorológicos. Otra diferencia importante es la disponibilidad de recursos financieros, institucionales y humanos. Después de cincuenta años de esfuerzos para controlar la contaminación, la ciudad de Los Ángeles ha tenido un éxito razonable al eliminar del aire que respiran sus habitantes los compuestos y las partículas que constituyen una amenaza para la salud. Por otro lado, el AMCM comenzó con esfuerzos importantes para controlar la contaminación del aire tan solo hace 10 años y ha logrado grandes progresos desde entonces, aunque aún persisten serios problemas respecto a las altas concentraciones de ozono y partículas que deterioran la salud. Esta sección examina la naturaleza de la contaminación del aire en esta importante megaciudad; describe las fuentes y el potencial de remedio; esboza las jurisdicciones involucradas, incluyendo las debilidades y fortalezas de su relación, y sugiere en dónde deberían enfocar sus esfuerzos los ciudadanos interesados, los funcionarios públicos y la comunidad internacional para hacer que el AMCM pueda alcanzar altos estándares de calidad del aire.

3.1 Topografía y meteorología del AMCM

El Área Metropolitana de la Ciudad de México (cuyo centro se encuentra a 19°25′ de latitud N y 99°10′ de longitud O) está asentada en una cuenca elevada a una altitud de 2 240 m. El suelo casi plano de la cuenca abarca aproximadamente 5 000 km² del altiplano mexicano, está limitado por tres lados (este, sur y oeste) por cordilleras montañosas y cuenta con una extensa abertura en el norte y un paso más estrecho en el sursureste. Las cordilleras circundantes varían en elevación, con algunos picos que alcanzan una altura cercana a 4 000 m, aunque la cuenca puede ser considerada con una profundidad de 800 a 1 000 m. Hay dos volcanes principales, el Popocatépetl (5 452 m) y el Iztaccíhuatl (5 284 m) en la cadena montañosa al sureste de la cuenca. El paso al sursureste de la cuenca, al combinarse con la abertura al norte, ha dado lugar a la descripción de la topografía como un extenso valle. La lámina 1 muestra un mapa topográfico de la cuenca de la Ciudad de México. El área metropolitana está localizada en el lado suroeste de la cuenca y cubre aproximadamente 1 500 km^2 de superficie. El AMCM incluye 16 delegaciones del Distrito Federal, 40 municipios del Estado de México y uno del estado de Hidalgo, como se muestra en la figura 2.4.

En contraste con las megaciudades de latitud media, a lo largo de todo el año pueden tener lugar periodos de altas concentraciones de ozono, debido a que la latitud subtropical y altitud elevada son propicias para la producción de ozono, tanto en el invierno como en el verano (Garfias y González, 1992). Durante los meses secos del invierno el área se encuentra normalmente bajo la influencia de sistemas anticiclónicos (de alta presión) con vientos ligeros sobre la cuenca y cielos casi sin nubes. Esto conduce a la formación durante la noche de fuertes inversiones térmicas en la superficie que persisten por varias horas después de la salida del Sol. El rápido calentamiento del suelo por el Sol da lugar a una mezcla turbulenta que rompe estas inversiones por la mañana, produciendo por la tarde profundas capas límite. Los contaminantes inicialmente atrapados debajo de la capa de inversión se mezclan entonces dentro de la capa límite convectiva, que puede alcanzar altitudes de hasta 4 km por encima del suelo. Por la mañana, antes del desarrollo de la capa límite convectiva profunda, hay tiempo suficiente para la formación fotoquímica de ozono debido a las altas tasas de emisión y la intensa radiación solar.

Durante los meses húmedos del verano (junio a septiembre), las nubes inhiben las reacciones fotoquímicas y la lluvia elimina muchos gases traza y partículas, por lo que los periodos de altas concentraciones de ozono son menos frecuentes. Algunos estudios sugieren que durante el día los vientos dominantes del norte cerca de la superficie transportan los contaminantes al suroeste, en donde se dan las más altas concentraciones de ozono (Bossert, 1997). Sin embargo, los vientos y las concentraciones de ozono asociadas con lapsos específicos de ozono implican una relación más compleja (véase, por ejemplo, Fast y Zhong, 1998; Doran *et al.*, 1998; Whiteman *et al.*, 2000).

Una diferencia importante entre las características físicas de la cuenca atmosférica de LA y el AMCM es la altitud. Mientras que la cuenca de LA se encuentra al nivel del mar, el AMCM se encuentra a una altitud promedio de 2 240 metros. La mayor altitud de la Ciudad de México contribuye al problema de la contaminación del aire de dos maneras. Primero, el aire contiene alrededor de 23% menos oxígeno en la Ciudad de México que al nivel del mar. Como consecuencia, los motores de combustión interna necesitan ser afinados cuidadosamente a la proporción correcta oxígeno/combusti-

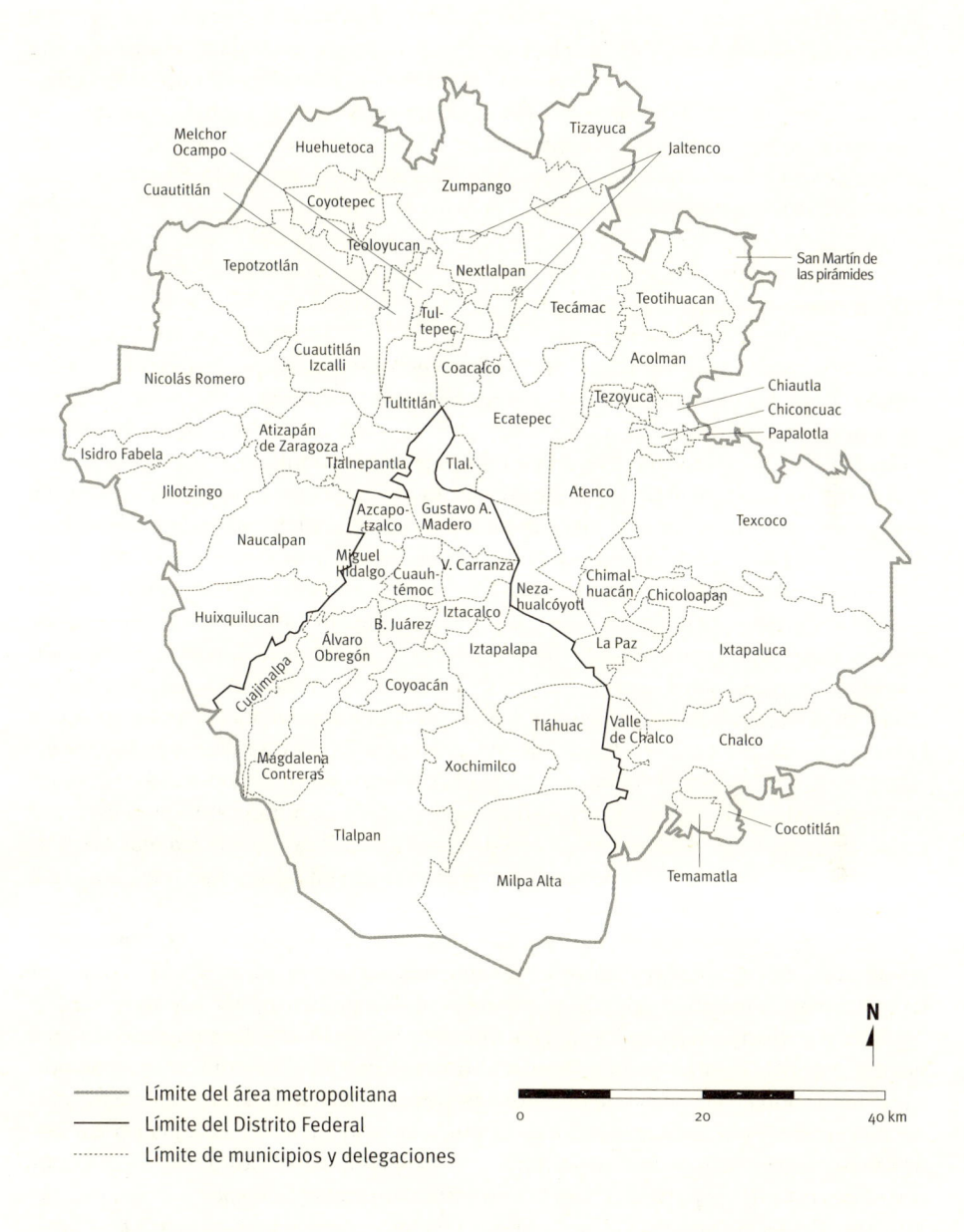

Figura 2.4 Mapa del Área Metropolitana de la Ciudad de México.

ble; un ajuste incorrecto conduce a una combustión ineficiente y al aumento en las emisiones (Beaton, 1992). El segundo efecto de una mayor altitud es biológico y tiene consecuencias directas sobre la salud respiratoria. Puesto que a mayor altitud debe inhalarse más aire para obtener una cantidad equivalente de oxígeno, también es inhalada una dosis más alta de contaminantes (Garza, 1996). Por lo tanto, para cualquier concentración determinada de contaminantes en la atmósfera, las personas que viven en altitudes elevadas necesitan inhalar más aire y se ven afectadas más severamente por enfermedades respiratorias.

3.2 Tendencias de los contaminantes del aire en el AMCM

El problema de la contaminación del aire en el AMCM ha sido reconocido por las autoridades y los ciudadanos desde los años sesenta, y ha sido monitoreado rutinariamente desde mediados de los años setenta. En la actualidad el monitoreo de rutina en el AMCM consiste en una red manual y una red de monitoreo automático conocida como Red Automática de Monitoreo Atmosférico (RAMA). Los resultados de las mediciones son comunicados diariamente al público mediante el Índice Metropolitano de la Calidad del Aire (Imeca). El cálculo del Imeca establece los valores criterio para cada contaminante a partir de una base igual a 100 puntos. Existe un programa de contingencia para enfrentar periodos prolongados de altos niveles de contaminación, cuando el Imeca rebasa ciertos valores (actualmente 240 puntos Imeca o alrededor de 0.28 ppm de ozono). Durante un periodo así, se toma una serie de acciones para tratar de reducir las emisiones de contaminantes. Estas medidas incluyen la reducción de actividades de las industrias altamente contaminantes y la restricción de la circulación de vehículos. En casos extremos, las actividades al aire libre de los niños en las escuelas primarias son suspendidas temporalmente para evitar el daño potencial a su salud. El monitoreo de la calidad del aire se analiza más ampliamente en el capítulo 5 y una descripción más detallada del Imeca se presenta en el apéndice 1.

Varias iniciativas de acción aprobadas en los años noventa han tenido éxito al atacar algunos aspectos del problema. La mejora más notable proviene de la eliminación del plomo en la gasolina, gracias a lo cual el plomo en la atmósfera y en la sangre humana han disminuido en forma cuantificable. Los valores de las mediciones ambientales de SO_2 disminuyeron también abruptamente en el decenio de 1990, debido a una reducción en el contenido de azufre en el diesel y el combustible pesado y al cierre de la refinería 18 de Marzo que estaba ubicada en la cuenca. Las concentraciones de monóxido de carbono han disminuido también en tanto que ahora se exigen convertidores catalíticos para los autos nuevos, y han mejorado la inspección y el mantenimiento de los automóviles. Estos cambios en las concentraciones de los contaminantes criterio se muestran en las figuras 2.5a y 2.5b.

Sin embargo, a pesar de las acciones implementadas, las concentraciones de ozo-

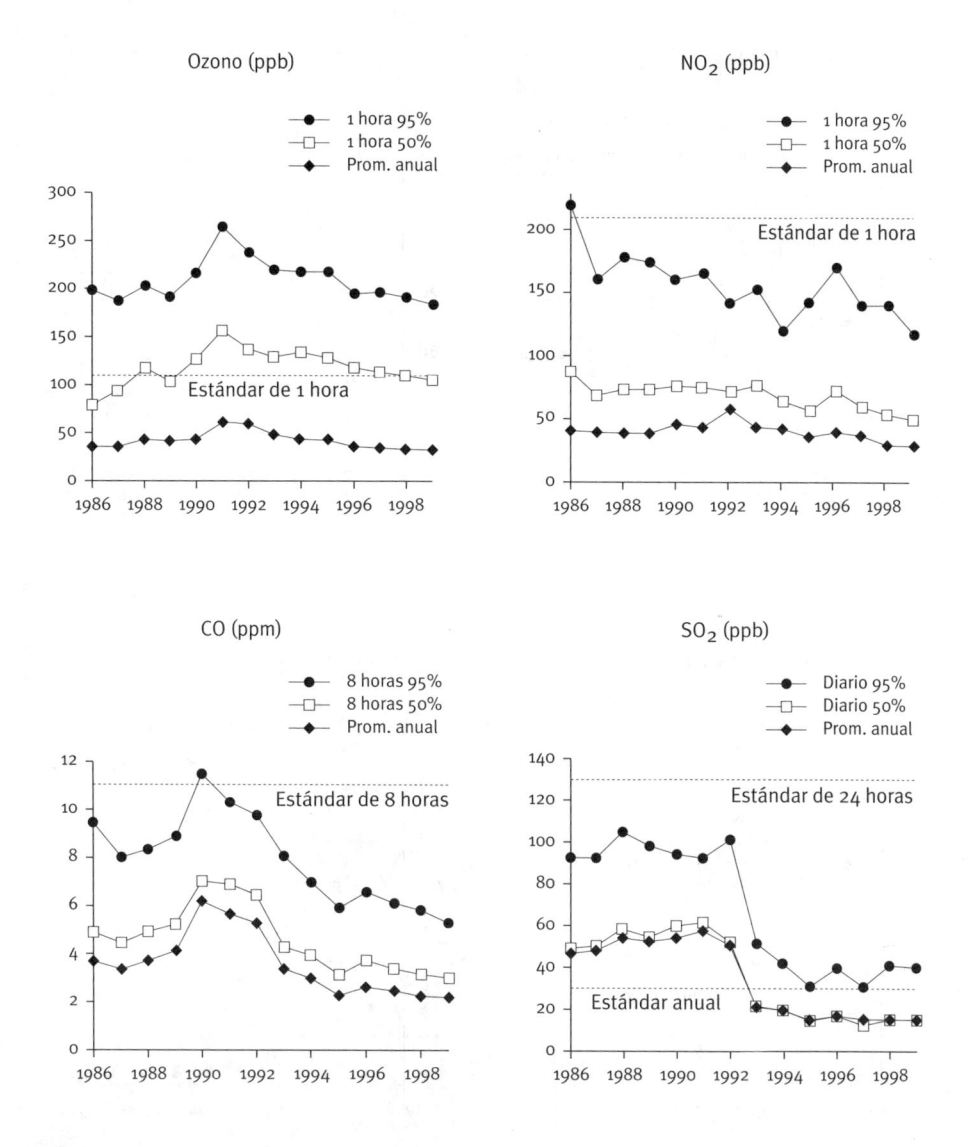

Figura 2.5a Tendencias en concentraciones de contaminantes criterio para el AMCM que muestran datos promediados en cinco estaciones de la RAMA (TLA, XAL, MER, PED y CES) los cuales representan cinco sectores del área urbana. Las gráficas muestran las concentraciones promedio anuales así como los percentiles 50 y 95 para el O_3 y el NO_2 (concentraciones máximas diarias en 1 hora), para el CO (medias móviles máximas diarias en 8 horas) y para el SO_2 (medias móviles máximas diarias en 24 horas).
FUENTE: INE, 2000b, *Almanaque de datos y tendencias de la calidad del aire en ciudades mexicanas*.

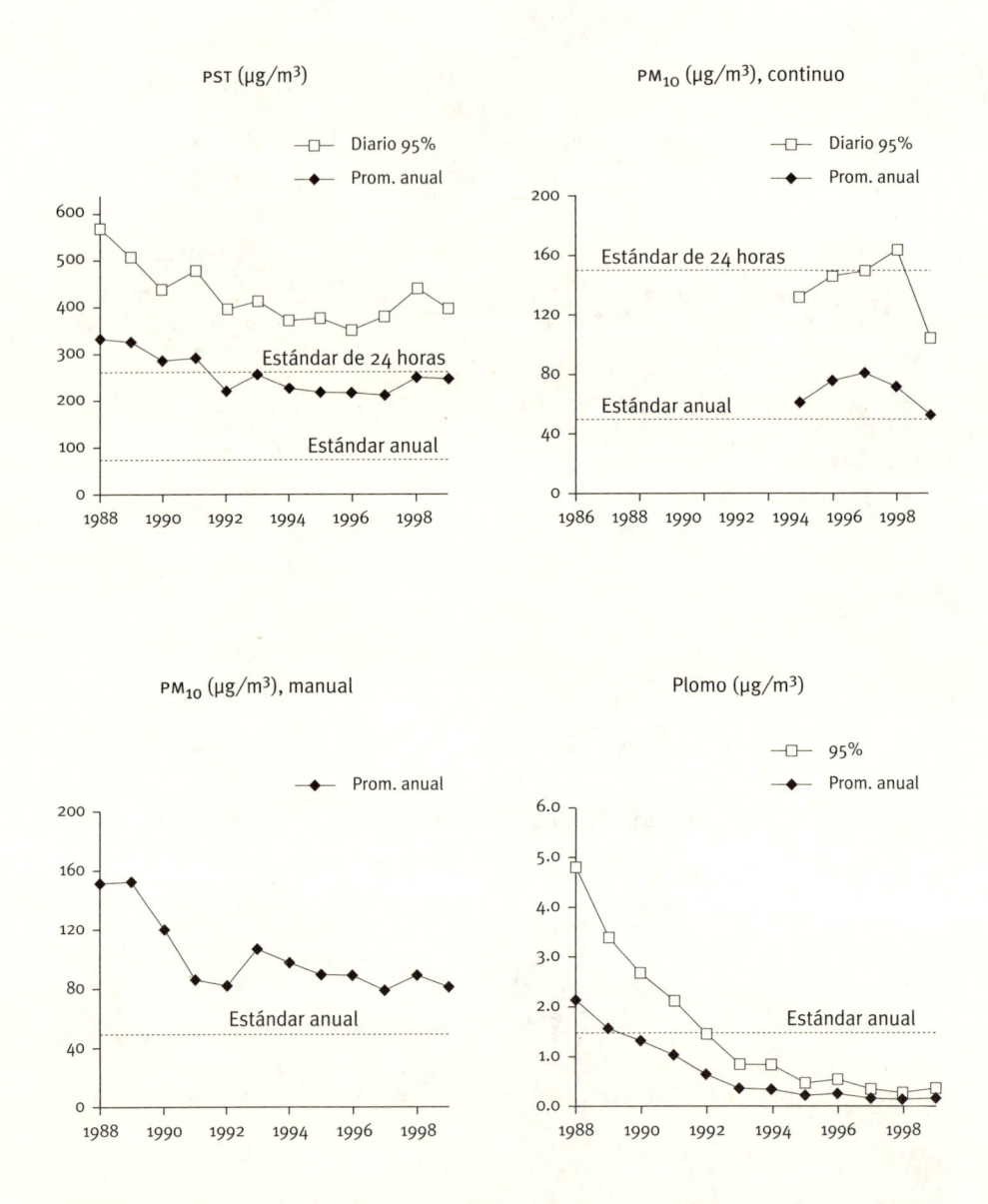

Figura 2.5b Tendencias en concentraciones de contaminantes criterio para el AMCM que muestran datos promediados en cinco estaciones de la RAMA (TLA, XAL, MER, PED y CES) los cuales representan cinco sectores del área urbana. Las gráficas muestran las concentraciones promedio anuales para PM_{10}, PST y plomo, así como el percentil 95 para PM_{10} y PST (medias móviles máximas diarias en 24 horas). FUENTE: INE, 2000b, *Almanaque de datos y tendencias de la calidad del aire en ciudades mexicanas*.

no, bióxido de nitrógeno y material particulado muestran sólo una pequeña mejoría a lo largo de los años noventa. Como se muestra en la figura 2.6, el ozono y el material particulado son las normas que se transgreden con más frecuencia en el AMCM; hoy las violaciones de otras normas son mucho menos comunes. En el caso del ozono, la norma se ha violado en alrededor de 80% de los días, año con año desde 1988. Como se muestra en el cuadro 2.2, las concentraciones pico de ozono —alrededor de 0.3 ppm—,

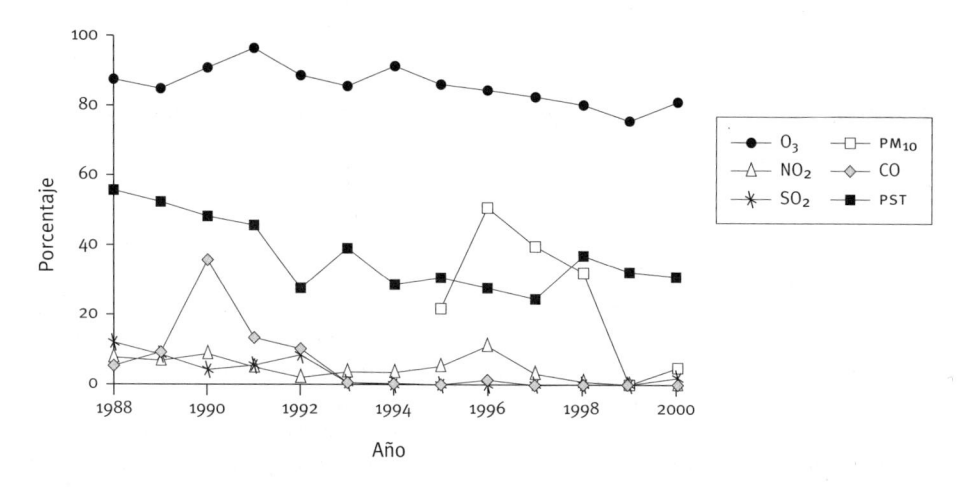

Figura 2.6 Porcentaje de días por año en los que la norma fue rebasada en cinco estaciones de la RAMA.
FUENTE: INE, 2000b, *Almanaque de datos y tendencias de la calidad del aire en ciudades mexicanas.*

Cuadro 2.2 Normas de calidad del aire y concentraciones pico en el AMCM de 1997 a 1999

Contaminante	Unidades	Norma de calidad del aire	Concentraciones pico		
			1997	1998	1999
Ozono (1 hora)	ppm	0.11	0.318	0.309	0.321
CO (8 horas)	ppm	11	16.4	14.9	12.8
NO_2 (1 hora)	ppm	0.21	0.448	0.421	0.279
SO_2 (24 horas)	ppm	0.13	0.133	0.116	0.094
PM_{10} (24 horas)	µg/m^3	150	324	371	202
PST (24 horas)	µg/m^3	260	747	945	832

FUENTE: INE, 2000b, *Almanaque de datos y tendencias de la calidad del aire en ciudades mexicanas.*

que ocurren pocas veces al año, son comparables a las que se presentaban en la ciudad de Los Ángeles a fines de la década de 1980. En algunos años la norma de PM_{10} ha sido rebasada en más de 40% de los días (aunque en 1999 la norma fue rebasada en menos de 10% de los días, debido probablemente a las condiciones meteorológicas). Sin embargo, las concentraciones anuales promedio han excedido los niveles máximos establecidos por las normas de calidad del aire desde que las PM_{10} comenzaron a ser monitoreadas en 1995. Por lo tanto, aún quedan retos sustanciales para reducir eficazmente las concentraciones de estos contaminantes, y mejorar la calidad de vida de la creciente población del AMCM.

3.3 Programas de gestión de la calidad del aire en el Área Metropolitana de la Ciudad de México

3.3.1 *De 1960 a mediados de la década de 1980*

El primer trabajo de investigación respecto al daño creciente a la calidad del aire en el AMCM y sus efectos potenciales sobre la salud de sus habitantes fue publicado hace 40 años (Bravo y Viniegra, 1958; Bravo, 1960). En ese entonces la protección ambiental no estaba entre las grandes prioridades políticas de la ciudad. Las instituciones para asuntos ambientales estaban apenas empezando y no existía un marco legal relativo al tema. A pesar de ello, en los años sesenta se instalaron las primeras estaciones de medición de la contaminación del aire, se realizaron los primeros inventarios de emisiones y comenzó un intento por recopilar sistemáticamente datos sobre SO_2 y concentraciones de partículas suspendidas totales (OPS, 1982; Bravo, 1987).

Los esfuerzos formales para lidiar con los problemas de la contaminación del aire en el AMCM comenzaron en 1971 con la aprobación de la Ley Federal para la Prevención y Control de la Contaminación Ambiental, durante el gobierno del presidente Luis Echeverría (1970-1976), justo un año después de que la Federal Clean Air Act fuera aprobada en EUA en 1970. Su sucesor, José López Portillo (1976-1982), creó la Subsecretaría de Mejoramiento del Ambiente en la Secretaría de Salud (SSA), como dependencia encargada de los asuntos relacionados con la contaminación del aire, definida entonces tan solo en términos de *smog* y polvo, lo que refleja una concepción del problema similar a la de EUA en los años sesenta. En 1978 se estableció la Comisión Intersecretarial de Saneamiento Ambiental, encargada de la puesta en práctica de las normas de 1971.

La segunda legislación ambiental fue la Ley Federal de Protección al Ambiente presentada en 1982. Ésta era administrada por la Secretaría de Desarrollo Urbano y Ecología (Sedue), recién creada (con categoría de secretaría de Estado) por el presidente Miguel de la Madrid (1982-1988). Esta ley fue enmendada en 1984 para incluir un sistema de monitoreo de la calidad del aire. En 1985 se estableció la Comisión Nacional de Ecología (Conade)[10] para definir las prioridades en materia ambiental y para coordinar las diferentes instituciones involucradas en las acciones ambientales. Sin embargo, las acciones para prevenir la contaminación quedaron limitadas por la crisis financiera de principios de los años ochenta; los terremotos de 1985 en la Ciudad de México también desviaron tanto la atención como los recursos. Puesto que las normas de calidad del aire y los procedimientos para cumplirlas quedaron igual, la nueva ley tuvo muy pocos efectos sobre la regulación de la contaminación del aire (Sánchez, 2000).

Como el AMCM tuvo que lidiar con restricciones financieras y con las demandas de condiciones básicas de vida para sus habitantes, durante este periodo la información acerca de la contaminación del aire y sus consecuencias fue escasa. Además de la falta de recopilación sistemática de datos, factores institucionales limitaron la recopilación de información e inhibieron el desarrollo de medidas de control. El primer inventario de emisiones había sido recopilado en el decenio de 1970, pero contaba con datos irregulares y tuvo poco seguimiento. El primer programa de gestión de la calidad del aire en el AMCM, el Programa Coordinado para Mejorar la Calidad del Aire en el Valle de México, se anunció en 1979 para reducir las emisiones vehiculares e industriales, pero no fue implementado con éxito.

3.3.2 De mediados de la década de 1980 a 1990

A mediados de los ochenta, el interés público acerca de la calidad del aire aumentó a medida que la contaminación empeoraba. La nueva red de monitoreo de la calidad del aire, RAMA, revelaba altas concentraciones de todos los contaminantes criterio. Los niveles de ozono en el AMCM aumentaron dramáticamente, alcanzando niveles pico por encima de 0.35 ppm, y se encontraban ya entre los peores del mundo. Como respuesta al aumento de la presión pública, el gobierno anunció en 1986 las "21 medidas para controlar la contaminación ambiental en el AMCM", seguidas por las "100 acciones necesarias contra la contaminación", en 1987.

El marco legal fue fortalecido en 1988 con la nueva Ley General del Equilibrio Ecológico y la Protección Ambiental (LGEEPA), que definía las responsabilidades de los gobiernos federal, estatales y locales. El gobierno del Distrito Federal, abarcando el AMCM, era la autoridad responsable de las emisiones de empresas comerciales, autos privados y servicios de transporte público. Al Estado de México se le daba una autoridad similar sobre las mismas fuentes en su jurisdicción. La Sedue conservaba su responsabilidad sobre la industria y ayudaba a coordinar los esfuerzos dentro de los sectores de combustible y energía. Además, la LGEEPA impulsó el desarrollo de instrumentos de política basados en esquemas normativos alternos, como el principio de "el que contamina paga", otros mecanismos de mercado y la inclusión del análisis costo-beneficio en la definición de las políticas (DOF, 1988).

---

[10] La Conade trabajó de facto hasta 1988 y publicó su primer "Informe sobre el estado del medio ambiente en México" (Conade, 1992).

En este periodo se introdujeron diversas medidas importantes para la reducción de la contaminación del aire:

- La conversión de alrededor de 2 000 autobuses del gobierno para funcionar con motores nuevos de baja emisión, con dispositivos de control para la contaminación.
- La ampliación del transporte urbano eléctrico no contaminante.
- La implementación del programa "Hoy no circula" (HNC) por el gobierno del Distrito Federal en 1989, en virtud del cual un día a la semana se prohibía la circulación a 20% de los vehículos privados, de acuerdo con el último dígito de sus placas (este programa se examina en el apéndice 2).
- Obligatoriedad del Programa de Verificación Vehicular (PVVO) en 1988 (se discute en el capítulo 6).
- Desarrollo e imposición del primer plan de contingencia, que incluía la reducción de las actividades industriales en los días de contaminación alta.
- Reducción del contenido de plomo en la gasolina vendida en el AMCM de 0.66 a 0.26 cm³/l en 1986.
- Sustitución gradual del combustóleo por gas natural en la central de energía del Valle de México.
- Construcción de dos parques industriales para reubicar las fábricas afectadas por los terremotos de 1985.
- Planes para trasladar fuera de la ciudad, en un plazo de tres años, las industrias altamente contaminantes y con uso intensivo de agua.

A finales de los años ochenta, como resultado de una instrucción presidencial para preparar un programa integral para la calidad del aire, se le dio mayor prioridad política a la gestión de la calidad del aire. Además, México recibió apoyo técnico y financiero de importantes organismos internacionales; por primera vez se dieron algunos pasos para evaluar las medidas de control y para determinar plazos específicos para alcanzarlas. Sin embargo, la gestión de la calidad del aire estuvo a cargo de instituciones persistentemente débiles y con una capacidad técnica limitada.

3.3.3 *De 1990 a 2000*

Para 1988 México había comenzado a salir de la crisis económica y comenzó de nuevo a enfocarse en la cada vez más deteriorada situación ambiental que enfrentaba el AMCM. El gobierno federal, junto con los del Estado de México y el Distrito Federal, anunció el desarrollo del Programa Integral contra la Contaminación del Aire, que fue puesto en marcha en octubre de 1990 y duró hasta 1995 (DDF, 1990).

Importantes organismos gubernamentales participaron en la preparación del programa. Sus principales objetivos incluían las emisiones de plomo, SO_2, partículas, hidrocarburos y NO_x. Sin contar con inventarios de emisiones precisos o la posibilidad de crear métodos de simulación, la mayor parte de las estrategias se basaba en la modernización de la tecnología y el mejoramiento de los combustibles, enfocándose en severas medidas implementadas con éxito en otras partes del mundo. Éstas incluían: *i*] mejoramiento de la calidad de los combustibles utilizados en el AMCM; *ii*] reducción de las emisiones vehiculares al bajar el nivel de plomo en la gasolina, el uso obligatorio de convertidores catalíticos y el mejoramiento en los programas de verificación y mantenimiento; *iii*] aumento en el uso de gas natural por parte de la industria y centrales de energía en el AMCM, y *iv*] restauración de los recursos naturales para controlar la erosión del suelo.

En 1992, como consecuencia del creciente número de accidentes industriales en varias zonas del país, lo cual a su vez dio lugar una serie de recomendaciones de la Comisión Nacional de Derechos Humanos, la administración ambiental federal fue separada en dos oficinas autónomas: el Instituto Nacional de Ecología (INE) y la Procuraduría Federal de Protección al Ambiente (Profepa). El INE quedaba a cargo de la redacción de las normas ambientales y de la gestión y protección del ambiente y los recursos naturales, mientras que la función de la Profepa consistía en vigilar el cumplimiento de las leyes ambientales y las normas. Además, la Sedue fue reorganizada y pasó a ser la Secretaría de Desarrollo Social, Sedesol. Este cambio administrativo muestra el desarrollo de un nuevo paradigma en la administración federal: los asuntos ambientales, una vez vistos como parte de un complejo conjunto de problemas urbanos, ahora llegaron a considerarse como problemas del desarrollo socioeconómico (Ezcurra *et al.*, 1999).

La Sedesol intentó descentralizar el proceso de toma de decisiones sobre asuntos ambientales. Muchas responsabilidades que habían estado a cargo del gobierno federal fueron delegadas a los gobiernos estatales y municipales. Sin embargo, la ejecución descentralizada mediante diversas líneas jurisdiccionales dio como resultado confusión e ineficiencia. Para atacar la falta de coordinación entre las instituciones responsables en el AMCM en la implementación del PICCA, en 1992 se creó la Comisión Metropolitana para Prevención y Control de la Contaminación Ambiental. En 1994 se crearon nuevas dependencias ambientales, como la Secretaría de Medio Ambiente, Recursos Naturales y Pesca (Semarnap) para el ámbito federal y las secretarías de Ecología del Estado de México y del Medio Ambiente del Distrito Federal, para sus respectivos ámbitos.

En 1996, el Programa para Mejorar la Calidad del Aire en el Valle de México, 1995-2000 (Proaire) vino a sustituir al PICCA (DDF *et al.*, 1996). Los objetivos del Proaire incluían la reducción de hidrocarburos, óxidos de nitrógeno y emisión de partículas, así como la modificación general de la distribución de las concentraciones de ozono, para reducir los picos y los niveles promedio y aumentar el número de días en conformidad con la norma. Éste fue el primer programa que subrayó la importancia de la salud, aportando datos de vigilancia epidemiológica y relacionando materiales particulados y mortalidad. Conceptualmente fue un buen programa y se enfocó en la necesidad de integrar las políticas ambientales con las políticas de desarrollo urbano y transporte. Sin embargo, puesto que otros sectores no participaron en su totalidad, el programa estuvo falto de coordinación entre las diferentes dependencias a cargo de la protección ambiental, así como de una administración y apoyo financiero inadecuados. Esto será revisado en la siguiente sección.

3.3.4 *Dependencias para la gestión ambiental en el AMCM en el decenio de 1990*

Durante el decenio de 1990 se establecieron diversos cuerpos administrativos para atacar los problemas ambientales. Su interacción —o falta de ella— fue el determinante crítico en los esfuerzos para controlar la contaminación del aire en el AMCM. Los dos organismos ambientales clave fueron la Semarnap y la Comisión Ambiental Metropolitana (CAM). Es importante comprender sus estructuras y responsabilidades.

La Semarnap[11] fue creada poco tiempo después de que el presidente Ernesto Zedillo tomara posesión en diciembre de 1994 (*DOF*, 1994a). Fue concebida para incorporar todas las funciones federales ambientales, incluyendo aquellas que tratan con la agenda ambiental "café" (contaminación ambiental) y con la agenda ambiental "verde" (manejo de los recursos naturales) y consolidando las responsabilidades previamente repartidas entre los diferentes organismos federales. Las funciones de la Semarnap llegaron a incluir la protección y el manejo de los recursos naturales como agua, bosques y pesca; el manejo de desechos y el control de la contaminación; la administración de los parques nacionales y otras áreas protegidas, y la vigilancia del cumplimiento de la ley ambiental.

Existen tres subsecretarías (Planeación, Recursos Naturales y Pesca) y cinco instituciones autónomas coordinadas por la Semarnap: la Comisión Nacional del Agua (CNA), el Instituto Mexicano de Tecnología del Agua (IMTA), el Instituto Nacional de Ecología (INE), la Procuraduría Federal de Protección al Ambiente (Profepa) y el Instituto Nacional de la Pesca (INP).

La creación de esta secretaría de Estado resalta la importancia que las autoridades federales concedieron a los problemas ambientales de México, al igual que su esfuerzo para institucionalizar las iniciativas de desarrollo sustentable integrando las actividades gubernamentales que podrían afectar el medio ambiente. Debe advertirse que después de asumir el poder en diciembre de 2000, el presidente Vicente Fox modificó la antigua Semarnap, transfiriendo la responsabilidad de la administración de la pesca a la Secretaría de Agricultura, de manera que hoy se llama Secretaría de Medio Ambiente y Recursos Naturales (Semarnat). El INE también ha sido reestructurado para enfocarse en la investigación, sin la responsabilidad de establecer las normas ni emitir permisos. Dentro del nuevo instituto existe una dirección general que coordina la investigación sobre la contaminación urbana, regional y global.

A la Comisión Metropolitana para la Prevención y el Control de la Contaminación

---

[11] Julia Carabias fue nombrada titular de la Secretaría de Medio Ambiente, Recursos Naturales y Pesca, cargo que mantuvo durante todo el sexenio del presidente Zedillo.

Ambiental le sucedió la Comisión Ambiental Metropolitana (CAM), creada en 1996 por un acuerdo de coordinación entre el gobierno federal y los gobiernos del Distrito Federal y del Estado de México. El objetivo de la CAM es "coordinar y dar seguimiento sistemático a las políticas, programas, proyectos y acciones implementadas en el Distrito Federal y las áreas urbanizadas circundantes dirigidas a proteger el ambiente y restaurar el balance ecológico del área".[12]

La CAM fue concebida originalmente como una instancia interinstitucional, encargada de coordinar los diversos niveles de gobierno que dan atención a los problemas metropolitanos del medio ambiente. Como tal, no cuenta con un presupuesto específico para su operación propia y tampoco tiene una estructura organizacional operativa definida. Cada dos años, la responsabilidad de presidir la CAM se turna entre los gobiernos del Distrito Federal y el Estado de México. Cualquier decisión sobre cómo organizar la comisión, al igual que la responsabilidad sobre costos de operación, recaen en el gobierno al que le corresponde presidir en ese momento. Con frecuencia, la parte a la que le toca presidir la CAM tiene que usar sus propios recursos financieros para administrarla; sus funcionarios ambientales fungen también como funcionarios de la CAM. El gobierno local que no preside la CAM en un momento dado, al igual que el gobierno federal, aportan recursos humanos y otros apoyos para la operación de la CAM, principalmente para las tareas específicas de sus grupos de trabajo.

Los miembros permanentes de la CAM son el secretario de Medio Ambiente y Recursos Naturales, el secretario de Salud, el jefe de gobierno del Distrito Federal y el gobernador del Estado de México. El resto de los miembros son varias secretarías de Estado y altos funcionarios del gobierno. Todos ellos conforman el comité plenario.

La presidencia de la CAM es una posición rotativa con un término de dos años, cubierta por el jefe de gobierno del DF o por el gobernador del Estado de México. De manera similar, el secretario técnico, a cargo de la operación de la CAM, se rota entre la Secretaría del Medio Ambiente del DF y la Secretaría de Ecología del Estado de México o la persona designada por ellos.[13] Sin embargo, la duración de los periodos no ha sido siempre exacta. El secretario técnico es responsable de la preparación, coordinación, presentación y seguimiento de las propuestas de proyectos y le informa al comité plenario con el apoyo de un personal de no más de 10 miembros. El personal también tiene otras responsabilidades de tiempo completo y por ello no puede dedicar mucho tiempo a las actividades relacionadas con la CAM.

El secretario técnico de la CAM, junto con los oficiales mayores de los gobiernos federal y local, organiza y coordina las actividades de los grupos de trabajo, que incluyen representantes de los gobiernos y de otras organizaciones pertinentes. Hasta ahora, tres grupos de trabajo han estado operando: Calidad del Aire, Recursos Naturales y, más recientemente, Educación Ambiental. Estos grupos pueden también

---

[12] Véase la página web de la CAM en <http://sma.df.gob.mx/cam/cam.htm> (consulta: julio de 2001).

[13] El primer presidente de la Comisión Ambiental Metropolitana fue Manuel Camacho, regente (alcalde) del Distrito Federal en 1996; él designó a Fernando Menéndez Garza como primer secretario técnico.

organizar subgrupos para desarrollar tareas específicas, como el que existe para el inventario de emisiones dentro del grupo de trabajo para el medio ambiente.

La operación de la CAM es vigilada por un consejo consultivo formado por representantes de la comunidad científica, especialistas en disciplinas ambientales, miembros de los sectores social y empresarial, y miembros del Congreso federal, la Asamblea de Representantes del Distrito Federal y el Congreso del Estado de México. Sin embargo, no se han reunido más de dos veces por año.

El Fideicomiso Ambiental del Valle de México fue creado exclusivamente para apoyar los proyectos de la CAM. Entre 1995 y 1997, el fideicomiso recibió fondos recabados por la aplicación de un sobreprecio de 0.02 pesos por litro a la gasolina vendida en el AMCM (Menéndez-Garza, 2000). El cobro del sobreprecio requiere la aprobación anual de la Secretaría de Hacienda y Crédito Público (SHCP), lo cual no sucedió en 1998. Desde entonces no ha sido reactivado.[14] El fideicomiso cuenta con una organización y reglas de organización propias y es administrado mediante un comité ejecutivo encabezado por el secretario de Hacienda. Participan un representante de la CAM, uno del gobierno del Distrito Federal, uno del gobierno del Estado de México y uno de la Semarnat. En todos los casos registrados, los fondos solicitados por la CAM han sido aprobados.

Otras fuentes de ingresos para los proyectos de la CAM incluyen organismos ambientales internacionales, instituciones académicas y financieras nacionales e internacionales y gobiernos extranjeros. En particular, el Banco Mundial, la Agencia Japonesa para la Cooperación Internacional y la Agencia Alemana de Control Técnico han apoyado los esfuerzos para el control de la contaminación en el AMCM en el último decenio.

3.4 Políticas y estrategias de control en la década de 1990

En esta década fueron propuestas importantes medidas de control en diversas áreas, como las emisiones de vehículos, industrias y establecimientos comerciales, y algunas de ellas se implementaron en el AMCM (Sánchez, 2000). Se integraron las políticas de planeación del transporte y del uso del suelo; se emprendieron la restauración y la educación ecológica, y los programas de investigación dieron comienzo. Además, fueron fortalecidas las instituciones con responsabilidad sobre los asuntos del medio ambiente. La siguiente lista detalla brevemente algunas de las muchas mejoras logradas en los últimos 10 años en estas seis áreas clave de la política y la tecnología.

1] Las medidas para la reducción de emisiones vehiculares y el mejoramiento y sustitución de combustibles incluyeron:
   - Reducción de límites en las normas de emisión de vehículos a gasolina para autos nuevos y usados.

[14] En 2001, el nuevo secretario de la Semarnat, Víctor Lichtinger, solicitó al secretario de Hacienda reactivar el sobreprecio.

- Introducción de convertidores catalíticos de dos vías en vehículos nuevos a gasolina, comenzando con los modelos del año 1991, y de convertidores de tres vías a partir de los modelos 1993.
- Introducción de la gasolina sin plomo Magna en septiembre de 1990.
- Reducción del plomo en la gasolina y su eliminación definitiva en 1997.
- Introducción del éter metil-terbutílico (MTBE) como aditivo en la gasolina (1 a 2% de contenido de oxígeno) en noviembre de 1989.
- Reducción de la presión de vapor de Reid, y límites en el contenido de olefinas ($<10\%$/vol.), aromáticos ($<25\%$/vol.) y benceno ($<1\%$/vol.) en la gasolina (1996).
- Reducción en los límites de las normas de emisión de los vehículos a diesel nuevos.
- Reducción gradual del azufre en el diesel (0.05%) (en 1998).
- Fortalecimiento de las inspecciones y programas de mantenimiento mediante un sistema centralizado y actualización de la tecnología.
- Inspección y mantenimiento de vehículos a gasolina y diesel.
- Introducción de combustibles alternativos para vehículos (gas licuado de petróleo (GLP) y gas natural comprimido (GNC)).
- Uso del programa "Hoy no circula" como un incentivo para promover la modernización del parque vehicular.

2] Las emisiones producidas por industrias y por establecimientos comerciales disminuyeron a medida que se mejoraron los combustibles o que nuevos combustibles sustituyeron a la gasolina y el combustóleo. Dichas medidas incluyeron:
- La principal refinería (18 de Marzo, en Azcapotzalco) fue cerrada en 1990.
- Las principales plantas industriales fueron reubicadas fuera del valle.
- El combustóleo pesado ($>3\%$ en peso de azufre) fue prohibido en el Valle de México y sustituido por gasóleo ($<1\%$ en peso de azufre).
- El combustóleo pesado fue sustituido por gas natural en las centrales de energía y principales instalaciones industriales (1986).
- Se instalaron controles de emisión en tanques de almacenamiento de combustible (membranas y techos flotantes).
- Recuperación de vapores en todo el sistema de distribución de gasolina (fases 0, I y II).
- Exigencia de licencia ambiental única para nuevas fuentes fijas y cédula anual de operación.
- Fueron puestos en marcha programas de inspección y de auditoría ambiental.
- Se promovieron esquemas de autorregulación.
- Se instituyeron incentivos fiscales y exenciones de impuestos para promover tecnologías limpias.

3] Actualmente se están planeando o aplicando medidas en las áreas de transporte y de uso del suelo. Las relacionadas con la planeación del transporte han incluido:
- Expansión del Metro, tren ligero y trolebús.
- Remplazo de los taxis viejos.
- Establecimiento de edades límite para los taxis y microbuses en el Distrito Federal.
- Introducción de autobuses nuevos.
- Mejoramiento de las normas del transporte.
- Ha sido esbozado un nuevo plan para el transporte y la calidad del aire (aún no se ha adoptado o implementado).

La planeación del uso del suelo también ha sido instituida e incluye programas para el manejo de las áreas rurales y el desarrollo urbano.

4] La restauración ecológica que se está llevando a cabo incluye:
- Reforestación rural y urbana.
- Restauración de las áreas erosionadas (ej. lago de Texcoco).
- Control de asentamientos humanos en áreas rurales.
- Programas de prevención de incendios.

5] Se han emprendido programas de educación ambiental e investigación que incluyen:
- Integración de temas ambientales en los planes de estudios de educación regular.
- Establecimiento de un sistema de vigilancia epidemiológica.
- Aumento de las actividades de investigación sobre la calidad del aire.

6] Han sido fortalecidas las instituciones con funciones para la protección del medio ambiente.

Sin embargo, como se analiza en la siguiente sección, los resultados de estas medidas han sido diversos, en parte porque no todas se han cumplido. Las reducciones más importantes en la contaminación del aire son atribuibles a la introducción de convertidores catalíticos y al mejoramiento de la calidad de los combustibles y, hasta cierto punto, a la puesta en práctica de normas industriales más estrictas y la conversión de las centrales de energía a gas natural.

3.5 Evaluación de los programas de gestión de la calidad del aire en el AMCM

Como resultado de la implementación de algunas de las medidas descritas se han reducido sustancialmente los altos niveles de plomo. De manera similar, los niveles de CO han caído de manera importante y los índices de SO_2 se encuentran hoy normalmente por debajo del estándar ambiental. No obstante, los niveles de NO_x aún exceden la norma nacional mexicana y, puesto que los NO_x son los precursores limitantes del ozono en el AMCM, se necesitan controles más efectivos. Los picos de ozono han decrecido considerablemente, pero se han detenido en un punto todavía importante por encima de la norma. Las PM_{10} también tienden a rebasar la norma (véanse las figuras 2.3 a 2.5). En este inciso, analizaremos algunos de los principales logros y deficiencias (Molina y Molina, 2000).

3.5.1 *Reducción de emisiones*

A finales de 1990, la industria del automóvil comenzó a instalar convertidores catalíticos en los vehículos nuevos, empezando con los modelos 1991, y para 1993 todos los vehículos nuevos fueron equipados con convertidores catalíticos de tres vías. Al mismo tiempo, Pemex comenzó la distribución de gasolina sin plomo, necesaria para el funcionamiento del convertidor catalítico. Estas acciones marcaron el comienzo de la modernización del parque vehicular en México, y fueron reforzadas por el establecimiento de límites más estrictos de emisión diseñados para estimular el uso de tecnologías de control más avanzadas. Estos avances tecnológicos e institucionales han llevado a la disminución de las emisiones vehiculares, aun cuando el número de vehículos en circulación y los kilómetros recorridos por vehículo (KRV) han aumentado.

En 2000, las autoridades ambientales lograron un acuerdo con la industria del automóvil para buscar un mejoramiento continuo en los límites de emisión de los vehículos nuevos. La meta es lograr que México alcance estándares equivalentes a los de las normas federales de Estados Unidos con un retraso de no más de dos años. De acuerdo con esto, la industria del automóvil ha pedido a las autoridades y a Pemex coordinar el programa de limitación de las emisiones con el de mejoramiento en la calidad de los combustibles.

Ninguno de estos esfuerzos, sin embargo, puede cambiar el hecho de que los vehículos de 1990 y los modelos de años anteriores no cuentan con sistemas de control de emisiones. Por su edad y grado de deterioro, sus emisiones son mucho más altas que las de los modelos nuevos. Por esta razón, facilitar la renovación del parque automovilístico es una prioridad muy alta.

3.5.2 *Calidad de los combustibles*

Uno de los logros más significativos de la política de calidad del aire en el AMCM y en México ha sido la eliminación de las emisiones de plomo de los vehículos. Esto fue el resultado de un proceso gradual de reducción del contenido de plomo en la gasolina que comenzó en 1986. La gasolina sin plomo fue introducida por primera vez en 1991, y la gasolina con plomo fue totalmente eliminada en el AMCM en septiembre de 1997 y en todo el país a principios de 1998. Este proceso acabó con la preocupación pública por la salud respecto a las concentraciones de plomo en el aire. Las concentraciones excesivamente altas registradas a finales del decenio de 1980 —más de tres veces los niveles recomendados por las autoridades de salud— fueron reducidas a niveles mucho más bajos que la norma. El cuadro 2.3 muestra las especificaciones de la gasolina sin plomo suministrada en el AMCM. Además, la gasolina fue reformulada para limitar su contenido de compuestos reactivos (olefinas y aromáticos) para bajar las emisiones evaporativas (reducción de la presión de vapor) y permitir un mínimo contenido de oxígeno (requerimiento de oxigenación), con la meta de reducir la formación potencial de ozono, así como el contenido de benceno en la gasolina.

Pemex ha hecho inversiones sustanciales en la modernización de las refinerías locales para mejorar la calidad del combustible. Europa y EUA están planeando reducir el contenido de azufre en la gasolina y el diesel a menos de 50 ppm dentro de los próximos 10 años para permitir la instalación de equipos de control de emisiones más avanzados en camiones y automóviles. Puesto que en México el petróleo crudo pesado con alto contenido de azufre alcanza 770 ppm, será costoso lograr niveles más bajos de azufre. Esto necesitará una inversión de capital importante en los procesos de refinación (alrededor de 2 000 millones de dólares), costos adicionales de producción del orden de 300 a 350 millones de dólares por año y un incremento de 0.15 a 0.20 pesos por litro en el precio del combustible para equilibrar estos costos (Favela, 1999).

En años recientes, la gasolina y el diesel distribuidos en el AMCM cumplen especificaciones que las hacen comparables con la calidad de los combustibles urbanos de baja emisión en Estados Unidos y Europa (cuadros 2.4 y 2.5).

Cuadro 2.3 Gasolina regular sin plomo (87) distribuida en el AMCM (gasolina Magna)

	Especificaciones			Calidad promedio		
	Pemex 1990-1991	NOM-086 1994	Pemex Actual (2000)	1990-1992	1993-1996	1997-2000
PVR (lbf/in^2)	9.5 máx.	6.5-8.5	6.5-7.8	8.4	7.9	7.7
PVR (kgf/cm^2)	0.67 máx.	0.46-0.60	0.46-0.55	0.59	0.55	0.54
Azufre (ppm) máx.	1 000	1 000	500	640	478	394
Aromáticos (%/vol.) máx.	Informe	30	25	26	26	22
Olefinas (%/vol.) máx.	Informe	12.5	10	12	10	9
Benceno (%/vol.) máx.	4.9	2	1	0.9	1.0	0.9
Oxígeno (%/peso)	Informe	1-2	1-2	1.2	1.2	1.4

FUENTES: Pemex Refinación, *Estadística de calidad de productos, 1990-2000*; Norma Oficial Mexicana NOM-086-1994 (*DOF*, 1994b).

Cuadro 2.4 Comparación de calidad de combustibles, 1998: gasolina reformulada/oxigenada

	Pemex Magna, Ciudad de México	Reformulada, EUA	California, EUA	Europa*
Aromáticos (%/vol.)	22	20	19	42
Olefinas (%/vol.)	8.5	8.2	4	18
Benceno (%/vol.)	0.9	0.7	0.6	1.0
Azufre (ppm)	400	200	10	150
Oxígeno (%/peso)	1.1	2.0	2.2	0.6

FUENTES: International Fuel Quality Center, *A Summary of Worldwide Automotive Fuel Specifications*, enero de 2000; TRW Petroleum Technologies, *Motor Gasoline Winter 1999-2000*, junio de 2000; Pemex Refinación, *Estadística de calidad de productos, 2000*.
* Valores permitidos en enero de 2000, DIR 98/70/EC.

Cuadro 2.5 Comparación de calidad de combustibles, 1998: diesel vehicular

	Pemex Diesel, Ciudad de México	EUA Costa este	EUA Costa oeste	Europa*
Índice de cetano	53.8	45.4	43.7	51
Aromáticos (%/vol.)	26.4	35.8	37.0	>40
Azufre (ppm)	322	320	230	388
Temperatura 90% DFF, °C	337	317	317	350

FUENTES: International Fuel Quality Center, *A Summary of Worldwide Automotive Fuel Specifications*, enero de 2000; Infineum, *Worldwide Winter Diesel Fuel Quality Survey, 2000*; Pemex Refinación, *Estadística de calidad de productos, 2000*.
* Valores permitidos en enero de 2000, DIR 98/70/EC.

Se han estimado costos similares para las reducciones de azufre en el diesel (Pemex, 2000). Los incrementos en el precio del combustible se encuentran en el rango de los estimados para el caso de EUA (de tres a cinco centavos de dólar por galón para reducir el contenido de azufre de 350 ppm a 30 ppm). Los costos podrían ser reducidos significativamente si estas medidas fueran tomadas regionalmente o ejecutadas por fases con base en las ventas de vehículos con tecnología nueva. Podrían hacerse reducciones adicionales a costos menores a medida que los nuevos procesos tecnológicos estén disponibles.

El desarrollo de las especificaciones de los combustibles ha requerido siempre una negociación entre Pemex, los funcionarios del gobierno y los usuarios a gran escala. Una negociación más intensa para mejorar la calidad del combustible comenzó después de 1992 debido a las preocupaciones sobre el medio ambiente en el AMCM. La primera norma sobre la calidad de los combustibles fue establecida en 1994 por un acuerdo multisectorial (Grupo de Política de Combustibles).[15] Estas normas son obligatorias para Pemex, que ha incrementado la calidad de los combustibles para estar al nivel de las especificaciones de la gasolina regular de Europa y EUA fuera de California.

La elección del contenido correcto de azufre para la gasolina y el diesel mexicanos es una decisión compleja. Debido a que Pemex es una empresa estatal, la inversión en la capacidad de refinación afecta directamente los ingresos del gobierno. Por otro lado, la parte proporcional de las emisiones vehiculares que proviene de los vehículos viejos es mucho mayor en México que en EUA o Europa; los estimados varían de 64 a 50% (Pemex Refinación, 1999).[16] La figura 2.7 muestra una proyección de reducción de emisiones hecha por Pemex basada en la sustitución del parque vehicular actual para diferentes niveles de contenido de azufre en el combustible. A corto y mediano plazos, pueden obtenerse mayores reducciones en las emisiones acelerando la rotación de la flota vehicular e implementando programas para su mantenimiento. Es probable que el programa mejorado de verificación y mantenimiento 2002 elimine al menos un tercio de los automóviles carburados, a un costo mínimo para el gobierno, siempre y cuando sea políticamente aceptable y se cumpla de manera correcta mediante una supervisión efectiva de los centros de verificación vehicular e inspecciones en las calles. Si el programa de inspección vehicular 2002 es implementado con éxito, la tasa de eliminación de los autos carburados podría aumentar sustancialmente en el corto plazo.

3.5.3 *Combustibles alternativos*

En los años noventa la conversión de los vehículos de uso intensivo a gas licuado de petróleo con equipo certificado fue promovida tanto por razones ecológicas como por razones de seguridad. Estas medidas han tenido importantes beneficios ambientales en diferentes segmentos del parque vehicular, que están bien organizados para

---

[15] El Grupo de Política de Combustibles (GPC), grupo multisectorial formado por varias secretarías de Estado (Energía, Medio Ambiente, Hacienda, Economía/Comercio y Salud), empresas públicas (Pemex, CFE y CLYFC) y asociaciones de industriales y comerciantes se integró con el propósito de construir una política de energía integral. Se reunieron entre 1992-1996, dando por resultado el establecimiento de un mercado para el gas natural, inversión en instalaciones para plantas de energía más eficientes y la reconfiguración del sector refinación (menos producción de combustóleo, con productos de calidad superior). También se crearon dos combustibles afines con la norma ambiental 085 y 086.

[16] Presentado por R. Favela en la Mesa Redonda para Especificaciones de los Combustibles y Normas de Emisión Vehicular, noviembre de 1999.

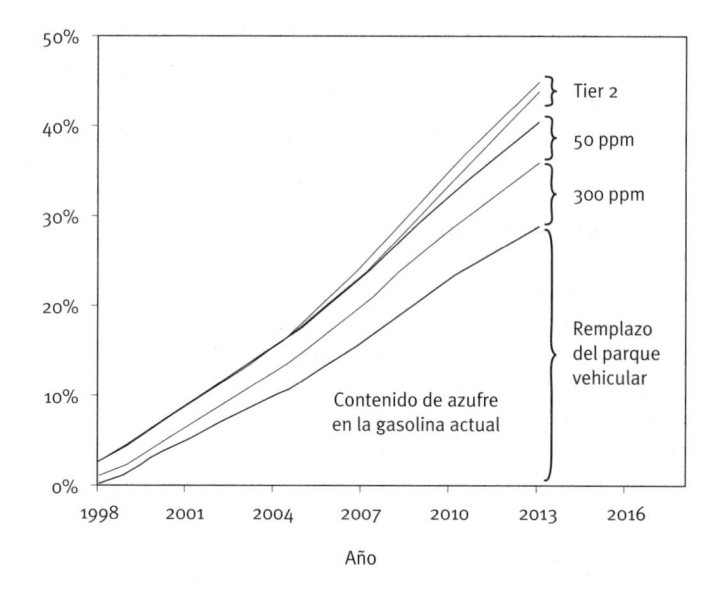

Figura 2.7 Proyección de Pemex de la reducción de emisiones en el AMCM en relación con el censo de 1998. FUENTES: R. Favela y J. I. Martínez, 2000; Pemex Refinación, 1999, *Tier 2: Requerimientos de azufre en gasolinas*. Se establecieron las siguientes conjeturas:

- la renovación del parque vehicular es el factor que en mayor medida contribuye a la reducción de emisiones;
- la reducción del azufre en la gasolina a 50 ppm proporcionaría un beneficio adicional de 7 a 9% en 2008;
- la reducción del azufre en los gases de motor de 800 a 300 ppm tiene mayor repercusión sobre las emisiones que una reducción de 300 a 50 ppm;
- los automóviles con tecnología nivel 2 contribuyen con 2-3% en la reducción de emisiones adicionales después de tres años de la implementación (implementación sujeta a revocación);
- se prevé una reducción promedio de COV, CO y tóxicos, de mantenerse el ritmo actual de renovación del parque vehicular, y una tasa de incremento de 2% debido a la antigüedad de los automóviles (suponiendo 5.75% de ventas de autos nuevos y 2.91% de eliminación de autos).

asegurar el mantenimiento óptimo del equipo. No obstante, de acuerdo con estimaciones de la Secretaría de Energía, 90 000 vehículos que usan gas LP no fueron adaptados correctamente. Estos vehículos a menudo contaminan más que los vehículos a gasolina, además de que aumentan el riesgo de accidentes (CAM/IMP, 2000).

Las autoridades ambientales del Estado de México y del DF han promovido el uso de gas natural comprimido (GNC), han introducido vehículos diseñados para funcionar con gas natural y han convertido a otros para hacerlo; estos vehículos son usados, por ejemplo, como patrullas de policía o camiones recolectores de basura. El sector privado participa en la instalación y operación de estaciones de servicio y en la conversión a GNC de vehículos del gobierno y de pasajeros en el AMCM, hasta ahora un número muy pequeño, con un impacto ambiental modesto. Para fomentar el uso de gas natural, algunos investigadores están desarrollando una política de revisión de los precios relativos de GNC, gasolina, GLP y diesel. También pendientes de revisión están las normas para los vehículos existentes, así como para los nuevos, con el fin de establecer límites de emisión que promuevan la introducción de vehículos de baja emisión.

3.5.4 *Inspección y mantenimiento*

La inspección de vehículos se encuentra en el meollo de la política de control de emisiones para el AMCM. La concentración de un número limitado de centros autorizados exclusivamente para verificación ha permitido a las autoridades tener un mayor control sobre el problema. El sistema anterior, en el que miles de talleres eran responsables de la inspección y reparación simultáneamente, tuvo muchos problemas. La continua modernización tecnológica de los sistemas de medición también ha sido importante. Sin embargo, los problemas administrativos y técnicos que limitan la eficiencia del programa persisten (véase el capítulo 6). Los gobiernos del Distrito Federal y del Estado de México están poniendo en práctica medidas correctivas para solucionar los problemas.

El controvertido programa "Hoy no circula" ha sido obligatorio desde noviembre de 1989. Originalmente concebido para reducir el tráfico fue utilizado también para reducir las emisiones en periodos críticos, así como los días con concentraciones de ozono por encima de los límites de contingencia, como se mencionó en la sección 3.2. Los objetivos principales de este programa eran eliminar 20% de los autos en circulación cada día, y de este modo disminuir los congestionamientos de tránsito y mejorar la velocidad promedio de circulación.

El verdadero impacto del programa aún está sujeto a discusión. Con el paso de los años se han venido haciendo algunos cambios para mejorar su eficacia. Éstos incluyen la extensión del programa a los vehículos de transporte público; la creación del "Doble hoy no circula", y la exención de los vehículos nuevos de baja emisión (calcomanía "doble cero"). Estos refinamientos han cambiado el "Hoy no circula" de ser un programa concebido para reducir el número de vehículos en las calles a medio para fortalecer la rotación y modernización del parque vehicular. Una discusión más detallada del "Hoy no circula" se presenta en el apéndice 2.

La aplicación de normas más estrictas para los motores a diesel, similares a las aplicadas en EUA, requiere la introducción de nuevas tecnologías para reducir la contaminación. La exención del "Hoy no circula" para los vehículos con motores diesel avanzados que dan por resultado emisiones más bajas es un incentivo para la modernización del parque. Sin embargo, los camiones a diesel se encuentran todavía entre los medios de transporte más contaminantes y una parte importante de ellos tiene más de 40 años de antigüedad; la renovación en este sector es particularmente lenta. La verificación sobre emisiones y el mantenimiento de los vehículos de carga con placas federales es prácticamente inexistente, aunque es obligatoria y una responsabilidad federal. En la actualidad se están revisando las normas de emisión para los vehículos a diesel y la autoridad del transporte federal está diseñando un nuevo sistema de inspección de emisiones.

3.5.5 Reducción de emisiones en la industria y los servicios

Por medio de un proceso gradual que comenzó en 1986 y concluyó en 1992, las plantas termoeléctricas Valle de México y Jorge Luque sustituyeron el combustóleo por gas natural en sus operaciones. Durante este periodo, Pemex amplió la disponibilidad de gas natural en el AMCM para promover su uso en las industrias con alto consumo de combustible. El uso de combustóleo (con más de 3% de azufre) fue prohibido en el AMCM a partir de 1992. En su lugar se introdujo el gasóleo, con menos de 2% de azufre. Más tarde el contenido de azufre fue reducido a 1% como máximo. En el año 2000 el suministro de combustóleo industrial fue completamente remplazado por diesel, que tiene un contenido de azufre de 0.05%. Estas medidas no sólo redujeron las concentraciones de bióxido de azufre en el AMCM, sino también las emisiones de partículas y sus precursores.

Los efectos en la contaminación del aire se encuentran relativamente bien controlados en el caso de las grandes industrias, pero no en el de las medianas, pequeñas y microindustrias del AMCM. Los procesos y el equipamiento de las micro y pequeñas industrias con frecuencia son obsoletos, sus prácticas productivas inadecuadas y su organización ineficiente; estos factores, además de la difícil situación económica que enfrentan, provocan niveles inaceptables de emisiones, agua sucia de desecho, y tóxicos liberados al ambiente. Algunas de estas empresas utilizan ilegalmente combustóleo debido a su costo relativamente bajo.

Los controles de emisiones evaporativas han contribuido significativamente a la reducción de las emisiones de COV provenientes del sistema de distribución de combustible. Las principales medidas adoptadas incluyen la instalación de sistemas de control de emisiones evaporativas en tanques de almacenamiento de gasolina, membranas y techos flotantes, y dispositivos de recuperación de vapores en el sistema de distribución (en terminales de distribución, en camiones repartidores y en estaciones de gasolina). Sin embargo, el efecto positivo de estas medidas podría estar comprometido por la falta de un programa de inspección para asegurar que los dispositivos funcionen adecuadamente.

El establecimiento de la Licencia Ambiental Única y la Cédula de Operación Anual para las empresas en la esfera de jurisdicción federal ha sido un paso importante para instituir criterios unificados para el registro y operación, y ha mejorado la gestión ambiental de la industria. La extensión de este sistema a empresas bajo jurisdicción local está aún pendiente. La inspección a establecimientos industriales federales es responsabilidad de la Profepa, mientras que los sectores locales son responsabilidad del Distrito Federal y del Estado de México, según su ubicación. Hoy los resultados de la inspección muestran alguna reducción, respecto a principios del decenio de 1990, en las irregularidades detectadas en la industria. Por otro lado, es necesario continuar mejorando el inventario de emisiones como una herramienta para evaluar el progreso en la reducción de emisiones y para identificar problemas pendientes. Las auditorías ambientales impuestas por la Profepa han sido útiles para acelerar la identificación de fuentes de contaminación y para resolver problemas ambientales en la industria. No obstante, apenas poco más de 100 industrias han aprobado las auditorías, lo que les permite su certificación como "Industria Limpia".

3.5.6 *Mejoramiento del sistema de transporte*

El PICCA y el Proaire sostuvieron la prioridad de organizar y ampliar el transporte público como un medio para mejorar la calidad del aire. Sin embargo, a pesar de estas políticas, el sistema de transporte se ha deteriorado severamente en los últimos años. Durante la primera mitad de la década de 1990 se alcanzaron logros importantes en mejoras tecnológicas para los vehículos. Los taxis viejos fueron rápidamente remplazados por nuevos vehículos equipados con convertidores catalíticos y se sustituyeron los motores de los autobuses urbanos pertenecientes a la antigua Ruta 100 propiedad de la ciudad. Los beneficios de estas medidas pueden haber sido sólo temporales debido a que las políticas destinadas a organizar el transporte son ineficientes y el cumplimientos de las normas relacionadas también lo es. Las autoridades del transporte están realizando esfuerzos significativos para consolidar las bases legales e institucionales que permitan mayor jurisdicción sobre el transporte e integrar más ampliamente su operación.

En años recientes, además de la creciente tasa de motorización, quienes tienen que desplazarse de un lugar a otro han cambiado de medios de transporte de gran capacidad (autobuses, Metro y tren ligero) a medios de transporte colectivo de capacidad media y baja, y autos privados. En gran medida, estos cambios han ocurrido debido a que el sistema de transporte existente no se ha adaptado adecuadamente a la cambiante distribución de la población, las variaciones económicas y los nuevos patrones de viaje resultantes. Debido a la deficiente planeación del desarrollo y a controles del uso del suelo tolerantes, las viviendas de familias de bajos ingresos se han ido construyendo en zonas que carecen de vías de comunicación con capacidad suficiente y de opciones de transporte masivo, y el nuevo desarrollo comercial se ha dado con una infraestructura de vialidad inadecuada.

El sistema de transporte colectivo, el Metro, está perdiendo pasajeros a pesar de la costosa expansión de su infraestructura. El número de autobuses se ha reducido significativamente en el Distrito Federal, y el servicio que existe en el Estado de México también es deficiente. Las opciones de transporte están dominadas por los microbuses, de los cuales hay una cantidad enorme y operan caóticamente. Los vehículos de transporte público tienden a ser más viejos debido a la falta de una inspección eficaz y de pautas para el cumplimiento de la edad vehicular límite. En el capítulo 6 presentamos un análisis detallado del sistema de transporte en su conjunto.

3.5.7 Integración de las políticas metropolitanas

La población del AMCM está dividida más o menos por igual en dos diferentes circunscripciones políticas locales: el Distrito Federal y el Estado de México. Estas jurisdicciones deben desarrollar un enfoque metropolitano para temas clave de la gestión ambiental: aire, agua, desechos sólidos, transporte y planes de uso del suelo. A menos de que sus programas para el medio ambiente sean similares, habrá prácticas incorrectas y pérdida de eficiencia.

Todos los sectores del gobierno deben compartir responsabilidades en cuanto a la protección del medio ambiente. La falta de integración de las políticas ambientales con las de transporte, desarrollo urbano y planeación del uso del suelo es una de las barreras más importantes que impiden las mejoras ambientales sustantivas. Otra barrera importante es la falta de coordinación entre las políticas ambientales del gobierno federal, el Estado de México y el Distrito Federal. Además, en la actualidad ni las agencias ambientales locales ni las federales cuentan con recursos humanos y financieros suficientes para llevar a cabo de manera eficiente sus actividades de gestión.

En vista de estos desafíos, la CAM necesita fortalecerse financiera y políticamente, así como en términos de recursos humanos. Existen varias inquietudes sobre su forma actual de operación: uno de los asuntos más importantes es que su secretario técnico no tiene una función continua independiente del gobierno que la preside, y que se turna cada dos años; además, los representantes locales y federales varían como consecuencia de los cambios políticos. Esta falta de continuidad del personal da por resultado una debilidad en el desarrollo, despliegue y cumplimiento de las políticas. Además, estas deficiencias en la memoria institucional empañan la visión integrada de las necesidades de los planes de acción. La CAM debería ser reestructurada para tener jurisdicción legal, presupuesto, personal y estructura operacional propios. Esto facilitaría una evaluación más objetiva y rigurosa de las estrategias de control, sin sesgos políticos, así como una mejor planeación para al menos, los próximos 10 o 15 años.

La CAM debe también aumentar sus esfuerzos para estimular la participación pública. Los sectores académico, privado y no gubernamental deben ayudar a diseñar y monitorear las políticas ambientales. La participación pública da legitimidad a estas políticas, compartiendo con los interesados la responsabilidad de su implementación; proporciona apoyo a las medidas impopulares, aunque efectivas, adoptadas en nombre del interés público; garantiza la responsabilidad por parte de los funcionarios públicos e instituciones, y facilita su continuidad a largo plazo a pesar de los cambios de personal en los organismos gubernamentales.

Para el sector del transporte, la Comisión Metropolitana de Transporte y Vialidad (Cometravi) tiene una función similar a la de la CAM, pero es más débil; no cuenta con recursos financieros ni poderes ejecutivos o normativos. Aún más, tiene sólo un limitado personal, que no es suficiente para desarrollar políticas sólidas, ni dispone de los elementos de planeación y evaluación necesarios como, por ejemplo, estudios sobre el origen y destino de los viajes, conteos de tráfico o inventarios físicos y operacionales del sistema de transporte.

Además, las deficiencias del transporte están exacerbadas por un vacío entre la integración de las políticas metropolitanas pertinentes en cuanto al uso del suelo y la calidad del aire, y por su falta de conexión con las políticas generales, por ejemplo, de población y energía. La experiencia muestra que se necesita una decidida voluntad política para desarrollar la capacidad institucional e incrementar la coordinación local, estatal y federal. Recientemente la Cometravi elaboró una propuesta para la adopción de estrategias integrales de transporte y calidad del aire en el AMCM, pero esta propuesta no se ha incorporado a los programas oficiales. Los programas de uso del suelo no han sido capaces de contener la expansión urbana del AMCM ni de modificar los patrones de movilidad de la población y accesibilidad de las actividades económicas. Será necesaria una administración eficiente del Cometravi, que depende en gran parte de la autonomía fiscal, para coordinar los servicios de transporte, planeación e inversión de capital en la región metropolitana. La capacidad institucional relativa al transporte se revisa más ampliamente en la sección 6 del capítulo 6.

Los programas de gestión de la calidad del aire aquí descritos no incluyen pautas de acción generales. Están dirigidos a factores más generales que afectan la contaminación del aire, así como las políticas demográficas, el desarrollo urbano, el desarrollo tecnológico, el desarrollo social y las políticas educativas y culturales. Los programas han tenido una influencia importante sobre la calidad de los combustibles y la introducción de combustibles alternativos. Sin embargo, su influencia ha sido menor respecto a la demanda de combustibles, políticas de ahorro de energía y la introducción de fuentes de energía alternativas.

4. Discusión y conclusiones

En México, el interés reciente en torno a la protección del medio ambiente ha reflejado en gran parte el desarrollo que ha tenido en Estados Unidos. A medida que los temas ambientales se volvieron políticamente importantes en EUA y los descubrimientos científicos apuntaron hacia consecuencias inaceptables en términos de degradación ambiental, esto tuvo influencia en México. Los problemas de la contaminación del aire en la cuenca atmosférica de Los Ángeles y las consecuentes medidas de control han sido referencias decisivas para el desarrollo de las políticas de calidad del aire en México.

Debido a que Estados Unidos estaba invirtiendo grandes cantidades de tiempo y de recursos en el análisis del problema de la contaminación del aire en Los Ángeles y otras ciudades importantes, el gobierno de México siguió un análisis similar y ha desarrollado un enfoque semejante al utilizado en EUA y otros países. El gobierno de México, fuerte y centralizado, consideró adecuadas las normas de manejo y control defendidas en EUA en las décadas de 1960 y 1970 (cuando estos asuntos se regularon por primera vez). Las razones para actuar fueron las mismas en ambos países. El incremento de la industrialización, el aumento de la flota vehicular y del tráfico, combinados con una población en constante crecimiento exponían a una gran parte de los habitantes a amenazas para la salud causadas por la contaminación del aire. Al combinarse con la pérdida de visibilidad resultante de los contaminantes suspendidos en el aire, estas amenazas forzaron al gobierno a tomar medidas.

La mayor parte de los programas mexicanos y estadounidenses de los años sesenta y principios de los setenta para el control de los contaminantes estaba dirigida a las fuentes de contaminación visibles. Estos programas se basaban en la comprensión del problema de la contaminación del aire y en los métodos para resolverlo de aquella época. Las instalaciones industriales que soportaron lo más arduo de los esfuerzos fueron las que emitían grandes cantidades de hollín y humo. A finales del decenio de 1980 y principios de los años noventa, las medidas para la reducción de la contaminación se enfocaron en el ozono y el material particulado, en tanto la información monitoreada mostraba una tendencia creciente de estos contaminantes. Las emisiones que eran el objetivo de dichas medidas eran los precursores del ozono, COV y NO_x, cuya fuente más importante es el sector del transporte.

Existen muchas diferencias significativas entre LA y el AMCM en cuanto a sus capacidades para abordar los problemas de la contaminación del aire. Estas diferencias tienen que ver principalmente con los procesos políticos que afectan la efectividad de las estrategias de control, que parecen, no obstante, similares. En suma, las principales diferencias residen en capacidad financiera, capacidad institucional, presión política y recursos humanos (Krebs, 1999).

Capacidad financiera. Las diferencias más obvias entre Los Ángeles y el AMCM son el nivel de ingresos y el grado de desarrollo industrial. Como se muestra en el cuadro 2.1, el PIB per cápita es cuatro veces mayor en LA que en el AMCM (32 700 dólares *versus* 7 750). Para lograr sus metas de desarrollo económico, México ha utilizado fondos internacionales para financiar el desarrollo industrial y hasta cierto punto la infraestructura nacional, pidiendo prestado a los organismos financieros internacionales. Muchos de estos préstamos se recibieron atados a programas de austeridad fiscal para asegurar que el país siguiera siendo solvente. Tanto la crisis financiera de 1982 como la de 1994 fueron causadas en buena medida por los grandes préstamos obtenidos en los mercados internacionales y las dificultades (reales o así percibidas) del gobierno para cubrir su deuda internacional. Los programas ambientales de esos años fueron construidos sobre presupuestos que resultaron no ser realistas; no es sorprendente, pues, que la falta de financiamiento los haya vuelto ineficaces.

Capacidad institucional. La capacidad institucional está estrechamente ligada a la capacidad financiera. Consecuentemente, algunas dependencias oficiales se encuentran con presupuestos inadecuados para enfrentar sus funciones básicas. Además, a menudo al poner en práctica sus programas, una institución encuentra que éstos entran en conflicto con los de otras dependencias. En México, las dependencias que no están relacionadas directamente con el presupuesto o el desarrollo económico tienden a ser políticamente débiles y con frecuencia tienen que ceder cuando los programas entran en conflicto, y la que esté más ligada con el desarrollo económico, prioridad en el país, es la que tiene más poder.

Además de las deficiencias en financiamiento, las instituciones que tienen que ver con los asuntos del medio ambiente en el AMCM tienen una autoridad jurídica limitada para hacer que otras instituciones acaten sus programas. Debido a la atención política relativamente débil que se le da a los asuntos ambientales, es difícil atender los problemas de la contaminación del aire frente a otras necesidades consideradas más apremiantes. El cierre más importante de una planta industrial por razones de contaminación del aire, el de la refinería 18 de Marzo, resultó políticamente muy complicado para los organismos ambientales. Aunque la planta era uno de los peores contaminadores en el AMCM, se necesitó un decreto presidencial para poder clausurarla.

Presión política por programas ambientales. En EUA, gran parte del progreso logrado en la limpieza del aire puede atribuirse al clamor público y a la presión para reducir los contaminantes en la atmósfera. Diversos grupos de interés crearon una base política nacional de presión a favor del cambio que llegó a los niveles más altos del gobierno. En respuesta a este movimiento, los gobiernos estatales y locales tuvieron que atender el problema para no arriesgarse a la reacción política que acompañaría a la publicidad negativa acerca de sus esfuerzos. Los habitantes de Los Ángeles han expresado en incontables ocasiones su deseo de un aire limpio. Los habitantes de la Ciudad de México, sin embargo, tienden a mostrar una actitud fatalista ante el problema de la contaminación y en el pasado fueron aún más renuentes a presionar al gobierno para actuar. Además, el tradicional estilo "a puerta cerrada" del desarrollo de la política en México no estimula la participación pública. No obstante, esta situación está cambiando rápidamente.

En México, las ONG no intervienen en el tema del transporte; su participación se limita a la calidad del aire. De hecho, las ONG son ahora menos importantes en todos los asuntos ambientales de lo que fueron en el decenio de 1980. Mientras que el sector transporte y otros grupos de interés tienen un fuerte poder de presión, los consumidores no están organizados para demandar un servicio de transporte limpio y eficiente. Ambos grupos —el público y las ONG— tienen que adquirir conciencia sobre el alcance del problema y sus posibles soluciones, y trabajar junto con las autoridades ambientales, como la CAM y la Cometravi.

Recursos humanos. Como se mencionó, los programas de gestión de la calidad del aire en el AMCM se encuentran obstaculizados por la falta de personal capacitado. El monitoreo de la calidad del aire, el diseño de modelos, la vigilancia epidemiológica, el análisis de políticas y la implementación de estrategias deben fortalecerse y hay que desarrollar mejores capacidades. Existe una clara necesidad de incrementar la cantidad y la capacitación de los profesionales del gobierno, de las industrias, de las instituciones académicas y de las organizaciones no gubernamentales con conocimientos en los asuntos del medio ambiente, y de mantener a los ciudadanos informados cuando se plantean las políticas y cuando se ponen en práctica.

Conclusiones. Durante los años noventa se alcanzaron mejoras importantes en la calidad del aire en el AMCM. Los altos niveles de contaminación que tuvieron lugar en la década de 1980 han sido reducidos sustancialmente. Las concentraciones de plomo ya no son un motivo de preocupación para la salud pública. El bióxido de azufre se encuentra hoy a niveles relativamente reducidos, por debajo de la norma nacional. Las tolvaneras, frecuentes en el pasado, han desaparecido.[17]

Como en el caso de Los Ángeles, el progreso más importante para el AMCM proviene del uso de nuevas tecnologías y combustibles de mejor calidad que mitigan los gases de escape de los automóviles. Pemex ha sido uno de los participantes clave en las mejoras de la calidad del aire en el AMCM, primero al eliminar el plomo y reducir el contenido de azufre de los combustibles, y segundo al cerrar la refinería 18 de Marzo. Nótese también que Pemex ha incrementado sus importaciones de gasolina de EUA desde 1996; una cuarta parte de la gasolina quemada en el AMCM proviene de refinerías de EUA. Los autos nuevos están equipados con convertidores catalíticos y cumplen con normas de emisiones cada vez más severas; las grandes industrias se han vuelto más limpias y muchas se han mudado lejos de la ciudad.

No obstante, el ozono y el material particulado son todavía inquietudes importantes. Aunque las concentraciones de contaminantes se han estabilizado, los niveles frecuentemente altos de ozono son aún una seria preocupación para la salud. Las concentraciones de PM_{10} también constituyen un riesgo grave para los habitantes del AMCM. Los datos de la RAMA indican que los programas de control de NO_x han dado por resultado una pequeña reducción de este contaminante.

Así como se han alcanzado mejoras sustanciales en las emisiones de los vehículos, es necesario dar pasos adicionales que incluyan la aceleración de la renovación del parque vehicular; como se muestra en el cuadro 2.1, cerca de la mitad de los vehículos no cuentan con dispositivos de control de emisiones. Las principales instalaciones industriales están relativamente bajo control, pero las empresas pequeñas y medianas no. Se necesitan mejoras en el sistema de transporte y en la integración de las políticas metropolitanas (energía, desarrollo económico, transporte, uso del suelo, población, etc.) con la planeación de la calidad del aire. Se necesita también un mejor cumplimiento de las políticas existentes, un mayor desarrollo de capacidades y una mejor coordinación de los gobiernos local, estatal y federal.

[17] T. Weiner, "Terrific News in Mexico City: Air is Sometimes Breathable", *The New York Times* (5 de enero de 2001). A. Mandel-Campbell, "A breath of fresh(er) air", *US News & World Report* (25 de junio de 2001).

El éxito de la implementación depende en gran medida de un compromiso político de alto nivel, con un fuerte apoyo social. El gobierno mexicano ha dado un gran paso hacia delante al hacer disponibles por internet los niveles actuales de la contaminación del aire y el inventario de emisiones. La participación de los sectores interesados de la academia, la industria y las organizaciones sociales será un factor importante. Cualquier análisis de las medidas actuales y futuras requiere una clara definición de los mecanismos de implementación, las barreras por vencer y los procedimientos de evaluación para monitorear y evaluar la puesta en práctica de las estrategias. Los principales aspectos (población, energía, uso del suelo, transporte) sólo pueden ser atendidos con éxito mediante un enfoque integrado.

En resumen, las políticas para reducir la contaminación del aire deben fundamentarse en el mejor conocimiento científico y tecnológico disponible. Sin embargo, lo que hace que este conocimiento tenga sentido es la estructura de planeación de esas políticas y su cumplimiento. Antes de que los remedios tecnológicos puedan entrar en juego, la jurisdicción del AMCM debe poner en práctica e imponer realmente las normas ambientales y las leyes pertinentes, aportar los recursos financieros y humanos adecuados y desarrollar la capacidad institucional de negociación y de implementación de las dependencias gubernamentales pertinentes. El factor subyacente más importante para el éxito de la gestión ambiental en el AMCM es la voluntad política para transformar el mejor conocimiento disponible en acciones concretas.

El AMCM ha tenido un comienzo muy promisorio al reconocer y aceptar el reto de sanear el aire que respiran sus habitantes, aun sin las muchas ventajas de que gozaba Los Ángeles, particularmente sus recursos financieros en todos los niveles del gobierno. En términos de desarrollo económico y social, el AMCM tiene más paralelos con otras crecientes megaciudades de los que tiene con Los Ángeles. Por esta razón, sus logros merecen un examen especial. En los siguientes capítulos los autores detallan la ciencia de medir, entender y mitigar la contaminación del aire; correlacionan efectos de salud con contaminantes específicos y condiciones, y se enfocan en la historia, naturaleza e impacto del transporte en el AMCM. El papel que desempeña este sector es crítico para el mejoramiento y para el mantenimiento de la calidad del aire en la Ciudad de México y en regiones comparables en todo el mundo. Los éxitos de México son alentadores: organización, tecnología y recursos suficientes pueden limpiar el aire.

3 Factores que propician las emisiones contaminantes en el AMCM

AUTORES
José Luis Lezama[a] · Rodrigo Favela[b] · Luis Miguel Galindo[c]
María Eugenia Ibarrarán[d] · Sergio Sánchez[e] · Luisa T. Molina[f]

COAUTORES
Mario J. Molina[f] · Stephen R. Connors[f] · Adrián Fernández Bremauntz[g]

1. Introducción

Hace 50 años, el Área Metropolitana de la Ciudad de México (AMCM) tenía menos de tres millones de habitantes. En el año 2000 la población era seis veces mayor, con 18 millones de personas. En términos de población, el AMCM es la segunda ciudad más grande del mundo, superada sólo por el área metropolitana de Tokio, con 26 millones de habitantes (Banco Mundial, 2001). Como capital de la nación, la Ciudad de México es sede de las instituciones políticas del país, de la mayor concentración de las inversiones económicas y de la mayor parte de la infraestructura industrial y financiera del país.

A lo largo del siglo XX, el área urbana y la demografía del AMCM han sufrido grandes transformaciones. La ciudad ha atraído migrantes de otras partes del país y ha estimulado el crecimiento económico a medida que la nación comenzó a industrializarse. La población creció rápidamente, ocupando zonas cada vez más alejadas del centro histórico. Tan solo en la última mitad del siglo pasado, el área urbanizada de la región creció 13 veces, de 118 km² en 1940 a casi 1 500 km² en 1995. La expansión empujó a la ciudad más allá de los límites del Distrito Federal (DF) hacia los municipios vecinos del Estado de México y algunas partes del estado de Hidalgo (Ward, 1998).

Los problemas ambientales del AMCM son más que un mero asunto local. Están estrechamente ligados a los cambios económicos, sociales y demográficos que caracterizan la parte central del país (región Centro), que abarca el Distrito Federal y los

[a] El Colegio de México, México.
[b] Petróleos Mexicanos, México.
[c] Universidad Nacional Autónoma de México, México.
[d] Universidad de las Américas, Puebla, México.
[e] Consultor, México.
[f] Massachusetts Institute of Technology, Estados Unidos.
[g] Instituto Nacional de Ecología, Secretaría de Medio Ambiente y Recursos Naturales, México.

estados de México, Hidalgo, Morelos, Puebla, Querétaro y Tlaxcala. El crecimiento poblacional y la urbanización rápida y no sustentable en la región Centro, combinados con el incremento en la demanda de transporte y energía constituyen las fuerzas impulsoras de la degradación de la calidad del medio ambiente, la deforestación, la erosión del suelo, la sobreexplotación del suministro local y regional de agua, el agotamiento de los recursos naturales y la contaminación de agua, aire y suelo.

En este capítulo analizaremos estas fuerzas, particularmente aquellas que afectan la contaminación del aire. Como se mencionó en el capítulo anterior, la ubicación geográfica del AMCM contribuye de manera sustancial a este problema. La ciudad se encuentra en una cuenca sobre la divisoria continental (a una altitud de 2 240 m) y está rodeada por montañas que, junto con inversiones térmicas frecuentes, retienen la contaminación dentro de esa cuenca (véase la lámina 4). La considerable altitud y la intensa luz solar también exacerban los procesos fotoquímicos que propician la formación de ozono. Dentro de la cuenca, los vientos a menudo vienen del noreste, arrastrando la contaminación de la región con mayor desarrollo industrial hacia el centro y hacia las áreas residenciales del suroeste de la ciudad. La contaminación del aire por lo general es peor en el invierno, cuando la lluvia es menos común y las inversiones térmicas son más frecuentes. Además de estos factores naturales incontrolables existe una enorme y creciente población humana que da lugar a un crecimiento urbano desordenado y un transporte masivo insuficiente que estimula el uso de vehículos particulares. El resultado es una severa contaminación del aire que se manifiesta principalmente en molestias respiratorias y visibilidad reducida.

2. Crecimiento poblacional

El tamaño real del área metropolitana depende de cómo se defina el término "área". En este libro usaremos la definición recientemente revisada por el Consejo Nacional de Población (Conapo). La región metropolitana incluye cuatro elementos geográficos. Primero, la "zona central" histórica o área centro conocida como "Ciudad de México", que incluye cuatro delegaciones: Miguel Hidalgo, Cuauhtémoc, Benito Juárez y Venustiano Carranza. Segundo, el Distrito Federal, que incluye las cuatro delegaciones de la "Ciudad de México" mencionadas y otras 12: Azcapotzalco, Coyoacán, Cuajimalpa, Gustavo A. Madero, Iztacalco, Iztapalapa, Magdalena Contreras, Milpa Alta, Álvaro Obregón, Tláhuac, Tlalpan y Xochimilco. El DF es la sede del gobierno nacional y es el centro comercial y de servicios de la región. Tercero, el AMCM está formada por las 16 delegaciones del DF, 40 municipios urbanos importantes del Estado de México y uno del estado de Hidalgo. Finalmente, está la llamada "megalópolis", la cual se extiende más allá del AMCM e incluye la "corona" de ciudades circundantes (Puebla, Tlaxcala, Cuernavaca, Cuautla, Pachuca y Toluca) que se extiende de 75 a 150 km desde el centro de la ciudad. La localización de las 16 delegaciones y los 41 municipios que abarca el AMCM se muestra en la figura 2.4, capítulo 2.

Cuadro 3.1 Crecimiento poblacional en la Ciudad de México, el DF, el AMCM y el Estado de México (millones de habitantes)

Año	Nacional	Ciudad de México	D.F.	Municipios conurbados	AMCM	Estado de México	Región Central
1900	13.61	0.35	0.54			0.93	
1910	15.16	0.47	0.73			0.99	
1921	14.34	0.62	0.90			0.88	
1930	16.55	1.03	1.22			0.99	
1940	19.65	1.45	1.75		1.76	1.15	
1950	25.80	2.25	2.92	0.06	2.98	1.39	7.76
1960	34.92	2.83	4.85	0.31	5.16	1.89	10.83
1970	48.23	3.00	6.87	1.78	8.65	3.83	15.93
1980	66.85	2.69	8.83	4.90	13.73	7.55	23.53
1990	81.25	1.93	8.24	6.81	15.05	9.83	27.07
2000	97.35		8.59	9.28	17.87	13.10	32.89
2010*	111.68		8.67	12.07	20.74	15.59	37.98

FUENTES: INEGI, 1997; INEGI, 2000; Conapo, 1998.
* Estimado.

El cuadro 3.1 y la figura 3.1 muestran el crecimiento poblacional del DF, el AMCM y el Estado de México entre 1900 y 2010. El cuadro 3.2 muestra el crecimiento de la población del AMCM por delegaciones y municipios; el cuadro 3.3 indica el porcentaje de la población nacional en cada una de estas unidades, y el cuadro 3.4 y la figura 3.2 muestran la tasa de crecimiento de la población para el AMCM, el DF, y el Estado de México, calculada a partir de los datos de los cuadros 3.1 y 3.2.

2.1 Región Central

La región Centro o Central, que incluye el Distrito Federal y los estados de México, Hidalgo, Morelos, Puebla, Querétaro y Tlaxcala, ha mostrado un crecimiento demográfico continuo desde principios de la década de 1970. En 1950 su población se encontraba ligeramente por arriba de los 7.7 millones, lo cual representaba 30% de la población nacional total. En 2000, la región Centro tenía una población de 32.9 millones, lo que representaba 34% del total nacional, con una tasa de crecimiento anual promedio de 2%, más alta que el porcentaje registrado para la nación (1.8%) en el periodo 1990-2000 (INEGI, 2000).

Cuadro 3.2 Crecimiento poblacional en el AMCM por delegaciones y municipios, 1950-2000

	1950	1960	1970	1980	1990	2000
NACIONAL	25 779 254	34 923 129	48 225 238	66 846 833	81 249 645	97 361 711
REGIÓN CENTRAL	7 762 920	10 825 170	15 931 701	23 533 883	27 073 577	32 893 206
AMCM	2 982 075	5 155 327	8 656 851	13 734 654	15 047 685	17 946 313
Distrito Federal	2 923 194	4 846 497	6 874 165	8 831 079	8 235 744	8 591 309
Municipios conurbados	58 881	308 830	1 782 686	4 903 575	6 811 941	9 355 004
Incorporados hasta 1950	2 982 075	4 857 117	7 243 759	9 461 228	8 579 062	8 669 647
Ciudad de México	2 234 795	2 832 133	2 902 969	2 595 823	1 930 267	1 688 401
Benito Juárez*				544 882	407 811	359 334
Cuauhtémoc*				814 983	595 960	515 132
Miguel Hidalgo*				543 062	406 868	351 846
Venustiano Carranza*				692 896	519 628	462 089
Álvaro Obregón*	93 176	220 011	456 709	639 213	642 753	685 327
Azcapotzalco*	187 864	370 724	534 554	601 524	474 688	440 558
Coyoacán*	70 005	169 811	339 446	597 129	640 066	639 021
Gustavo A. Madero*	204 833	579 180	1 186 107	1 513 360	1 268 068	1 233 922
Iztacalco*	33 945	198 904	477 331	570 377	448 322	410 717
Iztapalapa*	76 621	254 355	522 095	1 262 354	1 490 499	1 771 673
Magdalena Contreras*	21 955	40 724	75 429	173 105	195 041	221 762
Naucalpan	29 876	85 828	382 184	730 170	786 551	857 511
Tlalnepantla	29 005	105 447	366 935	778 173	702 807	720 755
Incorporados entre 1950 y 1960		298 210	582 185	1 670 901	2 542 838	3 513 732
Cuajimalpa*		19 199	36 200	91 200	119 669	151 127
Tláhuac*		29 880	62 419	146 923	206 700	302 483
Tlalpan*		61 195	130 719	368 974	484 866	580 776

Xochimilco*	70 381	116 493	217 481	368 798
Chimalhuacán	76 740	19 946	61 816	490 245
Ecatepec	40 815	216 408	784 507	1 620 303
Incorporados entre 1960 y 1970		**830 907**	**2 048 388**	**2 349 073**	**2 955 643**
Atizapán de Zaragoza		44 322	202 248	315 192	467 262
Coacalco		13 197	97 353	152 082	252 270
Cuautitlán		41 156	39 527	48 858	75 831
Huixquilucan		33 527	78 149	131 926	193 156
Milpa Alta*		33 694	53 616	63 654	96 744
Nezahualcóyotl		580 436	1 341 230	1 256 115	1 224 924
La Paz		32 258	99 436	134 782	213 045
Tultitlán		52 317	136 829	246 464	432 411
Incorporados entre 1970 y 1980			**554 137**	**1 111 705**	**1 487 646**
Cuautitlán Izcalli			173 754	326 750	452 976
Chalco			78 393	282 940	222 201
Chicoloapan			27 354	57 306	77 506
Ixtapaluca			77 862	137 357	293 160
Nicolás Romero			112 645	184 134	269 393
Tecámac			84 129	123 218	172 410
Incorporados entre 1980 y 1990				**465 007**	**710 220**
Acolman				43 276	61 181
Atenco				21 219	34 393
Jaltenco				22 803	31 608
Melchor Ocampo				26 154	37 724
Nextlalpan				10 840	19 755
Teoloyucan				41 964	66 486

[*Continúa*]

* Delegaciones del Distrito Federal.

Cuadro 3.2 Crecimiento poblacional en el AMCM por delegaciones y municipios, 1950-2000 [Concluye]

	1950	1960	1970	1980	1990	2000
Incorporados entre 1980 y 1990 (cont.)						
Tepotzotlán					39 647	62 247
Texcoco					140 368	203 681
Tultepec					47 323	93 364
Zumpango					71 413	99 781
Incorporados entre 1990 y 1995						**609 425**
Chiautla					14 764	19 559
Chiconcuac					14 179	17 977
Cocotitlán					8 068	10 220
Coyotepec					24 451	35 289
Huehuetoca					25 519	38 393
San Martín de las Pirámides					13 563	19 689
Temamatla					5 366	8 840
Teotihuacan					30 486	44 556
Tezoyuca					12 416	18 734
Valle de Chalco Solidaridad					219 773	323 113
Isidro Fabela						8 162
Jilotzingo						15 075
Papalotla						3 469
Tizayuca						46 350

FUENTES: INEGI, 1997; Conapo, 1998; INEGI, 2000; Garza, 2000.

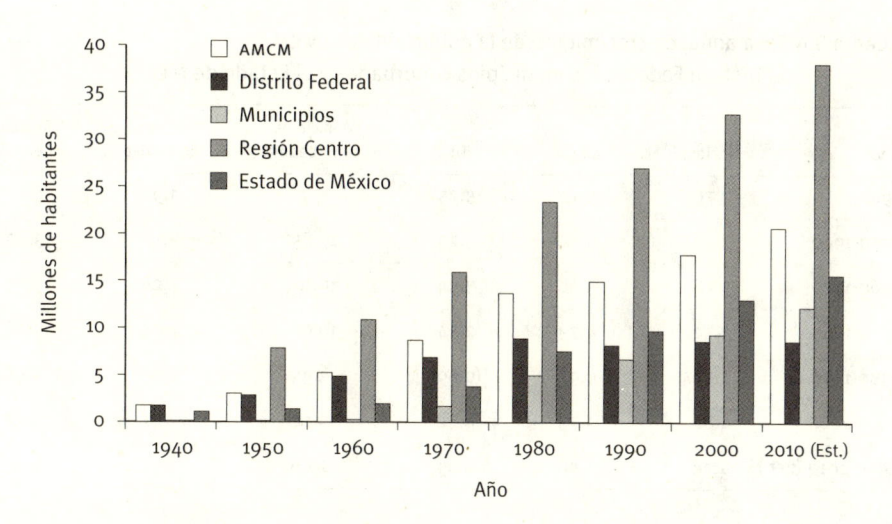

Figura 3.1 Crecimiento poblacional del AMCM, el Distrito Federal y el Estado de México. FUENTE: INEGI, *Censo general de población y vivienda 2000*.

Cuadro 3.3 Población del Estado de México, Distrito Federal y AMCM como porcentaje de la población nacional

Año	Población nacional (millones)	Porcentaje de la población nacional				
		AMCM	Distrito Federal	Municipios conurbados	Estado de México	Región Central
1900	13.61		3.97		6.86	
1910	15.16		4.75		6.53	
1921	14.34		6.32		6.17	
1930	16.55		7.48		5.98	
1940	19.65	9.16	8.95		5.83	
1950	25.80	11.55	11.31	0.23	5.40	30.08
1960	34.92	14.78	13.89	0.89	5.40	31.01
1970	48.23	17.93	14.24	3.69	7.95	33.03
1980	66.85	20.54	13.21	7.33	11.30	35.20
1990	81.25	18.52	10.14	8.38	12.10	33.32
2000	97.35	18.36	8.82	9.53	13.46	33.79
2010 (Est.)	111.68	18.57	7.76	10.81	13.96	34.01

FUENTES: INEGI, 1997; Conapo, 1998; INEGI, 2000.

Cuadro 3.4 Tasa anual de crecimiento de la población del AMCM, el Distrito Federal, los municipios conurbados y el Estado de México

Año	Nacional	AMCM	DF	Municipios conurbados	Estado de México	Región Central
1940-1950	2.76	5.17	5.25		1.91	
1950-1960	3.07	5.64	5.20	17.85	3.17	3.39
1960-1970	3.28	5.30	3.54	19.10	7.26	3.93
1970-1980	3.32	4.73	2.54	10.66	7.04	3.98
1980-1990	1.974	0.92	(0.69)	3.35	2.65	1.41
1990-2000	1.82	1.73	0.42	3.14	2.91	1.97
2000-2010 (Est.)	1.38	1.50	0.09	2.66	1.77	1.45

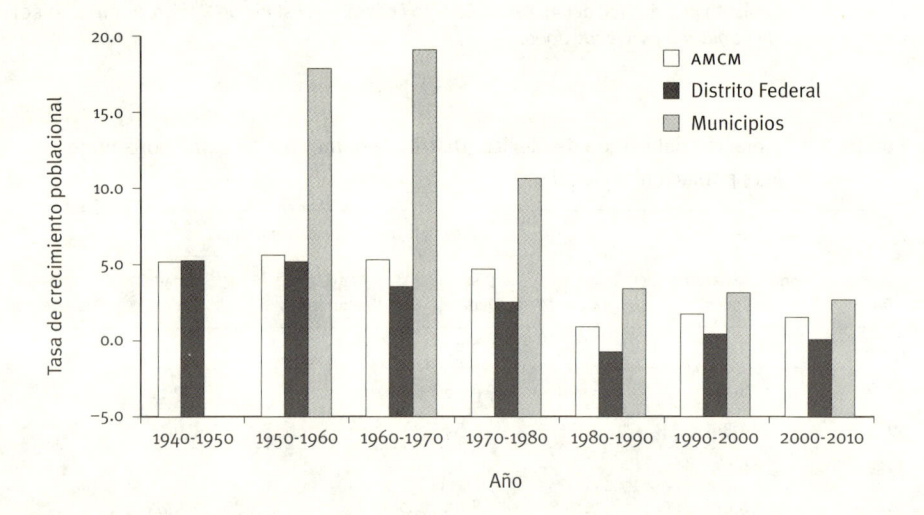

Figura 3.2 Tasa anual de crecimiento del AMCM, el DF, los municipios conurbados y el Estado de México.

La región Centro muestra un patrón demográfico más dinámico, principalmente por lo que sucede en el DF y en el Estado de México. La contaminación del aire está muy relacionada con este dinamismo y con las características de los sectores de la producción, el transporte y los servicios que prevalecen en el AMCM. Esta sinergia demográfica y económica, combinada con factores tecnológicos, calidad de los combustibles, niveles de consumo de energía y condiciones naturales son las fuerzas que impulsan el alcance y otras características de la contaminación del aire.

En el decenio de 1950, el DF fue la entidad más dinámica demográfica y económicamente en el país. La tasa de crecimiento de la población fue de 5.2% en el DF comparado con 3.5% en Morelos y 3.1% en el Estado de México. Esta situación, sin embargo, ha cambiado desde los años sesenta, cuando todas las entidades que conforman la región Centro, excepto el DF, experimentaron un incremento en sus tasas de crecimiento. Para la década 1990-2000, el crecimiento poblacional fue mayor en los estados de México (2.9%), Querétaro (2.9%), Morelos (2.7%), Tlaxcala (2.4%) y Puebla (2.1%). Las tasas más bajas de crecimiento poblacional tuvieron lugar en Hidalgo (1.7%) y el DF (0.4%).

Algunos estudios señalan una pérdida de población en la región Centro a medida que la gente abandona el DF y se muda a diferentes partes del país. Sin embargo, el Estado de México, especialmente sus municipios conurbados, ha absorbido la mayor parte de la población que sale del DF (Unikel *et al*., 1976; Garza, 2000; INEGI, 2000).

2.2 Área Metropolitana de la Ciudad de México (AMCM)

Como se muestra en el cuadro 3.2, hasta 1950 el AMCM consistía en las cuatro delegaciones de la Ciudad de México, otras siete delegaciones y dos municipios del Estado de México. Cuatro delegaciones y dos municipios más del Edomex fueron incorporados en 1960, siete más en la siguiente década y otros 16 entre 1970 y 1990. En el segundo lustro de los noventa, el grupo de municipios incluía 40 en el Estado de México y uno en Hidalgo (Tizayuca) (véase la figura 2.4 del capítulo 2).

En 1900, la Ciudad de México tenía 345 000 habitantes y crecía a una tasa anual de 3%. Entre 1921 y 1930 la población creció de 615 000 a más de un millón. Entre 1930 y 1970, la tasa de crecimiento aumentó con la industrialización a un ritmo de 4% anual, con lo que se duplicó la población regional alrededor de cada 15 años. Para 1950, el AMCM albergaba cerca de tres millones de personas, 8.6 millones en 1970, lo que representaba 17.9% de la población nacional de casi 48.2 millones. De acuerdo con el censo de 2000, la población actual del AMCM es de 17.9 millones, 18.4% del total nacional (véase el cuadro 3.3).

En décadas recientes, la tasa de crecimiento anual promedio para el AMCM ha disminuido. Por ejemplo, mientras que la tasa anual promedio para el AMCM en 1960 fue de más de 5%, para el año 2000 cayó a sólo 1.7%. El estimado para 2010 es 1.5% (véanse el cuadro 3.4 y la figura 3.2). En la segunda mitad del siglo, la población en los municipios conurbados creció más que la del DF. Para 1970, 1.8 millones de personas vivían en estos municipios, cifra que llegó a 9.3 millones en 2000.

De acuerdo con algunos estimados, en los municipios se espera un aumento de la población de aproximadamente 2.8 millones entre los años 2000 y 2010. Veintisiete por ciento de la población total del AMCM estará concentrada en Ecatepec, Nezahualcóyotl, Chimalhuacán, Cuautitlán Izcalli y Atizapán (véase el cuadro 3.2).

2.3 El Distrito Federal

Durante los últimos 50 años, la población del Distrito Federal se triplicó pasando de cerca de 3 millones a 8.6 millones de habitantes en 2000. La tasa de crecimiento, sin embargo, ha seguido decreciendo (véanse el cuadro 3.2 y la figura 3.2).

Como se mencionó anteriormente, el DF abarca 16 delegaciones, que son unidades políticas administrativas. Datos recientes muestran que ocho de ellas (incluyendo las que conforman la antigua Ciudad de México) tuvieron tasas de crecimiento promedio anual negativas durante el periodo 1990-2000, mientras que otras mostraron tasas de crecimiento positivas. En términos de distribución de la población por delegaciones en el DF, tres de ellas —Iztapalapa, Gustavo A. Madero y Álvaro Obregón— albergan 43% de su población total. Milpa Alta es la delegación que aporta la menor población, con 1% del total del DF en 2000. Estas tendencias indican que en la próxima década la tasa de crecimiento poblacional en el DF continuará declinando.

2.4 Municipios conurbados

Los municipios conurbados alrededor del AMCM son divisiones administrativas que han sido incorporadas a las actividades económicas, políticas y sociales de la Ciudad de México a lo largo del tiempo debido a su proximidad geográfica. En 1950 sólo había dos de ellas, Naucalpan y Tlalnepantla, ambas en el Estado de México. En 1995 había 41, todas ellas ubicadas en el Estado de México, excepto una en el estado de Hidalgo (véase la figura 2.4).

En general, estos municipios han mostrado una tasa de crecimiento muy rápida: su población combinada creció de 0.06 millones en 1950 (con dos municipios) a 1.8 millones en 1970 (11 municipios) y 6.8 millones en 1990 (27 municipios). En 2000, alrededor de 9.3 millones de personas vivían en 41 municipios. En términos de distribución geográfica, la mayor parte de la población vive en los municipios ubicados en la parte nororiental del Estado de México: Ecatepec, Nezahualcóyotl, Naucalpan, Tlalnepantla, Chimalhuacán, Atizapán de Zaragoza, Cuautitlán Izcalli y Tultitlán (véase el cuadro 3.2).

Si las tendencias actuales continúan, la población en los municipios podría alcanzar 12 millones para el año 2010. Sumados a la población estable de 8.6 millones del DF, la población estará por arriba de 20 millones. Esta cantidad de personas impondrá una enorme presión al precario balance ambiental del Valle de México (Garza y Ruiz, 2000; Garza, 2000; INEGI, 2000).

2.5 Densidad de población

La densidad de población promedio del AMCM (12 000 habitantes por km^2) es alta en relación con otras megaciudades del mundo. Es ligeramente más alta que en Tokio y representa el doble de la densidad de población de la ciudad de Nueva York. Comparada con otras ciudades latinoamericanas importantes, es al menos el doble de la densidad de São Paulo y la de Buenos Aires, y es similar a la de Caracas. Sólo las ciudades asiáticas de Mumbai (Bombay), Calcuta y Hong Kong parecen tener una densidad mayor (Ward, 1998).

El AMCM tenía un promedio de 15 000 habitantes por km² en 1940. Hasta 1950, las densidades de población en el AMCM eran superiores en el centro de la ciudad (alrededor de 80 000 habitantes por km²) que en las áreas circundantes. Sin embargo, estas densidades han cambiado desde entonces. En general, las densidades decrecieron a cerca de 10 900 habitantes por km² en 1960, antes de aumentar otra vez a 12 600 habitantes por km² en 1970 y descender a 12 000 en 2000. El DF y los municipios del Estado de México han mostrado una marcada diferencia en los cambios en densidad. En el DF, las densidades promedio aumentaron de manera constante de 12 700 a 17 200 habitantes por km² entre 1960 y 1980, seguidas por una caída gradual hasta 12 000 en 2000. En el Estado de México, en donde los asentamientos más recientes tenían densidades muy bajas, el promedio aumentó de 2 300 por km² en 1960 a 13 500 para 1975; el promedio cayó a aproximadamente 12 400 en 2000.

Estas fluctuaciones en la densidad de población reflejan la dinámica del área urbana en expansión. La expansión depende de las oportunidades del capital financiero para invertir lucrativamente y de la política pública para el desarrollo de vivienda. Los asentamientos irregulares llevaron a una rápida expansión del área urbanizada ya que la gente abandonaba las unidades de alquiler para mudarse a viviendas muy pobres construidas en solares apropiados ilegalmente. Este fenómeno precipitó una caída considerable en la densidad de población general en el AMCM entre 1940 y 1960. No obstante, desde entonces las densidades se han incrementado a medida que la tasa de apropiación ilegal de nuevas tierras en la periferia ha bajado. Las densidades han fluctuado también como respuesta a los esporádicos esfuerzos del Estado de México por controlar la expansión de los asentamientos irregulares (Ward, 1998).

2.6 Demografía

La dinámica del crecimiento urbano está basada en la inmigración proveniente del campo hacia las ciudades, combinada con una fertilidad de alta a moderada. El porcentaje de la población nacional que vive en el Estado de México se incrementó durante el decenio de 1960 y siguió rebasando al del DF, en los años ochenta. Alrededor de 1970, los municipios cercanos del Estado de México empezaron a atraer habitantes del Distrito Federal y de otros estados. Para 1990, la tasa de crecimiento del Estado de México parecía haberse moderado.

Como se muestra en la figura 3.2, la tasa de crecimiento anual del DF comenzó a declinar hacia 1960. Mientras que la tasa general de crecimiento de la población en el AMCM bajaba, la población general en números absolutos continuaba en aumento.

Esto está asociado con el crecimiento de la población en los municipios del Estado de México comprendidos dentro del AMCM, dado que el DF en realidad disminuyó su población entre 1980 y 1990 (véase la figura 3.1).

La tasa de crecimiento no ha sido homogénea a lo largo de toda el AMCM. Mientras que el DF tuvo una tasa de crecimiento de 0.5% durante la última década, la población de los municipios circundantes creció más rápido, a una tasa aproximada de 3.2% anual entre 1990 y 1999, aun por arriba de la media nacional. Esta situación generó una demanda extraordinaria de transporte, servicios de salud y vivienda, concentrada sobre todo en el Estado de México.

Los patrones históricos del crecimiento urbano están estrechamente ligados con las tendencias socioeconómicas y los patrones de migración. Puesto que la ciudad en crecimiento era un importante imán nacional para el empleo durante el siglo XX, los asentamientos formados por nuevos habitantes definieron en gran parte la expansión del área metropolitana, a medida que oleadas sucesivas de recién llegados creaban comunidades habitacionales en los límites urbanos. En general, las partes occidental y suroccidental del AMCM han sido los puntos de atracción de poblaciones con ingresos altos, aunque algunas de las delegaciones en esta zona (p. ej., Álvaro Obregón y Magdalena Contreras) tienen una mezcla de ricos y pobres. Dentro del mismo DF, las delegaciones del oriente y del sur tienen la mayor parte de residentes pobres. Graizboard *et al.* (1999) señalaban un patrón general en el cual los grupos de mayores ingresos se concentran hacia el centro de la ciudad; los niveles de ingreso bajan con el aumento de la distancia respecto del Zócalo. Una vez más, sin embargo, varios distritos de altos ingresos pueden encontrarse a distancias relativamente lejanas del centro de la ciudad, en particular Huixquilucan, un área residencial de altos ingresos localizada a unos 25 km del centro. La distribución general de la riqueza en el lado oeste de la ciudad y la pobreza en el lado este está ligada a la asignación de servicios urbanos en la megalópolis (Schteingart, 2000a).

La fertilidad ha decrecido en el AMCM desde 1960. Esto se refleja en la reducción del número de niños y adolescentes en edades de 0 a 19. El descenso en la tasa de nacimientos es mayor en el DF que en las áreas de las afueras del AMCM y la distribución de edades de la población está cambiando. En 2000, la distribución de la población por grupos de edad en el DF mostró que 67.4% pertenecía al rango de 15 a 64 años, ligeramente arriba del porcentaje de 1995 (67%). El grupo de población de menos de 15 años representaba 26.5% (abajo del 28.5% en 1995) y el grupo de edad de más de 65 años representaba 6.12% (arriba del 5.36% en 1995). Los valores correspondientes para el Estado de México eran de 33.3% (edad de 0 a 14), 62.9% (edad de 15 a 64) y 3.8% (edad de 65 y más) en 2000. Durante los próximos 10 años se espera que el porcentaje de la población productiva (entre 15 y 65 años de edad) aumente. En consecuencia, la demanda de empleo, transporte, energía, bienes y servicios, etc., crecerá. Esto, a su vez, creará mayor presión sobre el medio ambiente. Al mismo tiempo, el porcentaje de la población mayor de 65 años —grupo de población más sensible a la calidad del aire— también aumentará.

3. Crecimiento urbano

3.1 Expansión del AMCM

El crecimiento urbano ha sido impulsado principalmente por la suburbanización —bien conocida en Estados Unidos—, además del escaso cumplimiento de las leyes de protección de las áreas naturales establecidas por el gobierno federal en un intento por controlar el crecimiento urbano irregular. A lo largo de los últimos 15 años, asentamientos irregulares de pobres y el desarrollo de proyectos inmobiliarios para familias de altos ingresos han invadido muchas de las áreas naturales protegidas en la periferia del AMCM, eliminando grandes extensiones de bosques y algunas especies raras de plantas, y afectando la biodiversidad (Schteingart, 2000b).

La expansión urbana y el uso del suelo tienen un impacto directo sobre la organización social y del espacio en las ciudades y sobre los problemas del medio ambiente, incluyendo la contaminación del aire. Este impacto está relacionado con el crecimiento de las distancias entre las áreas residenciales, industriales y de servicios. Distancias mayores requieren más viajes; los ciudadanos que se desplazan forman patrones de viaje y de sistemas de transporte, como será descrito en detalle en el capítulo 6. La expansión urbana vulnera las áreas agrícolas y forestales al igual que las áreas naturales protegidas alrededor de las ciudades. Todo esto afecta la calidad del aire y el balance ecológico general en las ciudades (Schteingart, 2000a).

El AMCM ha seguido un modelo de expansión de desarrollo urbano. Como se mencionó antes, la ciudad relativamente pequeña de los años treinta, confinada casi por completo dentro de las delegaciones centrales del DF, creció de manera constante, hasta extenderse finalmente más allá de los límites del Estado de México. La lámina 2 muestra un mapa que ilustra la expansión del AMCM entre 1910 y 2000. Una parte significativa de esta expansión se ha dado en la forma de asentamientos humanos irregulares. Debido a que la gente pobre no tiene acceso a los mercados de vivienda, por lo general se establece en zonas ecológicas vulnerables. Es muy difícil llevar servicios a estas áreas de baja densidad. Se ha calculado que los asentamientos irregulares proporcionan hogar a 62% del total de la población en el AMCM y ocupan casi 50% del área.

La reducción en la densidad de la zona centro y el rápido crecimiento del área metropolitana circundante han tenido lugar por varias décadas. En 2000, 8.6 millones de habitantes (48% de la población total del AMCM) vivía en 16 delegaciones del Distrito Federal, mientras que los otros 9.3 millones de habitantes (52%) vivían en municipios conurbados del Estado de México. Las tendencias muestran que el crecimiento más rápido en el AMCM tendrá lugar en dicho estado. En el año 2010 se espera que casi 60% de la población del AMCM viva en el Estado de México. Además, este crecimiento urbano está incorporando municipios de los estados circundantes. El primero de ellos es Tizayuca, en el estado de Hidalgo, el cual tenía más de 46 000 habitantes en 2000 (véase el cuadro 3.2).

Una buena forma de medir el alcance de la expansión física de la ciudad es por medio del tamaño del AMCM. En 1940, 1.78 millones de personas vivían en un área urbana de 118 km², o 15 000 habitantes por km². Para 1970, 8.65 millones de personas vivían en un área de 683 km², con una densidad más baja de 12 700 habitantes por km². Entre 1980 y 1990, esta densidad permaneció estable, mientras que el área urbana aumentó en relación con el aumento de la población. Como se mencionó antes, en 2000 17.9 millones de personas vivían en un área de aproximadamente 1 500 km², con una densidad de población promedio de 12 000 habitantes por km².

Esto significa que el crecimiento actual es más extensivo que intensivo en términos de uso del suelo (Unikel *et al.*, 1976; Garza, 2000). Si esta tendencia sin planeación continúa —urbanización intensa combinada con grandes extensiones de suelo desocupado—, el patrón de densidad se mantendrá. El AMCM tendrá que expandirse proporcionalmente al crecimiento de la población, con un consecuente incremento en la demanda de transporte y en los kilómetros recorridos por vehículo.

3.2 Desarrollo urbano y regional

La expansión del AMCM no es única en la región. Las áreas metropolitanas vecinas (Puebla, Tlaxcala, Pachuca, Toluca y Cuernavaca) también están extendiendo su territorio. Esta expansión múltiple está comenzando a fusionarse con el AMCM para formar un área urbana única a la que se le ha designado como "megalópolis" (véase la lámina 3). Hoy, esta megalópolis incluye 91 municipios en el Estado de México, 16 en el estado de Morelos, 29 en el estado de Puebla, 37 en el estado de Tlaxcala y 16 en el estado de Hidalgo, además de las 16 delegaciones del DF. El crecimiento de esta megalópolis claramente tendrá repercusiones importantes en la energía, la ecología regional y los recursos ambientales.

La región Central del país, formada por el Estado de México, Hidalgo, Puebla, Tlaxcala, Morelos, Querétaro y el DF, ocupa sólo 5% del área del país. Sin embargo, en ella se concentran las actividades industriales, comerciales y de servicios más importantes. La región tiene un tercio de la población nacional y aporta más de 40% del producto interno bruto (PIB). En este contexto, la economía, el sistema de transporte y la calidad ambiental de la región Central tienen repercusiones más allá de los límites del área metropolitana.

El DF sigue siendo el centro de todas las actividades económicas de la región Central. Esta región atrae la mayor parte de la fuerza de trabajo que vive en los municipios circundantes del Estado de México. Recientemente ha tenido lugar una descentralización demográfica del DF a medida que la gente se ha mudado a los municipios circundantes y a otras partes de la región Central. Sin embargo, una gran parte de esta población regresa diariamente a trabajar a las delegaciones centrales del DF, con la consecuente demanda de transporte.

La inclusión de las mujeres en la fuerza laboral también aumenta la demanda de transporte urbano. Puesto que ellas están vinculadas sobre todo con el sector de servicios, estas trabajadoras contribuyen a la concentración de la actividad económica en las delegaciones centrales del Distrito Federal.

Mientras que las actividades industriales y agrícolas se han vuelto partes menos significativas de la economía del AMCM, la importancia del sector de servicios va en aumento. El descenso en la actividad agrícola ha sido más pronunciado en el AMCM que en el resto del país como consecuencia de la expansión urbana. Hacia finales del siglo XX, el sector de servicios aportaba casi 75% de la producción. Otra tendencia importante es la descentralización industrial. Durante la década de 1990, grandes industrias fueron reubicadas en nuevas áreas de la región Central, fuera del AMCM. Al mismo tiempo, las actividades de producción en otros corredores industriales (como la frontera norte) han aumentado.

3.3 Uso del suelo

Como se muestra en el cuadro 3.5, en 1997 las 16 delegaciones del DF, los 40 municipios conurbados del Estado de México y el municipio de Tizayuca (Hidalgo), que juntos conforman el AMCM, ocupaban un área total de 5 295 km². Cerca de 1 460 km² —que representan 27.6% del área metropolitana— ya estaban urbanizados, comparados con los 1 180 km² de 1987, un incremento de cerca de 25% (Garza, 2000).

Cuadro 3.5 Comparación de los usos de suelo entre 1987 y 1997 en el AMCM, el DF y los municipios conurbados (área en km²)

	1987			1997		
	AMCM	Distrito Federal	Municipios conurbados	AMCM	Distrito Federal	Municipios conurbados
ÁREA TOTAL				5 294.4	1 483.2	3 811.2
ÁREA URBANIZADA	1 181.1	554.0	627.1	1 460.3	710.2	750.2
Residencial	687.3	272.0	415.3	911.2	368.4	542.8
Usos mixtos				172.1	149.1	23.0
Industrial	96.7	29.4	67.3	78.1	14.5	63.7
Comercial y de servicios				58.1	19.9	38.2
Instalaciones	57.5	50.7	6.8	106.5	63.1	43.5
Recreación y espacios abiertos	187.1	49.4	137.7	110.1	71.1	39.1
Vialidades principales	152.6	152.6		24.2	24.2	
ÁREAS NO URBANIZADAS				3 834.1	773.1	3 061.0

FUENTE: G. Grajales, "Uso del suelo y conformación territorial", en Garza (2000), pp. 514-515.

La mayor parte del área total urbanizada del DF y el Estado de México estaba ocupada por viviendas, aunque existía una clara diferencia entre ambas localidades (cerca de 50 y 70%, respectivamente). La proporción del suelo industrial en las comunidades conurbadas juntas era casi el doble que la del DF en 1987 por dos razones principales. Primera, se impusieron regulaciones de planeación urbana que limitaban el establecimiento de nuevas plantas industriales. Segunda, el gobierno mexicano ofreció subsidios a compañías nuevas que se establecieran en los llamados parques tecnológicos. Como se muestra en el cuadro 3.5, el suelo industrial en el DF disminuyó aún más, de 5% en 1987 a alrededor de 2% en 1997; mientras que en el Estado de México también disminuyó de 11 a 9%. Al mismo tiempo, las áreas comerciales y de servicios han aumentado en el AMCM.

Un cambio notable en el uso del suelo en el Estado de México durante ese periodo de 10 años es la disminución de los espacios abiertos y de recreación de 22% en 1987 a 5% en 1997. Debe notarse que durante el decenio de 1980, el Estado de México se preparó para la demanda futura de tierra mediante el establecimiento de una reserva natural de aproximadamente 88 km².

La distribución del uso del suelo en este territorio ha sido determinada por factores económicos y sociales. Por ejemplo, en el AMCM existe una marcada segregación social. Ubicados lejos de los proyectos de vivienda para familias de bajos ingresos, los distritos residenciales para gente de altos ingresos se encuentran por lo general en la periferia del área del centro de la ciudad y gozan de servicios de alta calidad. De manera similar, áreas en donde prevalecen las actividades industriales pueden ser localizados fácilmente en un mapa, aunque también incluyen usos mixtos indiferenciados.

Hay dos delegaciones (Gustavo A. Madero e Iztapalapa) y dos municipios (Ecatepec y Nezahualcóyotl) con más de un millón de habitantes, lo que representa 33% de la población y 8% del área del AMCM (véase el cuadro 3.2). En las delegaciones de la zona central (p. ej., Venustiano Carranza y Cuauhtémoc), el área residencial ocupa la parte más pequeña (20 a 25%), y el área comercial, de servicios y mixta ocupa la parte mayor (45 a 50%). Estos números indican que mucha gente debe desplazarse para trabajar desde las áreas circundantes.

4. Crecimiento económico

Mientras que el crecimiento económico es necesario para la prosperidad general de la población, una actividad económica intensa a menudo amenaza la calidad del medio ambiente. El crecimiento económico puede provocar más presión sobre el medio ambiente al aumentar la demanda de recursos y acumularse los subproductos dañinos de la actividad económica. Sin embargo, el crecimiento económico también puede crear los medios y la demanda para un medio ambiente mejor.

Los ingresos más altos mejoran la calidad de vida de la población al darle acceso a más bienes y servicios. No obstante, el aumento en la producción y en el consumo de bienes genera más subproductos, entre ellos la contaminación. El crecimiento económico también implica un aumento en la demanda de energía y por lo tanto un aumento de las emisiones antropogénicas de contaminantes. La literatura económica no es conclusiva sobre la existencia y la forma particular de la relación entre ingresos y medio ambiente, aunque la idea de un crecimiento económico sustentable se encuentra detrás de este debate.

Una de las hipótesis principales de la economía ambiental sugiere que a medida que el ingreso per cápita aumenta en una nación, la calidad del medio ambiente se deteriora inicialmente hasta llegar a cierto punto. Después de ello, la calidad ambiental mejora en tanto los ingresos siguen elevándose. La relación tiene la forma de una "U invertida" y se conoce como "curva de Kuznets" (Kuznets, 1955).

El claro deterioro del medio ambiente que se observa cuando hay ingresos crecientes en poblaciones de bajos ingresos está asociado tal vez con el crecimiento de la industrialización. La asociación entre mejoramiento de la calidad ambiental e ingresos altos es menos obvia. Las naciones más ricas pueden dar prioridad a la calidad ambiental más fácilmente, implementar medidas de control más severas para reducir la contaminación, desarrollar nuevas tecnologías e imponer el cumplimiento de regulaciones de manera más estricta. No obstante, estas naciones también pueden exportar la contaminación, por ejemplo, instalando fábricas en otras naciones o simplemente comprando bienes producidos en países de menores ingresos y con una posición más comprometida frente al medio ambiente (Levin, 1999).

La evidencia empírica para la hipótesis de Kuznets no es conclusiva. Además, sugiere que la relación es compleja, no lineal y que varía de acuerdo con los diferentes tipos de contaminantes. Esto sucede, en principio, porque los canales de transmisión para los contaminantes dependen de una variedad de factores, como tecnología, precios relativos, estructura económica, condiciones de producción, preferencias y condiciones geográficas, las cuales en sí mismas tienen variantes muy complejas. La mayoría de los estudios se basa en la evidencia econométrica de formas reducidas[1] que no pueden ser interpretadas como modelos estructurales y por lo tanto no tienen una interpretación económica directa (Ekins, 2000). Esta evidencia empírica es también sensible a la especificación de la ecuación estimada, la forma funcional y el periodo (Hilton y Levinson, 1998).

A pesar de todas estas consideraciones, la curva de Kuznets ha demostrado ser aplicable a un grupo determinado de contaminantes, como contenido de plomo en los combustibles, bióxido de azufre, partículas suspendidas, etc. (Hilton y Levinson, 1998; Grossman y Krueger, 1995). El punto de inflexión para los diferentes contaminantes varía, pero en la mayoría de los casos llega antes de que un país alcance un ingreso per cápita de 8 000 dólares (Grossman y Krueger, 1995; Selden y Song, 1994;

---

[1] Las formas reducidas son por lo general modelos econométricos empíricos que no imponen restricciones a priori a ninguna teoría económica.

Shafik, 1994). Sin embargo, Arrow *et al.* (1995) advirtieron que es importante ser claro respecto a las conclusiones que se pueden extraer de estos descubrimientos empíricos:

> Mientras que éstos ciertamente indican que el crecimiento económico podría estar asociado con el mejoramiento en algunos indicadores ambientales, no implican que el crecimiento económico sea suficiente para inducir el mejoramiento del medio ambiente en general, ni que los impactos ambientales del crecimiento deban ser ignorados, ni que la base de recursos de la Tierra sea capaz de soportar el crecimiento económico indefinido. De hecho, si esta base fuera irreversiblemente degradada, la actividad económica podría estar en riesgo.

La reducción en la intensidad de las emisiones por unidad de producto resulta de la interacción de las fuerzas económicas, el tipo de desarrollo económico y los tipos de normas ambientales. El mercado para emisiones de bióxido de azufre, por ejemplo, ha sido un factor importante para explicar la reducción de estos contaminantes en Estados Unidos (Joskow *et al.*, 1998) (véase el inciso 2.3.4 del capítulo 2).

En general, la evidencia sugiere que el crecimiento económico y una calidad ambiental razonable pueden coexistir, pero esto requiere incentivos económicos y normas que sean severas aunque potencialmente caras. Aplicando este principio a México y al AMCM podemos proyectar que la evolución del crecimiento económico será una variable clave para la elaboración de escenarios respecto a las tendencias de la calidad del aire. El consumo de gasolina, las ventas de automóviles y la demanda de combustible industrial están estrechamente relacionados con el ingreso. Por ejemplo, la elasticidad del ingreso en el consumo de gasolina para el AMCM es mayor que uno (tal vez entre uno y 1.5) (Galindo, 2000). Suponiendo que no haya cambios en los precios relativos y que la eficiencia de la energía siga siendo la misma, es posible simular el incremento en la demanda de la gasolina asociado con un alza en el ingreso.

La evidencia empírica para el AMCM sugiere que, al menos durante los últimos años, se ha dado una relación inversa entre ingresos y contaminación del aire basada en la rápida difusión de tecnologías limpias. Por ejemplo, el consumo de gasolina está muy relacionado con el ingreso, pero el uso de convertidores catalíticos de tres vías en modelos nuevos de autos reduce sustancialmente su tasa de emisiones. En este caso, el crecimiento económico ha hecho posible el apoyo para la introducción de nuevas tecnologías.

El crecimiento futuro de la economía mexicana estará relacionado con el comportamiento económico en Estados Unidos y Canadá, en particular desde que el Tratado de Libre Comercio (TLC) entró en vigor. La integración de estas economías debiera producir, en el largo plazo, la convergencia de inversiones internacionales y niveles de ingreso, así como la coordinación de sus políticas ambientales, con algún posible retraso en el caso de México (Barro y Sala-i-Martin, 1995). Este proceso podría convertirse en el rasgo distintivo del desarrollo económico mexicano en las próximas décadas.

Durante los últimos 50 años, la economía mexicana se desarrolló de manera cíclica en una tendencia ascendente, combinando periodos de crecimiento económico rápido y lento. Por lo general, hay una correlación entre estas fluctuaciones y la trayectoria de otras variables. Existe, por ejemplo, una correlación positiva entre fases de crecimiento económico acelerado y estabilidad en el tipo de cambio monetario; un lento crecimiento económico se asocia generalmente con una anormal inestabilidad del tipo de cambio. Esta asociación implica que el rápido crecimiento económico también estará relacionado con el crecimiento acelerado del PIB, medido en dólares.

Al aplicar el procedimiento desarrollado por Hodrick y Prescott (1997) se observa la existencia de fluctuaciones con una tendencia ascendente del crecimiento económico mexicano. Esto indica no sólo la alta variabilidad de la tasa de crecimiento, sino también que la tendencia era alta entre 1950 y 1980, disminuyó durante la década de 1990 y tendió a crecer nuevamente en los noventa (figura 3.3). Además, el cuadro 3.6 muestra que desde 1950 la economía mexicana ha tenido tres lustros con una tasa de crecimiento promedio de alrededor de 5%, cuatro con una recuperación media de alrededor de 4%, y sólo dos lustros con menos de 2%. Estas cifras sugieren una distribución trimodal de la tasa de crecimiento para los últimos 50 años, que puede ser utilizada para pronosticar el futuro a largo plazo de la economía nacional.

Esta información puede usarse para predecir escenarios económicos probables durante los siguientes 10 años. En efecto, la distribución trimodal y la descomposición Hodrick-Prescott (1997) sugieren dos posibles escenarios para la economía mexicana en el próximo decenio. El primer escenario supone, de manera optimista, un proceso

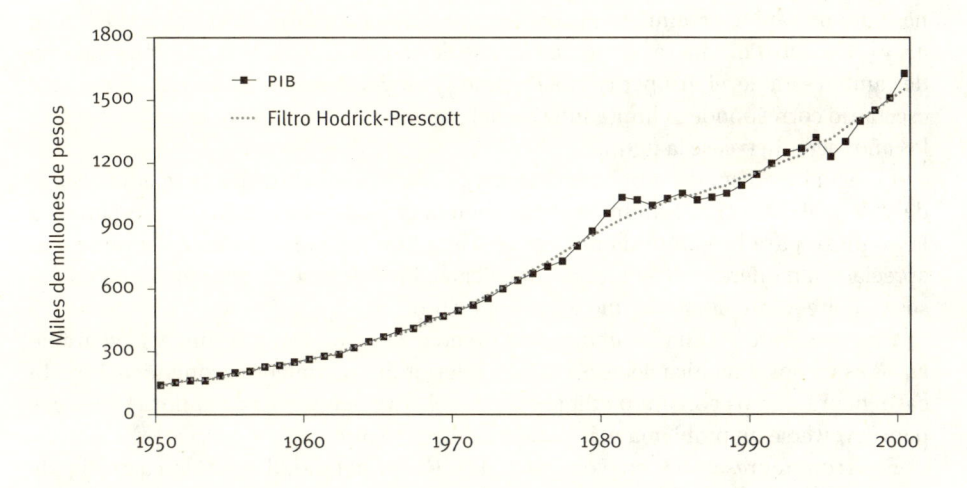

Figura 3.3 PIB y filtro de Hodrick-Prescott. FUENTE: Estimaciones de los autores con base en datos del INEGI (1999a), *Sistema de cuentas nacionales de México. Producto interno bruto por entidad federativa*; Conapo (1990; 2000), *Censo de población y vivienda*; INEGI (1986; 1990; 1999d), *Estadísticas históricas de México*.

Cuadro 3.6 Tasas de crecimiento del PIB mexicano (en pesos)

Periodo	PIB	PIB per cápita
1950-1954	4.3	1.8
1954-1958	4.4	1.9
1960-1964	5.4	2.7
1965-1969	4.9	2.2
1970-1974	5.1	2.4
1975-1979	5.2	2.5
1980-1984	1.5	−0.1
1985-1989	0.8	−0.8
1990-1994	2.8	0.9
1995-1999	4.0	2.5

FUENTE: Estimaciones de los autores con base en datos del INEGI (1999a), *Sistema de cuentas nacionales de México. Producto interno bruto por entidad federativa*; Conapo (1990; 2000), *Censo de población y vivienda*; INEGI (1986; 1990; 1999d), *Estadísticas históricas de México*.

de convergencia con Estados Unidos y Canadá, y también que se darían las condiciones para un rápido crecimiento económico. En este escenario, el PIB aumenta entre 4.5 y 5% al año. Por una reducción en la tasa de crecimiento de la población y un tipo de cambio estable, el PIB per cápita en pesos y en dólares aumentará en 2 o 3%. Este escenario corresponde al límite inferior del crecimiento económico rápido anterior a los años setenta (véase la figura 3.3).

El segundo escenario supone una tasa moderada de crecimiento promedio del PIB de 3% anual. Esta cifra está incluso por encima de la tasa de crecimiento esperada a largo plazo para la economía norteamericana (Taylor, 1997). También supone una apreciación moderada de la moneda mexicana. En este caso, el PIB per cápita en pesos y dólares aumenta entre uno y dos por ciento.

En el segundo escenario, el incremento en el consumo de gasolina y la venta de autos es menos dinámica debido a la tasa inferior de crecimiento económico. En este caso, habrá menos consumo adicional pero el envejecimiento de la flota vehicular podría volverse un problema más para la calidad del aire.

El AMCM representa la mayor concentración de actividad económica en el país con alrededor de 33% del PIB. Su comportamiento muestra una fuerte correlación positiva con la economía nacional. Sin embargo, existen diferencias importantes entre las tendencias en el DF y en el Estado de México. El DF ha experimentado un crecimiento económico promedio menos dinámico que la economía nacional (cuadro 3.7). La tasa anual de crecimiento de la población en el DF es sustancialmente menor que en la nación en conjunto, alrededor de 0.5% en los últimos 10 años. El Estado de México, por su parte, muestra una tasa de crecimiento muy similar a la de la economía nacional, con una expansión de su población de 3.2% por año entre 1990 y 1999, por encima del promedio nacional.[2] Por lo tanto, se espera que la contribución del DF al producto nacional, con el tiempo, disminuya alrededor de 1% cada cinco años, mientras que la contribución del Estado de México permanezca constante o aumente ligeramente. No obstante, la mayor presión demográfica en el Estado de México y el estancamiento de la población en el DF tendrán consecuencias importantes para la evolución del PIB per cápita en estas dos entidades. De este modo, el PIB per cápita en el DF crecerá más rápido que en el Estado de México.

Cuadro 3.7 Tendencias del producto interno bruto (PIB) (millones de pesos a precios de 1993)

	1980	1980-1984	1985-1989	1990-1994	1995-1999
Nacional	947 779	1 043 818 2.0*	1 140 848 0.8*	1 230 771 2.8*	1 505 846 4.1*
Distrito Federal	214 530	205 737 −0.8*	215 684 0.3*	261 890 4.2*	310 882 3.4*
Estado de México	97 535	115 938 3.1*	121 805 0.3*	114 127 0.4*	146 411 5.1*

FUENTE: Estimaciones de los autores suponiendo que la participación del DF en el PIB sea constante. Datos del INEGI (1999a), *Sistema de cuentas nacionales de México. Producto interno bruto por entidad federativa*; INEGI (1997), *Perspectiva estadística del Distrito Federal*; Gobierno del Distrito Federal (2001), anexo estadístico del *Primer Informe de Gobierno del Distrito Federal 2001*.
*Tasa promedio de crecimiento anual.

La demanda de servicios urbanos adicionales, como transporte, agua, electricidad o pavimento, es mayor en el Estado de México que en el DF; esta expansión urbana está asociada en gran medida con el proceso de migración del campo a las ciudades y el desarrollo de áreas sin servicios pero con precios del suelo relativamente bajos. Además, la expansión horizontal de las áreas urbanas implica costos crecientes si es que se proporcionan todos estos servicios. Por lo tanto, el Estado de México deberá cubrir sus demandas de nuevos servicios a costos crecientes pero con un ingreso per cápita menos dinámico. Servicios de mala calidad a precios bajos y sin una normatividad ambiental adecuada (p. ej., transporte público) son las consecuencias natu-

---

[2] La excepción a este patrón es el periodo 1990-1994. Durante estos años, en parte como un efecto del conjunto de datos, el DF muestra un rápido crecimiento económico.

rales de esta evolución económica. Al mismo tiempo, aumentarán las distancias de los viajes relacionadas con un crecimiento urbano irregular y con los cambios en el uso del suelo. Además, las diferencias en los ingresos per cápita están generando disparidades geográficas importantes en la estructura del consumo: los autos particulares son utilizados de manera intensiva en algunas áreas, mientras que la demanda de transporte público y el uso de autos viejos se concentra en otras parte de la ciudad.

Otro asunto que hay que tomar en consideración es que no habrá un mayor crecimiento simultáneo en todos los sectores económicos del AMCM. Es muy probable que las actividades agrícolas no se desarrollen más ni en el Estado de México ni en el DF, mientras que el sector industrial mostrará un crecimiento significativo en el Estado de México y el sector de servicios se desarrollará sobre todo en el DF. Este patrón tendrá diferentes implicaciones para la contaminación. El cambio de uso del suelo, al igual que el establecimiento de industrias manufactureras en el Estado de México, aumentará la contaminación en la región, mientras que el fortalecimiento del menos contaminante sector de servicios probablemente reducirá la generación de contaminación del aire en el Distrito Federal.

Estas diferencias deben ser consideradas al diseñar las políticas ambientales con un alcance metropolitano. Una solución adecuada para los problemas ambientales necesita, no obstante, reflejar las muchas formas en las que el DF y el Estado de México representan una sola entidad. El flujo de gente, de comercio y de servicios entre las dos entidades, y sus problemas comunes de contaminación del aire implican que la estrategia general para la gestión de la calidad del aire debe incluir acciones simultáneas en ambas jurisdicciones.

El AMCM enfrenta serios problemas ambientales, como la contaminación del agua y los deshechos peligrosos, además de la contaminación del aire. Un mayor crecimiento económico podría resolver algunos de estos problemas mediante la modernización del sistema de transporte y de la producción industrial. Sin embargo, el aumento en el ingreso también podría dar por resultado un incremento en las emisiones de contaminantes. Las políticas ambientales deben usarse para prevenir y controlar estos efectos negativos mediante una combinación de instrumentos normativos, económicos y persuasivos. En este sentido, el objetivo de las políticas ambientales será dirigir el crecimiento económico hacia un mejoramiento en la calidad del aire.

5. Producción y consumo de energía

Las fuerzas que propician la contaminación del aire están ligadas no sólo con el crecimiento económico y el consumo de energía, sino también con la estructura del mercado de energía. Las emisiones están en función de la disponibilidad de fuentes primarias de energía, producción de combustibles e infraestructura de distribución, así como del estado de la tecnología de combustión entre los consumidores y su patrón de uso (véase la figura 3.4). México tiene abundantes recursos petroleros que lo con-

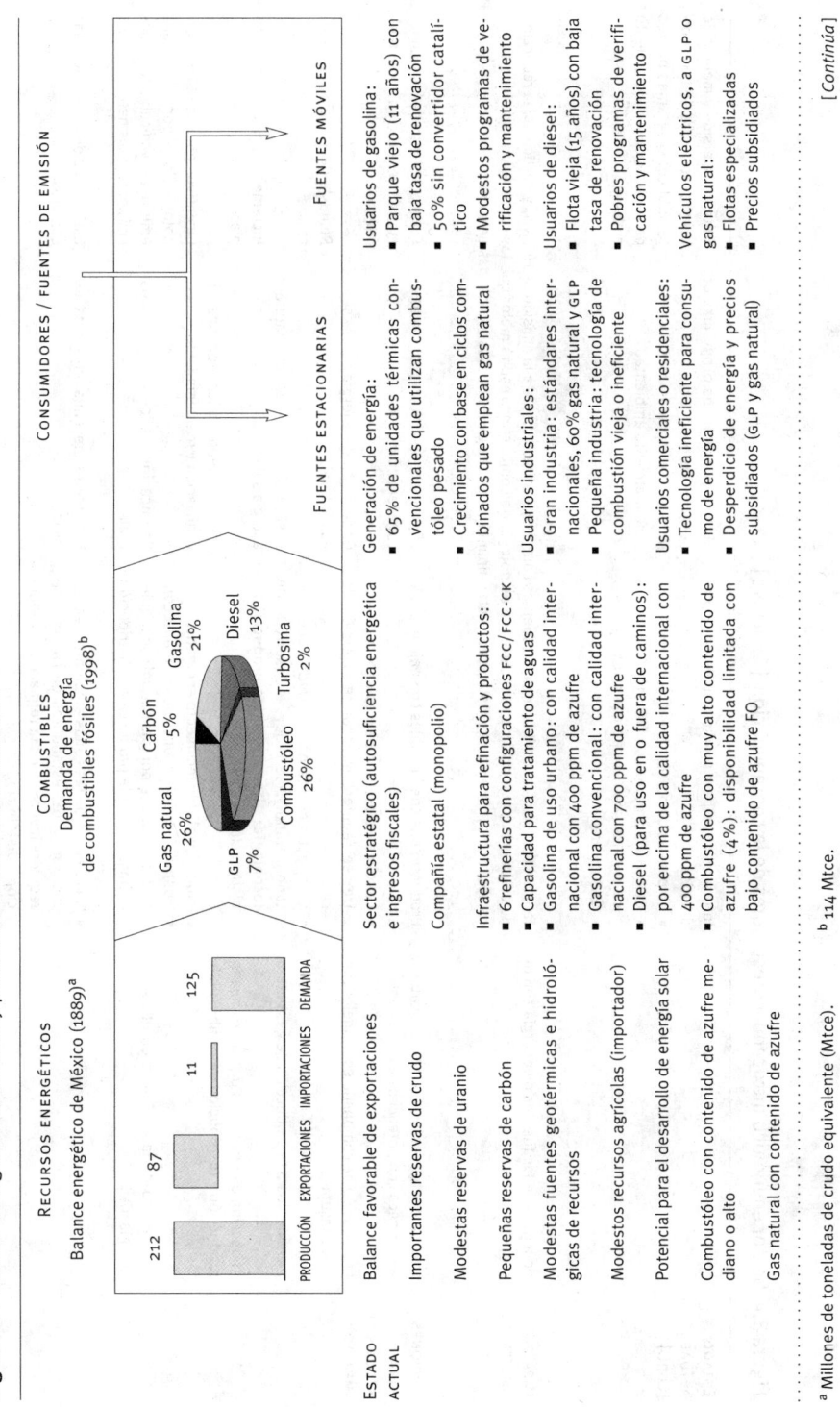

Figura 3.4 Sector energético mexicano y precursores de la contaminación

	RECURSOS ENERGÉTICOS	COMBUSTIBLES	CONSUMIDORES / FUENTES DE EMISIÓN	
	Balance energético de México (1889)[a]	Demanda de energía de combustibles fósiles (1998)[b]	FUENTES ESTACIONARIAS	FUENTES MÓVILES

Balance energético de México (1889)[a]: PRODUCCIÓN 212, EXPORTACIONES 87, IMPORTACIONES 11, DEMANDA 125.

Demanda de energía de combustibles fósiles (1998)[b]:
- Gas natural 26%
- Carbón 5%
- Gasolina 21%
- Diesel 13%
- Turbosina 2%
- Combustóleo 26%
- GLP 7%

ESTADO ACTUAL

Recursos energéticos:
- Balance favorable de exportaciones
- Importantes reservas de crudo
- Modestas reservas de uranio
- Pequeñas reservas de carbón
- Modestas fuentes geotérmicas e hidrológicas de recursos
- Modestos recursos agrícolas (importador)
- Potencial para el desarrollo de energía solar
- Combustóleo con contenido de azufre mediano o alto
- Gas natural con contenido de azufre

Combustibles:
- Sector estratégico (autosuficiencia energética e ingresos fiscales)
- Compañía estatal (monopolio)
- Infraestructura para refinación y productos:
  - 6 refinerías con configuraciones FCC/FCC-CK
  - Capacidad para tratamiento de aguas
  - Gasolina de uso urbano: con calidad internacional con 400 ppm de azufre
  - Gasolina convencional: con calidad internacional con 700 ppm de azufre
  - Diesel (para uso en o fuera de caminos): por encima de la calidad internacional con 400 ppm de azufre
  - Combustóleo con muy alto contenido de azufre (4%): disponibilidad limitada con bajo contenido de azufre FO

Fuentes estacionarias:
- Generación de energía:
  - 65% de unidades térmicas convencionales que utilizan combustóleo pesado
  - Crecimiento con base en ciclos combinados que emplean gas natural
- Usuarios industriales:
  - Gran industria: estándares internacionales, 60% gas natural y GLP
  - Pequeña industria: tecnología de combustión vieja o ineficiente
- Usuarios comerciales o residenciales:
  - Tecnología ineficiente para consumo de energía
  - Desperdicio de energía y precios subsidiados (GLP y gas natural)

Fuentes móviles:
- Usuarios de gasolina:
  - Parque viejo (11 años) con baja tasa de renovación
  - 50% sin convertidor catalítico
  - Modestos programas de verificación y mantenimiento
- Usuarios de diesel:
  - Flota vieja (15 años) con baja tasa de renovación
  - Pobres programas de verificación y mantenimiento
- Vehículos eléctricos, a GLP o gas natural:
  - Flotas especializadas
  - Precios subsidiados

[Continúa]

[a] Millones de toneladas de crudo equivalente (Mtce).   [b] 114 Mtce.

Figura 3.4 Sector energético mexicano y precursores de la contaminación [Concluye]

ESTADO ACTUAL [Cont.]	Infraestructura para producción de gas y productos: ■ 10 plantas de procesamiento ■ GLP: 60% propano, 40% butano; 2 a 20% de olefinas (2% máx. para el AMCM) ■ Gas natural	Manejo pobre de los programas de desarrollo urbano Modestos programas de verificación y mejoramiento ambiental		Falta de inversión y manejo de la infraestructura de transporte público. Programas pobres de verificación y mejoramiento ambiental
IMPACTO AMBIENTAL	90 a 92% de las fuentes de energía son de origen fósil	Tanto el tipo de combustible como las fuentes contribuyen directamente a la emisión de HC, NO$_x$ y partículas; la reducción de emisiones por medio de avances en la tecnología de combustión resulta mejor que los cambios en la calidad de los combustibles; sin embargo, ésta puede determinar la viabilidad de las nuevas tecnologías de combustión		
OPCIONES PARA REDUCIR EL IMPACTO	Uso de energía solar, eólica, renovable y geotérmica con potencial de crecimiento Importación de combustibles de mejor calidad e insumos Incremento en la producción de gas natural Reducción de emisiones por la extracción, producción y distribución de combustibles fósiles Incremento de la eficiencia en el uso de energía fósil	Producción de combustibles con bajo impacto ambiental: ■ Gasolina y diesel con bajo contenido de azufre; se requiere importante inversión de capital ■ Combustibles alternativos (hidrógeno, metanol, etanol); se requiere desarrollo de tecnología; altos costos de producción y distribución Cambios en el abastecimiento energético: ■ Sustitución de combustóleo con alto contenido de azufre por gas natural; se requiere inversión en la producción y distribución de gas ■ Incremento de las zonas ambientales críticas y mayores estándares de calidad; se requiere inversión en la refinación, producción y distribución de gas	Eficiencia energética y programas de cogeneración Generación de energía con base en gas natural Sustitución de GLP por gas natural o energía solar Fortalecimiento de los programas de verificación y mantenimiento Reubicación de las fuentes industriales Estándares de emisiones más estrictos		Fortalecimiento de los programas de verificación y mantenimiento Reajuste de los vehículos existentes Incremento en la tasa de remplazo Incentivos para cambiar a tecnologías que permitan bajas emisiones: vehículos con bajas emisiones y gas natural Estándares de emisiones más estrictos

RESTRIC-CIONES ACTUALES	Opciones limitadas para reducir el consumo predominante de combustibles fósiles debido a restricciones de tipo estructural:	Se requiere equiparar la demanda y los cambios tecnológicos con los cambios en el abastecimiento	Política de precios; incentivos ligados con beneficios sociales
	Abundancia natural de petróleo y gas natural	Fuentes presupuestarias limitadas por políticas fiscales	Los cambios requieren un desarrollo integral, así como una política energética y ambiental
	Capacidad hidroeléctrica limitada por la complejidad de los proyectos y sus altos costos	Inversión privada limitada por restricciones fiscales y estratégicas	Bajos ingresos per cápita restringen el cambio de vehículos
	Uso de energía nuclear limitado por cuestiones de seguridad e imagen		
	Fuentes renovables limitadas por los costos de producción y el volumen		
	Importación de petróleo y combustibles limitada por restricciones económicas y estratégicas		

vierten en un exportador neto de energía. Alrededor de un tercio del suministro de energía primaria es exportada en forma de petróleo crudo. La demanda interna de energía es abastecida por medio de combustibles fósiles (91 a 92%) (Sener, 2000; EIA, 2000). El mercado de combustibles está compuesto principalmente por gas natural, combustóleo alto en azufre y gasolina. Otras fuentes de energía, como carbón, uranio, fuentes geotérmicas, hidrológicas, Sol, viento y recursos renovables, contribuyen en una mínima parte.

La infraestructura de refinación de México tiene una capacidad de conversión de media a alta, con la que se producen combustibles de calidad internacional con un contenido de azufre de medio a alto. La amplia disponibilidad de petróleo crudo pesado y sulfuroso, junto con la infraestructura de refinación son las razones por las que se produce un volumen tan alto de combustóleo con alto contenido de azufre. Una nueva capacidad de conversión que permita tanto la reducción en la producción de combustóleo como el mejoramiento de la gasolina y el suministro de destilados está actualmente en desarrollo. La gasolina reformulada se encuentra disponible en Guadalajara, Monterrey y la Ciudad de México; la gasolina oxigenada se vende en Ciudad Juárez y el diesel de alta calidad es abastecido en todo el país para cubrir la demanda de motores para uso en carreteras y vehículos todoterreno.[3] El aumento en la producción de gas y la adecuación de la infraestructura de distribución para adaptarse a la demanda futura ya están en marcha.

La producción de combustible y de energía es considerada estratégica para el país porque se asegura la autonomía en abasto de combustible y altos ingresos fiscales. Cerca de un tercio de los ingresos fiscales proviene de las exportaciones de petróleo crudo e impuestos a los combustibles (SHCP, 2000). Por razones históricas y políticas, las empresas estatales controlan el abasto de combustible (Pemex) y los sectores generadores de energía: Comisión Federal de Electricidad (CFE), y la Compañía de Luz y Fuerza del Centro (CLYFC). Los presupuestos de las compañías estatales, los precios de los combustibles y los de la electricidad, y los impuestos para los automóviles han sido definidos por políticas gubernamentales diseñadas para minimizar los costos del suministro de energía y maximizar los ingresos fiscales. Un efecto de estas políticas ha sido una modesta inversión en infraestructura, sólo la suficiente para garantizar las necesidades básicas de energía. Las autoridades financieras valoran la operación y la inversión en las compañías estatales en términos de costos de oportu-

[3] Especificaciones para combustibles: *a*] gasolina reformulada para el AMCM (PVR, 6.5-7.8 lbf/in^2; aromáticos, 25%/vol. máx.; olefinas, 10%/vol. máx.; benceno, 1% máx.; azufre, 500 ppm en peso máx.; oxígeno, 1-2% en peso); *b*] gasolina reformulada para Guadalajara y Monterrey (PVR, 6.5-7-8 lbf/in^2 en Guadalajara y 9-11.5 lbf/in^2 en Monterrey —estacional—; aromáticos, 30%/vol. máx.; olefinas, 12.5%/vol. máx.; benceno, 2%/vol. máx.; azufre, 1 000 ppm en peso máx.; oxígeno, 1-2% en peso); *c*] gasolina oxigenada para Ciudad Juárez (PVR, 7.8-11-5 lbf/in^2 —estacional—; oxígeno, 1-2% en peso de noviembre a marzo); *d*] diesel Pemex (azufre, 500 ppm en peso máx.; índice de cetanos, 48 mín.). Los valores reales suministrados son mejores que las especificaciones, especialmente para Guadalajara y Monterrey, donde el azufre es menor a 600 ppm en peso y el benceno está por debajo de 1.2%/volumen.

nidad (importaciones/exportaciones de/a la costa estadunidense del Golfo de México/mercados internacionales).

Los usuarios de combustible generan directamente problemas de contaminación urbana, sobre todo mediante el uso de tecnologías de combustión viejas e ineficientes. Se estima que sólo alrededor de la mitad de la flota vehicular está equipada con convertidores catalíticos (véase el capítulo 6). El transporte público inadecuado; los deficientes programas de verificación vehicular, mantenimiento y control de emisiones; los deficientes programas de desarrollo urbano, y las distorsionadas políticas de precios y subsidios han contribuido a la magnitud y complejidad del problema.

El elemento de la ecuación que constituye la fuente primaria de energía, los combustibles fósiles, continuará suministrando la mayor parte de la energía del país debido a las restricciones del mercado y a la escasez de otras fuentes de energía. Podrían lograrse modestos beneficios en la reducción de emisiones si se desarrollaran fuentes de energía solar, eólica y renovables, controlando las emisiones de los procesos de extracción y producción.

La calidad de los combustibles debe mejorar, lo que dará por resultado productos que tengan un menor impacto ambiental en el mediano y largo plazos al modernizar las fuentes de emisiones móviles y estacionarias. El mejoramiento de los combustibles debe ir a la par con la inversión en las plantas de refinación y será definido por modificaciones en los mecanismos fiscales y presupuestarios, y en la política de precios. En el corto y mediano plazos, podrían obtenerse logros mayores mediante los programas de eficiencia energética, modernización y actualización del parque vehicular, al igual que una imposición más rigurosa de las leyes ambientales.

Por los fuertes vínculos entre los participantes del mercado de combustibles, las soluciones para los problemas locales del medio ambiente deberían tomarse en conjunto con las políticas nacionales fiscales y de energía, a fin de minimizar el costo y el tiempo para su implementación. El diseño de políticas integrales basado en un análisis costo-beneficio es una prioridad.

5.1 Balance de energía

Los combustibles fósiles cubren cerca de 87% del consumo final de energía en el AMCM, como se muestra en el cuadro 3.8 (Sheinbaum *et al.*, 2000). El porcentaje restante es cubierto por la electricidad generada fuera del AMCM utilizando combustibles fósiles y combustibles sólidos (madera). En orden de importancia por volumen de consumo de energía, los principales combustibles utilizados en el AMCM son: gasolina, GLP, gas natural, diesel para uso de vehículos y combustibles industriales líquidos (diesel y gasóleo industrial).

En el AMCM se consumen anualmente 722 petajulios de energía. El sector transporte consume la mitad de ella (52.4%); el sector industrial absorbe 21.1%; los sectores habitacional, comercial y público juntos consumen 19.3%; la generación de energía consume 7% y tan solo 0.2% va al sector agrícola (véase el cuadro 3.8).

Cuadro 3.8 Consumo de energía en el AMCM en 1996 (PJ)

	Residencial, comercial y público	Transporte	Agricultura	Industrial	Generación de energía	Total	Total (%)
Fósil (consumo directo)	90.7	374.9	1.0	113.2	50.4	630.1	87.3
Carbón mineral				0.0		0.0	0.0
GLP	87.1	10.6	0.3	8.3		106.3	14.7
Gasolina		308.4				308.4	42.7
Diesel		43.4		16.2	0.0	59.6	8.3
Otros destilados	0.0	12.5	0.7	0.1		13.3	1.8
Combustóleo y gasóleo				13.2	2.1	15.3	2.1
Gas natural	3.6			75.4	48.2	127.2	17.6
Electricidad	33.3	3.1		39.3		75.7	10.5
Renovables (madera)	2.5					2.5	0.4
Otros	13.4					13.4	1.8
TOTAL	139.9	378.0	1.0	152.5	50.4	721.7	100.0

Fuente: Con base en datos de Sheinbaum *et al.* (2000).

5.2 Abastecimiento y calidad de los combustibles en el AMCM

Como se mencionó en el capítulo 2, desde 1986 Pemex ha puesto en práctica una serie de medidas para mejorar el volumen y la calidad del abastecimiento de combustibles en México. Las mejoras estuvieron enfocadas sobre todo a la reducción del impacto ambiental de los combustibles (plomo, azufre, aromáticos y con contenido de olefinas), aumentando el índice de octanos y cetanos de la gasolina y el diesel, y cubriendo los crecientes requerimientos de energía.

La demanda de gasolina en el AMCM creció de 14 millones de litros por día en 1986 a 17.6 millones de litros diarios en 1998. La gasolina sin plomo fue introducida en 1986 y a finales de 1997 la gasolina con plomo fue eliminada por completo. En 1990 se agregaron los compuestos oxigenados para mejorar la combustión y, en 1992, se hizo obligatorio un contenido de oxígeno por peso de 1 a 2%. En 1994 se impusieron especificaciones más estrictas para la gasolina mediante la Norma Federal NOM-086. Además, durante 1996, la gasolina fue reformulada nuevamente para cubrir especificaciones más estrictas similares a las normas internacionales (25% por volumen de aromáticos, 10% por volumen de olefinas, 1% por volumen de benceno y 500 ppm en peso de azufre) (Pemex, 1999).

El aumento de la demanda de diesel ha sido menor que el de la gasolina: 3.56 millones de litros diarios en 1986 y alcanzó su nivel más alto en 1998, con 3.66 millones de litros por día. En los tres primeros años de la década de 1990 tuvieron lugar cambios en las especificaciones del diesel. Hoy día, sólo se encuentra disponible el diesel bajo en azufre tanto para uso en motores de camiones de transporte por carretera como para motores de vehículos todoterreno (500 ppm en peso de azufre y un índice mínimo (48) de cetanos) (Pemex, 1999).

Los combustibles industriales han cambiado considerablemente. En un periodo de seis años (1986-1992), las centrales de energía sustituyeron el combustóleo por gas natural. En 1991, la refinería 18 de Marzo fue cerrada en forma permanente; se prohibió el uso de combustóleo pesado (3 a 4% en contenido de azufre) en el AMCM y se introdujo el gasóleo industrial (2% en contenido de azufre). En la actualidad, ninguno de los combustibles usados en el AMCM tiene un contenido de azufre mayor a 1%; se espera que este nivel disminuya a 0.05% en el futuro. Algunas industrias y compañías de servicios utilizan gasóleo industrial en lugar de gas natural (1% de azufre, máximo) y diesel (500 ppm de azufre). Está en marcha una ampliación sustancial en la capacidad de la infraestructura de distribución. Entre 1986 y 1998, mientras que la demanda de gasóleo industrial y diesel industrial bajó de 5.41 millones de litros por día a 1.59 millones de litros diarios, la demanda de gas natural creció de 469 millones de pies cúbicos por día a 526 millones de pies cúbicos diarios.

Cambios similares ocurrieron en el resto del país. Pemex ha invertido recursos importantes en infraestructura para refinación, extracción, producción y distribución de gas a fin de hacer todo esto posible. Tan solo en el sector refinación se invirtieron 3 500 millones de dólares durante 1992-2000 (Pemex, 2000).

En el último decenio se observaron reducciones importantes en la contaminación atmosférica en el AMCM atribuibles en su mayoría a los programas e instrumentos de control, la aplicación de normas más estrictas, la modernización de la flota vehicular y el mejoramiento en la calidad de los combustibles.

La demanda de combustibles continuará aumentando y posiblemente se acelere, debido al crecimiento anticipado del país (véanse las figuras 3.5 y 3.6). Como se mencionó antes, se espera que el PIB crezca en promedio cerca de 5% al año o, en un escenario moderado, alrededor de 3% durante la primera década del siglo XXI. Esta tasa de crecimiento dará por resultado un incremento en la demanda de combustibles: al menos 4.2% para la gasolina, 4.8% para el diesel, 7.5% para la turbosina y 4.8% para el gas natural y el combustóleo (Pemex, 2000).

De acuerdo con Pemex, ya están en marcha proyectos para expandir la producción de destilados e incrementar el procesamiento de crudo pesado con una inversión estimada de 2 900 millones de dólares en el periodo 1999-2003. Será necesaria una inversión adicional durante los primeros seis años de esta década para incrementar la capacidad de procesamiento de crudo y mejorar la calidad de los destilados (reducción de azufre) (Pemex, 2000).

COMBUSTÓLEO/GAS NATURAL (Mbd)

	1989	1995	1998	2002	2005	2010
Total	596	625	776	842	999	1279
Gas natural	30%	37%	36%	60%	68%	77%
Combustóleo[a]	70%	63%	64%	40%	32%	23%

Tasa combinada de crecimiento anual

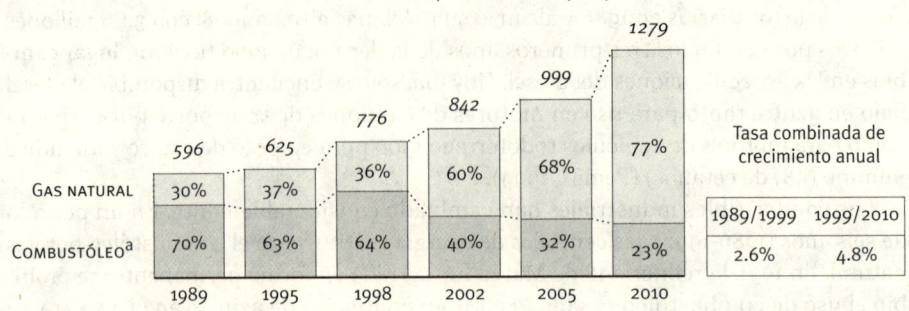

1989/1999	1999/2010
2.6%	4.8%

[a] Incluye combustóleo pesado, combustóleo con bajo contenido de azufre y la demanda industrial de gasóleos.

Figura 3.5 Evolución de la demanda de combustibles industriales y domésticos en México.

GASOLINA (Mbd)

	1989	1995	1998	2002	2005	2010
Total	403	479	512	570	649	808
Extra/Pemex Magna (sin plomo, desde 1987)	10%	54%	94%	89%	87%	85%
Nova (con plomo, desde 1978)	90%	46%	6%	11%	13%	15%

Pemex Premium (sin plomo, desde 1993)

Tasa combinada de crecimiento anual

1989/1999	1999/2010
2.4%	4.2%

DIESEL (Mbd)

	1989	1995	1998	2002	2005	2010
Total	194	228	277	316	368	460
Diesel desulfurado (0.5% de azufre)	14%	64%	100%	100%	100%	100%
Diesel nacional (1% de azufre)	86%	36%				

Pemex Diesel (0.05% de azufre)

Tasa combinada de crecimiento anual

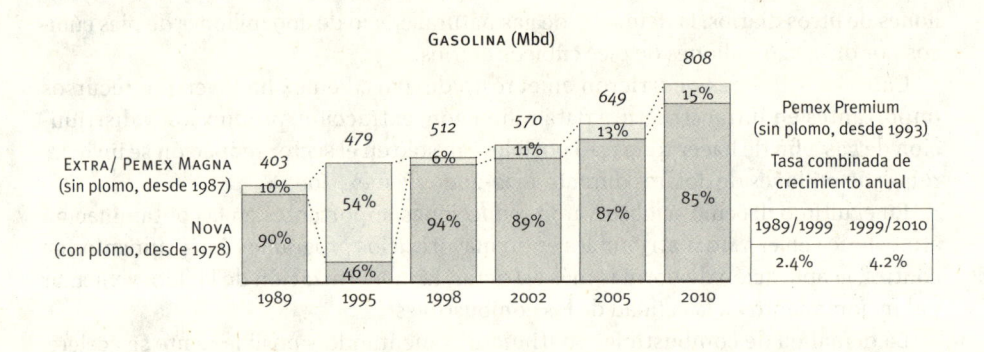

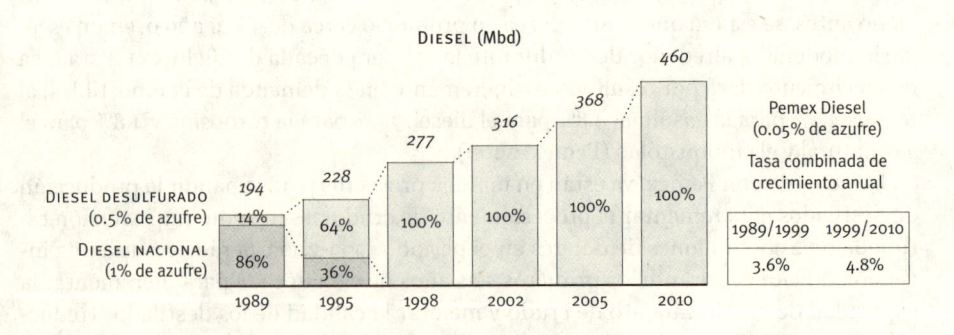

1989/1999	1999/2010
3.6%	4.8%

Figura 3.6 Evolución del consumo de destilados en México.

5.3 Transporte

El crecimiento económico promueve las actividades urbanas, incluyendo el transporte, los consecuentes problemas viales y los accidentes y la generación de contaminación del aire. Entre otras consecuencias, el crecimiento económico influye en el número de vehículos per cápita, la generación de viajes y el crecimiento urbano asociado.

En el AMCM, el sector transporte es una fuente principal de contaminación del aire, de acuerdo con el Inventario de Emisiones 1998; las fuentes móviles aportan casi todo el CO, alrededor de 80% de los NO_x, 40% de los hidrocarburos, 20% de los SO_2 y 35% de las PM_{10} en el AMCM (CAM, 2001). Aun así, el transporte es también un disparador crítico de la actividad económica y las interacciones sociales benéficas.

El transporte es la columna vertebral de cualquier área urbana porque sus instalaciones respaldan la actividad económica. Para entender los retos que enfrenta el desarrollo de una megaciudad como la Ciudad de México es importante primero considerar el ciclo económico que determina la dinámica del transporte urbano. El desarrollo impone demandas para el transporte que se manifiestan con frecuencia en los aumentos en el número de viajes y en las distancias de éstos, la motorización creciente y la adopción de modos más rápidos de transporte. La actividad del transporte, a su vez, tiene repercusiones económicas y efectos negativos externos, como embotellamientos, contaminación del aire y accidentes.

Estos efectos no sólo reducen la oferta efectiva de servicios de transporte, sino que también podrían minar el crecimiento económico por el desperdicio de recursos, por ejemplo, tiempo y salud. Es en esta etapa del ciclo de transporte urbano cuando aparecen la mayoría de los conflictos. Es necesario invertir en sistemas para reducir los efectos negativos del transporte y facilitar el crecimiento económico. No obstante, muchas intervenciones se vuelven difíciles por limitantes como la resistencia de los grupos interesados, cuyos intereses especiales se ven afectados o simplemente por la falta de recursos económicos. El dilema es cómo mitigar o eliminar los efectos negativos del transporte permitiendo que éste se desarrolle como la columna vertebral de la economía urbana.

Aunque este problemático ciclo del transporte tiene lugar en muchas ciudades del mundo, es de particular importancia en ciudades como el AMCM, en donde el crecimiento urbano es más rápido, las restricciones financieras son más pronunciadas y la contaminación (y otros efectos negativos) es mayor. Como se mencionó antes, el AMCM ha experimentado un rápido crecimiento poblacional, territorial y económico en décadas recientes. El número de automóviles particulares en circulación ha aumentado en forma significativa. Además, los pasajeros están cambiando de modos de transporte de alta ocupación (p. ej., autobuses urbanos, Metro y trolebuses) a vehículos de tránsito masivo de ocupación media (microbuses) y taxis y autos particulares de baja capacidad de ocupación. Estos cambios han ocurrido porque el sistema de transporte existente no se ha adaptado de manera adecuada a la distribución socioeconómica de la población y a los nuevos patrones de viaje resultantes.

Las autoridades de gobierno en el AMCM han dado pasos importantes para controlar las fuentes de emisiones móviles. Recientemente se han observado aciertos importantes en la implementación de mejoras tecnológicas en los vehículos y en la calidad de los combustibles, normas de emisión cada vez más estrictas, así como inversiones importantes en la mayor parte de la infraestructura de carreteras y vías férreas, aunque éstas no han sido distribuidas igualitariamente en toda el área metropolitana. Sin embargo, el AMCM todavía sufre de un conjunto importante y complejo de problemas relacionados con las condiciones caóticas del tránsito y con la severa contaminación del aire. Las estrategias de control de la contaminación enfocadas a mejorar la calidad del aire deberían incrementar al mismo tiempo la eficiencia del transporte. Por ejemplo, aumentar la ocupación de los vehículos mitiga los embotellamientos de tráfico y permite incrementar el número de kilómetros recorridos por pasajero sin acrecentar ni disminuir el número de kilómetros recorridos por vehículo (KRV). Por otro lado, las tecnologías o los modos de transporte no motorizados que reducen las emisiones por KRV pueden limitar el impacto de la contaminación proveniente del transporte. Los esfuerzos relacionados con la gestión de la calidad del aire en el AMCM deberían concentrarse en alcanzar metas de movilidad y calidad del aire en el contexto del crecimiento económico. En el capítulo 6 se presenta un análisis detallado sobre el transporte y la contaminación del aire.

5.4 Fuentes de emisiones no relacionadas con el transporte

Aparte del transporte, muchas otras actividades también contribuyen a la contaminación del aire en el AMCM. Entre las más importantes están la generación de energía eléctrica, la producción de bienes y servicios en la industria y los establecimientos comerciales, la preparación de alimentos, el tratamiento de aguas, el uso de una variedad de productos de consumo en hogares y el manejo y la distribución de los combustibles. Las emisiones provenientes de los establecimientos informales merecen una mención especial, por ejemplo, los puestos de comida en las calles, los hornos de ladrillos, la pintura al aire libre en las calles, etc. Otras fuentes de emisión importantes son la erosión del suelo en lugares previamente ocupados por lagos, bosques y granjas, caminos sin pavimentar y pavimentados, así como la descomposición de la basura en rellenos sanitarios y al aire libre. De igual forma, mientras que la vegetación ayuda a prevenir la erosión y atrapa contaminantes del aire, también genera hidrocarburos que contribuyen a la formación de ozono y partículas respirables en la atmósfera.

En el Inventario de Emisiones del AMCM, las fuentes no relacionadas con el transporte están agrupadas como: *a*] fuentes puntuales, que incluyen plantas de energía e industrias; *b*] fuentes de área, incluyen establecimientos comerciales y de servicio, así como actividades residenciales, y *c*] fuentes naturales, como emisiones de vegetación y erosión del suelo. El cuadro 3.9 muestra la contribución de estas fuentes respecto a las emisiones totales en 1998.

Cuadro 3.9 Inventario de Emisiones en el AMCM (1998)

Sector	Emisiones (toneladas/año)				
	PM_{10}	SO_2	CO	NO_x	HC
Fuentes no relacionadas con el transporte	12 756 (64.1%)	17 796 (79.2%)	35 173 (2.0%)	40 047 (19.5%)	287 248 (60.5%)
Fuentes puntuales	3 093	12 442	9 213	26 988	23 980
Fuentes de área	1 678	5 354	25 960	9 866	247 599
Fuentes naturales	7 985	n.a.	n.a.	3 193	15 669
Fuentes relacionadas con el transporte	7 133 (35.9%)	4 670 (20.8%)	1 733 663 (98.0%)	165 838 (80.5%)	187 773 (39.5%)
TOTAL	19 889	22 466	1 768 836	205 885	475 021

FUENTE: CAM (2001), *Inventario Preliminar de Emisiones 1998*.
n.a.: No aplicable.

□ Emisiones relacionadas con el transporte
■ Emisiones no relacionadas con el transporte

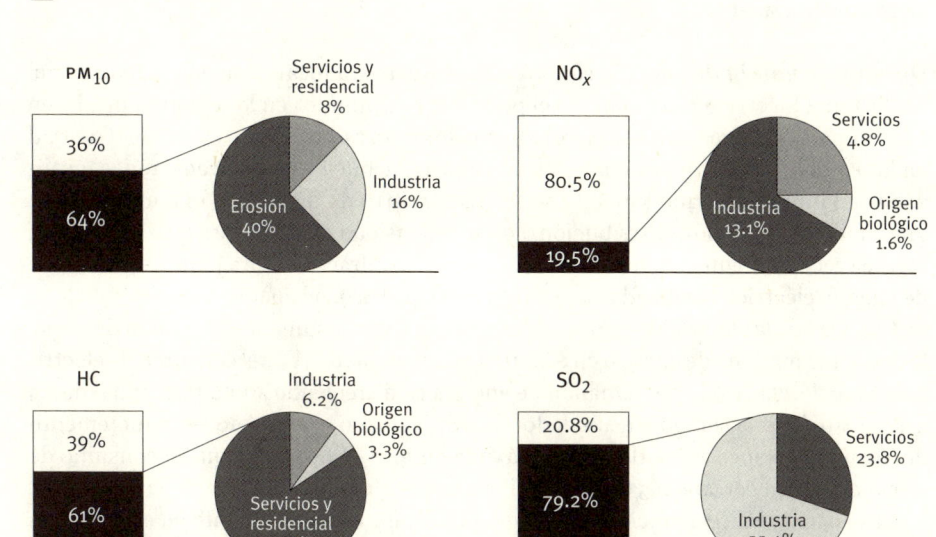

PM_{10}
36%
64%
Servicios y residencial 8%
Industria 16%
Erosión 40%

NO_x
80.5%
19.5%
Servicios 4.8%
Industria 13.1%
Origen biológico 1.6%

HC
39%
61%
Industria 6.2%
Origen biológico 3.3%
Servicios y residencial 51.5%

SO_2
20.8%
79.2%
Servicios 23.8%
Industria 55.4%

Figura 3.7 Emisiones del transporte y no relacionadas con el transporte, y sus fuentes en el AMCM.
FUENTE: CAM (2001), *Inventario Preliminar de Emisiones 1998*.

La figura 3.7 muestra la contribución de estas diferentes fuentes a la generación de contaminantes del aire y las compara con el transporte. De acuerdo con el Inventario de Emisiones 1998, estas fuentes emiten alrededor de 64% de todas las emisiones de PM_{10}, 19.5% de las emisiones de óxidos de nitrógeno, 61% de hidrocarburos y 79% de bióxido de azufre. Las fuentes no relacionadas con el transporte consumen 40% de toda la energía, mientras que el sector transporte consume alrededor de 60% (CAM, 2001).

En las siguientes secciones se presenta un análisis general sobre las principales fuentes de contaminación del aire fuera del sector transporte en el AMCM. Se examinan la situación actual y las tendencias, las principales acciones tomadas hasta ahora para reducir las emisiones y los retos y las oportunidades para el progreso futuro de cada una de estas fuentes.

5.4.1 *Generación de energía eléctrica*

En el AMCM, la generación de energía eléctrica es responsable de casi 5% del total de las emisiones de NO_x y de 24% de las emisiones de NO_x no relacionadas con el transporte en 1998. Las principales fuentes de estas emisiones son las centrales termoeléctricas Valle de México y Jorge Luque, localizadas en el norte y noroeste del AMCM, respectivamente. Las centrales de energía Valle de México (750 MW) y Jorge Luque (224 MW) usan gas natural como combustible y operan con un ciclo de vapor convencional (CAM, 2001).

Oferta y demanda de energía eléctrica. El AMCM está localizada en el área central del Sistema Eléctrico Nacional;[4] es el principal consumidor en la región Central y en todo el país. Además del AMCM, otros consumidores importantes de electricidad en la región Central son las ciudades de Toluca, Pachuca y Cuernavaca, todas localizadas en un radio de 100 km del AMCM. Este centro de distribución constituye un gran nudo de recepción-distribución, con una densidad de carga alta concentrada en un área relativamente pequeña (Morales, 2001). La infraestructura para la generación de energía eléctrica localizada en el AMCM se muestra en el cuadro 3.10.

Casi 25% de la electricidad producida en México es consumida en el AMCM. En 1998, la demanda máxima de energía en el AMCM alcanzó 6 848 MW y el consumo de electricidad fue de 37.6 TWh. La demanda de energía está creciendo a una tasa anual de 3.5 a 4%. Esto debería ser igual a alrededor de 9 877 MW en el año 2010 —un incremento de 3 029 MW respecto a la demanda máxima en 1998—. Se espera que el consumo de electricidad sea cercano a 53 TWh en el año 2010 (Morales, 2001) (véase la figura 3.8).

La capacidad de generación en la región Central y específicamente en el AMCM ha crecido con mayor lentitud que el sector nacional de energía eléctrica y el factor de

---

[4] El Sistema Eléctrico Nacional de México está dividido en las siguientes nueve áreas: *1]* Noroeste, *2]* Norte, *3]* Noreste, *4]* Oeste, *5]* Central, *6]* Este, *7]* Peninsular, *8]* Baja California Norte y *9]* Baja California Sur (Sener, 1998).

Cuadro 3.10 Capacidad instalada, generación de energía y consumo de combustible de las centrales de energía ubicadas en el AMCM

Instalación	Capacidad instalada (MW)	Consumo de gas natural durante el año 2000 (miles de millones de m^3/año)
Valle de México	766[a]	1 395 000[c]
Jorge Luque	224[b]	359 800[c]
Turbojet Nonoalco	148[b]	17 370[c]
Turbojet Lechería	138[b]	13 370[c]
Turbojet Valle	88[b]	14 490[c]
TOTAL	1 364	1 800 000

FUENTES:
[a] Comisión Federal de Electricidad.
[b] Instituto Nacional de Ecología, con base en información de la Compañía de Luz y Fuerza del Centro.
[c] Secretaría del Medio Ambiente del Distrito Federal.

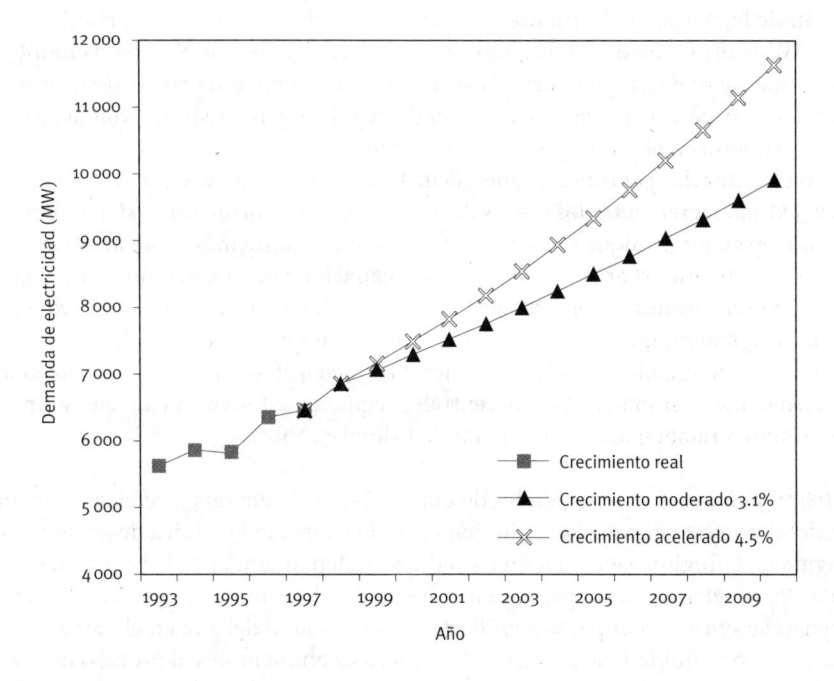

Figura 3.8 Demanda real y proyectada de energía eléctrica en la región Central. FUENTE: Morales (2001).

funcionamiento de las unidades de generación en el área ha disminuido a causa de la antigüedad de las centrales. Este desequilibrio entre demanda y oferta ha provocado dificultades en el control del voltaje del sistema de 400 y 230 kV durante periodos de alta demanda y a menudo provocan escasez de energía.

Esfuerzos para el control de emisiones. A lo largo de los últimos 15 años se han logrado progresos importantes en la reducción de contaminantes generados por las centrales Jorge Luque y Valle de México. Esto se ha logrado sobre todo por el cambio gradual de combustóleo pesado y con alto contenido de azufre a gas natural, proceso iniciado en 1968 y concluido en 1992. Otras acciones tomadas incluyeron la instalación de quemadores de baja emisión de NO_x, el mejoramiento de los sistemas y las prácticas de control de combustión, el ajuste de quemadores, la reingeniería de las unidades de generación, el mejoramiento de los programas de mantenimiento y la puesta en marcha de un sistema de monitoreo continuo de los escapes. Además, las centrales de energía están sujetas a restricciones de operación cuando los niveles de contaminación del aire rebasan los límites establecidos y se activa el Plan de Contingencia (CFE, 2000; CAM, 2000).

Actualmente están en proceso proyectos adicionales para reducir las emisiones y aumentar la capacidad de generación de las centrales de energía en el AMCM. La CFE comenzó en 2000 un proyecto para adecuar una de las cuatro unidades de generación de la central Valle de México mediante una unidad de ciclo combinado de 244 MW. Este proyecto está dirigido a reducir las emisiones de NO_x para cumplir con las normas actuales, para cubrir al mismo tiempo la demanda creciente de electricidad en el AMCM y fortalecer la estabilidad y regulación del sistema (voltaje, frecuencia y corriente) en el región Central (CFE, 2000).

No obstante, las centrales de energía instaladas en el AMCM son relativamente viejas y podrían incrementar los costos de operación y de control de emisiones. Por ejemplo, la central Jorge Luque ha estado en operación durante más de 40 años (la unidad más antigua tiene 48 años); tiene una baja capacidad de generación y una muy alta emisión de contaminantes. La central Valle de México también es vieja ya que comenzó a operar en 1963 (CFE, 2000). Existe una opinión muy difundida de que ambas plantas han concluido su vida económica y técnica útil. Además de los problemas de capacidad y contaminación, estas centrales requieren altos costos de mantenimiento y de administración para seguir operando (Morales, 2001).

Retos y opciones. Las autoridades de planeación de la energía eléctrica están analizando diferentes opciones para incrementar la capacidad efectiva de generación de energía en la región Central a fin de reducir la dependencia de las centrales localizadas lejos del AMCM. La manera en que se cubra la demanda creciente proyectada de energía tendrá un impacto significativo en la calidad del aire en el AMCM. Ésta es una gran oportunidad para integrar los objetivos ambientales al proceso de planeación. Las opciones de políticas apropiadas requieren mayor investigación sobre la ampliación y modernización de la infraestructura existente y el manejo de la demanda de energía eléctrica en el AMCM.

La necesidad de satisfacer la creciente demanda de energía eléctrica presenta cuestiones políticas difíciles. Aumentar la capacidad de generación en el AMCM incrementaría la contaminación, lo cual es indeseable; sin embargo, la escasez de energía eléctrica podría acrecentar el descontento de la población. Esto exige una estrategia multifacética en la cual se aumente la capacidad de generación en la región Central y la importación de energía de otras zonas se facilite por medio de mejoras en la infraestructura transmisora de energía de otras áreas al AMCM. La instalación de tecnología de gas turbina de ciclo combinado más eficiente en las centrales de energía del AMCM podría incrementar la oferta sin aumentar la contaminación. Existen informes de que la demanda energética del sector residencial en México es inelástica en cuanto a su precio (Sheinbaum et al., 1996), por lo que los instrumentos que fijan los precios de la energía, por sí solos, no pueden contener la demanda. La saturación de aparatos eléctricos en el AMCM es muy alta, lo cual brinda una oportunidad para diseñar e implementar normas de energía para los aparatos eléctricos que pudieran ayudar a cubrir la demanda.

En 2001, como parte de la planeación de un nuevo programa de gestión para la calidad del aire, la CAM, la CFE y la CLYFC han formado un grupo de trabajo sobre las emisiones de las centrales de energía. Este grupo pretende analizar la política sobre calidad del aire que se aplicará en las centrales de energía del AMCM en los próximos 10 años. Su primera actividad será una evaluación conjunta de las acciones para el control de emisiones tomadas por el sector eléctrico durante los últimos años, específicamente aquellas relacionadas con las principales plantas localizadas en el AMCM (Valle de México y Jorge Luque). El grupo también revisará los planes del sector eléctrico para el AMCM para los próximos 10 años. Esta evaluación sentará las bases con las que se definirá la estrategia a largo plazo para alcanzar y mantener la reducción de emisiones del sector eléctrico.

El mejoramiento en la eficiencia energética es una alternativa prometedora para promover el ahorro de energía y por tanto la reducción de emisiones. La intensidad energética está muy ligada con la estructura general de la producción nacional y con los niveles de eficiencia energética de la producción y el consumo. En México se consume una cantidad mayor de energía para generar un determinado ingreso que la utilizada en países con economías más desarrolladas. Esto se debe, en gran medida, a la persistencia de procesos y tecnologías obsoletos, una situación exacerbada por deficiencias operativas y organizacionales en la industria.

El consumo de energía en el AMCM representa alrededor de 25% del total nacional. Aproximadamente 87% de este consumo es suministrado por combustibles fósiles y el resto por energía eléctrica (Ojeda, 2001). Sin embargo, no hay una tendencia clara en los patrones de intensidad energética. Las variaciones son atribuibles tanto a factores internos como externos. Los factores internos incluyen: *a*] cambios en las elasticidades energéticas en los diferentes sectores económicos, *b*] cambios en la estructura de la producción y c] transferencia tecnológica o innovaciones. Algunos factores externos son: a] la internacionalización de los precios de la energía, b] las innovaciones tecnológicas en el ámbito nacional y c] los cambios estructurales en el sector de energía y la agenda para el medio ambiente (Ojeda, 2001).

Los ahorros de energía son una opción importante para reducir las emisiones y que presentan múltiples beneficios, como ahorros económicos y aumento en la eficiencia de procesos. Estudios en Estados Unidos, Europa y México muestran que la inversión en productos relacionados con la eficiencia energética tiene un impacto significativo en la emisión de contaminantes locales y gases invernadero. Además, la conservación puede ahorrar energía equivalente al aumento en la producción, a costos inferiores que los que se requieren para inversiones en infraestructura. En China, por ejemplo, gran parte de la demanda de energía es cubierta por medio de grandes inversiones en energías renovables, uso intensivo de cogeneración y reducción de los subsidios para el carbón y el petróleo. México debería considerar la conservación energética como una prioridad para satisfacer la creciente demanda antes de elevar dramáticamente su capacidad de producción de energía.

En México, la mayoría de las políticas de ahorro de energía y de eficiencia nacionales ha estado relacionada con la energía eléctrica. De las 18 normas oficiales de eficiencia energética emitidas hasta ahora, 14 están relacionadas con el consumo de energía eléctrica. La mayor parte de las políticas intenta inducir tecnologías eficientes mediante subsidios, normalización de procesos y tecnologías y comunicación pública (Ojeda, 2001).

Podrían superarse barreras de mercado para el ahorro de energía por medio de una identificación adecuada de objetivos y metas y una combinación de instrumentos de política, como información, promoción de las mejores prácticas, desarrollo de productos para aumentar la eficiencia energética y adopción de normas de eficiencia energética.

5.4.2 *Producción industrial*

Desde el comienzo de la década de 1980, la industria mexicana se ha desarrollado en respuesta a la reestructuración general de la economía. Esta reestructuración se ha caracterizado por la estimulación de la iniciativa privada y una intervención gubernamental menos directa. Como la globalización económica ganó fuerza a finales de la década de 1980 y principios de los noventa, el desarrollo industrial en México estuvo influido por una competencia extranjera creciente y por la reestructuración técnica de las empresas industriales. México se unió al GATT en 1986, firmó el TLC en 1994 y también se hizo miembro de la OCDE ese mismo año.

Durante los últimos 15 años, el cambio más significativo ha sido el desarrollo de las exportaciones manufactureras, así como un acelerado crecimiento de la industria maquiladora. Desde entonces, la estructura industrial ha mostrado una fuerte tendencia hacia las exportaciones, lo cual está transformando los patrones tradicionales de ubicación dentro del territorio nacional. La industria se ha descentralizado hacia las áreas costeras, las áreas fronterizas y, en particular, los llamados puertos industriales. Una cantidad de zonas urbano-industriales está siendo consolidada principalmente cerca de la frontera norte, la zona centro-occidente del país y el sureste.

Como resultado de estas tendencias, la distribución y la densidad industrial en el AMCM han ido cambiando. Primero, industrias en un principio ubicadas en el DF se han mudado al Estado de México. Segundo, industrias altamente contaminantes han sido reubicadas fuera del AMCM. De hecho, la descentralización industrial parece ser una tendencia muy importante en el AMCM.

La aportación del sector industrial del AMCM al PIB ha disminuido un poco a lo largo de los últimos 30 años. En el DF disminuyó de cerca de 28% en 1970 a 23% en 1998; mientras que en el Estado de México, después de un incremento de 8.6% en 1970 a 11% en 1985, ha permanecido constante alrededor de 10% (Lezama y Vargas, 2000). También, la fuerza de trabajo empleada en este sector cayó de 932 000 personas en 1993 a menos de 545 000 en 1998.

Emisiones del sector industrial. El cuadro 3.11 muestra las emisiones del sector industrial. Este sector contribuye con 55% del total de emisiones de SO_2, 16% de las

Cuadro 3.11 Inventario de emisiones del sector industrial en el AMCM (1998)

Sector	PM_{10}	SO_2	CO	NO_x	HC
Generación de electricidad	138	16	1 111	9 540	48
Industria alimentaria	515	1 103	400	924	416
Industria del vestido	379	2 262	463	1 316	386
Industria química	415	2 299	2 422	1 335	6 305
Madera y derivados	216	2 295	527	1 066	1 002
Industria metalúrgica (metálica)	249	714	893	513	291
Industria metalúrgica (no metálica)	504	1 698	653	4 570	765
Manufactura de productos consumibles	73	261	78	129	873
Productos para impresión	46	173	67	145	3 723
Productos de larga duración	140	302	821	2 128	2 654
Productos de mediana duración	120	86	473	624	1 457
Productos metálicos	175	774	1 137	4 432	3 024
Productos de origen vegetal y animal	61	287	36	109	12
Otros	62	172	132	157	3 024
TOTAL	3 093	12 442	9 213	26 988	23 980

FUENTE: CAM (2001), *Inventario Preliminar de Emisiones 1998.*

emisiones totales de PM_{10}, 13% del total de emisiones de NO_x y 6% de las emisiones de HC (véase la figura 3.7). Las industrias metal-mecánica, química, de alimentos, metálica, mineral-metálica y no metálica se encuentran entre los principales emisores de contaminación dentro del sector industrial. Las emisiones del sector industrial están asociadas en su mayoría con el consumo de combustible y con procesos industriales, así como con emisiones provenientes del manejo de la transportación y el almacenamiento de materias primas y productos. Los principales emisores de SO_2 en este sector incluyen: industria química, manufactura de productos maderables, industria del vestido, no metálica y de alimentos. Respecto a las emisiones de NO_x, los principales emisores son las centrales eléctricas y los productos minerales no metálicos y metálicos. Las industrias química, de impresión y de productos metálicos están entre las principales fuentes de emisión de HC.

La información disponible sobre el registro de establecimientos industriales es muy limitada. Los gobiernos federal y locales están realizando algunos esfuerzos para mejorarla. No obstante, el número total de establecimientos industriales en el AMCM es incierto. Por ejemplo, el Inventario de Emisiones en el AMCM de 1998 incluye 6 280 industrias, las cuales son sobre todo empresas grandes y medianas, y una pequeña parte empresas pequeñas. La mayoría de las microempresas no está registrada (CAM, 2001).

Esfuerzos para el control de emisiones. Durante la década de 1970, las emisiones del sector industrial fueron las primeras en ser reguladas. Sin embargo, no fue sino hasta la década de 1990 cuando la disponibilidad de combustibles industriales de mejor calidad y normas de emisión más estrictas hicieron posible la reducción industrial de emisiones. Algunas de las principales industrias fueron reubicadas fuera del AMCM y una refinería de Pemex (18 de Marzo), localizada en el Distrito Federal, fue cerrada en 1991. En 1992 se prohibió el combustóleo pesado en el AMCM. La mayor parte de la industria usa gas natural. Una pequeña parte de la demanda de combustible industrial es cubierta por combustibles líquidos como el gasóleo industrial (1% de contenido de azufre). Durante 2000, Pemex remplazó el gasóleo industrial por diesel con bajo contenido de azufre (menos de 0.05% en contenido de azufre por peso) mediante una unificación gradual del precio. Estos logros deberían hacerse permanentes con la publicación de la norma federal revisada sobre la calidad de los combustibles (NOM-86) (DOF, 1994b).

En general, las grandes industrias que conforman 2% de todos los establecimientos industriales en el AMCM y una fracción de las industrias medianas están en cierto modo bajo control. Sin embargo, la mayoría de las industrias medianas, así como las pequeñas y las microempresas, continúa emitiendo cantidades significativas de contaminantes.

Desde finales de la década de 1980 y en particular en la década de 1990, la política industrial para controlar los desechos y las emisiones se ha vuelto más integral, a la vez que ha incorporado directrices y normas para la protección ambiental. Esto ha sido particularmente importante para las grandes industrias pero no para las empresas pequeñas y medianas. Las normas ambientales han avanzado de manera significativa en México. No obstante, para muchos procesos industriales existen brechas importantes en las normas y otros instrumentos de política.

Hasta mediados de los años noventa, los problemas ambientales del país, en especial en el AMCM, fueron atendidos básicamente mediante medidas de "orden y control". En los últimos años, las autoridades ambientales han buscado una estrategia sistemática integral que incluya criterios preventivos, sensibilizando a los sectores interesados, capacitando a las partes involucradas, transfiriendo tecnologías y con la difusión de información. Sin embargo, aún es necesario evaluar estos esfuerzos para ver qué tan efectivos han sido en la reducción de emisiones y en la identificación de oportunidades para mejorar. En este contexto, se necesitan cambios de actitud, al igual que la imposición responsable de las normas ambientales y la evaluación efectiva de las opciones tecnológicas. La educación ambiental y la investigación también desempeñan un papel muy importante en la mitigación de la contaminación industrial.

Los instrumentos de política diseñados para mejorar la gestión ambiental por parte de la industria en México fueron diversificados en la década de 1990, como se muestra en el cuadro 3.12. Desde 1995, el Sistema Integrado de Regulación Directa y Gestión Ambiental de la Industria (Sirg) fue puesto en marcha por las autoridades ambientales federales. La misión del Sirg es integrar los instrumentos de política y la

Cuadro 3.12 Instrumentos de política para la gestión ambiental industrial en México

Tipo de instrumento	Instrumento
Regulación directa	Normas oficiales mexicanas (establecen los límites de emisiones)
	Evaluación de impacto ambiental
	Licencia Ambiental Única
	Cédula de Operación Anual
	Inspecciones
Autorregulación	Auditoría ambiental
	Sistemas de manejo ambiental
	Certificación ISO-14000
	Responsabilidad integral
	Prevención de la contaminación
	Producción limpia
Instrumentos económicos	Incentivos económicos (exenciones y deducciones de impuestos, tarifas diferenciales)
Información pública	Registro de Emisiones y Transferencia de Contaminantes (Inventario de Emisiones Tóxicas)
	Inventario de emisiones
	Seguimiento a quejas

FUENTE: INE et al. (2000), *Elementos para un proceso inductivo de gestión ambiental en la industria.*

información relativa a la gestión ambiental del sector industrial. Se lograron progresos importantes en la implementación del Sirg mediante la introducción y aplicación de la Licencia Ambiental Única (LAU), y la Cédula de Operación Anual (COA). Sin embargo, el Sirg todavía necesita consolidarse y fortalecerse para mejorar el manejo de datos y la coordinación de los diferentes niveles de gobierno (federal, estatal y municipal) (Semarnap, 2000).

Las siguientes secciones presentan una breve descripción de los instrumentos de política antes mencionados.

Regulación directa. Las normas oficiales mexicanas (NOM) son el núcleo del esquema de "orden y control" en México. Ellas definen una serie de condiciones mínimas bajo las cuales debe llevarse a cabo el funcionamiento industrial. Aunque las normas se han vuelto cada vez más completas y abarcan un gran número de actividades, existen aún procesos que no están regulados.

La Licencia Ambiental Única es un instrumento de regulación directa que una empresa puede adoptar y bajo el cual puede coordinar todas las obligaciones y los requisitos para la disminución de la contaminación que debe cubrir para cumplir con la ley. Hasta ahora, entre los miles de establecimientos industriales que son candidatos para operar bajo esta licencia, solamente algunos la han adoptado. Para agosto de 2000, sólo 224 industrias —la mayoría establecimientos nuevos— tenían la LAU. Las industrias restantes todavía operan bajo el esquema original de licencias.

La LAU requiere que cada empresa se someta a la Cédula de Operación Anual, una evaluación anual de las emisiones y la transferencia de contaminantes en todos los medios (aire, agua, y suelo), asociada con la operación de la empresa y de acuerdo con el calendario del año anterior. Una debilidad de los datos registrados en la COA es que aún no han sido implementados los mecanismos de evaluación consistentes respecto a la calidad y exactitud de la información provista.

La información reunida en la COA es integrada en el Registro de Emisiones y Transferencia de Contaminantes (RETC), un registro de información centralizado sobre contaminantes del aire, agua y suelo. En el RETC, el cual es similar al Toxic Release Inventory utilizado en EUA, se pueden identificar los tipos de contaminantes emitidos, los tipos de fuentes de emisión y la localización geográfica de dichas fuentes. Como se mencionó antes, puesto que las COA no son por completo confiables, actualmente el RETC no provee información suficiente a fin de que los organismos gubernamentales para el medio ambiente puedan tomar decisiones. La Semarnat tiene planes para mejorar y fortalecer el RETC, haciéndolo un requisito obligatorio para todas las instalaciones industriales en 2001.

La Evaluación de Impacto Ambiental (EIA) es el procedimiento por el cual son establecidas las condiciones para la regulación de las nuevas instalaciones, con el objetivo de reducir a un mínimo o mitigar los efectos negativos en el medio ambiente. Este proceso es efectuado mediante el Manifiesto de Impacto Ambiental (MIA) o Documento de Impacto Ambiental. Hasta ahora, han sido emitidas seis NOM relacionadas con los efectos ambientales que especifican las medidas de protección ambiental para algunas de las actividades reguladas.

La "inspección y vigilancia" ha sido la respuesta principal del país ante el deterioro del medio ambiente, de los ecosistemas y de los recursos naturales. Este programa ha revisado las condiciones de operación de empresas industriales establecidas con la licencia de operación y bajo las normas ambientales. Partiendo de estos programas, la Procuraduría Federal de Protección al Ambiente (Profepa) ha desarrollado los Índices de Cumplimiento de la Normatividad Ambiental. Estos instrumentos dan a las autoridades un indicador cuantitativo para elaborar las Regulaciones Ambientales para la Industria y su Cumplimiento.

Autorregulación. Desde 1995, las autoridades ambientales federales comenzaron a promover los instrumentos de autorregulación para reducir las emisiones industriales. Estos instrumentos incluyen acuerdos entre empresas y gobierno, normas voluntarias, auditorías ambientales y autorregulación.

Los programas de autorregulación son iniciativas implementadas de manera voluntaria por las industrias para proteger el medio ambiente, por medios que no están incluidos en el esquema regulatorio ambiental. Estas acciones también tienden a mejorar las relaciones de la comunidad industrial tanto con el gobierno como con la sociedad civil. Una de estas iniciativas es el Programa Voluntario de Gestión Ambiental. Su objetivo es alentar a la industria para que considere el interés público en la protección del medio ambiente sobre el interés privado en la productividad y la competitividad. No obstante, después de más de tres años de operación, este programa sólo ha dado resultados muy modestos.

El Programa de Auditoría Ambiental incluye la identificación, la evaluación y los mecanismos de control para los procesos industriales federales y locales, y para las actividades de establecimientos comerciales y de servicios. Su meta es reducir la probabilidad de provocar riesgos ambientales o para la salud mediante la aplicación de una serie de medidas preventivas y correctivas. La auditoría ambiental no es obligatoria por ley, sin embargo, ésta puede ser solicitada por las autoridades ambientales cuando, a su juicio, una instalación industrial presente un problema potencial dentro o fuera de la planta. Cuando se recurre a ella por esta situación, se vuelve un instrumento de regulación directa. Un acierto importante del programa es que, siendo voluntario, podría aplicarse en situaciones que aún no están reguladas por la legislación ambiental pero que técnicamente son necesarias y posibles.

Hasta ahora, la auditoría ambiental ha sido el esfuerzo más importante y exitoso de la autorregulación en México. Entre 1992 y 2000 se realizaron más de 1 400 auditorías y se expidieron 465 certificados de "industria limpia" a empresas con un desempeño ambiental sobresaliente (Azuela, 2001).

En el sector privado existen diferentes iniciativas con objeto de mejorar las prácticas para la gestión ambiental al mismo tiempo que aumentar la competitividad. El desarrollo y la puesta en práctica de los sistemas de gestión ambiental, la certificación ISO-14000 y la introducción prácticas preventivas de la contaminación y de producción limpia son algunos de los esfuerzos prometedores que se están llevando a cabo. No obstante, hasta ahora, los resultados de estos esfuerzos son relativamente modestos y requieren un apoyo importante para poder ampliarse.

Incentivos económicos. La teoría económica afirma que el daño ambiental es una consecuencia de imperfecciones del mercado, como mercados incompletos, externalidades negativas, el hecho de que el medio ambiente sea un bien público y la falta de derechos de propiedad (Cropper y Oates, 1992; Hanley, Shogren y White, 1997). En este sentido, el uso de instrumentos económicos, como impuestos y subsidios, que cambien los precios relativos representa un medio para mitigar los problemas de la calidad del aire, puesto que indirectamente asignan derechos de propiedad, crean condiciones de mercado y revierten las externalidades (Panayotou, 1998). Una característica importante de los instrumentos económicos es que pueden estimular el progreso hacia determinada norma ambiental al menor costo social posible. Esto libera recursos que pueden ser utilizados en otra parte de la economía o reinvertidos en otros programas de control de la contaminación.

En México, a pesar del potencial de los instrumentos económicos como mecanismos para internalizar los costos ambientales, su implementación ha sido insuficiente. En el caso del AMCM, los principales instrumentos económicos que han sido probados son: impuestos diferenciales a los combustibles, subsidios al transporte público, reducción de impuestos para vehículos limpios, exención de impuestos a la importación de equipo para la disminución de la contaminación, depreciación acelerada para inversiones en favor del ambiente, créditos para la modernización del parque vehicular y la industria, y bajas tasas de interés para proyectos que no dañen el medio ambiente.

Una evaluación general del impacto de estos instrumentos sugiere que los agentes económicos son sensibles a los cambios en los precios relativos. Sin embargo, la utilización de instrumentos económicos ha producido sólo un efecto marginal en la calidad del aire; no obstante, su uso ha aumentado en años recientes.

5.4.3 *Actividades comerciales y de servicios y el sector residencial*

En el AMCM hay una gran variedad de establecimientos comerciales y de servicios que generan contaminación atmosférica. Entre éstos se encuentran hoteles, hospitales, centros deportivos, baños públicos, lavanderías, panaderías, tortillerías, restaurantes, puestos de comida al aire libre, tiendas de pintura, gasolineras, imprentas, etc. Estas empresas están distribuidas con amplitud en todo el territorio del AMCM. Además, más de cinco millones de hogares generan contaminantes atmosféricos por medio de actividades diarias como la preparación de alimentos, el calentamiento de agua o el uso de solventes.

Emisiones de los sectores comercial y residencial. El cuadro 3.13 presenta las emisiones de varias fuentes de área en 1998. Como las actividades comerciales y residenciales están muy dispersas en el AMCM, con frecuencia nos referimos a ellas como fuentes de área y contribuyen de manera importante a las emisiones de HC (casi 52% del total) y de bióxido de azufre (casi 56% del total), como se muestra en la figura 3.7. Las emisiones de HC son generadas sobre todo por la combustión y las fugas de combustibles, el uso de productos con compuestos orgánicos volátiles, la descomposición de desechos y el tratamiento de aguas residuales. Es importante señalar que las emisiones asociadas con productos solventes aportan 31% del total de las emisiones de HC. De igual forma, las fugas y la combustión incompleta en el almacenamiento, la distribución y el uso de gas licuado de petróleo (GLP) son otros de los principales generadores de emisiones de hidrocarburos (casi 25% del total de las emisiones de HC generadas en el AMCM). A pesar de la baja actividad del butano y el propano que forman el GLP, altas concentraciones atmosféricas de éstos pueden tener un impacto significativo en la formación de ozono. Más de tres cuartos de estas emisiones son generadas en las instalaciones domésticas. Se estima que cada año se pierden más de 58 000 toneladas de GLP en fugas.

Cuadro 3.13 Inventario de emisiones de varias fuentes de área en el AMCM (1998)

Fuente	PM_{10}	SO_2	CO	NO_x	HC
ESTABLECIMIENTOS COMERCIALES Y CONSUMO DE SOLVENTES					
Consumo de solventes	n.a.	n.a.	n.a.	n.a.	76 623
Limpieza de superficies	n.a.	n.a.	n.a.	n.a.	30 146
Mantenimiento de fachadas arquitectónicas	n.a.	n.a.	n.a.	n.a.	22 752
Mantenimiento de fachadas industriales	n.a.	n.a.	n.a.	n.a.	21 414
Lavado en seco	n.a.	n.a.	n.a.	n.a.	10 049
Artes gráficas	n.a.	n.a.	n.a.	n.a.	6 692
Panaderías	n.a.	n.a.	n.a.	n.a.	2 601
Aplicación de pintura en automóviles	n.a.	n.a.	n.a.	n.a.	2 175
Aplicación de pintura en señalamientos viales	n.a.	n.a.	n.a.	n.a.	803
EVAPORACIÓN Y FUGAS DE COMBUSTIBLE					
Distribución de GLP	n.a.	n.a.	n.a.	n.a.	12 314
Almacenamiento de GLP	n.a.	n.a.	n.a.	n.a.	892
Fugas de GLP en el uso doméstico	n.a.	n.a.	n.a.	n.a.	22 173
Combustión incompleta	n.a.	n.a.	n.a.	n.a.	26 177

Cuadro 3.13 Inventario de emisiones de las fuentes de área en el AMCM (1998) [Concluye]

Fuente	PM$_{10}$	SO$_2$	CO	NO$_x$	HC
EVAPORACIÓN Y FUGAS DE COMBUSTIBLE (cont.)					
Distribución y venta de gasolina	n.a.	n.a.	n.a.	n.a.	496
Almacenamiento de gasolina	n.a.	n.a.	n.a.	n.a.	102
FUENTES MÓVILES QUE NO USAN VIALIDADES					
Operación de aeronaves	n.e.	n.e.	2 512	1 517	400
Abastecimiento de aeronaves	n.a.	n.a.	n.a.	n.a.	5
Operación de locomotoras	10	54	62	492	19
SERVICIOS PÚBLICOS, INCENDIOS Y TIPOS DE COMBUSTIÓN					
Rellenos sanitarios	n.a.	n.a.	n.a.	n.a.	7 380
Asfaltado	n.a.	n.a.	n.a.	n.a.	206
Tratamiento de aguas	n.a.	n.a.	n.a.	n.a.	78
Esterilización de hospitales	n.a.	n.a.	n.a.	n.a.	23
Combustión en hospitales	9	24	21	80	3
Combustión residencial	126	0.25	653	4 417	166
Combustión comercial-institucional	820	5 276	526	2 720	149
Incendios forestales	706	n.e.	22 078	637	3 752
Incendios en construcciones	7	n.a.	108	3	9
Caminos no pavimentados	n.e.	n.a.	n.a.	n.a.	n.a.
TOTAL	1 678	5 354	25 960	9 866	247 599

FUENTE: CAM (2001), *Inventario Preliminar de Emisiones 1998*.
n.a.: No aplicable.
n.e.: No estimado.

Esfuerzos para el control de emisiones. La eliminación del uso de combustóleo al inicio de la década de 1990 y la introducción de combustibles con bajo contenido de azufre han reducido significativamente las emisiones relacionadas con los procesos de combustión en este tipo de actividades. No obstante, equipos viejos que todavía están en uso en establecimientos comerciales son operados de tal manera que dan por resultado una importante emisión de contaminantes. Estos establecimientos comerciales pueden estar sujetos a normas ambientales apropiadas impuestas por las jurisdicciones locales, como la Licencia de Funcionamiento Local y la Cédula de

Operación Anual, las cuales se encuentran actualmente en una etapa de implementación inicial en el DF y en el Estado de México.

Para reducir el uso de gas LP y sus emisiones asociadas, la Comisión Ambiental Metropolitana está realizando estudios para determinar la viabilidad de la introducción masiva de energía solar como un sistema auxiliar para calentar el agua. La red de abastecimiento de gas natural para los consumidores industriales en el AMCM también se está ampliando. Esta medida podría ayudar a reducir el uso de gas LP en los sectores residencial y de servicios a largo plazo. El análisis de la interacción de estas políticas es una tarea futura para la CAM. A corto plazo, pueden lograrse reducciones importantes de estas emisiones mediante acciones relativamente simples, tales como el uso de tuberías y conexiones selladas herméticamente, al igual que la sustitución o eliminación de llamas piloto. La educación de los usuarios y el entrenamiento en el servicio también son muy importantes.

Las normas para reducir las emisiones relacionadas con productos de consumo, como los solventes, están hoy día restringidas a la formulación de pinturas y sus aplicaciones a los automóviles nuevos. Sin embargo, la aplicación de pintura y de solventes al aire libre sin condiciones controladas es una práctica muy difundida en el AMCM. La importancia de las emisiones relacionadas con estas prácticas es incierta y requiere un análisis detallado. Experiencias en otras ciudades con problemas de ozono, como Los Ángeles, muestran que la regulación para este tipo de productos y prácticas podría ser importante. Además de su toxicidad intrínseca, algunos de estos compuestos pueden tener un papel importante en la formación de ozono y partículas respirables.

Los tanques de almacenamiento de gasolina en las terminales de distribución del AMCM ya cuentan con sistemas de control para emisiones por evaporación. La instalación de equipo para recuperación de vapores de gasolina en todo el sistema de distribución, incluyendo gasolineras, camiones cisterna para distribución y terminales de distribución, está casi terminada. No obstante, el programa de inspección y vigilancia existente tendrá que fortalecerse para asegurar el funcionamiento apropiado y continuo de estos controles.

6. Erosión y fuentes de emisión de origen biológico

6.1 Erosión

Las causas históricas más importantes de la erosión en el Valle de México fueron la desecación de lagos y la deforestación, iniciadas en el periodo colonial y exacerbadas al comienzo del siglo XX (CMPCC, 1994). Como resultado de este deterioro ambiental, las tormentas de polvo fueron un fenómeno muy común en el AMCM, aun en los años sesenta, especialmente durante la temporada seca. En los últimos 30 años se han puesto en marcha varios proyectos para luchar contra la erosión, para recuperar y proteger las áreas destinadas a la conservación y para aumentar la cubierta vegetal. Entre estos proyectos se encuentran iniciativas dirigidas a la recuperación de lagos como Texcoco, Xochimilco, Tláhuac y Zumpango. Otros proyectos puestos en marcha incluyen la reforestación de las montañas circundantes, como el Ajusco y los cerros Santa Catarina y Guadalupe.

Como lo muestra la figura 3.7, la erosión del suelo es la principal fuente de PM_{10} en el AMCM (40% del total de las emisiones de PM_{10}) (CAM, 2001). Además, la expansión urbana y la deforestación imponen una grave presión sobre la conservación y restauración de los recursos naturales. Por lo tanto, se requieren esfuerzos importantes para disminuir esta fuente de emisiones.

De las casi 8 000 toneladas de PM_{10} liberadas a la atmósfera por la erosión, 66% proviene principalmente de los suelos sin cubierta vegetal y el restante 34% es generado por suelos con escasa vegetación. Las principales fuentes de emisión de PM_{10} por erosión del suelo se ubican en la parte norte del área metropolitana.

6.2 Fuentes de origen biológico

La vegetación es una parte importante del hábitat natural del AMCM. El clima local y los recursos hídricos están muy influidos por la cubierta vegetal, la cual en los últimos 40 años ha sido reducida de manera muy significativa por el crecimiento urbano. Como el AMCM se volvió el centro económico más importante de México, el uso del suelo fue modificado para sustentar el desarrollo de la ciudad, creando cinturones industriales, campos agrícolas, una red de caminos y carreteras, zonas residenciales y recreativas, etc. El gobierno del Distrito Federal estima que cada año se pierde un promedio de 5 km² de bosque; en la próxima década el área forestal se verá en extremo reducida. Como ya puede observarse, este escenario afectará el clima local, los recursos hídricos, la flora y la fauna y la calidad del suelo.

Como se mencionó anteriormente, la principal causa de la reducción de las zonas naturales en el AMCM es la alta tasa de crecimiento del área urbana (1.1% en 1990-1995), asociada con el desarrollo residencial (Garza, 2000). En el año 2000, el área urbana abarcaba 63.5% del área total del AMCM. Este problema es peor en el Estado de México, donde la urbanización para proveer vivienda debido al rápido crecimiento de la población es una alta prioridad.

La vegetación es importante para proveer un medio ambiente favorable en el AMCM; sin embargo, también aporta emisiones de COV y NO_x a la región. Los bosques, los campos agrícolas, la vegetación recreacional, los suelos y los incendios forestales ocasionales emiten de manera natural estos precursores del ozono. La naturaleza y la cantidad de emisiones dependen del tipo de vegetación y de suelo, así como de la radiación solar, temperatura y disponibilidad de agua. La CAM ha hecho cálculos de emisiones de COV y NO_x provenientes de la vegetación: en 1998, estas emisiones aportaron 3.3% del total de COV y 1.5% del total de NO_x en el AMCM, como se muestra en la

Cuadro 3.14 Emisiones de origen vegetal por estación (toneladas/año)

Estación	Isopreno	Monoterpenos	COV	HC total (estacional)	NO_x
ESTADO DE MÉXICO					
Seca-fría	768	1 419	911	3 098	786
Lluviosa	2 401	2 601	1 669	6 671	1 226
Seca-templada	826	1 904	1 222	3 952	790
TOTAL (Estado de México)	3 995	5 924	3 802	13 721	2 802
DISTRITO FEDERAL					
Seca-fría	350	53	56	459	114
Lluviosa	749	91	96	936	173
Seca-templada	441	54	58	553	104
TOTAL (Distrito Federal)	1 540	198	210	1 948	391
TOTAL (AMCM)	5 535	6 122	4 012	15 669	3 193

FUENTE: CAM (2001), *Inventario preliminar de emisiones 1998*.

figura 3.7 y en el cuadro 3.9. Estas aportaciones parecen ser bajas; no obstante, no se han llevado a cabo mediciones ambientales que validen la metodología empleada para obtener estas estimaciones y por ello son un tanto inciertas. El cuadro 3.14 muestra las emisiones anuales de la vegetación que aparecen en el Inventario de Emisiones de 1998.

Los resultados de ese cuadro llevan a la conclusión de que las principales emisiones de hidrocarburos y NO_x son generadas fundamentalmente durante la temporada de lluvias, seguida por la temporada seca-templada. Las principales emisiones tienen lugar en las áreas de alta densidad de vegetación tanto agrícola como forestal, localizadas en las montañas (sur del DF y sureste del Estado de México).

Aunque la vegetación contribuye con las emisiones de precursores del ozono, no parece razonable controlar dichas emisiones reduciendo la cantidad de vegetación. En lugar de ello, de entre las plantas que pueden crecer en el suelo y clima del AMCM deben seleccionarse aquellas que son apropiadas para minimizar las emisiones de las especies reactivas.

Las proyecciones sobre las emisiones para 2010 son muy inciertas, principalmente debido a la escasez de estudios sobre el uso del suelo. No obstante, la Comisión de Recursos Naturales (Corena)[5] del GDF ha desarrollado varios programas a largo plazo

---

[5] Información sobre la Corena se encuentra disponible en la página web <http://sma.df.gob.mx/sima/corena/corena.htm>.

para el mejoramiento y la protección de los recursos naturales; la prevención y el control de los incendios forestales; la conservación y el manejo sustentable de cañadas; el control de los asentamientos humanos, y la conservación del suelo. Estos programas debieran ayudar a proteger estos valiosos recursos naturales en el AMCM.

7. Conclusión

Este capítulo ha examinado algunos de los factores que propician las emisiones de contaminantes en el AMCM. El rápido crecimiento de la población, la expansión urbana sin control, el crecimiento económico no sustentable, el aumento en el consumo de energía y en la motorización han contribuido al deterioro de la calidad ambiental, en especial a la formación de una severa contaminación del aire. Esto tiene un impacto perjudicial para los ecosistemas y la salud humana.

El crecimiento de la población en la Ciudad de México ha exacerbado muchos de los factores que contribuyen a la contaminación. El crecimiento urbano ha sido disparado por el desarrollo de zonas residenciales para familias de altos ingresos y por el asentamiento ilegal de inmigrantes pobres en propiedades "ejidales",[6] para las cuales no existen derechos de propiedad claros. El efecto del crecimiento urbano desordenado se agrava por el hecho de que ocurre sobre todo en los asentamientos inaccesibles y para familias de bajos ingresos. El crecimiento de éstos sugiere una necesidad de desarrollo de infraestructura, que incluya caminos y nuevas líneas de transporte público.

Durante los últimos 20 años se ha dado un cambio importante en la distribución de las formas de transporte, con una tendencia general hacia vehículos más pequeños. Un ejemplo importante es el rápido crecimiento del uso de colectivos (microbuses) desde mediados de la década de 1980, los cuales están remplazando a los autobuses urbanos de mayor capacidad. El uso del Metro también ha disminuido debido a preocupaciones por la seguridad. Los pronósticos para los viajes predicen que éstos serán más y más largos, especialmente respecto a los autos particulares. Esto será más importante en el futuro a medida que la población y las actividades económicas crezcan y se extiendan.

El crecimiento poblacional, la expansión urbana, la industrialización y la demanda de transporte han contribuido a la aceleración de la demanda de energía. El alto crecimiento en la demanda de combustible ha incluido la demanda industrial de gas natural y el uso decreciente de diesel y combustóleo con bajo contenido de azufre.

[6] La propiedad ejidal fue originalmente pensada con fines agrícolas para gente que vive en comunidades específicas. Empero, comenzando en la década de 1940, parte de esta tierra ha sido vendida de manera ilegal a gente que busca un sitio para vivir. La tierra ejidal quedó definida después de la Revolución mexicana y está destinada para las actividades agrícolas de la comunidad pero es trabajada de forma individual por los campesinos. En 1998, casi 45% de la tierra en el DF y un poco más de 50% en el Estado de México era ejidal (Pick y Butler, 1997, p. 376).

La gasolina con plomo ha sido eliminada, los niveles de azufre han disminuido y la demanda de gasolina Premium ha crecido desde 1997, con reducciones equivalentes en las emisiones de plomo y SO_2. Mejoras adicionales en la calidad de los combustibles, que incluyen la disminución de su contenido de azufre y otros cambios, pueden tener un efecto importante sobre la calidad del aire.

Al aumentar la población y la urbanización en las próximas décadas, es probable que los kilómetros recorridos por vehículos y las congestiones de tráfico también aumenten. Por estas razones, la contaminación crónica y severa del aire será un problema en los años por venir. En el capítulo 7 presentaremos recomendaciones y opciones de políticas para mejorar la calidad del aire en el AMCM.

4. Beneficios para la salud por el control de la contaminación del aire

AUTORES
John Evans[a] · Jonathan Levy[a] · James Hammitt[a]
Carlos Santos-Burgoa[b] · Margarita Castillejos[c]

COAUTORES
Mario Caballero Ramírez[d] · Mauricio Hernández Ávila[e]
Horacio Riojas Rodríguez[d] · Leonora Rojas-Bracho[f]
Paulina Serrano-Trespalacios[a] · John D. Spengler[a] · Helen Suh[a]

1. INTRODUCCIÓN

Como se señaló en los capítulos anteriores, el Área Metropolitana de la Ciudad de México (AMCM) tiene un problema serio de contaminación del aire. El gobierno de la ciudad enfrenta varias decisiones difíciles en su búsqueda de vías para mejorar la calidad del aire. ¿Cuánta mejoría es factible? ¿Cuáles contaminantes y fuentes deben fijarse como objetivos? ¿Qué estrategias debe seguir el gobierno? La mayoría de estos planteamientos requerirá un mayor gasto o la imposición de restricciones a los individuos o a las empresas. Cada estrategia reducirá diferentes combinaciones de contaminantes de fuentes diversas de emisión. Debido a que el motivo principal para mejorar la calidad del aire es la salud pública, tiene sentido tratar de cuantificar los beneficios para la salud de las políticas de control de la contaminación del aire. Los resultados pueden ayudar a quienes formulan las políticas a fin de que asignen recursos limitados a los problemas más importantes. Este capítulo tiene tres objetivos: elaborar cálculos aproximados de los beneficios para la salud por el control de la contaminación en el AMCM, determinar qué contaminantes es necesario reducir para contribuir más a estos beneficios y determinar dónde sería más útil realizar una investigación a mayor profundidad que proporcione datos más precisos sobre los beneficios para la salud.

[a] Harvard School of Public Health, Harvard University, Estados Unidos.
[b] Instituto de Salud Ambiental y Trabajo, México; en la actualidad es director general de Salud Ambiental en la Secretaría de Salud, México.
[c] Universidad Autónoma Metropolitana-Xochimilco, México.
[d] Instituto de Salud Ambiental y Trabajo, México.
[e] Instituto Nacional de Salud Pública, México.
[f] Director general de Salud Ambiental, Secretaría de Salud, México.

Un análisis completo de los beneficios para la salud por el control de la contaminación comprende varios pasos: *a*] comenzar con una investigación sobre las emisiones basales; *b*] analizar la reducción de las emisiones prevista por la aplicación de controles; *c*] dar seguimiento al impacto de la reducción de emisiones en las concentraciones ambientales; *d*] estimar las reducciones en morbilidad y mortalidad que pudieran resultar de estas disminuciones en las concentraciones ambientales, y, finalmente, *e*] estimar el valor social de las mejoras en la salud. Nuestro análisis se basa en el trabajo descrito en los capítulos precedentes. En éste nos centramos exclusivamente en los dos últimos pasos, es decir, estimar las reducciones en morbilidad y mortalidad que se espera que ocurran como resultado de la reducción en las concentraciones ambientales de contaminación del aire y caracterizar el valor social de las mejoras previstas en la salud pública.

Pudiera parecer que un análisis de los beneficios para la salud por el control de la contaminación del aire necesitaría incluir un análisis del impacto de los niveles básicos de la calidad del aire en la salud pública. Aunque dicho impacto pudiera ser de interés para algunos propósitos, no es la cuestión más importante. Éste no revela a quienes formulan las políticas las diferencias entre los beneficios para la salud pública de las diversas opciones de política de control de la contaminación ni indica a qué contaminantes debe darse prioridad. Quienes formulan las políticas necesitan saber qué beneficios se obtendrían para cada contaminante específico a partir de la reducción gradual de los niveles actuales de sus concentraciones.

Con base en este planteamiento, en este capítulo nos concentramos en cuatro preguntas principales:

- ¿Cuál es la reducción esperada en las tasas de morbilidad y mortalidad en el AMCM si los niveles ambientales de varios contaminantes se reducen en cantidades específicas?
- ¿Cuál es el valor monetario de estas mejoras en la salud para la población del AMCM?
- ¿Qué contaminantes y cuáles efectos contribuyen de manera más importante a los beneficios para la salud por el control de la contaminación del aire?
- ¿Cuáles son las fuentes más importantes de incertidumbre en la estimación de los beneficios para la salud por un mayor control de la contaminación del aire en el AMCM?

Las respuestas requieren un examen cuidadoso de la evidencia recabada tanto en el AMCM como en otros sitios. Para muchos contaminantes y sus efectos en la salud se han llevado a cabo múltiples estudios en Estados Unidos y Europa, pero la información disponible para el AMCM es limitada. En consecuencia, debemos determinar si es apropiado extrapolar la información derivada de los estudios de poblaciones que pueden ser sustancialmente diferentes a la población en riesgo del AMCM. Nuestra propuesta combina la evidencia de la literatura médica internacional con aquella resultante de la investigación realizada en el AMCM, a fin de evaluar las diferencias, determinar los estimados y caracterizar con sumo cuidado la incertidumbre.

En este capítulo limitamos nuestra atención a los contaminantes y los efectos en la salud que más contribuyen a la cuantificación de los beneficios, como el análisis costo-beneficio de la Clean Air Act de Estados Unidos (EPA, 1999). Al considerar que entre Estados Unidos y el AMCM las concentraciones de contaminantes y varios riesgos para la salud pueden ser diferentes, nuestro enfoque está diseñado para abordar las principales diferencias. También consideramos un número limitado de contaminantes que no han sido evaluados en las anteriores estimaciones de beneficios, para determinar si éstos pueden contribuir de manera significativa a los beneficios para la salud por el control de la contaminación del aire en el AMCM.

En este capítulo examinamos los efectos clave en la salud por la exposición a material particulado, ozono y algunos tóxicos atmosféricos cancerígenos. Para cada contaminante estimamos la concentración ambiental promedio por población dentro del AMCM, con objeto de determinar el nivel a partir del cual se calcularán los beneficios.

Para el material particulado y el ozono analizamos la evidencia de estudios epidemiológicos de mortalidad, bronquitis crónica y días de actividad restringida. Los estudios epidemiológicos examinan las diferencias en las tasas de morbilidad o mortalidad entre poblaciones humanas expuestas a diferentes niveles de contaminantes en el aire. Para los tóxicos atmosféricos cancerígenos nos basamos en estudios toxicológicos y epidemiológicos. Los estudios toxicológicos son experimentos controlados en los que se exponen animales de laboratorio a niveles conocidos de posibles cancerígenos.

Para cuantificar los efectos en la salud intentamos determinar el valor económico apropiado que se asignará a cada efecto. Finalmente, hicimos cálculos simples de la magnitud de los beneficios para la salud que podrían resultar de una mejora hipotética de 10% en la calidad del aire. Éstos indican la reducción de qué contaminantes y efectos producen los beneficios para la salud más importantes y pueden compararse con otros estudios de beneficios relacionados con la contaminación del aire en el AMCM.

2. Evidencia sobre exposición a la contaminación del aire y sus efectos en la salud

Al abordar la elaboración de nuevas políticas de control de la contaminación para el AMCM es importante que los responsables de la normatividad consideren con cuidado la evaluación del tipo de exposición y se concentren en mediciones apropiadas de la misma. Es un reto desarrollar estimaciones de exposición contundentes y precisas. La exposición a contaminantes del aire se ve afectada por varios factores, incluyendo las emisiones contaminantes, las condiciones meteorológicas y las tasas de ventilación intramuros, mismos que pueden ocasionar variaciones temporales y espaciales en la concentración de contaminantes. Esta variación de las concentraciones en el tiempo y el espacio, combinada con la modificación de patrones de actividad individual, conduce a cambios importantes en los niveles de exposición personal en cualquier población urbana.

Aunque pudiera parecer que cualquier evaluación del tipo de exposición necesitaría la caracterización precisa de cada uno de estos factores, no siempre es el caso. Por ejemplo, en nuestro análisis de los beneficios para la salud debidos a las mejoras propuestas en la calidad del aire del AMCM, nuestra meta principal es estimar el efecto agregado de la contaminación del aire en la salud pública. Esto obliga a centrarnos en la exposición conjunta de toda la población del AMCM. Podemos calcular los beneficios para la salud de los controles propuestos a partir de las estimaciones en los cambios de las concentraciones ambientales promedio diarias relacionadas con el tamaño de la población, en virtud de que la literatura sobre los efectos en la salud no ha demostrado una relación lineal significativa en la función dosis-respuesta. No necesitamos información sobre la distribución de las exposiciones individuales para estimar el efecto general en la salud pública, aunque tal información podría ser importante para responder otras preguntas.

Además, para el análisis de las alternativas de política no es necesario conocer con precisión los niveles actuales de PM_{10}, ozono o tóxicos atmosféricos. Estos valores parecieran interesantes porque permitirían estimar la *morbilidad* actual ocasionada por la contaminación del aire. Sin embargo, el aspecto importante para el análisis de políticas no es el nivel actual de enfermedad, sino cuánto puede reducirse ésta mediante diversas intervenciones. La cuestión fundamental para cualquier estrategia es conocer cuántas exposiciones a varios contaminantes, en relación con el tamaño de la población, es posible reducir si se aplicara dicha estrategia.

2.1 Material particulado

2.1.1 *Línea basal de exposiciones*

Para estimar la línea basal de la concentración ambiental promedio de PM_{10} determinada por el tamaño de la población, a partir de la cual se calcularán los beneficios, debemos combinar la información sobre niveles ambientales de PM_{10} en toda la ciudad con información demográfica sobre densidad de población en cada zona. Los datos sobre niveles de contaminación del aire se recaban por la Red Automática de Monitoreo Atmosférico (RAMA). En la sección 3 del capítulo 5 se describe esta red en detalle. Las PM_{10} pueden medirse utilizando métodos gravimétricos estándar o los datos de instrumentos basados en el Microbalance Oscilatorio de Variación Progresiva (MOVP) o de atenuación beta.[1] Los resultados de los métodos gravimétricos y del

---

[1] Las mediciones gravimétricas de PM_{10} en el AMCM se obtuvieron utilizando métodos de muestreo gravimétricos de alto volumen, con selector de tamaño de entrada modelo 1200 de Sierra Anderson (EPA, Métodos de Referencia RFPS-1287-063).

MOVP pueden ser un tanto diferentes, ya que en algunas circunstancias el MOVP puede perder una fracción importante de material particulado semivolátil (Allen et al., 1997). Nuestro análisis de las concentraciones actuales de PM_{10} en el AMCM se basan en los valores obtenidos con métodos gravimétricos estándar de cinco estaciones manuales de monitoreo: Tlalnepantla (TLA), Xalostoc (XAL), La Merced (MER), Pedregal (PED) y Cerro de la Estrella (CES) (las cuales representan las cinco zonas del área central del AMCM —noroeste, noreste, centro, suroeste y sureste, respectivamente— como se muestra en la figura 5.1 del capítulo 5). Otros análisis han reportado que las mediciones gravimétricas de PM_{10} son precisas quizá dentro de un margen de 10%, mientras que los valores de los monitores continuos, como el MOVP o monitores de atenuación beta, tienen errores mayores.

En el AMCM, las concentraciones ambientales anuales promedio de PM_{10} varían mucho. En 1998, los valores fluctuaron de 51 µg/m³ en el suroeste a 144 µg/m³ en el noreste.[2] Cuando los resultados del monitoreo para cada sitio fueron determinados según la población afectada, el promedio de las concentraciones medias anuales de PM_{10} fue de 87 µg/m³. Las concentraciones han sido muy consistentes a lo largo del decenio pasado, con un promedio de 83 µg/m³ entre 1990 y 1999.

Los valores para toda el AMCM son, de alguna manera, especulativos debido a que las mediciones gravimétricas se concentran en la zona central. No hay monitores gravimétricos ubicados en Naucalpan, Atizapán de Zaragoza, Cuautitlán, Tultitlán o La Paz (áreas densamente pobladas del AMCM). La dirección del sesgo en la exposición promedio de la población no es clara, ya que no existen relaciones sistemáticas entre las concentraciones de PM_{10} y la densidad de población en el AMCM.

La lámina 6 muestra un análisis de los datos de 1998 para PM_{10} tomados de un sistema de información geográfica (SIG) para toda el AMCM que fue preparado por el Instituto Nacional de Salud Pública (INSP). Dicho análisis se basa en los resultados de PM_{10} medidos por métodos continuos. Los valores mostrados son sólo especulativos, debido a la falta de estaciones de monitoreo en la periferia del AMCM. Estos valores dependen mucho del enfoque utilizado para el análisis espacial de los datos.[3]

Uno podría preguntarse si tendría algún valor obtener información más detallada y específica sobre la distribución del tamaño de las partículas, su composición química, la relación entre los niveles ambientales y las exposiciones personales, o sobre la distribución de estas últimas. Desde una perspectiva de salud, gran parte de esta in-

---

[2] Las concentraciones de la contaminación del aire pueden referirse a condiciones normales (25 °C, 760 mm Hg) o a condiciones locales. La RAMA reporta concentraciones de PM_{10} en µg/m³ a una presión y temperatura locales (580 mm Hg, 16 °C). Las concentraciones reportadas a 580 mm Hg son aproximadamente 25% menores de lo que serían si fuesen reportadas a presión normal. La corrección de temperatura es insignificante (298 °K/289 °K).

[3] Debe señalarse que de acuerdo con los datos obtenidos por métodos gravimétricos o por medio del MOVP, la diferencia en los estimados de la concentración anual promedio de PM_{10} con respecto al tamaño de la población en el AMCM puede ser de 10 o 15 µg/m³. Puede haber diferencias adicionales del orden de 5 µg/m³, dependiendo del enfoque utilizado para estimar la concentración en las regiones periféricas del AMCM, donde los datos son escasos o inexistentes.

formación es valiosa porque forma nuestro criterio sobre cómo comparar los resultados epidemiológicos en México con los estudios llevados a cabo en otras partes del mundo. La información más detallada sobre cómo se distribuye la exposición es importante si la selección de estrategias de control de la contaminación depende no sólo de la magnitud de los riesgos que conlleva la contaminación del aire, sino también de la distribución de los mismos (es decir, dentro de la ciudad, entre los grupos susceptibles de la población). Esto último requerirá, además de información sobre la variabilidad en la exposición, conocer las características de los individuos que estarían más expuestos. En el diseño de estrategias de control también puede ser importante contar con información adicional sobre el tamaño de las partículas, su composición química y los periodos promedio de exposición, una vez que se ha comprendido la trascendencia de estos factores para determinar los riesgos para la salud.

2.1.2 *Mortalidad*

Existen dos tipos de investigación que proporcionan evidencia acerca de la relación entre contaminación del aire y mortalidad prematura: los estudios por cohortes y los estudios cronológicos. En un estudio por cohorte, los investigadores realizan el seguimiento de los individuos por muchos años, a fin de evaluar si una exposición de largo plazo tiene relación con la tasa de mortalidad. Estos estudios utilizan información de covariables específicas del sujeto, como tabaquismo u ocupación. Los estudios cronológicos rastrean los cambios en la contaminación del aire y los correlacionan con el número de muertes diarias en la población.

Mortalidad por cohorte. Aun cuando no se ha realizado un estudio sobre mortalidad por cohorte en el AMCM, en la literatura médica de Estados Unidos se ha descrito la relación entre muerte prematura y exposición a material particulado por periodos prolongados. Tres estudios por cohorte recientes dominan el debate actual: el Six Cities Study (Dockery *et al.*, 1993), el American Cancer Society Study (Pope *et al.*, 1995) y el Adventist Health Study of Smog (Abbey *et al.*, 1999). Los primeros dos fueron analizados de nuevo por un grupo de investigación independiente a fin de verificar la validez de sus conclusiones (Krewski *et al.*, 2000). Considerando la importancia potencial de la mortalidad por cohorte, proporcionamos información sobre los tres estudios.

El Six Cities Study dio seguimiento durante 15 a 17 años a más de 8 000 adultos blancos en seis ciudades del este de Estados Unidos. Se midieron concentraciones de material particulado y gases contaminantes en estaciones de monitoreo ubicadas en el centro de cada comunidad. Después de controlar los factores de confusión[4] potenciales (incluyendo tabaquismo, educación, obesidad y exposición ocupacional), los

---

[4] Una variable confusora (que confunde) es un factor asociado con la exposición en cuestión y que de manera independiente afecta el riesgo de desarrollar una determinada enfermedad. Esta variable puede omitirse completamente del análisis o puede ser incluida, siempre que sea medida con un margen de error (Hennekens y Buring, 1987).

investigadores encontraron importantes asociaciones estadísticas con tasas de mortalidad para tres medidas diferentes de material particulado (PM_{10}, $PM_{2.5}$ y sulfatos). Por cada µg/m³ de incremento en el promedio anual de la concentración de $PM_{2.5}$, las tasas de mortalidad aumentaron alrededor de 1.3%. El riesgo relativo de mortalidad cardiopulmonar (que constituye 54% de todas las muertes) fue ligeramente mayor que el de mortalidad total, sin que hubiera un significado estadístico sobre el efecto de cáncer pulmonar y con poca evidencia de impacto sobre otras causas de muerte. Las principales limitaciones de este estudio son el número relativamente pequeño de ciudades evaluadas, el conjunto reducido de factores de confusión analizados y la hipótesis de que las concentraciones medidas durante el periodo de estudio reflejan exposiciones crónicas (Lipfert y Wyzga, 1995). Adicionalmente, las tres ciudades más contaminadas tienen también las poblaciones más viejas, las cohortes con menos educación y las tasas más altas de tabaquismo, lo cual implica que la magnitud estimada de los efectos de la contaminación del aire pudieran depender de la metodología para el manejo de las variables confusoras potenciales (EPA, 1996).

El estudio de la American Cancer Society, dirigido por Pope y colaboradores, amplió este trabajo al considerar un número mayor de sujetos (552 138) y un área geográfica más extensa (151 áreas metropolitanas en los 50 estados de EUA). La población del estudio se extrajo de una cohorte previamente definida a la que se dio seguimiento para estudiar el desarrollo de cáncer. Esta cohorte fue en su mayoría blanca (94%) y consistió en individuos de al menos 30 años de edad al momento de su reclutamiento. En general, este estudio considera más covariables que el de Six Cities (incluyendo consumo de alcohol y consumo pasivo de tabaco), así como las causas generales y específicas de mortalidad (cáncer pulmonar y muertes cardiopulmonares). Para estimar la exposición a la contaminación del aire en el estudio de la American Cancer Society se hizo coincidir a los individuos con los monitores ambientales más cercanos utilizando una base de datos que fue organizada para un estudio anterior de corte transversal de mortalidad. Por lo tanto, las exposiciones se estimaron a partir de las concentraciones presentes al inicio del periodo de estudio (1979-1983 para $PM_{2.5}$ y 1980-1981 para sulfatos). El análisis supuso de manera implícita que estos niveles de concentración ambiental y los niveles de las variables confusoras potenciales no cambiaron sustancialmente durante el periodo de estudio.

La estimación principal para el efecto de mortalidad por $PM_{2.5}$ fue de casi la mitad de lo calculado en el estudio de Six Cities, con una diferencia mayor para los sulfatos. Al utilizar un modelo derivado del nuevo análisis, el aumento de 1 µg/m³ en la concentración promedio anual de $PM_{2.5}$ fue asociado con el incremento de 0.5% en la tasa de mortalidad. Los resultados para enfermedades específicas fueron cualitativamente similares a los del estudio de Six Cities. Las principales críticas a este estudio son que la población estudiada era un tanto más vieja, más educada, con un número de no fumadores mayor al promedio de Estados Unidos (EPA, 1996) y que se omitieron las variables confusoras potenciales clave (como migración o vida sedentaria). A pesar de estas críticas, el estudio de la American Cancer Society tiene virtudes sustanciales que incluyen la heterogeneidad geográfica y la posibilidad de buenos controles estadísticos para un conjunto de variables confusoras potenciales.

Finalmente, el Adventist Health Study for Smog dio seguimiento a 6 338 residentes no fumadores de California que son adventistas del Séptimo Día (organización religiosa que se abstiene de fumar, consumir alcohol y drogas, factores que fueron validados por medio de un cuestionario). Mientras que el análisis de esta población elimina algunas variables confusoras potenciales, sus resultados no pueden generalizarse para poblaciones heterogéneas. Además, el estudio se concentra en el riesgo relativo de mortalidad prematura en relación con el número de días que exceden una concentración fija de contaminación. Es difícil extrapolar estas conclusiones a otras localidades o determinar la función dosis-respuesta.

Podría afirmarse que de los estudios por cohorte publicados, el de la American Cancer Society es el mejor para estimar la mortalidad prematura por la contaminación del aire en el AMCM, debido a la evaluación más extensa de las variables confusoras, el mayor tamaño de la muestra y una cobertura geográfica más amplia. Para traducir las conclusiones del estudio a PM_{10} (la medición más común en el AMCM) utilizamos los resultados de la proporción $PM_{2.5}/PM_{10}$, de aproximadamente 0.6 en el suroeste de la Ciudad de México (Castillejos *et al.*, 2000), y suponemos que los efectos en la salud están asociados por completo con partículas finas. Aun cuando esta proporción varía a lo largo de la ciudad, es similar a la utilizada en Estados Unidos. Esto implica que la tasa de mortalidad aumenta en 0.3% por el incremento de 1 µg/m³ de PM_{10}.

Existen algunos aspectos importantes en la aplicación directa de esta función para el AMCM. Primero, las concentraciones de partículas son significativamente menores en los estudios de Estados Unidos que las que se presentan hoy día en el AMCM. Las ciudades incluidas en el estudio de la American Cancer Society tienen una concentración promedio anual de $PM_{2.5}$ entre 10 y 39 µg/m³, mientras que los niveles de concentración en el AMCM son más altos (con un promedio de 50 µg/m³, y varían entre 30 y 90 µg/m³ según la zona de la ciudad). La extrapolación lineal de los resultados pudiera no ser apropiada.

Asimismo, la discrepancia entre poblaciones y estilos de vida puede implicar diferentes condiciones básicas de salud así como de exposiciones en el AMCM. Existen diferencias en la estructura de edades de las dos poblaciones, las tasas basales de mortalidad y las frecuencias relativas de varias causas de muerte. Por ejemplo, en México las enfermedades cardiacas son responsables de sólo 23% de las muertes, mientras que en Estados Unidos lo son de 34%. Por el contrario, la mortalidad infantil en México representa 10% de las muertes, mientras que en Estados Unidos es responsable de poco más de 1%. Por último, cerca de 5% de la población mexicana es mayor de 65 años; en contraste, en Estados Unidos cerca de 13% de la población se encuentra en este grupo de edad. Los cuadros 4.1 y 4.2 proporcionan mayores detalles. La única forma directa para determinar si los efectos son significativamente diferentes en el AMCM es llevar a cabo un estudio por cohorte prospectivo sobre exposición crónica. Sin embargo, esto requiere gastos considerables y podría no arrojar respuestas definitivas

Cuadro 4.1 Estructura de la población por edades en el DF y en Estados Unidos

Grupo de edad (años)	Distrito Federal 2000[a, c]	Estados Unidos 2000[b]
< 5	8.6%	6.8%
5–14	17.5%	14.6%
15–24	19.0%	13.9%
25–44	32.4%	30.2%
45–64	15.3%	22.2%
> 65	5.9%	12.4%

[a] INEGI, XII Censo de Población y Vivienda 2000.
[b] Censo de Estados Unidos, año 2000.
[c] Los totales no suman 100% ya que hay grupos de población con edades no especificadas.

Cuadro 4.2 Datos básicos de mortalidad en el DF, en México y en Estados Unidos

	Distrito Federal 1998[a]		México 1998[a]		Estados Unidos 1997[b]	
TASA BRUTA DE MORTALIDAD	5.4/1 000		5.8/1 000		8.6/1 000	
POR CAUSA						
Enfermedades cardiacas	1.0/1 000	(18%)	1.3/1 000	(23%)	2.7/1 000	(34%)
Neumonía, influenza	0.3/1 000	(4.8%)	0.3/1 000	(4.7%)	0.3/1 000	(3.8%)
Obstrucción pulmonar crónica	1.0/1 000	(2.1%)	0.2/1 000	(3.6%)	0.4/1 000	(4.8%)
Bronquitis crónica, enfisema, asma	1.0/1 000	(1.6%)	0.1/1 000	(2.0%)	0.03/1 000	(0.4%)[c]
POR EDAD (años)						
< 1	8.2%		9.5%		1.2%	
1–4	0.9%		1.9%		0.24%	
5–14	1.0%		1.8%		0.35%	
15–24	3.4%		4.4%		1.3%	
25–44	11.9%		12.4%		5.8%	
45–64	22.3%		21.1%		16.2%	
> 65	52.4%		46.7%		74.9%	

[a] SSA (1998), *La situación de la salud*. FUENTE: INEGI, Dirección General de Estadística, cinta magnética; SSA, Dirección General de Estadística e Informática.
[b] *National Vital Statistics Report*, vol. 47, núm. 4, octubre de 1998.
[c] National Center for Health Statistics, cuadros de mortalidad. GMWKI-1998, ICD 490-493.

en varios decenios. La investigación sobre los efectos de la contaminación del aire en cohortes de otros estudios de salud que ya se estén llevando a cabo, en el AMCM o en otras localidades, podría ser una forma más rápida de abordar este problema.

Más que omitir del análisis los resultados sobre salud del estudio de la American Cancer Society, se consideraron las posibles implicaciones de su aplicación en México, en virtud de la importancia potencial de los riesgos a largo plazo sobre la mortalidad como un factor para la estimación de los beneficios para la salud por el control de la contaminación del aire.

Mortalidad en series cronológicas. En el mundo se han llevado a cabo muchos estudios en series cronológicas sobre mortalidad. Esto se debe, en parte, a que pueden realizarse rápidamente y a menor costo que los estudios por cohorte. La interpretación de la literatura sobre los estudios en series cronológicas no se enfrenta a tantos problemas respecto a las variables confusoras de estilo de vida, ya que estos estudios se realizan en las ciudades y a lo largo del tiempo. Por ejemplo, en un estudio en series cronológicas, para que los efectos del tabaquismo se confundieran con los de la contaminación del aire se necesitaría relacionar los patrones diarios o estacionales de la contaminación del aire con los patrones diarios o estacionales de la prevalencia del consumo de tabaco. De manera intuitiva, esto parece por completo inverosímil. Las principales variables confusoras en la interpretación de estudios en series cronológicas se concentran en el papel del clima y de los contaminantes del aire que están relacionados con el material particulado. Sin embargo, las variaciones en la dieta o el consumo de tabaco de una ciudad a otra pudieran influir en la magnitud total de los efectos observados en las diferentes ciudades, si la contaminación del aire afectara diferencialmente a las personas con problemas de salud preexistentes (tal como algunos han sugerido).

Primero consideramos los efectos del material particulado sobre la mortalidad prematura en la Ciudad de México y revisamos las conclusiones de cinco estudios en series cronológicas publicados en años recientes (Borja-Aburto *et al.*, 1997; Borja-Aburto *et al.*, 1998; Loomis *et al*, 1999; Castillejos *et al.*, 2000; Téllez-Rojo *et al.*, 2000). Estos estudios muestran una relación significativa con la mortalidad total, con efectos apenas más altos en la población de adultos mayores y la infantil, como se indica en el cuadro 4.3. Un estudio reciente de casos cruzados examinó la influencia de la contaminación del aire en la mortalidad por infarto al miocardio, pero no encontró alguna asociación clara con las PM_{10}. Si combinamos las conclusiones de los tres estudios en series cronológicas que cuantifican el riesgo total de mortalidad, encontramos que la mortalidad diaria aumenta 1.4% por cada 10 $\mu g/m^3$ de incremento en la concentración de PM_{10}.[5]

---

[5] En este contexto se combinan los estudios calculando un promedio ponderado de las estimaciones en el estudio individual, con las ponderaciones determinadas por el inverso de la variación reportada en las funciones concentración-respuesta. Esto pone mayor énfasis en estudios con poblaciones más grandes y mayor significancia estadística, pero no incorpora determinación alguna de la calidad relativa de los estudios.

Cuadro 4.3 Estudios de mortalidad en series cronológicas para el AMCM (los coeficientes representan incrementos porcentuales en la mortalidad por cada 10 μg/m³ de aumento en PM$_{10}$)

Estudio	Borja-Aburto 1997	Borja-Aburto 1998	Loomis 1999	Castillejos 2000	Téllez-Rojo 2000
Población	Distrito Federal	Suroeste	Suroeste	Suroeste	Distrito Federal
Años	1990-1992	1993-1995	1993-1995	1993-1995	1994
Contaminantes atmosféricos en el modelo multicontaminante	Ozono, SO$_2$	Ozono, NO$_2$	Ozono, NO$_2$	Ozono, NO$_2$	Ninguno (se evaluó el ozono pero no fue reportado)
Estimados de mortalidad[a]					
Total	1.2% (0.7%, 1.7%)	1.1% (0.1%, 1.9%)	—	2.5% (1.1%, 3.8%)	—
Mayores de 65 años	1.2% (0.5%, 1.8%)	1.4% (0.2%, 2.6%)	—	3.1% (1.3%, 4.9%)	—
Menores de un año	—	—	3.9% (−0.3%, 8.2%)	—	—
Afecciones respiratorias	1.9% (0.3%, 3.7%)	1.1% (NS, 3.9%)	—	6.4% (2.2%, 10.6%)	—
Afecciones respiratorias en mayores de 65 años	—	—	—	—	2.2% (0.3%, 4.2%)[b]
Afecciones cardiovasculares	1.0% (0.2%, 2.0%)	2.1% (0.4%, 3.8%)	—	—	—

[a] Incremento porcentual por cada 10 μg/m³ de PM$_{10}$, tomado del modelo multicontaminante. Valores normales al suponer que PM$_{10}$ incluyen 50% de PST y que PM$_{2.5}$ comprenden 62% de PM$_{10}$, como fue expuesto en estos estudios.
[b] Promedio ponderado de los estimados dentro y fuera de las unidades médicas, obtenido del promedio de las visitas diarias.

Para determinar si estos resultados se sustentan en los de otras localidades y si existen diferencias sistemáticas entre los efectos de la contaminación del aire en el AMCM y otros sitios, comparamos este estimado con los resultados epidemiológicos de todo el mundo. En un meta análisis reciente sobre mortalidad por material particulado, Levy *et al.* (2000) compararon los estimados de 28 estudios en series cronológicas. La figura 4.1 muestra los mejores estimados (y los estimados del intervalo de confianza de 95%) de los coeficientes de riesgo para cada uno de los estudios incluidos en el meta análisis. Como se ilustra en la figura, éstos caen en un rango que va desde no significativo hasta 2.6% de incremento por cada 10 µg/m³ de aumento en las concentraciones de PM_{10}, pero con una consistencia razonable entre todos los estudios. Combinando estos resultados, encontramos un estimado conjunto de 0.6% de aumento en las muertes diarias por cada 10 µg/m³ de incremento en la concentración de PM_{10} cuando controlamos los efectos de otros contaminantes.

Aun cuando los coeficientes de concentración-respuesta en el AMCM parecen ser ligeramente más altos que el promedio mundial, esto puede deberse a la variabilidad aleatoria o a factores específicos del AMCM. Los dos factores que pueden conducir a estas diferencias sistemáticas son la composición de las partículas y la estructura de edad de la población. La fracción de material particulado menor o igual a 10 µm (PM_{10}) y la fracción de PM_{10} menor o igual a 2.5 µm ($PM_{2.5}$) son similares en el AMCM y en otros estudios globales. Sin embargo, existe variabilidad estacional significativa en las relaciones de tamaño de las partículas en la Ciudad de México que quizá no corresponda con los patrones de otros sitios. Más aún, mientras que los estudios en Estados

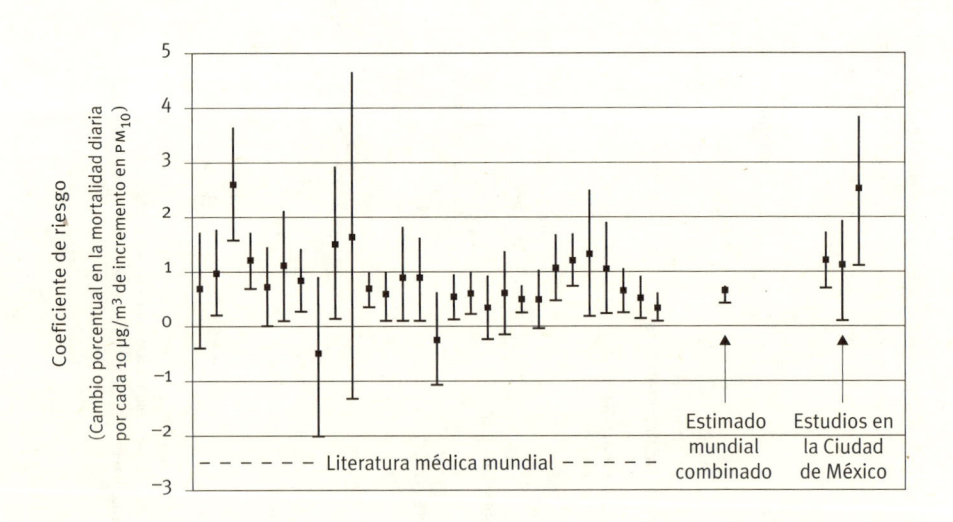

Figura 4.1 Resumen de estudios de mortalidad en series cronológicas para PM_{10} en la literatura médica mundial y en estudios mexicanos.

Unidos encontraron efectos más significativos de las $PM_{2.5}$ que de las PM_{10} (Dockery *et al.*, 1993; Schwartz *et al.*, 1996), el estudio de Castillejos (2000) encontró que la fracción gruesa de PM_{10} (partículas entre 2.5 y 10 μm de diámetro aerodinámico) tiene un impacto más significativo que la fracción fina (partículas menores a 2.5 μm de diámetro). Esto puede deberse a diferencias en la composición química o en los niveles de las diferentes fracciones de las partículas.

Adicionalmente, como se mencionó antes, las frecuencias relativas de varias causas de muerte difieren en cierto modo entre Estados Unidos y México. En virtud de que los decesos en los estudios en series cronológicas se deben a causas cardiovasculares, cualquier diferencia en los patrones subyacentes de enfermedad puede a su vez implicar diferencias en los riesgos de la contaminación del aire entre los dos países.

Si los efectos del material particulado varían conforme la edad y si la estructura de edad en México es sustancialmente diferente a la de otros sitios, entonces ésta puede influir en el estimado de la mortalidad total. En relación con el primer punto, en un estudio de 1999 Loomis *et al.* encontraron que el porcentaje de incremento en la mortalidad es mayor en infantes que en adultos mayores. Aunque la literatura médica mundial sobre mortalidad infantil es escasa, dos estudios recientes de corte transversal (Bobak y Leon, 1992; Woodruff *et al.*, 1997) sustentaron este resultado. Debido a las grandes diferencias en los patrones de mortalidad y de distribución poblacional entre México y Estados Unidos, uno podría anticipar que los decesos infantiles constituirían un componente mayor de la mortalidad total por contaminación del aire en México. Como se señaló previamente, en los estudios para el suroeste de la Ciudad de México la mortalidad infantil representa alrededor de 10% de la mortalidad diaria, pero constituye sólo 1% en Estados Unidos (Hoyert y Murphy, 1999).

En resumen, resulta que en los estudios en series cronológicas sobre mortalidad por material particulado en el AMCM se encontraron efectos unitarios apenas mayores que el promedio mundial, aunque los valores están dentro del rango reportado en otras partes. Numerosos factores, como la composición de las partículas y la estructura de edad de la población, podrían explicar estas diferencias. Sin embargo, en este momento la evidencia para cualquiera de estos factores no es suficientemente sustancial como para descartar las variaciones aleatorias.

Si las conclusiones de los estudios por cohorte son válidas y la función concentración-respuesta es lineal, los niveles de riesgo que aquéllas sugieren son considerablemente mayores que los niveles indicados por los estudios de mortalidad en series cronológicas. Además, mientras que la mayoría de las muertes en los estudios en series cronológicas puede incluir a personas muy enfermas (y por lo tanto con menores expectativas de vida), las muertes observadas en los estudios por cohorte reflejarían mayores pérdidas en la expectativa de vida y una posible predisposición a enfermedades en personas que de otra manera estarían sanas. En estos términos, es importante determinar mediante investigaciones futuras si los estudios por cohorte reflejan una relación causa-efecto y, si así fuere, utilizar esta información para definir mejor el impacto estimado en el AMCM.

2.1.3 *Bronquitis crónica*

La bronquitis crónica se define como la presencia de tos con moco durante la mayor parte de un periodo de casi 30 días, al menos tres meses al año y por un lapso de dos años consecutivos sin la presencia de alguna otra enfermedad subyacente. Debido a sus efectos a largo plazo, la reducción de la bronquitis crónica es una parte importante de los beneficios respecto a la morbilidad derivados de la disminución en la contaminación del aire.

La evidencia que relaciona la contaminación del aire con la bronquitis crónica en el AMCM es relativamente débil, aunque dos estudios han abordado el asunto. El primero de éstos (Santos-Burgoa *et al*., 1998) fue una investigación de corte transversal de 544 sujetos que viven cerca de la estación de monitoreo La Merced de la RAMA, ubicada cerca del centro de la Ciudad de México. Los autores, con base en las respuestas a unos cuestionarios, definieron índices de emisión intra y extramuros y los relacionaron con la prevalencia de bronquitis crónica. Encontraron asociaciones débiles y no significativas entre el índice de emisiones intramuros (riesgo relativo: 1.1; intervalo de confianza de 95%: 0.6-2.0) y el de emisiones extramuros (RR 1.2; IC de 95%: 0.6-2.3).

El segundo estudio (Romano, 2000) consideró la misma población que el estudio de Santos-Burgoa y utilizó los estimados de exposición personal crónica para determinar vínculos más sólidos con la prevalencia de bronquitis crónica. Las respuestas a los cuestionarios fueron utilizadas para predecir la exposición personal crónica a PM_{10} en un subgrupo de individuos. Utilizando estas estimaciones se asoció una exposición alta a PM_{10} (arriba de la media) con un factor de 1.2 de riesgo relativo de bronquitis crónica (IC de 95%: 0.2-6.7), controlado por edad y ocupación. Aunque no es significativo estadísticamente, esto puede traducirse *grosso modo* en un aumento de 20% en la prevalencia, con un incremento de 75 $\mu g/m^3$ en la exposición personal crónica a PM_{10}. Por lo tanto, los hallazgos de los estudios sobre bronquitis crónica en la Ciudad de México fueron débiles y difíciles de comparar con los estudios internacionales.

La literatura médica mundial menciona tres estudios para determinar la relación entre exposición a largo plazo a la contaminación del aire y el desarrollo de bronquitis (Schwartz, 1993; Abbey *et al*., 1993; Abbey *et al*., 1995). El estudio de Schwartz fue una comparación de corte transversal entre la prevalencia de bronquitis crónica y los promedios anuales en los niveles de partículas suspendidas totales (PST) en 53 áreas urbanas de Estados Unidos, mientras que las publicaciones de Abbey *et al*. fueron estudios prospectivos por cohorte de una población adventista del Séptimo Día en California. La publicación de 1993 de Abbey *et al*. trata sobre las PST, mientras que en el estudio de 1995 fue posible evaluar las $PM_{2.5}$.

La EPA (1999) supuso que la relación establecida por Schwartz (1993) para la prevalencia de bronquitis crónica también sustentaba la incidencia, lo que hizo posible la comparación de los tres estimados. Cuando se combinan estos estudios mediante conversiones típicas entre varias medidas de exposición a partículas, podemos estimar que la incidencia de bronquitis crónica aumenta 10% por cada incremento de 10 µg/m³ en la exposición a largo plazo a PM_{10}. De algún modo, el estimado es incierto debido a que se consideraron fracciones de partículas de diferente tamaño y a problemas en el diseño del estudio y con las poblaciones.

Dada la carencia de estimaciones contundentes para el AMCM, nuestra función concentración-respuesta para bronquitis crónica la obtenemos de los estudios de Estados Unidos. Si la función concentración-respuesta no es lineal, esto puede no ser apropiado. Debe señalarse también que la línea basal de prevalencia de bronquitis crónica es significativamente mayor en México que en Estados Unidos; se estima que sea de 14% para el AMCM (Cortés Lugo, 1996) y de 5% en Estados Unidos (Adams y Marano, 1995).

2.2 Ozono

2.2.1 *Línea basal de exposiciones*

Determinar la exposición poblacional promedio al ozono es complicado debido a la incertidumbre sobre cuáles son los tiempos de exposición promedio apropiados. En la literatura epidemiológica se han explorado varios tiempos de exposición promedio (p. ej., un máximo de una hora, máximo de ocho horas y promedio de 24 horas). Dentro de este rango de tiempos promedio podemos usar los datos de monitoreo ambiental de la RAMA para establecer una aproximación con respecto a la exposición promedio al ozono en el AMCM.

Como en el caso del material particulado, las concentraciones ambientales de ozono presentan variabilidad geográfica. Sin embargo, el patrón es opuesto al de las partículas: las concentraciones de ozono son por lo general más altas en la parte suroeste del AMCM y más bajas en el noreste. Determinar una exposición promedio es más complicado porque las concentraciones ambientales tienden a ser más altas en zonas suburbanas o rurales que en urbanas densas, donde el ozono es consumido por el óxido de nitrógeno disponible. Sin embargo, en 1998 la mayoría de las estaciones de monitoreo de la RAMA tuvo una concentración de ozono entre 30 y 40 ppb como media anual para el promedio de 24 horas. Esto produce un promedio, en relación con el tamaño de la población, de 36 ppb en todos los sitios. Para la concentración de los máximos de una hora, el valor del promedio anual en 1998 en todos los sitios de la RAMA fue de 114 ppb y la concentración media para el promedio de ocho horas (entre las 9 a.m. y las 5 p.m.) fue de 63 ppb.[6] La lámina 5 muestra el promedio

---

[6] Las concentraciones de ozono pueden expresarse en ppb (10^9) o en µg/m³. A temperatura y presión normales (25 °C y 760 mm Hg), 1 ppb equivale aproximadamente a 2 µg/m³. A la altitud del AMCM, donde la presión atmosférica típica es de 580 mm Hg y la temperatura es de 16 °C, 1 ppb de ozono es aproximadamente igual a 1.5 µg/m³.

mensual en la concentración de los máximos diarios por hora de ozono en 1998 para la Ciudad de México.

Las exposiciones personales al ozono se deben sobre todo a las concentraciones extramuros. Existen pocas fuentes de ozono intramuros (Zhang y Lioy, 1994) y éste es un contaminante en extremo reactivo: el ozono que penetra a los inmuebles reacciona rápidamente al entrar en contacto con las superficies y enseguida desaparece. Los patrones de actividad y las características de las viviendas son quizá los principales factores que afectan la variabilidad interpersonal en las exposiciones al ozono ambiental. En el AMCM, por lo general la gente deja abiertas algunas ventanas, así que los niveles de ozono intramuros tal vez se asemejen más a las concentraciones extramuros, al contrario de lo que sucedería en ciudades donde la mayor parte del año se utilizan sistemas de calefacción y enfriamiento para controlar el ambiente interior.

2.2.2 *Mortalidad*

De acuerdo con la literatura, tanto en México como en el resto del mundo existe evidencia de que los contaminantes criterio, excepto las PM_{10}, están asociados con la mortalidad prematura, aunque dicha evidencia es menos sólida que la relativa al material particulado.[7] El ozono posiblemente contribuya a la mortalidad, aunque también podrían influir en ella el monóxido de carbono (CO) y otros contaminantes. Por ejemplo, el CO es un tóxico muy conocido del que se ha demostrado que puede conducir a una disminución en el transporte de oxígeno en la sangre, que tiene una posible influencia cardiovascular. En un estudio de casos cruzados en México se encontró que el CO está asociado con infartos fatales al miocardio, aun cuando se controlen los efectos de las PM_{10} y del ozono (Escamilla-Cejudo *et al.*, 2000). Sin embargo, la evidencia general para el CO y otros contaminantes gaseosos es más débil que para el ozono y por lo tanto no trataremos más a fondo estos contaminantes.

Los seis estudios de mortalidad en series cronológicas o de casos cruzados de la Ciudad de México tienen en cuenta el ozono. Muestran evidencia limitada sobre un efecto importante del ozono cuando se incluye material particulado en los modelos estadísticos. El único hallazgo estadístico importante está en un estudio reciente de Borja-Aburto *et al.* (1998), quienes encontraron que el ozono es un mecanismo de predicción importante de la mortalidad cardiovascular; no obstante, no resultó estadísticamente significativo para la mortalidad total (controlado por $PM_{2.5}$ y SO_2).

En un artículo reciente, Levy *et al.* (2000) evaluaron estudios en series cronológicas para el ozono que cumplían con ciertos criterios (como la inclusión de material

[7] Los contaminantes criterio del aire son material particulado, ozono (y otros oxidantes fotoquímicos), bióxido de azufre, monóxido de carbono, bióxido de nitrógeno y plomo. Esta clasificación se originó en la Clean Air Act y pretende incluir los contaminantes emitidos por numerosas fuentes en todo el país y que se presume, con cierto fundamento, que amenazan la salud pública. Véase el capítulo 1, sección 4.1.1.

particulado y un control apropiado de la temperatura). Todos los estudios (ninguno en el AMCM) encontraron que el ozono es un mecanismo de predicción importante de la mortalidad, independiente del material particulado. Al combinar los estudios de Estados Unidos, los autores estimaron un aumento de 0.5% en muertes prematuras por cada 10 µg/m³ de incremento en las concentraciones de ozono para un promedio de 24 horas. En comparación, el estudio de Borja-Aburto *et al.* (1998) encontró un estimado principal equivalente, cercano a 0.4%. El estudio anterior de Borja-Aburto *et al.* (1997) mostró que el ozono es insignificante cuando se incluyen las PST en el modelo, pero para el estimado del modelo con un solo contaminante fue equivalente a 0.5%, aproximadamente.

Una de las dificultades para interpretar los resultados relativos al ozono se deriva de las distintas formas de medir la exposición en diferentes estudios. Tanto en la Ciudad de México como en otros sitios, algunos estudios utilizan concentraciones promedio de 24 horas, mientras que otros emplean las concentraciones máximas en una hora. No es claro cuál de éstas representa mejor los efectos agudos o crónicos del ozono en la salud humana. Esto es importante para quienes formulan las políticas porque las mediciones de exposición seleccionadas darán diferentes opciones de control. Las estrategias para disminuir las concentraciones máximas de ozono durante una hora pudieran diferir de aquéllas para reducir las concentraciones promedio de 24 horas.

En resumen, aunque algunos estudios sugieren que el ozono tiene un efecto independiente en la mortalidad diaria, la evidencia tanto en el AMCM como en el resto del mundo es menos sólida que la del material particulado. No sólo eso, sino que el posible impacto es menor que el observado para el material particulado. Debido a la escasez de evidencia sobre mortalidad por ozono, la EPA no ha utilizado estos resultados para establecer los estándares nacionales de calidad del aire ambiente (NAAQS).

2.2.3 *Días de actividad restringida*

El término "días de actividad restringida" (DAR) fue definido por la US Health Interview Survey como cualquier día en el que un individuo se vea forzado a reducir sus actividades normales por presentarse condiciones agudas o crónicas. Aunque se ha recabado evidencia en la Ciudad de México, ningún estudio publicado evalúa la relación entre el ozono y los DAR. La información se obtuvo de un estudio publicado (Ostro y Rothschild, 1989) que examinó una muestra de 50 000 familias en Estados Unidos y no arrojó relación alguna entre el ozono y los DAR por causas respiratorias. Sin embargo, los autores encontraron una relación significativa entre una exposición en promedio alta de una hora durante dos semanas y los DAR menores (días con actividad restringida que no resultaron en ausentismo en el trabajo o la escuela, o en tener que permanecer en cama; esto es, días de menor actividad restringida o DMAR).

De acuerdo con el artículo de Levy *et al.* (2001), una estimación razonable basada en esta investigación debe ser ligeramente menor que la determinada por Ostro y

Rothschild, por razones de derivación estadística. La función concentración-respuesta resultante es de 0.1% de aumento en los DMAR por cada µg/m³ de incremento en la concentración promedio para máximos de una hora durante dos semanas (IC de 95%: 0.05%-0.2%).

Aun cuando ningún estudio en el AMCM ha tratado sobre los días de actividad restringida para los adultos, existe evidencia relacionada con el ausentismo escolar en niños. Romieu y colaboradores (1992) estudiaron niños de entre tres y siete años en el suroeste de la Ciudad de México y encontraron un efecto estadísticamente significativo del ozono (una proporción dispar de 1.14 por un aumento de 100 ppb en la concentración máxima de una hora de ozono) cuando controlaron por temperatura, edad, género y exposición ambiental al humo del tabaco. Es difícil utilizar estos resultados de manera cuantitativa porque no se llevó a cabo un control para material particulado en el análisis estadístico. Sin embargo, este estudio proporciona un sustento cualitativo para el argumento de que el ozono puede estar involucrado en la restricción de actividades de la población del AMCM.

2.3 Tóxicos atmosféricos

El aire urbano por lo general está contaminado con cientos de compuestos orgánicos volátiles, metales y otras sustancias que potencialmente pueden incrementar los riesgos de cáncer y otros efectos sistémicos en la salud. El problema para evaluar todos los riesgos para la salud de estos compuestos es desalentador debido a su gran número, sus concentraciones con frecuencia bajas, las sinergias poco entendidas, así como la escasa evidencia sobre su toxicidad. Por ejemplo, un informe reciente del Environmental Defense Fund sugiere que se ha evaluado por toxicidad (Roe *et al.*, 1997) menos de 25% de más de 10 000 compuestos utilizados en las actividades comerciales.

El primer cuestionamiento en nuestro análisis es si los tóxicos atmosféricos tienen el potencial para contribuir de manera importante a los riesgos para la salud ocasionados por la contaminación del aire en el AMCM. De acuerdo con lo que sabemos, sólo se ha realizado un estudio sobre los riesgos para la salud que se presentan por tóxicos en el aire ambiente del AMCM (Serrano-Trespalacios, 1999) y nuestro análisis lo basamos en gran parte en ese estudio.

Para poder establecer prioridades sobre qué compuestos consideraremos, consultamos un estudio reciente de la EPA sobre riesgos de cáncer por tóxicos atmosféricos en Estados Unidos (Woodruff *et al*, 2000). En dicho estudio se estima que los principales compuestos que contribuyen a incrementar los riesgos de cáncer fueron materia orgánica policíclica, 1,3-butadieno, formaldehído y benceno. Un estudio sobre los tóxicos atmosféricos en la Ciudad de México (Serrano-Trespalacios, 1999) ha corroborado que, con base en sus concentraciones y efectos potenciales,[8] es probable que el

---

[8] La potencia de cáncer (o valor de la unidad de riesgo) es un estimado de la pendiente en la curva dosis-respuesta para una dosis baja. Ésta relaciona el riesgo individual a desarrollar cáncer a causa de

1,3-butadieno, el benceno y el formaldehído ocasionen los mayores riesgos de cáncer. Nuestro estudio considera también los hidrocarburos aromáticos policíclicos (HAP), las partículas de la combustión de diesel (que se traslapan con el riesgo de cáncer de los HAP) y algunos metales. Para cada contaminante consideramos la posible concentración promedio para la población y su potencia.

Al interpretar las estimaciones de riesgo de cáncer es importante reconocer que algunas están basadas en estudios epidemiológicos en humanos y otras en animales. La calidad, relevancia, consistencia y solidez general de la evidencia de que un compuesto es cancerígeno para los humanos se reflejan en la clasificación alfabética asignada por la EPA o por la International Agency for Research on Cancer. Los "cancerígenos conocidos para humanos" *(known human carcinogens)* están clasificados como categoría A con base en la evidencia epidemiológica en humanos; los cancerígenos de los cuales no existe evidencia adecuada en humanos pueden clasificarse como categoría B *(probable human carcinogens,* "probables cancerígenos para humanos") o categoría C *(possible human carcinogens,* "posibles cancerígenos para humanos"), dependiendo de cuán sólida es la evidencia en animales. La categoría B, a su vez, está dividida en dos subcategorías, B1 y B2, de acuerdo con la existencia o no de evidencia limitada de cancerigenicidad en humanos. Para cada compuesto comentado a continuación se proporciona la clasificación actual de la EPA.

Debe señalarse que no intentamos cuantificar los riesgos de enfermedades distintas al cáncer que son ocasionadas por tóxicos atmosféricos y que pueden incluir afecciones respiratorias o neurológicas, defectos de nacimiento u otros efectos estrogénicos.

2.3.1 *Benceno*

El benceno es un conocido cancerígeno para humanos (categoría A). En la base de datos del Integrated Risk Information System (IRIS) de la EPA, la unidad actual de riesgo por inhalación está definida como el intervalo con un valor de potencia de cáncer entre 2.2×10^{-6} y 7.8×10^{-6} por µg/m^3 (EPA, 2001). Esta estimación se basa en los resultados de un estudio entre trabajadores de la industria del hule en Estados Unidos, en el que se encontraron más casos de leucemia entre quienes estuvieron expuestos al benceno (Rinsky *et al.*, 1981; Rinsky *et al.*, 1987).

Dos estudios relativamente recientes realizados en la zona central del AMCM proporcionan información sobre las concentraciones ambientales de benceno. El estudio de Serrano-Trespalacios de 1999 encontró que la concentración ambiental promedio

---

una exposición importante a una dosis (o concentración) promedio diaria de por vida. Los valores de potencia de cáncer utilizados en este informe son los obtenidos por la EPA e intentan proporcionar una cota superior sobre los verdaderos valores. Dos sólidas hipótesis para la obtención de estos valores consideran que los riesgos de cáncer observados a dosis altas pueden extrapolarse linealmente para predecir riesgos a dosis bajas y que los resultados de estudios en animales se asocian con los de los humanos en proporción de su superficie relativa (un sustituto del metabolismo basal).

de benceno en cinco sitios de monitoreo era de 7 µg/m³ (bajo condiciones locales de presión y temperatura), con una variación entre 5 µg/m³ en San Agustín y 12 µg/m³ en La Merced. En otro estudio (Ortiz-Romero, 1999) se realizaron mediciones en cinco sitios de la RAMA durante el día (de 8 a.m. a 8 p.m.), a lo largo de una semana en noviembre de 1998, y se encontró una concentración media de 11 µg/m³. Por lo tanto, parece que el nivel ambiental promedio de benceno en el AMCM está en el orden de los 5 a 10 µg/m³.

2.3.2 *1,3-Butadieno*

Actualmente, la EPA clasifica el 1,3-butadieno como probable cancerígeno en humanos (categoría B2). El estimado de la unidad de riesgo del IRIS es 2.8×10^{-4} por µg/m³, derivado exclusivamente de la extrapolación de estudios positivos en ratones (NTP, 1984; EPA, 2001). Existen también estudios epidemiológicos recientes que relacionan la exposición ocupacional al 1,3-butadieno con leucemia y otros tipos de cáncer (Ward *et al.*, 1996; Sathiakumar *et al.*, 1998), aunque éstos no han sido incluidos en el IRIS. Una evaluación del riesgo de este compuesto (EPA, 1998) concluyó que los estudios de exposición ocupacional indican que el mejor estimado de riesgo excesivo de cáncer era de aproximadamente 4×10^{-6} por µg/m³. Si esto se verifica, este valor podría reducir de manera sustancial el impacto estimado del butadieno en la salud.

A la fecha, para el 1,3-butadieno sólo se han realizado dos estudios que se refieren a las exposiciones en la zona central del AMCM (Santos-Burgoa, sin publicar; Serrano-Trespalacios, 1999). Sólo el último estudio evalúa la variabilidad espacial de las concentraciones extramuros. Serrano-Trespalacios encontró concentraciones promedio de 1,3-butadieno de aproximadamente 1 µg/m³ (en condiciones locales de presión y temperatura), que variaban de 0.7 µg/m³ (Plateros) a 1.7 µg/m³ (Acatlán y La Merced). En consecuencia, parece que la concentración ambiental está entre 1 y 2 µg/m³.

2.3.3 *Formaldehído*

Existe poca evidencia epidemiológica acerca de los efectos del formaldehído en humanos. Tres estudios considerados en el IRIS encontraron un vínculo entre exposición ocupacional y residencial, y un incremento en las tasas de cáncer pulmonar y nasofaríngeo, pero ninguno fue capaz de cuantificar adecuadamente la exposición. Por ello, la EPA se basa en la evidencia que existe en animales para sustentar la epidemiología del formaldehído y lo clasifica como probable cancerígeno en humanos (categoría B1). La unidad de riesgo estimada es 1.3×10^{-5} por µg/m³, con base en estudios con ratas (Kerns *et al.*, 1983) y con evidencia de apoyo en otras especies (EPA, 2001). El formaldehído puede no seguir una función lineal dosis-respuesta, lo que complica el cálculo del riesgo en los niveles ambientales. También existen aspectos asociados con la interpretación de la evidencia en animales, tales como la forma de acción, la medición de la dosis relevante y el tipo de tumor considerado, que se suman a la incertidumbre en la estimación del riesgo unitario (Starr, 1990; Evans *et al.*, 1994; Conolly *et al.*, 1995).

Se encontró que las concentraciones ambientales de formaldehído en la zona central del AMCM, por lo general asociadas con una serie de fuentes de combustión, son relativamente uniformes en cinco sitios (Acatlán, San Agustín, La Merced, Plateros y UAM Iztapalapa), con una concentración media de 3 µg/m³ (en condiciones locales de presión y temperatura) y con un rango entre 2.4 y 3.9 µg/m³ (Serrano-Trespalacios, 1999).

2.3.4 *Partículas derivadas de la combustión del diesel*

Existe evidencia epidemiológica importante sobre la cancerigenicidad de las partículas de la combustión de diesel, ya que éstas se asocian con cáncer pulmonar. El efecto es biológicamente posible dado su pequeño tamaño y los varios mutágenos y cancerígenos que se adsorben a la superficie de las partículas (Nauss *et al.*, 1995). De un estudio ocupacional entre trabajadores ferroviarios se estimó la unidad de riesgo entre 2.1×10^{-4} y 5.5×10^{-4} por µg/m³, en una exposición vitalicia promedio al diesel (Dawson y Alexeeff, 2001). No obstante, aún existen preguntas relativas a la interpretación de la evidencia epidemiológica, en particular en relación con la determinación de causalidades (Cox, 1997; Crump, 1999; HEI, 1999a y 1999b).

Es difícil determinar las concentraciones de partículas de la combustión de diesel en el AMCM. Sin embargo, las concentraciones ambientales de material particulado de diesel pueden estimarse a partir de las escasas mediciones en la Ciudad de México y Los Ángeles. En una vieja publicación, Llenderrozos y Babcock (1988) estimaron que el material particulado ambiental de los vehículos a diesel en el AMCM era entre 0.6 y 19 µg/m³, aunque este estimado se basa en extrapolaciones de los escasos datos de monitoreo. Recientemente, un modelo de receptor de balance químico de masa estimó que en 1999 los vehículos de carga a diesel contribuían con cerca de 5 µg/m³ (Vega *et al.*, 1997). En comparación, en la ciudad de Los Ángeles las concentraciones de diesel en 1982 estaban entre 2 µg/m³ en los suburbios y 6 µg/m³ en el centro (Cass y Gray, 1995). El valor más alto de este rango puede proporcionar un estimado razonable de las condiciones actuales en el AMCM.

2.3.5 *Hidrocarburos aromáticos policíclicos*

En virtud de que los HAP representan un grupo de contaminantes más que un solo compuesto químico, es difícil determinar una sola unidad de riesgo por inhalación. Además, es posible que los riesgos de cáncer de los HAP se traslapen con aquellos de las partículas de la combustión de diesel. En virtud de que no se han determinado las potencias de muchos de los compuestos individuales de los HAP, es común sustentar la de éstos con base en la toxicidad relativa del benzo(a)pireno, del que existe gran cantidad de datos. El benzo(a)pireno está clasificado por la EPA como un probable cancerígeno en humanos (categoría B2).

Por ejemplo, en un análisis reciente de la EPA sobre riesgos de cáncer por tóxicos atmosféricos, Woodruff *et al.* (2000), utilizando el enfoque de equivalencia toxicológica, estimaron la potencia de los HAP atmosféricos en Estados Unidos como equivalente a 16% de la potencia del benzo(a)pireno. La EPA no ha publicado una potencia definitiva del benzo(a)pireno por inhalación, por lo que es necesario confiar en la estimada provisionalmente para el benzo(a)pireno por inhalación, de 2.1×10^{-3} por µg/m³ (EPA, 1994). Hemos adoptado el enfoque de Woodruff y aplicamos una potencia de 3×10^{-4} por µg/m³ para estimar los riesgos de los HAP en México. La hipótesis implícita en nuestro enfoque es que la mezcla de HAP en el AMCM es similar a la de Estados Unidos.

Ha habido pocas mediciones de los HAP en México y los resultados de éstas no han sido publicados. Para aproximarse a las concentraciones de HAP podemos considerar los estudios en áreas urbanas de Estados Unidos. Un breve artículo (Menzie *et al.*, 1992) menciona que las concentraciones promedio extramuros de HAP cancerígenos eran de 15 ng/m³ y 50 ng/m³ en áreas muy urbanizadas de Las Vegas y Denver, respectivamente. Es posible que estas concentraciones sean menores que los niveles encontrados en el AMCM dada su densidad de tránsito. No obstante, consideramos que es admisible una concentración promedio de 50 ng/m³ de HAP adheridos a partículas en el AMCM, tal vez con un margen de error de entre 4 y 6 por ciento.

2.3.6 *Metales*

Aunque son muchos los metales que pueden encontrarse en el aire de las zonas urbanas, sólo un pequeño número de ellos contribuye al potencial total de cáncer por contaminación del aire. El estudio de Woodruff (2000) determinó que en Estados Unidos el cromo contribuía de manera importante al riesgo de cáncer por contaminantes atmosféricos peligrosos, situado justo después de los HAP, del 1,3-butadieno, del formaldehído y del benceno. El cromo VI está clasificado como un conocido cancerígeno en humanos (categoría A). Un estudio de corte transversal de exposición personal en la Ciudad de México (Riveros-Rosas *et al.*, 1997) encontró que la exposición personal promedio al cromo es de 8 ng/m³. A partir de un estudio ocupacional sobre riesgos de cáncer pulmonar entre trabajadores de cromatos, la unidad de riesgo por inhalación del IRIS asociada con una exposición vitalicia al cromo se estimó en 1.2×10^{-2} por µg/m³.

Adicionalmente, Serrano-Trespalacios (1999) estimó que el cadmio y el níquel contribuían a los riesgos de cáncer en el AMCM. En 1994, en cinco sitios de la RAMA las concentraciones promedio (obtenidas de filtros de PM_{10}) fueron de 5 µg/m³ de cadmio y 13 µg/m³ de níquel. De acuerdo con el IRIS, la unidad de riesgo de cáncer por inhalación para estos metales es 1.8×10^{-3} por µg/m³ de cadmio (obtenido de un estudio de exposición ocupacional) y 2.4×10^{-4} por µg/m³ para polvo de refinación de níquel (obtenido de múltiples estudios con trabajadores de una refinería) (EPA, 2001). El cadmio está clasificado como un probable cancerígeno en humanos (categoría B) y al níquel se le considera un conocido cancerígeno en humanos (categoría A) cuando la exposición es por inhalación.

3. Evaluación "sintética" de riesgos*

A partir de la evidencia antes mostrada sobre exposiciones a la contaminación del aire y sus efectos en la salud, es relativamente fácil desarrollar una evaluación "sintética" de riesgos. Más que intentar una estimación de los riesgos para la salud debido a los niveles actuales de contaminación del aire en el AMCM, nos concentramos en estimar el efecto de una reducción de 10% en las exposiciones a partir de los valores basales ya analizados. Nuestro análisis de riesgo considera de manera separada los contaminantes criterio y los tóxicos atmosféricos. Se dedica más atención a los primeros que a los segundos ya que se piensa que los contaminantes criterio constituyen la principal fuente de afectación de la salud pública.

Como se señaló, limitamos nuestra evaluación a los efectos en la salud que pueden contribuir de manera importante a los beneficios sociales del control de la contaminación del aire. Por ejemplo, entre los muchos efectos en la salud atribuidos a la exposición de partículas aerotransportadas, circunscribimos nuestra atención a las repercusiones sobre mortalidad y bronquitis crónica. De manera similar, cuando consideramos los efectos en la salud asociados con la exposición al ozono sólo abordamos mortalidad y días de menor actividad restringida.

Finalmente, utilizamos un enfoque simple para estimar el efecto de las reducciones en los niveles ambientales de la contaminación del aire. Multiplicamos el decremento en la exposición a la contaminación del aire (tomada como el cambio en la concentración ambiente media anual en relación con el tamaño de la población) por el coeficiente absoluto de riesgo (casos por unidad de exposición) o bien por el producto del coeficiente relativo de riesgo (incremento porcentual del riesgo por unidad de exposición) y la línea basal de riesgo (casos por año). Este enfoque supone una proporcionalidad en las funciones concentración-respuesta; trata los coeficientes de riesgo encontrados en estudios epidemiológicos como si reflejaran relaciones causales entre contaminación y enfermedad, y se basa en los enfoques regulatorios implícitos para interpretar los resultados de los bioensayos de carcinogénesis en animales. Las estimaciones "sintéticas" resultantes de los beneficios alcanzables mediante una reducción de 10% en los niveles de PM_{10}, ozono y tóxicos atmosféricos cancerígenos se presentan en los cuadros 4.4 a 4.6.

* La expresión original, *"back of the envelope"*, se refiere a algo explicado "en el reverso de un sobre", es decir, de manera breve pero contundente [N. del T.].

Cuadro 4.4 Beneficios en la salud por una reducción de 10% en los niveles de PM_{10} en el AMCM

	Tasa base (casos/persona-año)	Coeficiente de riesgo (% por 10 µg/m^3)	Reducción de riesgo (casos/año)
Mortalidad por cohorte	10/1 000	3	2 000
Mortalidad en series cronológicas	5/1 000	1	1 000
Bronquitis crónica	14/1 000	10	10 000

1. Supone que la reducción de 10% de PM_{10} es aproximadamente igual a 8 µg/m^3.
2. Considera 20 millones de personas como la población del AMCM, de los cuales aproximadamente 9 millones son mayores de 30 años.
3. Los valores se redondearon a una cifra significativa.
4. Los datos de 1998 para la población del Distrito Federal sugieren una tasa base de mortalidad de 5.4/1 000. La tasa base de mortalidad para los mayores de 30 años es de aproximadamente 10/1 000 (véase el cuadro 4.2).
5. El estimado de mortalidad en series cronológicas se obtuvo para toda la población. Los estimados de mortalidad por cohorte y bronquitis crónica se obtuvieron considerando sólo población de 30 años y más.
6. La tasa base de incidencia de bronquitis crónica se calculó dividiendo la estimación de 14% de prevalencia (Cortés-Lugo, 1996) entre una duración supuesta de 10 años.

Cuadro 4.5 Beneficios en la salud por una reducción de 10% en los niveles de ozono en el AMCM

	Tasa base (casos/persona-año)	Coeficiente de riesgo (% por 10 µg/m^3)	Reducción de riesgo (casos/año)
Mortalidad en series cronológicas	5/1 000	0.5	300
Días de menor actividad restringida	8 000/1 000	1.0	2 000 000

1. Los datos de 1998 para la población del Distrito Federal sugieren una tasa base de mortalidad de 5.4/1 000 (INEGI, 1998).
2. La tasa base de días de menor actividad restringida se tomó del estudio de Ostro y Rothschild (1989) debido a la carencia de datos publicados para el AMCM.
3. El coeficiente de días de menor actividad restringida se aplica al promedio diario de los valores de una hora máximos.
4. Supone que una reducción de 10% de ozono es aproximadamente igual a una disminución de 5 µg/m^3 en el promedio anual, o a una reducción de 17 µg/m^3 en el promedio diario de los valores de una hora máximos.
5. El estimado de mortalidad en series cronológicas se obtuvo para toda la población. El estimado de días de menor actividad restringida se obtuvo para la población adulta (18 años y más).
6. Considera 20 millones de personas como la población del AMCM, de los cuales 12 millones son adultos.
7. Los valores se redondearon a una cifra significativa.

Cuadro 4.6 Beneficios para la salud por una reducción de 10% en los niveles de tóxicos atmosféricos cancerígenos en el AMCM

	Clasificación EPA	Concentración basal ($\mu g/m^3$)	Valor de la unidad de riesgo (riesgo de vida por 1 $\mu g/m^3$)	Reducción del riesgo (casos/año)
Benceno	A	10	5×10^{-6}	1
1,3-Butadieno	B2	2	3×10^{-4}	20
Formaldehído	B1	3	1×10^{-5}	1
Partículas derivadas de la combustión de diesel	—	5	3×10^{-4}	40
HAP	B2	0.05	3×10^{-4}	< 1
Cromo	A	0.01	1×10^{-2}	1
Todos los tóxicos atmosféricos		n.a.	n.a.	100

1. Reducción del riesgo por una disminución de 10% a partir de la concentración base.
2. Considera 20 millones de personas como la población del AMCM.
3. Considera 70 años como vida nominal.
4. Los valores se redondearon a una cifra significativa.
n.a. No aplicable.

3.1 Partículas

Nuestro análisis sugiere que una reducción de 10% en las concentraciones ambientales de PM_{10} puede prevenir alrededor de 3 000 muertes prematuras y 10 000 nuevos casos de bronquitis crónica al año (cuadro 4.4).[9] Las estimaciones de la mortalidad por cohorte y bronquitis crónica deben verse como muy inciertos, debido a que ninguno de ellos está basado en estudios realizados en México. De hecho, la estimación de los efectos en la mortalidad por cohorte se deriva de un solo estudio llevado a cabo en Estados Unidos. Cualitativamente, dicha estimación está sustentada en otros dos estudios de mortalidad por cohorte, que también son de Estados Unidos.

Debe subrayarse que, además de las cuestiones que surgen de la necesidad de tomar prestada la evidencia de Estados Unidos, hay otras que son fundamentales acerca de la interpretación de los riesgos estimados en la mortalidad por cohorte ocasionados por las variables confusoras potenciales, que son atribuidas al impacto total

---

[9] Es posible que exista un doble conteo inherente en esta estimación, que se obtiene de la suma simple de la estimación de muertes en los estudios en series cronológicas y las estimaciones de muerte en los estudios por cohorte. Esto se debe a que los estudios por cohorte, en principio, tienen el potencial para medir tanto los efectos agudos como los crónicos de la contaminación del aire.

de la contaminación por partículas y a la carencia de mecanismos biológicos bien establecidos.

La estimación de bronquitis crónica se deriva sobre todo de tres estudios llevados a cabo en Estados Unidos, de los cuales dos se basan en la misma cohorte de los adventistas del Séptimo Día en California. La estimación para México de esta afección es aun menos sólida, debido a la falta de estimaciones confiables publicadas sobre su incidencia.

En contraste, está mejor sustentada la estimación en la literatura médica sobre las series cronológicas que señala que pueden prevenirse 1 000 muertes prematuras al año con una reducción de 10% en los niveles de PM_{10}. No sólo se encontraron efectos en varios estudios en series cronológicas en la Ciudad de México, sino que su magnitud también es consistente con los hallazgos de un gran número de estudios en estas series realizados en ciudades de Estados Unidos y otras partes del mundo.[10] Nuestra evaluación "sintética" de riesgos utiliza un coeficiente de riesgo en series cronológicas de 1% por 10 $\mu g/m^3$ de PM_{10}, que se encuentra entre el valor de 0.6% del meta análisis de Levy en la literatura mundial y el valor de 1.4% sugerido por los estudios realizados en el AMCM.

En resumen, estamos más o menos seguros de que se pueden evitar cerca de 1 000 muertes por año mediante una reducción de 10% en los niveles ambientales de PM_{10}. Más aún, los beneficios actuales para la salud podrían ser, quizá, varias veces mayores e involucrar tanto bronquitis crónica como mortalidad por cohorte.

3.2 Ozono

Como lo indica el cuadro 4.5, nuestro análisis sugiere que una reducción de 10% en las concentraciones ambientales de ozono podría prevenir 300 muertes prematuras al año y reducir el número de días de menor actividad restringida que experimenta al año una población de dos millones. La estimación del impacto sobre los días de menor actividad restringida debe observarse con relativa incertidumbre, ya que está basada en un solo estudio de datos de seis años en Estados Unidos. Además, esta estimación se fundamenta en la hipótesis de que las tasas básicas de los días de menor actividad restringida son las mismas que en Estados Unidos. Esta hipótesis es necesaria ya que no existen estimaciones confiables publicadas sobre la incidencia de base en los días de menor actividad restringida en el AMCM.

La evidencia de mortalidad en series cronológicas por ozono no es tan fuerte ni consistente como lo es para PM_{10}. Un estudio relativamente reciente en México encontró un efecto (aunque no total) del ozono en la mortalidad cardiovascular tras efectuar controles de $PM_{2.5}$ y SO_2. Este resultado es consistente con las conclusiones

[10] El meta análisis de Levy que consideramos en este capítulo analiza más de 20 estudios en series cronológicas, pero para esta fecha quizá se hayan realizado más de 100 estudios en series cronológicas, esencialmente con los mismos resultados.

de ciertos estudios sobre mortalidad en series cronológicas por ozono en Estados Unidos. Sin embargo, el efecto del ozono es sensible al enfoque que se utiliza para controlar las variaciones diarias de temperatura y se encontró en estudios realizados en climas más fríos, donde se esperaría que la relación entre los niveles ambientales y los niveles intramuros de ozono fueran por completo diferentes a los observados en el AMCM. En resumen, creemos que una reducción de 10% en los niveles ambientales de ozono en el AMCM puede prevenir varios cientos de muertes al año. También es posible que esta disminución de ozono pudiera reducir sensiblemente el número de días de menor actividad restringida que sufre cada año la población.

3.3 Tóxicos atmosféricos

El cuadro 4.6 presenta los resultados de nuestra evaluación "sintética" de riesgos para los tóxicos cancerígenos atmosféricos clave: benceno, 1,3-butadieno, formaldehído, HAP, partículas derivadas de la combustión de diesel y cromo.

Nuestro análisis sugiere que un 10% de reducción en los niveles ambientales de todos los tóxicos atmosféricos cancerígenos del cuadro 4.6 puede reducir el número de casos de cáncer entre la población hasta en 100 casos por año. Este valor proporciona una perspectiva sobre las magnitudes relativas de los beneficios para la salud que se pueden alcanzar por el control de los tóxicos atmosféricos clave y de los contaminantes criterio del aire.

Aunque una gran cantidad de tóxicos atmosféricos específicos no ha sido considerada en nuestro análisis, muchos de los estudios previos indican que los seis que hemos incluido son responsables de más de 80% de los casos de cáncer. Aunque estamos conscientes de las incertidumbres en la evaluación sobre riesgos de cáncer, nos hemos basado en un enfoque normativo implícito de evaluación de riesgos que posiblemente arroje estimaciones conservadoras sobre riesgo de cáncer (esto es, el límite superior). En consecuencia, tenemos confianza en que el verdadero potencial de cáncer asociado con estos contaminantes no es apreciablemente mayor que nuestra estimación y que pudiera ser mucho más pequeño.

En resumen, parece que los beneficios para la salud que se alcanzarían con una reducción de 10% en estos tóxicos atmosféricos es al menos un orden de magnitud menor que aquellos asociados con una reducción similar en los niveles de PM_{10} y de ozono.

4. ENFOQUES PARA EVALUAR LOS EFECTOS EN LA SALUD

Los costos y beneficios de las políticas tendientes a reducir la frecuencia de efectos adversos en la salud ocasionados por la contaminación del aire pueden ser fácilmente comparados al asignar un valor monetario a las mejoras en la salud. El planteamiento normal para este problema busca definir el valor de una mejora en la salud como el valor máximo en dinero u otros recursos que los individuos afectados pagarían de manera voluntaria para obtener dicha mejora. Este valor es la máxima "disposición a pagar" (DAP) por la mejora.

Si bien se ha dedicado un esfuerzo importante a calcular el valor económico para evitar una serie de efectos adversos asociados con la contaminación del aire en Estados Unidos y algunos otros países, no se han obtenido estimaciones comparables para México. Esta sección está dedicada a describir los métodos utilizados en otras partes que pudieran ser aplicados en México.

De alguna manera, estas extrapolaciones son inciertas debido a nuestro conocimiento limitado sobre la diferencia que existe entre países con respecto a la relación entre el valor de la salud y los factores económicos y culturales. Una segunda incertidumbre se refiere al valor otorgado a la reducción de los riesgos de mortalidad. Si la gente que muere por causa de la contaminación fuese a morir pronto por otras causas, el valor de prolongar sus vidas sería mucho menor que las estimaciones normales, que están basadas en la reducción de los riesgos actuales de mortalidad en individuos que se espera vivan muchos años más. Si en el futuro la investigación confirma los hallazgos de Loomis y otros, que sugieren que la contaminación por partículas incrementa la mortalidad infantil, esto también alteraría el valor económico de las reducciones en la contaminación del aire.

El enfoque económico está basado en el concepto de "soberanía del consumidor", que propone que los individuos son los mejores jueces de sus propios intereses. Los economistas intentan determinar cómo considerarían los individuos las reducciones en los riesgos a la salud frente a otros bienes en los que podrían gastar sus recursos. A fin de calcular los beneficios para una sociedad completa es posible que se necesiten ajustes en estos valores privados para responder por los efectos "externos" que los individuos pueden ignorar al tomar sus propias decisiones.

Si bien podemos predecir el número de personas que pueden verse afectadas por la contaminación del aire, es imposible conocer desde un principio qué individuos sufrirán por ello. Así, la pregunta para quienes formulan las políticas es ¿cuántos ciudadanos estarían dispuestos a pagar, por conducto del gobierno y de otras instituciones sociales, para reducir el riesgo total y por lo tanto sus riesgos individuales?

Por ejemplo, si la DAP de un individuo es de $500 para reducir su probabilidad de morir este año a causa de la contaminación del aire en 1/10 000, su tasa de sustitución entre riesgo mortal y dinero es $500 / (1/10 000) = $5 millones. Convencionalmente, esto se describe como el "valor estadístico de una vida" (VEV): 10 000 individuos semejantes pagarían en conjunto $5 millones por la reducción del riesgo que fuera suficiente para disminuir en un deceso la mortalidad del grupo, es decir, para salvar una vida.

En principio, el VEV incorpora todos los beneficios que obtendría un individuo al reducir su riesgo para un efecto específico en la salud. Con estos beneficios se podría evitar: *a*] los costos médicos, *b*] la pérdida de ingresos por incapacidad y *c*] sufrir enfermedad o muerte prematura. Sin embargo, dependiendo del método utilizado para estimar la DAP, puede ser necesario ajustar ésta para uno o más de estos componentes, a fin de estimar el valor social del beneficio. Por ejemplo, si un individuo tiene un seguro que pueda cubrir sus gastos médicos o la pérdida de ingresos, estos gastos deben sumarse a su VEV "privada".

Las mejoras en la calidad del aire pueden alentar a los individuos a un cambio en sus hábitos, de manera que pueden influir en su riesgo de enfermedad o muerte. En este caso, el valor de una mejora en la calidad del aire puede variar como respuesta a un comportamiento alterado. Por ejemplo, cuando la calidad del aire mejora, es posible que los individuos se decidan a realizar ejercicios más vigorosos en exteriores, una actividad saludable pero que conlleva la posibilidad de lesiones. En términos de la "soberanía del consumidor", una persona elige asumir los beneficios y riesgos adicionales asociados con la actividad extramuros, misma que se hace más atractiva a causa del aire más limpio. Una estimación del beneficio en la mejora de la calidad del aire que ignore los efectos en la conducta podría subestimar su valor real.

La tasa a la que los individuos intercambian salud por dinero puede estimarse por métodos de "preferencia revelada" o de "valuación contingente". Los métodos de preferencia revelada se basan en la hipótesis de que la gente prefiere las opciones que elige frente a otras disponibles. Por ejemplo, el valor de reducir un riesgo fatal puede inferirse comparando salarios y tasas de mortalidad ocupacional entre empleos. Si bien en una economía la mayoría de los trabajos mejor pagados suelen tener pocas muertes ocupacionales, en el conjunto de empleos disponibles para un individuo (lo que depende de su educación y otros factores), los trabajos con tasas más altas de mortalidad ocupacional ofrecen salarios más elevados. Se supone que los trabajadores que eligen mayores salarios por trabajos de mayor riesgo prefieren la compensación adicional por encima de lo que les preocupa el riesgo adicional, y respecto a los trabajadores que escogen trabajos de menor riesgo con salarios menores se supone que tienen la preferencia contraria.

La valuación contingente (VC) es un método alternativo en el cual los investigadores preguntan cuál sería su elección en una situación hipotética. Éste es un método mucho más flexible que el de preferencia revelada, debido a que la VC y otros métodos de "preferencia declarada" no requieren que las personas se enfrenten a opciones reales. Por esta misma razón, los resultados de la VC por lo general se consideran menos creíbles que los de la preferencia revelada, ya que las personas no tienen un incentivo poderoso para evaluar con cuidado sus opciones.

4.1 Valores estimados de los efectos en la salud: extrapolación de valores económicos a México

Los valores económicos de muchos de los efectos en la salud asociados con la contaminación del aire sólo se han estimado en Estados Unidos y otros pocos países. El cuadro 4.7 resume algunas estimaciones seleccionadas que fueron utilizadas por la EPA en el apéndice H de su informe de 1999, *The Benefits and Costs of the Clean Air*

Cuadro 4.7 Valores de efectos en la salud seleccionados, en Estados Unidos

Efectos en la salud	Valor por caso estadístico (estimado principal en dólares de 1990)
Mortalidad (VEV)	4 800 000
Bronquitis crónica	260 000
Días laborales perdidos	83
Días de menor actividad respiratoria restringida	38

FUENTE: EPA (1999), apéndice H.

Act, 1990 to 2010 (EPA, 1999). Estas estimaciones reflejan los resultados de varios estudios independientes y sólo se mencionan las estimaciones principales de manera ilustrativa. Aún persiste una incertidumbre sustancial acerca de los valores adecuados.

En principio, el valor económico de las mejoras en la salud puede depender de muchos factores económicos y culturales. La teoría económica común implica que la DAP para reducir el riesgo de mortalidad (VEV) se incrementa con el ingreso y, en menor medida, con un aumento en el riesgo básico. Poco se sabe acerca de otras diferencias económicas y culturales para el VEV. En consecuencia, proponemos algunos valores de los efectos en la salud en México basados en la extrapolación de valores de otros países y considerando sólo las diferencias de ingreso.

La magnitud del efecto del ingreso puede determinarse por la "elasticidad del ingreso" del VEV. La elasticidad del ingreso es definida como el cambio proporcional en el VEV asociado con un cambio proporcional en el ingreso (o bien, como $[d\text{VEV}/\text{VEV}]/[dw/w]$, donde w es el ingreso).

Las estimaciones de la elasticidad del ingreso del VEV son limitadas. La primera fuente del cálculo del VEV —estudios sobre primas de salario por riesgo ocupacional— generalmente no proporciona estimaciones sobre el efecto del ingreso. Estos estudios calculan el VEV a partir de una ecuación de regresión que describe el ingreso (o tasa de salario) como una función del trabajador y de las características del trabajo, incluyendo el riesgo de muerte ocupacional. Debido a que el ingreso es la variable dependiente, no puede utilizarse también como una variable explicativa en esta regresión.

La elasticidad del ingreso puede estimarse mediante el meta análisis de estudios de compensación diferencial de salarios, en los cuales las poblaciones-estudio difieren en ingreso, riesgo y otros factores; no obstante, estos estudios carecen de autoridad. Liu *et al.* (1997) estimaron la relación entre el VEV, el ingreso y el riesgo ocupacional de muerte para una muestra de 17 estudios de compensación diferencial de salarios en Estados Unidos y otros países industrializados. Su estimado puntual para la elasticidad del ingreso es de 0.54, con una desviación estándar de 0.85. Mrozek y

Taylor (2001) ampliaron este enfoque incluyendo varias estimaciones del VEV para 23 estudios de salario y controlando el salario promedio, el riesgo y otros factores. Ellos estiman elasticidades del VEV con respecto a una tasa de salarios de 0.46 y 0.49, con una desviación estándar cercana a 0.25.

Otras estimaciones del VEV se han obtenido utilizando enfoques de VC. Aunque son menos creíbles, permiten estimar por separado la DAP de individuos con diferentes ingresos. Un documento con antecedentes para el informe de la EPA (Kleckner y Neumann, 1999) identificó seis estudios de VC en los que pudieron calcularse las estimaciones de elasticidad del ingreso del VEV. Estas estimaciones van de 0.22 a 0.46, excepto por un estimado de 0.08. Por ejemplo, Jones-Lee *et al.* (1985) estimaron valores de 0.25 a 0.44, y Mitchel y Carson (1986) estimaron un valor de 0.35.

La comparación de las estimaciones del VEV entre países con diferentes niveles de ingreso puede proporcionar también información acerca de la relación entre ingreso y VEV, aunque existen pocas estimaciones del VEV fuera de los países con mayores ingresos. No obstante, existen dos estudios de compensación diferencial de salarios para Taiwán (Liu *et al.*, 1997; Liu y Hammitt, 1999) y dos para India (Shanmugam, 1997; Simon *et al.*, 1999). La comparación de las estimaciones de Taiwán con las de Estados Unidos sugiere que la elasticidad del ingreso es sustancialmente mayor que uno, pero la comparación de aquéllas entre India y Estados Unidos sugiere que ésta es mucho menor que uno. Un estudio de VC en China estimó el VEV en cerca de 4 000 dólares (Hammitt y Zhou, 2000). La comparación de este valor con los de Estados Unidos y Taiwán también sugiere que la elasticidad del ingreso es sustancialmente mayor que uno.

Una fuente adicional de información sobre la elasticidad del ingreso del VEV busca examinar cómo cambia éste a lo largo del tiempo al incrementar (o disminuir) el ingreso. Siguiendo este enfoque, Hammitt *et al.* (2000) examinaron la relación entre el VEV y el PNB per cápita en Taiwán de 1982 a 1997, periodo durante el cual el PNB per cápita creció alrededor de 2.5 veces y el estimado del VEV se incrementó 10 veces (de cerca de $500 000 a $5 millones). La elasticidad del ingreso implícita es entre dos y tres.

La incertidumbre sobre cuál es la elasticidad del ingreso apropiada para aplicarla en la extrapolación de estimaciones de Estados Unidos y otros países a México produce una gran cantidad de estimaciones para el VEV mexicano. Para nuestro análisis, en este capítulo ignoramos las incertidumbres respecto al de Estados Unidos y utilizamos el valor central de la EPA de $4.8 millones. Calculamos el ingreso relativo en México y en Estados Unidos por la proporción del PNB per cápita de cerca de 0.13.[11] Utilizar una elasticidad del ingreso pequeña, como 0.5, da como resultado una estimación del VEV en México cercana a $2 millones. Un valor mayor, como 2.0, produce un VEV mucho menor en México, de aproximadamente $100 000.[12]

---

[11] Para 1998, el PNB per cápita fue de $3 970 en México y $29 340 en Estados Unidos (Banco Mundial, *Entering the 21st Century: World Development Report 1999-2000*, Oxford University Press, Nueva York).

[12] El VEV en México puede extrapolarse del estimado en Estados Unidos utilizando la fórmula $VEV_{Méx} = VEV_{EUA} [Ingreso_{Méx} / Ingreso_{EUA}]^{\eta}$, donde η es la elasticidad del ingreso.

El valor económico de los efectos no mortales en la salud también puede extrapolarse de los valores de Estados Unidos. Existe menos información disponible para estimar la elasticidad del ingreso adecuada que la existente para el vev. Sin embargo, la información disponible sugiere que la elasticidad del ingreso para efectos no mortales es menor que uno. Por ejemplo, dos estudios de vc sobre la dap en Taiwán para evitar un resfriado de 5 a 6 días nos da estimados de cerca de $40 (Alberini *et al.* 1996; Liu *et al.*, 2000). Al extrapolar este valor para evitar un día de resfriado obtenemos un valor cercano a $30 (utilizando una elasticidad estimada de dap con respecto a la duración del resfriado de 0.2; Liu *et al.*, 2000). Este cálculo es cercano al de la epa para un día de menor actividad respiratoria restringida ($38) y de cerca de un tercio del estimado para Estados Unidos para el valor de un día laboral perdido ($83) (véase cuadro 4.7). En virtud de que el pnb per cápita de Taiwán es cercano a un tercio del valor en Estados Unidos, al igualar un día de resfriado con un día laboral perdido nos da una elasticidad del ingreso implícita cercana a uno. Por contraste, igualar un resfriado con un día de menor actividad respiratoria restringida nos da una elasticidad del ingreso implícita cercana a cero.

La comparación de estimaciones de un estudio de vc sobre dap en China para reducir el riesgo de un resfriado, bronquitis crónica y mortalidad con las de Estados Unidos también sugiere que la elasticidad del ingreso es menor para los efectos menos serios. La muestra promedio de ingreso en este estudio es de alrededor de $2 000, casi una quinta parte del pnb per cápita en Taiwán. La dap para prevenir un resfriado en China se estima en cerca de $5, más o menos la octava parte del valor estimado para Taiwán. Por el contrario, el vev estimado es de alrededor de $4 000, al menos 100 veces menor que el de Taiwán.

4.2 Ajuste del vev por edad y esperanza de vida

Las estimaciones convencionales del vev son inapropiadas si el riesgo de mortalidad asociado con la contaminación del aire es mayor para personas que pueden fallecer antes por otras causas o si los infantes son particularmente susceptibles (como sugieren Loomis *et al.*, 1999). Sin embargo, la cuestión acerca de si es conveniente ajustar, y cómo hacerlo, dichas estimaciones para dar cuenta de este factor es muy controvertida y se han ofrecido varias propuestas alternativas.

El enfoque que más ha llamado la atención es el de evaluar la mortalidad en proporción a la pérdida de esperanza de vida. La idea es que los años de vida deban tratarse como igualmente valiosos y así la muerte de una persona joven constituye una pérdida social mayor que cuando muere una persona de más edad.

Este enfoque puede implementarse utilizando un valor constante por año estadístico de vida (vaev) en el cálculo del riesgo de mortalidad. Se han obtenido las estimaciones del vaev prorrateando las estimaciones convencionales del vev entre el valor presente de la esperanza de vida descontada de la población para la cual estas estimaciones son calculadas, o incluyendo la esperanza de vida en un modelo de compensación de salarios (Moore y Viscusi, 1988). De acuerdo con este enfoque, el valor del riesgo de mortalidad derivado de la contaminación del aire puede ser muy sensible a la edad y a la esperanza de vida de los individuos afectados. Si el riesgo en aumento es mayor para los más viejos, el valor de las reducciones en la mortalidad será relativamente pequeño. Pero si los niños experimentan riesgos en aumento importantes, el valor total puede ser mucho mayor en caso de que todas las muertes se evalúen igual.

Un enfoque alternativo es el de determinar cómo varía el VEV (la DAP para reducir el riesgo actual de mortalidad) con la edad y evaluar las reducciones del riesgo de mortalidad en escalas de edad apropiadas. Los modelos teóricos sugieren que el VEV no declina abruptamente con la edad, como sucedería en el caso de un VAEV constante. En el patrón de ciclo de vida del VEV influyen dos factores. Primero, el número de años futuros de vida en riesgo declina según uno envejece, así el beneficio de una unidad de disminución en el riesgo de mortalidad del periodo actual declina. Segundo, la cantidad de otros bienes a los que uno renuncia por gastar en la reducción del riesgo también declina con la edad, al acumularse los ahorros y disminuir la duración máxima de vida durante la cual uno puede gozar de estos bienes. El efecto neto de estos dos factores puede ocasionar que el VEV aumente o disminuya con la edad.

En los modelos que suponen que un individuo puede tomar prestado de las ganancias futuras, el VEV declina por lo regular con la edad. Shepard y Zeckhauser (1984) calculan que el VEV de un trabajador norteamericano típico se reduce en un factor de tres de los 25 a los 75 años. Si los individuos pueden ahorrar pero no tomar prestado, el VEV se eleva en los primeros años al incrementarse los ahorros (y las ganancias) individuales, antes de que finalmente decline. En este caso, Shepard y Zeckhauser (1984) encontraron que el VEV alcanza el máximo cerca de los 40 años y equivale a menos de la mitad a los 20 y a los 65 años. Ng (1992) argumenta que la tasa a la cual los individuos descuentan su utilidad futura es posible que sea menor que la tasa de retorno para los bienes financieros, mientras que Shepard y Zeckhauser (1984) suponen que estas tasas son iguales. Si la tasa de descuento de las utilidades es menor que la tasa de retorno, los individuos deberían ahorrar más cuando son jóvenes y consumir más cuando son viejos. En estas condiciones, el VEV no alcanza el máximo sino hasta los 60 años, más o menos (Ng, 1992). Aun si los individuos descuentan su utilidad futura de la tasa de retorno, la gente joven puede anticiparse ahorrando más y gastando menos en reducir el riesgo de mortalidad, debido al número mayor de futuras contingencias financieras que enfrentarán.

4.3 Evaluación "sintética" de los beneficios

Los enfoques de valuación analizados pueden combinarse sin dificultad con las estimaciones de los riesgos para la salud, a fin de proporcionar una apreciación sobre el valor económico que la sociedad invierte en los beneficios para la salud y que espera obtener de una mejora en la calidad del aire. En esta evaluación "sintética" examinaremos los beneficios alcanzables mediante una reducción de 10% en los niveles de material particulado (PM_{10}) (cuadro 4.8), de ozono (cuadro 4.9) y de tóxicos atmosféricos cancerígenos. Al utilizar el enfoque del VEV, calcularemos los estimados de los beneficios básicos bajo la hipótesis de que una elasticidad del ingreso de 1.0 es apropiada para trasladar los valores de Estados Unidos a México.

Cuadro 4.8 Valor social de los beneficios para la salud por una reducción de 10% en los niveles de PM_{10} en el AMCM
(VEV calculado suponiendo una elasticidad del ingreso igual a 1)

	Reducción de riesgos (casos/año)	Unidad de valor (dólares/caso)	Valor social (dólares/año)
Mortalidad por cohorte	2 000	650 000	1 000 000 000
Mortalidad en series cronológicas	1 000	650 000	650 000 000
Bronquitis crónica	10 000	34 000	340 000 000
Todos los efectos de PM			2 000 000 000

1. Supone que la reducción de 10% en PM_{10} es aproximadamente igual a 8 μg/m³.
2. Considera 20 millones de personas como la población del AMCM, de los cuales aproximadamente 9 millones son mayores de 30 años.
3. Todos los valores están redondeados.
4. Transferencia de beneficios desde Estados Unidos a México, con base en una elasticidad del ingreso igual a 1 y con un PNB per cápita de 29 340 dólares en Estados Unidos y 3 970 dólares en México.

Cuadro 4.9 Valor social de los beneficios para la salud por una reducción de 10% en los niveles de ozono en el AMCM
(VEV calculado suponiendo una elasticidad del ingreso igual a 1)

	Reducción de riesgos (casos/año)	Unidad de valor (dólares/caso)	Valor social (dólares/año)
Mortalidad en series cronológicas	300	650 000	200 000 000
Días de menor actividad restringida	2 000 000	6	10 000 000
Todos los efectos del ozono			200 000 000

1. Supone que una reducción de 10% en el ozono es aproximadamente igual a una disminución de 5 μg/m³ en el promedio anual, o una reducción de 17 μg/m³ en el promedio anual de valores máximos de una hora al día.
2. Considera 20 millones de personas como la población del AMCM, de los cuales 12 millones son mayores de 18 años.
3. Todos los valores reportados están redondeados.
4. Transferencia de beneficios desde Estados Unidos a México, con base en una elasticidad del ingreso igual a 1 y con un PNB per cápita de 29 340 dólares en Estados Unidos y 3 970 dólares en México.

Los resultados de nuestra evaluación "sintética" son por completo sensibles a los supuestos de una cantidad de parámetros inciertos. Bajo la hipótesis de nuestro caso de base, nuestra evaluación sugiere que el beneficio de una reducción de 10% en las concentraciones ambientales de PM_{10} está en el orden de $2 000 millones por año, y el beneficio de una reducción igual en las concentraciones de ozono es del orden de $200 millones anuales. En contraste, suponiendo que todos los casos de cáncer ocasionados por los tóxicos atmosféricos son mortales, el valor de reducir estos riesgos en 10% es menor a $65 millones por año, sustancialmente menor que los beneficios de reducciones similares en PM_{10} u ozono. Los beneficios estimados son mucho mayores para PM_{10} que para el ozono y están dominados por la reducción en el riesgo de mortalidad.

El valor de la contaminación del aire reducida depende de los efectos de ésta en los riesgos para la salud antes señalados y del valor monetario de la reducción de los riesgos de muerte, bronquitis crónica y otros efectos en la salud. Debido a que no existen estimaciones del valor monetario de la reducción de los riesgos para la salud en México, y hay pocas estimaciones en otros países en desarrollo, nos basamos en la extrapolación de las estimaciones obtenidas en Estados Unidos y otros países industrializados. Los ajustes necesarios respecto a las diferencias relativas al ingreso y otros factores entre países son muy inciertos. Como caso de base suponemos que el valor monetario del riesgo para la salud es proporcional al ingreso, aunque existe evidencia de que la relación pudiera ser más o menos proporcional. Debido a que el ingreso promedio mexicano es de alrededor de un séptimo del de Estados Unidos, los resultados dependen mucho de la elasticidad del ingreso supuesta. Se desconoce hasta qué grado los valores pueden depender de factores culturales, entre otros.

Los cálculos del valor monetario de reducir el riesgo de mortalidad en Estados Unidos provienen de estudios entre trabajadores jóvenes y de mediana edad en industrias peligrosas. Es oportuno hacer algún ajuste en la medida en que la contaminación del aire incrementa de forma desproporcionada la mortalidad entre gente relativamente vieja o enferma, y entre infantes. Para los de edad más avanzada es posible que el ajuste sea hacia abajo, pero el caso de los infantes ha recibido poca atención y el ajuste pudiera ser en cualquier sentido. Además, el valor de reducir los riesgos para la salud por la contaminación del aire de alguna manera puede ser mayor que el valor de la reducción en los riesgos ocupacionales, si la exposición al aire contaminado es más difícil de controlar.

En resumen, el valor monetario de una reducción de 10% en la contaminación del aire se puede medir en miles de millones de dólares por año. Este valor representa los bienes de consumo y otros a los que los residentes del AMCM estarían dispuestos a renunciar para reducir los riesgos para la salud ocasionados por la contaminación del aire.

5. Discusión y conclusiones

Este capítulo ha considerado las formas de calcular los beneficios para la salud derivados de una mejora en la calidad del aire en el AMCM. Revisamos y sintetizamos la información obtenida de la evaluación de exposiciones, epidemiología, toxicología y economía desde la perspectiva del análisis de riesgos. Encontramos que los beneficios en la salud gracias al control de la contaminación son potencialmente grandes y al mismo tiempo muy inciertos. Una reducción de 10% en los niveles de contaminación del aire en el AMCM puede producir beneficios en la salud del orden de $2 000 millones por año. Sin embargo también es posible que estos beneficios puedan ser de un orden de magnitud mayor o menor.

Los cálculos del valor económico de los beneficios para la salud por una mejor calidad del aire en el AMCM están regidos por los efectos de la exposición a material particulado inhalable (PM_{10}). El valor económico de los beneficios para la salud por la reducción de los niveles ambientales de ozono es sólo de una décima parte de los beneficios que se alcanzarían mediante reducciones similares en PM_{10}. Podemos esperar que la reducción en los niveles ambientales de los tóxicos atmosféricos cancerígenos evite, al menos, 100 nuevos casos de cáncer al año entre la población del AMCM.

Una de las razones por las que se piensa que los beneficios por la reducción de las PM_{10} son mayores que los derivados de la reducción de ozono es que las PM_{10} parecen ser una causa de mortalidad en los estudios por cohorte, mientras que el ozono no. Los riesgos atribuidos a la contaminación del aire en los estudios sobre mortalidad por cohorte son mayores que los que se atribuyen en los estudios de mortalidad en series cronológicas, y el impacto sobre la esperanza de vida total por cada muerte en los estudios por cohorte es quizá mayor que las muertes observadas en los estudios en series cronológicas.

No se ha realizado un estudio de mortalidad por cohorte en el AMCM. En consecuencia, las estimaciones de este componente clave de los impactos en la salud se derivaron de los estudios por cohorte realizados en Estados Unidos, bajo la hipótesis de que pueden esperarse resultados similares en el AMCM. Las diferencias entre México y Estados Unidos, en cuanto a estructura de edades de la población y causas de mortalidad por enfermedades específicas, ponen en tela de juicio la credibilidad de esta hipótesis. Más aún, los estudios por cohorte son potencialmente más susceptibles a las variables confusoras que los estudios en series cronológicas. Por último, la suposición de que el impacto de la contaminación en la salud observado en los estudios por cohorte se debe exclusivamente a partículas finas es un tanto especulativa.

Si por el bien del análisis ignoramos los estudios por cohorte, los beneficios residuales para la salud por una mejora de 10% en la calidad del aire del AMCM podrían ascender a 1 000 millones de dólares por año. Este estimado todavía está influido por los efectos de las PM_{10}, pero de alguna manera es menos incierto porque se basa sobre todo en la evidencia de los efectos en la mortalidad derivados de los estudios en series cronológicas. En México no sólo se han realizado estudios de mortalidad en estas series, sino que sus resultados también han sido corroborados con muchos estudios similares en grandes ciudades de Estados Unidos y otras partes del mundo. En México y en otros lugares, los estudios en series cronológicas también encontraron un efecto del ozono en la mortalidad; éstos, sin embargo, son menos consistentes y sugieren que el ozono tiene un impacto menor que el de las partículas finas.

La mayor fuente de incertidumbre en la interpretación de los estudios de mortalidad en series cronológicas no es si la relación observada es causal entre la contaminación del aire por partículas y la mortalidad, sino si la fracción fina ($PM_{2.5}$), la fracción gruesa ($PM_{2.5-10}$) o ambas son responsables de tal efecto. Una segunda pregunta clave es si las muertes se dan principalmente entre individuos de edad avanzada con enfermedades cardiopulmonares preexistentes o si también comprenden a infantes y gente joven saludable.

Si las estimaciones epidemiológicas de los riesgos para la salud ocasionados por la contaminación del aire pudieran mejorarse sustancialmente, las cuestiones relativas a la evaluación de los efectos en la salud podrían, de todas maneras, originar incertidumbres considerables en la estimación de los beneficios para la salud por mejoras en la calidad del aire en el AMCM. Debido a que en México no se han realizado estudios empíricos sobre disposición a pagar por mejoras en la calidad del aire, las evaluaciones utilizadas en nuestro análisis se derivan de los que se han hecho en Estados Unidos. Este enfoque de "transferencia de beneficios" se aproxima a las evaluaciones mexicanas al incrementar las evaluaciones de Estados Unidos mediante una potencia del cociente de los productos internos brutos per cápita de ambos países. El exponente, o elasticidad, es desconocido y puede tener valores entre 0.5 y 2.0. Hemos usado una elasticidad de 1.0 en los cálculos mostrados con anterioridad. Sin embargo, nuestras estimaciones de beneficios podrían ser casi un orden de magnitud menor o unas tres veces mayores, dependiendo de la elasticidad del ingreso supuesta.

En el AMCM, los niveles de contaminación del aire son muy altos. La concentración ambiental media anual de PM_{10} con respecto al tamaño de la población (de acuerdo con mediciones gravimétricas) es de aproximadamente 80 µg/m³, y la concentración ambiental media anual correspondiente al ozono es de cerca de 50 µg/m³ (o 35 ppb). Las concentraciones de los tóxicos atmosféricos cancerígenos son altas también.

Los responsables de tomar decisiones reconocen la urgente necesidad de mejorar la calidad del aire en el AMCM. La tarea más difícil es encontrar cómo identificar las estrategias más efectivas de control de la contaminación con respecto al costo. La tarea se complica debido a la incertidumbre en las previsiones actuales sobre los beneficios para la salud que ofrecen las diversas políticas y estrategias de control.

Es claro que los esfuerzos de investigación en varias áreas podrían apoyar a quienes formulan las políticas para que seleccionen las mejores estrategias de control de la contaminación del aire y con ello retribuyan grandes beneficios sociales.

Los asuntos importantes incluyen, entre otros, determinar:

- si la exposición a PM_{10} contribuye a la mortalidad por cohorte en el AMCM;
- cuál es la importancia relativa de las fracciones fina y gruesa en el AMCM;
- si las muertes de infantes están incluidas entre los riesgos observados en los estudios en series cronológicas;
- cómo evaluar las mejoras en la morbilidad y mortalidad en el AMCM;
- cuáles son las tasas básicas de incidencia de bronquitis crónica y días de menor actividad restringida en el AMCM;
- si las PM_{10} son una causa de bronquitis crónica en el AMCM;
- qué puede aprenderse del actual sistema de vigilancia ambiental de la Secretaría de Salud acerca del efecto del ozono para la restricción de actividades en el AMCM, y
- la exposición, con respecto al tamaño de la población, a PM_{10} y a tóxicos atmosféricos.

Al considerar tantas incertidumbres resulta tentador sugerir que la implantación de controles se difiera hasta que la investigación pueda depurar las estimaciones de los beneficios para la salud. Sin embargo, dicha investigación puede llevar años, si no es que decenios. Mientras tanto pueden ocurrir muchas muertes y enfermedades susceptibles de prevenirse, si quienes toman las decisiones esperan mejor información. Una evaluación cuidadosa de los posibles costos y beneficios tanto de las estrategias de control como de las estrategias de investigación puede aclarar la disyuntiva entre actuar ahora sobre la base de información poco sólida o después, con base en una mejor información. El análisis de las decisiones (y el valor del análisis de la información) puede ser una herramienta útil para llevar a cabo dicha evaluación.

5. La ciencia de la contaminación del aire en el AMCM:

Entender las relaciones fuente-receptor mediante inventarios de emisiones, mediciones y modelación

AUTORES
Mario J. Molina[a] · Luisa T. Molina[a] · Jason West[a] · Gustavo Sosa[b]
Claudia Sheinbaum Pardo[c]

COAUTORES
Federico San Martini[a] · Miguel Ángel Zavala[a] · Gregory McRae[a]

1. INTRODUCCIÓN

En todo el mundo, la ciencia de la contaminación del aire ha sido primordial para la definición y caracterización del problema y de los riesgos para la salud que provoca. La contaminación del aire por bióxido de azufre, óxidos de nitrógeno, monóxido de carbono, ozono y partículas ha sido asociada acertadamente con las emisiones antropogénicas. Esta ciencia desempeña también un papel fundamental para evaluar el grado en que las acciones de control pueden reducir las exposiciones ambientales, a pesar de que, por lo general, las incertidumbres que existen para relacionar las emisiones con las fuentes y las concentraciones con los receptores son importantes. Por ejemplo, en el decenio de 1980 los estudios de modelación sobre la formación de ozono en Estados Unidos indicaban que sería suficiente con controlar las emisiones de compuestos orgánicos volátiles (COV) para reducir las concentraciones de ozono, y como se pensó que ello sería menos costoso, en ese tiempo se dio mayor importancia a los COV (NCR, 1991).

De manera ideal, las decisiones políticas relativas a la contaminación del aire deberían tomarse con pleno conocimiento de la manera como las emisiones afectan las concentraciones ambientales de contaminantes y la salud humana (al igual que otros aspectos, como la visibilidad o la economía). Para cuantificar esto plenamente es necesario entender:

- la influencia de las acciones políticas en la modificación del volumen de las emisiones de varios contaminantes;

---

[a] Massachusetts Institute of Technology, Estados Unidos
[b] Instituto Mexicano del Petróleo, México
[c] Universidad Nacional Autónoma de México, México. Actualmente, secretaria del Medio Ambiente, Gobierno del Distrito Federal.

- los efectos de esos cambios en las concentraciones ambientales de superficie de los contaminantes primarios (es decir, los emitidos directamente) y los secundarios (los que se producen en la atmósfera por reacciones químicas) en las regiones habitadas que son afectadas, y
- los efectos en las concentraciones durante las horas pico, así como en las concentraciones promedio, diarias o anuales, y los cambios en la distribución de frecuencia de las contingencias ambientales atmosféricas en varias localidades.

Además, es necesario entender las relaciones entre las concentraciones ambientales y la exposición humana (tomando en cuenta los patrones de actividad de los individuos y la concentración de contaminantes en los microambientes donde las personas pasan el tiempo), y entre la exposición y los impactos en la salud. Estos vínculos se abordaron en el capítulo 4. Con esta información, quienes formulan las políticas podrían, en teoría, sopesar los beneficios económicos cuantificados de la reducción de los impactos en la salud (y otros) contra los costos y efectos en el bienestar, derivados de las diferentes estrategias para reducir emisiones, y considerar también los aspectos de factibilidad técnica y política.

En realidad, y debido a las grandes incertidumbres en la ciencia de la contaminación atmosférica y sus efectos en la salud, las regulaciones en Estados Unidos y México se expresan en términos de normas aceptables de calidad del aire para las concentraciones ambientales de contaminantes. En virtud de lo limitado del conocimiento para relacionar las emisiones con las concentraciones, la ciencia de la contaminación del aire puede ayudar a establecer prioridades de control sobre diferentes emisiones primarias y sugerir (dentro de rangos bastante amplios de incertidumbre) cuánta reducción sería necesaria para lograr cumplir con las normas de calidad del aire ambiente.

En consecuencia, la meta principal de la ciencia de la contaminación del aire es mejorar el conocimiento acerca de las relaciones entre emisiones y concentraciones ambientales, a fin de predecir con mayor certidumbre los efectos de las diferentes acciones de control. El objetivo de este capítulo es, por lo tanto, revisar nuestro conocimiento y nuestra capacidad para cuantificar las relaciones fuente-receptor; analizar e identificar qué incertidumbres limitan más la capacidad para tomar decisiones informadas en el Área Metropolitana de la Ciudad de México (AMCM), y sugerir cómo las investigaciones futuras pueden reducir dichas incertidumbres.

1.1 Control integral de la contaminación del aire: fuentes, contaminantes y efectos múltiples

Como se mencionó en el capítulo 1, la mayor preocupación sobre la contaminación del aire en el AMCM —y la motivación principal de las acciones políticas— es la salud humana. En todo el mundo, las metas nacionales de calidad del aire están expresadas en términos de concentraciones ambientales aceptables, las cuales se cree que mantienen los efectos en la salud en niveles admisibles. El objeto de las políticas tendientes a alcanzar las normas de calidad del aire son las actividades responsables de las emisiones que causan altas concentraciones ambientales de los contaminantes criterio (contaminantes para los cuales se han establecido normas de calidad del aire).

Como se analizó en el capítulo 4, los principales contaminantes de interés que afectan la salud humana son el ozono y el material particulado (PM). En el ámbito urbano, las concentraciones de ozono están influidas predominantemente por las emisiones de NO_x y COV, que reaccionan en presencia de la luz solar para producirlo. Éste también se incrementa con las emisiones de CO, aunque su relación es más débil. La relación entre NO_x y COV es no lineal, ya que las emisiones frescas de NO pueden destruir el ozono, lo que deja concentraciones relativamente bajas de ozono en áreas a favor del viento contiguas a grandes fuentes de NO_x. Por lo tanto, la dependencia del ozono de los NO_x y los COV varía mucho entre diferentes lugares y bajo distintas condiciones. Aun dentro de la cuenca de la Ciudad de México, y entre ésta y la región periférica, uno puede encontrar diferentes relaciones en varios sitios (NCR, 1991; Sillman, 1999).

Tanto en Estados Unidos como en México, las normas de calidad del aire para partículas se expresan en relación con la masa de partículas con diámetro menor a 10 μm (PM_{10}). Como se explicó en el capítulo 4, análisis recientes realizados sobre los efectos en la salud sugieren que de hecho son partículas aún más pequeñas (menores a 2.5 μm o $PM_{2.5}$) las que tienen mayores efectos sobre la salud humana, ya que penetran a mayor profundidad en los pulmones. Por consiguiente, en 1997 la EPA (Agencia de Protección Ambiental de Estados Unidos) introdujo normas para $PM_{2.5}$ y en 2002 inició su aplicación formal empezando por identificar aquellas áreas donde no se cumplen. Actualmente, en México no existen normas para este tamaño de partículas.

Esta distinción entre PM_{10} y $PM_{2.5}$ tiene importantes implicaciones para el control de la contaminación atmosférica. En las regiones más contaminadas, alrededor de la mitad de las PM_{10} está en el rango de las $PM_{2.5}$. En el AMCM, las partículas mayores a 2.5 μm son sobre todo polvo de fuentes naturales y antropogénicas como las que resultan de la vegetación alterada, la construcción y la industria. Sin embargo, las partículas más pequeñas provienen en su mayoría de la combustión —emisiones primarias de carbono orgánico y carbono elemental (hollín)—, así como de las partículas secundarias formadas por reacciones atmosféricas de especies orgánicas e inorgánicas en fase gaseosa.

Como se muestra en el cuadro 1.4 (capítulo 1), en la actualidad en México no existe una norma para $PM_{2.5}$ (aunque las $PM_{2.5}$ son parte de las PM_{10} y por tanto están reguladas indirectamente por la norma para PM_{10}). En los inventarios oficiales de emisiones para el AMCM se ha dado poca atención a las emisiones de algunos contaminantes que influyen en las $PM_{2.5}$ (carbono orgánico primario, carbono elemental primario y amoniaco). Además, igual que en otras partes, persisten considerables retos científicos para el conocimiento de las fuentes primarias de $PM_{2.5}$ y la formación de $PM_{2.5}$ secundarias, a fin de determinar las relaciones fuente-receptor y poder estimar de manera confiable los efectos de la reducción de emisiones.

La figura 1.2 (capítulo 1) muestra algunas de las relaciones entre el ozono y las $PM_{2.5}$, donde ambos provienen, en ciertos casos, de las mismas emisiones primarias. En particular, se espera que las reducciones de NO_x y COV, que en el pasado han tenido como objetivo el ozono, también disminuyan la emisión de partículas secundarias (nitratos y compuestos orgánicos). Meng *et al.* (1997) exploraron esta asociación química entre el ozono y las partículas en Los Ángeles, y encontraron que están relacionados de manera no lineal mediante la fotoquímica. Concluyeron, por ejemplo, que "controlar los precursores tanto de compuestos orgánicos en fase gaseosa como de NO_x no conduce a una reducción proporcional de los componentes derivados en fase gaseosa de las partículas atmosféricas". Hidy *et al.* (1998) identificaron los procesos importantes de esta asociación no lineal y pronosticaron que la investigación sobre estas interacciones continuará por varios años.

Además de esta asociación química en la atmósfera, las emisiones de diferentes contaminantes están ligadas entre sí porque generalmente comparten las mismas fuentes. La reducción de emisiones de un solo contaminante puede disminuir también (o en algunos casos incrementar) las emisiones de otros. Por lo tanto, es importante para la política dirigir las decisiones hacia el logro de objetivos relacionados con la reducción simultánea de ozono y $PM_{2.5}$. Más aún, debido a que la respuesta atmosférica del ozono y las $PM_{2.5}$ es no lineal, resulta fundamental que este proceso de toma de decisiones incluya el conocimiento científico sobre cuál forma de reducción de emisiones se espera que sea la más eficaz.

1.2 Objetivos y organización

Los principales objetivos de este capítulo son: *i*] revisar el conocimiento de la ciencia sobre la contaminación atmosférica en el AMCM y *ii*] hacer recomendaciones respecto a la investigación científica sobre la contaminación del aire, a fin de mejorar el conocimiento acerca de la relación entre las emisiones en las fuentes y las concentraciones en los receptores, lo que dará un sustento sólido a la toma de decisiones. Para ello planeamos específicamente:

- Revisar lo que se aprendió durante la investigación anterior, incluyendo observaciones de meteorología y de concentraciones ambientales de contaminantes, el desarrollo de los inventarios de emisiones y los ejercicios para establecer modelos de la contaminación del aire. Al hacer esto, catalogaremos la investigación llevada a cabo a lo largo de los años noventa y proporcionaremos una lista de las fuentes de información para ayudar a que el lector interesado tenga acceso a los datos.
- Desarrollar una descripción completa de la ciencia de la contaminación del aire y de las relaciones fuente-receptor en el AMCM, así como de la manera en que

aquélla contribuye a la toma de decisiones con suficiente información. Esta descripción se desarrollará sobre la base del actual conocimiento teórico de esta ciencia y de las mediciones y la aplicación de modelos en el AMCM y otros sitios.
- Evaluar el grado de entendimiento de la descripción completa mediante la identificación de aquellas partes con más certezas o con más incertidumbres, y que limitan más la capacidad para tomar decisiones informadas.
- Considerar las oportunidades para aplicar otros métodos, por ejemplo modelos y análisis de datos, y evaluar las fortalezas y debilidades de estos enfoques.
- Recomendar las áreas para futuras investigaciones que aborden estas incertidumbres y priorizar estas sugerencias en un programa de investigación futura que se propone para el AMCM.
- Hacer recomendaciones respecto a las operaciones habituales de control de la contaminación del aire, tales como la adquisición y el manejo de aparatos para mediciones ambientales, los procedimientos para desarrollar inventarios de emisiones, el uso y la interpretación de modelos, y sobre las decisiones acerca de las contingencias ambientales atmosféricas.

En la siguiente sección presentamos una descripción general del conocimiento científico sobre la contaminación del aire en el AMCM y planteamos cuestiones críticas para la elaboración de políticas informadas. En las secciones 3, 4 y 5 presentamos una revisión de los estudios anteriores relacionados con la contaminación del aire en el AMCM: mediciones ambientales de meteorología y de calidad del aire, inventarios de emisiones y estudios para establecer modelos. La sección 6 conjunta todos estos estudios para mostrar lo que se conoce y lo que falta por saber acerca de la ciencia de la contaminación atmosférica en el AMCM, a fin de sustentar la toma de decisiones. La sección 7 organiza las recomendaciones de la investigación hechas en la sección 6 y establece prioridades dentro de un programa de investigación que se sugiere.

2. Conocimiento científico básico y asuntos políticos importantes

2.1 Conocimiento científico básico

Como se mencionó en los capítulos anteriores, las observaciones realizadas han permitido tener un conocimiento básico sobre el problema de la contaminación del aire en el AMCM. A continuación presentamos una lista de afirmaciones que resumen esto y que, en conjunto, hacen posible definir el problema y sugerir soluciones al mismo:

- Está claro que las actividades humanas tienen un efecto dominante en la calidad del aire del AMCM, ya que la contaminación no fue percibida antes de la

rápida industrialización y el crecimiento demográfico que comenzaron en 1940. También se ha observado que la calidad del aire mejora mucho durante los días en que las emisiones antropogénicas son bajas (p. ej., en días festivos o después del terremoto de 1985).
- La geografía de la cuenca de la Ciudad de México, misma que se encuentra cerrada por montañas, contribuye al problema de la contaminación del aire, ya que las inversiones térmicas pueden atrapar los contaminantes dentro de ella. Debido a su elevada altitud, la Ciudad de México también recibe una intensa radiación solar que provoca la actividad fotoquímica.
- Los sistemas climáticos de alta presión contribuyen a mantener fijas las condiciones atmosféricas que se experimentan a lo largo del año, pero la contaminación del aire por lo general es peor en invierno, cuando casi no llueve y son más frecuentes las inversiones térmicas.
- Las inversiones térmicas son más intensas por las mañanas y se rompen durante el día al calentarse el aire cercano a la superficie, lo que ocasiona que la capa de mezcla sea más ancha.
- El patrón de vientos dominantes de la tarde generalmente transporta los contaminantes del área industrial, en el noreste de la ciudad, hacia el centro de ésta y las áreas residenciales del suroeste.
- En el AMCM hay emisiones muy altas de hidrocarburos, lo que ocasiona que la proporción de las concentraciones de COV en relación con los NO_x también sea alta. Por esta razón, parece que controlar las emisiones de NO_x puede ser más efectivo para reducir el ozono que los mismos controles de los COV (esto es, la formación de ozono es "sensible a NO_x").
- Las altas concentraciones de material particulado grueso contienen una fracción importante de polvo proveniente del lecho de lagos desecados y de ecosistemas degradados. Entre las partículas finas, una proporción considerable de su masa es aerosol orgánico.
- Los efectos de las emisiones antropogénicas en los contaminantes primarios son muy claros, ya que las acciones llevadas a cabo para reducir las emisiones de plomo y SO_2 han resultado en una disminución de las concentraciones observadas. Predecir cuantitativamente estos cambios en las concentraciones o en las de contaminantes secundarios es más difícil.

Ésta es, en conjunto, la exposición del "saber convencional" acerca de la contaminación del aire en el AMCM. Uno de los propósitos de este capítulo es abordar las bases científicas de estas y otras conclusiones, y cuantificar, en la medida de lo posible, estas afirmaciones, así como tratar las inconsistencias e incertidumbres entre líneas de evidencia relacionadas y plantear la importancia de este conocimiento para la toma de decisiones sobre el control de la contaminación.

2.2 Cuestiones científicas importantes y su pertinencia para establecer políticas

Además de este "saber convencional" existen otras preguntas científicas:

- ¿Cuál es la influencia de los contaminantes atmosféricos emitidos fuera del AMCM en la calidad del aire de la cuenca?
- ¿Cuál es el tiempo común de residencia de los contaminantes emitidos en la cuenca? ¿Cuánto influyen las emisiones del día anterior o las emisiones nocturnas en las concentraciones observadas?
- ¿Qué tan importantes son las fuentes naturales de hidrocarburos, polvo y otras especies químicas en la calidad del aire del AMCM?
- ¿Cuál es la respuesta esperada de las concentraciones de ozono frente a los cambios en las emisiones de NO_x y COV?
- ¿Cuáles son las principales fuentes de material particulado fino y qué proporción de éste son aerosoles inorgánicos secundarios y aerosoles orgánicos secundarios?
- ¿Cómo responderían las concentraciones de material particulado fino a los cambios en las emisiones de precursores en aerosol (incluyendo SO_2, NO_x y NH_3), aerosoles orgánicos primarios, COV, hollín y polvo?
- De los hidrocarburos emitidos, ¿cuáles son las especies químicas y fuentes más importantes para la formación de ozono, y cuáles para la formación de aerosoles orgánicos secundarios?

Todas estas preguntas son fundamentales para la toma de decisiones. Por ejemplo, en Atlanta la investigación previa determinó que las emisiones biogénicas de COV eran una fracción importante del total. En consecuencia, se encontró que la disminución de las emisiones antropogénicas de COV ocasionaba una reducción más pequeña en el ozono de lo que se había creído, y quedó claro que necesitaba ponerse mayor énfasis en la reducción de NO_x (véase Chameides *et al.*, 1988).

Es muy conveniente comprender que el valor de la investigación científica para las políticas informadas dependerá de que la reducción de las incertidumbres específicas pueda cambiar las decisiones a tomar. Una decisión importante para el control de la contaminación tiene que ver con qué tanto se debe poner énfasis en una reducción de emisiones de COV en relación con los NO_x y otras emisiones. En el AMCM ha sido muy común esperar que la formación de ozono sea más sensible a los cambios en las emisiones de NO_x que a los cambios en las emisiones de COV. A pesar de esto, las pasadas acciones políticas —el PICCA (DDF, 1990) y el Proaire (DDF *et al.*, 1996)— incluyeron fuertes controles en las emisiones de COV (p. ej., los sistemas de recuperación de vapores y los convertidores catalíticos de tres vías en los automóviles), además de las reducciones de NO_x. Estas decisiones para reducir los COV fueron motivadas, al menos, por tres factores:

- la posibilidad de que la reducción en las emisiones de COV ocasionara alguna disminución en el ozono, en especial debido a que las medidas para reducir los COV son generalmente menos costosas que aquéllas para NO_x;
- la formación de aerosoles orgánicos secundarios a partir de los COV, y
- la posibilidad de que algunos orgánicos puedan tener efectos para la salud como tóxicos atmosféricos (p. ej., el benceno, que es cancerígeno; véase el capítulo 4).

Cada uno de estos factores tiene una importante incertidumbre científica y todos han estado relacionados con la decisión de reducir los COV. En consecuencia, la investigación de cada uno de estos efectos propuestos para la reducción de COV puede ser crucial para la toma de decisiones. En particular y debido a que dicha disminución es, por lo general, menos costosa que los controles sobre NO_x, determinar la respuesta del ozono a los cambios en los COV se vuelve fundamental para la investigación.

3. Mediciones meteorológicas y de calidad del aire

El cuadro 5.1 muestra un resumen general de las fuentes clave para las mediciones de calidad del aire en el AMCM. Las mediciones de la RAMA (Red Automática de Monitoreo Atmosférico) proporcionan el único conjunto completo de datos a largo plazo. Las mediciones se utilizan en publicaciones gubernamentales y para la declaración de contingencias ambientales atmosféricas. Dos trabajos intensivos de campo proporcionan mediciones que sustentan los modelos de estudio de la contaminación del aire: el proyecto MARI 1991-1994 (The Mexico City Air Quality Research Initiative) y la campaña de 1997 Imada-AVER (Investigación sobre Materia Particulada y Deterioro Atmosférico/Aerosol and Visibility Evaluation Research). Los únicos perfiles verticales de calidad del aire se tomaron durante el proyecto MARI, mientras que la campaña Imada proporciona las mediciones más completas sobre composición química de las partículas. No hay mediciones continuas para COV totales, pero se tomaron mediciones continuas para especies seleccionadas de COV en dos sitios.

Las mediciones meteorológicas más completas se tomaron durante la campaña Imada, ya que incluyeron algunas en los límites de la cuenca. Las mediciones meteorológicas de rutina fueron tomadas en varias estaciones de superficie (incluyendo 10 estaciones de la RAMA) y los sondeos verticales se hicieron dos veces al día. Estas mediciones de rutina son insuficientes para entender los efectos de la meteorología en la contaminación del aire a lo largo del año.

3.1 Mediciones meteorológicas

Los datos meteorológicos son importantes para entender cómo se efectúa el transporte y la dispersión de los contaminantes dentro de la cuenca atmosférica y a lo

Cuadro 5.1 Resumen de las mediciones de calidad del aire más importantes en el AMCM

Programa	Duración	Mediciones
Rutina (RAMA)	Cada hora desde 1986	Mediciones automáticas en 32 estaciones de CO, O_3, SO_2, NO_x, NO_2, PST y PM_{10}. Mediciones manuales de PST (19 estaciones), PM_{10} y composición química (cuatro estaciones).
MARI	Febrero de 1991, con campañas más cortas en 1990, 1992 y 1993	Mediciones en aeronaves de ozono, SO_2 y partículas; mediciones de superficie sobre composición de COV.
Imada-AVER	Febrero y marzo de 1997	Composición química de $PM_{2.5}$ y PM_{10} en 30 sitios (seis sitios clave); medición de gases (incluyendo composición de COV) en sitios seleccionados, incluyendo mediciones promedio de 6 horas.
Otras mediciones de aerosoles	Sin horario regular, generalmente por periodos cortos de tiempo	Varias mediciones de aerosol elemental y composición química, y propiedades ópticas, sólo en algunos sitios a la vez.
Otras mediciones de COV	Muestreo de dos semanas dos veces al año, otras mediciones periódicas	Las mediciones del IMP en cinco sitios cada seis meses y otras de la University of California/Irvine (1993) muestran la composición química.

RAMA: Red Automática de Monitoreo Atmosférico.
MARI: Iniciativa de Investigación sobre la Calidad del Aire en la Ciudad de México (LANL/IMP, 1994).
Imada-AVER: Investigación sobre Materia Particulada y Deterioro Atmosférico/Aerosol and Visibility Evalualtion Research.
IMP: Instituto Mexicano del Petróleo.

Cuadro 5.2 Mediciones meteorológicas de temperatura, humedad relativa y velocidad y dirección del viento en el AMCM

	Periodo	Frecuencia	Técnica	Sitio	Fuente
Mediciones de superficie de rutina	1948-	Cada hora	Estación meteorológica	2	SMN
	1986-	Cada hora	Estación meteorológica	10	RAMA
		Cada hora	Estación meteorológica	1	UNAM
	1997-	Cada hora	UV-B (290-320 nm)	11	RAMA
Mediciones verticales de rutina	1948-	2 lanzamientos/día	Radiosonda de viento	1	SMN
	1999-	Continua	Sodar	1	RAMA
Horizonte visual	1948-	Cada hora	Visual	2	SMN
Mediciones verticales intensivas	Sep. 1990	7 lanzamientos/día	Radiosonda de viento	1	MARI
			Globo cautivo	2	
	Feb. 1991	7 lanzamientos/día	Radiosonda de viento	1	MARI
			Globo cautivo, lidar	4	
	Feb. 1991	Continua	Aeronave equipada	AMCM	MARI
	Feb.-Mar. 1997	Continua	Radar perfilador de viento	4	
		Continua	Sodar	4	Imada
		5 lanzamientos/día	Radiosonda de viento	6	

SMN: Servicio Meteorológico Nacional.
RAMA: Red Automática de Monitoreo Atmosférico.
UNAM: Universidad Nacional Autónoma de México.
MARI: Iniciativa de Investigación sobre la Calidad del Aire en la Ciudad de México (LANL/IMP, 1994).
Imada: Investigación sobre Materia Particulada y Deterioro Atmosférico (Doran *et al.*, 1998; Edgerton *et al.*, 1999).

largo de sus límites. Es necesario cuantificar el transporte y la dispersión, ocasionados por la meteorología, con el fin de hacer modelos de predicción de las concentraciones observadas. La meteorología, además, es útil para explicar las condiciones de las concentraciones pico de contaminantes atmosféricos y las contingencias ambientales, y también puede utilizarse para pronosticar las condiciones diarias de contaminación del aire. El cuadro 5.2 detalla las mediciones meteorológicas que se han realizado en el AMCM.

En el AMCM se llevan a cabo mediciones meteorológicas continuas, incluyendo las de superficie y dos sondeos atmosféricos diarios. Por muchos años, estas mediciones se tomaron en el aeropuerto internacional de la Ciudad de México, ubicado al este del centro de la ciudad, pero en 1997 se cambiaron a Tacubaya (en el lado oeste). Sin embargo, estas mediciones de la distribución vertical de la temperatura y de la dirección y velocidad del viento se usan sobre todo para pronósticos meteorológicos de gran escala, y son insuficientes para comprender el transporte de contaminantes en la cuenca de la Ciudad de México.[1]

Además, se toman mediciones meteorológicas continuas en 10 estaciones de monitoreo de la calidad del aire de la RAMA. Estas últimas se describen en detalle más adelante. En las estaciones de la RAMA se miden la temperatura, la humedad relativa y la dirección y velocidad del viento, datos que pueden proporcionar un buen conocimiento pero sólo de las condiciones locales cercanas a la superficie, donde se toman estas mediciones. La RAMA también utiliza un sodar cerca de La Merced; éste es un instrumento similar al radar pero que utiliza ondas de sonido para medir el perfil vertical del viento, desde la superficie hasta 2.5 km de altura. También se toman mediciones meteorológicas de superficie rutinarias en el Centro de Ciencias de la Atmósfera de la UNAM, y la Comisión Nacional del Agua tiene algunas estaciones que reportan la precipitación pluvial. Sin embargo, no pueden considerarse como representativas de la meteorología del aire superior y regional que origina el transporte de contaminantes, ya que todos estos sitios se encuentran dentro del AMCM y sólo a ras de la superficie.

En 1994 se tomaron mediciones micrometeorológicas en cuatro estaciones del AMCM; se midieron la velocidad del viento, la temperatura, la presión y la radiación solar, y los datos pueden usarse para establecer parámetros de turbulencia para la elaboración de modelos de la cuenca atmosférica. Sozzi *et al.* (1999) construyeron un modelo para las mediciones de radiación durante este periodo y el GDF (Gobierno del Distrito Federal) planea reinstalar, en un futuro cercano, estas estaciones meteorológicas en esos mismos sitios. Acosta y Evans (2000) han tomado otras mediciones de radiación UV-B mediante una red de 11 estaciones que se han incorporado a la RAMA y que fueron establecidas principalmente por la preocupación acerca de la exposición directa a UV-B, aunque esta radiación también es importante para los procesos fotoquímicos. También reportaron que los niveles de radiación UV-B en el centro eran 20% menores que en las áreas rurales suburbanas, debido a la atenuación ocasionada por la contaminación, y pueden ser 40% menores en días muy contaminados.

Se ha logrado una comprensión más detallada acerca de la meteorología de la contaminación del aire con estas mediciones meteorológicas continuas, pero también por medio de las realizadas durante campañas intensivas. Hasta ahora, las dos más importantes han sido las de los proyectos MARI e Imada. Las mediciones meteorológicas tomadas durante estos periodos se detallan más adelante en este documento, en el análisis de las mediciones simultáneas de la calidad del aire.

[1] Estos datos se comparten electrónicamente por conducto de la Organización Mundial de Meteorología (OMM) y del US National Climatic Data Center (NCDC) en la página <http://www.ncdc.noaa.gov>. Los datos de sondeos atmosféricos también se pueden obtener en el Servicio Meteorológico Nacional (SMN) de México.

3.2 Mediciones rutinarias de la calidad del aire: la RAMA

Las mediciones de la calidad del aire en el AMCM se iniciaron a finales de la década de 1950 en un número limitado de sitios (Bravo, 1960), con mediciones exploratorias de polvo sedimentable, material particulado suspendido, SO_2, NO_2, formaldehído y amoniaco. En 1967, con el apoyo de la Organización Panamericana de la Salud (OPS), se instalaron 14 estaciones de monitoreo para medir PST (partículas suspendidas totales) y SO_2. A principios de los años setenta, las autoridades mexicanas y el PNUMA (Programa de las Naciones Unidas para el Medio Ambiente) desarrollaron un programa de calidad ambiental que incluía la instalación de una red manual de 22 estaciones para SO_2 y PST (Márquez, 1977). En 1985, con la asistencia técnica de la EPA, se instaló la RAMA. La lámina 7 muestra el uso de globos sonda en el Centro Nacional de Información y Capacitación Ambiental (Cenica) para monitorear variables meteorológicas y la composición del aire a diferentes altitudes.

Hoy día, el sistema de monitoreo rutinario en el AMCM es operado por la Dirección General de Gestión Ambiental del Aire de la Ciudad de México y consta de tres componentes: una red automática de monitoreo atmosférico o RAMA, una red manual y una red de depositación atmosférica. La red manual incluye 19 estaciones donde se recolectan partículas por medio de filtros y se miden por gravimetría (tanto para PST como PM_{10}) a partir de muestras de 24 horas tomadas cada seis días. De las muestras también se analizan las concentraciones de metales pesados, nitratos y sulfatos. Mientras que las PST se miden en todas las estaciones, las PM_{10} y la composición química sólo se miden en cinco (SMA-GDF, 2000).

La RAMA inició sus mediciones en 1986 con 25 estaciones; se amplió a 32 en 1992 y para 2000 había crecido a 37 al incorporarse las cinco estaciones más lejanas del centro de la ciudad; sin embargo, estas últimas no se han integrado a la red. La figura 5.1 muestra la ubicación de las 37 estaciones de monitoreo. La RAMA reporta mediciones cada hora promedio de los gases criterio (CO, O_3, SO_2 y NO_2), aunque no todas las estaciones miden la totalidad de los contaminantes. Como se mencionó antes, 10 de éstas también hacen mediciones meteorológicas de velocidad y dirección del viento, temperatura ambiente, humedad relativa, rayos UV-A y UV-B, radiación total y radiación fotosintéticamente activa (véase INE, 1998). Además, también se miden de manera rutinaria las PM_{10} en 10 sitios de la RAMA utilizando monitores de MOVP (microbalance oscilatorio de variación progresiva) y se reportan cada hora (SMA-GDF, 2000). En las estaciones de la RAMA se han medido de forma continua los hidrocarburos totales, pero en virtud de que dichas mediciones no se consideraron confiables debido a dificultades técnicas se discontinuaron.

Actualmente se realizan mediciones continuas de formaldehído, tolueno, benceno y xilenos en la estación de monitoreo La Merced, utilizando un espectrómetro de absorción óptica diferencial (EAOD) de alta frecuencia. Todavía no se ha publicado el análisis con estos datos. En 1988, la RAMA adquirió dos nuevos EAOD, que están siendo probados en las estaciones de monitoreo La Merced, Xalostoc y Pedregal, los cua-

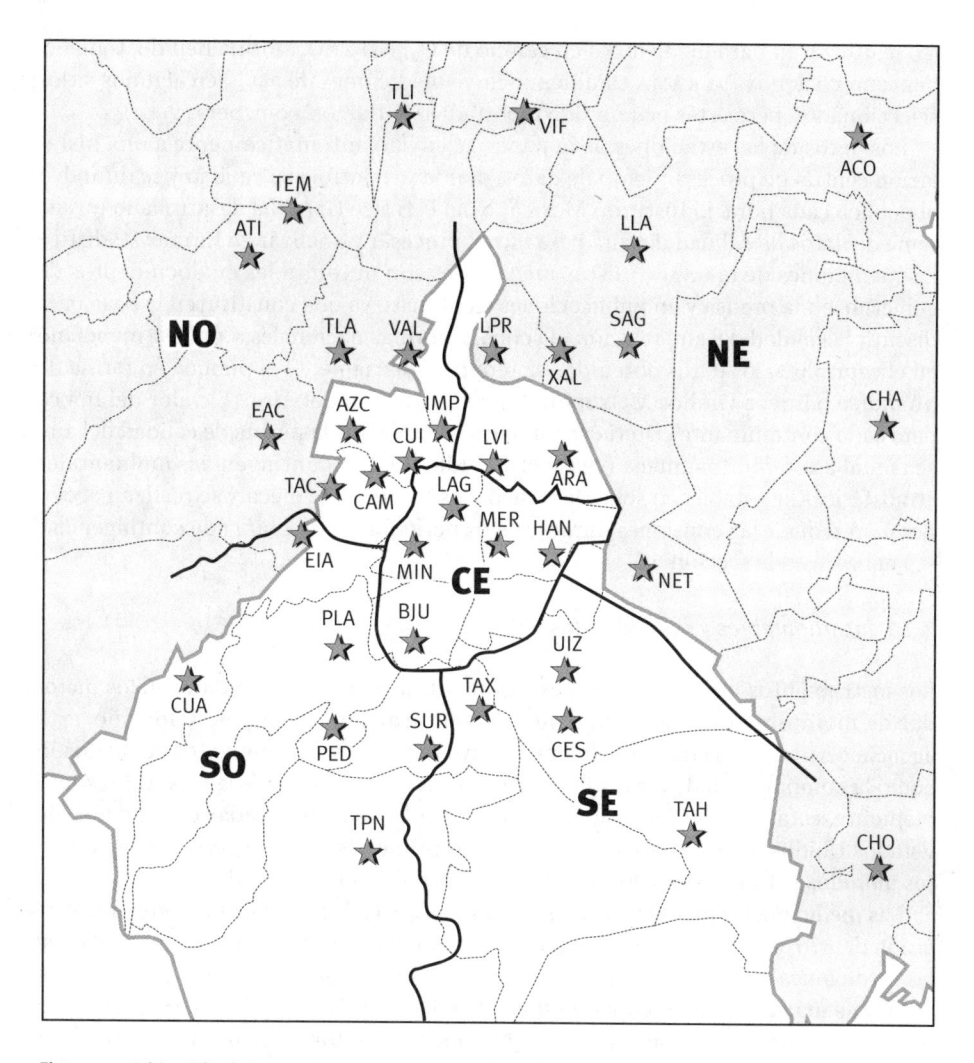

Figura 5.1 Ubicación de las 37 estaciones de la RAMA.

ACO: Acolman
ARA: Aragón
ATI: Atizapán
AZC: Azcapotzalco
BJU: Benito Juárez
CAM: Camarones
CES: Cerro de la Estrella
CHA: Chapingo
CHO: Chalco
CUA: Cuajimalpa
CUI: Cuitláhuac
EAC: ENEP Acatlán
EIA: Escuela Superior de Ing. y Arq., IPN
HAN: Hangares
IMP: Instituto Mexicano del Petróleo
LAG: Lagunilla
LLA: Los Laureles
LPR: La Presa
LVI: La Villa
MER: La Merced
MIN: Metro Insurgentes
NET: Nezahualcóyotl
PED: Pedregal
PLA: Plateros
SAG: San Agustín
SUR: Santa Úrsula
TAC: Tacuba
TAH: Tláhuac
TAX: Taxqueña
TEM: Tecnológico de Monterrey
TLA: Tlalnepantla
TLI: Tultitlán
TPN: Tlalpan
UIZ: UAM Iztapalapa
VAL: Vallejo
VIF: Villa de las Flores
XAL: Xalostoc

les se utilizarán para mediciones en campo de O_2, NO_2, SO_2, formaldehído, tolueno, benceno y xilenos. La RAMA también incluye mediciones de $PM_{2.5}$ en algunos sitios seleccionados, pero éstas no han sido reportadas (R. Ramos, com. pers., 2001).

Los datos de las estaciones de la RAMA se envían automáticamente a una instalación central de procesamiento de datos, donde se controla su calidad y se difunden al público cada hora. El Instituto Mexicano del Petróleo (IMP) ha desarrollado un sistema de datos de calidad del aire para filtrar, procesar y analizar en forma estadística las mediciones de la RAMA.[2] Estas mediciones son muy citadas en documentos de gobierno, en la prensa y en publicaciones científicas, ya que constituyen la base para discutir la calidad del aire relacionada con las normas nacionales. Como se mencionó en el capítulo 2, los datos obtenidos se reportan diariamente al público en forma de un índice o Imeca (Índice Metropolitano de la Calidad del Aire). El valor del Imeca para cada contaminante criterio se establece a fin de que la norma de calidad del aire sea igual a 100 puntos Imeca (véase el apéndice 1). Las contingencias ambientales atmosféricas se establecen sobre la base de los valores del Imeca y se realizan acciones para reducir las emisiones durante estos periodos. El programa de contingencias se analizará en la sección 6.6.

3.2.1 *Incertidumbres y calidad de los datos*

Los instrumentos utilizados en las estaciones de la RAMA concuerdan con los métodos de monitoreo de referencia o métodos equivalentes de la EPA. Cada año, esta agencia certifica las estaciones, lo que incluye tanto los procedimientos de medición como la comparación de los resultados entre sus equipos y los de la RAMA. Presumiblemente, estas mediciones son de calidad similar a las realizadas en ciudades de Estados Unidos. En esta sección discutiremos primero sobre la incertidumbre de estos métodos y después los asuntos relativos a la cobertura de la red.

Las mediciones para CO y ozono son en su mayoría de buena calidad, con una precisión dentro de un rango de 15 y 3%, respectivamente. Por lo general se considera que las mediciones de NO por medio de quimiluminiscencia son confiables. Sin embargo, el NO_2 es más difícil de medir, en especial en bajas concentraciones. En el método más común para hacerlo se convierte el NO_2 en NO y entonces es posible medirlo por

---

[2] Los valores horarios del Imeca para los contaminantes criterio se pueden obtener en la página <http://www.sima.com.mx/sima/df/index.html>. Las mediciones históricas de la RAMA se pueden ver en los mapas de la Ciudad de México, en <http://itzamna.imp.mx/index/index.html>, para cualquier intervalo de una hora durante el periodo de medición (con un retraso de casi tres meses). Las mediciones de vientos en algunos sitios de monitoreo también se pueden superponer en estos mapas, aunque se deben ver con cuidado, ya que estos vientos de superficie pueden no ser representativos de los flujos de transporte de aire. Estos sistemas para presentar los datos visualmente en las páginas de internet tienen como objeto su difusión; muestran sólo una hora a la vez y no son útiles para obtener datos para el análisis científico. Los investigadores pueden tener acceso a datos duros mediante las instituciones gubernamentales.

quimiluminiscencia. En investigaciones anteriores se ha encontrado que en la conversión de NO_2 a NO también se convierten, parcialmente, otras especies de nitrógeno (incluyendo nitrato de peroxiacetilo y HNO_3). En consecuencia, medir NO_2 por medio de esta técnica puede sobrestimar sus verdaderas concentraciones (NRC, 1991).

Comúnmente, las mediciones de PM_{10} y PST constan sobre todo de partículas gruesas de polvo, y éste parece ser también el caso del AMCM. Las mediciones de material particulado fino por lo general presentan incertidumbre debido a la volatilización de los compuestos semivolátiles de los aerosoles (p. ej., nitrato, amonio y compuestos orgánicos) desde el filtro durante el muestreo. Debido a que los filtros se recogen después de 24 horas de exposición en la red manual, estas pérdidas de material particulado fino pueden ser importantes. Se estima que las mediciones en las estaciones de la RAMA que utilizan el MOVP están especialmente sujetas a un rango de error debido a la volatilización (Allen et al., 1997). Las mediciones gravimétricas de las estaciones manuales reportadas para PM_{10} y PST son precisas con un rango de error de 10%, margen que se amplía cuando se utiliza MOVP.

3.2.2 Cobertura de la red

Las 19 estaciones de la red manual están principalmente en el AMCM. Las mediciones de rutina sobre la composición química de las partículas sólo se hacen en la red manual. Con la expansión de la RAMA a 37 estaciones se cubre un área mayor. Sin embargo, debido a que la ciudad está creciendo rápidamente, la distribución actual de las estaciones es insuficiente para cubrir las nuevas regiones pobladas. La red actual no proporciona medición alguna fuera de la cuenca de la Ciudad de México y no cubre algunas regiones rurales dentro de ella.

3.3 Mediciones de depósitos

En el AMCM, además de las mediciones directas de la calidad del aire se realizan de manera rutinaria mediciones de acidez de lluvia y depositación húmeda y seca, en una red que consiste en 11 colectores automáticos. Estas mediciones se iniciaron en 1987 en cuatro sitios, algunos de los cuales están contiguos a estaciones de la RAMA. Además del pH·promedio, todos reportan concentraciones de especies de iones en agua de lluvia, tales como sulfato, nitrato, sodio, potasio, calcio y magnesio, y tres sitios reportan también depositación total húmeda y seca.

En 1997, los resultados de esta red de medición mostraron que los valores anuales promedio más altos de pH en agua de lluvia (~5.0) se encuentran por lo común en el noreste de la ciudad, mientras que los valores más bajos (~4.5) se ubican en el suroeste (INEGI, 1999b) (como comparación, el pH del agua de lluvia pura es ~5.6 y el valor más bajo observado en Europa y en el noreste de Estados Unidos, donde la preocupación por la lluvia ácida es mayor, es aproximadamente 4.0). Este patrón se puede explicar de manera intuitiva por la gran cantidad de polvo (que es alcalino) y por las emisiones de amoniaco (principalmente de los desechos de animales de granja y de humanos) en el noreste, y por la conversión de SO_2 en ácido sulfúrico y de NO_x en ácido nítrico al ser desplazadas masas de aire del centro hacia el suroeste de la ciudad.

Estos valores de pH sugieren que la depositación ácida no es un problema serio en el AMCM y por consiguiente que los programas de control de emisiones, como el Proaire (DDF *et al*., 1996), están orientados, básicamente, a alcanzar las normas de calidad del aire de los contaminantes criterio, más que para reducir la depositación ácida.

Además de la acidez del agua de lluvia, su constitución iónica proporciona información adicional sobre la composición atmosférica. Sin embargo, la posibilidad de usar las mediciones de lluvia para inferir la composición atmosférica hoy día es limitada, principalmente por la incapacidad de generar modelos de los procesos de depositación y remoción (o barrido) de la atmósfera. Las mediciones de agua de lluvia pueden ser más útiles para considerar las proporciones entre diferentes especies de iones y estudiar las tendencias para monitorear el efecto de los cambios en las emisiones; además, pueden ser una forma muy barata de recolectar datos. Más allá de estos usos, su valor es limitado.

3.4 Las campañas intensivas del proyecto MARI

El proyecto MARI (The Mexico City Air Quality Research Initiative) fue un esfuerzo entre el Instituto Mexicano del Petroleo y Los Alamos National Laboratory (LANL/IMP, 1994) que también involucró a investigadores de otras instituciones. En el proyecto se incluyeron cuatro campañas de medición (descritas en el volumen IV de LANL/IMP, 1994), las cuales hicieron énfasis en las mediciones de meteorología y calidad del aire, a fin de sustentar sus actividades para la elaboración de modelos.

La primera campaña, en septiembre de 1990, duró dos semanas y se concentró en mediciones meteorológicas. Se utilizó un globo cautivo para medir los perfiles verticales de parámetros meteorológicos y concentraciones de ozono en dos sitios (Xochimilco y Deportivo Los Galeana). Además, diariamente se soltaron siete radiosondas desde el aeropuerto para medir los perfiles verticales de parámetros meteorológicos.

La segunda campaña, en febrero de 1991, fue la más larga de las cuatro e incluyó mediciones extensas de meteorología, usando sondas cautivas, radiosondas (mediante globos de clima) y un lidar. Se realizaron dos tipos de mediciones meteorológicas:

- Para estimar perfiles verticales, con lidar y sondas cautivas en dos sitios: la planta de energía Valle de México (15 a 18 de febrero) y el Instituto Politécnico Nacional (18 a 23 de febrero); del 25 de febrero al 1 de marzo se hicieron con sondas cautivas en Xochimilco y mediciones con lidar en la UNAM.
- Con siete radiosondas de viento liberadas diariamente desde el aeropuerto.

Se utilizaron las mediciones de la RAMA sobre las concentraciones de contaminantes criterio a nivel del suelo. Éstas se complementaron con datos obtenidos por medio de otras técnicas, como mediciones de SO_2 por lidar de absorción diferencial, mediciones de PST y PM_{10}, y análisis elemental de partículas mediante emisión de rayos X inducida por protones (ERXIP).

Esta campaña incluyó mediciones desde aeronaves, a lo largo de 40 horas de vuelo durante 12 días (Proyecto Águila). La aeronave produjo perfiles verticales y la distribución horizontal a tres diferentes altitudes de parámetros meteorológicos, ozono, bióxido de azufre y distribución de partículas por tamaño (pero no por su composición química). Las mediciones del Proyecto Águila se describen en Nickerson *et al.* (1992) y se analizan de forma más completa por Pérez-Vidal y Raga (1998), quienes muestran que las concentraciones de ozono y de partículas por la mañana son elevadas en la parte superior de la capa de mezcla. Esto sugiere que la producción fotoquímica de ozono y de partículas puede incrementarse a mayor altitud.

La tercera y cuarta campañas del MARI (marzo de 1992 y marzo de 1993) se concentraron en la medición de hidrocarburos a nivel de superficie en varios sitios (LANL/IMP, 1994; Ruiz *et al.*, 1996). Las mediciones confirmaron que la proporción COV/NO_x es muy alta y permitieron el análisis de la especiación de los hidrocarburos. Investigadores del IMP realizan cada seis meses estas mediciones según se describe en la sección 3.8. Además, la tercera campaña incluyó mediciones meteorológicas utilizando un sodar (radar acústico) y un lidar. La cuarta campaña también incluyó mediciones de varios gases en la estación La Merced utilizando un EAOD.

3.5 La campaña Imada-AVER

La campaña Imada-AVER (Investigación sobre Materia Particulada y Deterioro Atmosférico-Aerosol and Visibility Evaluation Research) fue muy amplia en la región del AMCM y en ella se recogieron mediciones del 23 de febrero al 22 de marzo de 1997 (IMP, 1998; Doran *et al.*, 1998; Edgerton *et al.*, 1999). Esta campaña produjo el conjunto más completo, hasta ahora disponible, de datos meteorológicos sobre la cuenca y la composición química del material particulado. Los colaboradores de Estados Unidos fueron: el Argonne National Laboratory, el Los Alamos National Laboratory, el Pacific Northwest Laboratory, la National Oceanic and Atmospheric Administration y el Desert Research Institute; por México participaron: el Instituto Nacional de Investigaciones Nucleares (ININ), la Comisión Ambiental Metropolitana de la Ciudad de México (CAM), la Universidad Nacional Autónoma de México (UNAM), el Instituto Nacional de Ecología (INE) de la Secretaría de Medio Ambiente y Recursos Naturales, el Instituto Mexicano del Petróleo (IMP), el Instituto Politécnico Nacional (IPN) y el Instituto Nacional de Antropología e Historia (INAH).

3.5.1 Mediciones meteorológicas

Además de las dos mediciones diarias con radiosondas de viento en el aeropuerto y las de superficie en las estaciones de la RAMA, la campaña Imada instaló equipos en cuatro sitios clave para monitorear la meteorología del aire de superficie y superior. De estos cuatro lugares —Chalco, UNAM, Teotihuacan y Cuautitlán—, tres se encuentran fuera del área metropolitana y por lo tanto proporcionan mayor conocimiento sobre la meteorología en toda la cuenca. Cada lugar contaba con un radar perfilador de viento y sodares, y se liberaron radiosondas cinco veces al día. Adicionalmente, en el poblado de Tres Marías, ubicado en las montañas al sur de la ciudad, y en la ciudad de Pachuca, al noreste, se realizaron dos y tres liberaciones diarias de radiosondas de viento, respectivamente. El objetivo principal en estas dos plazas era la obtención de los flujos de aire dentro y fuera de la cuenca durante la tarde.

Las mediciones meteorológicas son descritas por Doran *et al.* (1998) y Fast y Zhong (1998), quienes demuestran de manera clara la ruptura de la inversión térmica y la elevación de la capa de mezcla desde cerca de las 11 a.m. y hasta las 4:30 p.m. Los vientos superficiales fueron ligeros en la mañana y la capa de mezcla por lo general alcanzó 3 000 m al final de la tarde. Se observaron fuertes vientos del norte en la tarde, lo cual concuerda con el conocimiento previo de que los vientos normalmente se mueven a lo largo de la ciudad del noreste al suroeste. Los hallazgos también mostraron, sin embargo, que durante este lapso existe por lo regular un flujo de viento hacia el centro de la ciudad desde las montañas del sureste, cerca de Chalco, que no se ha descrito de manera amplia en la literatura. Esta convergencia de vientos desde el sur y el norte puede atrapar los contaminantes dentro de la cuenca durante la tarde. También se encontraron flujos locales pendiente arriba de las montañas del suroeste de la ciudad. Al parecer, durante muchas tardes el aire abandona la cuenca por esta ruta. La meteorología sinóptica parece que tiene un importante efecto en los flujos de aire locales y en la dispersión de contaminantes, lo cual hace difícil caracterizar los flujos típicos diarios.

3.5.2 Mediciones de la calidad del aire

Las mediciones de la calidad del aire se enfocan en el material particulado y aquellas especies químicas en fase gaseosa relacionadas con las partículas. Es importante mencionar que todas las mediciones de la calidad del aire durante la campaña Imada se tomaron en la superficie y por lo tanto no se dispone de mediciones de perfil vertical. La campaña incluyó mediciones de 24 horas para material particulado y composición química de partículas en 30 sitios dentro de la cuenca, y también abarcó:

- Mediciones de PM_{10} y $PM_{2.5}$ y su composición química en seis sitios clave dentro de la cuenca; mediciones cuatro veces al día (promedios de seis horas) en La Merced, Cerro de la Estrella y Xalostoc, y mediciones promedio diarias en

Tlalnepantla, el Pedregal y Nezahualcóyotl. Las mediciones promedio de seis horas pueden utilizarse para determinar los patrones diurnos de las concentraciones y la composición de las PM.
- Mediciones promedio por hora de dispersión y absorción de luz en La Merced y el Pedregal.
- Sólo en La Merced se tomaron, cada seis horas, mediciones de ácido nítrico y amoniaco en fase gaseosa utilizando separadores.
- Las mediciones en La Merced, Xalostoc y el Pedregal reportaron concentraciones detalladas de hidrocarburos e hidrocarburos aromáticos policíclicos (HAP) en fase gaseosa.
- En el IMP, cada 15 minutos durante el día se hicieron mediciones continuas de nitrato de peroxiacetilo (PAN) e hidrocarburos volátiles.

Debido a problemas con las mediciones de nitrato y aerosol de amonio se usaron diversas técnicas para dar estimados diferentes de las concentraciones. Además de éstas, se hicieron también mediciones de perfiles de fuente para ver la composición de partículas en varias fuentes: polvo suspendido, diferentes operaciones de elaboración de alimentos y escapes de vehículos de motor a diesel. También estuvieron disponibles las mediciones de rutina de la RAMA para el mismo periodo.

Edgerton *et al.* (1999) hicieron un análisis inicial de las mediciones de calidad del aire durante la campaña Imada. Las concentraciones promedio en 24 horas de PM_{10} y $PM_{2.5}$ fueron de 75 µg/m³ y 36 µg/m³, respectivamente. Durante el mes de las mediciones, la norma nacional mexicana de 150 µg/m³ para PM_{10} se excedió siete veces en los seis sitios clave. Aunque la contaminación es por lo general peor en invierno, estas violaciones a la norma de PM_{10} son menos comunes que el promedio. La norma estadunidense propuesta para $PM_{2.5}$ de 65 µg/m³ se excedió cuatro veces. En promedio, las $PM_{2.5}$ constituyen cerca de la mitad de las PM_{10}, con una mayor contribución durante la mañana. Las principales conclusiones del análisis químico de aerosoles en los seis sitios clave son:

- Los aerosoles carbónicos (carbono orgánico y elemental) son responsables de alrededor de 20 a 35% de las PM_{10} y de 20 a 25% de las $PM_{2.5}$.
- El polvo en aerosol es responsable de 40 a 55% de las PM_{10} a lo largo de la ciudad y contribuyó de manera importante a las altas concentraciones de aerosol en el noreste y este de la ciudad, más cercanas a los lechos lacustres secos, los cuales son grandes fuentes de polvo.
- Otras especies inorgánicas importantes —sulfato, nitrato y amonio— juntas contribuyen con 10 a 20% de las PM_{10} y con 15 a 30% de las $PM_{2.5}$.

Las mediciones de PAN e hidrocarburos en el IMP han sido reportadas por Gaffney *et al.* (1999), quienes utilizaron un cromatógrafo de gases automático equipado con un sistema de detección de captura de electrones. Los PAN muestran una fuerte variabilidad diurna, con concentraciones cercanas a cero durante la noche y concentraciones máximas de hasta 40 ppb durante el día. Estas concentraciones pico fueron las más altas en el mundo desde aquellas presentes en Los Ángeles a finales de los setenta. Las mediciones de hidrocarburos también se hicieron en el IMP y se analizaron para el 20 y 21 de marzo de 1997. El 21 de marzo es un día de fiesta nacional en el cual disminuye el tránsito de automóviles. El análisis de hidrocarburos derivados del gas licuado de petróleo (GLP) muestra concentraciones comparables en ambos días, pero con concentraciones menores de butenos e hidrocarburos derivados de los vehículos durante el día festivo. Esto sugiere que los vehículos son la principal fuente de butenos en el AMCM.

3.6 El Proyecto Azteca y otras investigaciones en la UNAM/CCA

El Proyecto Azteca (Evolución de Aerosoles en la Ciudad de México: Relación con Especies Precursoras en Fase Gaseosa e Impacto en la Supresión Solar) se enfocó principalmente en las mediciones de superficie de los aerosoles en el AMCM, las cuales se realizaron en el Ajusco, en las montañas al suroeste de la ciudad, del 1 al 20 de noviembre de 1997.[3]

La pregunta principal de la investigación fue: ¿cómo cambian las propiedades microfísicas, ópticas y químicas de los aerosoles durante los ciclos diurnos? Una de las conclusiones del estudio muestra que las partículas tienen un alto contenido de hollín y absorben gran cantidad de luz (albedo sencillo de dispersión de casi 0.6). Para analizar la producción y el transporte, los investigadores del proyecto utilizaron correlaciones entre las concentraciones de ozono y monóxido de carbono medidas en la RAMA y aquellas estimadas en el Ajusco durante un ciclo diario. También analizaron el impacto radiativo de los aerosoles como vínculo entre la contaminación del aire local y el clima global. Encontraron días con concentraciones anormalmente altas de bióxido de azufre. Se cree que estas anormalidades no son antropogénicas, ya que no se presentaron para CO y O_3. En consecuencia, estas concentraciones de SO_2 se tomaron como evidencia del efecto de las emisiones volcánicas en la ciudad (Raga *et al.*, 1999a).

Estos investigadores también utilizaron mediciones de los flujos de viento y de calidad del aire en el Ajusco y tres estaciones de la RAMA en la ciudad para analizar el efecto de los vientos en las concentraciones de contaminantes (Raga *et al.*, 1999b). Las conclusiones muestran flujos de pendiente ascendente durante el día y flujos de pendiente descendente en la noche. En el Ajusco, los primeros ocasionan una dilución de SO_2 y CO de hasta 50%; a pesar de esta dilución, se observa un incremento en las concentraciones de ozono debido a la producción secundaria. En las noches, se sugiere que los flujos de pendiente descendente pueden conducir el ozono y los precursores de éste desde un nivel elevado hacia la superficie.

[3] Los investigadores principales fueron Darrel Baumgardner y Greg Kok (NCAR) y Graciela Raga (UNAM).

En un esfuerzo por entender la evolución de las partículas finas a lo largo del tiempo, Baumgardner *et al.* (2000) muestran las mediciones más completas, hasta hoy, de la distribución por tamaño de los aerosoles y las propiedades ópticas de éstos. Sus resultados revelan relaciones entre el tamaño de las partículas y las mediciones de CO y ozono, que pueden ser utilizadas para distinguir entre partículas primarias y su coagulación en partículas secundarias. Los resultados también señalan diferencias en la distribución de los tamaños de aerosoles con una humedad relativa baja o alta, y una mayor formación de aerosoles de sulfato con humedad relativa alta debido a la oxidación más rápida de SO_2 en partículas acuosas.

3.7 Otras mediciones de aerosoles

Además de las mediciones de rutina de aerosoles y de las mediciones de la campaña Imada, Adalpe, Miranda, Flores y colaboradores en la UNAM (Adalpe *et al.*, 1991a y 1991b; Miranda *et al.*, 1992, 1994, 1996; Flores *et al.*, 1999) han realizado varios estudios de composición química de los aerosoles. En ellos utilizaron métodos como el de emisión de rayos X inducida por protones (ERXIP), el análisis de dispersión elástica de protones y fluorescencia de rayos X (FRX) para analizar la composición elemental típica de las partículas de aerosol en un sitio. Estos métodos proporcionan mediciones de la composición elemental de metales en las partículas, que pueden ser de gran utilidad ya que algunos metales sirven como trazadores de diferentes fuentes (polvo del suelo, emisiones de automóviles, quema de combustóleo, etc.), pero no reflejan algunas especies químicas importantes, como compuestos orgánicos, hollín y nitratos. Miranda *et al.*, (1996) reportaron mediciones tomadas en el otoño de 1993 en el campus de la UNAM, al sur del AMCM. Los análisis de la composición química tanto de partículas finas como gruesas muestran una contribución importante de polvo en ambas.

En el más reciente de estos estudios, Flores *et al.* (1999) realizaron mediciones en Xalostoc dos veces al día durante cuatro semanas en el verano de 1996 y cuatro semanas en el invierno de 1997. El segundo lapso de muestreo (del 14 de febrero al 14 de marzo de 1997) se traslapó con el periodo de mediciones de Imada y así éstas se llevaron a cabo de manera coordinada, separando los aerosoles finos de los gruesos. Los resultados muestran altas concentraciones de cobre, zinc y plomo en relación con las encontradas en los suelos, y se piensa que son originadas por las actividades industriales tanto diurnas como nocturnas. El plomo se debe probablemente a la gasolina con plomo que aún se utilizaba en pequeñas cantidades durante el periodo de estudio. Se observaron también altas concentraciones de azufre y vanadio, que se asocian con el uso de combustibles fósiles por la industria y los vehículos automotores. Estas mediciones sugieren que, en Xalostoc, la contribución de la industria puede ser más importante comparada con la de las fuentes de polvo.

Vega *et al.* (1997) también tomaron muestras de aerosoles en un sitio en el centro de la ciudad durante el invierno de 1989-1990. Las muestras se recolectaron utilizando un clasificador de aire seco (para separar $PM_{2.5}$), dos separadores anulares y un paquete de filtros. Se analizaron las muestras para dar la masa total (PST) y $PM_{2.5}$. La composición elemental se determinó mediante análisis de ERXIP; el contenido de sulfato y nitrato se hizo mediante cromatografía de iones, y el carbono elemental y el orgánico fueron medidos por un método térmico-óptico. Los resultados muestran las PST en un rango de 101 a 361 µg/m³ y las $PM_{2.5}$ de 36 a 223 µg/m³, y que el carbono orgánico es el mayor componente de las $PM_{2.5}$, con un tercio de la masa. Estas mediciones fueron utilizadas en un modelo receptor de balance químico de masa para estimar la aportación de contaminantes por tipo de fuente en el AMCM, como se describe en la sección 5.4. Este informe indica que el IMP también tomó mediciones de aerosol durante 1992-1994, mismas que están siendo analizadas.

Castillejos (1999) tomó mediciones de PM_{10} y $PM_{2.5}$ en septiembre de 1998 y febrero de 1999 en Tlalnepantla, UAM-Azcapotzalco, La Villa, Cerro de la Estrella y Ciudad Nezahualcóyotl, en promedios de 24 horas cada tres o seis días. Los resultados muestran que el promedio de PM_{10} en los cinco sitios fue de 80 µg/m³ y que las $PM_{2.5}$ constituían cerca de la mitad de las PM_{10}.

Finalmente, desde marzo de 1998 el Cenica ha medido las PM_{10} en su sede (al sureste del centro de la ciudad) utilizando un MOVP, el mismo instrumento empleado en las estaciones de la RAMA para mediciones horarias. El Cenica también hace mediciones de PM_{10} y $PM_{2.5}$ con muestreadores de alto volumen que analizan muestras tomadas cada seis días.

Además de las arriba mencionadas, en el capítulo 4 se describen otras mediciones llevadas a cabo para estudiar los efectos del ozono y de las partículas en la salud.

3.7.1 *Propiedades ópticas de los aerosoles*

También se han realizado mediciones de los rangos de visibilidad. Al considerar que los aerosoles son la principal causa de la reducción de la visibilidad, estas mediciones pueden proporcionar información acerca de los aerosoles, aunque para comprender sus efectos también se requiere conocer sus propiedades ópticas y su distribución por tamaños. Las mediciones del rango de visibilidad se hacen de manera rutinaria en el aeropuerto internacional y en Tacubaya, aunque son poco confiables debido a su subjetividad.

Estas mediciones sobre rango de visibilidad han sido analizadas, recientemente, por Mora (1999), quien intentó relacionarlas con las mediciones de calidad del aire. Estudios adicionales sobre visibilidad incluyen los de Bravo y sus colaboradores (Bravo *et al.*, 1982, 1988), quienes han desarrollado bases de datos a largo plazo sobre mediciones de radiación solar y la distribución de tamaños de las partículas en algunos sitios del AMCM, y han hecho cálculos sobre la transferencia radiativa a través de la atmósfera, lo cual es importante para la visibilidad. Estos cálculos son similares a aquéllos sobre el efecto directo de los aerosoles en el cambio climático.

El impacto de los aerosoles absorbentes en el clima regional fue evaluado por

Jáuregui y Luyando (1999). Estos investigadores midieron la radiación solar en dos sitios del AMCM: uno "sucio" en el centro de la ciudad y uno "limpio" en el noreste. Se compararon los cambios en los flujos solares con los registros de la temperatura local para establecer relaciones de causa y efecto. Las conclusiones clave fueron que el promedio anual de temperatura cerca de los límites de la ciudad declina debido a la capa de *smog* transportada. Sin embargo, el efecto de isla de calor predomina, mientras que los aerosoles absorbentes no tienen mucho impacto.

3.8 Mediciones de hidrocarburos

Como se mencionó antes, las mediciones de rutina (cada hora) de ozono, NO_x y CO, entre otras especies, se realizan en las estaciones de la RAMA. Sin embargo, con el propósito de entender la formación del ozono también se necesita entender la de los COV (tanto las emisiones como las concentraciones ambientales). En el AMCM no se llevan a cabo mediciones de rutina de COV totales, aunque en dos sitios se realizan mediciones continuas de algunos hidrocarburos seleccionados.

La mayoría de las mediciones de hidrocarburos en el AMCM se hace en el IMP dos veces al año (marzo y noviembre) desde 1992 (Arriaga *et al*., 1997; las mediciones más recientes, de 1996, están siendo analizadas actualmente por Arriaga en el IMP). Estas mediciones de COV totales y su especiación se incluyeron en las campañas de MARI e Imada, y fueron tomadas en La Merced, Xalostoc, el Pedregal y en otros sitios durante periodos específicos.

Durante el proyecto MARI (LANL/IMP, 1994) se hicieron mediciones de hidrocarburos en febrero de 1991 utilizando muestreadores de cartucho de absorción para hidrocarburos totales y aldehídos. Estos cartuchos se volvieron a utilizar durante las campañas de febrero de 1992 y marzo de 1993. Además, las de febrero de 1992 utilizaron en varios lugares un analizador de fotoionización en tiempo real para hidrocarburos totales. En marzo de ese año se recolectaron 100 recipientes de aire ambiente en seis sitios del AMCM, que fueron enviados a los laboratorios de la EPA para ser analizados por cromatografía de gases/espectrometría de masas (CG/EM). En casi todos los casos, las muestras se tomaron de 6 a 9 a.m. para evaluar la proporción matutina COV/NO_x y estimar la especiación de las emisiones frescas.

Las mediciones de marzo de 1992 mostraron que las emisiones de hidrocarburos no metánicos en áreas urbanas están generalmente en el intervalo de 2 a 7 ppmC. Estos niveles son muy altos comparados con los que se presentan en las ciudades contaminadas de Estados Unidos (LANL/IMP, 1994). Además, estas mediciones se han utilizado para sustentar la idea de que la proporción COV/NO_x es muy alta en el AMCM y la posibilidad de que la formación de ozono sea sensible a los NO_x. La especiación de los COV se muestra en Ruiz *et al*. (1996), quienes exponen que el propano, el butano, el tolueno, el etano y el acetileno juntos son responsables de entre 25 y 45% de los COV totales.

Durante la campaña Imada se midieron COV en tres sitios (La Merced, Xalostoc y el Pedregal), con muestras promedio de tres horas (6 a 9 a.m.) y otras muestras promedio adicionales de seis horas en La Merced (6 a 12 h y 12 a 18 h). Las concentraciones más altas de COV totales se observaron muy temprano en la mañana (6 a 9 a.m.) en La Merced, con un promedio de 4.1 ppmC (Edgerton et al., 1999).

Los resultados de estas mediciones se reportaron en el Proaire (DDF et al., 1996) y muestran que los hidrocarburos más abundantes son propano y butano (35% por masa), tolueno, *m*-xilenos, *p*-xilenos y benceno (10%), y eteno, acetileno y propeno (6%). Sin embargo, esta especiación no considera la importancia de cada especie en la formación de ozono. Una vez que estas concentraciones se equiparan por el índice de reactividad incremental máxima (RIM; véase Carter, 1994; 1998), se estima que los *m*-xilenos, los *p*-xilenos, el tolueno y el propileno son los que más contribuyen a la formación de ozono.

Arriaga et al. (1997) reportaron que en promedio 52 a 60% de los hidrocarburos eran alcanos, 14 a 19% aromáticos y 9 a 12% alquenos. También mostraron que de 1992 a 1996 las concentraciones ambientales de hidrocarburos totales aparentemente habían disminuido. Esto es verosímil en virtud de que las emisiones de hidrocarburos fueron el objetivo de los programas de control de la contaminación del aire en esa época. Sin embargo, ya que dichas mediciones sólo se tomaron pocos días a la vez, la disminución puede estar influida por variaciones meteorológicas o errores de medición.

3.8.1 *Otras mediciones de hidrocarburos*

Blake y Rowland (1995) tomaron alrededor de 75 muestras de aire en un periodo de seis días en febrero de 1993, en varios sitios del AMCM, y analizaron la composición de los hidrocarburos. Las muestras fueron recolectadas en filtros y analizadas posteriormente por separación criogénica, seguida por cromatografía de gases multialícuota. Este análisis hace énfasis en la medición de la especiación de los COV. Se hicieron mediciones similares en otras épocas del año con resultados consistentes (180 muestras tomadas en total).

Los resultados revelan altas concentraciones de alcanos (particularmente propano, n-butano e i-butano) en relación con otros hidrocarburos, y más altas de lo que podría esperarse sólo por fuentes móviles. Esto sugiere que las fugas de GLP son una fuente importante de hidrocarburos, mismas que podrían ser responsables de algunas de las discrepancias en la proporción COV/NO_x estimada de los inventarios de emisiones y de las observadas en la atmósfera. Las mediciones a lo largo de carreteras muestran altas concentraciones de hidrocarburos asociadas con las emisiones vehiculares (particularmente etileno y acetileno).

Blake y Rowland también compararon la composición química del GLP vendido en el AMCM con la del que se vende en Los Ángeles y revelaron que el primero contiene más butano y olefinas (alquenos). En virtud de que estos compuestos son mucho más reactivos para producir ozono que el propano (que es 95% del GLP en

Los Ángeles), Blake y Rowland sugirieron que se alterara la composición del GLP en la Ciudad de México para que contuviera menos olefinas. Como respuesta, en 1995 se introdujeron cambios en la composición del GLP (DDF *et al.*, 1996).

Serrano-Trespalacios (1999) tomó mediciones independientes de hidrocarburos en cinco sitios (ENEP-Acatlán, Ciudad Azteca o San Agustín, La Merced, Plateros y UAM-Iztapalapa), consistentes en concentraciones promedio de una semana tomadas una vez al mes, entre marzo de 1998 y febrero de 1999. Se reportan concentraciones para benceno, 1,3-butadieno, formaldehído, acetaldehído, 1,4-diclorobenceno, MTBE, xilenos, tolueno y otras especies de hidrocarburos, pero no para hidrocarburos totales. Young *et al.* (1997) también llevaron a cabo mediciones independientes de hidrocarburos en siete sitios del AMCM, en noviembre de 1993.

Se han realizado mediciones continuas para especies particulares de hidrocarburos, pero no para hidrocarburos totales. Como se analizó en la sección 3.2, la RAMA las incluye como EAOD de varias especies de hidrocarburos en La Merced. Además, en sus instalaciones al sureste del centro de la ciudad, el Cenica ha medido de manera continua 13 especies de hidrocarburos a partir de agosto de 1998. Las mediciones se realizan cada hora, tomando muestras cada cuatro minutos por medio de un humidificador y una trampa criogénica, y se analizan mediante una unidad de cromatografía de gases con detector de ionización de flama. Los resultados de estos monitoreos muestran que las concentraciones de hidrocarburos son más altas de 6 a 10 a.m. y más bajas de 1 a 5 p.m., y que la especie con concentración más alta es el propano (A. Fernández Bremauntz, com. pers.).

3.9 Otras mediciones en fase gaseosa

Dos estudios en el AMCM han medido las tasas de fotólisis de especies en fase gaseosa. Ruiz-Suárez *et al.* (1993a) utilizaron un modelo de transferencia radiativa para calcular las tasas de fotólisis de NO_2, O_3 y HCHO. Castro *et al.* (1995) reportaron mediciones directas de la tasa de fotólisis del bióxido de nitrógeno utilizando un reactor de flujo en tres sitios diferentes del AMCM.

De julio a noviembre de 1985 en la Ciudad Universitaria, Báez *et al.* (1989) midieron dos veces al día las concentraciones de formaldehído en el aire ambiente. Los resultados indican que las concentraciones durante esta campaña fueron de 24.4 (±9.8) ppbv y de 18.5 (±7.7) ppbv en la mañana y la tarde, respectivamente. Mediciones en marzo-mayo de 1993, en el mismo sitio, arrojaron valores de 35.5 (±26.5) ppbv para el formaldehído y 15.5 (±12.3) ppbv para el acetaldehído (Báez *et al.*, 1995). Por último, en las mediciones de 1993 a 1996, Báez *et al.* (2000) reportaron que las mediciones para acetona, formaldehído y acetaldehído estaban más o menos en el rango de 20 ppbv. Éstas se encuentran entre las concentraciones más altas consignadas.

3.10 Mediciones de perfil de fuentes de emisión

Durante el proyecto MARI se tomaron, para algunos tipos de fuentes en el AMCM, mediciones de perfil de fuentes centradas en la especiación de las emisiones de hidrocarburos de diferentes fuentes. Recientemente, Múgica *et al.* (1998) midieron los perfiles de emisiones de los escapes de automotores en un estudio de túnel en el AMCM. Este estudio tiene la ventaja de medir la especiación de emisiones de una muestra grande de vehículos. Estos investigadores también midieron emisiones evaporativas de vehículos en un estacionamiento. Vega *et al.* (2000) sumaron a éstas las mediciones tomadas en 1997 de los perfiles de emisión de las siguientes fuentes: varios tipos de gasolina (Nova y Magna), gas licuado de petróleo, aplicación de asfalto, desengrasado, rellenos sanitarios, pintura, artes gráficas y lavado en seco.

3.11 Percepción remota de emisiones de automóviles

La percepción remota de las emisiones de automóviles puede utilizarse para estimar las emisiones de una muestra grande del parque vehicular total, bajo condiciones reales de circulación. La técnica mide las emisiones en la calle, pasando un haz de radiación infrarroja para CO, CO_2, HC y ultravioleta para NO emitidos por el escape del automóvil. Durante el proyecto MARI se utilizó el equipo FEAT (Fuel Efficiency Automotive Test)[4] para medir las emisiones de los automóviles en cinco sitios diferentes, lo que dio un total de más de 30 000 mediciones individuales (véase Beaton *et al.*, 1992). Se relacionaron las emisiones con algunos factores, como la edad del automóvil, para vehículos registrados en el Distrito Federal. Estas mediciones concluyeron que 4% de los automóviles contribuyen con 30% de las emisiones por el escape de hidrocarburos y 25% aporta 50% de las emisiones de CO. Los resultados también revelan que la mayoría emiten de 3 a 6% de CO, cercano a lo que se esperaría si los vehículos fueran afinados para alcanzar su máxima eficiencia, lo que sugiere que se hizo deliberadamente para ganar potencia sin considerar la reducción de emisiones.

El mismo grupo de investigación regresó en otoño de 1994 para medir las emisiones de automóviles en los mismos sitios (Bishop *et al.*, 1997). Sus resultados revelan una disminución cercana a 50% en las emisiones promedio de CO y COV en un periodo de tres años, lo que se atribuye al uso en el AMCM de convertidores catalíticos en los modelos posteriores a 1991.

En un estudio más reciente (CAM/IMP, 2000), de marzo a octubre de 2000, el IMP realizó mediciones similares en 13 sitios diferentes del AMCM. Además de las de hidrocarburos y CO se incluyeron las de NO. Durante este estudio se registraron más de 120 000 mediciones individuales, aunque sólo se validó 62% (74 683 vehículos) para

---

[4] La descripción de las mediciones FEAT y los datos duros de las campañas se pueden encontrar en <http://www.feat.biochem.du.edu>.

un examen posterior. Se encontró también que las emisiones promedio de hidrocarburos, NO_x y CO varían dentro de la ciudad y que son más altas en las zonas pobres (Ecatepec, Nezahualcóyotl y Tultitlán) que en las zonas donde la proporción de automóviles de modelos recientes es mayor (Polanco, Pedregal y Huixquilucan).

El cuadro 5.3 muestra que hubo disminuciones importantes en las emisiones vehiculares de CO e hidrocarburos entre 1991 y 2000, con 70% de reducción en las emisiones de CO y 90% en las de hidrocarburos. Las emisiones de NO_x y CO son claramente más altas en el estudio de 2000 del AMCM que en el realizado en 1998 para Chicago, pero las emisiones de HC son casi iguales. Para todos los contaminantes, la mediana de las emisiones es notablemente mayor que los promedios, lo cual siguiere que una parte pequeña de los vehículos tiene emisiones muy altas.

La figura 5.2 ilustra la tendencia de las emisiones de CO, hidrocarburos y NO_x en el estudio de la CAM/IMP (2000) en función del año-modelo. Las emisiones de CO e hidrocarburos disminuyen en forma brusca para los años-modelo posteriores a 1988, así como las emisiones de NO_x para automóviles posteriores a 1992. Estas mejoras son una clara consecuencia de la introducción de controles de emisión, como la inyección directa de combustible y los convertidores catalíticos, y pueden deberse también a las mejoras en el programa de verificación y mantenimiento.

Cuadro 5.3 Estadísticas de emisiones vehiculares en tres estudios de percepción remota

Emisiones	AMCM 1991[a]	AMCM 2000[b]	Chicago 1998[c]
CO (%) promedio	4.3	1.4	0.39
CO (%) mediana	3.8	0.42	0.15
HC (ppm) promedio	2 100	246	250
HC (ppm) mediana	1 100	139	150
NO_x (ppm) promedio	—	966	405
NO_x (ppm) mediana	—	511	139
PORCENTAJE DE AUTOMÓVILES			
> 2% CO	70	25	4
> 300 ppm HC	—	25	32
> 1 000 ppm HC	59	2	7
> 500 ppm NO_x	—	50	26
> 2 500 ppm NO_x	—	12	2

[a] Beaton et al. (1992).   [b] CAM/IMP (2000).   [c] Popp et al. (1999b).

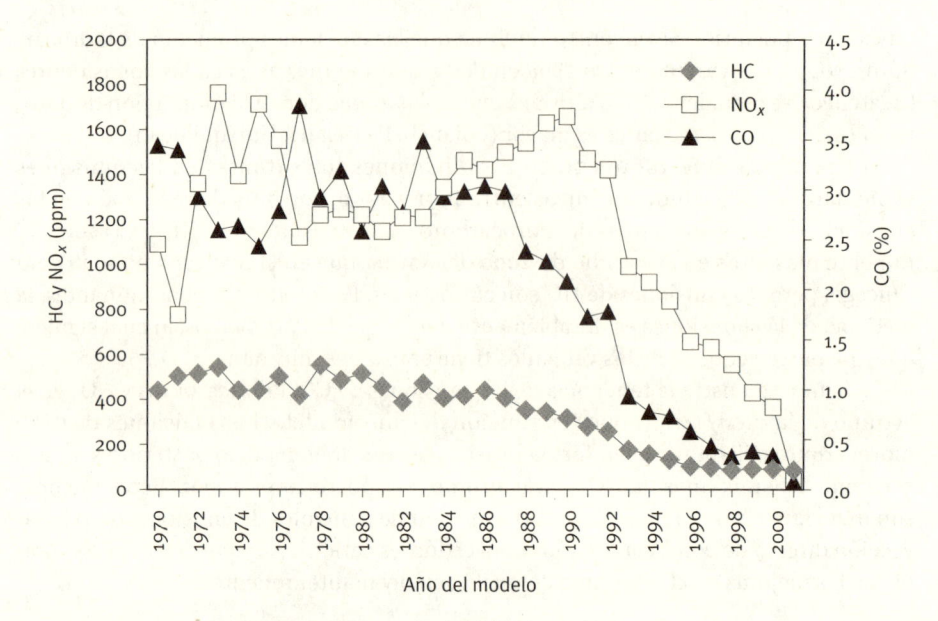

Figura 5.2 Promedio de emisiones de hidrocarburos, NO_x y CO en función del año-modelo de los automóviles sometidos a inspección en el AMCM (CAM/IMP, 2000).

Sin embargo, al comparar las emisiones de varios estudios de percepción remota con diferentes vehículos del mismo estudio es importante considerar la carga bajo la cual opera el motor al momento de la medición, en especial para mediciones de NO y en sitios donde puedan concurrir automotores de carga pesada. Para lograr esto, Popp *et al.* (1999a y 1999b) calcularon la potencia específica del vehículo con base en su velocidad y aceleración. Debido a que estas cantidades fueron medidas en el estudio de la CAM/IMP (2000), la potencia específica debe calcularse y utilizarse para corregir las emisiones; sin esta corrección, las conclusiones son inciertas.

3.12 Mediciones de exposición y contaminantes en espacios interiores

Además de medir las concentraciones ambientales, se han realizado otras mediciones para evaluar las concentraciones a las cuales la gente está directamente expuesta. Éstas incluyen muestreos en diferentes ambientes, tales como los hogares (Serrano Trespalacios, 1999), los lugares de trabajo (Romieu *et al.*, 1999), los salones de clase (Gold *et al.*, 1996) y el interior de los vehículos (Fernández Bremauntz y Ashmore, 1995). Adicionalmente, otras mediciones han utilizado monitores personales para estimar la exposición mientras las personas se mueven en patrones de actividad típicos dentro de la ciudad. Los propósitos de estos estudios no son sólo medir las concentraciones a las que está expuesta la gente, sino también entender la relación entre exposición y concentraciones ambientales (medidas en las estaciones de la RAMA), e identificar las fuentes locales (p. ej., hogares) de contaminantes que pudieran ser importantes para los efectos en la salud.

Se tomaron medidas de exposición personal y en espacios interiores de PM_{10} por Santos-Burgoa *et al.* (1998) y Romano (2000), quienes encontraron que las mediciones de exposición intramuros y extramuros eran similares. Las mediciones de ozono intramuros se hicieron en una escuela por Gold *et al.* (1996) y en algunos hogares por Romieu *et al.* (1998). Serrano-Trespalacios (1999) midió las exposiciones personales a especies tóxicas de hidrocarburos (incluyendo benceno, formaldehído y 1,3-butadieno) utilizando monitores personales en sujetos en diferentes lugares del AMCM, entre septiembre de 1998 y febrero de 1999. Los resultados de estos y otros estudios similares se analizan en el capítulo 4.

3.13 Resumen de las mediciones de la calidad del aire ambiente

Una vez revisadas las mediciones de calidad del aire por programa de medición, esta sección las reorganiza de acuerdo con los contaminantes en los cuadros 5.4 a 5.7.

Cuadro 5.4 Mediciones de superficie intensivas de partículas y su composición química

Contaminantes	Periodos	Frecuencia	Técnicas	Sitios	Fuentes
$PM_{10}/PM_{2.5}$ y análisis elemental	Feb. 1991	6 horas/día	ERXIP y ADEP	1	MARI
	Oct.-dic. 1993	8-14 horas/día	ERXIP, FRX, ADEP	1	UNAM
	Verano 1996, feb.-mar. 1997	2 veces al día	ERXIP	1	UNAM e Imada
Idem más sulfato, nitrato y carbono orgánico y elemental	Invierno 1989-1990		ERXIP, cromatografía de iones, termo-óptica	1	IMP
Idem más amonio	Feb.-mar. 1997	6 y 24 horas promedio	Diferentes técnicas	30	Imada
Carbono elemental	Nov. 1997	Continua	Etalómetro	1	Azteca
Dispersión y absorción de luz	Feb.-mar. 1997	Cada hora/5 min.	Nefelómetro/etalómetro	2	Imada
	Nov. 1997	Continua	Nefelómetro/etalómetro	1	Azteca
Distribución de aerosol por tamaños	Nov. 1997		CAP, SDM y AMD	1	Azteca

ERXIP: Emisión de rayos X inducida por protones.
ADEP: Análisis por dispersión elástica de protones.
FRX: Fluorescencia de rayos X.
CAP: Calibrador aerodinámico de partículas.
SDM: Sensor por dispersión multiangular.
AMD: Analizador de movilidad diferencial.

Cuadro 5.5 Mediciones de superficie intensivas de especies gaseosas en el AMCM

Contaminantes	Periodos	Frecuencia	Técnicas	Sitios	Fuentes
Especiación de COV	Feb.-mar. 1992. Feb. 1993	Muestreos de 3 horas	CG	6	MARI
	1992-	Cada seis meses (muestreos de 3 horas)	CG	3	MARI e IMP
	1993, a partir de feb.	6 días en feb.	CG	45	U.C. Irvine
	Nov. 1993	Mediciones de 2 días	EM	7	U. de Arizona y UNAM
	Feb.-mar. 1997	Promedio de 1 semana	CG	3	Imada
	Mar. 1998 a feb. 1999	Promedio de 1 semana	CG	5	Conserva
Aldehídos	Feb. 1991 y mar. 1993	Muestro de 2-3 horas	CG	4	MARI
	1993-1996	Muestro de 2-3 horas	CG	1	UNAM
HAP totales (gas + partículas)	Feb.-mar. 1997	Cada 6 horas		3	Imada
PAN y COV	Feb.-mar. 1997	Cada 15 minutos	CG/EM	1	Imada
HNO_3 y NH_3	Feb.-mar. 1997	Cada 6 horas	Separador	1	Imada
CO	Nov. 1997	Cada hora	Fotometría IRND	1	Azteca
NO_x	Nov. 1997	Cada hora	Quimiluminiscencia	1	Azteca
NO_2	Nov. 1997	Cada hora	Quimiluminiscencia	1	Azteca
SO_2	Nov. 1997	Cada hora	Fluorescencia pulsada	1	Azteca
Ozono	Nov. 1997	Cada hora	Fotometría UV	1	Azteca

CG/EM: Cromatografía de gases/espectrometría de masas.

Cuadro 5.6 Mediciones verticales de calidad del aire en el AMCM

Contaminante	Periodo	Frecuencia	Técnicas	Sitio	Fuente
NO_x	Feb. 1991	Continua	Quimiluminiscencia	AMCM	MARI
SO_2	Feb. 1991	Continua	Fluorescencia pulsada	AMCM	MARI
Ozono	Feb. 1991	Continua	Fotometría UV	AMCM	MARI
Distribución de aerosol por tamaños	Feb. 1991	Continua	CAP, contador nuclear	AMCM	MARI

CAP: Calibrador aerodinámico de partículas.

Cuadro 5.7 Mediciones de superficie continuas de calidad del aire en el AMCM

Contaminantes	Periodos	Frecuencia	Técnica	Sitios	Fuente
CO	1986-	Cada hora	Fotometría IRND	26	RAMA*
	1993-1995	Cada hora	Fotometría IRND	1	HSPH
NO_x	1986-	Cada hora	Quimiluminiscencia	19	RAMA
	1993-1995	Cada hora	Quimiluminiscencia	1	HSPH
NO_2	1986-	Cada hora	Quimiluminiscencia	19	RAMA
	1993-1995	Cada hora	Quimiluminiscencia	1	HSPH
SO_2	1986-	Cada hora	Fluorescencia pulsada	27	RAMA
	1993-1995	Cada hora	Fluorescencia pulsada	1	HSPH
Ozono	1986-	Cada hora	Fotometría UV	19	RAMA
	1993-1995	Cada hora	Fotometría UV	1	HSPH
PST	1986-	Cada 6 días (24 horas promedio)	Gravimétrica	19	Manual de la RAMA
PM_{10}	1986-	Cada hora	MOVP	10	RAMA
	1998	Cada hora	MOVP	1	Cenica
	1986-	Cada 6 días (24 horas promedio)	Gravimétrica	5	Manual de la RAMA
	1998-1999	Cada 3-6 días (24 horas promedio)	Gravimétrica	5	Conserva
	1998	Cada 6 días	Gravimétrica	1	Cenica
$PM_{2.5}$	1993-1995	24 horas promedio	Gravimétrica	1	HSPH
	1998-1999	Cada 3-6 días (24 horas promedio)	Gravimétrica	5	Conserva
	1998-	Cada 6 días	Gravimétrica	1	Cenica
Especies seleccionadas de COV	1991-	Continua	EAOD	1	RAMA
	1998-	Continua	CG	1	Cenica

IRND: Infrarrojo no dispersivo.
UV: Ultravioleta.
EAOD: Espectroscopía de absorción óptica diferencial.
MOVP: Microbalance oscilatorio de variación progresiva.
HSPH: Harvard School of Public Health.
* El número de sitios en los que la RAMA mide cada contaminante fue tomado de SMA-GDF (2000).

4. Inventarios de emisiones

La mayoría de los esfuerzos para realizar inventarios de emisiones en el AMCM ha utilizado enfoques *bottom-up* ("de abajo hacia arriba") —estimar las emisiones con base en la cantidad de actividades emisoras en la cuenca del AMCM y multiplicar éstas por los factores de emisión estimados por tipo de actividad—. Como en muchas de las áreas urbanas contaminadas, estos inventarios de emisiones son muy imprecisos, ya que incluyen incertidumbres tanto en la intensidad de la actividad como en los factores de emisión. Algunas fuentes clasificadas presentan retos sustanciales para la estimación de emisiones, como las fuentes naturales y los vehículos automotores (NRC, 2000). Además, también se introducen incertidumbres adicionales cuando se utilizan, para el AMCM, los factores de emisión estimados en Estados Unidos, debido a que no se dispone de mediciones directas de los factores de emisión para algunas fuentes.

Además de la elaboración *bottom-up* de los inventarios de emisiones utilizada en el AMCM, se pueden usar otros métodos para estimarlos o validarlos de manera independiente. Éstos incluyen la medición directa de las emisiones en las fuentes y los métodos inversos basados en la medición de las concentraciones atmosféricas. El propósito de esta sección es revisar los inventarios de emisiones oficiales producidos hasta la fecha, destacando sus diferencias. Las incertidumbres importantes en los inventarios de emisiones y los métodos para mejorarlos se verán en la sección 6.

4.1 Historia de los inventarios de emisiones y de las emisiones totales por categoría

El primer inventario realizado en 1986-1988 fue un esfuerzo de colaboración entre el Departamento del Distrito Federal (DDF) y la Agencia Japonesa para la Cooperación Internacional (JICA, por sus siglas en inglés). En él se utilizaron conteos de tráfico y estudios de emisiones con dinamómetro para obtener las emisiones de fuentes móviles. Las emisiones industriales se calcularon mediante inspecciones voluntarias y la aplicación de los factores de emisión de la EPA para diferentes actividades. Las emisiones de establecimientos comerciales y de servicios se estimaron utilizando los datos de los permisos otorgados por el DDF y los factores de emisión de la EPA. Los resultados se expresaron como una distribución espacial de las emisiones en el área metropolitana (JICA, 1988; 1991).[5]

El siguiente inventario de emisiones, para 1989, se publicó en el PICCA (DDF, 1990). Se desconocen los detalles de los métodos utilizados, pero se sabe que se usaron los factores de emisión y los modelos de la EPA. En 1990 y 1991, este inventario se complementó con estudios de la compañía consultora alemana TÜV-Rheinland junto con los

---

[5] En las pp. 92 y 115, volumen III, del informe MARI se puede encontrar una revisión sobre los primeros programas de inventario de emisiones (LANL/IMP, 1994).

del DDF, que se concentran en una pequeña región del norte de la ciudad. El informe del proyecto MARI reporta emisiones extrapoladas para toda la cuenca usando la proporción de las emisiones de TÜV-Rheinland con respecto a las estimadas por JICA. Se necesitó entonces reforzar los trabajos del proyecto MARI para determinar la distribución espacial de las emisiones y su distribución temporal en un ciclo diario.

En el informe del MARI, los inventarios de emisiones muestran una proporción de COV con respecto a NO_x de cerca de 3:1 toneladas/toneladas, mientras que las mediciones ambientales revelan una proporción de 15:1 ppbC/ppb o mayores. Además, las concentraciones de ozono observadas no pueden explicarse usando los COV de los inventarios para el modelo fotoquímico. Debido a estas discrepancias, las emisiones de todos los COV se multiplicaron por un factor arbitrario de cuatro. Esta selección no se analizó ampliamente en el informe del MARI, pero estuvo basada en la experiencia previa de Los Ángeles, donde las emisiones de CO y COV también fueron subestimadas y corregidas (Fujita *et al.*, 1992; Harley *et al.*, 1993). Esta corrección señala, de manera clara, la alta incertidumbre en las emisiones de COV, lo cual será abordado en la sección 6.2.

Los inventarios de emisiones que han sido publicados en fechas más recientes son el del Proaire (DDF *et al.*, 1996, con base en las emisiones de 1994), el *Segundo informe sobre la calidad del aire* (INE, 1998, con base en las emisiones de 1996) y los de la CAM (CAM, 1999, con base en las emisiones de 1996; CAM, 2000a y 2001, con base en las emisiones de 1998). Estos inventarios están organizados en cuatro categorías: fuentes puntuales (industria), fuentes de área (servicios y residenciales), fuentes móviles (transporte) y fuentes naturales (vegetación y suelos). Cada categoría de emisiones está subdividida en varias subcategorías. El cuadro 5.8 enlista el último inventario de emisiones reportadas para 1998 (CAM, 2001).

Cuadro 5.8 Inventario de emisiones en el AMCM, en toneladas por año (1998)

	PM_{10}	SO_2	CO	NO_x	HC
Fuentes puntuales	3 093	12 442	9 213	26 988	23 980
Generación de electricidad	138	16	1 111	9 540	48
Industria alimentaria	515	1 103	400	924	416
Industria del vestido	379	2 262	463	1 316	386
Industria química	415	2 299	2 422	1 335	6 305
Madera y derivados	216	2 295	527	1 066	1 002
Mineral metálica	249	714	893	513	291
Mineral no metálica	504	1 698	653	4 570	765
Productos de consumo (varios)	73	261	78	129	873

Cuadro 5.8 Inventario de emisiones en el AMCM, en toneladas por año (1998) [Cont.]

	PM_{10}	SO_2	CO	NO_x	HC
Productos para impresión	46	173	67	145	3 723
Productos de larga duración	140	302	821	2 128	2 654
Productos de mediana duración	120	86	473	624	1 457
Productos metálicos	175	774	1 137	4 432	3 024
Productos de origen vegetal y animal	61	287	36	109	12
Otros	62	172	132	157	3 024
FUENTES DE ÁREA	1 678	5 354	25 960	9 866	247 599
Consumo de solventes	n.a.	n.a.	n.a.	n.a.	76 623
Limpieza de superficies	n.a.	n.a.	n.a.	n.a.	30 146
Recubrimiento de fachadas arquitectónicas	n.a.	n.a.	n.a.	n.a.	22 752
Recubrimiento de fachadas industriales	n.a.	n.a.	n.a.	n.a.	21 414
Lavado en seco	n.a.	n.a.	n.a.	n.a.	10 049
Artes gráficas	n.a.	n.a.	n.a.	n.a.	6 692
Panaderías	n.a.	n.a.	n.a.	n.a.	2 601
Aplicación de pintura en automóviles	n.a.	n.a.	n.a.	n.a.	2 175
Aplicación de pintura en señales de tránsito	n.a.	n.a.	n.a.	n.a.	803
Distribución de GLP	n.a.	n.a.	n.a.	n.a.	12 314
Almacenamiento de GLP	n.a.	n.a.	n.a.	n.a.	892
Fugas de GLP por uso doméstico	n.a.	n.a.	n.a.	n.a.	22 173
Combustión incompleta de GLP	n.a.	n.a.	n.a.	n.a.	26 177
Distribución y venta de gasolina	n.a.	n.a.	n.a.	n.a.	496
Almacenamiento de gasolina	n.a.	n.a.	n.a.	n.a.	102
Operación de aeronaves	n.e.	n.e.	2 512	1 517	400
Abastecimiento de aeronaves	n.a.	n.a.	n.a.	n.a.	5
Operación de locomotoras (foráneas y de uso particular)	10	54	62	492	19
Rellenos sanitarios	n.a.	n.a.	n.a.	n.a.	7 380
Asfaltado	n.a.	n.a.	n.a.	n.a.	206

Cuadro 5.8 Inventario de emisiones en el AMCM, en toneladas por año (1998) [Concluye]

	PM_{10}	SO_2	CO	NO_x	HC
Tratamiento de aguas residuales	n.a.	n.a.	n.a.	n.a.	78
Esterilización en hospitales	n.a.	n.a.	n.a.	n.a.	23
Combustión en hospitales	9	24	21	80	3
Combustión residencial	126	0.25	653	4 417	166
Combustión comercial-institucional	820	5 276	526	2 720	149
Incendios forestales	706	n.e.	22 078	637	3 752
Incendios en estructuras	7	n.a.	108	3	9
Caminos no pavimentados	n.a.	n.a.	n.a.	n.a.	n.a.
VEGETACIÓN Y SUELOS	7 985	n.a.	n.a.	3 193	15 669
Vegetación	n.a.	n.a.	n.a.	3 193	15 669
Suelos	7 985	n.a.	n.a.	n.a.	n.a.
FUENTES MÓVILES	7 133	4 670	1 733 663	165 838	187 773
Automóviles particulares	701	2 000	822 477	47 380	81 705
Taxis	199	567	131 453	11 093	15 310
Combis	10	28	20 448	930	1 945
Microbuses	59	166	216 740	9 524	19 761
Camionetas tipo *Pick up*	183	522	255 503	18 961	24 599
Camiones de carga a gasolina	84	240	216 865	15 297	18 683
Vehículos a diesel < 3 toneladas	133	24	249	150	168
Tractocamiones a diesel	1 990	363	16 675	22 678	7 587
Autobuses a diesel	1 174	214	9 270	11 640	3 853
Vehículos a diesel > 3 toneladas	2 562	468	20 956	27 662	9 205
Camiones de carga a GLP	16	15	298	308	215
Motocicletas	22	63	22 729	215	4 742
TOTAL	19 889	22 466	1 768 836	205 885	475 021

FUENTE: CAM (2001).

El cuadro 5.9 relaciona los inventarios de emisiones de 1988 a 1998 que fueron reportados en diversas publicaciones gubernamentales. Existen discrepancias sustanciales respecto a los totales de las emisiones en los distintos inventarios. En algunos casos, estas diferencias representan un factor de dos para las emisiones totales de una especie o clase química —esto es muy notorio en los cambios de COV, NO_x y SO_2—. El cuadro 5.10 muestra que la disparidad entre las emisiones de CO y NO_x puede explicarse en su mayoría por inconsistencias en las emisiones de fuentes móviles (ya que las emisiones de estos contaminantes están dominadas por estas fuentes). Sin embargo, las emisiones de fuentes móviles no sirven para explicar los cambios en PST, SO_2 y COV, pero es posible aclararlos entre inventarios sucesivos, en parte por cambios reales en las emisiones ocurridos en los años que distan entre uno y otro inventario; no obstante, para SO_2 quizá se deban a divergencias en la metodología.

Hay que señalar que las emisiones de COV en el Proaire (DDF *et al.,* 1996) son 64% más altas que en el informe del MARI, debido, en cierta medida, al incremento dado por el factor de cuatro que fue usado en dicho proyecto. Esto se debe, en parte, a que en el Proaire las emisiones de COV de los vehículos ya han sido multiplicadas por un factor de 3.3 de acuerdo con la opinión de expertos (aunque en el cuadro 5.10 los COV de fuentes móviles aumentan por un factor menor a dos con respecto a los inventarios del MARI y PICCA). Por esto, y por la disminución de las emisiones de NO_x, la relación COV/NO_x se incrementa de cerca de 3:1 t/t en el MARI a 8:1 t/t en el Proaire, para luego disminuir a casi 5:1 en el *Segundo informe* (INE, 1998), a 3:1 en CAM (1999) y a 2:1 en CAM (2001).

En el inventario de emisiones del MARI aparentemente no se incluyeron las fugas de GLP entre las fuentes de COV; sin embargo, en el inventario estimado del Proaire son responsables de 24% de las emisiones totales de COV y en el inventario de 1998 (CAM, 2001) representan 13%. El uso extendido y las fugas de GLP son un factor que hace única al AMCM entre las grandes ciudades y ello contribuye a una proporción alta de COV/NO_x.

Un análisis de los inventarios de emisiones realizado en el MIT (Molina *et al.,* 2000a) examina las diferencias entre ellos, en un esfuerzo por abordar las fuentes que más contribuyen a las incertidumbres en los inventarios. Este análisis se concentró en los inventarios de emisiones de 1994 (Proaire, DDF *et al.,* 1996), en el de 1996 (CAM, 1999) y en un inventario preliminar de 1998 (CAM, 2000a).

Este estudio reveló que las diferencias entre los inventarios pueden atribuirse sobre todo a los diversos métodos o a los factores de emisión considerados. Por lo tanto, los inventarios de emisiones no son confiables para estimar los cambios reales en las emisiones a lo largo del tiempo. Se necesita documentar mejor los métodos usados para calcular estas tendencias. Las emisiones de los camiones son el origen de la gran disparidad entre los diferentes datos obtenidos y que son presentados en el cuadro 5.11. Por otro lado, el origen de tales discrepancias depende claramente de los cálculos realizados y no de los cambios reales en las emisiones. Sin embargo, no queda claro si el tamaño del parque vehicular, los kilómetros recorridos o los factores de

Cuadro 5.9 Emisiones totales en el AMCM, señaladas en diferentes inventarios de emisiones

	Año de emisiones (miles de toneladas por año)					
	1988[a]	1989[b]	1994[c]	1996[d]	1996[e]	1998[f]
PST (PM_{10})	451	366	452	(32)[g]	147 (31)[g]	(20)[g]
SO_2	206	202	45	24	29	22
CO	2 951	3 226	2 358	2 415	1 948	1 769
NO_x	177	203	129	121	174	206
COV	572	625	1 026[h]	579	569	475

[a] PICCA (DDF, 1990).
[b] MARI (LANL/IMP, 1994).
[c] Proaire (DDF et al., 1996).
[d] Segundo informe (INE, 1998).
[e] CAM (1999).
[f] CAM (2001).

[g] Para 1994, el *Segundo informe* reporta PM_{10} pero no PST; para 1996, la CAM (1999) reporta ambos, mientras que para 1998 la CAM (2001) reporta sólo PM_{10}.

[h] En el inventario de emisiones del Proaire, las emisiones de COV provenientes de vehículos se multiplican por un factor de 3.3, según la opinión de expertos.

Cuadro 5.10 Emisiones sólo de fuentes móviles en el AMCM, señaladas en diferentes inventarios de emisiones

	Año de emisiones (miles de toneladas por año)					
	1988[a]	1989[b]	1994[c]	1996[d]	1996[e]	1998[f]
PST (PM_{10})	10	10	20	(8)[g]	(8)[g]	(7)[g]
SO_2	45	28	12	5	6	5
CO	2 853	3 034	2 348	2 404	1 935	1 733
NO_x	134	145	92	85	134	166
COV	300	317	537[h]	193	187	188

[a] PICCA (DDF, 1990).
[b] MARI (LANL/IMP, 1994).
[c] Proaire (DDF et al., 1996).
[d] Segundo informe (INE, 1998).
[e] CAM (1999).
[f] CAM (2001).

[g] Para 1994, el *Segundo informe* reporta PM_{10} pero no PST; para 1996, la CAM (1999) reporta ambos, mientras que para 1998 la CAM (2001) reporta sólo PM_{10}.

[h] En el inventario de emisiones del Proaire, las emisiones de COV provenientes de vehículos se multiplican por un factor de 3.3, según la opinión de expertos.

Cuadro 5.11 Emisiones de camiones de carga a gasolina y a diesel en el AMCM, en toneladas por año

	Camiones a gasolina			Camiones a diesel		
	1994[a]	1996[b]	1998[c]	1994[a]	1996[b]	1998[c]
PST (PM_{10})	360	(211)	(84)	1 902	(6 308)	(4 685)
SO_2	37	1 501	240	266	1 124	855
CO	271 321	618 202	216 865	4 736	49 205	37 880
NO_x	5 868	19 242	15 297	7 205	61 275	50 490
COV	46 100	56 491	18 683	2 080	20 397	16 960

[a] Proaire (DDF et al., 1996).
[b] CAM (1999).
[c] CAM (2001).

emisión son los causantes de estas desigualdades. Molina *et al.* (2000a) también encontraron que en algunas categorías de fuentes de emisión, las emisiones calculadas mediante la multiplicación del consumo de combustible por los factores de emisión reportados por la CAM (1999) no concuerdan por completo con el total reportado por categoría de fuente. Este informe señala que la causa de estas discrepancias tampoco es clara en todos los casos.

Siguiendo algunas recomendaciones de Molina *et al.* (2000a), el Grupo de Trabajo del Inventario de Emisiones de la CAM revisó el inventario de 1998, lo cual se refleja en un informe de la comisión (CAM, 2001). En éste, la CAM documentó de manera extensa los cálculos sobre las emisiones, detallando los métodos utilizados y las estimaciones de un balance de energía, la composición del parque vehicular y el consumo de combustible. También, por primera vez, se incluyeron las emisiones de gases de efecto invernadero.

4.2 Otras emisiones

Las emisiones de SO_2 y cenizas provenientes del volcán Popocatépetl también pueden influir en la calidad del aire del AMCM. Raga *et al.* (1999a) encontraron mediciones anormalmente altas de SO_2 en días específicos, por lo cual sugieren que esto es prueba de la actividad volcánica. Los informes diarios sobre dicho fenómeno[6] están disponibles pero no incluyen las emisiones. A la fecha no se ha realizado ningún intento por relacionar estas observaciones con las mediciones de calidad del aire.

[6] La actividad volcánica diaria puede encontrarse en <http://www.cenapred.unam.mx>.

No se han incluido las emisiones de amoniaco (NH_3) en los inventarios oficiales publicados para el AMCM. No obstante, se han hecho algunas estimaciones independientes en el IMP (Osnaya y Gasca, 1998). De acuerdo con ellas, los animales domésticos (principalmente perros y gatos) son responsables de 39% de las emisiones de NH_3, el ganado de 19%, el alcantarillado de 18% y otros animales (sobre todo ratas y ratones) de 15%. Las fuentes fijas y móviles sólo aportan cerca de 6% de las emisiones.

4.3 Calidad del aire y mitigación de los gases de efecto invernadero en el AMCM

4.3.1 *México y el cambio climático*

De acuerdo con el Panel Intergubernamental sobre Cambio Climático (IPCC, por sus siglas en inglés), el clima global está cambiando como consecuencia de las actividades humanas —principalmente la quema de combustibles fósiles y los cambios en el uso del suelo (IPCC, *Third Assessment Report*, 2001)— que incrementan las emisiones de gases de efecto invernadero (GEI). El IPCC estima que en 1995 se descargaron a la atmósfera cerca de 23 000 millones de toneladas de bióxido de carbono (el principal GEI) —en su mayoría por el uso de combustibles fósiles, la fabricación de cemento y la quema de gas—, casi cuatro veces la cantidad emitida en 1950 según se estima hoy día. El IPCC concluyó que la emisión continua y las crecientes concentraciones atmosféricas de GEI pudieran incrementar la temperatura de la atmósfera terrestre entre 1.4 y 5.8 °C en este siglo.

Es importante para los países en desarrollo, como México, revisar con cuidado la factibilidad técnica y económica de reducir las emisiones de GEI. Es crucial identificar las opciones de mitigación y los caminos futuros para la reducción de emisiones que, simultáneamente, contribuyan con las prioridades de desarrollo de estos países.

El caso de México es importante por diversas razones. En primer lugar, por contribuir con cerca de 2% de las emisiones globales de GEI, lo que lo coloca entre los 15 países del mundo que más GEI emiten. Si las actuales tendencias en el consumo de energía continúan, se espera que para el año 2010 México producirá cerca del doble de sus emisiones actuales (Sheinbaum y Masera, 2000). En segundo lugar, porque desde 1994 es miembro de la Organización para la Cooperación y el Desarrollo Económico (OCDE), así como del Tratado de Libre Comercio para América del Norte (TLC), y ha sido objeto de presiones internacionales para que limite sus emisiones futuras de GEI y el crecimiento de éstas. No obstante, al mismo tiempo México es un país en desarrollo en términos del ingreso promedio per cápita, de la carencia de servicios básicos de una parte importante de su población y de la cantidad de emisiones per cápita (3.5 toneladas de CO_2 en 1996, que lo sitúan en el lugar 63 en el mundo, de acuerdo con la Agencia Internacional de Energía [AIE, 1997]). Finalmente, no tiene los recursos económicos necesarios para invertir cada vez más en opciones de reducción de emisiones de GEI.

4.3.2 Coordinar la reducción de las emisiones de contaminantes locales y globales

La mitigación de GEI puede alcanzarse mediante la conservación y restauración de los bosques (captura de carbono) y la promoción del uso eficiente de fuentes renovables de energía (disminución del uso de combustibles fósiles). El objetivo global de reducir las emisiones de GEI puede alcanzarse mediante la búsqueda de beneficios económicos y ambientales regionales. En este sentido, lo local y lo global pueden unificarse para disminuir el consumo de combustibles, lo que no sólo limita las emisiones de GEI, sino que también reduce la contaminación local del aire.

Sin embargo, no todas las políticas o medidas para reducir las emisiones locales de contaminantes implican una disminución de GEI o viceversa. Por ejemplo, las tecnologías de "final de tubo", como los convertidores catalíticos, permiten reducciones en los gases contaminantes locales que indirectamente pueden formar GEI, aunque no reducen las emisiones de bióxido de carbono. Por esta razón, es importante tener en mente ambos objetivos cuando se considere el problema ambiental general. Además, instrumentos como el Mecanismo de Desarrollo Limpio (MDL) del Protocolo de Kyoto deben reconocer la necesidad de evaluar aquellas opciones de mitigación de los GEI que contribuyan al avance de las prioridades nacionales de desarrollo y que disminuyan los impactos ambientales locales.

4.3.3 El AMCM y su contribución a las emisiones de GEI

Entre las actividades preparatorias del nuevo programa para 10 años de calidad del aire en el AMCM se realizó una serie de estudios relacionados con el vínculo entre la energía y la emisión de contaminantes atmosféricos (Sheinbaum *et al.*, 2000; Bazán *et al.*, 2000). Se espera que los resultados de estos estudios influyan en la toma de decisiones y en la definición de políticas ambientales y proyectos de desarrollo. Un tema fundamental es la relación entre consumo de energía y emisiones de GEI. En consecuencia, el Grupo de Energía y Atmósfera del Instituto de Ingeniería de la UNAM desarrolló un inventario de GEI asociado con el uso y la producción de energía en el AMCM para el año 1996. Los principales resultados se recogen aquí (Sheinbaum *et al.*, 2000).

En 1996, el AMCM consumió cerca de 630 PJ (petajulios) de combustibles fósiles y 76 PJ de energía eléctrica (véase el cuadro 3.8, capítulo 3). Con respecto al consumo de combustibles, el sector de transportes contribuyó con cerca de 60%, seguido por el industrial (18%) y los sectores residencial, comercial y público (15%). Esta proporción queda reflejada en el uso de combustibles, ya que la gasolina constituye 49% del consumo en la región, seguida por el gas natural (20%), gas licuado (17%) y diesel y gasóleo (10%), mientras que el resto está dividido entre combustóleo, gasóleo, keroseno y turbosina.

Las emisiones totales de CO_2 asociadas con el consumo de combustibles en el AMCM se incrementó a 35 millones de toneladas en 1996, cantidad casi igual a 13% de las emisiones nacionales para ese mismo año. Como en el caso del consumo de energía, el transporte representa 55% de las emisiones de CO_2, seguido por la industria (20%), el sector residencial (16%), la generación de energía (8%) y los sectores comercial y agrícola (1%). Con respecto al transporte, los vehículos particulares son especialmente importantes, al contribuir con 38% de las emisiones.

En el sector industrial, la industria química generó 23% de las emisiones de CO_2 de 1996, seguida por las de producción de alimentos, bebidas y tabaco. La cantidad generada de CO_2 por las diferentes industrias es proporcional al consumo de energía, ya que en la mayoría de los casos se utiliza el mismo tipo de combustible (principalmente gas natural). El cuadro 5.12 muestra las emisiones de GEI por sector.

Aunque las emisiones ocasionadas por el consumo de electricidad en el AMCM no provienen de las plantas generadoras de la región, es importante cuantificarlas a fin de calcular la contribución del AMCM a las emisiones de GEI, ya que un programa de uso eficiente de energía eléctrica en la zona puede tener implicaciones en las emisiones nacionales. En el estudio de la UNAM se estimó que el consumo de energía eléctrica en el AMCM contribuye con 17.3% de las emisiones nacionales de GEI.

4.3.4 *Emisiones de gases de efecto invernadero en México*

Las emisiones de GEI se estimaron para México a escala nacional y fueron incluidas en el Primer Informe Nacional para la Convención de las Naciones Unidas sobre Cambio

Cuadro 5.12 Emisiones de gases de efecto invernadero (GEI) en el AMCM durante 1996

Sector	CO_2 M toneladas	CH_4 Toneladas	N_2O Toneladas	Total 1 [a] M toneladas	Total 2 [b] M toneladas
Residencial	5.07	2 703.40	355.00	5.20	5.23
Comercial	0.33	5.60	21.10	0.34	0.34
Transporte	18.25	4 283.20	3 736.80	19.30	19.35
Aviación	0.90	6.27	25.09	0.90	0.90
Agrícola	0.07	4.20	1.40	0.07	0.07
Industrial	6.45	128.90	115.60	6.48	6.48
Generación de electricidad	2.56	50.10	44.70	2.57	2.57
Total	33.62	7 181.67	4 299.69	34.86	34.94
PCG (1)	1	11	270		
PCG (2)	1	22	270		

[a] Equivalente de CO_2 total calculado tomando en cuenta el PCG (potencial de calentamiento global) (1) para CH_4 y N_2O dado en el penúltimo renglón.
[b] Equivalente de CO_2 total calculado utilizando los valores del PCG (2) dados en el último renglón.

Climático.[7] Este inventario nacional de emisiones coloca al país como el decimocuarto emisor de CO_2. El inventario separa las emisiones de CO_2 y CO_4 por sector pero no geográficamente. De acuerdo con este informe, las emisiones de CO_2 de México se deben a: 30.6% cambios de uso del suelo y silvicultura; 24.4% industria relacionada con energía (incluyendo refinación y generación de electricidad); 21.3% transporte; 14.6% otras industrias; 5.3% comercial y residencial; 2.6% procesos industriales, y 1.2% otras fuentes. Las mayores fuentes de emisión de metano son la fermentación entérica generada por el ganado y las emisiones sin control durante las operaciones de extracción de petróleo y gas. El informe también incluye datos económicos, de los recursos naturales y de la producción y exportación de petróleo, así como una evaluación sobre la vulnerabilidad de México al cambio climático.

México firmó el Protocolo de Kyoto en 1998 y el Senado lo ratificó por unanimidad en abril de 2000. El documento preliminar del Segundo Informe Nacional se presentó ante la Convención de las Naciones Unidas sobre Cambio Climático en Bonn, durante julio de 2001. Este documento incluye información actualizada sobre el inventario de GEI y los esfuerzos llevados a cabo por el gobierno mexicano para mitigar su emisión (J. Martínez, com. pers.). México fue uno de los 178 países (Estados Unidos no está incluido) que el 23 de julio de 2001 firmaron un acuerdo tendiente a frenar las emisiones de GEI.

4.3.5 *Conclusiones y recomendaciones*

Una disminución en la emisión de GEI, en particular de CO_2, depende directamente del uso eficiente de la energía y del contenido de carbono en los combustibles. La política que más ha contribuido a la reducción de las emisiones de CO_2 en la región es el cambio de combustóleo por gas natural en la industria. Sin embargo, las tecnologías para controlar las emisiones del transporte no han contribuido a la disminución de estas emisiones.

Si consideramos que los vehículos particulares representan la mayor fuente de CO_2 en el AMCM, vale la pena combinar las políticas para disminuir los gases contaminantes en el ámbito local con aquéllas para reducir los GEI mediante cambios en los combustibles o el aumento en la eficiencia de los automotores. Además, se debe otorgar particular atención al uso de fuentes renovables de energía en el sector residencial (p. ej., calentadores híbridos que usan energía solar y GLP) y para el calentamiento de agua en el sector industrial.

Finalmente, se debe dar especial atención a las opciones para mejorar la calidad del aire y al mismo tiempo mitigar los GEI, las cuales surgirán al atender el Mecanismo de Desarrollo Limpio del Protocolo de Kyoto, del que México es parte.

---

[7] Este informe tiene fecha de noviembre de 1997 y puede encontrarse en <http://www.unfccc.de/resource/docs/natc/mexncl.pdf>.

5. Aplicaciones del desarrollo de modelos de contaminación atmosférica

5.1 Uso de modelos basado en las mediciones de la RAMA

Los datos de la RAMA se han utilizado en varios estudios de desarrollo de modelos. Raga y Le Moyne (1996), por ejemplo, utilizaron un análisis no lineal de la información de la RAMA y encontraron un patrón dominante de transportación del noroeste hacia el sureste (esto difiere con otros estudios que encontraron vientos dominantes del noreste hacia el suroeste). Bravo *et al.* (1996) utilizaron una regresión de los parámetros medidos en una estación de la RAMA para desarrollar un modelo predictivo de las concentraciones pico de ozono, que puede usarse para anticipar la presencia en exceso de este contaminante. Las mediciones de la RAMA también han sido utilizadas para investigar, por ejemplo, relaciones estadísticas entre calidad del aire y mortalidad diaria (Borja-Aburto *et al.*, 1998).

Todavía existen oportunidades importantes para analizar mejor las mediciones de la RAMA y tratar de relacionar las tendencias a largo plazo con los cambios en las emisiones u otros factores. Además del cambio gradual en las emisiones de varias especies químicas, existe también interés por estudiar el efecto de cambios más específicos, tales como la remoción del plomo en la gasolina. Adicionalmente, para entender las causas de las variaciones interanuales en las mediciones de contaminantes se requiere separar los cambios en las emisiones de los cambios debidos a la variabilidad meteorológica. Por ejemplo, ¿las altas concentraciones de contaminantes medidas en 1991 fueron ocasionadas por factores meteorológicos? La investigación futura debe analizar las mediciones meteorológicas para estimar su efecto en las concentraciones atmosféricas de contaminantes.

5.2 Uso de modelos en el proyecto MARI

Los esfuerzos para el desarrollo de modelos de este proyecto se describen en el informe del MARI (LANL/IMP, 1994, volumen III) y en Williams *et al.* (1995). Se utilizó un modelo meteorológico tridimensional, el modelo de turbulencia de orden mayor para la circulación atmosférica (MTOMCA), para representar los campos de viento durante el 21 y 22 de febrero y del 25 al 28 de febrero de 1991, para los cuales había mediciones disponibles. Se midieron concentraciones elevadas de ozono en el suroeste de la ciudad el 22 de febrero del mismo año. Variables como la dirección y velocidad del viento, de forma tridimensional y en series cronológicas, fueron predichas por el modelo y se compararon a su vez con las mediciones. Entre las conclusiones de este estudio se incluyen observaciones sobre el rompimiento de la inversión térmica durante la mañana, lo que fue muy bien reproducido por el modelo.

Luego, los campos de viento fueron reproducidos con un modelo de dispersión no reactiva, el modelo de transporte y difusión de emisiones ocasionales (TDEO), para mostrar la dispersión de CO y SO_2 de las fuentes, y se compararon con las mediciones. Este modelo no incluye la química atmosférica y por lo tanto sólo se usó muy temprano en la mañana, antes del periodo en el que los procesos fotoquímicos adquieren importancia. El modelo se utilizó después para considerar los valores del Imeca para CO y SO_2 en escenarios hipotéticos: *i*] si no se hubieran establecido los controles de emisiones anteriores; *ii*] si los controles se hubieran implantado en el futuro, y *iii*] si aumentara la producción de la refinería de petróleo de Tula (localizada 70 km al noroeste del centro de la Ciudad de México).

Otros modelos del proyecto MARI incluyen la aplicación del modelo fotoquímico de caja móvil OZIPM-4 de la EPA para la producción de ozono y la del CIT (California Institute of Technology y Carnegie Institute of Technology de la Carnegie Mellon University), un modelo tridimensional para ozono y contaminantes secundarios. El OZIPM-4 está basado en el enfoque empírico de modelación cinética (EEMC) de la EPA, que incluye un módulo de fotoquímica atmosférica. Al utilizar una trayectoria del viento modelada por el MTOMCA se corrió el modelo de caja móvil para una trayectoria que dio la concentración pico de ozono observada el 22 de febrero de 1991. Los resultados del modelo sólo coincidieron con las observaciones reales después de que se ajustaron arbitrariamente las emisiones de COV multiplicándose por un factor de cuatro, como se verá en la sección 6.2. Con este modelo se dibujaron los diagramas de isopletas de las concentraciones de ozono para mostrar los picos modelados para ese mismo día, en función de las emisiones de COV y NO_x. Estas isopletas revelan una situación en la cual la formación de ozono es en extremo rica en hidrocarburos, tanto que la reducción en las emisiones de éstos, de hecho, puede causar un pequeño incremento en el ozono. En teoría esto es posible, pero no se ha observado con el uso de modelos en Estados Unidos.

El modelo del CIT se corrió para simular las observaciones de los días 22, 27 y 28 de febrero de 1991. Ésta fue la primera aplicación de un modelo fotoquímico tridimensional de la cuenca atmosférica del AMCM. Los resultados muestran que el CIT puede reproducir razonablemente las concentraciones pico y la duración de éstas en diversos sitios de la cuenca, pero sólo al incrementar las emisiones de hidrocarburos por un factor de cuatro. Streit y Guzmán (1996) informan que la comparación de los resultados del modelo con las mediciones es alentadora, pero limitada por la calidad del inventario de emisiones.

Tanto el modelo OZIPM-4 como el del CIT se utilizaron para considerar el efecto de las opciones en la reducción de emisiones. En ambos se analizó un programa de aprovechamiento de luz solar y se encontró que el cambio oficial a una hora más temprana permitía que las emisiones de la mañana tuvieran una hora más para reaccionar fotoquímicamente, y así la concentración pico de ozono aumentaba en cerca de 10%. Los investigadores también analizaron el efecto del cierre de la refinería 18 de Marzo y las tres estrategias incorporadas en el análisis de políticas del proyecto MARI.

Bossert (1997) utilizó un sistema de modelación atmosférica regional (SMAR) para establecer un modelo de los flujos de viento sobre el AMCM del 20 al 22 de febrero de 1991, en una aplicación similar a la que se realizó con el MTOMCA. El SMAR es un modelo meteorológico de mesoescala que utiliza la asimilación de datos en cuatro dimensiones para calcular los campos de viento tridimensionales, los cuales son consistentes con las mediciones meteorológicas. Este estudio proporciona un análisis muy detallado de la meteorología durante esos tres días; también usa un modelo de trayectoria para partículas, el modelo de transporte de partículas híbridas y concentración (MTPHC), similar al TDEO. Los resultados revelan la influencia del aire superior y la meteorología regional en la dispersión de contaminantes en la cuenca.

Riveros *et al.* (1998b) usaron las mediciones atmosféricas de hidrocarburos del proyecto MARI, junto con las mediciones de CO y SO_2 de la RAMA, para tratar de inferir las fuentes de las emisiones de hidrocarburos. El SO_2 fue utilizado como trazador de las emisiones provenientes de la quema de combustibles en las fuentes fijas y el CO se usó para las emisiones de automóviles. Utilizando un modelo lineal de ajuste óptimo, estimaron que 75% de los hidrocarburos proviene de fuentes móviles, de 5 a 18% de fijas y de 7 a 20% de otras fuentes. Estos resultados atribuyen la emisión de hidrocarburos a los automóviles más que a otras fuentes, aunque este modelo simple no considera las reacciones ni el transporte de los contaminantes en la atmósfera. De manera similar, intentaron estimar las concentraciones pico de ozono como una combinación lineal de los hidrocarburos y los NO_x medidos. Los resultados muestran que, con datos de 1991, el ozono está mucho más relacionado con las concentraciones de hidrocarburos, lo que sugiere que la formación de ozono es sensible a los COV. Sin embargo, los datos de 1992 revelan que la relación más fuerte es entre ozono y NO_x. Esta diferencia en los resultados indica que puede ser inadecuado utilizar un modelo lineal para predecir las concentraciones de ozono.

5.3 Uso de modelos en las campañas de la Imada

Fast y Zhong (1998) utilizaron el SMAR para analizar los datos meteorológicos de la Imada durante siete días en marzo de 1997. Se escogieron estos siete días por ser los que presentan concentraciones pico de ozono medidas en sitios de la RAMA y porque los picos en esos días ocurrieron en diferentes zonas del área metropolitana, lo que supone diferentes condiciones meteorológicas. También emplearon un modelo lagrangiano de dispersión de partículas para rastrear el transporte de partículas ficticias no reactivas que fueron liberadas. Este método toma en cuenta el efecto de mezcla vertical y el transporte de contaminantes en la cuenca sin explicar la parte química.

Fast y Zhong (1998) muestran análisis detallados de la meteorología en tres de los siete días analizados. Los resultados de estos sitios presentan un alto grado de concordancia entre los perfiles de temperatura y los vientos observados y los simulados; el modelo captura las características principales del campo de viento en las cuatro estaciones meteorológicas; asimismo, muestra claramente el levantamiento de la capa de mezcla y el desarrollo de vientos del sur desde Chalco y vientos del norte desde Cuautitlán durante la tarde, aunque la mezcla y el transporte en cada uno de los tres días es muy diferente. La distribución simulada de las partículas de superficie se compara de manera favorable con el patrón de las mediciones de ozono en los sitios de la RAMA durante esos mismos tres días.

El modelo muestra con claridad el movimiento del aire hacia el oeste y el sur en las tardes, lo que corresponde, generalmente, con las concentraciones más altas de ozono que se observan en estas regiones; también revela la dispersión vertical de partículas hacia elevaciones más altas con el flujo de aire hacia arriba y a lo largo de la pendiente de las montañas que están al sur y el oeste de la ciudad (fenómeno de "ventilación de montaña"). En algunos casos, este viento corrió de nuevo hacia la ciudad (fenómeno de "arrastre"). La convergencia de vientos del norte y del sur, junto con este arrastre de aire contaminado, sugieren que durante el día los contaminantes pueden permanecer atrapados en la cuenca, como se observó el 2 y el 14 de marzo. Sin embargo, estos vientos también pueden servir para ventilarla, como se observó el 4 de marzo a partir de los fuertes vientos del norte.

Las mediciones y el uso de modelos también muestran claramente que la cuenca está en general bien ventilada por la tarde y noche. En consecuencia, es probable que las emisiones de un día tengan sólo un efecto menor en la calidad del aire del día siguiente. En el desarrollo de modelos de partículas hecho por Fast y Zhong (1998), menos de 20% de las partículas emitidas de manera uniforme entre las 6 a.m. y las 6 p.m. permanece en el área metropolitana después de las 9 p.m. en los siete periodos estudiados, y muy pocas están presentes en la mañana siguiente. Por lo tanto, las altas concentraciones de contaminantes en el AMCM no son resultado de una acumulación progresiva de contaminantes durante varios días. Más bien, reflejan las emisiones de un día, con la acumulación de emisiones en la capa límite somera durante la noche y temprano en la mañana, así como su reacción durante el día. Éste es uno de los hallazgos más importantes y, de alguna manera, más sorprendentes de la campaña Imada.

Moya *et al.* (2001) desarrollaron modelos con base en las mediciones de aerosoles inorgánicos de la campaña Imada, con objeto de entender la relación gas-aerosol. Debido a que los precursores en fase gaseosa (amoniaco y ácido nítrico) sólo se midieron en un sitio durante la campaña Imada (La Merced), este estudio sólo consideró esas mediciones. Se encontró que un modelo de equilibrio podría estimar las concentraciones de nitratos-$PM_{2.5}$ entre 30 y 50%, con los peores estimados durante la tarde, y que las predicciones mejoraban cuando se incluían también elementos de la fracción gruesa (PM_{10}-$PM_{2.5}$) de la corteza. Utilizando un modelo dinámico de aerosoles, también estimaron que había una mejor concordancia con las mediciones.

5.4 Otros estudios de desarrollo de modelos

Ruiz-Suárez *et al.* (1993a; 1993b) investigaron los mecanismos químicos del ozono. Debido a que sus modelos fueron desarrollados para aplicarse en otras áreas (específicamente en Los Ángeles), los autores se preguntaron si las hipótesis fundamentales del modelo (tales como especies aglomeradas) eran apropiadas, también, para el AMCM. Consideraron la sensibilidad a factores como la diferencia en altitud, que influye en la presión y la radiación solar, y las diferentes reacciones supuestas bajo diversas proporciones de COV/NO_x y la especiación de hidrocarburos. Concluyeron que, en general, es posible que los mecanismos químicos recientes sean aplicables al AMCM y sugieren que se debe realizar una investigación adicional sobre este asunto cuando se cuente con más datos ambientales.

Young *et al.* (1997) desarrollaron un modelo independiente de la producción fotoquímica del ozono utilizando un modelo de caja con múltiples niveles verticales. Este estudio usó un antiguo inventario de emisiones (JICA, 1988) y se establecieron las concentraciones iniciales con las mediciones del 29 y 30 de noviembre de 1993. Encontraron que su modelo predecía bien las concentraciones de CO y de ozono (se calibraron las emisiones a fin de que las concentraciones de CO empataran con las mediciones), pero sobreestimaba las concentraciones de NO_2 y NO por un factor de casi dos. Sugieren que las emisiones de NO_x estaban sobreestimadas en el inventario de emisiones por un factor de dos y que la formación de ozono es sensible a los hidrocarburos más que a los NO_x. Sin embargo, estas conclusiones son inciertas por varias razones, incluyendo el hecho de que utilizaron un promedio de las concentraciones para la ciudad y no consideraron el transporte ni la incertidumbre de las condiciones de frontera.

Vega *et al.* (1997) realizaron un análisis de las mediciones de aerosoles tomadas en un sitio en 1989-1990, a fin de distribuir proporcionalmente las $PM_{2.5}$ entre sus fuentes. Emplearon un modelo receptor de balance químico de masa para establecer las fuentes como una regresión lineal de varios perfiles de fuente que se tomaron principalmente de la base de datos SPECIATE de la EPA aunque se usaron fuentes locales de suelo y se corrigieron los perfiles de vehículos automotores para el AMCM. Los resultados atribuyen la mayoría de las $PM_{2.5}$ a partículas primarias provenientes de los autos, en particular los que no tienen convertidor catalítico. También se encontró que son importantes los aerosoles secundarios (sulfatos, nitratos y compuestos orgánicos que no son atribuibles a fuentes primarias). Los autores estiman que estas clases de emisiones en conjunto son responsables de 60% de las emisiones de $PM_{2.5}$.

En un análisis similar, Vega *et al.* (2000) llevaron a cabo un estudio de adjudicación de fuentes para las emisiones de hidrocarburos, usando de nuevo el modelo receptor de balance químico de masa para especiación de hidrocarburos. El estudio reportó mediciones de perfil de fuente de hidrocarburos en varias fuentes importantes, las cuales fueron tomadas en 1997, y utilizó las mediciones ambientales de hidrocarburos de 1996, de las 6 a.m. a las 9 a.m. en las estaciones de monitoreo de Xalostoc, el Pedregal y La Merced. Los resultados indican que la presencia de hidrocarburos se puede explicar por una combinación de emisiones de los escapes de vehículos automotores (~60%) y de GLP (~25%), con pequeñas contribuciones del pavimentado de asfalto, pintura y rellenos sanitarios. Esto sugiere que las emisiones de los escapes y las de GLP en la actualidad pueden estar subestimadas. Sin embargo, de alguna manera estas conclusiones son inciertas, ya que no se incluyeron fuentes potencialmente grandes, como las emisiones biogénicas. Esta técnica de balance de masas tampoco puede ser usada para determinar si las emisiones de hidrocarburos totales están subestimadas.

Hernández-Ortega (1998) realizó un estudio de desarrollo de modelos en el AMCM para calcular la contribución del propano y del butano, sobre todo por fugas de GLP, al ozono. Este estudio utilizó el modelo fotoquímico del CIT en una versión de trayectoria de caja móvil. Los resultados muestran que el propano y el butano contribuyen con alrededor de 8 y 15%, respectivamente, a la formación de ozono. Para las emisiones, este autor utilizó el inventario del Proaire (DDF *et al.*, 1996), donde se reporta que 24% de las emisiones de hidrocarburos se deriva de las fugas de GLP. Por lo tanto, se considera que el propano y el butano contribuyen aproximadamente con la misma cantidad de ozono por unidad de masa que el promedio de las emisiones de toda la ciudad.

Riveros *et al.* (1998a) emplearon las mediciones de CO de las estaciones de la RAMA, junto con los datos del consumo de gasolina, para analizar las emisiones de CO provenientes de los automóviles. La medición de éstas y de hidrocarburos en función de la edad de los automóviles revela que la introducción de los convertidores catalíticos ocasionó una reducción en las emisiones menor que la obtenida en Suecia, aun cuando se observa que las concentraciones decrecen desde la introducción de los convertidores catalíticos en 1991. Concluyen que la eficiencia promedio de los catalizadores de tres vías en el AMCM es de casi 45%, mucho menor al porcentaje de 90% que se esperaba, y atribuyen esta disminución de la eficiencia al envenenamiento de los catalizadores por plomo y azufre, y al daño derivado de las condiciones accidentadas de las calles.

6. Conocimiento científico, análisis de incertidumbres, métodos de investigación y recomendaciones

En esta sección intentaremos reunir el conocimiento revisado previamente para lograr un entendimiento completo acerca de la contaminación del aire que guíe la toma de decisiones. Con ello identificaremos las incertidumbres y carencias de información más importantes, consideraremos las preguntas pertinentes para la política que todavía no han sido respondidas adecuadamente y haremos recomendaciones para que la investigación pueda abordarlas mejor.

Como se describió en el capítulo 4, los contaminantes ambientales que afectan más la salud humana en el AMCM son quizá el ozono y las partículas, en especial las partículas finas. Estos contaminantes son también los que violan las normas de calidad del aire con más frecuencia (véase el capítulo 2). Por esta razón, la sección 6 se concentra en entender la formación de ozono y de las partículas, aunque también son importantes para la salud humana otros contaminantes ambientales, incluyendo SO_2, NO_2 y CO. Asimismo, algunas personas pueden tener exposiciones inusualmente altas a otras especies químicas, como el benceno, que también pueden dañar la salud humana.

6.1 Formación de ozono

Como se mencionó en el capítulo 1, el ozono troposférico se forma por reacciones fotoquímicas, principalmente de las emisiones de NO_x y COV. Por lo general, la disponibilidad de NO_x o COV limita la formación de ozono, mientras que otras clases de compuestos químicos existen en abundancia. Donde los COV son abundantes, el ozono en general puede disminuir con mayor eficacia mediante reducciones en los NO_x, mientras que con la reducción de COV no sucede lo mismo. Esta situación se conoce como "limitación por NO_x" o "sensible a NO_x". Donde los NO_x son abundantes, la formación de ozono es "sensible a COV" y generalmente se sugieren reducciones en las emisiones de COV.

La investigación pasada ha sugerido como método práctico que en una proporción COV/NO_x menor que 10 (expresada como concentraciones ambientales ppbC/ppb) la formación de ozono es comúnmente sensible a COV, mientras que en proporciones mayores que 10 ppbC/ppb es sensible a NO_x. En general, se ha encontrado que la mayoría de las emisiones frescas en regiones urbanas son sensibles a COV, mientras que en áreas rurales son sensibles a NO_x. Esta diferencia puede resultar, por ejemplo, de emisiones biogénicas frescas de COV en zonas rurales hacia donde corre el viento. Esto ha originado un problema interesante para el control del ozono en muchas ciudades: las reducciones de COV son normalmente mejores para disminuir las concentraciones pico de ozono en la ciudad, mientras que las reducciones de NO_x son necesarias para aminorar las concentraciones más lejanas en favor del viento (véase Milford *et al.*, 1989; NRC, 1991).

La experiencia en Estados Unidos y Europa ha sugerido que en la mayoría de las ciudades la proporción COV/NO_x es aproximadamente de 8 a 11 ppbC/ppb, y son por lo tanto sensibles a los COV o bien están en una región de transición donde las reducciones de COV y NO_x pueden ser eficaces. Una excepción es Atlanta, que se considera como sensible a los NO_x, en parte debido a las altas emisiones biogénicas de COV (Solomon *et al.*, 1999).

6.1.1 *Sensibilidad del ozono a COV y NO_x en el AMCM*

En el AMCM, la sensibilidad de la formación de ozono a cambios en las emisiones de COV y NO_x no fue entendida sino hasta la aplicación del proyecto MARI, en parte por la carencia de mediciones de las concentraciones de COV. El proyecto MARI (LANL/IMP, 1994), sin embargo, llegó a la conclusión de que, en contraste con lo que sucede en otras ciudades, la formación de ozono en el AMCM es sensible a NO_x. Este hecho ahora parece ser aceptado entre los científicos que estudian la contaminación del aire.

Esta sección pretende abordar lo que actualmente se entiende como sensibilidad del ozono a los NO_x y a los COV en el AMCM, con base en las siguientes tres preguntas:

- ¿Cuál es el fundamento científico presentado en el proyecto MARI que sustenta la conclusión de que la formación de ozono es sensible a NO_x?
- ¿Qué tan sólida es esta evidencia o existe algún indicio de lo contrario?
- ¿Puede haber lugares en la ciudad o periodos del día o del año en los que la formación de ozono sea sensible a COV?

Las siguientes secciones presentarán información más técnica sobre la formación de ozono en el AMCM y sugerirán cómo investigaciones futuras pueden mejorar su comprensión. La evidencia que sustenta que la formación de ozono es sensible a NO_x se deriva de las mediciones ambientales de COV/NO_x totales, del desarrollo de modelos de la formación de ozono y de estudios de cámara de *smog*.

Mediciones ambientales. Las mediciones durante el proyecto MARI realizadas tempranas en la mañana muestran claramente que la proporción de COV totales contra NO_x es alta en exceso, 15:1 ppbC/ppb. Las mediciones de hidrocarburos en marzo y noviembre de 1992 a 1997 (véase Arriaga *et al.*, 1997) indican que la proporción varía entre 19:1 y 34:1 ppbC/ppb, y éstas disminuyen con el tiempo como respuesta a los controles sobre las emisiones de COV (Ruiz, 1999). Al utilizar el método práctico de 10:1 ppbC/ppb mencionado con anterioridad, estas proporciones altas son evidencia de que la formación de ozono es sensible a NO_x.

Sin embargo, el uso de las proporciones COV/NO_x ha sido criticado por simplificar demasiado la formación de ozono. Los críticos han señalado que estas proporciones no dan cuenta de aspectos como transporte y mezcla (incluyendo la vertical) en una atmósfera heterogénea en la que diferentes regiones pueden ser sensibles a COV o a NO_x. Tampoco logran explicar las diferentes capacidades reactivas de las especies de hidrocarburos. Estos últimos, en el AMCM, pueden ser menos reactivos que los encontrados en ciudades de Estados Unidos y Europa, donde se desarrolló el método práctico de 10:1 ppbC/ppb. Más adelante, en esta sección se abordan algunos aspectos de la formación de ozono y el uso de modelos para dar respuesta al cambio en las emisiones de COV y NO_x.

Debido al potencial de formación de ozono de los COV, se ha sugerido que en el AMCM difieren de aquéllos en las ciudades de Estados Unidos, debido a la alta contribución proveniente de las fugas de gas licuado de petróleo. El propano y el butano del GLP son mucho menos reactivos que los COV encontrados comúnmente en las ciudades de Estados Unidos (el potencial de formación de ozono del propano es 16% para una mezcla típica en ciudades de Estados Unidos; el del n-butano es 37% [Carter, 1998]). Es necesario, entonces, corregir la proporción COV/NO$_x$ en el AMCM para que la capacidad reactiva del ozono por unidad de masa de COV sea casi equivalente a la de las ciudades estadunidenses donde se desarrolló el método práctico de 10:1 ppbC/ppb. Esto se puede hacer, de manera conservadora, simplemente sustrayendo la contribución del GLP a los COV en el AMCM, suponiendo que estas emisiones no son reactivas. Al utilizar el Inventario de Emisiones de 1998 (CAM, 2001), el GLP contribuye con 13% de los hidrocarburos totales emitidos (por masa). En cuanto se sustrae esto, las relaciones observadas de 19:1 a 34:1 ppbC/ppb se convierten en 17:1 a 30:1 ppbC/ppb. Las mediciones ambientales de hidrocarburos (Arriaga *et al.*, 1997) señalan que cerca de 30% de los hidrocarburos ambientales son C$_3$ y C$_4$.[8] Si se resta esta contribución, las relaciones observadas decrecen de 13:1 a 24:1, lo que indica que es posible que, de cualquier modo, la formación de ozono sea sensible a NO$_x$.

Puede lograrse una corrección más completa de la capacidad reactiva de los hidrocarburos comparando su reacción al ozono en la atmósfera ambiental del AMCM con los estimados realizados en otras partes. El cuadro 5.13 muestra las concentraciones ambientales medidas por Arriaga *et al.* (J. Arriaga, com. pers.) en tres sitios en marzo de 1997, durante la campaña Imada. En la última columna estimamos el promedio ponderado de la reactividad incremental máxima (RIM) como una medida de la capacidad reactiva de la mezcla de hidrocarburos.[9] Estos valores pueden compararse con el de 3.93 de la mezcla base de gases orgánicos reactivos (GOR) de Carter (1998), que pretende representar los hidrocarburos en las grandes ciudades estadunidenses. Al utilizar la mezcla base de GOR como punto de referencia, los COV en el AMCM son ~20% menos reactivos que en Estados Unidos. Comparando la composición en el AMCM contra la mezcla base de GOR, la diferencia es, claramente, la mayor contribución de los alcanos C$_2$-C$_4$ en el AMCM. La corrección de ~20% de la capacidad reactiva es comparable con las correcciones obtenidas antes por la sustracción simple de la contribución del GLP. Sin embargo, las mediciones en otros lugares, como se ve en el cuadro 5.13, muestran una variación amplia en la especiación y los valores del promedio ponderado de la RIM. No queda claro que los alcanos C$_2$-C$_4$ sean significativamente mayores en el AMCM que en otros lugares debido a las fugas de GLP.

---

[8] Esta diferencia entre la fracción de GLP en las emisiones (13%) y la contribución de los hidrocarburos C$_3$ y C$_4$ a las concentraciones medidas (30%) podría derivarse de la vida atmosférica más larga de estos últimos, otras fuentes potenciales de hidrocarburos C$_3$ y C$_4$, o aspectos del transporte donde fueron tomadas las mediciones. También podría indicar que las emisiones de GLP actualmente están subestimadas.

[9] La utilización de valores de la RIM para este propósito es incierta por varias razones. Primero, esos valores tienen la intención de estimar la producción de ozono a partir de las emisiones, mientras que este análisis utiliza mediciones ambientales (la especiación de hidrocarburos en las mediciones tomadas temprano en la mañana debe ser similar a la especiación de emisiones). Segundo, los valores de la RIM se estimaron en condiciones ideales que son representativas de las ciudades de EUA y que por lo tanto son limitadas en NO$_x$. Aun así, los valores de la RIM pueden utilizarse para comparar la capacidad reactiva del ozono de los compuestos orgánicos en diferentes localidades, como se hizo en este análisis.

Cuadro 5.13 Especiación de hidrocarburos provenientes de mediciones ambientales en el AMCM y otros lugares, y valores del promedio ponderado de la RIM para reactividad del ozono por masa de hidrocarburo

Ubicación	Especiación de hidrocarburos (% ppbC)						Total COV (ppbC)	RIM[a]
	Alcanos		Alquenos	Aromáticos	Oxigenados	Acetileno		
	C_2-C_4	$>C_4$						
La Merced (6-12)[b]	27.4	28.6	13.6	24.0	2.4	4.0	2570	3.14
La Merced (12-18)[b]	18.1	33.7	13.4	27.5	2.8	4.5	1145	3.39
La Merced (6-9)[b]	27.2	31.9	13.6	21.9	2.1	3.4	3564	3.10
Pedregal (6-9)[b]	31.4	26.3	11.7	24.3	1.9	4.5	1075	3.10
Xalostoc (6-9)[b]	35.9	26.1	11.7	21.3	1.4	3.6	2738	2.88
Mezcla base de GOR[c]	18.8	35.1	16.1	27.9	n.m.[d]	2	1000	3.93
Atenas, Grecia[e]	2.1	36.9	5.0	56.1	n.m.	n.m.	777	5.15
Grecia rural[f]	30.0	15.5	18.9	22.5	n.m.	13.1	15	2.86
Oak Grove, Massachusetts (otoño)[g]	31.4	14.2	31.3	19.8	n.m.	3.3	37	4.09
Candor, Carolina del Norte (primavera)[g]	24.9	17.0	22.1	33.0	n.m.	3.0	38	4.43
Yorkville, Georgia (invierno)[g]	42.5	18.9	14.1	19.0	n.m.	5.6	58	2.87
Yorkville, Georgia (verano)[g]	12.8	24.0	38.1	24.0	n.m.	1.2	62	5.37

[a] Los valores del promedio ponderado de la RIM están calculados por la masa de cada especie de hidrocarburo medido. El resultado proporciona la producción de ozono (en gramos) por cada cambio de 1 g en la concentración del total de hidrocarburos presentes. Los valores de la RIM son de Carter (1998).

[b] Las mediciones para el AMCM son de J. Arriaga (com. pers.). Las mediciones de 6-12 horas (mañana) y 12-18 horas (tarde) son promedios diarios de mediciones tomadas del 23 de febrero al 22 de marzo de 1997. Las mediciones de 6-9 horas (mañana) son promedios diarios de mediciones del 11 al 23 de marzo de 1997. Se midieron más de 100 especies, C_2-C_{12}.

[c] La mezcla base GOR (gases orgánicos reactivos) es una muestra representativa de 39 ciudades de Estados Unidos (Carter, 1994; 1998) y la composición mostrada no incluye cetonas ni aldehídos.

[d] n.m.: no medidos.

[e] De Moschonas y Glavas (1996), veranos de 1993 y 1994; incluye 57 especies, C_3-C_{10}.

[f] De Moschonas y Glavas (2000), incluye 50 especies, C_3-C_{10}.

[g] De Hagerman et al. (1997), mediciones de 1993 para 54 especies, C_2-C_{10}.

Al restar 20% de la proporción observada de COV/NO_x en el AMCM, las relaciones de 19:1 a 34:1 se convierten en 15:1 a 27:1 ppbC/ppb, las cuales todavía se encuentran en el rango donde la formación de ozono es sensible a NO_x.

Desarrollo de modelos de la formación de ozono. El uso de modelos fotoquímicos en el proyecto MARI también concluye que la formación de ozono es sensible a NO_x. Sin embargo, esto sólo se alcanzó después de que las emisiones de COV incorporadas a los modelos se multiplicaron por un factor de cuatro para reflejar la relación COV/NO_x medida como concentraciones ambientales. Debido a que este uso de modelos depende de una corrección importante para empatar las proporciones ambientales de COV/NO_x, no proporciona evidencia de que sea independiente de las mediciones de la proporción COV/NO_x. Más aún, según se describe en la siguiente sección, está en duda la lógica que apoya la utilización de este factor de cuatro. La subestimación de las emisiones de COV no ha sido resuelta todavía; por lo tanto, este modelo sólo proporciona un sustento adicional limitado para la noción de que la formación de ozono es sensible a NO_x.

Experimentos de cámara de smog. Los experimentos de cámara de *smog* realizados en el IMP durante el decenio de 1990 también han sostenido la idea de que la formación de ozono es sensible a NO_x. Estos experimentos capturan aire ambiente en una cámara expuesta a la luz solar, en la cual se llevan a cabo las reacciones fotoquímicas. Al cambiar las concentraciones de COV y NO_x en la cámara de *smog*, el resultado de la formación de ozono se puede medir directamente, lo que permite la construcción de los diagramas de isopletas de ozono. Los resultados de estos experimentos revelan que la formación de ozono fue sensible a cambios en NO_x y menos sensible a cambios en COV (Sandoval *et al.*, 2001).

Lo anterior proporciona apoyo adicional a la idea de que la formación de ozono es sensible a NO_x. Sin embargo, existen buenas razones para creer que los experimentos de cámara de *smog* no reproducen con precisión la formación de ozono en la atmósfera. En particular, en estos experimentos no hay dilución o mezcla de masas de aire ni tampoco la suma de emisiones frescas conforme se va haciendo vieja la muestra de aire. Sin las emisiones frescas, la cámara de *smog* reproduce condiciones en las cuales envejece una muestra de aire estancada. Normalmente se espera que las masas de aire viejo sean sensibles a NO_x, debido a que sus COV, en general, se oxidan con mayor lentitud. Por lo tanto, no es sorprendente que los experimentos con esta técnica produzcan resultados que sean sensibles a NO_x. Aun cuando estos experimentos son muy útiles a fin de entender la fotoquímica fundamental de la formación de ozono, su aplicación para determinar la sensibilidad del mismo presenta problemas.

Resumen. Los tres tipos de estudios descritos proporcionan un buen indicio de que en el AMCM la formación de ozono es sensible a NO_x, aunque gran parte de esta evidencia se deriva de las mediciones de la proporción ambiental de COV/NO_x. Estas mediciones de COV son limitadas si no se hacen de manera rutinaria, en lugar de cada seis meses y nada más en algunos sitios. El uso de la proporción COV/NO$_x$ es también una simplificación imprecisa de la fotoquímica completa del ozono y, en el AMCM, el uso de modelos de sensibilidad del ozono sólo se ha llevado a cabo en unos cuantos sitios receptores y en pocos días durante el proyecto MARI. Más aún, ya que las concentraciones de COV decrecen más rápidamente que las de NO$_x$ (Arriaga *et al.*, 1997; Ruiz, 1999), la proporción de COV/NO$_x$ disminuye a lo largo del tiempo y se puede esperar que la formación de ozono sea menos sensible a NO$_x$ de lo que era cuando se llevó a cabo el proyecto MARI (LANL/IMP, 1994).

La evidencia de la sensibilidad a NO$_x$ es lo suficientemente fuerte como para esperar que la reducción en las emisiones de NO$_x$ disminuya las concentraciones de ozono en casi todas las condiciones. Sin embargo, la pregunta sobre el comportamiento del ozono con respecto al cambio en las emisiones de COV permanece en pie y es un asunto importante, ya que el control en las emisiones de COV se incluye en las iniciativas sobre política. La respuesta a los COV depende de: *a*] los cambios en las emisiones de COV bajo condiciones de sensibilidad a NO$_x$ (que es posiblemente pequeña) y *b*] la frecuencia (en tiempo y espacio) de las condiciones de sensibilidad a COV.

Las investigaciones futuras para resolver lo relativo a la sensibilidad a los COV deben incluir:

- mediciones más frecuentes de las concentraciones de COV y sitios adicionales en donde se mida la especiación de COV;
- mejoras en las estimaciones de emisiones para explicar el error en las emisiones de COV;
- mejoras en el desarrollo de modelos de la formación de ozono bajo diferentes condiciones, y
- análisis sobre qué tan representativas son las condiciones modeladas (en días cuando los datos estén disponibles) de las condiciones estacionales o anuales promedio.

Además de mejorar el uso de modelos fotoquímicos existe la necesidad, también importante, de aplicarlos con objeto de probar la sensibilidad de las concentraciones de ozono en varios receptores, en diferentes horas del día y bajo condiciones meteorológicas diversas (véase Milford *et al.*, 1989). En el pasado, los modelos fotoquímicos se han utilizado más para reproducir las concentraciones ambientales en el AMCM, pero no han sido empleados para evaluar la eficacia de los controles de emisiones y, en particular, la presencia de condiciones de sensibilidad a COV.

Lo que resta de esta sección tratará sobre la manera como las necesidades antes identificadas pueden satisfacerse en el AMCM, así como sobre otros aspectos relacionados con una mejor comprensión acerca de la formación de ozono.

6.1.2 *Corrección de las emisiones de COV: ¿están subestimadas las emisiones? y ¿de dónde provienen los COV restantes?*

Las mediciones ambientales realizadas temprano por la mañana durante el desarrollo del proyecto MARI concluyeron que la proporción COV/NO_x de 15:1 ppbC/ppb es excesiva. Como se mencionó antes, desde entonces las mediciones también muestran proporciones altas de 19:1 a 34:1 ppbC/ppb. En el proyecto MARI, esta concentración ambiental se comparó directamente con la proporción COV/NO_x del inventario de emisiones, la cual se estimó en 3:1 t/t. Los inventarios de emisiones más recientes han estimado proporciones COV/NO_x entre 2:1 y 5:1 t/t.[10] Esta discrepancia se ha tomado como evidencia de que las emisiones de COV fueron subestimadas de manera significativa. Además, en el proyecto MARI las emisiones de todos los COV fueron multiplicadas por un factor arbitrario de cuatro, ya que las concentraciones observadas de ozono no podían ser modeladas utilizando los COV del inventario de emisiones. Multiplicar los COV por cuatro permitió que el modelo produjera concentraciones de ozono acordes con las mediciones y se incrementara la proporción COV/NO_x a valores más concordantes con ellas.

La subestimación de las emisiones de COV parece ser un problema común en muchas ciudades del mundo. Las mediciones de los estudios de túnel en Los Ángeles sugieren la posibilidad de que las emisiones de fuentes móviles sean las responsables de estas subestimaciones (Fujita *et al.*, 1992; Harley *et al.*, 1993), pero el asunto todavía no ha sido resuelto con claridad. Sin embargo, aunque este hecho es común, el factor de cuatro utilizado en el AMCM es el factor de corrección más grande que se haya usado en cualquier ciudad hasta el momento. Hay casos en Estados Unidos que no requirieron esta corrección (Solomon *et al.*, 1999).

No obstante, es importante tomar en cuenta que la proporción COV/NO_x medida como concentraciones ambientales no puede compararse de manera directa con la de los inventarios de emisiones, simplemente por la diferencia en unidades. La proporción de las mediciones ambientales está expresada por lo general como ppbC/ppb, mientras que las emisiones se expresan como flujos de masa en toneladas/año. A fin de convertir la proporción de emisiones de unidades de flujo de masa a ppbC/ppb es necesario multiplicar por 3.2. Por lo tanto, el rango de 2:1 a 5:1 t/t en el inventario de emisiones se convierte en 6:1 a 16:1 ppbC/ppb, lo que es comparable con las proporciones medidas de 19:1 a 34:1 ppbC/ppb. Si reconocemos que esta conversión es necesaria y que debe rectificarse, la corrección por un factor de cuatro parece ser demasiado grande, en cuyo caso otras hipótesis y otros parámetros que no están bien entendidos para el AMCM y que se usan en los modelos, podrían ser los responsables de la subestimación que los modelos hacen de las concentraciones de ozono.

---

[10] El inventario de emisiones del Proaire (DDF *et al.*, 1996) tiene una proporción COV/NO_x 8:1, pero esto incluye un incremento de las emisiones vehiculares de COV por un factor de 3.3. Al eliminar esta corrección, la proporción estimada es 5:1 (véase la sección 4.1).

Comparar la proporción de concentraciones ambientales con la de emisiones puede cuestionarse también porque se basa en varias hipótesis. En particular supone: *i*] una masa de aire estable, *ii*] concentraciones base cero (o la concentración base con la misma proporción que las emisiones), *iii*] ninguna reacción o depositación (COV y NO_x son conservadores), *iv*] que las emisiones de diversas fuentes (que pueden tener diferente proporción COV/NO_x) estén bien mezcladas y *v*] que las emisiones durante el periodo previo a la medición y cercanas al sitio de ésta sean representativas de las emisiones promedio anuales.

Estas hipótesis están sustentadas por las mediciones realizadas temprano por la mañana, ya que los datos de la Imada sugieren que la cuenca suele estar bien ventilada durante la noche, que la capa de mezcla es por lo común estable y baja y que las reacciones fotoquímicas son lentas a la salida del Sol. Sin embargo, los datos deben analizarse más en detalle usando la información de la Imada. Es necesario realizar un trabajo de desarrollo de modelos que explique las emisiones, el transporte y las reacciones, con el propósito de proporcionar métodos de comparación mejores que la simple proporción.

Varias fuentes de emisión de hidrocarburos podrían ser responsables de la subestimación en el inventario, incluyendo: *i*] fuentes móviles, *ii*] distribución y almacenamiento de gasolina, *iii*] emisiones de origen biológico y quema de vegetación, *iv*] fugas de GLP, *v*] uso de solventes y *vi*] una gran variedad derivadas de la industria, servicios y pequeñas empresas (p. ej., las tortillerías).

Con respecto a las fuentes móviles existe la necesidad de entender si las emisiones subestimadas provienen de toda clase de vehículos o de alguna en particular; si se producen durante la operación o son emisiones evaporativas mientras los automóviles están estacionados o cargando combustible; si la corrección de las emisiones de hidrocarburos utilizada en Los Ángeles para fuentes móviles es apropiada para el AMCM, y si existen razones para creer que es necesario aplicar diferentes factores de corrección.

La importancia relativa de estas fuentes puede tener implicaciones considerables para la selección de políticas de control eficaces. Por ejemplo, si las emisiones evaporativas de los vehículos son significativas, entonces cualquier programa que sólo contemple mantener los vehículos privados fuera de circulación quizá no sea efectivo. Si las emisiones de origen biológico son relevantes, entonces el efecto de las reducciones en COV de origen antropogénico será menor de lo que se piensa y los esfuerzos deberán enfocarse más en los controles de NO_x (véase Chameides *et al.*, 1988). Si las fugas de GLP son importantes, la baja capacidad reactiva de los hidrocarburos del gas hace que la formación de ozono sea posiblemente menos sensible a los COV de lo que se creyó antes.

Las estimaciones de las emisiones de COV de muchas de estas fuentes pueden adecuarse mediante varias medidas:

- mejoras en las estimaciones "de abajo hacia arriba" de emisiones y en las emisiones de fuentes móviles para el modelo MOBILE5;

- mediciones directas de emisiones en las fuentes;
- uso de huellas químicas como trazadores de diferentes emisiones, y
- uso de métodos para desarrollar modelos inversos basados en concentraciones atmosféricas.

Por ejemplo, Riveros *et al.* (1998b) utilizan una técnica inversa simple para el AMCM, con objeto de asignar la contribución de emisiones de hidrocarburos a diferentes fuentes. Al considerar las relaciones estadísticas entre las mediciones de hidrocarburos, CO y SO_2 estimaron que cerca de 75% de los hidrocarburos proviene de fuentes móviles. Vega *et al.* (2000) usaron un enfoque de balance químico de masa para establecer el impacto en la concentración ambiental de hidrocarburos atribuible a las emisiones provenientes de diferentes fuentes. Utilizando perfiles medidos de emisiones, estos autores estimaron que las emisiones de vehículos automotores constituían cerca de 60% de las emisiones de COV y que el GLP era responsable de casi 25%. Ambos estudios tienen incertidumbres considerables; sin embargo, este tipo de técnicas puede proporcionar información muy valiosa.

En la sección 6.3 sugerimos que se combinen varios de estos métodos, a fin de que las emisiones de contaminantes se estimen de diferentes formas y tengan la posibilidad de una verificación independiente.

6.1.3 *Efecto de la mezcla vertical en la formación de ozono*

La mezcla vertical es importante para la contaminación del aire, ya que una pequeña mezcla vertical durante la noche puede crear una inversión con condiciones atmosféricas estables. Durante la mañana, el calentamiento de la superficie por el Sol ocasiona que el aire cercano al suelo se mezcle con el de las alturas. En consecuencia, la altura de la capa de aire mezclado cerca de la superficie (la "capa de mezcla") se incrementa. Por la mañana, los contaminantes frescos emitidos pueden quedar atrapados en la capa de mezcla baja, pero durante el día este aire se incorpora al que está arriba de la capa de mezcla (la "capa residual") y esta contaminación puede diluirse (véase la figura 5.3). Debido a que la dilución es generalmente más fuerte por la tarde, las concentraciones pico de ozono se observan por lo común en esas horas.

En el AMCM, la dilución del ozono y sus precursores se ha estudiado con modelos meteorológicos que utilizan las mediciones del MARI y la Imada (véanse secciones 5.2 y 5.3). No obstante, el efecto de la mezcla vertical en la formación de ozono no está por completo entendido, ya que son escasas las mediciones de calidad del aire por arriba de la superficie. La medición de perfiles verticales con respecto a la calidad del aire sólo se ha realizado durante la campaña del MARI, mediante el uso de una aeronave como parte del Proyecto Águila (Nickerson *et al.*, 1992).

Las mediciones del Proyecto Águila durante la mañana mostraron que el perfil vertical del ozono es diferente de los perfiles de NO_x y SO_2. El primero presenta una concentración máxima cerca del límite superior de la capa de mezcla, con altas con-

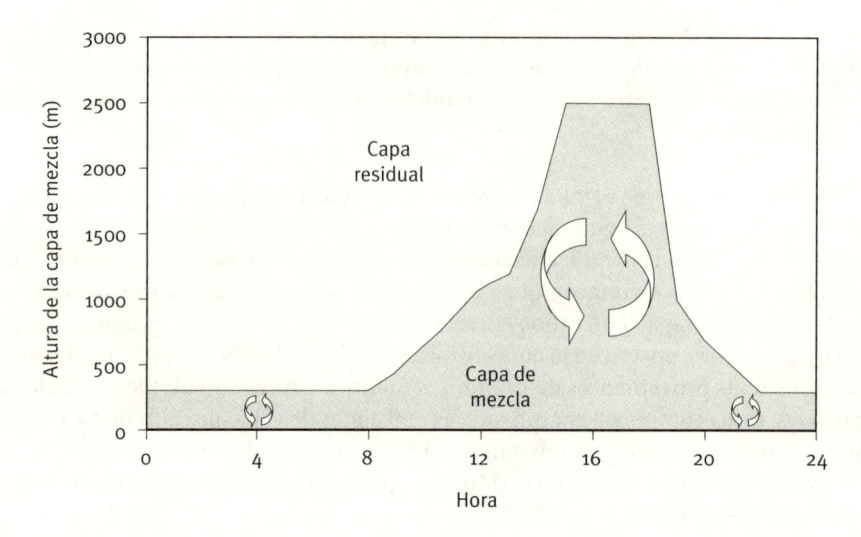

Figura 5.3 Diagrama esquemático de un ciclo diario típico de mezcla vertical en el AMCM (según Fast y Zhong, 1998).

centraciones de ozono por encima de ésta. Por el contrario, los perfiles de concentración de NO_x y SO_2 decrecen con la altitud. Los perfiles verticales de las tres especies muestran un comportamiento similar después del ascenso de la capa de mezcla, lo cual refleja una mezcla mayor. Estas mediciones fueron analizadas por Pérez Vidal y Raga (1998), quienes señalan que las partículas finas (con diámetro de 0.12 a 3.0 μm) también presentan esta estratificación. Esto sugiere que la producción secundaria tanto de ozono como de partículas es alta por la mañana cerca del límite superior de la capa de mezcla y por encima de ésta. Asimismo, revelan que la proporción de ozono durante la tarde en la capa de mezcla dividida entre su altura es independiente de la misma proporción de NO_2 por la mañana. Este resultado es sorprendente porque se esperaría una correlación positiva entre estas variables si la formación de ozono fuera sensible a NO_x.

El ozono que se encuentra por arriba de la capa de mezcla puede explicarse entendiendo la química de dos capas atmosféricas matutinas: *a*] la de mezcla, cercana a la superficie y donde las emisiones frescas controlan la química del ozono, y *b*] la residual, localizada por encima de la primera, donde los hidrocarburos presentes son viejos y es posible que la química sea sensible a NO_x. En la capa más alta, la mayor radiación solar durante las primeras horas de la mañana incrementa la producción fotoquímica, mientras que en la capa baja ésta puede estar limitada por la menor radiación solar, por hidrocarburos frescos o por el consumo de ozono debido a emisiones frescas de NO en la ciudad.

Después del mediodía, cuando la capa de mezcla se ensancha, las dos capas se combinan y se transfiere el ozono producido en la capa superior a la inferior. Mientras tanto, los NO_x y COV frescos se mezclan en la capa superior, donde puede producirse ozono. En la noche este proceso se suspende ya que en ambas capas la actividad fotoquímica y el proceso de mezcla vertical se detienen, aunque de esto se conoce poco por la falta de mediciones adecuadas. Debido a que el aire superior es viejo y por lo tanto sensible a NO_x, esta hipótesis sugiere que la mezcla vertical puede ser importante para provocar que la formación de ozono sea sensible a NO_x, aun en la superficie.

Raga y Raga (2000) ofrecen una posible explicación para el pico elevado de ozono en el límite superior de la capa de mezcla. Sugieren que la producción de ozono es más alta en el tope de la capa de mezcla por una alta exposición a la luz solar, mientras que su producción se reduce en la superficie debido a la absorción de la luz solar por las partículas. Esta hipótesis está sustentada por un estudio que utiliza un modelo unidimensional (vertical) de química y transporte de turbulencia de la capa de mezcla, lo cual contradice el supuesto de otra investigación que propone que las partículas aumentan la formación de ozono (Dickerson *et al.*, 1997). Sin embargo, esta última se encuentra apoyada por las mediciones del Proyecto Águila, que muestran que las partículas en aerosol son muy absorbentes. Si esto es correcto, la reducción de las concentraciones de partículas absorbentes (sobre todo hollín) podría, de hecho, ocasionar un incremento en la formación de ozono a nivel del suelo.

Está claro que estas interrogantes sólo pueden resolverse por medio de las mediciones de los perfiles verticales de los contaminantes en la atmósfera y al reproducir esta mezcla en estudios de uso de modelos. Dichas mediciones verticales no se realizaron durante la campaña Imada, pero pueden hacerse ya sea mediante el uso de aeronaves o de otras tecnologías de medición, tales como los lidares para ozono.

6.1.4 *Especiación y capacidad reactiva de los COV*

Es común referirse a la masa total de COV, y el inventario de emisiones del AMCM también se expresa en términos de masa total. Sin embargo, las diversas especies de COV tienen una capacidad reactiva muy diferente en su contribución a la formación de ozono, y estas distintas capacidades necesitan explicarse con modelos fotoquímicos. Actualmente, las emisiones totales de COV del inventario de emisiones se encuentran desagregadas en el uso de modelos de la contaminación del aire para diferentes clases de especies químicas, con base en el perfil de la especiación de hidrocarburos provenientes de diversas fuentes. Esta desagregación se hace utilizando las mediciones de perfil de fuente tomadas en el AMCM, cuando éstas están disponibles (p. ej., Múgica *et al.*, 1998), pero muchos perfiles de COV se han tomado de Estados Unidos y otros países. Es importante que el conocimiento sobre la especiación de COV y los estimados de sus emisiones totales sea cada vez mejor. Más aún, deben hacerse esfuerzos en el futuro para medir perfiles de fuente de COV en todas las categorías.

Así, las emisiones de éstos pueden ponderarse de acuerdo con su capacidad reactiva y es posible tomar decisiones en términos de reducir los COV ponderados más que la simple masa.

Las escalas de capacidad reactiva de COV, como los estimados de RIM de Carter (1994 y 1998) y otras comparables (Russell *et al.*, 1995), son utilizadas para ponderar diferentes especies de hidrocarburos por su capacidad de formación de ozono. Estas escalas se desarrollan, generalmente, empleando modelos aplicados a condiciones típicas de ciudades de Estados Unidos, que pueden ser inapropiados para el AMCM (Guzmán *et al.*, 1996) debido a la mayor radiación solar, la menor presión atmosférica y la química diferente (sensible a NO_x). Khan *et al.* (1999) compararon la capacidad reactiva fotoquímica de ocho solventes comunes en Los Ángeles, el altiplano suizo y el AMCM, y encontraron que tales solventes presentan una capacidad reactiva muy diferente en los tres lugares. Sin embargo, las capacidades normalizadas son mucho menos variables, lo que sugiere que las escalas relativas a ellas, como la RIM, pueden utilizarse en diversas condiciones. Éste es un asunto que requiere mayor exploración, por lo que sugerimos que debe investigarse más a fin de estimar las RIM de los hidrocarburos de acuerdo con las condiciones del AMCM.

6.1.5 *Constantes de la tasa de reacción de fotólisis*

Las constantes de las tasas de reacción de fotólisis son importantes insumos para los modelos fotoquímicos. Estas tasas de reacción dependen de la intensidad de la radiación solar y por lo tanto de factores como la altitud, la nubosidad y la carga de aerosoles que pueden dispersar y absorber la radiación. Debido a estas variaciones, en los modelos fotoquímicos las tasas constantes se expresan como una función del ángulo del cenit solar. Sin embargo, los valores apropiados para diferentes ángulos del cenit solar pueden diferir en sitios distintos, aun dentro de una misma cuenca, y también pueden variar con el tiempo. Por ello es fundamental considerar si los valores utilizados en los modelos son adecuados para el AMCM.

Igual que en otras partes, en el AMCM se han tomado pocas mediciones directas de la tasa constante de fotólisis. Las únicas reportadas en la literatura son las realizadas por Castro *et al.* (1997) para la destrucción fotoquímica de NO_2 (J_{NO_2}); se tomaron en cuatro sitios del AMCM a nivel de la superficie, en diferentes épocas del año, y se presentan en la figura 5.4. Estas mediciones revelan una dispersión considerable de los valores, lo que refleja diferencias en las condiciones locales (como concentraciones de aerosoles). La misma figura muestra los valores modelados para J_{NO_2}, llevados a cabo por S. Madronich (2000, com. pers.) en el National Center for Atmospheric Research (NCAR), y que están basados en trabajos recientes para modelar las mediciones de Castro *et al.* (1997). Estos resultados se presentan para condiciones limpias (sin presencia de aerosoles), condiciones medias (la mejor estimación) y condiciones sucias (elevadas concentraciones de aerosoles muy absorbentes); también se muestran los valores implícitos para dos mecanismos químicos (LCC y SAPRC90) que son

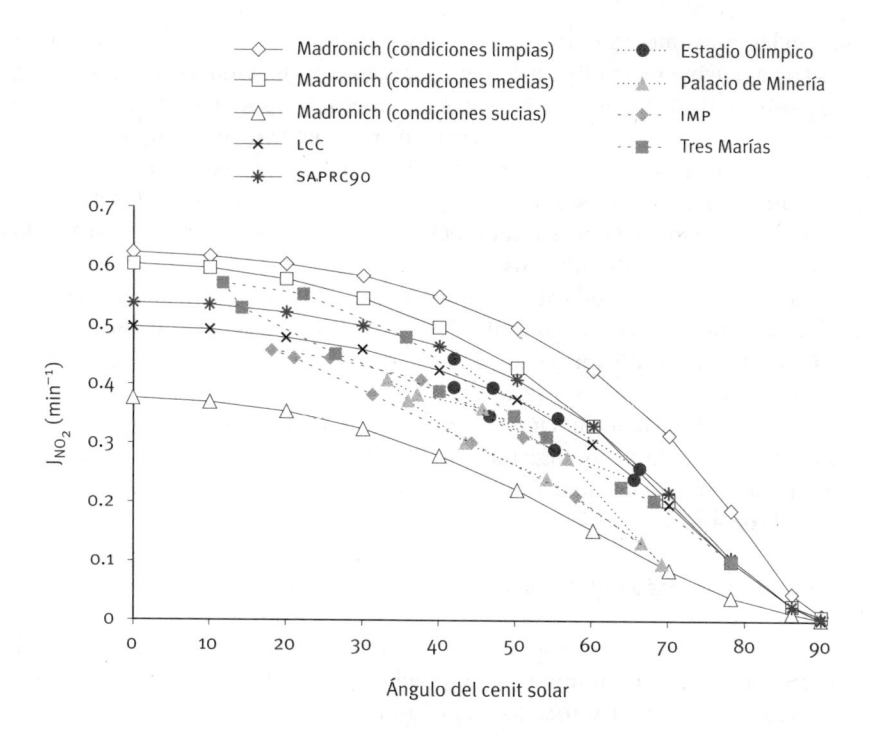

Conocimiento científico, análisis de incertidumbres, métodos de investigación   **241**

Figura 5.4 Constantes de la tasa de reacción fotoquímica para la destrucción de NO_2 (J_{NO_2}) en función del ángulo del cenit solar.

muy utilizados. Los resultados revelan que las mediciones caen dentro del rango de las condiciones modeladas por Madronich y que estos dos mecanismos químicos producen valores razonables para los insumos del modelo.

Este análisis indica que los valores de J_{NO_2} incorporados en los modelos fotoquímicos se pueden aplicar razonablemente en el AMCM y que están, en general, dentro de la variabilidad de las mediciones. La mejora en la determinación apropiada de valores de J_{NO_2} sólo puede hacerse con mediciones más extensas y mediante el uso de modelos de aerosoles y flujos radiativos. Además, esta comparación sólo es válida para una reacción y queda claro que se necesitan más mediciones para abordar otras reacciones fotoquímicas, como las que involucran NO_3, ozono, formaldehído y cetonas.

6.1.6 *Mediciones de gases traza e indicadores fotoquímicos*

Además de la medición de las proporciones COV/NO_x y el desarrollo de modelos de formación de ozono, se pueden utilizar las mediciones de otras especies traza para proporcionar información sobre la sensibilidad de la formación de ozono frente a cambios en las emisiones (Sillman, 2000). Tales indicadores requieren mediciones de especies traza que incluyen nitrato de peroxiacetilo (PAN), ácido nítrico, nitratos en aerosol, peróxido de hidrógeno y peróxidos orgánicos. En el AMCM, durante la campaña Imada se midieron PAN, ácido nítrico y nitratos en aerosol, aunque sólo en sitios seleccionados; a su vez, hay muy pocas mediciones de peróxidos. En el futuro se deben incluir mediciones de estas especies traza, cuando sea posible, y deberán coordinarse para que sean tomadas simultáneamente, a fin de que puedan aplicarse los métodos de indicadores fotoquímicos.

Las mediciones de PAN durante la campaña Imada fueron tomadas por Gaffney *et al.* (1999), quienes reportaron concentraciones muy altas y señalaron que, con base en la química del ozono y la formación de PAN, con dichas concentraciones la reducción en las emisiones de COV puede, de hecho, incrementar el ozono, ya que al disminuir los COV se reduce la formación de PAN y por lo tanto hay más NO_x disponible para formar ozono. Asimismo, sugieren que el MTBE de la gasolina es una fuente importante de isobutano y formaldehído, mismos que pueden ser significativos para la formación de ozono.

6.1.7 *Otras necesidades y oportunidades en el uso de modelos de ozono*

Además de los insumos mencionados antes, los modelos fotoquímicos de formación de ozono requieren el entendimiento de muchos parámetros que actualmente no están representados para el AMCM. Éstos incluyen:

- tasas de depositación;
- difusión vertical y horizontal;
- concentraciones iniciales del modelo, en particular por encima de la superficie;
- concentraciones de especies en las fronteras, y
- flujos de radiación solar (visibles y UV)

Para estos parámetros, las concentraciones iniciales y en las fronteras pueden ser las más importantes. Es necesario hacer esfuerzos para medir la composición atmosférica en los límites y en lo alto de la cuenca de la Ciudad de México. No obstante, los modelos también deben utilizarse para explorar la sensibilidad a estos distintos parámetros, a fin de priorizar esta investigación.

Los modelos tridimensionales también deben utilizarse más que en el pasado para estimar las respuestas a los cambios en las emisiones de muchas fuentes, en relación con las concentraciones en muchos receptores, así como explicar el transporte y la variación de las emisiones a lo largo del tiempo. La construcción de las isopletas de ozono debe hacerse en condiciones meteorológicas variadas, a fin de explorar regiones con respuestas diferentes a las emisiones.

6.1.8 *Resumen sobre el ozono*

En resumen, esperamos que la reducción en las emisiones de NO_x sea, en general, eficaz para disminuir las concentraciones de ozono y que los modelos puedan utilizarse para cuantificar sus efectos, incluyendo la reducción de emisiones en varios sitios y tiempos. El inventario de emisiones para NO_x es bueno, ya que las principales fuentes han sido identificadas con claridad, pero aún es necesario mejorarlo.

Con base en los resultados del modelo anterior y en la alta proporción COV/NO_x, se espera que el efecto de la reducción en las emisiones de COV sea bajo, pero esta conclusión sólo se entiende de manera general. Futuras investigaciones deberán centrarse en los efectos de la reducción de emisiones de COV en la formación de ozono, para identificar los momentos y lugares particulares en los que el ozono puede ser sensible a los COV. Tampoco se han entendido bien los distintos efectos de la reducción de emisiones de especies o clases diferentes de COV. Aunque las principales fuentes de los COV están bien identificadas, las emisiones totales y las contribuciones relativas de varias de ellas presentan aún grandes incertidumbres.

Se piensa que la contribución del CO a la formación de ozono en el ámbito urbano es de poca importancia y su inventario de emisiones está bien establecido. El efecto de la reducción de emisiones de SO_2 en el ozono no se ha explorado cuidadosamente en la Ciudad de México, pero, en general, se considera que el SO_2 tiene muy pocos efectos en la fotoquímica del ozono.

6.2 Material particulado

En el AMCM, las concentraciones de material particulado han recibido menos atención normativa que las de otros contaminantes criterio, particularmente el ozono, y cuando la concentración de partículas ha recibido atención ésta ha sido en términos de PST o bajo las normas nacionales de calidad del aire para PM_{10}. En el Proaire (DDF *et al.*, 1996) y otros inventarios de emisiones previos, la estimación de material particulado está dada en términos de PST, que consideran primero las emisiones de polvo sedimentable; en el Proaire, éste es responsable de 94% de las PST. De conformidad con esto, las principales acciones incluidas en el PICCA (DDF, 1990) y el Proaire se concentran específicamente en reducir las emisiones fugitivas de polvo, mediante la reforestación de los lechos lacustres secos y frenando la degradación ecológica. Poca atención se ha dado a la producción secundaria de partículas resultantes de las emisiones de SO_2, NO_x y COV; la reducción en las emisiones de estos contaminantes fue con el propósito de controlar las concentraciones de ozono, SO_2 y NO_2.

Hoy día existe un claro consenso en cuanto a que las partículas pequeñas ($PM_{2.5}$) son las más importantes por sus efectos en la salud. Éstas constituyen normalmente alrededor de 50% de la masa de las PM_{10} y una fracción más pequeña de las PST. Debido a que una porción importante de las $PM_{2.5}$ resulta de la producción secundaria proveniente de las emisiones de COV, SO_2, NO_x y amoniaco, es difícil explicar estas relaciones directamente en un inventario de emisiones (igual que no puede explicarse la producción de ozono sólo por el inventario de emisiones). Sin embargo, las emisiones primarias de partículas deben considerarse en los inventarios de emisiones y, en lo posible, desagregarse en PM_{10} y $PM_{2.5}$.

Los inventarios de emisiones publicados más recientes (CAM, 1999; 2000a; 2001) parecen estar encaminados en esta dirección, ya que se expresan como emisiones primarias de PM_{10}. En el último inventario (de 1998) (CAM, 2001), el polvo es responsable de 40% de las PM_{10}, el transporte de 36% y la industria de 16%. Sin embargo, no queda claro cuántas de estas emisiones primarias es posible que estén en el rango de las $PM_{2.5}$, y qué emisiones se dan por especies químicas. En general, el polvo se encuentra en partículas mayores que $PM_{2.5}$. Pero, ¿las emisiones reportadas del transporte y la industria son partículas gruesas (p. ej., polvos fugitivos de carreteras) o pequeñas (hollín de la combustión)? Asimismo, no parece que toda la variedad de fuentes primarias de material particulado se haya considerado en el inventario de emisiones. En particular, las fuentes de área sólo aportan 8% de las emisiones de PM_{10}, pero se ha probado que actividades como la elaboración de alimentos y la utilización de asfalto para reparar techos y caminos son importantes en otros lados (Schauer et al., 1996; Gray y Cass, 1998). Los aerosoles orgánicos de origen biológico no aparecen incluidos del todo. En el futuro, los inventarios oficiales de emisiones deben publicarse con otra categoría de emisiones primarias de $PM_{2.5}$; además, son necesarios para seguir con atención las fuentes de diversos componentes químicos en aerosoles primarios y el tamaño de las partículas (al menos PM_{10} y $PM_{2.5}$).

Actualmente, las mediciones de campo sobre la composición de las partículas proporcionan una mejor idea sobre la contribución de diferentes categorías de fuentes a las concentraciones ambientales y permiten realizar estudios de distribución proporcional de fuentes. Tales estudios los han realizado Vega et al. (1997) y Flores et al. (1999) utilizando las mediciones del AMCM y sugieren que las contribuciones vehiculares e industriales a $PM_{2.5}$ y PM_{10} pueden ser mayores que las indicadas en el inventario de emisiones. La composición química promedio de las partículas medidas en el AMCM durante la campaña Imada (promedio de todas las estaciones y periodos de medición) se muestra en las figuras 5.5 y 5.6, y están basadas en nuestro análisis de los datos de la Imada. En la figura 5.5, la composición de PM_{10} muestra una contribución importante de especies de partículas de la fracción gruesa que se derivan del polvo; la 5.6 señala que los aerosoles a base de carbono elemental y orgánico contribuyen de manera significativa a las $PM_{2.5}$.

El resto de esta sección tratará individualmente los diferentes componentes químicos mostrados en las figuras 5.5. y 5.6. Para cada componente químico abordaremos asuntos relativos a la estimación de emisiones, determinaremos las relaciones fuente-receptor mediante el uso de modelos (incluyendo la formación de partículas secundarias) y analizaremos el grado de conocimiento en cuanto a la eficacia de las diferentes estrategias de reducción de emisiones para disminuir las concentraciones ambientales.

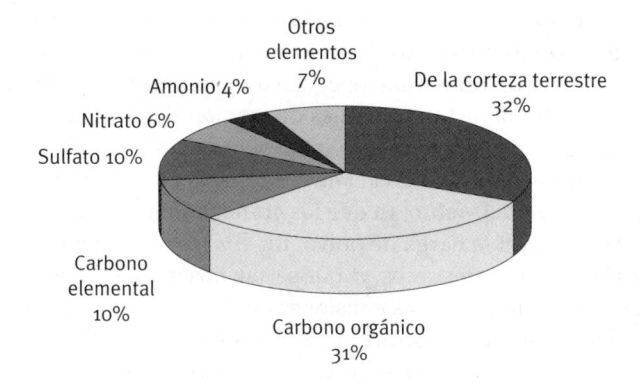

Figura 5.5 Composición promedio de PM_{10} medida durante la campaña Imada en el AMCM, febrero-marzo de 1997.

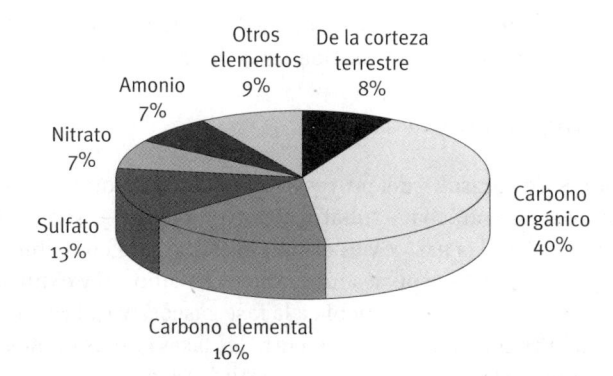

- De la corteza terrestre 32%
- Carbono orgánico 31%
- Carbono elemental 10%
- Sulfato 10%
- Nitrato 6%
- Amonio 4%
- Otros elementos 7%

Figura 5.6 Composición promedio de $PM_{2.5}$ medida durante la campaña Imada en el AMCM, febrero-marzo de 1997.

- Carbono orgánico 40%
- Carbono elemental 16%
- Sulfato 13%
- Nitrato 7%
- Amonio 7%
- Otros elementos 9%
- De la corteza terrestre 8%

6.2.1 *Partículas de polvo*

Las partículas de polvo se encuentran por lo común en forma gruesa (mayores de 2.5 µm). En la atmósfera, en general, se consideran como no reactivas, aunque las partículas de este tipo pueden servir como sitios de condensación y su alcalinidad puede atraer especies ácidas (como el ácido nítrico) hacia las partículas más grandes.

Por lo general, debido a que el polvo no es muy reactivo, puede esperarse que las concentraciones atmosféricas varíen proporcionalmente con los cambios en sus emisiones. La dificultad, sin embargo, está en estimar las emisiones de polvo y sus cambios debidos a los diferentes tipos de control. Las emisiones de polvo natural (que también pueden tener un origen antropogénico a causa de la degradación de los ecosistemas por el ser humano) son difíciles de estimar debido a sus fuentes ampliamente distribuidas, el desconocimiento sobre el uso del suelo y las complejas dependencias entre factores como la vegetación y la humedad del suelo. También dependen mucho de la velocidad del viento, ya que los grandes vendavales pueden causar dramáticos incrementos en la carga de polvo. En el AMCM, la fuente más importante quizá sean los lechos lacustres secos, ya que se han observado cargas más altas de polvo en el noreste de la ciudad. Otras emisiones pueden derivarse de fuentes industriales o de actividades como la construcción de caminos.

A pesar de estas dificultades para estimar con precisión las emisiones, resultan claras las medidas políticas para reducir el polvo. Plantar cubiertas de suelo en los lechos lacustres secos y reforestar las zonas degradadas a lo largo de toda el área metropolitana son medidas apropiadas para reducir las emisiones de polvo y mejorar los ecosistemas y la calidad de vida en toda la ciudad. La reforestación debe llevarse a cabo de modo que se alcancen o equilibren varias metas, como la restauración ecológica (utilizando especies nativas), el manejo del agua y el de la calidad del aire (con especies que no emitan grandes cantidades de hidrocarburos).

6.2.2 *Otros aerosoles inorgánicos*

Las mediciones de aerosoles del proyecto Imada indican que en el AMCM los componentes aerosoles inorgánicos —sulfato, nitrato y amonio— son entre 10 y 20% de las PM_{10} y de 15 a 30% de las $PM_{2.5}$, y es el sulfato el que más contribuye (Edgerton *et al.*, 1999). En este sistema de especies inorgánicas, el amonio y el nitrato pueden pasar indistintamente de la fase de partícula a la fase gaseosa y viceversa, como amoniaco y vapor de ácido nítrico. Esta separación entre las fases gaseosa y en aerosol puede alterarse por cambios en la concentración de una de las especies. En consecuencia, la masa total de aerosol puede no responder de manera proporcional a los cambios en las emisiones de gases precursores (SO_2, NO_x y amoniaco) como uno esperaría. West *et al.* (1999) sugieren que en el este de Estados Unidos, bajo ciertas condiciones la reducción en las concentraciones de sulfato (ocasionadas por reducciones en las emisiones de SO_2) incrementarán el amoniaco disponible para combinarse con ácido nítrico y formar aerosol de nitrato de amonio. Meng *et al.* (1997), asimismo, revelan que esta masa de aerosol de nitrato de amonio puede responder de manera no lineal a cambios en las emisiones de amoniaco, de NO_x o aun de compuestos orgánicos cuando se modela la química tridimensional completa de gas-aerosol en Los Ángeles.

Las observaciones realizadas en Los Ángeles también revelan que, antes de 1980, el sulfato era el componente dominante de los aerosoles (Cass y Shair, 1984; Jacob *et al.*, 1986). Durante el decenio de 1980 se controlaron las emisiones de SO_2 y se redujeron sustancialmente las concentraciones de sulfato. Sin embargo, las concentraciones de

PM$_{2.5}$ mostraron pequeños cambios, ya que se incrementaron las emisiones de NO$_x$, y ahora las PM$_{2.5}$ en Los Ángeles contienen una fracción importante de nitrato en aerosol (Chow *et al.*, 1993; 1994). Al menos, parte de este aumento en el nitrato en aerosol puede atribuirse a esta química no lineal en un ambiente rico en amoniaco (Ansari y Pandis, 1998).

En este sistema combinado de aerosoles inorgánicos, la reducción de emisiones de SO$_2$, NO$_x$ y amoniaco —en cualquier combinación— podría usarse para disminuir la masa combinada de aerosoles inorgánicos. Los costos y la eficacia marginales de los controles en cada una de estas emisiones serán distintos. Por ejemplo, en Los Ángeles, donde las concentraciones de aerosol de nitrato de amonio son muy altas, los recientes planes de control de la contaminación del aire han incluido controles en las emisiones de amoniaco, sobre todo de fuentes de origen biológico (ganado). Estas medidas sugieren que podría ser más efectivo en términos de costos controlar el material particulado mediante la reducción de las emisiones de amoniaco que por medio de la disminución de las emisiones de NO$_x$ de fuentes de combustión.

Algunas preguntas importantes para el control del material particulado en este sistema inorgánico en el AMCM son las siguientes:

- Las concentraciones de aerosol de nitrato en el proyecto Imada son pequeñas, pero puede haber mucho ácido nítrico en fase gaseosa. ¿El control de emisiones de SO$_2$ puede ocasionar que este ácido nítrico se combine con el amoniaco y se transforme en aerosol?
- Los controles de las emisiones de NO$_x$ se proponen principalmente para reducir los niveles de ozono. ¿Cuál sería la reducción esperada de material particulado como resultado de estos mismos controles?
- ¿La disminución en las emisiones de amoniaco puede ocasionar reducciones simultáneas en el aerosol de nitrato? ¿Pueden identificarse y controlarse eficazmente las fuentes de amoniaco como parte de una estrategia general para manejar el material particulado? (hay que señalar que la acidez del aerosol no parece ser una preocupación en el AMCM).
- ¿Qué tan bien entendida está la oxidación del SO$_2$ a sulfato y del NO$_x$ a nitrato en condiciones de humedad diferente? ¿Podría llevarse a cabo la oxidación en la superficie de los aerosoles?

Se pueden utilizar dos enfoques generales de uso de modelos para cuantificar la respuesta de la masa de partículas finas a los cambios en las emisiones de SO$_2$, NO$_x$ y amoniaco. Los métodos más sencillos, desarrollados por Ansari y Pandis (1998) y West *et al.* (1999), usan las concentraciones medidas en los receptores en un modelo de caja de equilibrio de aerosol para estimar los cambios en la masa de los aerosoles resultantes de los cambios en las concentraciones de sulfato, nitrato total (fase gaseosa más aerosol) y amoniaco total. Aunque este método no cuantifica el efecto de los cambios en las emisiones mismas, tiene la ventaja de que no depende del desarrollo de modelos de relaciones entre emisiones y concentraciones, ni de las incertidumbres que estos modelos generan. El método puede utilizarse para identificar dónde y cuándo se esperarían respuestas no lineales en la química de los aerosoles y para predecir los efectos de los cambios en las emisiones de SO_2 y amoniaco, ya que se espera que las concentraciones de sulfato en aerosol y amoniaco total respondan linealmente a las emisiones.

El otro método de Meng *et al.* (1997) utiliza un modelo tridimensional completo de cuenca acoplado a un modelo de equilibrio de aerosoles, de manera que se puede establecer el equilibrio entre la fase gaseosa y la fase en aerosol para cada caja de rejilla y cada etapa de tiempo (o alguna fracción de éste).

La principal desventaja de este enfoque es que la respuesta que predice los cambios en las emisiones estará muy influida por respuestas no lineales en la química del receptor. Éstas, a su vez, lo estarán por las concentraciones estimadas por el modelo en el receptor y, por lo tanto, sujetas a errores importantes debido a las incertidumbres en las emisiones, el transporte y la oxidación química. Una segunda desventaja es que sólo puede utilizarse en los días para los cuales están disponibles las mediciones intensivas (o bajo condiciones meteorológicas promedio), mientras que el primer método puede ser empleado con facilidad para todos los periodos en que las concentraciones medidas o las condiciones promedio estén disponibles.

Una evaluación preliminar de las mediciones de Imada sugiere que existe abundante amoniaco para neutralizar por completo el sulfato presente y para permitir la formación de aerosol de nitrato de amonio en el AMCM. Las concentraciones en fase gaseosa de amoniaco son muy altas, lo que sugiere que las reducciones de éste no tendrían un gran efecto en el material particulado total. Esto también indica que la masa de aerosoles podría responder de manera no lineal a los cambios en las emisiones de SO_2 y NO_x. Está claro que se necesita el desarrollo de modelos para estimar mejor la respuestas a los cambios en las emisiones de todos estos gases precursores, por lo que proponemos que deben utilizarse ambos métodos, el de West *et al.* (1999) y el de Meng *et al.* (1997). Además, también puede emplearse un enfoque híbrido para combinar el modelo de equilibrio de West *et al.* (1999), utilizando las mediciones en los receptores, con un modelo de transporte y de química que pueda relacionar las emisiones en las fuentes con concentraciones de sulfato, nitrato total y amoniaco total en los receptores.

Sin embargo, para determinar la respuesta de este sistema a los cambios en las emisiones se requiere conocer las concentraciones de amoniaco y ácido nítrico en fase gaseosa —ya sea para correr el modelo de equilibrio de West *et al.* (1999) o para restringir el ingreso de estas especies en el método de Meng *et al.* (1997)—. Las únicas mediciones de ácido nítrico y amoniaco en fase gaseosa en el AMCM fueron hechas durante la campaña Imada y sólo en una estación de monitoreo (La Merced). Las mediciones de composición de partículas de estas especies inorgánicas son más comunes, pero no se hacen de forma rutinaria. Se han realizado mediciones simultáneas de especies de gases y partículas, por ejemplo en el este de Estados Unidos, utilizando paquetes de filtros como parte del Estudio de Campo para la Evaluación del Modelo Euleriano (McNaughton y Vet, 1996).

6.2.3 Aerosoles orgánicos y hollín

Las mediciones de la campaña Imada indican que en el AMCM los aerosoles orgánicos y de hollín en conjunto abarcan de 20 a 35% de las PM_{10} y de 25 a 50% de las $PM_{2.5}$ (Edgerton *et al.*, 1999). La fracción de aerosoles orgánicos está formada por un componente primario emitido como partículas y uno secundario. Varias fuentes de combustión, así como la vegetación, emiten partículas primarias. Las partículas secundarias se forman mediante las reacciones en la atmósfera de los compuestos orgánicos en fase gaseosa, lo que crea compuestos orgánicos con baja presión de vapor que se condensan en la fase en aerosol. Los aerosoles de hollín son en su totalidad de origen primario y consisten en su mayoría en átomos de carbono que resultan de una combustión incompleta. Tanto los aerosoles orgánicos como los de hollín existen principalmente en la fracción fina ($PM_{2.5}$) y por lo tanto son factores importantes en los impactos en la salud provocados por la contaminación del aire. Los primeros son más preocupantes para la salud porque contienen compuestos químicos específicos, como los hidrocarburos aromáticos policíclicos, que pueden ser cancerígenos.

A pesar de la importancia de los aerosoles orgánicos y de hollín, hasta ahora han recibido poca atención científica o normativa en el AMCM. Ello puede deberse a la dificultad para entenderlos científicamente. En particular, la química de los aerosoles orgánicos es de elevada complejidad, ya que hay cientos de especies y miles de reacciones. Asimismo, no todas éstas se han identificado o medido, y el uso de modelos de todas las reacciones es por ahora intratable, y al parecer así permanecerá por muchos años. En consecuencia, es necesario utilizar procedimientos de desarrollo de modelos agregados o que sigan ciertos parámetros, y esto ha sido uno de los puntos centrales de la investigación de aerosoles durante el último decenio en Estados Unidos. Debido a las altas concentraciones de aerosoles orgánicos en el AMCM, entender esta fracción resulta muy importante para el control de la contaminación del aire. El AMCM puede ser también un caso muy significativo para la experimentación, con lo que se puede avanzar en el conocimiento científico general de estos aerosoles.

Puede lograrse una disminución de las concentraciones de aerosoles orgánicos en el AMCM mediante la reducción de las emisiones de aerosoles orgánicos primarios o de aquellos COV que contribuyen a la formación de aerosoles orgánicos secundarios. En el pasado se ha prestado muy poca atención a la comprensión o el control de las emisiones de aerosoles orgánicos primarios. Las emisiones de COV se han reducido, principalmente, con el propósito de disminuir la formación de ozono —a pesar de que se piensa que la formación de éste es sensible a NO_x y por lo tanto insensible a los cambios en las emisiones de COV—, aunque el efecto de esta reducción de emisiones en la formación de aerosoles orgánicos secundarios también ha sido reconocido. Sin embargo, las políticas para reducir las emisiones de COV parecen estar dirigidas a las emisiones totales por masa y se ha dado menor atención al potencial que tienen las diferentes especies de COV en la formación de ozono o de aerosoles orgánicos secundarios, o a la toxicidad de los COV.

Para la toma de decisiones sobre la contaminación del aire en el AMCM, algunas preguntas científicas importantes con respecto a los aerosoles orgánicos son:

- ¿Qué fracción de la masa de aerosoles orgánicos observados es primaria y cuál es secundaria?
- ¿Qué fuentes contribuyen más al contenido de aerosoles orgánicos primarios y cómo se pueden reducir estas emisiones?
- ¿Qué tan bien podemos predecir los efectos de la reducción de las emisiones de COV en la formación de aerosoles orgánicos secundarios?
- ¿Qué especies emitidas de COV contribuyen más a la formación de aerosoles orgánicos secundarios? y ¿es posible reducir, preferentemente, estas emisiones de COV? ¿Son estas mismas especies de COV las más reactivas para producir ozono? ¿Son éstas las más tóxicas?
- ¿De cuáles fuentes se originan las emisiones de compuestos orgánicos primarios y de precursores de compuestos orgánicos secundarios que más influyen en las concentraciones de éstos en los sitios receptores de interés?
- ¿Puede reducirse la formación de aerosoles orgánicos secundarios mediante el control de las emisiones de NO_x que disminuyen la formación de oxidantes?

Separación de aerosoles orgánicos primarios y secundarios. Hasta donde sabemos, no se han publicado aún estimados de la fracción de aerosoles orgánicos primarios en comparación con la de los secundarios en el AMCM. En general, sin embargo, los aerosoles orgánicos primarios predominan en las regiones más contaminadas. Los estudios para separar los aerosoles orgánicos en componentes primarios y secundarios han empleado tres métodos:

- utilizar carbono elemental como trazador de carbono orgánico primario, ya que por lo general se comparten las fuentes de estos componentes de aerosoles. Se puede usar una regresión lineal y considerar que cualquier exceso de aerosol orgánico sea de origen secundario (Turpin *et al.,* 1991; Turpin y Huntzicker, 1995);
- modelar las emisiones y la dispersión del aerosol orgánico primario y suponer que cualquier exceso observado es secundario, y
- modelar directamente la formación de aerosol orgánico secundario y suponer que el exceso observado es primario (Pandis *et al.*, 1992; Strader *et al.*, 1999).

Hemos realizado un análisis preliminar utilizando los datos de la campaña Imada y aplicando el primer método antes descrito. Los resultados muestran que la mayor parte (~70%) del aerosol orgánico es primario. Esta técnica también revela que las concentraciones de aerosol orgánico secundario son por lo común mayores por la tarde (12 a 18 horas) debido a la producción fotoquímica, mientras que la concentración de aerosol orgánico total es mayor por la mañana (6 a 12 horas), antes de que se rompa la capa de mezcla. En el futuro se deberá considerar la aplicación de modelos de formación de aerosol orgánico secundario utilizando los datos de Imada. Actualmente no es posible modelar el aerosol orgánico primario por la falta de conocimiento sobre las emisiones de estos compuestos, como se argumentará después.

Aerosoles orgánicos primarios. En general, se sabe muy poco acerca de las fuentes de aerosoles orgánicos primarios en el AMCM. En cambio, la investigación para estimar sus emisiones está muy avanzada en Los Ángeles, donde se ha realizado un gran trabajo a fin de estimar factores de emisión y los perfiles de especies para diversas fuentes (Rogge *et al.*, 1996). Este estudio sugiere que además de las fuentes fijas y móviles, que constituyen importantes fuentes de otras emisiones contaminantes, los aerosoles orgánicos se derivan de varias fuentes únicas, incluyendo combustión de madera, polvo de caminos pavimentados, frenos y llantas, elaboración de alimentos, impermeabilización (en la que se utiliza asfalto), además de emisiones de origen biológico (como ceras vegetales). Tomarlas en cuenta puede conducir a opciones de control adicionales que no han sido consideradas hasta ahora.

Las emisiones de aerosoles orgánicos primarios pueden analizarse de dos maneras. La primera consiste en construir un inventario de emisiones basado en los factores de emisión típicos para diferentes actividades y el tamaño de éstas (p. ej., la cantidad y el tipo de operaciones para la elaboración de alimentos). Este inventario puede entonces colocarse en un modelo de transporte, suponiendo que los aerosoles orgánicos primarios no son reactivos, para estimar las concentraciones observadas en los receptores. El segundo método utiliza perfiles químicos de emisiones orgánicas primarias de varias fuentes como trazadores de estas emisiones para atribuir entonces las especies orgánicas observadas a un receptor de entre estas fuentes. Este último método ha sido aplicado con éxito en Los Ángeles, donde se determinó que muchas especies orgánicas primarias actúan como trazadores conservadores para diversas fuentes de emisión (no se crean ni se destruyen en cantidades significativas por las reacciones químicas; véase Schauer *et al.*, 1996).

El método de balance químico de masa ha sido aplicado en el AMCM por Vega *et al.* (1997), quienes determinaron la contribución porcentual a la masa de $PM_{2.5}$ de diferentes fuentes usando mediciones en un solo sitio. Este estudio, sin embargo, está basado principalmente en el uso de aerosoles químicos inorgánicos como trazadores de diferentes fuentes de emisión, más que en la especiación de aerosoles orgánicos primarios de Schauer *et al.* (1996) (los aerosoles orgánicos son incluidos por Vega *et al.* (1997) como una sola especie de emisiones). Los resultados adjudican la masa de aerosoles orgánicos por fuente, sustentados sobre todo en trazadores inorgánicos, y se determinan los aerosoles orgánicos secundarios como el exceso de aerosol orgánico.

Aun cuando estos resultados presentan un análisis interesante de la composición de $PM_{2.5}$, se limitan a las mediciones en un solo sitio entre 1989 y 1990, y se basan en perfiles de emisiones estimados en Estados Unidos (de la base de datos SPECIATE de la EPA). Es trascendental repetir este análisis en otros sitios adicionales del AMCM y, en lo posible, usar los perfiles de emisiones que se determinen como necesarios o representativos del AMCM. Además, debido a la importancia de los aerosoles orgánicos primarios, es pertinente incluir la información proporcionada por la especiación de las mediciones de aerosoles orgánicos y perfiles de fuentes, con base en los métodos de Schauer et al. (1996). De manera similar, puede usarse el análisis de componentes principales para evaluar las especies de aerosoles orgánicos, como lo hicieron Miranda et al. (1996) para metales inorgánicos traza.

Recientemente, Vega y Múgica et al. llevaron a cabo una investigación en el IMP para medir perfiles de fuente de aerosoles orgánicos provenientes de diferentes fuentes en el AMCM. También se tomaron mediciones de los componentes químicos de los aerosoles orgánicos durante la campaña Imada (E. Vega, 2000, com. pers.). Todavía no se han publicado estas mediciones, pero en el futuro deben analizarse utilizando un modelo de balance químico de masa para prorratear la masa de aerosol orgánico entre fuentes particulares. Cuando no se disponga de los perfiles de emisiones en el AMCM, será necesario usar factores de emisión y mediciones de perfil desarrollados mediante la investigación en otros sitios (véase Rogge et al., 1996 y las referencias allí mencionadas).

Además, es necesario realizar estudios independientes para estimar las emisiones primarias de aerosoles orgánicos. Una vez desarrollados, estas estimaciones deben usarse en un modelo de transporte para predecir las concentraciones en sitios receptores. Este sistema puede servir como una importante forma de verificación de los inventarios de emisiones estimados por medio del método de balance químico de masa. La identificación de las emisiones de partículas orgánicas primarias está entre las más altas prioridades de investigación, debido a que los compuestos orgánicos son el componente más grande de las $PM_{2.5}$ primarias en el AMCM.

Aerosoles orgánicos secundarios. La cantidad de aerosol orgánico secundario formado por las emisiones de COV depende tanto de la capacidad reactiva de las especies emitidas como de la volatilidad de los productos de la reacción. Con base en esto, generalmente podemos esperar que los COV que más aportan a la formación de ozono atmosférico también contribuyan a los aerosoles orgánicos secundarios. Por lo tanto, las especies muy reactivas pueden ser objeto de los esfuerzos por controlar la contaminación del aire, que incluyen el ozono y los aerosoles orgánicos secundarios. Sin embargo, la contribución relativa de diferentes especies a los aerosoles orgánicos secundarios no es la misma que la contribución al ozono. Algunas investigaciones han revelado que los compuestos orgánicos secundarios por lo general se forman sólo de COV que contienen siete o más átomos de carbono (véase Odum *et al.*, 1997). Por esta razón, algunos hidrocarburos que tienen efectos en el ozono presumiblemente podrían no tenerlos en los aerosoles orgánicos secundarios (como el propano).

Los primeros modelos de formación de orgánicos secundarios (Pandis *et al.*, 1992) suponen que cada producto de la reacción orgánica se divide a sí mismo entre las fases gaseosa y en aerosol, de acuerdo con su concentración de saturación. Sin embargo, las mediciones en laboratorio realizadas por Odum *et al.* (1997) han demostrado que las especies orgánicas pueden condensarse en la fase en aerosol por debajo de sus concentraciones de saturación. Este trabajo, además, revela que el producto de aerosoles orgánicos secundarios del vapor de gasolina se calcula, razonablemente, por la suma de los productos de sus componentes aromáticos individuales, lo que sugiere que es posible modelar el aerosol orgánico secundario como una suma de productos, determinados en el laboratorio, de varios COV. El modelo de Bowman *et al.* (1997) explica estos factores mediante el uso de modelos tanto de la partición del equilibrio del aerosol como de su transporte dinámico para simular la formación y el crecimiento del mismo. Strader *et al.* (1999) modifican el modelo de Pandis *et al.* (1992) para explicar estas mismas influencias en su estimación del aerosol orgánico secundario en el valle de San Joaquín, California. Nosotros recomendamos que se utilice un modelo de formación de aerosol orgánico secundario, como el usado por Strader *et al.* (1999), para estimar los orgánicos secundarios empleando los datos de Imada y, subsecuentemente, abordar la efectividad de las medidas de control de la contaminación del aire de NO_x y COV en la formación de aerosoles orgánicos secundarios.

Aerosoles de hollín. El carbono elemental negro (hollín) tiene un importante papel en la absorción de luz y también puede tener un efecto significativo en la salud humana. Recientemente, Alemania estableció normas de calidad del aire para carbono elemental; California está considerando si el carbono elemental del diesel de combustión debe ser declarado contaminante tóxico atmosférico (Gray y Cass, 1998). En regiones contaminadas, los aerosoles de hollín son emitidos por muchas de las mismas fuentes de combustión que producen los aerosoles orgánicos. Los vehículos a diesel son en su mayoría señalados como una importante fuente de hollín en las áreas urbanas.

En el AMCM se observaron grandes concentraciones de aerosol de carbono elemental durante la campaña Imada y el Proyecto Azteca. En el AMCM, las fuentes más evidentes de estas concentraciones son los camiones y autobuses a diesel y los vehículos a gasolina (existen muy pocos automóviles a diesel); sin embargo, no está claro si la aportación de otras fuentes es significativa. Entre éstas se incluyen: el uso industrial de gas natural y combustóleo, la quema de madera, los vehículos que no circulan por carreteras, como trenes o maquinaria para la construcción, y otras fuentes residenciales, comerciales e industriales.

Sugerimos que los inventarios de emisiones para carbono elemental se estimen junto con los inventarios de emisiones de carbono orgánico primario y que se realicen estudios de desarrollo de modelos del transporte de carbono elemental a los sitios de medición, ya que éste generalmente se considera como no reactivo y puede servir como un trazador conservador en estos estudios de desarrollo de modelos para ayudar a analizar el carbono orgánico.

6.2.4 *Visibilidad y propiedades ópticas de los aerosoles*

Como se dijo en el capítulo 1, la reducción de la visibilidad es un efecto importante de la contaminación atmosférica, que disminuye la calidad de vida de los ciudadanos y puede ser perjudicial para ciertas actividades comerciales, como la aviación. El deterioro de la visibilidad es muy importante para hacer consciente de la contaminación del aire al público, ya que es el efecto que se percibe con mayor facilidad.

La reducción de la visibilidad por la contaminación del aire es ocasionada principalmente por la dispersión y absorción de la luz por las partículas en la atmósfera (entre los gases, sólo el NO_2 tiene efectos importantes en la visibilidad). La capacidad de las partículas para dispersar la luz depende mucho de su tamaño y, en general, las que están en el rango de las $PM_{2.5}$ causan el mayor deterioro de la visibilidad, ya que los diámetros de estas partículas son comparables con la longitud de onda de la luz. Como se vio antes, también se piensa que las partículas más pequeñas son de mayor importancia en el efecto sobre la salud.

Los aerosoles carbónicos, especialmente el hollín, absorben luz y aun en concentraciones pequeñas el hollín y los compuestos orgánicos tienen un gran efecto en la disminución de la luz. El agua asociada con los aerosoles también puede tener una influencia importante en la visibilidad porque incrementa el tamaño de las partículas; en condiciones de humedad, el agua es generalmente la que más contribuye a reducirla. Por lo tanto, para estimar la visibilidad es muy importante predecir el agua asociada con los aerosoles, mientras que para los propósitos de la contaminación del aire es por lo general la masa seca de partículas (medidas después de secar los filtros) la que es de mayor interés.

Las actividades del Proyecto Azteca en 1997 incluyeron la medición de las concentraciones y las propiedades ópticas de los aerosoles en el AMCM. Los resultados indicaron que los aerosoles son muy absorbentes (albedo sencillo de dispersión de 0.6), lo cual sugiere que contienen una fracción grande de hollín. En general, las mediciones de absorción y dispersión de la luz, utilizando etalómetros y nefelómetros, pueden usarse para inferir algunas propiedades de los aerosoles, tales como la distribución de tamaños de éstos. Sin embargo, las incertidumbres relativas a este problema inverso son importantes, ya que se necesita hacer varios supuestos sobre algunas propiedades de los aerosoles.

En el futuro será necesario realizar estudios en el AMCM para combinar los modelos de dispersión y absorción con los de receptores para NO_2 y partículas, con objeto de adjudicar la extinción total de luz a emisiones de fuentes específicas, siguiendo los métodos de Richards *et al.* (1990). Un enfoque así permitiría estimar la reducción de la visibilidad en diferentes escenarios futuros que consideren diversos controles de emisión. Los cálculos de la extinción de luz pueden hacerse utilizando modelos normalizados, como el MODTRAN (un modelo de transferencia radiativa de resolución moderada; AFGL, 1989) o métodos más simples. En general, hacer tales estimaciones requerirá poner un mayor énfasis en las estimaciones de la distribución de tamaños y el contenido de agua de los aerosoles.

6.2.5 Resumen sobre las partículas

Las emisiones primarias de $PM_{2.5}$, que se componen de carbono orgánico, carbono elemental y polvo (especies de polvo geológico) contribuyen de manera importante a las $PM_{2.5}$ del AMCM, mientras que el polvo es claramente el componente principal de las partículas mayores que las $PM_{2.5}$. Ya que las emisiones primarias contribuyen de manera directa a las concentraciones ambientales, su reducción podría tener beneficios directos en la reducción de $PM_{2.5}$. Desafortunadamente, en la actualidad no existen inventarios de emisiones para carbono orgánico primario y elemental de las $PM_{2.5}$, y aunque estas emisiones se incluyen, hoy día, en el inventario de PM_{10}, no está claro que toda la variedad de fuentes de carbono elemental y orgánico estén consideradas. Aun cuando no estén bien cuantificadas, las emisiones de polvo provienen sobre todo de los lechos lacustres secos y de la degradación del suelo. A pesar de que otras influencias antropogénicas sobre dichas emisiones (tales como las actividades de construcción) no estén bien cuantificadas, se han identificado y propuesto acciones pertinentes.

Se piensa que la generación de partículas secundarias a partir de las emisiones de COV es una fuente menor que las emisiones primarias y no se entiende aún claramente, ya que la aportación de compuestos orgánicos secundarios a las $PM_{2.5}$ no se ha determinado. Esta formación secundaria tampoco ha sido modelada para el AMCM, por lo que no se pueden cuantificar los efectos de la disminución de emisiones, pero es de esperarse que la reducción en las emisiones de COV —en especial los COV pesados y reactivos (con siete o más átomos de carbono)— sean eficaces para reducir las $PM_{2.5}$. También se espera que la disminución de las emisiones de SO_2 reduzca las $PM_{2.5}$, aunque la conversión del SO_2 en aerosol de sulfato no ha recibido mucha atención en el uso de modelos para el AMCM. Existe la posibilidad de que al reducir el aerosol de sulfato se pueda incrementar la cantidad de ácido nítrico que se condensa en $PM_{2.5}$. Actualmente, los NO_x aportan sólo una fracción pequeña de $PM_{2.5}$ como aerosol de nitrato. Sin embargo, disminuir los NO_x para controlar el ozono podría tener efectos secundarios importantes en la reducción del aerosol de nitrato. Mitigar las emisiones de NH_3 puede restringir el aerosol de amonio, pero debido a que las mediciones ambientales muestran un exceso de NH_3 en la fase gaseosa, la reducción de emisiones podría no tener un gran efecto en las $PM_{2.5}$. Por otro lado, el exceso de vapor de NH_3 podría ayudar a incorporar ácidos orgánicos volátiles a las partículas. Es evidente que nuestra capacidad para cuantificar los efectos de la reducción de emisiones en las $PM_{2.5}$ secundarias es hoy día limitada.

6.3 Mejoramiento de los inventarios de emisiones

Las incertidumbres en los inventarios de emisiones limitan severamente nuestra capacidad para entender las relaciones entre las emisiones de las fuentes y las concentraciones en los receptores. En el caso del ozono, las emisiones de cov están muy subestimadas. Con respecto a las partículas, los investigadores deben centrar los inventarios de emisiones en las partículas pequeñas ($PM_{2.5}$) y en las fuentes que no han sido tratadas.

Como se mencionó antes, hemos analizado la metodología y las incertidumbres de los inventarios de emisiones (Molina *et al.*, 2000a). En general, sugerimos que se utilicen varios métodos para estimarlos, a fin de proporcionar pruebas independientes de validación. La figura 5.7 muestra una variedad de ellos que pueden utilizarse, incluyendo las mejoras *bottom-up* y las verificaciones *top-down* ("inversas"). Mejores inventarios de emisiones *bottom-up* podrían incrementar la calidad general de los inventarios, pero no serían capaces de demostrar, por ejemplo, que todas las fuentes han sido incluidas. Estos métodos deben, por lo tanto, ser verificados contra otros similares, esto es, que usen datos de consumo agregado de combustible.

También deben utilizarse métodos inversos (*top-down*) para inferir las emisiones a partir de mediciones de concentraciones ambientales. Los métodos inversos simples utilizan las proporciones medidas de las especies para estimar sus tasas relativas de emisión. Otros podrían utilizar trazadores químicos o técnicas de balance de masa para adjudicar los contaminantes medidos entre sus fuentes. Los métodos inversos

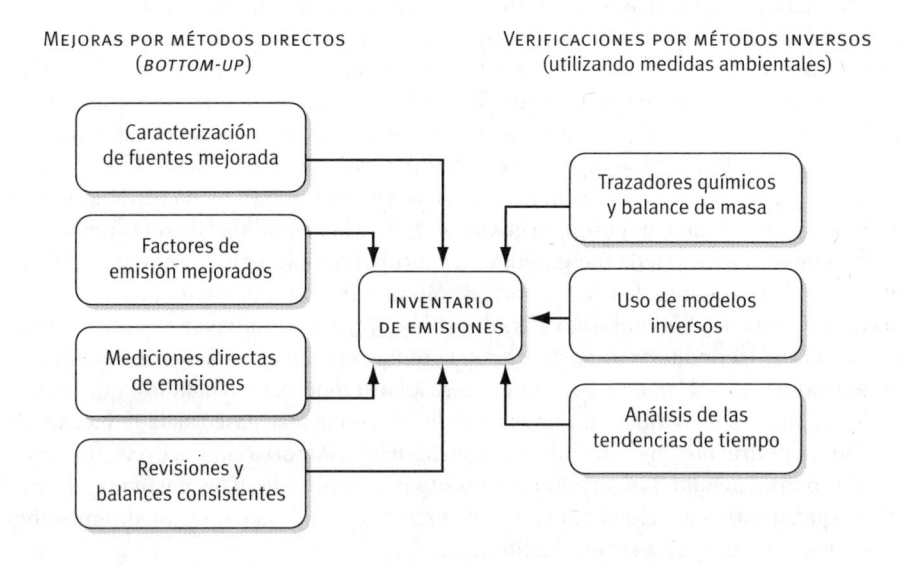

Figura 5.7 Métodos para mejorar y verificar el inventario de emisiones.

más formales emplean modelos para poner a prueba los niveles de emisiones requeridos para explicar las concentraciones observadas.

En un informe previo de nuestro grupo de investigación (Molina *et al.*, 2000a) sugerimos nuevas metodologías para estimar las emisiones de fuentes móviles y del uso de solventes, así como las emisiones naturales. Este informe también enlista una serie de acciones de alta prioridad para que la CAM mejore el inventario de emisiones. Algunas de las acciones identificadas más importantes son: determinar en forma experimental los factores de emisión locales y los perfiles de la especiación de emisiones, y aplicar un índice de capacidad reactiva atmosférica que exprese las emisiones de COV en términos de su potencial para formar ozono.

Sugerimos que también se usen los siguientes métodos para COV:

- mejoramiento en los estimados *bottom-up* de emisiones, incluyendo mejoras en las emisiones de fuentes móviles en el modelo MOBILE-AMCM, que está basado a su vez en el EPA MOBILE5;
- medición directa de emisiones en fuentes, incluyendo estudios de túnel y de percepción remota, y
- utilización de métodos inversos basados en concentraciones atmosféricas, tales como el uso de huellas químicas como trazadores para diferentes emisiones (métodos de balance químico de masa).

6.4 Meteorología

La disponibilidad de mediciones meteorológicas se presentó en la sección 3.1. Aquí separamos la discusión sobre la meteorología a escala regional (cuenca atmosférica del AMCM), que controla el transporte de contaminantes sobre la metrópolis, y la escala sinóptica (México), que determina la circulación atmosférica a gran escala que afecta el AMCM. En general, se logra una mejor comprensión de la meteorología a escala regional mediante el análisis de datos tomados durante las mediciones de las campañas MARI e Imada (véanse las secciones 5.2 y 5.3). Sin embargo, como éstas se tomaron solamente durante periodos limitados en febrero y marzo, no se sabe qué tan representativas son de las condiciones en otras estaciones, por lo que es necesario realizar mediciones en otras épocas del año.

La comprensión de la meteorología sinóptica se obtiene sobre todo de los sondeos de rutina para la medición de los vientos y de las condiciones atmosféricas en varias estaciones nacionales y otras que operan rutinariamente. Ya que estas mediciones se realizan con regularidad, la meteorología sinóptica puede analizarse en todas las estaciones del año. Sin embargo, se han publicado pocos análisis de esta meteorología para México. Además, existe la necesidad de comprender cómo se empalma la meteorología regional con la sinóptica durante el invierno (cuando están disponibles las mediciones intensivas a escala regional), y cómo, a escala sinóptica, la meteorología puede afectar la dispersión de la contaminación del aire regionalmente durante otras estaciones del año. Asimismo, en un sitio del AMCM se realizan todos los días estimaciones de la altura de la capa de mezcla, que deben analizarse junto con las mediciones continuas de calidad del aire de la RAMA para mejorar la comprensión sobre la dilución de la contaminación atmosférica.

Hasta antes de las mediciones meteorológicas recientes no se conocía bien el tiempo de permanencia de los contaminantes dentro de la cuenca. Era común considerar que, debido a que ésta se encuentra cerrada y a la severa contaminación, el tiempo de permanencia de los contaminantes era prolongado (más de un día). Sin embargo, las mediciones tomadas durante la campaña Imada revelaron claramente que durante la noche la cuenca está bien ventilada y que las concentraciones de la mañana cercanas a la superficie muestran pocos efectos residuales de la contaminación del día anterior. Este conocimiento sobre la ventilación es muy importante, porque señala que el control de las emisiones de la mañana es crucial para reducir las concentraciones pico, mientras que las de la noche son menos importantes. Debido a que la contaminación del aire es peor en invierno, cuando se tomaron las mediciones de la Imada, también esperamos que la cuenca esté bien ventilada en las noches durante otras estaciones del año. No obstante, como ya se mencionó, se requieren más mediciones para entender mejor la evolución de la capa límite y el transporte en otras estaciones del año.

6.5 Contingencias como producto de la contaminación del aire

Como se mencionó antes, en el caso de presentarse niveles altos de contaminación se declaran contingencias ambientales atmosféricas para alertar al público y reducir las emisiones. Las contingencias se establecen con base en las concentraciones ambientales de contaminantes medidas en las estaciones de la RAMA y los pronósticos meteorológicos hechos por sus científicos. El aviso de contingencia se difunde al público por conducto de los medios de comunicación y las medidas de control entran en vigor al día siguiente. Debido a que toma un día aplicar las medidas, el plan de gestión tiende a tratar los eventos que ocurren durante varios días. El Proaire (DDF et al., 1996) informa que entre 1992 y 1994 (desde entonces ha cambiado el sistema para declarar una contingencia) se declararon 81 casos. Es importante analizar la aplicación de las medidas, debido a los efectos en la salud, pero también por los altos costos sociales de reducir las emisiones y restringir las actividades.

Actualmente, se declara la contingencia Fase I si los niveles de ozono exceden los 240 puntos Imeca (0.28 ppm) o si las concentraciones de PM_{10} exceden 175 puntos Imeca (300 µg/m³), y se suspende cuando el nivel de ozono cae por debajo de 0.21 ppm y las PM_{10} son de menos de 250 µg/m³ (INE, 2000). Una contingencia Fase II se declara cuando la contingencia Fase I está vigente por tres días consecutivos, sin importar qué tan altas sean las concentraciones. Además, puede declararse una precontingencia cuando la concentración de ozono alcanza 0.23 ppm o las PM_{10} los 310 μg/m³. Durante los episodios de alta contaminación se reducen las actividades industriales que son muy contaminantes y se restringe la circulación vehicular. En el apéndice A se presenta un análisis detallado de los índices Imeca y los planes de contingencia.[11]

Como se describió, este programa basa la decisión de declarar una contingencia cuando el índice Imeca ya es alto. No trata los niveles altos de contaminación del aire el día en el que se observan por primera vez. Existen, por lo tanto, varias preguntas importantes para el manejo de las contingencias ambientales:

- ¿Cuán exactas son las predicciones de los niveles de contaminación para el día siguiente, con base en las cuales se decide aplicar o no una contingencia? ¿Cómo podrían mejorarse dichas predicciones?
- ¿Qué tan eficaz es la reducción de las emisiones implantada durante las contingencias ambientales, considerando tanto las especies emitidas como la ubicación de las emisiones? ¿Podrían ser más eficaces otras acciones?
- ¿Podrían mejorarse las predicciones sobre los picos de ozono y de material particulado en una escala de tiempo más corta (horas) para tratar la contaminación ese mismo día? ¿Podría usarse esto para iniciar rápidamente algunas actividades de reducción de emisiones?

Hoy día, el sistema para declarar contingencias sólo comprende las mediciones de la RAMA y los pronósticos meteorológicos, que parecen ser utilizados de manera heurística. ¿Podrían usarse estas observaciones de forma más sistemática para desarrollar un modelo y predecir contingencias que puedan examinarse contra las observaciones? Una posibilidad sería investigar las relaciones estadísticas entre concentraciones pico de contaminantes y sus niveles previos. Las mediciones meteorológicas, como la temperatura, la velocidad del viento y la altitud de la mezcla, también podrían utilizarse en el modelo.

Como se mencionó en la sección 5.1, tales relaciones estadísticas han sido investigadas por Bravo *et al.* (1996), quienes utilizaron un modelo de regresión simple para tratar de explicar las concentraciones pico de ozono en el Pedregal, en función de la radiación solar, la dirección y velocidad del viento, el pico de ozono del día anterior y el día de la semana. Sin embargo, estos parámetros no dan un buen "aviso anticipado" para predecir si el día incluirá una contingencia ambiental. En particular, la investigación futura debe considerar las mediciones de más de una estación de la RAMA, así como de varios contaminantes y observaciones meteorológicas con anticipación a las contingencias ambientales. Debido a que se piensa que la formación de ozono es sensible a NO_x y a que éste se mide rutinariamente en las estaciones de la RAMA, las concentraciones de NO_x podrían ser el mejor indicador para predecir contingencias con varias horas de anticipación.

[11] Los detalles sobre cómo se aplican los planes de contingencia se pueden encontrar en el sitio <http://www.sima.com.mx/sima/df/>.

Un enfoque prometedor contempla la predicción de concentraciones pico mediante el uso de redes neurales artificiales, como lo demostraron Ruiz-Suárez *et al.* (1995). Tal enfoque puede ampliarse para incluir mediciones en más sitios y con más especies químicas. La CAM también está trabajando en un modelo meteorológico regional (MM5) y uno fotoquímico, tratando de desarrollarlos como herramientas para hacer predicciones de rutina de las contingencias ambientales.

Además de la construcción de modelos predictivos de contaminación atmosférica, se deben utilizar los modelos fotoquímicos para investigar qué tan eficaces serán las actividades de control de emisiones durante las contingencias. Para estas aplicaciones, lo más apropiado sería usar un modelo tridimensional de la cuenca atmosférica con un conjunto de insumos meteorológicos representativos de las condiciones presentes en los días de contingencia.

6.6 Vínculos entre la contaminación del aire urbano, regional y global

Como fuente mayor de emisiones, el AMCM tiene el potencial para influir en la calidad del aire de una región mucho más amplia que la cuenca, lo que contribuye a modificar la calidad del aire en las escalas regional o global. Asimismo, los contaminantes emitidos fuera del AMCM pueden influir en la calidad del aire dentro de la cuenca. Sin embargo, debido a la geografía del AMCM —situada en un valle profundo que altera el flujo de aire—, la mayor parte de la investigación sobre la contaminación atmosférica, a la fecha, se ha limitado a las fronteras geográficas del AMCM. Afortunadamente, a partir del proyecto MARI hay un creciente énfasis para ampliar las fronteras de la investigación.

La exportación de contaminantes es de interés debido a que influye en la calidad del aire de regiones fuera del AMCM y expone potencialmente a grandes poblaciones de las ciudades cercanas, como Toluca, Querétaro, Puebla y Cuernavaca, lo que afecta, también, bosques y cultivos. De acuerdo con el INE (1998), se toman mediciones de rutina de calidad del aire en Toluca y Querétaro, pero no hay información comparable para Cuernavaca. Puebla comenzó con un monitoreo automático en 2000; en Toluca, por lo general en invierno, se exceden en algunas ocasiones las normas de calidad del aire para ozono y PST, y en Querétaro las mediciones de PST y SO_2 no muestran ninguna violación a las normas de calidad del aire, aunque no se toman mediciones para el ozono. Se desconoce la calidad de estas mediciones en relación con las recolectadas por la RAMA en el AMCM. En general, es difícil usarlas para separar la influencia de las fuentes locales de la contaminación transportada desde el AMCM.

El estudio de desarrollo de modelos de Fast y Zhong (1998) indica que la contaminación del AMCM puede tener una influencia limitada en las áreas inmediatamente fuera de la cuenca porque, en los días modelados, el aire contaminado se transportó en la parte alta de la atmósfera al abandonar la cuenca. En general, sin embargo, las mediciones han sido insuficientes para determinar el efecto en la calidad del aire debido a la exportación de contaminantes del AMCM. Aun así, y debido a que se piensa que la formación de ozono es sensible a NO_x en el AMCM (al contrario de lo que ocurre en muchas ciudades de Estados Unidos), uno esperaría que esto sucediera también en la dirección del viento desde la ciudad.

Existe un creciente interés científico sobre los efectos de la contaminación atmosférica urbana en la calidad del aire a escalas mayores (NRC, 2001a). Esto incluye influencias en la química atmosférica y el periodo de vida de las especies, así como sobre las concentraciones de ozono y partículas que afectan el balance radiativo de la Tierra y, por lo tanto, el clima global. En el desarrollo de modelos de estas influencias existe interés sobre cómo tratar las megaciudades en términos de "fuentes" para los modelos globales (Calbo et al., 1998; Mayer et al., 2000). En el AMCM, la exportación de hidrocarburos provenientes de las fugas de GLP fue estudiada por Elliott et al. (1997), quienes estimaron las "tasas de ventilación" para propano y n-butano. Otros análisis que también han considerado la exportación de contaminantes desde el AMCM hacia una región más amplia incluyen el de Gaffney et al. (1999) para COV, CO, NO_y, ozono, PAN y $PM_{2.5}$, y el de Barth y Church (1999) para sulfato y aerosoles de carbono elemental.

6.6.1 *Afluencia de contaminantes y condiciones de los modelos de frontera*

Las emisiones de contaminantes fuera del AMCM también influyen en la calidad del aire dentro de la cuenca. En el pasado, los investigadores suponían que el flujo de la contaminación hacia el valle era pequeño, por lo que éste no era objeto de estudio. A pesar de ello, el uso de modelos tridimensionales de la cuenca atmosférica urbana —basados tanto en las mediciones del proyecto MARI como en el trabajo en curso que incluye las mediciones de Imada— requiere que se especifiquen los flujos de contaminantes a lo largo de las fronteras del campo de estudio. El trabajo de desarrollo de modelos en Los Ángeles ha revelado que los diagramas modelados de la isopleta del ozono dependen de supuestos sobre las condiciones en las fronteras y de las condiciones iniciales (Winner et al., 1995). Determinar la afluencia de contaminantes en el campo de los modelos es relevante para las especies de hidrocarburos, especialmente de origen biológico.

La campaña Imada incluyó mediciones meteorológicas en algunos sitios periféricos: Chalco, Teotihuacan y Cuautitlán, que fueron útiles para proporcionar una mejor comprensión, hasta la fecha, de cómo la meteorología en y alrededor de la cuenca de México afecta la dispersión de la contaminación atmosférica. Sin embargo, hay pocas mediciones de calidad del aire cerca de los límites del campo de los modelos, a partir de las cuales puedan determinarse las condiciones de frontera de la cuenca. Actualmente, las mediciones en sitios periféricos remotos se utilizan para las concentraciones de superficie y los perfiles verticales se infieren de las mediciones tomadas desde aeronaves durante el Proyecto Águila en 1991 (Nickerson et al., 1992).

Resulta evidente que las mediciones disponibles son insuficientes para desarrollar buenas estimaciones de los flujos en las fronteras, como insumos para los modelos de calidad del aire o para entender los efectos de las fuentes de contaminantes ubicadas fuera del AMCM. Puede ser correcta la noción común de que estas influencias son menores; sin embargo, con el crecimiento continuo de las ciudades justo fuera del AMCM (Toluca, Querétaro, Puebla, Cuernavaca, Tula y Pachuca; véase Garza, 1996) y con la reubicación de industrias contaminantes hacia la región periférica, se espera que en los próximos decenios crezca la influencia de estas fuentes.

Por lo tanto, recomendamos una mayor atención al tratamiento de las concentraciones y los flujos de contaminantes del aire "de fondo", dentro y fuera de la cuenca de México. Esto podría hacerse al aumentar el número de estaciones de monitoreo rutinario del aire en algunas áreas fuera de la ciudad, particularmente en el norte para medir las concentraciones de fondo, y en las montañas al suroeste para medir la exportación de contaminantes. Asimismo, en el futuro las campañas intensivas (como las de Imada y MARI) deben poner más énfasis en mediciones cercanas a los límites del área comprendida para los modelos, lo que incluye la necesidad de estimar los perfiles verticales de las condiciones en las fronteras usando aeronaves o mediciones con globo, cuando sea posible. En este sentido, se deben llevar a cabo mediciones no sólo con el propósito de caracterizar la contaminación del aire con fines normativos, sino también para apoyar las actividades del uso de modelos y contribuir a la comprensión científica del problema. El diseño de mediciones de rutina y el trabajo de campo, por lo tanto, deben coordinarse con los estudios de uso de modelos.

Mientras que las mediciones de la calidad del aire en lugares fuera de la AMCM son importantes para el propósito de desarrollar modelos, pueden ser insuficientes para tratar los flujos de contaminantes dentro y fuera de la cuenca; por ejemplo, en Toluca puede ser difícil separar la influencia en la calidad del aire de las fuentes locales y la del flujo desde el AMCM. Adicionalmente, se necesitan mejores mediciones meteorológicas a escala regional que puedan apoyar los estudios de uso de modelos para transporte de contaminantes, con objeto de estimar las fuentes de emisiones observadas en las fronteras de la cuenca. De nuevo, existe la necesidad de ambas mediciones, tanto durante las campañas intensivas (Imada) como durante las rutinarias, a fin de caracterizar mejor la frecuencia de diferentes tipos de flujos meteorológicos.

Finalmente, es necesario desarrollar inventarios de emisiones para regiones más amplias, que incluyan las ciudades de la periferia (como Puebla y Cuernavaca) y las regiones rurales.

7. Resumen de recomendaciones clave

Este capítulo describe varias incertidumbres importantes en la ciencia atmosférica del AMCM y cómo podrían abordarse mediante investigaciones futuras. Sin embargo, el valor de éstas depende no sólo de la magnitud de estas incertidumbres, sino de saber si al resolverlas cambiarán las decisiones políticas. Por esta razón, este capítulo hace énfasis en la pertinencia de las preguntas e incertidumbres científicas para establecer políticas.

Las mediciones realizadas en el pasado en el AMCM han proporcionado un conjunto sustancial de datos que contribuyen al entendimiento básico del problema —se han identificado las principales fuentes de emisión y, en general, puede esperarse que las acciones para controlarlas mejoren la calidad del aire—. Sin embargo, existen importantes preguntas científicas sin contestar y la capacidad de cuantificar las relaciones fuente-receptor permanece indefinida. En consecuencia, las acciones políticas no pueden ser evaluadas con precisión en términos de su efectividad según los costos para reducir las concentraciones atmosféricas.

No obstante, mediante la revisión de los estudios pasados, este capítulo ha proporcionado una comprensión general sobre qué tan eficaces pueden ser los diferentes controles de emisiones para reducir las concentraciones de ozono y material particulado. Se espera que el ozono responda más a los cambios en las emisiones de NO_x que a los de las emisiones de COV, pero esta relación permanece indefinida, en parte debido a la aparentemente grave subestimación de las emisiones de estos últimos. Algunas recomendaciones clave para mejorar la comprensión acerca de la sensibilidad del ozono a la reducción de emisiones son:

- apoyar los estudios de uso de modelos sobre formación de ozono utilizando modelos tridimensionales con los datos de la Imada;
- mejorar el inventario de emisiones, específicamente para COV;
- continuar e intensificar las mediciones periódicas de COV totales y su especiación, como las realizadas principalmente por el IMP, así como las mediciones de ozono, NO_x y especies relacionadas por parte de la RAMA, y
- realizar mediciones de especies traza que puedan servir como indicadores fotoquímicos, tales como los compuestos de nitrógeno total (NO_y) y H_2O_2.

En el caso de las partículas, se han identificado las principales clases de fuentes de $PM_{2.5}$ y PM_{10} mediante el análisis de su composición química por parte de la campaña Imada. La cuantificación de las relaciones fuente-receptor de material particulado no está definida debido, sobre todo, a la calidad de los inventarios de emisiones para partículas primarias. Las emisiones son inciertas para partículas finas, en especial las emisiones primarias de carbono orgánico y carbono elemental. Recomendamos que se compile un inventario separado de emisiones para $PM_{2.5}$ primarias. Cuantificar las relaciones fuente-receptor es también incierto debido a la química involucrada en la producción de aerosoles secundarios orgánicos e inorgánicos. En esto, la formación y el transporte de aerosoles secundarios debe modelarse con base en los datos de la Imada. Las futuras mediciones deben poner énfasis en la medición simultánea de los precursores de aerosoles en fase gaseosa, así como en la especiación de los aerosoles orgánicos.

Un programa de investigación para disminuir estas incertidumbres debe centrarse en coordinar los esfuerzos entre los inventarios de emisiones, las mediciones y el uso de modelos, así como en que el trabajo realizado en un área sirva para abordar las cuestiones que existen en otras. Los inventarios de emisiones pueden mejorarse, por ejemplo, por medio del desarrollo de modelos sobre el destino de las emisiones en la atmósfera y por mediciones que sustenten los modelos receptores de balance de masa para adjudicar las concentraciones a las fuentes. Asimismo, los modelos pueden emplearse para examinar la sensibilidad frente a diferentes emisiones y para establecer prioridades entre diversos tipos de mediciones, con lo que se ayudará al diseño de futuras campañas.

Lo que resta de esta sección resume estas recomendaciones, ya que son relativas a los inventarios de emisiones, las mediciones y el papel de los modelos. El capítulo 7 resumirá nuevamente estas recomendaciones, junto con las de otros capítulos.

7.1 Priorizar las mejoras del inventario de emisiones

Las necesidades más importantes para mejorar los inventarios de emisiones son:

- desarrollar un inventario de emisiones de $PM_{2.5}$ primarias y reportarlas en un inventario separado del de PM_{10}. Esto obligará a concentrarse en las fuentes de partículas orgánicas primarias y partículas de hollín, y
- resolver la grave subestimación en las emisiones de COV y atribuir porcentualmente estos datos a las diferentes fuentes. En relación con esto, las emisiones de COV de diversas fuentes se resuelven mejor por especies químicas y deben expresarse tanto en términos de masa como del potencial ponderado de formación de ozono.

Más allá de estas dos necesidades críticas en los inventarios de emisiones, también es importante perfeccionar el de NO_x, en particular porque se espera que el ozono responda a los cambios en estas emisiones. Otras prioridades menores incluyen enriquecer los inventarios para SO_2 y CO —aunque mejorar los métodos para estimar las emisiones de fuentes móviles posiblemente influirá en los estimados de emisión de CO— y mejorar los inventarios para amoniaco.

Sugerimos que se empleen simultáneamente varios métodos para perfeccionar y verificar los inventarios de emisiones, incluyendo las mejoras *bottom-up*, comprobaciones de consistencia y métodos *top-down* que usen el desarrollo de modelos inversos. Las estimaciones *bottom-up* deben mejorarse mediante:

- una caracterización más puntual del parque vehicular y de los ciclos de circulación (para todas las clases de vehículos, incluyendo camiones y microbuses), y
- mediciones directas de factores de emisión de los vehículos, así como de las fuentes industriales, de servicios, residenciales y de origen biológico.

En el caso de las emisiones vehiculares, la medición de emisiones en campo, utilizando percepción remota o estudios de túnel (véase la sección 3.11), puede ser particularmente útil para caracterizar las emisiones del parque actual, así como la eficacia del programa de verificación vehicular.

7.2 Recomendaciones generales sobre las mediciones

Las mediciones ambientales deben dirigirse menos a caracterizar las concentraciones de los contaminantes criterio en la superficie y cerca del centro de la ciudad; por el contrario, deben considerarse más como insumos de un proceso para comprender la atmósfera y las relaciones fuente-receptor. Para cambiar este enfoque se necesita hacer hincapié en nuevos objetivos:

- caracterizar de manera más completa los niveles de contaminación fuera del área metropolitana y los perfiles verticales de las concentraciones de contaminantes, a fin de establecer las condiciones iniciales y las de frontera para los modelos, así como caracterizar mejor los flujos de aire y los precursores dentro y fuera de la cuenca atmosférica de la Ciudad de México;
- recolectar simultáneamente datos de varias especies químicas y de diferentes condiciones meteorológicas en las campañas intensivas de medición, y coordinar estas campañas con las necesidades de los modelos, y
- poner énfasis en la medición de aquellas especies químicas que generalmente no se consideran como contaminantes, pero que pueden ser importantes para predecir la respuesta de las concentraciones de contaminantes a cambios en las emisiones. Por ejemplo, como se analizó antes, se necesitan las mediciones de amoniaco y ácido nítrico en fase gaseosa para predecir los efectos de los cambios en las emisiones de SO_2, NO_x y NH_3 en las $PM_{2.5}$. Las mediciones de formaldehído y otras especies traza (actualmente realizadas por la RAMA y la UNAM) pueden ayudar, también, a entender mejor la formación de ozono; de igual manera, con este propósito se deben llevar a cabo mediciones de NO_y.

De manera adicional, se debe pensar en las mediciones atmosféricas como esfuerzos de apoyo para delimitar los inventarios de emisiones, mediante la recolección de los datos necesarios para conducir ejercicios de caracterización de las huellas químicas o el uso de modelos inversos. Las mediciones de especiación de COV y de especiación de los aerosoles orgánicos son importantes para los ejercicios de recopilación de huellas químicas.

Específicamente, dada la importancia de las partículas para los efectos en la salud, es importante aumentar la frecuencia y el detalle de las mediciones, incluyendo la distribución de su composición por tamaños. Otra alta prioridad será incrementar la frecuencia y cobertura espacial de las mediciones de COV y su especiación.

Una cuestión importante es determinar si deben apoyarse las mediciones de rutina, las mediciones intensivas o las mediciones periódicas por diferentes grupos. Hoy día, los datos de la Imada proporcionan mediciones bastante buenas para un periodo intensivo durante el invierno, cuando la contaminación normalmente es más severa. Sin embargo, no se sabe con certeza qué tan representativas son estas condiciones del AMCM en general. Las mediciones de rutina nos pueden ayudar a comprender esta variabilidad y también a dar seguimiento a los cambios a largo plazo.

En general, las mediciones intensivas son muy útiles para propósitos de uso de modelos, por ello coordinar las mediciones intensivas meteorológicas y las de calidad del aire de manera simultánea puede ayudar al uso de modelos. Con la disponibilidad de datos de la Imada, la realización de una gran campaña no necesita ser una prioridad en el corto plazo. No obstante, debido a que las campañas prolongadas toman años de planeación, estas actividades deben realizarse a la brevedad. Tanto las mediciones de rutina como las intensivas son necesarias, por lo que sugerimos que la próxima ronda de mediciones intensivas sea diseñada, en parte, por los estudios de uso de modelos actualmente en ejecución.

7.3 Recomendaciones para las mediciones de la RAMA

Nuestra revisión de las mediciones de la RAMA sugiere que muchas de las especies son quizá de buena calidad (dentro de 20%), mientras que las de partículas y NO_2 son difíciles, y por lo tanto pueden estar sujetas a errores mayores. Sin embargo, los datos sin procesar y los procedimientos de calibración y auditoría no han sido suficientemente analizados para asegurar la calidad de las mediciones de la RAMA. En particular, las primeras mediciones de la RAMA (antes de 1995) tienen tal vez mayores errores, ya que durante ese periodo el equipo era menos confiable.

Dado que las mediciones de la RAMA son muy usadas en la ciencia de la contaminación del aire y para la evaluación de los controles de ésta, es importante que se asegure la calidad de los datos. Por consiguiente, hacemos las siguientes recomendaciones:

- se debe integrar un grupo científico asesor para la RAMA, que sea responsable de hacer recomendaciones relacionadas con los gastos para mejoras futuras en las mediciones y para revisar los procesos de operación;
- los datos sin procesar de las mediciones de la RAMA, la documentación de las auditorías anteriores de la EPA y la revisión por una fuente externa deben estar disponibles al público. Esto permitiría que investigadores independientes entendieran las condiciones de operación y la magnitud y frecuencia de la calibración de los instrumentos de la RAMA, así como revisar los procedimientos para asegurar la calidad;
- los actuales procedimientos de operación de la RAMA y los de auditoría de la

EPA deben ser revisados en forma separada por una institución o un grupo independiente;
- en el AMCM, investigadores independientes han hecho mediciones generalmente cerca de las estaciones de la RAMA (véase Borja-Aburto *et al.*, 1998; Castillejos, 1999). Estas mediciones deben compararse con las de la RAMA para cuantificar de mejor manera las incertidumbres en ellas, y
- las condiciones de medición, los supuestos, los procedimientos para asegurar la calidad y las incertidumbres deben documentarse para cuando el usuario obtenga datos de la RAMA (incluso por medio de la página de internet). Esto incluye la necesidad de documentar si las mediciones de PM_{10} y PST están reportadas a temperatura y presión ambiente o en condiciones normales.

7.4 El uso de modelos

El desarrollo y uso de modelos es un paso necesario para entender los efectos de los cambios en las emisiones sobre las concentraciones ambientales, pero requiere mediciones precisas y buenos inventarios de emisiones. Con la disponibilidad de los datos de la Imada se debe realizar un esfuerzo importante en el uso de modelos, tanto para ozono como para partículas (secundarias inorgánicas, orgánicas y totales). Más allá de reproducir las concentraciones atmosféricas, también existe la necesidad de utilizar los modelos mucho más de lo que se han usado en el pasado, a fin de abordar importantes cuestiones de política, como la eficacia en el control de emisiones, para delimitar los inventarios de emisiones mediante modelos inversos, y para poner a prueba la sensibilidad de los resultados frente a diferentes parámetros inciertos del modelo. De esta manera, los modelos deben utilizarse como herramientas para priorizar futuras mediciones.

Los modelos de balance químico de masa deben continuar utilizándose para identificar la importancia relativa de las diferentes fuentes de contaminantes, cuando estén disponibles las mediciones de COV o de especiación de aerosoles. Los modelos tridimensionales deben seguir reproduciendo los días de la campaña Imada. Futuras investigaciones también deberán poner más énfasis en los métodos para extrapolar algunos días modelados de acuerdo con la variedad de condiciones encontradas durante el año. Finalmente, los modelos también deben utilizarse, junto con las mediciones meteorológicas y las de la RAMA, para mejorar la predicción de contingencias y evaluar los planes de acción ante éstas.

7.5 Conclusiones

Este capítulo ha revisado el estado actual del conocimiento en materia de contaminación atmosférica en el Área Metropolitana de la Ciudad de México y proporciona una lista de recomendaciones sobre áreas de futura investigación. Es obvio que se necesita mucho trabajo para alcanzar un conocimiento cuantitativo de cómo las emisiones de varias fuentes afectan la concentración de contaminantes en las localidades de toda el AMCM, donde pueden afectar la salud humana, los ecosistemas y la visibilidad. También es evidente que aun cuando exista incertidumbre científica respecto a la relación entre las emisiones y las concentraciones atmosféricas, se sabe lo suficiente para permitir que las autoridades avancen en la promulgación de una legislación para reducir las emisiones.

6 El sistema de transporte en el AMCM: movilidad y contaminación del aire

AUTORES
Ralph Gakenheimer [a] · Luisa T. Molina [a] · Joseph Sussman [a]
Christopher Zegras [a] · Arnold Howitt [b] · Jonathan Makler [b] · Rodolfo Lacy [c]
Robert Slott [d] · Alejandro Villegas [e]

COAUTORES
Mario J. Molina [a] · Sergio Sánchez [d]

1. INTRODUCCIÓN

Como se analizó en capítulos anteriores, el crecimiento acelerado de la población, del parque vehicular y de la actividad industrial del Área Metropolitana de la Ciudad de México durante la segunda mitad del siglo XX, aunado a la situación meteorológica y topográfica de la ciudad, ha producido niveles extraordinarios de contaminación del aire. El AMCM es hoy una de las cinco ciudades más grandes del mundo. Hasta hace poco detentaba la dudosa distinción de ser una de las ciudades más contaminadas del mundo, con una grave contaminación por ozono y partículas suspendidas durante la mayor parte del año.

El sector de transporte es una fuente primordial de contaminación del aire en el AMCM, responsable de casi todo el CO, 80% del NO_x, 40% de los COV, 20% del SO_2 y 35% de PM_{10} (CAM, 2001); sin embargo, el transporte es un estímulo para la actividad económica y las interacciones sociales provechosas. Es claro que las estrategias relativas al transporte son un mecanismo clave para mejorar la calidad del aire; el desafío está en diseñar estrategias que no restrinjan las actividades sociales y económicas.

Este capítulo está dividido en cuatro partes principales. La primera (secciones 1 a 4) trata sobre la composición del parque vehicular, su uso y la demanda de transporte. La segunda parte (sección 5) es sobre las emisiones que este parque produce y las medidas para reducirlas. La tercera (secciones 6 y 7) describe la estructura institu-

---

[a] Massachusetts Institute of Technology, Estados Unidos.
[b] Kennedy School of Government, Harvard University, Estados Unidos.
[c] Jefe de asesores de la Secretaría de Medio Ambiente y Recursos Naturales del gobierno de México.
[d] Consultor.
[e] Académico visitante en el Massachusetts Institute of Technology.

cional en el AMCM y la planeación estratégica del transporte. Por último, el capítulo concluye con un resumen de aspectos clave de política y algunas recomendaciones.

Conforme las ciudades crecen en población, área y riqueza, sus sistemas de transporte se vuelven inevitablemente más complejos, pues un número creciente de personas y bienes viajan distancias cada vez mayores, de orígenes y hacia destinos más dispersos. Esta complejidad no sólo desafía los objetivos fundamentales del transporte: proporcionar a los habitantes acceso a los lugares de trabajo, a las escuelas y a otras necesidades y exigencias, así como facilitar el intercambio de bienes y servicios, sino que da lugar a un sinnúmero de restricciones ambientales, financieras y sociales que a menudo inhiben el propio desarrollo del sistema de transporte. Además, cuando la población aumenta y las actividades se expanden, surgen nuevos problemas derivados de la necesidad de una coordinación múltiple institucional, jurisdiccional y gubernamental para la planeación, el desarrollo, la operación y la gestión del sistema.

El AMCM ofrece un estudio de caso revelador acerca de estos temas. El reto que enfrentan las magaciudades como el AMCM es aprovechar los beneficios que el transporte puede ofrecer, sin incurrir en los efectos negativos que también resultan del "círculo vicioso" del transporte urbano, como se ilustra en la figura 6.1. Mediante las actividades que el transporte facilita se hace posible el crecimiento económico; éste, a su vez, origina efectos en el transporte que se manifiestan comúnmente en el alza de tarifas de viaje, el aumento de la motorización, la transición a medios de transporte más veloces y el crecimiento de los trayectos. Estos efectos en el transporte crean

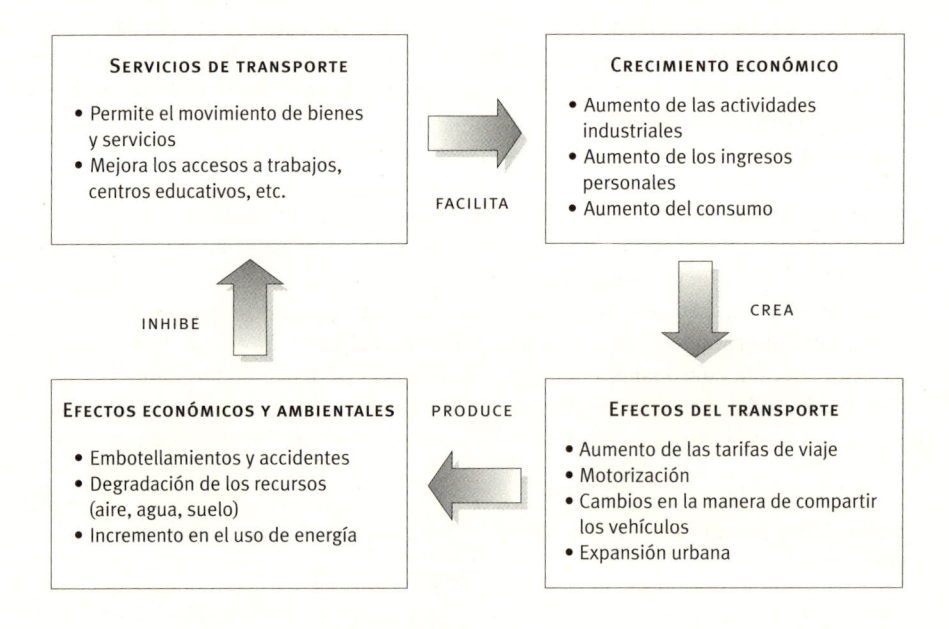

Figura 6.1 El círculo vicioso del transporte urbano.

otros de tipo económico deseables, pero también efectos "externos" negativos, como embotellamientos, contaminación del aire, accidentes y problemas de salud.

Estos efectos negativos socavan el buen suministro de servicios de transporte; también pueden inhibir un mayor crecimiento económico y comprometer los recursos en forma, por ejemplo, de tiempo perdido y salud deteriorada. Es en esta fase del círculo del transporte cuando los conflictos se presentan más a menudo. Por un lado, se necesita alguna forma de inversión o intervención para reducir los efectos negativos del transporte y continuar con el crecimiento económico. Por otro, mucha participación se vuelve difícil o imposible por ciertas limitantes, como la resistencia de los grupos involucrados cuyo interés particular se ve afectado o simplemente por falta de financiamiento. ¿Como pueden, quienes definen las políticas, mitigar o eliminar los efectos negativos del transporte sin obstaculizar su servicio crucial a la economía urbana?

Mientras que el círculo descrito en la figura 6.1 puede aplicarse para el sector de transporte de cualquier ciudad principal, es particularmente importante en las ciudades del mundo en desarrollo. En éstas, el crecimiento urbano ocurre a menudo en forma rápida y caótica; las limitantes económicas son muy marcadas y la contaminación (y otros efectos negativos) es más severa que en las ciudades del mundo desarrollado. En este contexto, el estudio del AMCM resulta en extremo valioso. La ciudad ha experimentado en decenios recientes un acelerado crecimiento demográfico, físico y económico (aunque a veces esporádico); en los últimos años ha pasado por una rápida motorización y por importantes cambios en el modo predominante de transporte; ha lidiado, con cierto éxito, con la implementación de tecnologías avanzadas para vehículos automotores, y ha invertido considerablemente, aunque no siempre con una perspectiva integral, en una importante infraestructura urbana ferroviaria y de vialidades. A pesar de estos aciertos, la ciudad continúa padeciendo complicados problemas de tráfico caótico y una grave contaminación atmosférica que llega a ser abrumadora. No hay una fácil solución a la vista.

La persistencia de las tendencias actuales en la actividad vehicular quizá creará una paralización y un costo económico inaceptables. La Comisión Metropolitana de Transporte y Vialidad (Cometravi) ha estimado los costos objetivos del tráfico anual en 7 000 millones de dólares (Cometravi, vol. 1, 1999, p. 253), de los cuales 85% es consecuencia de los accidentes y los embotellamientos. Sin un sistema metropolitano de reporte de accidentes, los relacionados con el transporte sólo pueden ser estimados. Por ejemplo, los datos sobre accidentes muestran que en 1993 hubo 12 083 accidentes de tráfico en el AMCM, con un saldo de 4 671 heridos y 2 179 muertos (Cometravi, vol. 1, 1999). Para una entidad del tamaño del AMCM, estas cifras parecen subestimaciones, al menos en cuanto a accidentes y lesiones. En comparación, Santiago de Chile, una ciudad con menos de un tercio de la población del AMCM y un cuarto de su parque vehicular, registró 60% más accidentes de tráfico (19 378) en 1994, con cuatro veces más lesiones (16 000) aunque sólo una quinta parte de las muertes (400) (Zegras, 1997).

La insuficiencia del sistema público de autobuses y el escaso o nulo crecimiento en el número de pasajeros del Metro, aunados a la diseminación geográfica que resulta del crecimiento de la población y los exiguos controles en el uso del suelo, han fomentado una explosión en el sector "informal" del transporte público representado por los colectivos. Esto ha acrecentado el tráfico de transporte público de baja capacidad. Al mismo tiempo ha aumentado marcadamente la cantidad de vehículos de propiedad privada, lo cual produce como consecuencia un incremento total en el tráfico de baja capacidad que causa el creciente congestionamiento.

Los colectivos son un modo popular de transporte que hace paradas frecuentes para el ascenso y descenso de pasajeros. Sin embargo, son más caros, peligrosos e incómodos que otros medios de transporte público. Su popularidad es una prueba de que la gente estaría dispuesta a pagar por un servicio rápido y práctico. Para competir con los colectivos, los autobuses convencionales y el Metro deberán mejorar. Las paradas frecuentes y la conducción peligrosa de los colectivos contribuyen a los embotellamientos en la Ciudad de México. Una contribución adicional a ello proviene de los taxis, que pasan buena parte de su tiempo en circulación buscando pasajeros. La calidad del aire se ve comprometida por estos vehículos de uso intensivo, pues los equipos de control de emisiones en colectivos y taxis por lo general no cuentan con buen mantenimiento.

El tráfico de camiones en el AMCM es también una causa importante de la mala calidad del aire. Los camiones contribuyen a los congestionamientos porque obstruyen la actividad vehicular y se estacionan en doble fila durante sus entregas. Actualmente no existen vías de circunvalación (libramientos) alrededor de la Ciudad de México; como resultado, los camiones de uso pesado que sólo van de paso por la ciudad se ven forzados a atravesarla. El lugar donde se encuentran las terminales de carga no es el óptimo para minimizar el tráfico y las emisiones. Una mejor ubicación de estas terminales podría fomentar que los camiones de uso pesado descargaran su mercancía para ser transportada por camiones locales más livianos y con mejor control de emisiones.

Aunque este capítulo se enfoca en las cuestiones de calidad del aire relacionadas con el transporte, su función última se extiende más allá de la contaminación del aire. Sólo por medio de una cuidadosa reflexión sobre todos los aspectos del sistema de transporte en la región metropolitana se pueden examinar y finalmente implementar, medidas viables a largo plazo para la reducción de emisiones de fuentes móviles. Sin un amplio conocimiento del vasto sistema de transporte y sobre el uso del suelo de la ciudad, sencillamente no pueden establecerse medidas de control de contaminación vehicular.

Para facilitar tal conocimiento, este capítulo caracteriza de manera amplia el sistema de transporte del AMCM al proporcionar:

- antecedentes de crecimiento socioeconómico y urbanización durante el último medio siglo;

- una caracterización general, por modalidad, de la demanda de transporte de pasajeros y de carga;
- un inventario del suministro de transporte, que incluye infraestructura, vehículos y grados de servicio;
- una visión de conjunto de las fuentes de emisiones relacionadas con el transporte y del programa de verificación y mantenimiento;
- una descripción de responsabilidades, relaciones y dinámica entre las instituciones pertinentes, y
- un examen de los planes actuales del sistema de transporte y uso del suelo.

Con base en este perfil, el capítulo concluye con una clasificación de los principales problemas que enfrenta la ciudad desde una perspectiva que relaciona el medio ambiente y el transporte. También presenta recomendaciones generales, directrices para determinar el futuro desarrollo de políticas que puedan satisfacer la movilidad en la ciudad y, simultáneamente, la necesidad de mejorar la calidad del aire.

2. Transformación urbana

Como se mencionó en el capítulo 3, el AMCM ha experimentado transformaciones masivas en su área urbana y demografía a lo largo de su historia. Durante la segunda mitad del siglo XX, el área urbana de la región aumentó 13 veces, de sólo 118 km² en 1940 a cerca de 1500 km² para 1995. La expansión llevó a la ciudad más allá del Distrito Federal, hacia el Estado de México y algunas partes del estado de Hidalgo (véanse la lámina 2 y la figura 2.4).

El Distrito Federal (DF) contiene el centro histórico de la Ciudad de México y sigue siendo el principal centro comercial y de servicios de la región. El AMCM incluye las 16 delegaciones del DF más 40 de los principales municipios urbanizados del Estado de México (Edomex) y un municipio del estado de Hidalgo. También está la "megalópolis", que se extiende más allá del AMCM y abarca la llamada "corona" de ciudades (Puebla, Tlaxcala, Cuernavaca, Cuautla, Pachuca y Toluca; literalmente, un anillo de ciudades que rodean el AMCM en un radio de 75 a 150 kilómetros desde el centro de la ciudad) (véase la lámina 3).

Si se incluye la corona dentro de la zona de influencia del AMCM, se consigue apreciar la importancia de esta región en su conjunto para el total del país en términos de población y contribución al producto interno bruto (PIB). En 1995, 9% de la población del país vivía en el DF, otro 9% en las zonas urbanizadas del AMCM, mientras que casi 7% vivía en la corona. En total, la megalópolis alberga 25 millones de residentes (más de 25% de la población nacional) y es responsable de cerca de 42% del PIB. Aunque la mayor parte de este capítulo se concentra en el AMCM, se harán referencias a la megalópolis, particularmente porque algunas implicaciones importantes para el transporte surgen de los planes y esfuerzos para integrar la corona a la región metropolitana.

Como se vio en el capítulo 3, desde los años setenta el AMCM ha mostrado una marcada tendencia hacia la descentralización. El más alto crecimiento poblacional ocurre hoy día en la periferia del AMCM, sobre todo en el Estado de México. Entre 1970 y 1995, la población del área del "centro de la ciudad" disminuyó entre 1.7 y 2% anual; entre tanto, los "anillos" sucesivos que la rodean absorbieron una parte creciente del aumento de la población. Mientras que la población del AMCM se concentra en el primer anillo, áreas más distantes experimentan el crecimiento más acelerado.

Suponiendo que las tendencias actuales continúen, la población del AMCM se incrementará en 1.5 o 2% anual entre 2000 y 2020. Para 2020, la población del AMCM alcanzará 26 millones, 20% de la población total de México. Si se incluye la corona, el total de la megalópolis tendrá 27% de la población nacional, unos 36 millones de personas. Siguiendo el curso actual, las municipalidades urbanizadas o en proceso de urbanización del Estado de México tendrán los más altos índices de crecimiento (alrededor de 4% anual). Con esto, el Edomex acrecentará su porción de la población regional, de un equivalente al DF en 1995 a cerca del doble para 2020.

El gobierno ha elaborado distintas proyecciones de crecimiento para la región basándose en los objetivos generales de fomento al desarrollo regional, aprovechando la infraestructura urbana existente, reduciendo el índice de crecimiento actual en el Edomex y protegiendo las áreas ecológicamente frágiles para evitar más asentamientos. En el escenario del plan de "crecimiento programado", el gobierno podría cambiar en algo los patrones actuales de crecimiento, como se muestra en la figura 6.2. No obstante, los mecanismos reguladores específicos, las inversiones públicas y los incentivos para desarrollos urbanos privados que son necesarios para llevar a cabo este cambio aún no están disponibles.

Las fuerzas económicas han desempeñado un papel muy importante en la formación del espacio urbano y el uso del suelo, lo que ha dado forma a la relación del DF con el Edomex y el resto de la megalópolis. Cinco arterias principales destinadas a conectar la ciudad con el resto del país se han vuelto corredores de urbanización (con una porción importante de centros comerciales y otros nuevos desarrollos) y han contribuido a la creciente importancia del DF como centro financiero y tecnológico (CDM, 1996). El resultado ha sido una forma urbana policéntrica con una fuerte dependencia de las funciones del centro de la ciudad (CDM, 1996, p. 19), que algunos han caracterizado como un "espacio multicéntrico jerárquicamente estructurado" (Graizbord *et al.*, 1999).

Dentro de la gran AMCM, el DF abarca 49% del total del área urbanizada, 47% de las viviendas, 31% de la industria y 81% del uso del suelo mixto y comercial (CDM, 1996). Se piensa que el DF seguirá siendo un punto de concentración fundamental del uso del suelo comercial y de servicios, mientras que el Edomex absorberá una creciente migración de industria y vivienda. Dentro del DF, cuatro áreas principales, relativamente distintas, pueden destacarse de acuerdo con las siguientes características generales que es probable que persistan: el centro de la ciudad continuará fungiendo como centro de servicios y comercio; el primer anillo permanecerá como una región

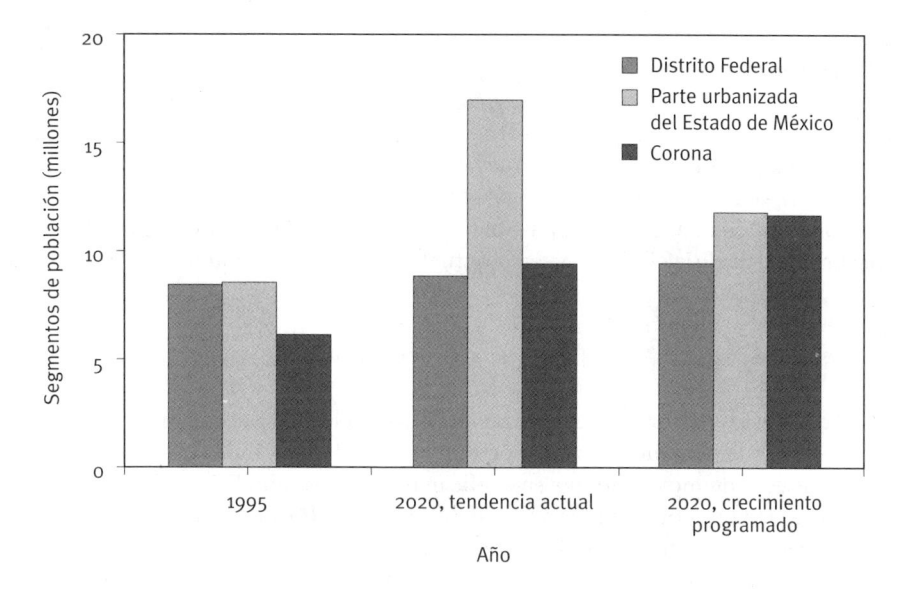

Figura 6.2 Crecimiento poblacional de la Ciudad de México. FUENTE: CDM (1996).

diversificada, de alta calidad y con buenos servicios; el segundo anillo será una zona de transición con una importante presencia rural, y el tercer anillo permanecerá en esencia como una zona rural que suministra importantes espacios de conservación (CDM, 1996). La actual concentración de usos comerciales en el centro de la ciudad se aceleró con el desarrollo de espacios de oficina como consecuencia del Tratado de Libre Comercio (TLC). Entre 1992 y 1995 se añadieron unos 800 000 m² al espacio de oficinas existente, del cual 75% permaneció desocupado en 1996 (CDM, 1996).

En el DF, cerca de 4% del área urbana se considera vacante o estéril, y disponible para el desarrollo urbano. Casi 20% de estos terrenos se localiza en el centro mismo de la ciudad; el resto se concentra ante todo en las zonas más pobres del este y sureste (CDM, 1996). Aunque los terrenos aptos para el desarrollo se encuentran en el sur y el sureste, el número de lotes es distribuido equitativamente entre el centro de la ciudad y esta región. En promedio, los valores del suelo en el centro de la ciudad son tres veces más altos que los de la periferia (CDM, 1996). Si bien ha habido en general alguna renovación del centro de la ciudad, las autoridades aún sugieren que el espacio urbano, la infraestructura y los servicios de la zona están subutilizados (CDM, 1996).

Los esfuerzos por controlar los patrones de crecimiento han tenido pocos resultados con el tiempo. Por ejemplo, la eficacia de una prohibición de 1954 para impedir más subdivisiones en el DF fue neutralizada por el hecho de que ya existían asentamientos en las áreas que pretendían ser afectadas. Además, esto estimuló la urbanización del Estado de México, donde la prohibición no se aplicó (Ward, 1998). Otros esfuerzos más recientes incluyen un proyecto destinado a preservar más de 50% del territorio del DF como reserva ecológica (Proyecto de Decreto del Convenio de Gestión de la Reserva Ecológica del Entorno del Distrito Federal) (CDM, 1996). Hasta ahora, sin embargo, sólo 5% del área de tierras necesaria ha sido eficazmente apartada, en gran parte por los asentamientos ilegales en esas zonas, a menudo de inmigrantes pobres. Desafortunadamente, este patrón es muy común: alrededor de 29% del total del área urbanizada de la ciudad está en la actualidad ocupado ilegalmente (Pezzoli, 1998; Krebs, 1999).

3. Demanda de transporte

Mientras que los patrones de urbanización, el uso del suelo y el crecimiento poblacional alimentan la demanda de transporte en la ciudad, otros indicadores muestran las características de movilidad que se explican en esta sección. Esos indicadores incluyen el PIB de la región, así como la distribución territorial tanto de las principales actividades económicas como de los servicios de infraestructura.

Desde 1940, el PIB del AMCM representa más de la tercera parte de la producción nacional. El máximo de esta proporción se alcanzó en 1980, cuando el PIB del AMCM llegó a 37.7% del total nacional (25 866 pesos per cápita en la Ciudad de México). La cifra más reciente es de 32.5% en 1998 (24 483 pesos per cápita en la Ciudad de México) (Sobrino, 2000).

Con respecto a la distribución de las causas de tráfico en la región, la mayor actividad económica aún ocurre en el DF, donde los espacios para actividades comerciales, industriales y de ventas al menudeo se combinan con los residenciales. Mercados locales, tiendas de abarrotes y pequeñas áreas comerciales están dispersos por la ciudad a cortas distancias. No obstante, los centros comerciales y los supermercados que promueven la movilidad creciente tienden a ubicarse en el corazón de la región. Los vecindarios más pobres, situados en el este y sureste del AMCM, tienen un acceso limitado a estos servicios.

No obstante, las tendencias recientes muestran que las actividades económicas se han descentralizado hacia los municipios del Estado de México, donde se ha desarrollado un gran número de centros industriales y comerciales. La actividad económica está muy concentrada hacia el oeste y el sur de la región. Como se mencionó en la sección 2, la proporción de la población en las zonas céntricas disminuye conforme las actividades comerciales y los concomitantes altos precios de los terrenos llevan a sus residentes hacia las áreas circundantes y empujan a los habitantes de bajos ingresos a ubicarse en comunidades alejadas de los servicios y empleos, lo que les exige traslados diarios considerablemente más largos.

Mientras que las actividades industriales se han distribuido de manera equitativa en la región, las actividades comerciales y los servicios se encuentran aún muy concentrados en el DF. Durante el periodo entre 1960 y 1993, el PIB del DF disminuyó de

85 a 59%; en contraste, creció de 15 a 41% en el Estado de México. En relación con el comercio, los mismos indicadores para el DF cambiaron de 99 a 77%, mientras que para el Edomex se incrementaron de 1 a 23%. En cuanto a los servicios, en 1993 sólo 14% se originaron en el Edomex, mientras que el restante 86% se produjo en el DF. Esta distribución ha creado un gran volumen de viajes del Estado de México al DF (Sobrino, 2000).

La ubicación de servicios estratégicos de transporte interurbano y metropolitano es también fundamental. Mientras que las estaciones del Metro están regularmente distribuidas a lo largo del DF, las principales estaciones así como las terminales de camiones suburbanos e interurbanos tienden a concentrarse en el límite norte y este entre el DF y el Estado de México. La mayoría de los viajeros entra por las carreteras del norte, que provienen de los estados de México, Querétaro e Hidalgo, y por las del este, que provienen de los estados de México y Puebla. Una terminal de carga de alimentos no procesados se localiza en el límite sureste del DF. Camiones que sobrepasan las 3.5 toneladas descargan productos agropecuarios en otros camiones más ligeros, que los distribuyen en toda el AMCM. El Aeropuerto Internacional de la Ciudad de México está situado justo al lado del primer circuito orbital, el Circuito Interior, en el límite este del DF. A pesar de su intenso tráfico aéreo —249 000 operaciones en 1997, según la Secretaría de Transportes y Vialidad (Setravi)—, las instalaciones están situadas prácticamente en el centro y demandan un número importante de viajes hacia y desde el aeropuerto, además del tráfico aéreo, para 17.8 millones de pasajeros por año (Cometravi, 1999).

3.1 Viajes de pasajeros en el AMCM

El principal método de análisis para la demanda de transporte de pasajeros es la encuesta de origen y destino (O-D); éste es un estudio detallado de viajes, que consta de una encuesta en hogares muestra de los segmentos demográficos de una ciudad. La encuesta suele hacerse por teléfono, por entrevistas directas en los hogares, por correo o por una combinación de estas técnicas. El tamaño de la muestra varía considerablemente, desde unos pocos cientos de hogares hasta muchos miles. Sin embargo, la regla básica es que el tamaño de la muestra para una ciudad de más de un millón de habitantes debería corresponder a una proporción de entre 1 y 4% de los hogares. En Estados Unidos, el tamaño de las muestras de estudios relativamente recientes varía de 0.25 a 1.3% de la población urbana (Purvis, 1989). En Santiago de Chile, una encuesta que se realizó a principios de los años noventa incluyó 33 000 casas, más o menos 3.3% de los hogares de la ciudad, y tuvo un costo de 1.3 millones de dólares (Malbrán, 1994). Realizar estas encuestas no es tarea fácil, pues se llevan al menos dos años e incluyen actividades complementarias, como registros de viaje por casas muy detallados, conteos de tráfico, análisis de datos y preparación del informe. Una vez terminadas, las encuestas O-D a menudo se pueden actualizar de maneras más económicas y simples; por ejemplo, con conteos de tráfico, tasas de motorización y pequeñas otras encuestas.

En el caso de la Ciudad de México se han llevado a cabo encuestas O-D en 1977-1978, en 1983 y en 1994, además de un estudio intermedio de transporte público hecho en 1987 (Molinero, 1999). La encuesta O-D de 1994 la realizó el Instituto Nacional de Estadística, Geografía e Informática (INEGI) en cooperación con el DF. De acuerdo con Graizbord *et al.* (1999), esta encuesta de 1994 está basada en 135 demarcaciones.

Según la documentación disponible (Cometravi, vol. 6, 1999), en 1994 se hicieron en el AMCM alrededor de 29.1 millones de tramos de viaje al día. Estos tramos aparentemente representan fases de un recorrido mayor, en el intento por aprovechar las diferentes modalidades de transporte. Cerca de 24 millones de estos tramos de viaje (82%) se hicieron en transporte público (incluyendo taxis) y 5 millones (18%) en transporte privado (incluyendo automóvil, bicicleta y motocicleta). Si interpretamos con exactitud el término "tramo de viaje" como un segmento de un recorrido completo, entonces más o menos 8.5 millones de traslados en transporte público fueron sólo fragmentos de un viaje multimodal completo, mientras que los viajes en transporte privado suelen ser desde su origen hasta su destino y, salvo en pocos casos, no concluyen con el transbordo a otro medio de transporte. De acuerdo con esta interpretación, 75% de los viajes vehiculares se realizó en una sola modalidad de transporte público o en una combinada, mientras que el 25% restante fue en transporte privado (sobre todo automóvil). El total de traslados vehiculares fue de 20.6 millones.

Mientras que el número total de viajes sí incluye bicicletas, los tramos a pie, que usualmente ocupan una porción importante del total de traslados en un área metropolitana, no están incluidos en los datos disponibles. En otras grandes ciudades latinoamericanas, la porción de los viajes a pie varía de un porcentaje de 10% reportado en Buenos Aires a 20% en Santiago y hasta más de 30% en São Paulo (Rivasplata *et al.*, 1994; Sectra, 1991; Banco Mundial, 1994). Si estimamos de manera conservadora que 15% del total de viajes en la Ciudad de México son recorridos a pie, entonces al menos se producen otros 3.6 millones de viajes por día en la ciudad, lo que incrementa el número total de viajes a 24.2 millones.

Con base en estos estimados, el número total de traslados vehiculares por persona al día es de 1.2 (5.4 por casa); si nuestra estimación gruesa de los recorridos a pie es correcta, entonces el número total de viajes aumenta a 1.4 (6.4 por casa). Este número parece bajo y sugiere un conteo inadecuado de viajes, o una mala interpretación de los datos por parte de los autores. Como comparación, en Santiago de Chile, en 1991, se realizaron 2.12 viajes por persona (8 por casa) y 1.7 viajes vehiculares por persona (6.4 por casa) (Sectra, 1991). Otras fuentes de información sobre viajes en el AMCM sugieren una mayor demanda —el Plan de Uso del Suelo del Distrito Federal de 1996, por ejemplo, informa que la demanda de viajes en el AMCM aumentó de 19 millones de viajes diarios en 1983 a 30.7 millones de viajes individuales por día en 1994, un incremento de 1.35 a 2 viajes por persona (CDM, 1996)—. Desafortunadamente no se proporcionan detalles adicionales para estas estimaciones.

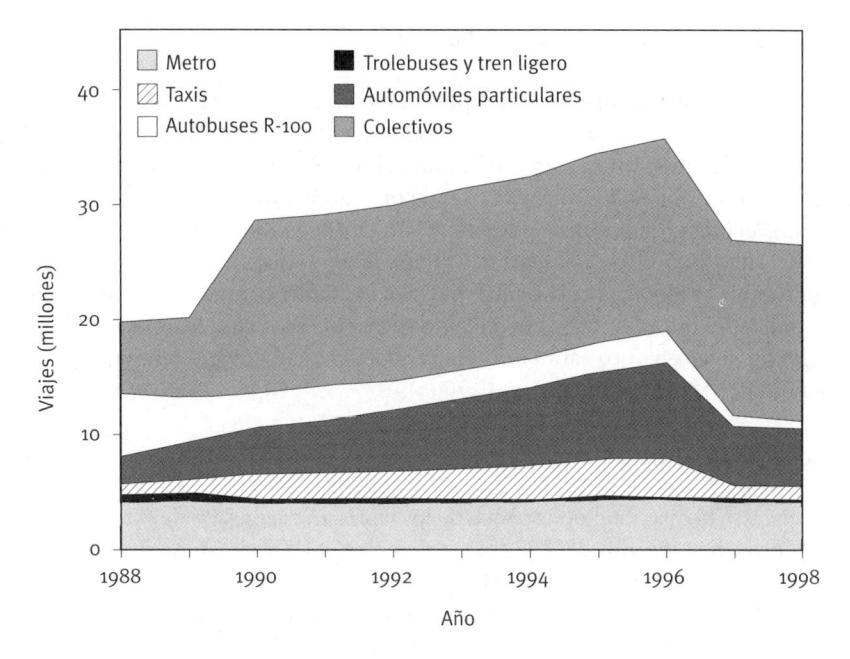

Figura 6.3 Promedio total de viajes diarios en el Distrito Federal. FUENTES: Setravi (2000), pp. 3-22; Cometravi (1999), vol. 1, p. 184.

Es importante señalar las inconsistencias de estos datos. Por ejemplo, otra fuente de información sobre traslados está resumida en la figura 6.3. Como se puede ver en esta figura, el total de traslados en el DF ha sido aparentemente muy variado durante la pasada década, con un alto incremento después de 1989, sobre todo en los viajes adicionales en colectivo. El incremento, en un año, de unos 20 millones de viajes por día a casi 30 millones sugiere que: *1*] la liberalización del mercado de colectivos dio alivio a una enorme demanda reprimida de viajes, o *2*] los datos no son consistentes. La disminución subsecuente (en apariencia) en traslados de 1996 a 1997 se dio en su mayoría por una reducción en taxis y autobuses (Ruta 100 o R-100), así como una disminución de viajes en auto, lo cual puede explicarse por la crisis económica (sin mencionar la desaparición de R-100). No hemos podido confirmar cuáles son los factores que podrían estar desempeñando un papel en las tendencias que se perfilan en la figura 6.3; tampoco podemos confirmar por qué el número de viajes que se presenta en esta figura difiere tanto (para toda el AMCM) de los reportados en los párrafos anteriores.

3.1.1 Distribución de modalidades de transporte

En términos de modalidades de transporte en conjunto, con los datos de Cometravi acerca de los tramos de viaje en 1994 vemos claramente cómo las modalidades de baja y media capacidad predominan en el panorama. Los colectivos son responsables de 54% de los tramos de viaje y los autos y taxis de otro 20%. Entre las modalidades de alta capacidad, el Metro asume alrededor de 13% del total de viajes, seguido por autobuses urbanos y suburbanos que abarcan 10% (véase la figura 6.4).

Como cabría esperar, el uso de automóviles está muy concentrado entre las clases acomodadas. La mitad de los viajes en auto se origina en sólo 23% del AMCM. Los destinos de los viajes en auto están aún más concentrados: 50% de los viajes se dirigen sólo a 16% del AMCM (Graizbord *et al.*, 1999).

3.1.2 Distribución espacial y temporal

Con respecto a la distribución espacial de los viajes, cerca de 54% de éstos en el AMCM se concentra en el interior del DF, 26% se da entre el DF y el Estado de México y 20% ocurre dentro del Estado de México (Cometravi, vol. 6, 1999). Por lo que se refiere a la atracción de viajes, el centro de la ciudad capta la porción más grande (23%) y aproximadamente la mitad de éstos se lleva a cabo dentro del DF. Las siguientes grandes áreas en cuanto a atracción de viajes incluyen una parte norte del DF y dos grandes porciones del Estado de México, en el oeste y noroeste, y directamente al norte del centro de la ciudad. Estas áreas captan 14% de la atracción de viajes. La distribución de éstos se muestra en la figura 6.5. En cada caso, la mayoría de los viajes se realiza den-

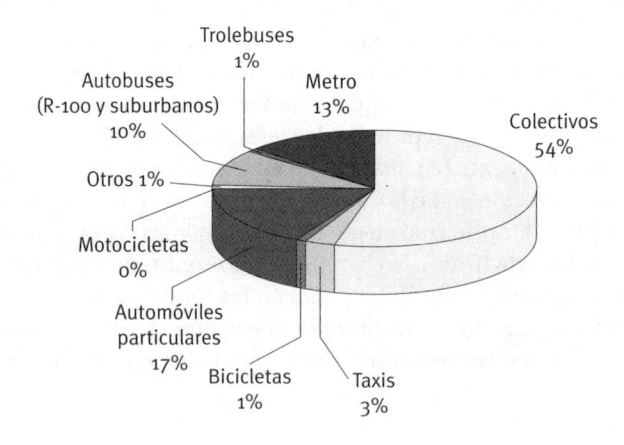

Figura 6.4 Distribución de modalidades por tramos de viaje vehicular en el AMCM (1994). FUENTES: Cometravi (1999), vol. 6, p. 3; Setravi (2000).

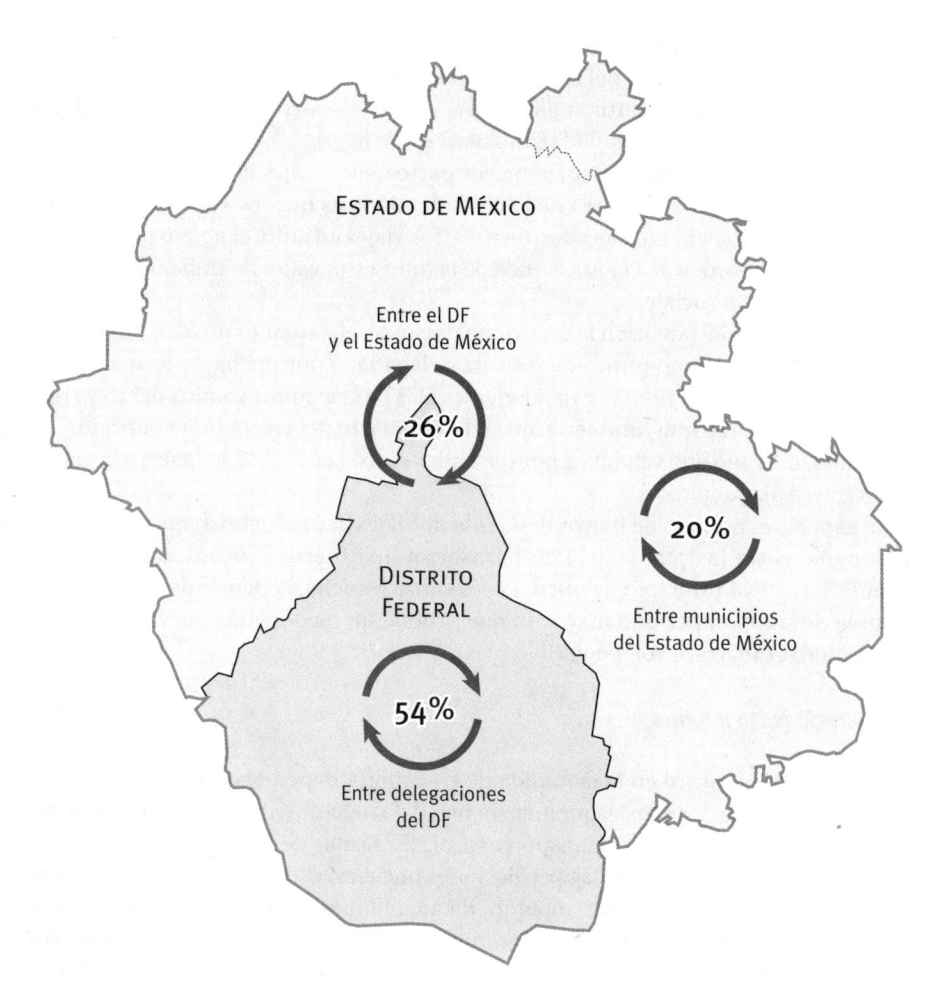

Figura 6.5 Viajes entre el Distrito Federal y el Estado de México. FUENTE: Cometravi (1999), vol. 6, p. 2.

tro de las inmediaciones del área metropolitana, aunque para las dos zonas en el Estado de México esto puede ser en buena medida debido al gran tamaño del área considerada. Una pequeña área central del DF genera y atrae una porción significativa (27%), seguida por una amplia zona al norte del Estado de México, que genera y atrae la siguiente gran porción (17%).

En un sentido general, estos flujos representan la jerarquía policéntrica de la región. El DF abarca una porción importante en la generación y atracción de viajes al captar traslados desde todas las zonas de la región. Incluso en las áreas más distantes del AMCM, la mayoría de los viajes (excepto los viajes internos de cada zona) tiene como destino la zona centro del DF (Cometravi, vol. 6, 1999). Más aún, cuando se consideran sólo los viajes en auto, más de 60% de éstos ocurre dentro de un radio de 10 km desde el centro de la ciudad (Graizbord *et al.*, 1999).

Si se examinan por modalidad, la mayor parte de los viajes en transporte público se realiza hacia y desde el centro de la ciudad, mientras que los viajes en automóvil son mucho más dispersos en sus destinos. De los viajes en auto, el objeto principal del estudio de Graizbord *et al.* (1999), menos de la mitad son viajes de trabajo, 27% son de compras y 25% son sociales.

Debido a su importancia en la economía nacional, el AMCM es un foco de viajes interurbanos, ya sea como punto de partida o llegada, o porque hay que atravesarla. Muchos de estos viajes usan las vialidades locales para algunos tramos del recorrido, así como autopistas que también captan buena parte del traslado intraurbano. En 1995 había unos 300 000 vehículos por día en los cinco accesos principales a la ciudad (Cometravi, vol. 1, 1999).

En general, el periodo de mayor demanda de viajes dentro del sistema es el pico de la mañana, entre las 7:15 y las 9:30 horas, con una fuerte concentración entre el Edomex y el DF al principio del pico. Por la tarde y noche, la demanda está más distribuida durante un periodo mayor, lo que origina un pico menos intenso pero más prolongado (Cometravi, vol. 1, 1999).

3.1.3 *Crecimiento a futuro*

Un crecimiento a futuro en la demanda de transporte depende mucho de las condiciones económicas y de los esquemas de uso del suelo que influyen en el conjunto total del comportamiento del transporte (p. ej., las tarifas de viaje) y en la elección de la modalidad. De acuerdo con las predicciones oficiales, el conjunto de los tramos de viaje diarios en el AMCM se incrementará de 29 millones en 1994 a cerca de 37 millones para 2020. Prácticamente se supone que todo el crecimiento proyectado ocurrirá en el Edomex, el cual pasará de 9.6 millones a 16.4 millones los tramos de viaje. Para el DF, el incremento será muy moderado, de 19.5 a 20.5 millones. Los cuadros 6.1 y 6.2 muestran estas proyecciones. Es difícil comentar estas proyecciones sin conocer los supuestos que las fundamentan y, sin embargo, una mirada rápida sugiere que puede haber subestimaciones significativas. Los dos aspectos más notables de estas proyecciones, que también las hacen más dudosas, son: *i*] una disminución real en la actividad de viajes per cápita y *ii*] ningún cambio en la proporción entre las modalidades de transporte público y privado.

Cuando se toma en consideración el recorrido total (no un tramo) y la actividad de los viajes es vista de manera regional, tenemos una mejor idea sobre la actividad del conjunto de viajes motorizados (véase cuadro 6.2). Un aspecto importante de estos datos, que debe tenerse en cuenta, es la enorme disparidad aparente de los viajes en vehículos automotores entre los residentes del DF y los del Estado de México. En tér-

Cuadro 6.1 Tramos de viaje diarios de vehículos automotores en el AMCM

	1994			2020		
	Total de tramos de viaje	Distribución por modalidad	Tramos de viaje per cápita	Total de tramos de viaje	Distribución por modalidad	Tramos de viaje per cápita
AMCM	29 124 242		1.70	36 962 364		1.41
Público	24 011 507	82.4%		30 593 906	82.8%	
Privado	5 112 735	17.6%		6 368 458	17.2%	
DF	19 489 476		2.29	20 511 482		2.28
Público	15 888 959	81.5%		16 722 158	81.5%	
Privado	3 600 517	18.5%		3 789 324	18.5%	
Edomex	9 578 528		1.11	16 391 696		0.95
Público	8 079 543	84.4%		13 826 489	84.4%	
Privado	1 498 985	15.6%		2 565 207	15.6%	

FUENTES: Cometravi (1999), vol. 6, p. 26; estimaciones per cápita basadas en proyecciones de "tendencias" poblacionales de la Ciudad de México, 1996 (véase figura 6.2).

Cuadro 6.2 Total de viajes diarios de vehículos automotores en el AMCM por área geográfica

Área geográfica	1994			2020		
	Viajes (miles)	%	Per cápita	Viajes (miles)	%	Per cápita
DISTRITO FEDERAL	13 672	66	1.61	17 425	61	1.94
Interior del DF	11 598	56		14 647	52	
□ en las delegaciones	4 977	24		6 398	23	
□ entre delegaciones	6 621	32		8 249	29	
Viajes metropolitanos	2 074	10		2 778	10	
EDOMEX URBANIZADO	6 900	34	0.80	10 912	39	0.63
Interior del Edomex	4 744	23		8 100	29	
□ en los municipios	3 168	15		5 340	19	
□ entre municipios	1 576	8		2 760	10	
Viajes metropolitanos	2 156	10		2 812	10	
TOTAL DE VIAJES EN EL AMCM	20 572	100	1.20	28 337	100	1.08

FUENTE: Setravi (2000), pp. 2-9.

minos per cápita, los residentes del DF hicieron el doble de viajes que sus contrapartes del Estado de México en 1994. Para 2020, las proyecciones sugieren que los residentes del DF harán el triple de viajes motorizados que los del Edomex. Mientras que los números per cápita del DF parecen razonables (especialmente si se considera que éstos representan sólo viajes motorizados), es difícil creer que los números del Estado de México (para 1994 y 2020) estén bien estimados. Éstos sugerirían un nivel de movilidad muy bajo y en descenso, que no es esperable, para los residentes del Edomex, especialmente si en el futuro los suburbios de esta entidad se pueblan más y con residentes de mayores ingresos.

Aunque desde una perspectiva de eficiencia ambiental y en el transporte el predominio del transporte público y un bajo número de viajes son bienvenidos, parece difícil que tales proyecciones se realicen sin una intervención decidida y exitosa por parte del gobierno (que las volvería metas y no proyecciones). Incluso un crecimiento económico moderado en este periodo tendría importantes efectos en el comportamiento del tránsito, tanto en términos de costo por viaje como en términos de proporción por modalidad. A continuación, un ejemplo con datos de Santiago de Chile para 1977 y 1991: los viajes per cápita aumentaron con una elasticidad del ingreso (PIB per cápita) de 1.87. El número total de viajes en transporte público mostró una elasticidad negativa respecto al ingreso de –0.46, mientras que el número total de viajes en transporte privado mostró elasticidad positiva respecto al ingreso: 1.69 (derivado de datos en Sectra, 1991). Aunque hay indicios de que la actividad del transporte en algunas grandes ciudades de países en desarrollo (como São Paulo) ha permanecido estancada —quizá debido a cuestiones como la criminalidad (Menckhoff, 2000)—, los datos disponibles actualmente para la Ciudad de México no son creíbles.

Desde la perspectiva de la proporción de modalidades, la tendencia más preocupante es la transición masiva hacia los modos de transporte de baja capacidad (automóviles, taxis, colectivos y microbuses) a costa del número de pasajeros del Metro y del uso del autobús (véase figura 6.6). Éste es uno de los principales retos políticos que enfrenta el sistema de transporte de la ciudad.

3.2 Viajes de carga

Así como la ubicación de la vivienda, del empleo, de las escuelas y de los centros de recreación promueve el transporte de pasajeros, el emplazamiento de los servicios comerciales e industriales con respecto a las áreas de demanda promueve el transporte de carga. La preponderancia de la Ciudad de México en la actividad económica nacional (más de un tercio del PIB) refuerza la importancia del transporte de carga en el área metropolitana. La infraestructura, en particular la de derecho de vías y terminales ferroviarias, también determina el transporte de carga. Aproximadamente, 82% de la carga ferroviaria entra al área metropolitana por dos terminales situadas en la delegación Azcapotzalco y en el municipio de Tlalnepantla. Dentro del área metro-

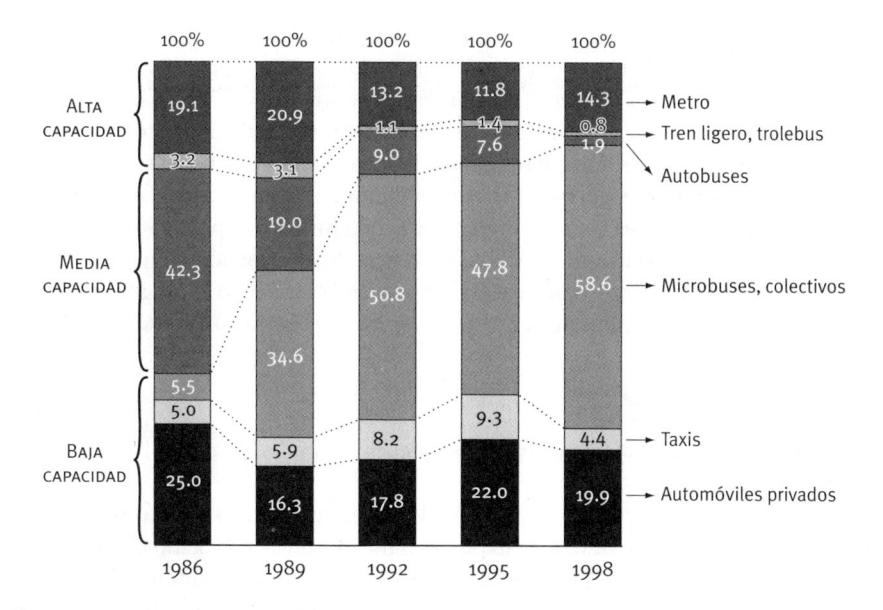

Figura 6.6 Evolución de la distribución por modalidades en el Distrito Federal. FUENTE: Setravi (2000).

politana, el alto costo de la tierra ahuyenta del centro los comercios o la industria, que requieren un uso del suelo amplio, mientras que el tradicional distrito comercial del centro atrae la actividad económica. En la Ciudad de México estas fuerzas se combinan para producir una vasta concentración de instalaciones comerciales (63%) e industriales (62%), en una media docena de delegaciones y municipios concentrados en la parte noreste del DF (Cometravi, vol. 3, 1999).

Hay varios tipos de actividades de carga. En general, los viajes de carga se pueden dividir en las categorías intraurbana e interurbana; en esta última, una porción significativa son viajes de paso que no tienen al AMCM ni como origen ni como destino. El control camionero sobre el mercado aumenta conforme la longitud del trayecto disminuye. En muchas redes camioneras se necesitan varios medios de transporte o vehículos para completar un solo viaje; por ejemplo, un cargamento puede llegar al AMCM por tren, pero es transferido a un camión para su entrega en algún sitio que no tiene acceso ferroviario.

Las disposiciones de tránsito en la región metropolitana prohíben especialmente a los camiones grandes (por peso) hacer entregas en horas hábiles. En general, cerca de 29% de los fletes se originan en delegaciones del DF, 12% en municipios del Estado de México y 59% fuera del AMCM.

4. Oferta de transporte

La Ciudad de México es el corazón de la infraestructura de transporte del país. Como se mencionó antes, un gran aeropuerto internacional se localiza al este del centro de la ciudad. Las principales autopistas y vías de ferrocarril salen hacia todas las regiones del país. Sin embargo, el transporte en la ciudad está permanentemente congestionado debido a las calles viejas y angostas y al crecimiento explosivo en población y motorización que en las últimas décadas ha rebasado la inversión en infraestructura. La mayor parte de la infraestructura vial se concentra en el DF. La figura 6.7 ilustra la disposición de las principales carreteras en el Área Metropolitana de la Ciudad de México.

4.1 Vialidades y medios de transporte de superficie

Durante los últimos 20 años, la ampliación de la infraestructura de carreteras ha pugnado por mantenerse al ritmo de la expansión masiva de la población del AMCM y de la demanda de transporte. A principios y mediados de los años setenta, los mayores logros en infraestructura incluyeron la construcción del Circuito Interior, así como algunos caminos tributarios hacia el oeste (Setravi, 2000). Un avance importante fue la construcción de los ejes viales en 1979-1980; éstos proporcionaron un sistema de avenidas de alta capacidad en toda la ciudad. A principios de los noventa se completó el Anillo Periférico, una vía de circunvalación en el DF, entre otros proyectos de modernización, muchos de los cuales introdujeron carriles preferenciales para separar distintos tipos de transporte y mejorar la afluencia en rutas clave. Más recientemente, la actividad de construcción más importante ha incluido una nueva autopista de cuota en el oeste-noroeste (La Venta-Lechería), la prolongación de la autopista hacia el norte (Cuautitlán-Tlalnepantla) y ampliaciones y nuevas construcciones al este. Desde 1995 se completó (como autopista de cuota) la mitad norte del tercer anillo, mientras que la mitad sur está en estudio (Setravi, 2000).

En términos generales, la futura construcción de carreteras en el norte y noroeste se ve muy restringida debido a la topografía. En el norte, esto afecta más el transporte entre municipios importantes del Estado de México, mientras que en el noroeste los efectos son más acentuados en el transporte entre el Estado de México y el DF (Cometravi, vol. 1, 1999). En general, las conexiones carreteras entre el Estado de México y el DF siguen presentando problemas debido a importantes variaciones en los estándares de diseño de la capacidad de los caminos y a la falta de continuidad. Hay cinco autopistas principales de acceso a la ciudad; cuatro de éstas tienen alternativas que permiten circular por carreteras sin pago de peaje.

Como indica el cuadro 6.3, hay disparidades significativas en la infraestructura de transporte entre el DF y el Edomex. Asimismo, Molinero (1991) advierte que mientras los caminos y las carreteras cubren 28% del DF, el área comparable en los principales

Principales vialidades metropolitanas
Límite del área metropolitana
Límite del Distrito Federal
Número de autopista
Areopuerto

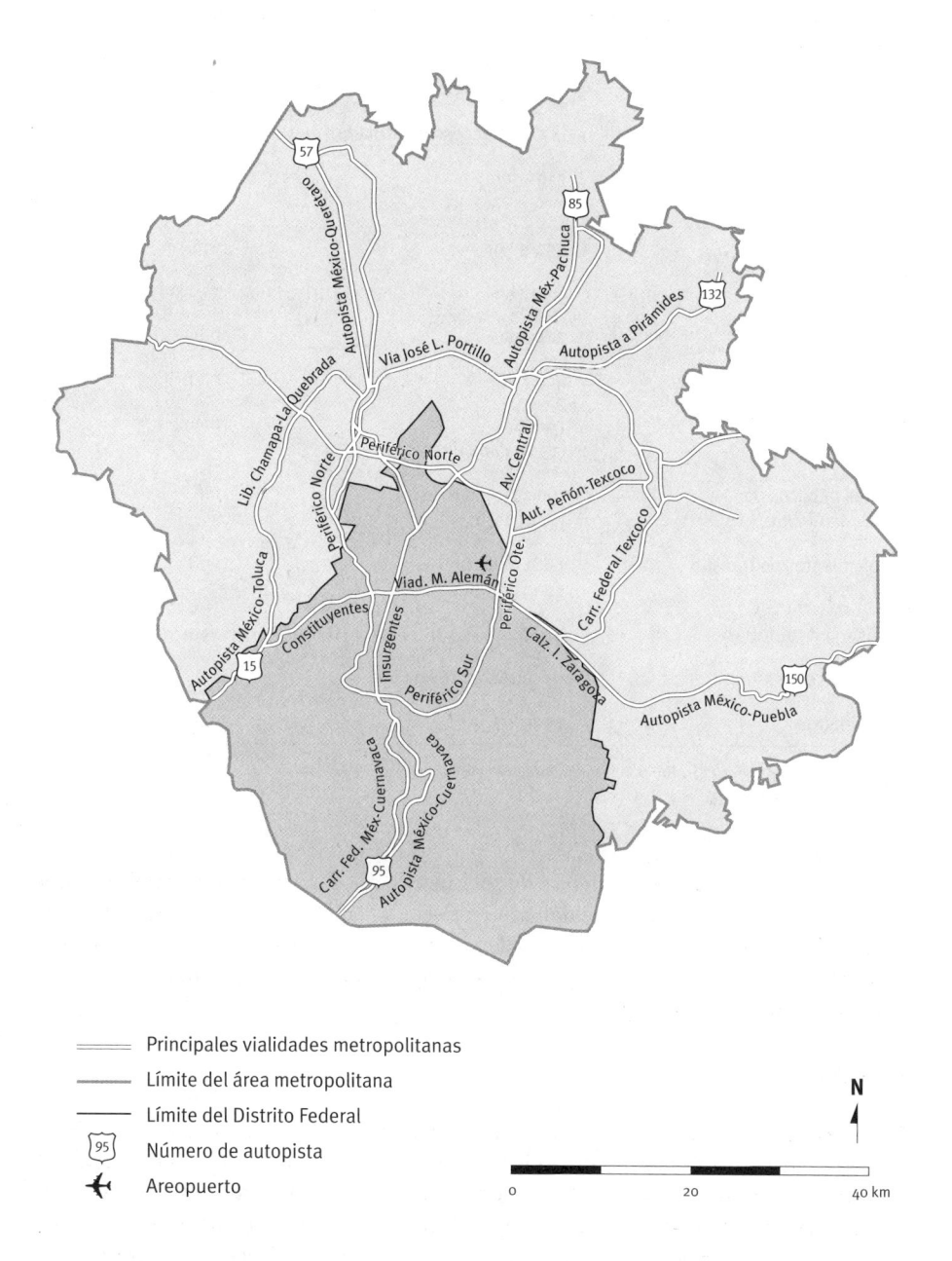

Figura 6.7 Infraestructura vial en el AMCM.

Cuadro 6.3 Resumen de la infraestructura de transporte en el AMCM (1999)

Tipo	Distrito Federal	Estado de México
Carreteras principales	198.4 km (67% de acceso controlado)	352 km de autopistas
Ejes viales	310 km	47 km (vías rápidas urbanas)
Calles principales	552.5 km	616 km
Calles secundarias	8 000 km	250 km
Metro	200 km	n.e.
Trolebús	422 km	n.e.
Tren ligero	26 km (13 en cada dirección)	n.e.
Lugares públicos de estacionamiento	160 277 espacios (1 204 lotes)	n.e.
Señalamientos de tránsito	1 881 electrónicas 1 233 computarizadas	298
Depósitos de autobuses	2 347	290
Carriles de contraflujo	13 carriles, 186 km	n.e.
Parquímetros	1 535	n.e.

FUENTES: Cometravi (1999), vol. 6, pp. 15-16; Molinero (1991), p. 131; Setravi (2000).
n.e.: no especificado.

municipios del Estado de México es de solamente 12%. La desigualdad en el suministro de infraestructura, en particular con respecto a la distribución de habitantes y de viajes, pone de relieve un factor básico de los problemas de embotellamiento que contribuyen a las emisiones de fuentes móviles en el Edomex y que es un problema en toda el AMCM y aun más allá.

4.1.1 *Niveles de servicio*

Como parte del desarrollo de los informes de la Cometravi, un equipo de especialistas realizó un estudio de campo en 30 intersecciones importantes y en 14 corredores principales para evaluar los niveles de servicio. Al adaptar el manual de capacidad de autopistas de Estados Unidos a las condiciones de la Ciudad de México, el equipo encontró que 73% de las intersecciones presentan un nivel de servicio "F" (flujo inestable) durante las horas pico. El tiempo de espera promedio en estos cruceros varía entre 85 y 180 segundos (Cometravi, vol. 1, 1999). En cuanto al análisis del nivel de servicio de los corredores (basado en la velocidad del viaje durante las horas pico), el nivel es más aceptable en general; únicamente dos de los 14 corredores analizados tienen nivel de servicio "D" (flujo ligeramente inestable). Con respecto a la calidad del pavimento, estos mismos corredores muestran en general un nivel adecuado de servicio y en el caso de las autopistas de cuota es bastante bueno (Cometravi, vol. 1, 1999).

Las observaciones del flujo de tránsito en las intersecciones principales en las horas pico fueron extraídas del mismo estudio de campo que se usó para calcular los niveles de servicio. El transporte público comprende entre 7 y 50% del flujo vehicular. El transporte de carga ocupa entre 2 y 18% de ese flujo en las horas pico. En ambos casos, las concentraciones vehiculares más altas ocurren en intersecciones en el Edomex y en intersecciones de las principales autopistas de acceso cerca de la periferia. Esto es consistente con el predominio de la industria creciente del Estado de México en la región (Cometravi, vol. 1, 1999, p. 153).

4.1.2 *Señalamientos de tránsito*

La sincronización de los semáforos se puso en práctica por primera vez a mediados de los setenta en el Circuito Interior. Esto se amplió en 2001 con 300 cruceros controlados por computadora y con 20 pantallas digitales de información sobre el tráfico (véase el cuadro 6.3). Aunque se han desarrollado esquemas adicionales de sincronización, los retos para una mayor implementación incluyen: diferencias en la anchura de las vías; espacio inadecuado para facilitar los giros a la izquierda; en ocasiones, largas distancias entre intersecciones; carencia de pasos a desnivel en cruceros críticos, y la irregularidad en las paradas del transporte público (Cometravi, vol. 1, 1999). De acuerdo con los cálculos del equipo de especialistas de la Cometravi, algunas mejoras al programa computarizado de señalización del tráfico existente podrían reducir en 8.5% la demora en las principales intersecciones analizadas. Este cálculo parece bajo.

4.1.3 *Estacionamientos*

De un estimado de 3.6 millones de lugares de estacionamiento en el AMCM (1994), 39% está en las calles, 5% en lotes y edificios públicos y 56% en lotes y edificios privados. De estos últimos, la mayoría se encuentra en residencias. Aunque en términos generales no parece haber escasez en la oferta de estacionamientos en la ciudad, hay puntos específicos de déficit, particularmente en las áreas del centro del DF. En general, estos grados de exceso en la demanda suceden, como cabría esperar, donde los niveles de atracción de viajes son elevados. En el DF, el déficit estimado de estacionamientos —debido sobre todo a viajes de trabajo y comerciales— equivale aproximadamente a 56% de la totalidad de estacionamientos de paga disponibles (Cometravi, vol. 1, 1999). Con excepción de algunas áreas densas del centro, las cuotas de estacionamiento no son suficientemente elevadas para desalentar el uso de vehículos en esas áreas.

4.1.4 *Flota o parque vehicular*

Los datos de los informes sobre el tamaño y la composición del parque vehicular presentan inconsistencias, ya que no hay un sistema metropolitano de registro en vigor. Estas inconsistencias son reconocidas por la Cometravi (vol. 1, 1999) y son similares a los problemas encontrados en otras partes de Latinoamérica. Los retos para obtener datos precisos incluyen:

- agregación —falta de claridad sobre los tipos de vehículos en existencia, en particular clasificación de los taxis y diferentes medios de transporte público;
- placas o registro de vehículos intercambiados —autos particulares que se vuelven taxis, combis que se vuelven micros, micros que se vuelven autobuses;
- vehículos registrados contra vehículos en operación —vehículos que no son utilizados pero que mantienen un registro (algunas veces por concesionarios que no quieren perder los derechos de la concesión), y
- falta de coordinación (o discrepancias) entre las entidades gubernamentales responsables (es decir, INEGI, DF, Edomex).

En 2001, el gobierno del DF impulsó un programa para remplazar la matrícula de los vehículos particulares con una base de datos de los registros actualizados, la cual permite un mayor control de la flota por medio de las diferentes agencias relacionadas con la transportación (transporte y carreteras, medio ambiente, finanzas, policía y justicia).

Con respecto al total de vehículos en las carreteras del AMCM, las preguntas clave se vinculan con la forma en que se distribuyen las flotas geográficamente (en particular entre el DF y el Edomex) y cómo se dividen entre los diferentes modos de operación. En ambos casos, los datos de series cronológicas son difíciles de obtener. Un conjunto de datos disponibles del INEGI sugiere que el total de vehículos disminuyó durante la segunda mitad de los noventa, mientras que otros indicadores sugieren lo contrario. Por consiguiente, las estadísticas que se presentan a continuación deben ser interpretadas con cautela.

El tamaño real del parque es un aspecto importante, en especial para calcular inventarios precisos de emisiones. En un intento por reconciliar los datos de matriculación del parque vehicular con los datos de la encuesta sobre demanda de transporte de 1994, los especialistas de la Cometravi proporcionaron estimaciones para los parques vehiculares en el DF y el Edomex (véase cuadro 6.4). De acuerdo con esas estimaciones, hay unos 3.5 millones de vehículos en el AMCM. El DF posee la gran mayoría (75 a 80%) de todo tipo de vehículos, excepto camiones, los cuales se dividen más o menos equitativamente entre el DF y el Estado de México.

Oferta de transporte 291

Cuadro 6.4 Estimaciones del tamaño del parque vehicular en el AMCM (1994)

Tipo de vehículo	Distrito Federal	Estado de México	Total
Autobuses	7 338	1 917	9 255
urbanos	3 958		3 958
suburbanos		1 284	1 284
otros privados	3 380	633	4 013
Colectivos	45 996	26 100	72 096
microbuses	23 247	10 500	33 747
combis*	22 749	15 600	38 349
Taxis	63 935	5 000	68 935
Automóviles privados	2 256 573	577 000	2 833 573
Camiones de carga	195 500	184 000	379 500
Motocicletas	29 000	10 000	39 000
Vehículos en tránsito			164 900
Todos los vehículos	2 598 342	804 017	3 567 259

FUENTES: Cometravi (1999), vol. 1, p. 186; Setravi (2000), p. 22; Coordinación General de Transporte del DDF, 1994.
* Para el DF, la cifra incluye 19 406 combis y 3 343 sedanes.

En los conteos de tráfico en las principales intersecciones (1996) se hace evidente que los vehículos particulares dominan el panorama. En 28 cruceros de la ciudad, los automóviles constituyen un promedio de 65% del total de vehículos, los taxis 17%, los colectivos 10%, los vehículos pesados (camiones) 7% y los autobuses sólo 2% (porcentajes redondeados) (Cometravi, vol. 7, 1999).

Como se mencionó en el capítulo 5, siguiendo las recomendaciones de Molina *et al.* (2000a), el Grupo de Trabajo sobre el Inventario de Emisiones de la CAM corrigió el inventario de emisiones de 1998. También proporcionó una nueva estimación del parque vehicular para ese año, que se presenta en el cuadro 6.5.

Con base en datos de venta de los últimos 35 años y usando modelos de "mortalidad" o baja vehicular, Rogers (2001) (Banco Mundial/CAM, 2000) recientemente estimó un número de vehículos en circulación inferior al de los cálculos oficiales (véanse cuadro 6.6 y figuras 6.8 y 6.9). El gobierno de México y el Banco Mundial emprendieron este estudio para caracterizar mejor el parque vehicular existente tanto en el AMCM como en el campo. La Cometravi y la Setravi pueden haber sobrestimado su tamaño por dos razones. Primera, que la mayoría de los camiones de carga tiene matrícula federal; al parecer, los vehículos registrados en el ámbito federal fueron incluidos en los datos de la Cometravi por el hecho de que no había manera de verificar el número real de unidades que operaban dentro del AMCM. Segunda, que las

Cuadro 6.5 Estimaciones del tamaño del parque vehicular en el AMCM (1998)

Tipo de vehículo	Distrito Federal	Estado de México	Total
Automóviles privados	1 546 595	795 136	2 341 731
Taxis	103 298	6 109	109 407
Combis	3 944	1 555	5 499
Microbuses	22 931	9 098	32 029
Camionetas tipo *Pick up*	73 248	262 832	336 080
Camiones de uso pesado a gasolina	154 513	—	154 513
Vehículos a diesel < 3 toneladas	4 733	—	4 733
Tractocamiones a diesel	68 636	2 040	70 676
Autobuses a diesel	9 236	3 269	12 505
Vehículos a diesel > 3 toneladas	28 580	62 360	90 940
Camiones de uso pesado a GLP	30 102	—	30 102
Motocicletas	72 280	424	72 704
TOTAL	2 118 096	1 142 823	3 260 919

FUENTE: CAM (2001).

Cuadro 6.6 Estimaciones del tamaño del parque vehicular en el AMCM por combustible, tipo y servicio (1999)

Combustible, tipo y servicio vehicular		Cantidad	Porcentaje
VEHÍCULOS A GASOLINA			
Automóviles		2 183 256	72
privados y otros	79.5%	1 735 689	
taxis	4.6%	100 430	
comerciales	15.9%	347 138	
Camionetas tipo *Van*		245 400	8
privadas y otras	68.8%	168 835	
taxis	2.2%	5 399	
comerciales	28.5%	69 939	
de pasajeros	0.2%	491	
de carga	0.3%	736	
Camionetas tipo *Pick up*		369 122	12
privadas y otras	54.2%	200 064	
comerciales	35.6%	131 407	
de carga	10.2%	37 650	

Cuadro 6.6 Estimaciones del tamaño del parque vehicular en el AMCM por combustible, tipo y servicio (1999) [Concluye]

Combustible, tipo y servicio vehicular		Cantidad	Porcentaje
VEHÍCULOS A GASOLINA (cont.)			
Clase 3		153 503	5
privados y otros	5.3%	8 136	
taxis	18.5%	28 398	
comerciales	36.1%	55 415	
autobuses	1.4%	2 149	
camiones	38.7%	59 406	
Clase 7		40 990	1
privados y otros	20%	8 198	
comerciales	44.2%	18 118	
autobuses	1.7%	697	
camiones	34.1%	13 978	
Subtotal a gasolina		2 992 272	98.4
VEHÍCULOS A DIESEL			
Camiones clases 6 y 7		14 968	
Camiones clase 8		9 558	
Tractocamiones clase 8		19 199	
Autobuses clases 6 y 8		3 951	
Subtotal a diesel		47 676	1.6
TOTAL		3 039 948	100

FUENTES: Banco Mundial/CAM (2000); Rogers (2001).
Clase 3: Vehículos con peso neto de 4 540-6 350 kg.
Clase 7: Vehículos con peso neto de 11 800-14 700 kg.

bases de datos del DF y el Edomex no reflejan la remoción de los vehículos viejos, ya que sus propietarios no informan a las autoridades.

El estudio del Banco Mundial y la CAM proporciona datos estadísticamente significativos, tanto para el AMCM como para todo México, sobre el número de vehículos en uso, clasificados por tipo y por combustible que utilizan, de 1990 a 1999. Para cada categoría se determinó la distribución de la edad vehicular y se calcularon los kilómetros recorridos por año. El estudio muestra que de 1951 a la fecha se vendieron 13.1 millones de vehículos con motor a base de gasolina en México, de los cuales 8.8 millones eran autos. En promedio, las ventas de autos nuevos a gasolina en el AMCM representan 42.2% de las ventas nacionales.

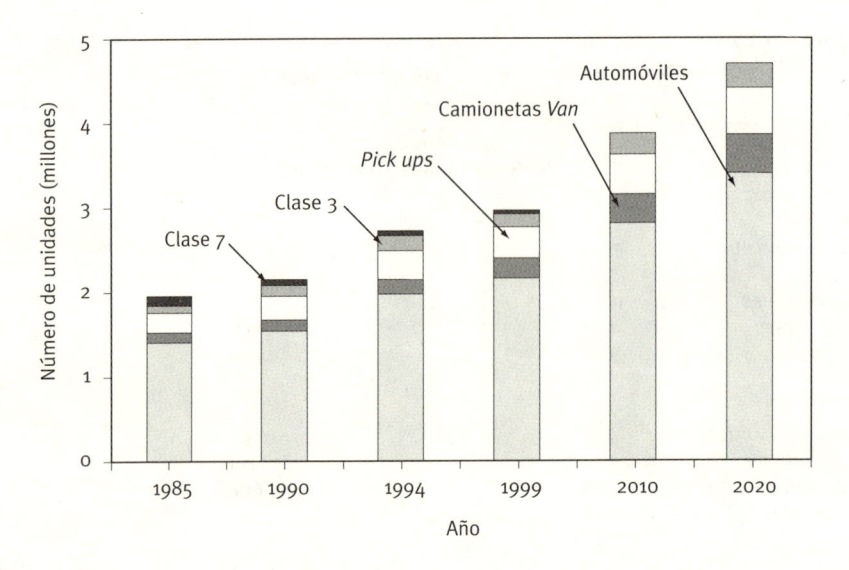

Figura 6.8 Parque vehicular a gasolina entre 1985 y 1999 en el AMCM. Tasa promedio de crecimiento en el periodo 1985-1999: 3.1%. Los años 2010 y 2020 han sido estimados con base en una tendencia lineal.
FUENTE: Banco Mundial/CAM (2000).

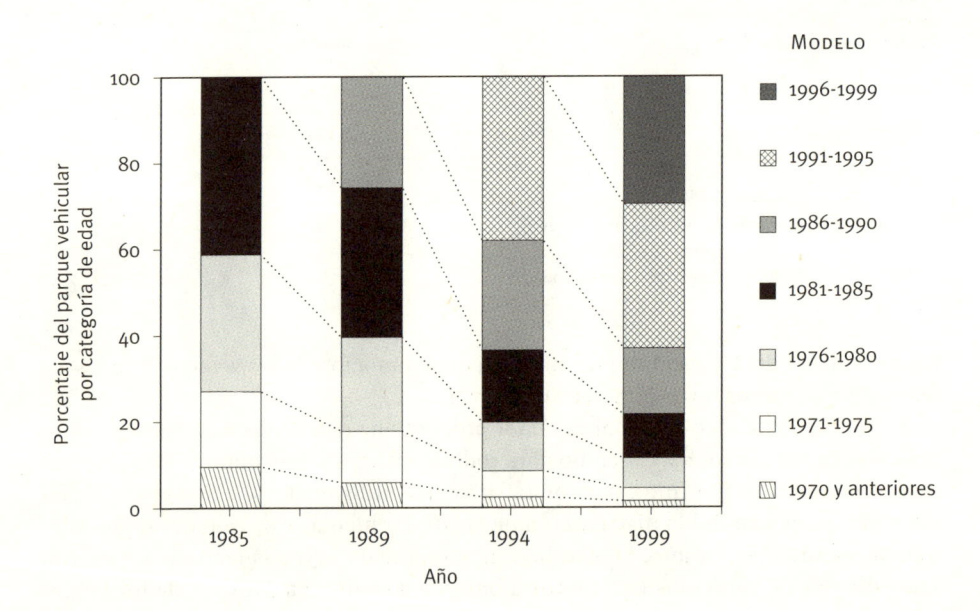

Figura 6.9 Edad promedio del parque vehicular a gasolina entre 1985 y 1999 en el AMCM. FUENTE: Banco Mundial/CAM (2000).

En el AMCM, la cantidad de vehículos a gasolina se incrementó de cerca de 2 millones en 1985 a unos 3 millones para finales de 1999, de los cuales 2.2 millones eran autos. Treinta por ciento eran modelos 1996 o posteriores, 34% eran modelos 1991 a 1995, 15% 1986 a 1990, 10% 1981 a 1985 y 11% eran vehículos más viejos. Como resultado, en este periodo de 15 años la edad promedio del parque vehicular del AMCM creció de 7.3 a 10 años.

Aproximadamente, 81% de los autos que circulan en el AMCM están registrados como vehículos particulares. Los taxis cubren 5.1% de la cantidad de autos, los automóviles propiedad del gobierno 0.7% y el otro 13.3% está registrado para negocios. El parque vehicular del AMCM cubre una distancia media de 23 300 km por año. No obstante, más de un cuarto del total de vehículos particulares en el AMCM recorre un promedio de menos de 5 000 km por año. Los vehículos más viejos se usan menos; mientras que los vehículos de hasta cinco años viajan unos 19 000 km por año, aquellos que tienen entre 15 y 20 años recorren cerca de 15 000 km por año.

En 1985, sólo 0.5% de los autos en el AMCM tenía convertidor catalítico. Para 1999, la situación había cambiado en forma considerable, con solamente 34.7% de los autos sin convertidor. De aquéllos con catalizador, 58.4% tenía convertidores catalíticos de circuito cerrado de tres vías, 3.9% tenía convertidores catalíticos de circuito abierto de tres vías y el restante 2.9% tenía convertidores oxidantes de dos vías.

Con base en datos del Programa de Verificación Vehicular Obligatoria, el estudio del Banco Mundial y de la CAM muestra el deterioro de los sistemas de control de emisiones de acuerdo con la edad y el año del modelo. El estudio también concluye que los datos de emisiones obtenidos de las diferentes muestras no reflejan ninguna mejora que pueda ser atribuida a la renovación obligatoria de convertidores catalíticos en los vehículos modelo 1993, que se realizó durante el segundo semestre de 1999. Sin embargo, un estudio reciente del Instituto Mexicano del Petróleo (IMP) sugiere que hay algunas mejoras en los vehículos modelos 1993 a 1995 que han renovado sus convertidores catalíticos entre 1999 y 2000 (CAM/IMP, 2000).

También hay una relación entre la presencia y el tipo de convertidor catalítico con el número de kilómetros recorridos por año. Así, autos a gasolina que no vienen equipados con convertidor catalítico recorren un promedio de 17 000 km por año cada uno, mientras que los que sí están equipados con convertidor catalítico de circuito abierto de tres vías recorren cerca de 24 000 km por año. Esta correlación se puede atribuir a dos razones: a] es probable que los vehículos viejos tengan prohibido circular uno o dos días a la semana, o b] los dueños de vehículos más viejos pertenecen probablemente a un grupo social de bajos ingresos, más vulnerable a los gastos de operación, que los obligan a un menor uso de los vehículos.

El envejecimiento del parque sin duda significa un incremento en emisiones contaminantes. Los vehículos más viejos debían cumplir con estándares de emisión menos estrictos cuando fueron fabricados. A los vehículos nuevos del año 1975 y anteriores se les permitía emitir 38% más hidrocarburos (HC) y 62% más monóxido de carbono (CO) que a los vehículos nuevos de 1990. Un vehículo modelo 1975 producía entre 10 y 14 veces más de estos contaminantes, respectivamente, que un modelo 1993. Muy relacionado con esto está el hecho de que los vehículos más antiguos no tenían mecanismos de control de emisiones o éstos eran menos sofisticados. De hecho, no fue sino hasta 1975 cuando se introdujo en los nuevos vehículos el control de emisiones evaporativas. Para 1991 los convertidores catalíticos se instalaron en los vehículos nuevos de uso ligero y para 1994 todos los vehículos a gasolina que se vendieron estaban equipados con ese mecanismo.

Asimismo, cuantos más kilómetros haya recorrido un vehículo se espera que el rendimiento general del motor sea inferior. Esto es cierto en especial si consideramos la probabilidad de que los vehículos más viejos pertenezcan a personas con bajos ingresos que difícilmente invierten en reparaciones para mejorar el rendimiento del motor.

4.1.5 *Automóviles privados y taxis*

Como no hay una base de datos de registro vehicular confiable en el AMCM, las estimaciones del número real de automóviles varían mucho entre las diversas fuentes. Se estima que el crecimiento anual del número de autos está entre 4 y 10%; Rogers (2001) considera el porcentaje más bajo para el periodo de 1985 a 1999. Cometravi (vol. 8, 1999) reporta un ritmo estimado de crecimiento de 6%, mientras que de acuerdo con los datos de Molinero (2000), la cantidad de automóviles creció en un promedio de 10% por año entre 1976 y 1996. Con base en estos datos, la tasa de motorización (vehículos per cápita) ha aumentado más de 5% anual: de 78 autos por cada 1 000 personas aproximadamente en 1976, a 91 en 1986 y a 166 en 1996. Es evidente que la tasa de motorización continuará aumentando aun si comparamos la estimación más baja de 4% con el crecimiento poblacional anual del AMCM, esto es, alrededor de 2% (Negrete-Salas, 2000).

Según conteos realizados en 22 corredores de tráfico importantes, el promedio de ocupación de los autos varía de 1.21 a 1.76 personas por vehículo, con un promedio general de 1.5. El porcentaje de vehículos con sólo un ocupante varía entre 48 y 83% en diferentes corredores (Cometravi, vol. 1, 1999).

Taxis. La Cometravi (vol. 1, 1999) y la Setravi (2000) estiman que de los 69 000 taxis registrados en la región metropolitana, 64 000 están en el DF. Aproximadamente, 8 000 de éstos son de sitio, esto es que operan desde un puesto fijo. La figura 6.10 muestra la distribución de la edad promedio de los taxis en 1999. Esta figura ilustra la necesidad de renovar la flota de taxis. La mayor parte de la flota de taxis continúa envejeciendo y es de esperarse que sus emisiones aumenten con la edad. Aunque un importante —pero no cuantificado— número de vehículos privados ofrecen servicio como taxis en el Edomex (Cometravi, vol. 7, 1999, p. 25), los taxis de esta entidad no pueden ser abordados en el DF y viceversa. El crecimiento descontrolado de la flota de taxis es un enorme desafío político. Los taxis de sitio, o que se encuentran aso-

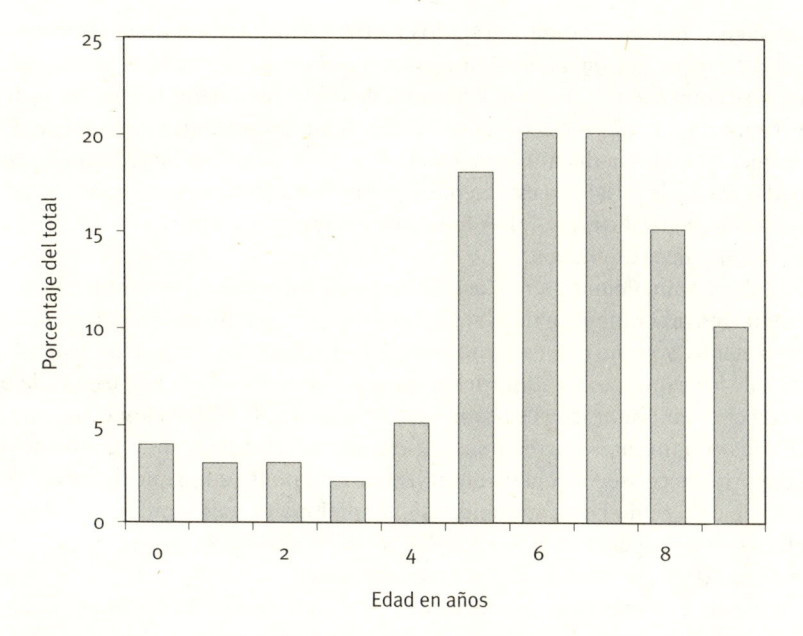

Figura 6.10 Distribución por edad de los taxis en el DF en 1999. Vehículos inspeccionados durante el primer semestre. FUENTE: datos de inspección y mantenimiento proporcionados por Sergio Sánchez.

ciados y estacionados en una base permanente cuando no están dando servicio, tienen una organización más estructurada ya que, por su índole, se tienen que coordinar unos con otros en relación con los horarios y las tarifas de los diferentes sitios de taxis.

Programa "Hoy no circula". Como se mencionó en el capítulo 2, el programa "Hoy no circula" (HNC) ha sido una iniciativa política fundamental. Este programa, que establece la prohibición de circular un día a la semana, fue impuesto originalmente en 1989 como parte del "programa de emergencia" a corto plazo que empleó el gobierno durante los meses de invierno en la Ciudad de México. Veinte por ciento de los autos privados, de acuerdo con el último dígito de su matrícula, tenía prohibido circular un día de la semana. El objetivo del programa era aminorar el congestionamiento, la contaminación y el consumo de gasolina, reduciendo los kilómetros recorridos por vehículo (KRV). Los estudios de ese invierno indicaron que el consumo de gasolina sí disminuyó, mientras que el número de pasajeros del Metro y el promedio de velocidad en las calles aumentaron (Onursal y Gautam, 1997). Cuando el Programa Integral contra la Contaminación Atmosférica (PICCA) se implementó en 1990 con un horizonte temporal de cinco años, el programa HNC constituyó su componente primordial.

Esta bien conocida medida ha tenido efectos discutibles. En un análisis empírico, Eskeland y Feyzioglu (1997a; 1997b) estimaron que desde la entrada en vigor del HNC, el AMCM se convirtió de un exportador neto de vehículos usados (74 000 en promedio al año) a un importador neto (85 000 al año). También señalan que la aplicación del HNC coincidió con una disminución en el número de pasajeros del Metro. En 1989, el promedio diario de pasajeros estaba por encima de 4.2 millones, 18% más elevado que en junio de 1999 (INEGI, 1999c). Además de los inconvenientes, el HNC tiene quizá efectos económicos ambiguos.

Al explicar la ineficiencia en el uso de recursos inherente al programa, Eskeland y Feyzioglu (1997a) comentan que "el hecho de que éste acapara e inmoviliza capital artificialmente, supone que es costoso para la nación". Un estudio de 1995 informa que 22% de los conductores adquirieron un segundo vehículo en respuesta a la prohibición de circular (Onursal y Gautam, 1997). De hecho, la restricción de circular sólo afectó a los conductores sin recursos suficientes para adquirir un segundo vehículo. Otra importante consecuencia involuntaria de esta política fue que la disponibilidad de otro vehículo pudo haber inducido viajes adicionales. Las familias con dos autos, cada uno con restricción en diferente día, tenían tres días de la semana (además del fin de semana) en que podían usar ambos vehículos.

Durante los noventa tuvieron lugar cambios en la prohibición para circular y las políticas concernientes. Un avance importante fue la inclusión de los taxis en la prohibición diaria. Los taxis producen la mayor emisión por pasajero y por kilómetro entre todas las modalidades porque circulan vacíos en busca de pasaje. Un segundo cambio significativo en el HNC fue la sustitución de su objetivo principal de prohibir la circulación a convertirse en un incentivo para la renovación del parque (véanse secciones 6.3 y 6.4.4). Los autos más viejos están ahora sujetos a restricciones por uno o dos días a la semana, así como algunos fines de semana, mientras que los vehículos fabricados con convertidores catalíticos y con estándares de emisiones más estrictos (modelos 1993 y posteriores) pueden ser exentos si en la prueba de verificación vehicular satisfacen ciertos requerimientos de emisiones. Los autos fabricados entre 1988, cuando las normas de emisiones se introdujeron por primera vez, y 1993 tienen restricción una vez por semana. Aquellos fabricados en 1999 y después están exentos los dos primeros años de la prueba de verificación vehicular y pueden circular todos los días. Estas exenciones fueron desarrolladas como un incentivo para los fabricantes, a fin de que produjeran vehículos que cumplieran con los estándares Tier 1 de la Environmental Protection Agency de Estados Unidos.

En el año 2000, la CAM llegó a un acuerdo importante con la Asociación Mexicana de la Industria Automotriz (AMIA). A partir de 2001, los fabricantes de automóviles introducirán gradualmente los sistemas de diagnóstico a bordo de segunda generación (DAB II) y emitirán garantías para alcanzar gradualmente los estándares de emisiones de durabilidad de hasta 80 000 km de uso. Para 2005, todos los vehículos a gasolina de servicio ligero tendrán DAB II y alcanzarán los estándares de emisiones de durabilidad. Adicionalmente, los más estrictos estándares de emisiones Tier 2 serán alcanzados por los vehículos mexicanos con un retraso de no más de dos años a partir de la fecha en que estos estándares se introduzcan en Estados Unidos (la EPA anunció una introducción gradual en el plazo de 2004 a 2007). A cambio, los vehículos privados estarán exentos del programa HNC, así como del programa de verificación obligatorio por dos años.[1]

4.1.6 Transporte público de superficie

Autobuses. El sistema de autobuses del AMCM ha experimentado varios cambios significativos desde finales de los setenta. Las compañías de autobuses, históricamente operadas por manos privadas, llegaron al borde del colapso en esos años y en 1981 el gobierno del DF asumió el control de las 19 compañías. El objetivo al crear la compañía estatal Ruta-100 era proveer un servicio limpio y eficiente, con paradas establecidas, con buen mantenimiento, con una política de tarifas integral y con rutas y categorías bien definidas (Molinero, 2000). A pesar de cierto funcionamiento efectivo, R-100 fue víctima de la doble presión de las demandas sindicales y de la apertura adicional del mercado de transporte público a los colectivos y microbuses. Tras enfrentar altos costos, mal mantenimiento y caída en los ingresos, R-100 se declaró en bancarrota en 1995. En el momento de su quiebra, los autobuses R-100 necesitaban, en términos relativos, un mayor subsidio (80% de los costos operativos) que el requerido por el tren ligero o el Metro (Cometravi, vol. 1, 1999). La flota de autobuses urbanos ha tenido una caída estrepitosa en los últimos 20 años: de unos 15 000 (divididos en partes iguales entre el DF y el Edomex) en 1976, a poco más de 2 500, que en 1996 operaban en el DF (Molinero, 2000). Como se muestra en el cuadro 6.7, el número promedio diario de pasajeros disminuyó en forma correspondiente.

Desde la desaparición de R-100, el gobierno ha emprendido varios esfuerzos para dar en concesión al sector privado nuevos servicios de autobuses. En contraste con el éxito de sistemas privados de transporte público en otras ciudades latinoamericanas (como Santiago de Chile), la Ciudad de México ha luchado en vano por revitalizar una participación formal del sector privado. En la primera etapa de las nuevas tentativas de concesión se hicieron algunos estudios de campo (con dinero de las compañías interesadas), pero los ganadores finalmente se retiraron porque el gobierno no garantizaba hacer valer los derechos de mercado (esto es, frenando la competencia de los colectivos). Una segunda licitación produjo siete concesionarios ganadores, pero ninguno pudo reunir la flota requerida. Las concesiones fueron revocadas y se inició una batalla legal (Molinero, 1999). Otras ofertas adicionales para las concesiones tuvieron poco éxito. En 1997, tres compañías de autobuses (dos de ellas creadas por el antiguo sindicato de trabajadores de R-100) operaban casi 790 unidades en 56 rutas (Cometravi, vol. 7, 1999). Para 2000, con procesos de licitación posteriores, se otor-

---

[1] Acuerdo negociado por los gobiernos del Edomex y del DF y el Instituto Nacional de Ecología con la Asociación Mexicana de la Industria Automotriz en noviembre de 2000.

Cuadro 6.7 Transporte por autobús en el Distrito Federal en los últimos 15 años

Año	Rutas	Empleados	Promedio diario de pasajeros (miles)	Kilómetros recorridos (miles)
1986	221	22 729	5 654	883
1987	224	23 492	5 868	891
1988	230	23 818	5 502	879
1989	234	23 323	5 699	911
1990	246	22 181	5 780	918
1991	246	18 716	3 072	734
1992	252	16 386	2 669	615
1993	216	14 845	2 585	565
1994	209	6 098	2 544	642
1995	191	9 577	2 555	485
1996	178	8 611	1 870	385
1997	123	4 477	751	181
1998	119	2 677	414	113
1999	114	2 633	385	120
2000*	119	2 806	413	n.a.

FUENTE: INEGI (1999c).
* Gobierno del Distrito Federal, Secretaría de Transportes y Vialidad, Dirección de Finanzas de la Red de Transporte de Pasajeros, *Primer Informe de Gobierno*, 2001.

garon concesiones a un total de nueve compañías, en 61 rutas y con 464 autobuses nuevos (véase cuadro 6.8). Asimismo, algunas organizaciones de colectivos que operan en los principales corredores empezaron a introducir autobuses a diesel para sustituir los microbuses a gasolina más viejos. Fuentes de la Setravi estimaron que hay casi 2 000 autobuses en esta categoría; sin embargo, esta cifra parece muy elevada.

La nueva compañía estatal, llamada Red de Transporte de Pasajeros (RTP), opera cerca de 1 000 autobuses. Éstos tienen una edad promedio de 13 años y proveen servicio diariamente a 500 000 pasajeros (Serranía, 2001).

En 2001, 300 nuevos autobuses se introdujeron para remplazar las unidades más antiguas. Los retos para disponer de un servicio concesionado de autobuses próspero provienen de la continua competencia del oligopolio de los colectivos y de la incapacidad del gobierno para garantizar un mercado transparente para operadores o

Cuadro 6.8 Inventario de autobuses en el Distrito Federal (2000)

Compañía o tipo de organización	Número de compañías o de asociaciones de colectivos	Número de rutas	Número de unidades
RTP [a]	1	119	985
STE [b]	1	8	168
Compañía privada en 1997 [c]	1	25	240
Antiguo sindicato de R-100 [c]	2	31	550
Concesiones licitadas [d]	9	61	464
Sustitución de colectivos [e]	15		1 881
Total			4 120

FUENTES:
[a] Setravi (2000), pp. 3-22.
[b] Setravi (2000), pp. 3-35.
[c] Cometravi (1999), vol. 7, p. 97.
[d] Basurto Acevedo (2000).
[e] Casas Pacheco (2000).

inversionistas potenciales. Mientras los microbuses puedan competir por los pasajeros de autobuses directamente dentro del mercado será difícil el restablecimiento de un sistema adecuado de operación de autobuses.

Fuera del DF (en el Edomex), el sector privado, organizado en corporaciones privadas o en cooperativas, opera exclusivamente los autobuses suburbanos. En general, estos servicios tienen prohibido entrar al DF (al igual que los servicios del DF no pueden entrar al Edomex), aunque algunas iniciativas recientes, bajo los auspicios de la Cometravi, han buscado desarrollar y aprobar la operación de "rutas metropolitanas", lo que permitiría que algunas compañías ofrecieran servicios de autobuses entre estas dos jurisdicciones. Los autobuses suburbanos también proveen servicio de alimentación de pasajeros a las estaciones terminales del Metro.

Trolebuses. Los trolebuses difieren de los autobuses estándar en ciertos aspectos clave. En términos de movilidad, están en desventaja relativa pues dependen de cables elevados que dificultan la ampliación del servicio. Los trolebuses por lo general tienen un bajo rendimiento (aceleración). Desde la perspectiva de la calidad del aire, los trolebuses ofrecen la ventaja de tener cero emisiones locales, ya que la energía eléctrica que los impulsa es generada a distancia. Otra característica de esta forma de locomoción eléctrica es su funcionamiento considerablemente silencioso. En la Ciudad de México, la mayoría de los trolebuses da servicio en las avenidas más transitadas, donde la certeza de la demanda (sin tomar en cuenta la competencia) es mayor.

La falta de patrocinio a los trolebuses durante los noventa (véase cuadro 6.9) es un motivo de preocupación. El servicio es operado por el Sistema de Transporte Eléctrico (STE), la misma autoridad que opera el tren ligero (véase más adelante); es una autoridad relativamente autónoma, coordinada por el gobierno del DF. De acuerdo con los datos de 1992 a 1994, el STE sólo recupera, de los ingresos por la venta de boletos, de 8 a 10% de sus gastos operativos (administración, salarios y costos operativos) (Cometravi, vol. 1, 1999). Como en el caso del número de pasajeros de autobús, la tendencia en la disminución del patrocinio posiblemente es resultado de la competencia de los colectivos acrecentada en años recientes. El gobierno del DF planea expandir el servicio de estos trolebuses no contaminantes como un sistema tributario del Metro (Serranía, 2001).

Cuadro 6.9 Principales características del sistema de trolebuses

Año	Líneas en servicio	Longitud del servicio (km)	Unidades en operación	Kilómetros recorridos (miles)	Pasajeros (miles)
1992	n.d.	423	281	16 714	112 000
1993	n.d.	354	254	15 364	99 000
1994	n.d.	360	284	19 500	108 000
1995	13	353	274	21 017	142 589
1996	15	379	294	21 814	143 932
1997	17	406	305	22 369	79 347
1998	17	410	289	20 252	62 528
1999	17	430	396	20 000	70 600
2000*	17	422	448	22 100	81 400

FUENTES: para datos previos a 1995, Cometravi (1999), vol. 1, p. 181; INEGI (1999c).
NOTA: datos de 1999 hasta junio inclusive.
* Gobierno del Distrito Federal (2001).

Colectivos. La convergencia de la política de liberalización, la política de empleos, la mala administración de medios de transporte alternativos (es decir, R-100), la pobre recuperación de costos y el deterioro de la capacidad institucional del DF condujeron a una explosión del "sector informal" del sistema de transporte público conocido como colectivos (también llamados "taxis colectivos de ruta fija"). Originalmente, los colectivos eran taxis compartidos que operaban en rutas fijas; con el tiempo, la flota cambió a camionetas tipo *Van* (con 12 asientos) y ahora son microbuses (con

25 asientos). Para 1996, en el DF 84% de los colectivos eran microbuses con una edad promedio de seis años (Cometravi, vol. 7, 1999).

Navarro Benítez *et al.* (2000) y Darido (2001) han estudiado a fondo la historia de los colectivos en México y los problemas institucionales asociados con este modo de transporte. A principios de los años cuarenta, los autobuses urbanos abastecían 70% de los viajes de la ciudad. El gobierno ofreció las rutas a compañías privadas y a grupos pertenecientes a la Alianza de Camioneros de México (ACM). En 1946, la compañía extranjera que operaba los trolebuses en México fue nacionalizada para crear el STE; ésta fue la primera vez que el gobierno se involucró directamente en el suministro de transporte. A comienzos de los cincuenta aparecieron los primeros taxis colectivos; usaban los mismos autos sedán que estaban acreditados para servicio de taxi. En ese tiempo no tenían aún rutas fijas y funcionaban más como taxis compartidos.

Aunque funcionaban de manera ilegal, los colectivos fueron tolerados por las autoridades. Nacieron como un modo "informal" de transporte que complementaba el servicio público. Este servicio fue reconocido a finales de los sesenta y lo administraba la primera organización de taxis colectivos y regulares, la Coalición de Agrupaciones de Taxistas (CAT). En 1967 se creó el Sistema de Transporte Colectivo-Metro (STC-Metro) para administrar el nuevo sistema subterráneo que entró en operación en 1969. En ese tiempo, la Coordinación General del Transporte (CGT), que era la autoridad de planeación del transporte en el DF y que regulaba los colectivos, comenzó a expedir licencias nada más para las rutas de colectivos que alimentaban las estaciones del Metro.

En 1981 se creó la organización de Autobuses Urbanos de Pasajeros Ruta-100 (R-100) para remplazar a la ACM cuando expiraron sus concesiones. El gobierno permitió e incluso promovió la expansión de los colectivos porque inicialmente R-100 no fue capaz de satisfacer la demanda de transporte público. Como resultado se crearon nuevas organizaciones de colectivos; los autos sedán fueron sustituidos por camionetas de mayor capacidad, con al menos 10 pasajeros (combis).

A mediados y finales del decenio de 1980, la red de colectivos creció rápidamente y proporcionó una fuente masiva de empleos, y tuvo lugar una enorme expansión de la red de servicios de transporte. En una metrópoli creciente, los colectivos, que por lo general llevan media docena de pasajeros o menos, suministran un servicio ubicuo y expedito. En algunos casos, las redes de autobuses no pueden responder con suficiente rapidez y, en otros, es imposible enviar autobuses a áreas sin pavimentar, sin caminos planificados e irregularmente urbanizadas. Los colectivos proveían el acceso a todas estas zonas. Esta transformación de modalidades de alta a baja capacidad continuó durante la década de 1990.

El periodo entre 1988 y 1994 destacó por la política de desregulación del sector del transporte. Esto tuvo como resultado un rápido crecimiento de la flota y del número de pasajeros de los colectivos, a expensas de otras modalidades, como Metro, trolebuses y R-100, cuya participación continuó decayendo (véase figura 6.6). Al mismo tiempo, los patrones de viaje tuvieron un cambio sustancial del centro del AMCM hacia la periferia de la región, donde la mayor parte del crecimiento se desarrolla.

La disponibilidad de los colectivos les daba importantes ventajas de movilidad. Incluso en las zonas donde los colectivos estaban en competencia directa con los autobuses, persistía el problema para las empresas de autobuses en cuanto a la reducción del número de pasajeros y de las ganancias, como se ya mencionó.

En contraposición al sector privado que opera con concesiones del gobierno del DF, estipulando paradas preestablecidas, frecuencia y otras características del servicio, los colectivos (y los autobuses suburbanos del Edomex) operan en esencia con "permisos", que aparentemente tienen especificaciones de operación menos estrictas (y vigilancia aún menos rigurosa). A pesar de los propósitos y las intenciones de reducir el papel de los colectivos en la provisión del servicio de transporte en el AMCM (en especial en el DF), se ha logrado muy poco progreso efectivo. De hecho, los colectivos desempeñan un papel cada vez más importante.

En la estructura típica de operaciones del servicio colectivo, cada propietario toma decisiones mínimas en cuanto al mantenimiento del vehículo, a los conductores, etc. Sin embargo, las grandes decisiones de operación sobre las rutas las toman asociaciones que no son estructuras formales comerciales pero sí entidades jerárquicas. Algunas de las asociaciones de rutas más formales se encargan de funciones tales como el control operacional, el despacho y los horarios de vehículos, y la investigación de mercado en áreas potenciales de demanda (Cometravi, vol. 7, 1999). Los propietarios de vehículos no son necesariamente los dueños de las concesiones; éstas son a menudo propiedad de otro estrato dentro de la jerarquía de la asociación de rutas (véase, p. ej., Cometravi, vol. 7, 1999).

En el DF hay 103 organizaciones de colectivos que operan unos 27 000 vehículos. En el Estado de México hay 172 organizaciones de colectivos registradas y 94 compañías (Cometravi, vol. 7, 1999). En total, se calcula en unos 22 000 km el recorrido total de las rutas de colectivos en el AMCM, divididos casi equitativamente entre el DF y el Edomex. En 1991, alrededor de 60% de los servicios colectivos pasaban por alguna estación del Metro, lo que sugiere que los colectivos proporcionan un servicio importante de abastecimiento de pasaje (Cometravi, vol. 7, 1999). Sin embargo, desde la perspectiva de la compañía del Metro, el acelerado crecimiento de algunas rutas de colectivos que corren paralelas a ciertas líneas del Metro puede afectar el número de pasajeros de éste (Sistema de Transporte Colectivo, 1999, p. 4). Hay, también, una falta de integración en los sistemas de recaudación de tarifas entre estas modalidades.

El análisis de una muestra de rutas de colectivos en 1994 estima que, en promedio, cada vehículo transporta 700 pasajeros por día, con un recorrido de cerca de 150 km, cubriendo más de 10 vueltas de ruta cada día (Cometravi, vol. 7, 1999). El análisis indica que 63% de los viajes de colectivos son de menos de 5 km; el promedio de distancia por viaje en colectivo fue de 8.4 km. Las características de la demanda de una importante porción de las rutas de colectivos parecen más apropiadas para los autobuses formales; sin embargo, los usuarios prefieren colectivos porque el tiempo de espera entre un colectivo y otro es menor.

En términos operativos, la estructura del sistema de colectivos tiene implicaciones importantes. Debido a la propiedad atomizada e individual de las unidades, hay una enorme competencia en el mercado (que es típica de muchos servicios de transporte público liberalizados y mal regulados); esto produce hábitos de manejo peligrosos y elevados índices de accidentes. La coordinación de horarios de los vehículos, cuando la hay, es a menudo ineficiente. Además, la carencia de empresas formales, grandes y técnicamente capaces, dificulta a los propietarios aprovechar las economías de escala en sus operaciones (es decir, en mantenimiento, reparaciones, repuestos, financiamiento). Las consiguientes ineficiencias son transferidas, en última instancia, a los usuarios del sistema mediante el alza de tarifas y el incremento de las emisiones. Los problemas crónicos incluyen: falta de obediencia a las reglas de operación, oferta excesiva en los horarios no pico, largas esperas en las terminales (para asegurar que se llenen los vehículos) y competencia entre los operadores. Normalmente, los conductores de vehículos trabajan sin contrato, en jornadas de 10 horas, seis días a la semana y sin prestaciones ni seguro contra accidentes (Cometravi, vol. 7, 1999).

Hay una larga historia de conflictos entre los propietarios de colectivos y las asociaciones de rutas con el gobierno, aunque al parecer han disminuido en años recientes. Ha habido negociaciones y acuerdos entre las asociaciones de colectivos tanto del DF como del Edomex, y los gobiernos respectivos han tocado una variedad de temas como el respeto a las rutas, el mantenimiento de pólizas de seguro, la reducción de tarifas para estudiantes y personas de la tercera edad, etc. Sin embargo, de acuerdo con la Cometravi (vol. 7, 1999), la posición firme y predominante de los operadores de colectivos es la de insistir en aumentos continuos a las tarifas.

Tanto en el DF como en el Estado de México, los colectivos funcionan con tarifas de acuerdo con la distancia, aunque difieren en estructura y costo. En el Edomex (desde 1996) la tarifa era única para los primeros 5 km y luego aumentaba con cada kilómetro adicional. Para el DF se han utilizado incrementos basados en bloques (desde 1996), con tarifas que aumentan conforme la distancia: 0-5 km, 5-12 km y más de 12 km. Entre 1991 y 1998, las tarifas en el DF aumentaron entre 320 y 360%. Debido a que el Índice Mexicano de Precios al Consumidor aumentó 350% en este periodo, no hubo un aumento real en los costos de las tarifas. La estructura de éstas, combinada con la efectividad aparente en relación con otras modalidades de transporte, ha hecho atractivo el negocio de los colectivos: un análisis de 1994, con base en 72 líneas de colectivos, calculó el promedio de la tasa de rendimiento interna de las operaciones de colectivos en 55% (Cometravi, vol. 7, 1999). No es claro si estas altas tasas de ganancia se han sostenido con el aumento continuo de la flota (de la oferta) y si son representativas del sistema en general.

4.1.7 Vehículos de reparto y entrega

La industria camionera está dividida en dos formas: interurbana contra intraurbana, y pública contra privada. Como indica el cuadro 6.10, la mayor parte de los camiones que operan en la región son de propiedad privada. Hay pocas instalaciones para estacionar y guardar estos vehículos debido a que la mayoría de los camiones privados son operados por los propietarios (existen muy pocas flotas corporativas; el servicio de mensajería DHL y otros similares son excepciones). Entre otras implicaciones de este sistema indefinido de propiedad se encuentran las economías de escala aplicables al mantenimiento y depósito, que no pueden ser aprovechadas por los administradores de flotas pequeñas o los dueños de un solo vehículo. La falta de espacios de estacionamiento significa que, al igual que en el caso de los colectivos, los camiones están por lo regular estacionados en las calles, lo que aumenta los congestionamientos.

En una escala mundial, la tendencia hacia las entregas "justo a tiempo", que permiten a las empresas operar con reducidos inventarios de excedentes, favorecen cargamentos más frecuentes y pequeños. Esto lleva a una mayor utilización de los llamados vehículos de carga menor. Cerca de 81% de la flota camionera del AMCM tiene sólo dos ejes y la mayoría de estos vehículos son a gasolina. La simple presencia de vehículos de carga exacerba el ya difícil problema de tráfico. Los camiones, en especial los de remolque o tráileres y otras unidades más largas, complican el tráfico y perturban el flujo en las calles durante los repartos de mercancías.

Como se muestra en la figura 6.11, la flota camionera registrada en el DF es vieja y su ritmo de renovación es lento. Cualquier medida para reducir las emisiones de la flota, simplemente con introducir tecnología moderna en nuevos camiones, tomará mucho tiempo antes de ser efectiva. Una solución para reducir la contaminación de los camiones en el AMCM es proveer la infraestructura que haga posible que los camiones rodeen la ciudad en lugar de atravesarla.

Cuadro 6.10 Tamaño, edad y aprovechamiento de la flota de camiones

Segmento de fletes comerciales	Tamaño de la flota	Porcentaje de la flota	Porcentaje de la carga	Edad promedio de la flota	
				> 15 años	< 15 años
Interurbano público y privado	68 636	16%	69%	43%	57%
Local, privado	344 708	79%	29%	22%	78%
Local, público	22 444	5%	2%	78%	22%
Total	435 788	100%	100%	28%	72%

Fuente: Cometravi (1999), vol. 3.

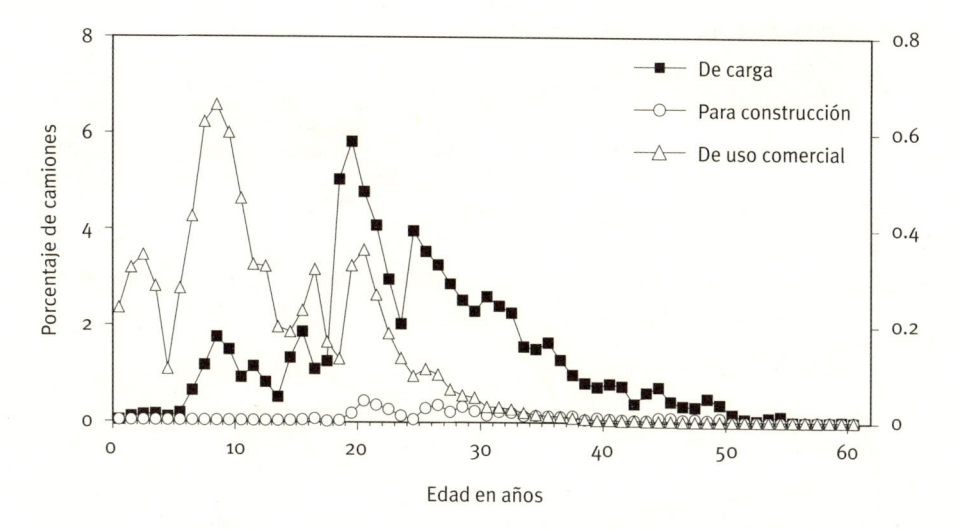

Figura 6.11 Distribución por edad de los vehículos de reparto y carga. El servicio de uso comercial está indicado por el eje de la derecha, las otras dos clasificaciones están representadas en el eje de la izquierda.
FUENTE: datos proporcionados por la Dirección General de Regulación al Transporte, Setravi, 2000.

4.2 Tránsito ferroviario

4.2.1 *Metro*

Desde la construcción original de las tres líneas del Metro hacia el final de los años sesenta, la red ha crecido a 11 líneas con más de 200 kilómetros. Para el año 2000 daba servicio a 4.3 millones de pasajeros por día laborable. A finales de los setenta, el presidente José López Portillo impulsó la expansión de las líneas de la red en 15 km por año, a fin de que el sistema consistiera en más de 400 km para el año 2010. A pesar de que la oposición de los operadores del transporte público en el decenio de 1970 y las crisis financieras de mediados de los ochenta y de los noventa obstaculizaron los planes de desarrollo, ahora hay 11 líneas que cubren un área urbana de aproximadamente 300 km² (Sedesol, 1997). Es importante señalar que las tres líneas originales (con sólo un tercio de la longitud de la red) transportan cerca de 60% del total de pasajeros del Metro. Estas líneas tienen, con mucho, el más alto número de pasajeros en horas pico y no pico, y también la más alta frecuencia de viajes en horas pico y no pico (véase cuadro 6.11).

En el decenio pasado, a pesar de la importante expansión del sistema, el número de pasajeros del Metro se mantuvo estancado e incluso ha disminuido en años recientes. En 1986, el sistema tenía ocho líneas que se extendían poco más de 115 km. Las exten-

Cuadro 6.11 Principales características del Metro, por línea (2000)

Línea	Longitud (km)[a]	Trenes[b]	Frecuencia (hora pico y no pico)[b]	Promedio diario de pasajeros (miles)[c]	Pasajero/ hora pico y no pico (miles)[d]	Promedio diario de pasajeros por km (miles)[a]
1 Observatorio-Pantitlán	18.8	37	1'55" 2'10"	836.1	122 750 88 277	44
2 Cuatro Caminos-Tasqueña	23.4	38	2'10" 2'30"	887.4	114 721 104 351	38
3 Indios Verdes-Universidad	23.6	40	2'05" 2'50"	795.5	144 450 73 778	34
4 Martín Carrera-Santa Anita	10.7	7	5'50" 5'50"	90.8	11 595 6 914	8
5 Politécnico-Pantitlán	15.7	13	4'10" 5'30"	226.2	22 560 12 365	14
6 El Rosario-Martín Carrera	13.9	8	5'50" 5'50"	130.2	22 187 14 792	9
7 El Rosario-Barranca del Muerto	18.8	14	4'15" 4'15"	266.5	44 380 24 763	14
8 Garibaldi-Constitución de 1917	20.1	24	2'50" 3'45"	347.0	32 617 20 381	17
9 Pantitlán-Tacubaya	15.4	21	2'30" 4'20"	331.6	71 628 33 521	22
A Pantitlán-La Paz	17.2	20	2'35" 3'10"	252.6	20 040 8 660	15
B Ciudad Azteca-Buenavista	22.6	21	2'50" 3'45"	122.8	n.d.	5
Total	200.2	243	—	4 286.7	—	21

Fuentes:
[a] Gerencia de Planeación del SCT-Metro (2001).
[b] Sitio en internet del Metro de la Ciudad de México: <http://www.metro.df.gob.mx> (no incluye trenes en mantenimiento).
[c] Dirección de Operación del SCT-Metro.
[d] Cometravi (1999), vol. 1, p. 180, datos para 1994.

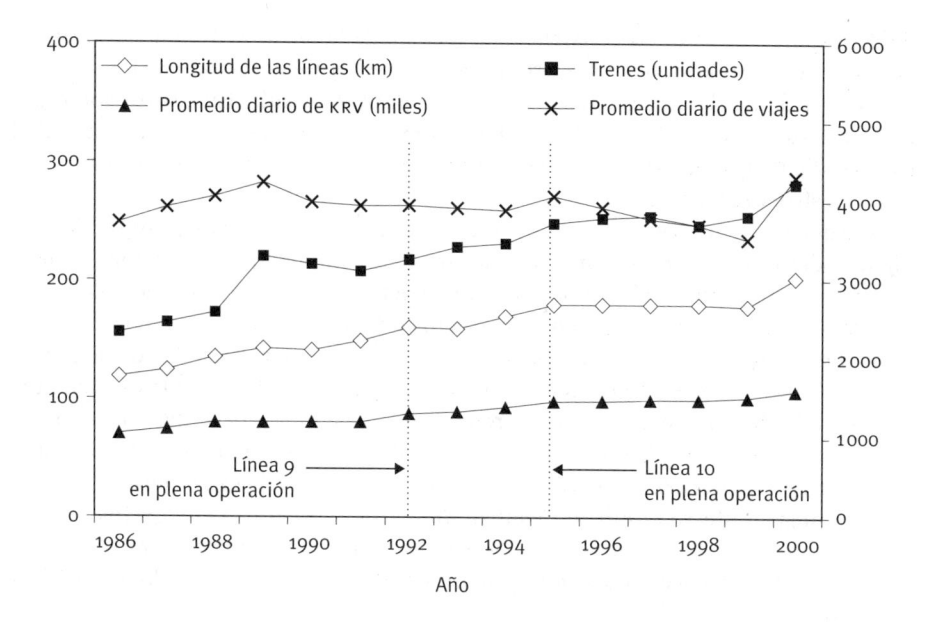

Figura 6.12 Número de viajes del Metro, longitud de las líneas, krv y trenes en servicio. El promedio diario de viajes se indica en el eje de la derecha; todos los demás, en el eje izquierdo. Las cifras representan el promedio de cada año, excepto para 1999 que es de enero a junio. Fuentes: inegi (1999c); Dirección de Operación del stc-Metro.

siones incluían: 4 km completados en julio de 1986, 13 km en agosto de 1987, 6 km en noviembre de 1988, 17 km en agosto de 1991 (cuando entró en funcionamiento la línea 9) y 20 km en julio de 1994 (cuando entró en operación la línea 10). Finalmente, una línea de 22 km entró en operación en noviembre de 2000 (véase la figura 6.12). A pesar de estas extensiones, de la adición simultánea de trenes (cada tren se compone de nueve vagones) y del incremento de 20% en el uso de energía en el mismo periodo, el número de pasajeros a mediados de 1999 disminuyó en 5% con respecto al de 1986 (datos de inegi, 1999c). Incluso, como se mencionó antes, la porción de transporte del Metro disminuyó de 21% en 1989 a menos de 12% en 1995 (véase la figura 6.6). Una razón primordial del descenso del pasaje es que la población se ha expandido mas allá del corazón urbano y el Metro no sirve eficazmente a esta nueva distribución del uso del suelo.

El Sistema de Transporte Colectivo (stc) es una autoridad relativamente independiente que opera el servicio del Metro bajo la responsabilidad de la Setravi del DF. El stc, al parecer, tiene una autonomía significativa en la planificación y evaluación de la red y ha hecho sus propios pronósticos de viaje con fines de planificación (Cometravi, vol. 1, 1999). En este caso, el stc corre un riesgo ya conocido en la planificación del transporte: cuando las constructoras a cargo de la infraestructura y los proveedores de servicios conducen sus propias evaluaciones de desarrollo de las redes de transporte, la tendencia es hacia un análisis optimista y subjetivo. Éstos son argumentos a favor de que la planificación del Metro esté en manos de una autoridad independiente que pueda supervisar la planificación estratégica del transporte en la región (esto es, la Cometravi).

Aunque no hemos podido encontrar informes financieros detallados del Metro, algunos datos de 1992 a 1993 indican que las tarifas cubren aproximadamente entre 40 y 50% de los costos de funcionamiento (Cometravi, vol. 1, 1999). Debido a que hay grandes variaciones en el número de pasajeros del Metro entre las diferentes líneas, es de suponer que las líneas uno a tres cubren sus gastos sobradamente, lo que genera un excedente que permite un subsidio cruzado para las líneas sin los suficientes ingresos. El año en que la línea 10 entró en funciones, 1994, las tarifas sólo cubrían 16% de los costos, aunque no es claro si estos datos representan una anomalía o una mala interpretación por parte de los autores. Otros datos de la Cometravi indican que, en 1995, el Metro requirió un subsidio de 37% para cubrir sus gastos de funcionamiento (Cometravi, vol. 1, 1999). En 2001, la tarifa era de 1.50 pesos, mientras que el costo era de 4.65 pesos (aproximadamente 0.50 dólares americanos), lo que implica un subsidio considerable.

El avance más reciente es la creación de dos nuevas líneas que llegarán al Estado de México. Esto pone de relieve que grandes inversiones de capital, como la expansión del Metro, son una opción para la reducción de emisiones. A diferencia de los medios de transporte de superficie, como autobuses y especialmente colectivos, toma mucho tiempo planear, desarrollar y poner en operación una nueva ruta del Metro. El hecho de que los colectivos puedan adaptarse casi de inmediato a las pautas que impone el crecimiento hace que se apropien rápidamente de los nuevos sectores del mercado, como por ejemplo los nuevos asentamientos de la periferia. Además de las serias barreras institucionales, este crecimiento acelerado ha hecho difícil que el Metro se coordine con otras modalidades de transporte para llegar a las nuevas áreas residenciales en la periferia del DF. Como lo indican las experiencias con las líneas construidas después de las tres iniciales, la ubicación adecuada del servicio del Metro es fundamental para el futuro éxito de este modo de transporte. Ya que el kilometraje se duplicará para el año 2010, las decisiones que se tomen en cuanto a la estructura de la red serán cruciales.

Algunos críticos del Metro sugieren que el sistema en sí ha contribuido al crecimiento urbano descontrolado (véase Cervero, 1997), en cuyo caso la expansión del mismo está minando su propia viabilidad. Otros sugieren que ha habido un fracaso generalizado en hacer coincidir eficazmente el desarrollo urbano con el de la red del Metro (véase Cometravi, vol. 1, 1999). Una forma de renovación urbana alrededor de estaciones ya existentes (desarrollo orientado al tránsito) puede funcionar como un desarrollo común del Metro y del uso del suelo.

Cuadro 6.12 Principales indicadores del tren ligero

Año	Longitud total de líneas (km)	Unidades en operación	KRV anual (miles)	Número anual de pasajeros (miles)
1992	12.5	8	1 173	6 900
1993	12.5	8	1 290	10 500
1994	12.5	9	1 200	12 000
1995	12.5	9	1 404	25 796
1996	13	10	1 634	32 399
1997	13	11	1 697	19 678
1998	13	11	1 649	15 730
1999	13	12	1 700	18 600
2000*	13	15	1 700	17 900

FUENTES: para datos previos a 1995, Cometravi (1999), vol. 1, p. 181; INEGI (1999c).
NOTA: datos de 1999 hasta junio inclusive.
*Gobierno del Distrito Federal, Secretaría de Transportes y Vialidad, *Primer Informe de Gobierno*, 2001.

4.2.2 *Tren ligero*

El tren ligero en el AMCM es un sistema que consta de una línea de 13 km con 18 estaciones. Cada tren se compone de dos vagones. La línea corre de la estación terminal del sur (Tasqueña), de la línea 2 del Metro, hacia el sur-sureste, en la delegación Xochimilco.

Desde 1992, el sistema del tren ligero ha experimentado una ligera expansión de 1 km y cuatro vagones agregados a las operaciones. Como resultado, los kilómetros recorridos por año aumentaron 40%, a 1 649 km en 1998. El número de pasajeros también aumentó de 6.9 millones anuales en 1992 a 15.7 millones anuales en 1998, un aumento de 127% (véase cuadro 6.12). A pesar de este incremento de largo plazo, ha habido variaciones considerables —el pasaje anual aparentemente alcanzó 32.3 millones en 1996— que sugieren inconsistencias en los datos de las fuentes.

Como se mencionó antes, el tren ligero es operado por la misma dependencia que maneja el sistema de trolebuses y de 169 autobuses a diesel articulados. De acuerdo con la Cometravi (vol. 1, 1999), las operaciones del tren ligero requieren un subsidio de 60% para cubrir los costos de funcionamiento.

4.3 Modalidades de transporte público de pasajeros: costos comparativos para el usuario

Entre los diferentes medios de transporte, los taxis son los más caros; en 1994, el costo promedio de un viaje en taxi (ocho kilómetros) era cuatro veces mayor que la siguiente modalidad más cercana en precio, los autobuses suburbanos. Éstos y los colectivos, los modos de transporte público de propiedad privada, también resultaban notablemente más caros que los servicios de propiedad pública. El promedio de las tarifas de autobús en el Estado de México era cinco veces mayor que el del transporte propiedad del DF —R-100, Metro y trolebús—, mientras que el promedio de tarifas de los colectivos era dos veces mayor que el de los transportes del DF (Cometravi, vol. 7, 1999; Setravi, 2000). Estas diferencias reflejan, en parte, el subsidio que reciben estas modalidades en el DF, las largas distancias que recorren los autobuses suburbanos y, en menor grado, los colectivos, y ciertas prácticas oligopólicas de precios por parte del sector privado. La figura 6.13 muestra las tarifas del transporte público en 1998.

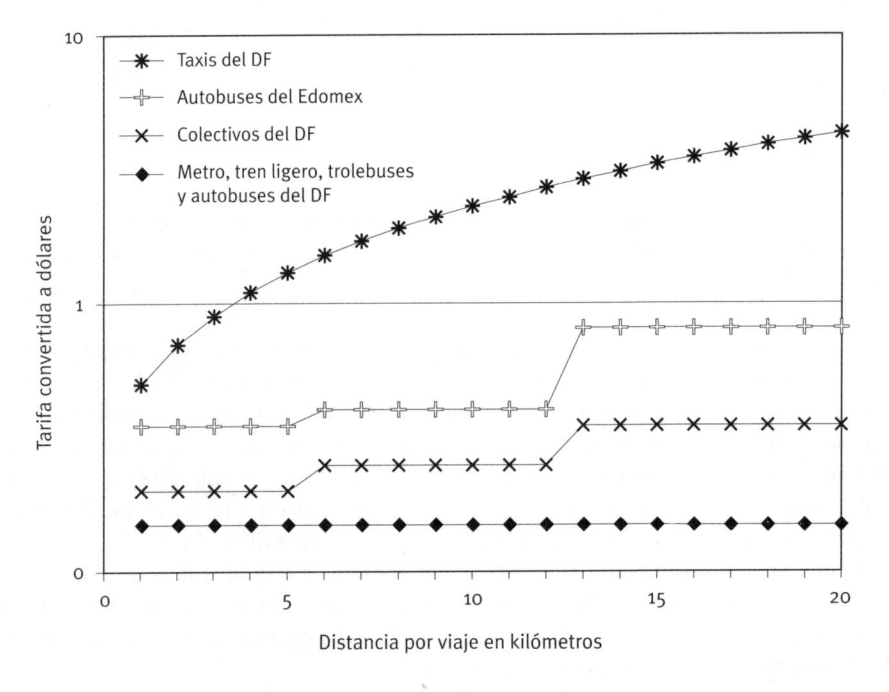

Figura 6.13 Tarifas de transporte público en 1998. FUENTE: DGRT, Secretaría de Transportes y Vialidad, *Informe de Gestión de la Dirección General de Regulación al Transporte* (versión preliminar), 2000.

5. Emisiones relacionadas con el transporte

5.1 Inventario de emisiones de fuentes móviles

Como se ya mencionó, aunque las estimaciones del inventario de emisiones pueden variar, los últimos datos de la CAM (2001) indican que el transporte produce casi el total de las emisiones de CO de la ciudad y cerca de 36% de PM_{10}. De los precursores de ozono, el transporte es responsable de 81% de NO_x y 40% de COV (véase cuadro 6.13). Como se analizó en el capítulo 4, la mayoría de los estudios coincide en que la contaminación por ozono en la región está limitada por la concentración de NO_x, esto es, que los controles de NO_x reducirían el ozono más efectivamente que los de COV; la alta proporción de emisiones de NO_x por parte del transporte sugiere que las medidas de control del transporte dirigidas a este contaminante serían esenciales para una estrategia de reducción del ozono. Aunque el transporte ha sido, históricamente, un factor primordial en la contaminación por plomo, el retiro de la gasolina con plomo en las ventas del AMCM en 1997 ha eliminado de manera eficaz la contribución de ese contaminante tóxico por parte del transporte.

El inventario más reciente disponible para 1998 en el AMCM (CAM, 2001) indica que los camiones a diesel en el AMCM son la fuente principal de contaminantes primarios de importancia crítica —PM_{10} y NO_x— (véase cuadro 6.14). Este inventario varía mucho de uno realizado en 1994, en el que los autos contribuían con la porción más grande de NO_x (y COV), mientras que la porción de otros contaminantes, que se

Cuadro 6.13 Contribuciones del sector transporte al total de emisiones (porcentajes)

Especie química	Año de emisiones					
	1988[a]	1989[b]	1994[c]	1996[d]	1996[e]	1998[f]
PST (PM_{10})	2	3	4	25	26	36
SO_2	22	14	27	21	21	21
CO	97	94	100	100	99	98
NO_x	76	71	71	70	77	81
COV	52	51	52	33	33	40

FUENTES: elaborado con los datos del inventario de emisiones (cuadros 5.9 y 5.10) presentados en el capítulo 5.
[a] PICCA (DDF, 1990).
[b] MARI (LANL/IMP, 1994).
[c] Proaire (DDF *et al.*, 1996).
[d] *Segundo Informe* (INE, 1998).
[e] CAM (1999).
[f] CAM (2001).

Cuadro 6.14 Contribución del transporte al total de emisiones en 1998 en el AMCM (porcentajes)

Tipo de vehículo	NO_x	CO	SO_2	PM_{10}	HC
Autos privados	23.0	43.5	8.9	3.5	17.2
Taxis	5.4	7.4	2.5	1.0	3.2
Combis	0.5	1.2	0.1	0.1	0.4
Microbuses	4.6	12.3	0.7	0.3	4.2
Camionetas tipo *Pick up*	9.2	14.4	2.3	0.9	5.2
Camiones de uso pesado a gasolina	7.4	12.3	1.1	0.4	3.9
Vehículos a diesel < 3 toneladas	0.1	0.0	0.1	0.7	0.0
Tractocamiones a diesel	11.0	0.9	1.6	10.0	1.6
Autobuses a diesel	5.7	0.5	1.0	5.9	0.8
Vehículos a diesel > 3 toneladas	13.4	1.2	2.1	12.9	1.9
Camiones de uso pesado a GLP	0.1	0.0	0.1	0.1	0.0
Motocicletas	0.1	1.3	0.3	0.1	1.0
TOTAL DE FUENTES MÓVILES	80.5	98.0	20.8	35.9	39.5

FUENTE: CAM (2001).

estima proviene de camiones, era claramente inferior a la calculada para 1998 (en el inventario de 1994 no figuran estimaciones de PM_{10}).

La variación en los inventarios de 1994 a 1998 se debe casi con seguridad a cambios de métodos (o datos sobre los que se basan) más que a verdaderos cambios en las emisiones de los diferentes tipos de vehículos. Estos cambios deben ser contemplados como una muestra de la significativa incertidumbre que hay en el conocimiento sobre emisiones (Molina *et al.*, 2000a). En realidad, debido al grado de incertidumbre en los conteos del parque vehicular que vimos en la sección anterior, el inventario de emisiones del transporte por tipo de vehículo del cuadro 6.14 debe ser tomado con cierto grado de escepticismo. Los cuadros 6.15 a 6.17 muestran el inventario de emisiones de fuentes móviles en 1998 en el AMCM y el Estado de México (CAM, 2001).

5.2 Calidad del combustible

Para una óptima reducción de emisiones, el combustible y el vehículo tienen que ser tratados como un sistema integrado. Una ventaja importante de los cambios en la composición de la gasolina es la de facilitar avances significativos en la tecnología de control de emisiones. Algunos ejemplos incluyen la eliminación de plomo, que

Cuadro 6.15 Inventario de emisiones de fuentes móviles en 1998 en el DF (toneladas/año)

Tipo de vehículo	Número de vehículos	NO$_x$	CO	SO$_2$	PM$_{10}$	HC
Autos privados	1 546 595	30 824	481 161	1 321	463	48 854
Taxis	103 298	10 366	115 200	535	188	13 733
Combis	3 944	667	14 665	20	7	1 395
Microbuses	22 931	6 819	155 175	119	42	14 148
Camionetas tipo *Pick up*	73 248	3 913	51 058	114	40	5 035
Camiones de uso pesado a gasolina	154 513	15 297	216 865	240	84	18 683
Vehículos a diesel <3 toneladas	4 733	150	249	24	133	168
Tractocamiones a diesel	68 636	22 081	16 214	353	1 933	7 389
Autobuses a diesel	9 236	8 596	6 846	158	867	2 850
Vehículos a diesel >3 toneladas	28 580	9 194	6 752	147	805	3 077
Camiones de uso pesado a GLP	30 102	308	298	15	16	215
Motocicletas	72 280	214	22 575	62	22	4 704
TOTAL DE FUENTES MÓVILES	2 118 096	108 429	1 087 058	3 108	4 600	120 251

FUENTE: CAM (2001).

Cuadro 6.16 Inventario de emisiones de fuentes móviles en 1998 en el Estado de México (toneladas/año)

Tipo de vehículo	Número de vehículos	NO$_x$	CO	SO$_2$	PM$_{10}$	HC
Autos privados	795 136	16 656	341 316	679	238	32 851
Taxis	6 109	727	16 253	32	11	1 577
Combis	1 555	263	5 783	8	3	550
Microbuses	9 098	2 705	61 565	47	17	5 613
Camionetas tipo *Pick up*	262 832	15 048	204 445	408	143	19 564
Camiones de uso pesado a gasolina	n.r.	n.r.	n.r.	n.r.	n.r.	n.r.
Vehículos a diesel <3 toneladas	n.r.	n.r.	n.r.	n.r.	n.r.	n.r.
Tractocamiones a diesel	2 040	597	461	10	57	198
Autobuses a diesel	3 269	3 044	2 424	56	307	1 003
Vehículos a diesel >3 toneladas	62 360	18 468	14 204	321	1 757	6 128
Camiones de uso pesado a GLP	n.r.	n.r.	n.r.	n.r.	n.r.	n.r.
Motocicletas	424	1	154	1	—	38
TOTAL DE FUENTES MÓVILES	1 142 823	57 409	646 605	1 562	2 533	67 522

n.r.: no reportado. FUENTE: CAM (2001).

Cuadro 6.17 Inventario de emisiones de fuentes móviles en 1998 en el AMCM (toneladas/año)

Tipo de vehículo	Número de vehículos	NO_x	CO	SO_2	PM_{10}	HC
Autos privados	2 341 731	47 380	822 477	2 000	701	81 705
Taxis	109 407	11 093	131 453	567	199	15 310
Combis	5 499	930	20 448	28	10	1 945
Microbuses	32 029	9 524	216 740	166	59	19 761
Camionetas tipo *Pick up*	336 080	18 961	255 503	522	183	24 599
Camiones de uso pesado a gasolina	154 513	15 297	216 865	240	84	18 683
Vehículos a diesel < 3 toneladas	4 733	150	249	24	133	168
Tractocamiones a diesel	70 676	22 678	16 675	363	1 990	7 587
Autobuses a diesel	12 505	11 640	9 270	214	1 174	3 853
Vehículos a diesel > 3 toneladas	90 940	27 662	20 956	468	2 562	9 205
Camiones de uso pesado a GLP	30 102	308	298	15	16	215
Motocicletas	72 704	215	22 729	63	22	4 742
TOTAL DE FUENTES MÓVILES	3 260 919	165 838	1 733 663	4 670	7 133	187 773

FUENTE: CAM (2001).

permite el uso del convertidor catalítico, y la reducción en el contenido de azufre, que facilita el uso de vehículos diseñados para alcanzar los estándares de emisión.

Cuando la composición de la gasolina cambia, todos los vehículos que la usan pueden recibir algún beneficio, aunque el monto en la reducción de emisiones dependerá de la tecnología y el buen mantenimiento del vehículo. Las mejoras a la tecnología vehicular se efectúan más lentamente, conforme el parque se renueva. La calidad de la gasolina en el AMCM se considera en los capítulos 2 y 3.

5.3 Envejecimiento y renovación del parque vehicular

Hay una fuerte correlación entre la edad de los vehículos y las emisiones, y esto se debe a dos razones: los vehículos viejos tienen un equipo de control de emisiones más simple y, además, las condiciones de este equipo se deterioran con el tiempo y el uso. Los vehículos aún más viejos no tienen mecanismos de control de emisiones. La figura 6.14 muestra la contribución aproximada de emisiones de las diferentes edades del parque vehicular en el AMCM para el año 2000: los vehículos equipados con catalizadores (1993 y posteriores) representan cerca de 60% del parque, pero contribuyen solamente con 15% de las emisiones, mientras que los vehículos más viejos (1985 y

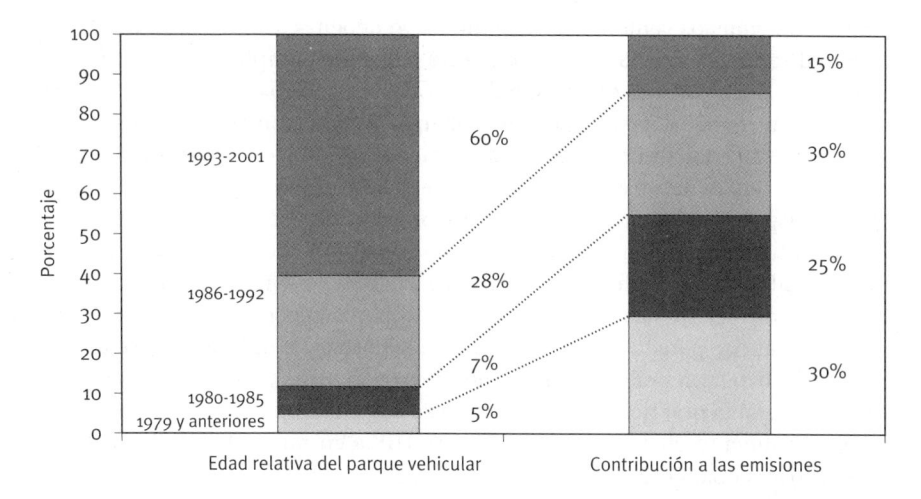

Figura 6.14 Contribución aproximada de emisiones de vehículos por grupos de edad en el AMCM.
FUENTE: Fernández Bremauntz (2001).

anteriores) representan 12% del parque y contribuyen con 55% de las emisiones (Fernández Bremauntz, 2001).

Si se incrementara la renovación vehicular sin aumentar el número de vehículos, disminuiría la emisión de fuentes móviles en el AMCM. Hay varias maneras de intensificar la renovación del parque vehicular. Los métodos que se basan en las fuerzas del mercado incluyen la reducción de impuestos en vehículos nuevos, el mantenimiento de impuestos fijos o su incremento conforme los vehículos envejecen. Otra opción implica la compra de vehículos viejos para descartarlos como chatarra. En algunos programas de procesamiento de desechos en Europa y Estados Unidos se han utilizado fondos del gobierno (Benbarka, 2001). Estos programas tendrían que ser diseñados con cuidado para adaptarlos eficazmente en el AMCM, pues de otra manera los autos viejos de todo el país acabarían tomando parte en los convenios del programa de desechos. Además, un programa que proporcionara fondos para el sector de la población que ya tiene vehículo podría ser considerado como una medida regresiva, ya que los sectores más pobres de la población no tienen vehículos automotores.

La renovación de los vehículos de uso intensivo es particularmente importante. Los vehículos de modelos más recientes están diseñados para satisfacer normas de emisiones más rigurosas que se establecen según las emisiones por distancia recorrida. A mayor distancia recorrida por el vehículo se produce una mayor cantidad de emisiones. La exigencia de que los vehículos de uso intensivo, sobre todo taxis, fueran equipados con convertidores catalíticos durante el lapso de 1991 a 1994 ha sido considerada como la razón principal para la reducción de emisiones de CO en el AMCM durante este periodo (Klausmeier y Pierce, 2000).

Se supone que los vehículos de uso intensivo deben renovarse después de cierto número de años, pero esta norma no se está haciendo cumplir. Los límites de edad para estos vehículos en el AMCM son de hasta cinco años para los taxis y siete años como máximo para los microbuses. Sin embargo, la edad promedio de estos vehículos es superior a su edad límite; de los taxis y colectivos que fueron verificados en el DF en 1999, 15% tenían nueve años o más. Según el informe de verificación vehicular de la segunda inspección de 1999, pocos taxis fueron adquiridos después de 1993.

Los límites de edad fueron establecidos por vez primera en 1991 y 1992. Cincuenta mil matrículas para taxis fueron renovadas entre 1991 y 1994. Al principio, el manejo del proceso de registro de taxis fue muy estricto, pero al poco tiempo se empezaron a conceder licencias para taxis que no cumplían la norma. Estos límites a la edad de los taxis y colectivos son prácticamente ignorados en la actualidad. Los requerimientos de edad son, en la práctica, más de naturaleza administrativa que legal; para que se hicieran realmente efectivos deberían convertirse en mandatos de los gobiernos locales (Rogers y Sánchez, 2001).

La mayoría de los taxis son de los años 1990 a 1993. Existen los llamados taxis "ecológicos", pero menos de 5% de éstos están en buenas condiciones. Si se controlara el buen estado de los convertidores de taxis y colectivos se avanzaría mucho en la reducción de emisiones de estos vehículos sin remplazar toda la flota; para satisfacer la norma de límite de edad se necesitará una renovación considerable de esta flota. No es probable que esto suceda sin algún tipo de subsidio pues, por lo general, los dueños de taxis y colectivos no son considerados por los bancos como sujetos de crédito confiables.

La ventaja de la renovación de la flota vehicular aumenta conforme los nuevos vehículos se vuelven más limpios y sus sistemas de control de emisiones se hacen más duraderos. La nueva tecnología vehicular y los estándares de gasolina mejorados en los años noventa han reducido las emisiones viales en el AMCM. Como se vio en el capítulo 5 (sección 3.11), una comparación de los estudios sobre sensores remotos en el AMCM, que se hicieron en 1991 y 2000, muestra que las emisiones de CO (medidas como masa de CO por masa de gasolina) disminuyeron a una tercera parte, mientras que las emisiones de HC en el tubo de escape (masa de HC por masa de gasolina) se redujeron a una novena parte de las cantidades emitidas por la flota en 1991 (véase cuadro 6.18). Si comparamos el estudio de sensores remotos en México en 2000 con los estudios en tres ciudades de Estados Unidos, vemos que las emisiones de CO de la flota vehicular de la Ciudad de México son casi tres veces más que las producidas en Estados Unidos; las emisiones de HC son cerca de 30% más altas. No es de sorprender que las emisiones en Estados Unidos sean menores que las de la flota recientemente evaluada de la Ciudad de México, ya que el AMCM tiene vehículos más viejos y la nueva tecnología de control de emisiones se introdujo más tarde.[2]

---

[2] Los datos proceden de los estudios con sensores remotos realizados por Donald Stedman y pueden encontrarse en <http://www.feat.biochem.du.edu/light_duty_vehicles.html>. Los reportes incluyen: Beaton, Bishop y Stedman, 1992; Bishop y Stedman, 1995; Bishop, Stedman, De la Garza Castro y Dávalos, 1997; Bishop, Pokharel y Stedman, 2000; Popp, Pokharel, Bishop y Stedman, 1999a.

Cuadro 6.18 Mediciones con sensores remotos en el AMCM y en Estados Unidos

	AMCM[a]	AMCM[b]	Chicago, Illinois	Riverside, California	Denver, Colorado
Año medido	1991	2000	1998	1999	1999
Promedios					
CO (porcentaje)	4.3	1.4	0.39	0.55	0.45
HC (ppm)	2 100	246	250	200	130
NO (ppm)	n.m.	966	405	370	600

n.m.: no medido.
FUENTES:
[a] Beaton *et al.* (1992)
[b] CAM/IMP (2000); Popp *et al.* (1999a, b)

Las normas de emisiones vehiculares en el AMCM han evolucionado a la zaga de los mismos estándares en Estados Unidos. En México, los estándares de 1999 son equivalentes a los de los vehículos en Estados Unidos en 1994, y los estándares de las emisiones vehiculares de 1994 equivalen a los de 1991 en Estados Unidos. Como se mencionó en la sección 4.1.5, Tier 2 será introducido en México con un retraso de dos años respecto a Estados Unidos. Esto significa una introducción gradual durante el periodo de 2000 a 2009. En la práctica, habrá algunos vehículos Tier 2 desde 2004, fecha planeada para su introducción en Estados Unidos.

Los nuevos modelos de vehículos en Estados Unidos no sólo están construidos para tener bajos niveles de emisiones cuando se han usado poco, sino también la velocidad de deterioro en cuanto a la producción de emisiones parece ser mucho más baja. Las garantías de fábrica y los sistemas de diagnóstico a bordo (DAB II, que avisan a los conductores cualquier falla en el control de emisiones evaporativas y en el tubo de escape) han sido identificados como dos factores básicos para una mayor durabilidad en el control de emisiones. Los fabricantes, por su parte, no quieren que los clientes regresen vehículos con fallas mecánicas (Armstrong, 2001).

Las garantías de fábrica de equipos relacionados con los sistemas de control de emisiones en vehículos de uso ligero existen desde hace muchos años en Estados Unidos, y a su vez, los límites de edad de sus componentes han aumentado. Los sistemas DAB II se introdujeron gradualmente en Estados Unidos entre 1994 y 1996. En la actualidad, en México no existen requisitos para DAB II, ni se requieren garantías de fábrica. Algunos vehículos que se fabrican en México son diseñados para el mercado de Estados Unidos, pero también se venden en México y tienen sistemas DAB II. El acuerdo firmado entre la CAM y los fabricantes de automotores a finales de 2000 conducirá a una introducción gradual de DAB II y de garantía de 80 000 km entre 2001 y 2005 en todos los vehículos que se usen en México (Walsh, 2000; Fernández Bremauntz, 2001).

La proporción de emisiones evaporativas comparada con las emisiones de los tubos de escape es una fuente importante de incertidumbre. Aproximadamente, la mitad del parque vehicular en el AMCM no tiene controles de emisiones evaporativas; los sistemas DAB II podrían ayudar a mitigar esta fuente de contaminación.

5.4 Inspección y mantenimiento

El propósito de los programas de verificación vehicular es identificar los vehículos con alta emisión de contaminantes y hacer que sean reparados. Pueden ocurrir reducciones adicionales de emisiones porque algunos dueños de vehículos automotores reparan los vehículos antes de la inspección o porque hay personas que desechan como chatarra o venden fuera del AMCM sus vehículos, ya que juzgan que la reparación no es una opción rentable.

Los programas I/M (de inspección y mantenimiento vehicular) existen en Estados Unidos desde hace más de 30 años. A pesar de los esfuerzos de la EPA para estandarizar los procedimientos de prueba, los diferentes estados pueden, en forma individual, diseñar sus propios programas de inspección, siempre y cuando satisfagan ciertos criterios. Como resultado, en Estados Unidos existen diferentes tipos de inspección vehicular. Los programas difieren en los métodos de prueba, los criterios de aprobación, la centralización o no de las estaciones de prueba y los vehículos que requieren verificación.

De acuerdo con un estudio publicado por la Academia Nacional de Ciencias de Estados Unidos, a pesar de algunos defectos, estos programas I/M pueden lograr un gran avance hacia una reducción rentable de la contaminación si son diseñados y administrados correctamente (NRC, 2001b). Parte del problema de credibilidad de los programas I/M reside en los modelos de computación usados para la predicción de la reducción de emisiones. Estas predicciones se usan para determinar los beneficios de la reducción de emisiones de estos programas de verificación. Los beneficios previstos de las inspecciones vehiculares se derivan del modelo de emisiones de la EPA, MOBILE (NRC, 2000). Sin embargo, muchos estudios han cuestionado si realmente se alcanzan los beneficios predichos por el modelo. Por ejemplo, aunque las emisiones de monóxido de carbono son casi siempre producto de los vehículos, ninguna reducción significativa de CO en el ambiente se puede atribuir a la introducción del programa de inspección en Minnesota (Scherrer y Kittelson, 1994). Por otro lado, la introducción de convertidores catalíticos en los automóviles de la Ciudad de México provocó una fuerte reducción cuantificable en las concentraciones de CO (Klausmeier y Pierce, 2000).

Diversos estudios han evaluado la reducción de emisiones de CO como parte del Programa Bienal Mejorado de Inspección y Mantenimiento de Phoenix, Arizona (Biennial Enhanced Inspection and Maintenance Program). Los datos de sensores remotos indicaron una reducción de 12% el día que los vehículos pasaron la prueba; el mismo día, los resultados de la prueba de inspección mostraron una reducción de CO de 14.5%, y el modelo MOBILE5 predijo una reducción de 16%. Los resultados de sensores remotos pudieron rastrear la reducción de CO con el paso del tiempo y determinaron que el beneficio había disminuido a sólo 6% de reducción después de 12 a 15 meses (NRC, 2000).

Varias razones contribuyen a la aparente falta de éxito de los programas de inspección en Estados Unidos. Primero, hay efectos conductuales: los automovilistas que únicamente quieren pasar la prueba ajustan su vehículo para tal efecto o se coluden con la estación de inspección (esto es más frecuente en programas descentralizados, donde las estaciones de prueba también reparan los vehículos que no pasan el examen). Segundo, la vigilancia puede ser débil: muchos propietarios de vehículos que no pasan la prueba no reparan sus vehículos y después regresan para intentar pasarla. Tercero, las reparaciones pueden ser ineficientes o la falla de un vehículo puede ser intermitente: un alto porcentaje de vehículos en Arizona que fueron examinados y pasaron la inspección fallaron al poco tiempo, en su siguiente prueba (Wenzel, 1999). Esto puede deberse a malas reparaciones o a métodos de prueba defectuosos o fraudulentos, o a fallas mecánicas erráticas del vehículo.

El informe del NRC (2001b) recomienda a los estados que se concentren en vehículos altamente contaminantes. Éstos representan cerca de 10% del parque vehicular de Estados Unidos, pero emiten cerca de 50% de los contaminantes atmosféricos nocivos de los vehículos motorizados. Al mismo tiempo, el informe recomienda menos pruebas para vehículos que tienen una baja probabilidad de falla —autos nuevos equipados con la última tecnología en control de emisiones—. Esto puede reducir el problema de las verificaciones para el público, además de ser muy rentable.

En Japón y Alemania, quizá por diferencias en el nivel de vigilancia o por factores culturales, los programas de inspección vehicular han llevado a un fuerte incremento en la renovación del parque. La operación de vehículos viejos en estos países resulta más cara por los requerimientos de inspección y, en algunos casos, por los impuestos. Los vehículos que tienen más de seis años constituyen un porcentaje muy bajo del parque vehicular privado en estos países.

El programa de inspección de emisiones del AMCM es el Programa de Verificación Vehicular Obligatoria (PVVO); fue la primera medida masiva y obligatoria aplicada en el AMCM. Fue iniciado en 1988 con el propósito específico de reducir emisiones generadas por vehículos en circulación, asegurándose de que tuvieran un mantenimiento adecuado, y para fomentar la renovación del parque vehicular. Todo vehículo que circula en el AMCM debe ser inspeccionado cada seis meses, según la terminación del número de su placa y el color de su calcomanía de registro. Los límites máximos permisibles de emisiones han llevado a medidas más estrictas con cuatro resultados notables. Primero, el parque vehicular se ha modernizado. Segundo, el PVVO se ha unido al Programa "Hoy no circula" (HNC); así, según el año del modelo, el tipo de gasolina y sus niveles de emisión, los vehículos pueden tener diferentes categorías de exención del programa, que se especifican con el tipo de calcomanía adjudicada. Tercero, se han incorporado combustibles alternos para vehículos de servicio. Finalmente, las medidas de control se han establecido para fomentar la instalación de convertidores catalíticos. El cuadro 6.19 muestra el desarrollo del PVVO en el AMCM.

5.4.1 *Organización del sistema*

La administración del PVVO es responsabilidad de los gobiernos del DF y del Estado de México. Este programa no incluye vehículos registrados en el ámbito federal, que son responsabilidad de la Secretaría de Comunicaciones y Transportes (SCT). Hasta 2001, los vehículos privados registrados en el DF y el Edomex podían ser verificados en cualquier centro de verificación, o VerifiCentro, del AMCM; los vehículos de uso

Cuadro 6.19 Desarrollo del Programa de Verificación Vehicular Obligatoria en el AMCM

Año	Acontecimiento
1976-1982	El gobierno del DF construye 13 VerifiCentros.
1982	Se inicia el programa de inspección voluntaria operado por el gobierno del DF para medir hidrocarburos (HC) y monóxido de carbono (CO).
1988	Se hace obligatoria la inspección anual de emisiones para vehículos modelos 1982 y anteriores, con equipo y procedimientos BAR 84 (HC, CO y CO_2). Se autorizan centros de prueba y reparación en talleres mecánicos privados.
1989	Comienza el programa HNC (Hoy no circula).
1992	Se hace obligatoria una revisión para todos los vehículos. Se adoptan el equipo y los procedimientos de pruebas estacionarias BAR 90 (HC, CO, CO_2 y O_2).
1993	Se cierran los centros de verificación operados por el gobierno y se abren los macrocentros de atención múltiple. Se introducen las pruebas de dinamómetro para los vehículos de uso intensivo.[a]
1996	Se cierran los centros de prueba y reparación. Se autorizan nuevos VerifiCentros.
1997	Se exime del programa HNC a los automóviles "limpios". Se autorizan más VerifiCentros.
Julio de 1997	Se inicia el protocolo híbrido CAM 97 (procedimiento de prueba PAS).
1999	Se adopta íntegramente el procedimiento de prueba CAM 97. Remplazo de convertidor catalítico obligatorio para los vehículos modelo 1993.
2000	Se añaden límites a los NO_x. Remplazo de convertidor catalítico voluntario para los vehículos modelos 1993 y 1994, para ser eximidos del programa HNC.
2001	Remplazo voluntario de convertidor catalítico para los vehículos modelos 1993-1995, para ser eximidos del programa HNC.

[a] Se consideran de uso intensivo todos aquellos vehículos que no son de uso privado.

intensivo, como taxis y colectivos, deben ser verificados donde se encuentran registrados. En septiembre de 2000 operaban 161 VerifiCentros en el AMCM, 84 en el Edomex y 77 en el DF. Desde 2001, todos los vehículos registrados en el DF deben ser examinados en esta entidad. Aparentemente, el gobierno del DF implementó esta política debido a la supuesta calidad inferior de los estándares de los VerifiCentros del Estado de México *(La Crónica de Hoy*, 2001).

5.4.2 *Procedimientos de prueba*

La Secretaría de Medio Ambiente, Recursos Naturales y Pesca (Semarnap) del gobierno federal estableció los procedimientos de prueba y los límites máximos permisibles de emisiones. Los requisitos del PVVO se han vuelto más estrictos desde que se inició en 1988. Poco a poco, diferentes tecnologías se han ido incorporando; al principio, en 1989, se usaban dos analizadores manuales de gases (CO y HC). Actualmente, los VerifiCentros usan las pruebas de dinamómetro con procedimiento de aceleración simulada o PAS; estas pruebas son similares a las utilizadas en la inspección de *smog* en California *(Smog Check II)* y miden cinco gases que emanan del tubo de escape (CO, HC, NO_x, CO_2 y O_2).

Los hidrocarburos también son producidos como emisiones evaporativas: emisiones desde tanques de gasolina, evaporación de gasolina mientras un vehículo está en operación, evaporación de gasolina cuando el motor está apagado y fugas de gasolina. Los datos de emisiones evaporativas son limitados pero algunos estudios han mostrado que los vehículos, especialmente los antiguos que cuentan con carburador, pueden tener un alto nivel de emisiones de HC por evaporaciones diurnas, ya sea del carburador caliente, del motor en operación o del equipo en reposo (Gorse, 1999). En Estados Unidos, algunos estados no llevan a cabo prueba alguna de emisiones evaporativas, mientras que otros revisan los tapones del tanque de gasolina por posibles fugas con una simple prueba de hermeticidad y muy pocos usan pruebas de presión para revisar la integridad de los filtros y del sistema de conducción. No se realizan pruebas de emisiones evaporativas en el AMCM —ni en el DF ni en el Estado de México.

5.4.3 *Estadísticas relacionadas con el programa*

En el AMCM se llevan a cabo cerca de tres millones de pruebas de emisiones cada seis meses. Ha habido fluctuaciones en el número de vehículos verificados de un semestre al siguiente. Existen dos explicaciones para estas variaciones: *a]* deficiencias en el manejo de la información o *b]* conductores que evaden el programa. Entre otras anomalías, se ha observado que el porcentaje de vehículos que no tienen convertidores catalíticos y que son examinados en los VerifiCentros del Estado de México es mucho más alto que el del DF. Por un lado, esto puede indicar que una amplia porción de los vehículos con alto nivel de emisiones se encuentre localizada en el Edomex. Por otro, también puede significar que muchos propietarios de vehículos intencionalmente los examinan en el Estado de México.

Mientras el número de VerifiCentros en el Estado de México aumenta, también lo hace el número de inspecciones en ese estado y disminuye el número de las mismas en el DF. En 1997, más de dos millones de vehículos fueron verificados en el DF. Durante el primer semestre de 2000, esta cifra bajó a menos de un millón y medio —34% más bajo—. La figura 6.15 muestra el número de inspecciones realizadas en el DF en 1998 y 1999. Más de 700 000 propietarios de vehículos decidieron no verificar en el DF y optaron por hacerlo en el Edomex, ya sea por conveniencia o porque es más fácil obtener la calcomanía en los VerifiCentros de ese estado. No hay datos disponibles sobre el número de inspecciones en el Estado de México.

La figura 6.16 muestra la disminución de exámenes en los VerifiCentros del DF por cantidad y tipo de vehículo según el año del modelo. Existe una porción desmedida de modelos más antiguos que están equipados con carburador y éstos tienen muchas dificultades para pasar la verificación con el método CAM 97 (PAS 5024-2540).

5.4.4 *Unión del programa de inspección con el Programa "Hoy no circula"*

Para poder aumentar la renovación del parque y mantener los vehículos equipados con catalizadores viejos operando con pocas emisiones en el tubo de escape, el DF acopló el Programa de Verificación Vehicular Obligatoria (PVVO) con el Programa "Hoy no circula" (HNC) (véase el apéndice B). Como se vio en la sección 4.1.5, se han hecho varias modificaciones al programa desde que se inició. Para los vehículos viejos se estableció un estándar intermedio de emisiones. A los vehículos viejos con emisiones por encima de este umbral intermedio, pero debajo del umbral de falla, se les asignaron calcomanías con holograma pero se les prohibió circular durante contingencias ambientales.

En 1999, el Instituto Nacional de Ecología (INE) anunció que a partir del año 2000 a los vehículos equipados con tecnología Tier 1, equivalente a los controles de emisión de Estados Unidos en 1994, se les adjudicarían calcomanías "doble cero". Estos vehículos pueden circular los siete días de la semana y están exentos de la inspección semestral durante los primeros dos años. La calcomanía "doble cero" fue una fuerza impulsora para que los fabricantes equiparan con tecnología Tier 1 los vehículos diseñados para el mercado mexicano unos años antes de lo que hubieran querido (Fernández Bremauntz, 2001).

Las calcomanías "cero" dan a un vehículo el derecho a circular los siete días de la semana y sólo pueden obtenerla los que están equipados con convertidores catalíticos. Los vehículos con convertidores catalíticos que tienen más de cinco años tienen que remplazar su convertidor para calificar. El remplazo de convertidores en vehículos de seis años o más era un programa voluntario hasta 1999; con la posibilidad de obtener una calcomanía "cero", el número de remplazos de catalizadores aumentó más de cinco veces (Klausmeier y Pierce, 2000).

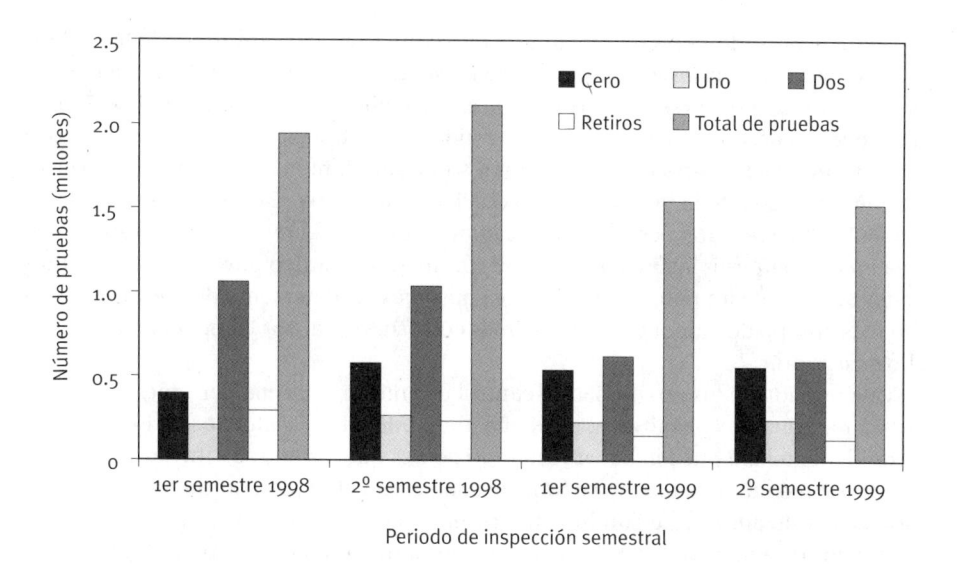

Figura 6.15 Verificaciones realizadas en los VerifiCentros del DF por tipo de calcomanía (1998-1999).

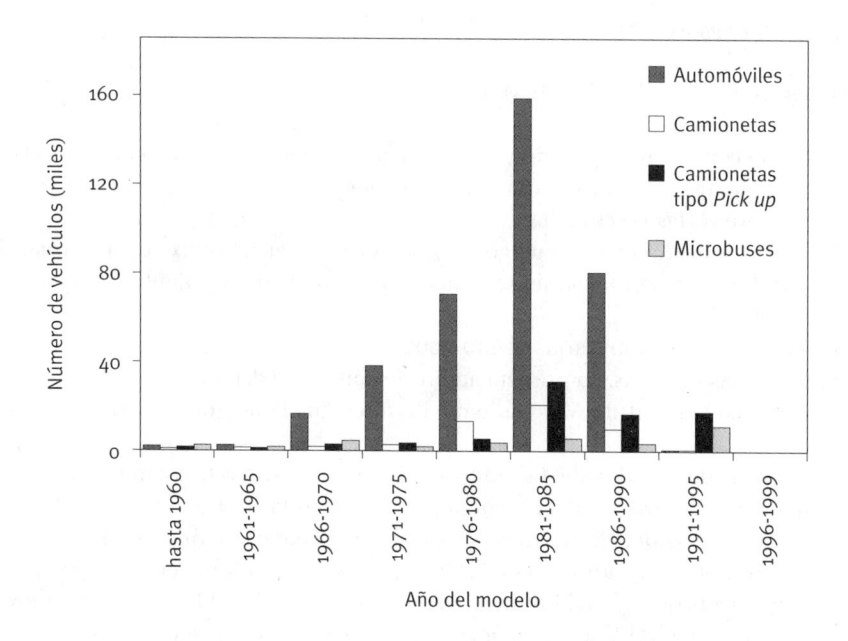

Figura 6.16 Vehículos por modelo que dejaron de verificarse en el DF de 1997 a 1999.

Se ha expresado la preocupación de que confiar en la renovación de los catalizadores para reducir las emisiones puede no ser muy realista. Como se mencionó en la sección 4.1.4, Rogers señaló que en 1999 el promedio de emisiones de CO de vehículos modelo 1993, que renovaron sus convertidores catalíticos, cayó la primera vez que estos vehículos fueron examinados, pero subió rápidamente en la siguiente verificación semestral. Si la falla mecánica que causa los altos niveles de emisión de un vehículo no se relaciona con los catalizadores, entonces el remplazo de éstos es sólo una medida superficial. El verdadero desperfecto mecánico puede dañar el catalizador después de un tiempo y el nivel de emisiones se incrementa de nuevo; el remedio más apropiado, aunque a menudo más costoso, es realizar la reparación correcta (Rogers, 2001).

Una revisión de los programas de control de emisiones hecha por Inner-City Fund (ICF, una firma de consultores) en el año 2000 informa que algunos de los catalizadores de remplazo pueden haber resultado peores que los que sustituyeron. El informe de ICF recomienda que no se tome la edad como el único criterio para la reposición de catalizadores. En cambio, una combinación de edad, distancia recorrida y resultados de emisiones establece los criterios a tomar en cuenta para decidir sobre un remplazo de catalizador. Asimismo, los mecánicos deberán estar bien preparados para que los mecanismos sean instalados de manera adecuada; posteriormente, debería realizarse una prueba de emisiones (Klausmeier y Pierce, 2000).

5.4.5 *Revisiones y calibración*

La supervisión de los VerifiCentros se hace por medio de:

- sistemas de control interno y vigilancia a distancia, con una conexión en tiempo real a un centro de computación del gobierno. El equipo se calibra automáticamente varias veces al día;
- inspecciones oficiales. Los gobiernos del DF y el Edomex inspeccionan los VerifiCentros periódicamente para comprobar el cumplimiento de las normas establecidas;
- certificaciones voluntarias de ISO 9002, y
- auditorías externas. La primera auditoría ambiental del programa I/M del AMCM la realizó el Instituto Mexicano del Petróleo en el año 2000 (CAM/IMP, 2000).

Los gobiernos del DF y del Edomex, la Profepa y la SCT refuerzan la verificación vehicular con una revisión vial coordinada para vigilar la contaminación visible. Este programa está dirigido a los camiones y autobuses urbanos y suburbanos.

En el año 2000, las auditorías a las estaciones verificadoras en el DF eran marginales, mientras que las del Edomex eran inadecuadas. En el DF se han promovido medidas para dificultar la corrupción, pero esto no ha sucedido en el Estado de México. Estas medidas incluyen videos en tiempo real de las inspecciones vehiculares y la emisión de calcomanías por personal no involucrado directamente en la verificación. El DF llevó a cabo cerca de 15 supervisiones secretas mensuales en los VerifiCentros, en 1998 y 1999. En este periodo, el DF tenía 140 empleados para administrar y hacer cumplir los reglamentos de los 76 VerifiCentros, mientras que el Estado de México tenía ocho empleados para la misma tarea (Klausmeier y Pierce, 2000).

No se han implementado medidas adicionales que pudieran reducir la corrupción en el DF o el Edomex. Estas medidas podrían incluir programas de cómputo centralizados para identificar estaciones de verificación sospechosas, así como un programa de sensores remotos para localizar VerifiCentros que certifican vehículos con altos niveles de emisiones y para rastrear vehículos que nunca han pasado la verificación. Las multas impuestas a los VerifiCentros que falsifican procedimientos de prueba no han sido suficientemente disuasivas para prevenir tales actividades.

5.4.6 *Puntos clave y recomendaciones*

De acuerdo con los resultados publicados en 2000 (Klausmeier y Pierce, 2000) sobre el programa de verificación y mantenimiento del AMCM, los vehículos que no tienen equipo de control de emisiones y que funcionan con carburadores son los que más probablemente cambiarán sus niveles de emisiones después de la prueba. Esto se debe a que algunos propietarios de vehículos arreglan sus motores sólo lo necesario para pasar la prueba de inspección. Después, sus carburadores funcionan fuera de tiempo, lo que produce niveles más altos de contaminantes. Esta conducta es evidente cuando se hacen cambios en la relación entre CO y NO_x para reducir en forma artificial el CO, lo que causa mayores emisiones de NO_x. Como consecuencia, una observación adicional muestra que normas más estrictas de CO causan una tendencia al alza en los valores de NO_x.

Otro peligro latente es que algunos sistemas de control de emisiones vehiculares tienen sensores electrónicos defectuosos para el control de la velocidad del motor. La prueba actual no requiere revisión de emisiones en tales condiciones, así que los vehículos con esta clase de falla pueden pasar la prueba aunque produzcan emisiones considerables.

Una idea que se desprende de esta auditoría es que resulta importante hacer del conocimiento de los conductores las metas y los beneficios alcanzados hasta ahora. Si se difunde información fidedigna acerca de cómo mantener un auto en buen estado, quizá la gente se podría animar a pasar la verificación sin hacer trampa.

Los problemas de falta de cumplimiento de las reglas por parte de los automovilistas incluyen robo de calcomanías y falsificaciones. Los funcionarios del gobierno calculan que entre 1998 y 1999 fueron robadas y vendidas en el mercado negro 100 000 calcomanías (Klausmeier y Pierce, 2000). En los primeros tres meses de 2001, más de 900 calcomanías robadas fueron identificadas por el programa de inspección del DF (Rogers, 2001). Otro problema para la vigilancia de las normas es que los conductores tienen muchas calcomanías en sus vehículos y el diseño de éstas no ayuda a una detección rápida (Klausmeier y Pierce, 2000). Muchos programas de inspección de Estados Unidos permiten sólo una calcomanía de inspección vehicular que siempre está colocada en el mismo lugar en el parabrisas.

El cuadro 6.20 resume las fortalezas y debilidades del Programa de Verificación Vehicular Obligatoria (Molina y Molina, 2000).

Cuadro 6.20 Fortalezas y debilidades del Programa de Verificación Vehicular Obligatoria

FORTALEZAS

Instituciones

- La Comisión Ambiental Metropolitana (CAM) es responsable de los asuntos de interés entre las dos entidades, DF y Edomex, y sirve como foro para la discusión y solución de tales asuntos.
- Los gobiernos del DF y del Edomex crean unidades administrativas (direcciones de área) con personal, equipo y procedimientos específicos para apoyar las necesidades operativas y de dirección del programa.

Normas

- Un conjunto de normas federales y reglamentos locales que ya están en operación provee apoyo legal completo al programa.
- Las pruebas estándar vigentes han desarrollado procedimientos y niveles de control de emisión más estrictos.

Infraestructura desarrollada

- Una red de 161 VerifiCentros distribuidos en el AMCM están en operación con sistemas normalizados por computadora para control, imagen y normas. La capacidad tecnológica, administrativa y corporativa es suficiente para inspeccionar los vehículos dos veces al año. Tiene la capacidad de administrar un estimado de 3.5 millones de vehículos que operan dentro y a lo largo del AMCM.
- Localmente, una red de compañías está disponible para suministrar el equipo y el mantenimiento necesarios.

DEBILIDADES

Administración y operación desiguales

- Las estaciones de inspección (VerifiCentros) del DF están relativamente más equipadas y operan mejor que las del Edomex; sobre todo en el caso de los municipios contiguos al área metropolitana.
- En el DF, la "policía ecológica" es la encargada de vigilar el programa vial y tiene asignadas tareas específicas para tal efecto, mientras que en el Edomex la vigilancia opera con el cuerpo regular de la policía de tránsito.
- Los VerifiCentros del Edomex están física y corporativamente ligados con talleres mecánicos, lo cual fomenta la corrupción.
- La SCT no tiene VerifiCentros autorizados y ejerce vigilancia por medio de la policía de caminos en carreteras federales.
- Ha habido migración del control vehicular del DF al Edomex, donde hay evidencia de que la verificación es, en cierto modo, laxa.

Cuadro 6.20 Fortalezas y debilidades del Programa de Verificación Vehicular [Concluye]

DEBILIDADES (Cont.)

- No hay una coordinación apropiada entre las autoridades ambientales y la policía.
- No hay en televisión ni en radio un programa de alcance que motive e informe a los conductores sobre el propósito y los reglamentos de la inspección vehicular.
- Ha surgido una red de los llamados "talleres de preverificación". Estos pequeños negocios informales proporcionan servicio para afinar los vehículos antes de la verificación y ajustan los motores temporalmente para pasar la revisión; estos talleres están a menudo vinculados con la corrupción.
- Los cambios de administración que causan la sustitución de funcionarios de gobierno, haya o no rotación de partidos políticos, provocan la pérdida de personal adiestrado. Los resultados son falta de continuidad y menos rigor en el control y las operaciones.

Deficiencias operativas
- La inspección de vehículos a diesel no es efectiva.
- No hay pruebas para controlar las emisiones por evaporación.
- Se ignora la eficacia general del programa para reducir los contaminantes precursores de ozono y PM_{10}. Es probable que el programa no sea muy efectivo.
- El programa de cómputo que se usa para las verificaciones no se ha conectado con las bases de datos locales y nacionales de registro de automóviles.
- Los centros de control en línea del DF y del Edomex no están conectados entre sí y no recuperan automáticamente los expedientes de los VerifiCentros.
- La SCT no posee registros consistentes y accesibles de sus operaciones de inspección en línea.
- La atención al público en los VerifiCentros no siempre es buena. Hay muchos cambios de personal y poco adiestramiento.
- No hay planes para la introducción de nuevas tecnologías de soporte como sensores remotos, pruebas de emisiones por evaporación, detección de fugas de CFC o pruebas dinámicas bajo carga para vehículos a diesel.
- Los centros de pruebas y los conductores están motivados para comportarse de manera fraudulenta. La frecuencia de revisiones y el monto de las sanciones no son suficientes para parar el fraude en las verificaciones.

Escasa o nula vigilancia vial
- No hay detención ni castigo efectivos para los dueños de vehículos que no portan una calcomanía válida de inspección vehicular. Ante la ausencia de una estricta imposición de la legalidad en la vía pública, muchos conductores ya no llevan sus vehículos a la verificación.
- Los vehículos a diesel con placas federales (foráneos) son las principales fuentes de humo negro visible; sin embargo, la SCT no impone normas preventivas permanentes.

Robo de papelería oficial (comprobantes y calcomanías)
- En el año 2000 hubo 29 robos, lo que resultó en 14 048 calcomanías sustraídas. Presumiblemente, éstas se encuentran ahora en vehículos que no fueron verificados en forma debida. Otro problema son las calcomanías falsificadas.

Algunas innovaciones técnicas y administrativas pueden mejorar el actual sistema de verificación y mantenimiento. Las propuestas técnicas que permiten el mejoramiento de la detección y el control de vehículos altamente contaminantes incluyen:

- usar de manera permanente sensores remotos para detectar vehículos con alto nivel de emisiones, así como para eximir de la inspección a los vehículos que contaminan menos;
- introducir el escaneo de vehículos nuevos equipados con DAB II;
- demandar pruebas dinámicas con carga para vehículos a diesel, e
- iniciar un programa de pruebas de fugas de gasolina y vapores en vehículos viejos para reducir las emisiones evaporativas.

Las siguientes estrategias administrativas podrían mejorar también el sistema de verificación y mantenimiento:

- vigilar de manera estricta y uniforme estándares, reglamentos y calidad, tanto por el gobierno del DF como por el del Edomex. A escala federal, idealmente, la SCT, así como los gobiernos vecinos de Hidalgo, Puebla y Morelos, deben estar incluidos en la siguiente fase del programa;
- exhortar a la SCT a que introduzca pruebas dinámicas para vehículos a diesel;
- fusionar en un examen único y extensivo las inspecciones mecánicas y de seguridad, que son vigiladas por autoridades ambientales (las primeras) y por autoridades del transporte (las segundas);
- continuar realizando auditorías independientes, públicas y regulares a la operación del sistema de verificación y mantenimiento;
- reunir, en las bases de datos del DF y del Edomex, los datos de la verificación vehicular con los registros de vehículos automotores para mejorar el control sobre toda la operación del parque, y
- establecer un servicio centralizado de colecta de datos metropolitano para recabar la información que generan los VerifiCentros.

6. Estructura institucional de la región

Como es típico en una gran ciudad, en el AMCM las estructuras institucionales que están implicadas en la planeación de transporte regional, desarrollo de infraestructura, prestación de servicios, vigilancia y manejo del tráfico y del sistema de transporte son complejas. Existen por los menos tres niveles de gobierno (véase cuadro 6.21) y tres áreas principales de intervención dentro de las cuales hay subáreas (véase cuadro 6.22).

Además de las dependencias gubernamentales implicadas e identificadas en el cuadro 6.21, hay un sinnúmero de agencias que desempeñan un papel importante en

Cuadro 6.21 Entidades gubernamentales clave implicadas en áreas destacadas de intervención

Área de intervención	Entidad gubernamental			
	Federal	Distrito Federal	Estado de México	Metropolitana
Transporte	SCT, Banobras	Setravi, Secretaría de Obras Públicas, Secretaría de Seguridad Pública	SCT	Cometravi
Uso del suelo	Sedesol, Banobras	Seduvi	Seduop	Cometah
Medio ambiente	Semarnat (INE, Profepa)	SMA	SE	CAM

Cuadro 6.22 Áreas de intervención en los sistemas de uso del suelo y de transporte

Áreas/subáreas de intervención		
Transporte	Medio ambiente	Urbanización
• Concesión administrativa del transporte público • Construcción (Metro y caminos a cargo de la Secretaría de Obras Públicas) • Mantenimiento • Servicio de operaciones (tráfico y control a cargo de la Secretaría de Seguridad Pública) • Vigilancia/control • Planificación/diseño/recolección de datos	• Verificación/mantenimiento • Vigilancia • Normas sobre gasolinas • Planificación/diseño/ recolección de datos • Normas vehiculares	• Zonificación • Planificación de amplio espectro • Desarrollo inmobiliario

el sector del transporte. Éstas incluyen organizaciones de financiamiento internacional (en particular el Banco Mundial y JICA), agencias del sector privado (empresas importantes en infraestructura, bancos privados, compañías de bienes raíces, consultores y operadores de tránsito del sector privado), universidades y, en menor grado, la sociedad civil (ONG), los sindicatos y las organizaciones de los colectivos. Asimismo, como se verá más adelante, la tendencia reciente hacia la descentralización del gobierno parece estar transfiriendo algún poder a los gobiernos locales (municipios en el Edomex y delegaciones en el DF).

Ya que los problemas de transporte y calidad del aire en el AMCM son inherentes a la región, es importante hacer notar las tentativas más o menos recientes para regionalizar las estructuras institucionales en estos sectores. Al igual que en la mayoría de las grandes áreas metropolitanas, los intentos por constituir instituciones regionales en la Ciudad de México van a la zaga de la regionalización del AMCM. La creación de instituciones locales en verdad efectivas avanza lentamente.

Como se analizó en el capítulo 2, tras varios intentos recurrentes, sobre todo a partir de los ochenta, han surgido dos órganos regionales —uno específicamente a cargo de la calidad del aire en el área metropolitana (la Comisión Ambiental Metropolitana, CAM) y el otro del transporte (la Comisión Metropolitana de Transporte y Vialidad, Cometravi)—. A pesar de tener atribuciones generales similares en la administración de sus sectores respectivos, la Cometravi y la CAM presentan diferencias sutilmente importantes que influyen en la puesta en práctica general de sus capacidades y en su eficacia (Cometravi, vol. 1, 1999), por ejemplo:

- la CAM tiene acceso a recursos financieros independientes mediante el Fideicomiso Ambiental, mientras que la Cometravi no;
- la CAM tiene poderes ejecutivos y normativos, mientras que la Cometravi sólo tiene poder consultivo y propositivo, y
- la Cometravi reúne a las tres autoridades relacionadas con el transporte: federal, estatal y del DF, mientras que la CAM abarca nueve secretarías, ya sea federales, del DF o del Edomex, y cuatro empresas estatales.

Adicionalmente se encuentra la autoridad regional de planeación, la Comisión Metropolitana de Asentamientos Humanos (Cometah). Ésta, al parecer, es institucionalmente débil; sirve en general como una unidad coordinadora de planeación urbana en la región que, en esencia, integra planes locales.

Uno de los logros recientes más importantes de la Cometravi ha sido la publicación de un importante estudio sobre transporte y calidad del aire en el AMCM. Este documento representa un paso significativo que refuerza el papel de la Comisión en la región y ha servido como una fuente de información importante para el presente capítulo. El documento también proporciona una visión de conjunto de gran parte de la historia reciente y de la legalidad relacionada con las instituciones del sector público implicadas y responsables del transporte en el AMCM (Cometravi, vol. 1, 1999). El documento se enfoca particularmente en el ámbito de los estados y del DF, así como en el multijurisdiccional (CAM, Cometravi). Es interesante, y tal vez indicativo del fracaso para integrar el plan de uso del suelo con el de transporte en la región, el hecho de que el documento de la Cometravi no incluya a las autoridades responsables de planeamiento urbano (es decir, la Secretaría de Desarrollo Urbano y Vivienda del Distrito Federal) o de obras públicas (esto es, la Secretaría de Desarrollo Urbano y Obras Públicas del Estado de México) como entidades "directamente involucradas en transporte y contaminación". Además, el informe de la Cometravi no detalla las instituciones del sector privado, los grupos ciudadanos ni las instituciones financieras implicadas en el tema.

6.1 Problemas dinámicos

Tras la complejidad institucional hay muchas cuestiones interrelacionadas, de naturaleza dinámica, que tienen un papel significativo; quizá las más importantes sean el federalismo, la descentralización política, la capacidad institucional y las finanzas (Makler, 2000).

6.1.1 *Federalismo*

Una de las tendencias institucionales en curso en el país, que afecta directamente la administración del AMCM, es la descentralización del poder del gobierno nacional hacia niveles inferiores de gobierno. Este cambio tiene importantes consecuencias para el AMCM debido al papel histórico sin igual del gobierno nacional en la política local. En 1997, por primera vez, el regente del DF fue elegido, en lugar de ser designado por el presidente, y se le confirieron responsabilidades administrativas significativas, así como una mayor participación en la actividad legislativa y en la elaboración del presupuesto fiscal. En 2000, un nuevo jefe de gobierno fue elegido pero esta vez por un sexenio. Otro importante elemento de cambio desde el año 2000 fue la elección de los jefes políticos de las delegaciones. Esta categoría de gobierno, que es nueva en el DF, aunque no en las municipalidades del Estado de México, también incluye responsabilidades con respecto a la planificación del tráfico.

En algunas circunstancias, tal descentralización tiene ventajas significativas. Se espera que el mejor acceso a los funcionarios locales aumente la participación ciudadana y, para algunas cuestiones como la administración del tráfico local, esta comunicación más directa tiene ventajas importantes.[3] En otras áreas, como la planificación de la calidad del aire o el desarrollo de infraestructura, la descentralización puede acarrear serias desventajas si no se fomenta la cooperación entre gobiernos e instituciones, como se analizó en el capítulo 2.

6.1.2 *Capacidad institucional*

La segunda tendencia en importancia es la necesidad constante de fortalecer las entidades regionales que están, quizá, en mejor posición para abordar las preocupaciones actuales sobre transporte metropolitano, calidad del aire y uso del suelo. Las

---

[3] La Asamblea Legislativa del Distrito Federal aprobó en noviembre de 1998 una ley de participación ciudadana para alentar la participación pública en general y, específicamente, por medio de asociaciones locales (Setravi, 1999, pp. 2-23).

consecuencias del modelo de descentralización sobre estas entidades son inciertas. Por un lado, reducir la importancia del gobierno nacional en la política metropolitana permitirá corregir la falta de atención histórica hacia el DF al colocar a éste y al Edomex en terrenos equivalentes. Por otro lado, la actual incapacidad de cualquier institución para emprender una planificación a largo plazo se puede ver exacerbada por presiones mayores sobre los escasos recursos locales.

Mientras que el área metropolitana continúe expandiéndose y más estados, como el de Hidalgo, se incluyan en este sistema coordinado de gobierno, también aumentará la importancia de la planeación regional estratégica en cada área de intervención. Por ejemplo, para coordinar los servicios de transporte, la planificación y las inversiones de capital en toda la región será necesaria la efectiva administración de la Cometravi, que depende en gran medida de una autonomía fiscal.

En cuanto a recursos humanos, los cambios administrativos presentan un mayor riesgo de falta de continuidad en el personal (memoria institucional), lo que causa una debilidad en el desarrollo político, el desenvolvimiento y la ejecución. Para instituciones enteras, las debilidades acumuladas por renovaciones constantes y otros factores permiten que ganen poder alianzas privadas, como se ve con los operadores de colectivos. Como se señaló en el capítulo 2, para una arena política como es la planificación de la calidad del aire, la fragmentación de las instituciones y de las relaciones impide un manejo eficaz. Un ejemplo claro de este efecto es la falta de coordinación entre las instituciones de diferentes sectores responsables del inventario de emisiones (IPURGAP, 1999).

En el caso del transporte, los asuntos relacionados con la recolección de datos, el uso de modelos y el análisis son de la mayor importancia. No es muy claro dónde reside la responsabilidad de estas cuestiones dentro de las instituciones del AMCM. La planificación y administración efectivas de un sistema de transporte urbano requieren que una entidad, o entidades, estén a cargo de:

- la recopilación y actualización de datos, tales como encuestas sobre origen y destino (O-D) de viajes, conteos de tráfico, inventarios físicos y operacionales del sistema, y
- la definición de un criterio técnico, metodologías de estudio y herramientas de evaluación que incluyan desarrollo, calibración, validación y uso de modelos de demanda de viajes.

Hoy día no existen modelos formales para la demanda de viajes en el AMCM, aunque aparentemente se han hecho intentos por parte de la Setravi del DF para la implementación de éstos. Además, el Metro, según se informa, ha usado el EMME/2 (un paquete de cómputo comercial que modela pronósticos de viaje) en las evaluaciones sobre el desarrollo de la red. Sin embargo, no existe una autoridad específica que sea responsable de los modelos de transporte, lo cual parece ser una seria carencia en la región. Por ejemplo, el INEGI dirigió la más reciente encuesta O-D; los datos en bruto de ésta no se han puesto por completo a disposición de las autoridades de transporte en la región.

En algunos casos, instituciones no gubernamentales como universidades y empresas del sector privado pueden proveer algún apoyo para las áreas que presenten debilidades. En años recientes se han hecho intentos por crear una organización de investigación del transporte. En su primera manifestación, el Instituto de Transporte Urbano del DF habría realizado investigaciones desde una perspectiva sobre todo académica sobre una variedad de temas relacionados. Sin embargo, esta iniciativa sufrió una muerte política debido en parte a huelgas estudiantiles en la Universidad Nacional Autónoma de México (UNAM). En 1999, con un formato revisado, el Centro de Estudios y Capacitación para el Transporte y la Vialidad fue creado legalmente en el DF, con objeto de ayudar a mejorar la gestión y operación de los servicios de transporte público.

6.1.3 *Finanzas*

Otra cuestión de importancia es el financiamiento y la generación de ingresos. Lo más importante aquí, tal vez, sean las iniquidades entre el DF y el Estado de México. En el área de distribución del ingreso fiscal federal, la porción per cápita para el DF ha sido más del doble de la recibida por el Estado de México. Además, el DF ha contado con importantes subsidios directos mediante inversión en infraestructura, de lo cual el Metro es un ejemplo notable (Krebs, 1999). La falta de financiamiento adecuado ha tenido también graves efectos en la capacidad del Estado de México para participar en las actividades de planificación del transporte, de la calidad del aire y del uso del suelo.

La actual tendencia de descentralización política ha hecho necesario un cambio en la política de finanzas públicas en toda la AMCM. Por ejemplo, los subsidios para el funcionamiento del Metro se han transferido del gobierno federal al DF. Sin embargo, el impuesto federal que se usa a fin de generar ingresos para el subsidio se ha retenido y el DF ha aprobado una ley para generar recursos públicos provenientes de fuentes nuevas para un fondo fiduciario destinado al tránsito. Es probable que el financiamiento de capital para infraestructura básica, como el Metro, se vea considerablemente afectado por la nueva estructura financiera. De hecho, se ha informado que la terminación de la nueva línea B del Metro ha sido detenida, en parte, por falta de financiamiento, debido a que esta línea atraviesa diversas jurisdicciones, desde el DF hasta el Estado de México. Del mismo modo, el gobierno federal ha dado a este último la responsabilidad de administrar la infraestructura carretera que se encuentra ahora dentro del área metropolitana.

No es claro si el sector será solvente a largo plazo, ya que es difícil identificar las fuentes de ingresos y los gastos dentro de las dependencias gubernamentales correspondientes. En el ámbito regional no existe aún una fuente significativa de ingresos y la Cometravi depende sobre todo de las contribuciones en especie de los gobiernos participantes. El gobierno del DF, en su estrategia de transporte para el periodo 1995-2000, hizo un intento por identificar explícitamente el ingreso y los gastos relacionados con el transporte. De acuerdo con ese análisis, los ingresos por transportación incluyen pagos de tenencia, impuestos sobre la venta de autos usados, cuotas por estacionamiento en las calles y multas de tránsito. Los gastos directos por transportación incluyen los relacionados con planificación y regulación, subsidios para el funcionamiento del Metro, servicios de autobús y tren ligero, y construcción y mantenimiento de la infraestructura.

Aunque estos números son cálculos aproximados, indican un considerable déficit del sector pues los ingresos apenas cubren la mitad del total de los gastos de transporte (Setravi, 2000, pp. 74-76). El Metro y el tren ligero captan una porción significativa del total de gastos, en el orden de 60 a 75%. El documento de Setravi reconoce la naturaleza preocupante de este déficit y hace unas sugerencias preliminares sobre los posibles medios con que cuenta el sector para obtener ingresos, incluyendo impuestos adicionales en gasolina y llantas, alza en las multas y la introducción de cuotas relacionadas con la contaminación durante la verificación semestral (Setravi, 2000). Aunque la información del Estado de México no está disponible es probable que la situación sea más extrema.

7. Planeación estratégica del transporte por varias dependencias gubernamentales

El DF, el Estado de México y la Cometravi han propuesto planes y programas políticos para tratar los problemas de transporte del AMCM. Los documentos (planes) más relevantes sobre política de transporte incluyen: el Programa Integral de Transportes y Vialidad del Distrito Federal 1995-2000, que está siendo actualizado; el Plan Rector y el Programa de Reordenación (completados en junio y septiembre de 1995) para el Edomex; el Plan de Trabajo 1995-1996 de la Cometravi, y el Estudio Integral de Transporte y Calidad del Aire de la Cometravi. Además, hay documentos importantes sobre otros temas, como desarrollo urbano y uso del suelo, que incluyen el Plan General de Desarrollo Urbano del Distrito Federal (1996), el Plan de Desarrollo Urbano del Estado de México (1993) y un plan multiinstitucional (Sedesol-DF-Edomex) sobre uso del suelo en la región metropolitana (1997).

Los informes de la Cometravi ofrecen la visión de conjunto y el análisis más completos de los planes de transporte, las propuestas y los proyectos en preparación, en curso o que se proponen para el AMCM. Un resumen de esos planes y su análisis están más allá del ámbito de este capítulo. No obstante, es conveniente destacar algunos de los planes estructurales más importantes provenientes de diversas autoridades relevantes del gobierno.

En el ámbito federal, la SCT tiene varios planes regionales. Con respecto a la infraestructura carretera, actualmente está en construcción una pequeña porción del cuarto anillo propuesto (el llamado "Anillo Megalopolitano"). Se espera que este proyecto llegue a unir las ciudades satélites (corona) de Cuernavaca, Cuautla, San Martín, Pachuca, Tula, Jilotepec y Toluca, con un radio aproximado de entre 70 y 100 km desde el centro de la ciudad. La SCT también contempla la posibilidad de construir varias vialidades de peaje en la región, entre ellas un tercer anillo carretero a unos 25 km del centro de la ciudad. El propósito de estas instalaciones es permitir que el tráfico interurbano evite atravesar las áreas densas del AMCM. Junto con estos planes está el desarrollo de las llamadas "plataformas logísticas" —centros de distribución de carga que aliviarían los congestionamientos por camiones de carga en el AMCM—. Éstas están destinadas a mejorar la productividad del sistema de carga, que es fundamental para el bienestar económico de la región.

Los gobiernos del DF y del Estado de México también tienen planes importantes para nuevas autopistas, puentes, expansión de carreteras, estacionamientos, instalación de señales de tráfico (particularmente en el Edomex), etc. La mayoría de los trabajos en las rutas está destinada a mejorar las conexiones entre el Edomex y el DF, y dentro del Estado de México. El DF también está considerando el desarrollo de autopistas de peaje elevadas (vías exprés) en sus puntos de mayor congestionamiento. Un estudio sin fecha de la Sedesol propone una serie de inversiones en autopistas interurbanas con el propósito de integrar la economía de la nación.

También hay planes para construir un nuevo aeropuerto internacional que sirva al AMCM, para el que se han identificado dos posibles emplazamientos. Un sitio está en Zapotlán de Juárez en el estado de Hidalgo, a 70 km del centro de la Ciudad de México, y operaría conjuntamente con el aeropuerto actual. El otro lugar posible se localiza en el vaso del antiguo lago de Texcoco en el Edomex, a unos 35 km del centro de la Ciudad de México. Un aeropuerto ahí probablemente requeriría el cierre del actual. En el año 2001, el gobierno federal eligió Texcoco como el sitio adecuado, tomando en consideración una amplia gama de cuestiones sobre aviación. Se llevaron a cabo estudios técnicos que incluyeron diseño del espacio aéreo, compatibilidad del mismo, procedimientos de acercamiento, cuestiones de funcionamiento de pistas, análisis de capacidad de pistas y pronósticos de impacto por retrasos. Otros factores importantes incluyen efectos ambientales y de salud, impactos de desarrollo urbano, cuestiones económicas y aspectos sociopolíticos (Martínez, 2001).

Más allá de las mejoras y expansiones de las carreteras, el DF tiene planes para la construcción de un tren elevado (se otorgó al sector privado la concesión para esta iniciativa, pero el proyecto fue modificado debido a la oposición por parte de las colonias locales y su viabilidad futura está en serias dudas). En el mediano plazo, los planes adicionales para el Metro incluyen extensiones a las líneas 7, 8 y 12, y tres nuevas líneas propuestas para el 2020 (Setravi, 2000, pp. 6-33). Finalmente, hay planes para desarrollar una red radial de líneas ferroviarias suburbanas vinculadas con el concepto de "ciudades satélite". Sedesol (1997) también propone utilizar el actual derecho de paso de la carga por tren para desarrollar un sistema ferroviario ligero de pasajeros y así trasladar fuera el servicio de carga ferroviaria (y sus clientes industriales).

En 2001, la Setravi planeó establecer el Programa Integral de Transportes y Vialidad para el periodo de 2001 a 2010. Este programa se desarrollará con la ayuda del Consejo para el Desarrollo Sustentable (un consejo de coordinación entre dependencias de gobierno que estableció el jefe de gobierno de la Ciudad de México, Andrés Manuel López Obrador, y que está constituido por las secretarías de Medio Ambiente, Transporte, Desarrollo Urbano y Obras Públicas) y con participación pública (Serranía, 2001). El principal foco de atención del Programa Integral de Transportes y Vialidad es el desarrollo de estrategias, políticas, proyectos y acciones relacionadas con el tráfico y el transporte. Los objetivos son promover el orden urbano en la región, un uso más adecuado de los recursos, mejorar la movilidad y preservar el medio ambiente.

Algunos de los proyectos futuros incluyen: la modernización de autobuses, autobuses eléctricos y servicios de mantenimiento; la operación de una ruta nueva en la región periférica del norte del DF; la promoción de un sistema de transporte alternativo no contaminante; el mejoramiento de las terminales de transferencia y el establecimiento de puntos de transferencia alternativos; la conversión de microbuses en autobuses de gran capacidad; el control del exceso en la oferta de taxis (unidades, servicios y sitios), y la capacitación para los conductores. El gobierno del DF espera poner un alto a la disminución en la calidad de servicios y mejorar la seguridad de los pasajeros. La meta a corto plazo sería poner en funcionamiento 500 autobuses nuevos (en 2001) y también proporcionar servicio a zonas de bajos ingresos, así como mejorar la calidad y la imagen de los servicios de transporte público.

En cuanto al Estado de México, existe un plan para la renovación de los vehículos de transporte público, cuyo objetivo es que cada año se renueve 10% de la flota (Sánchez, 2001). Para los siguientes cinco a seis años hay varias medidas importantes diseñadas para reorganizar la administración, completar y homogeneizar la infraestructura existente, invertir en vías férreas y corredores metropolitanos, mejorar la capacidad organizacional y el capital humano, y construir nueva infraestructura. Hay algunas comparaciones importantes entre el Edomex y el DF. Primero, mientras que ambos tienen un número comparable de vehículos de transporte público, hay muchos más vehículos particulares en el DF. En términos de recursos financieros para el transporte, el presupuesto para el Edomex es aproximadamente 10% del presupuesto del DF, mientras que la población de éste y del Edomex son casi iguales. Además, estos recursos deben apoyar la inversión no sólo en las áreas urbanizadas del Estado de México en el AMCM, sino también en una considerable porción de territorio que está fuera del AMCM. Dadas las tendencias del crecimiento urbano, el Estado de México cree ser parte tanto del problema como de la solución respecto al transporte urbano.

8. Problemas clave y futuras áreas de políticas

El panorama presentado en este capítulo conduce a una perspectiva inquietante en cuanto a un mejoramiento conjunto del transporte y la calidad del aire en el AMCM. La región metropolitana se expande rápidamente, con un creciente parque vehicular, importantes desafíos institucionales para la planificación y coordinación de servicios e infraestructura, problemas ambientales severos relacionados con el transporte y una carencia general de financiamiento disponible para inversiones en infraestructura y mantenimiento. Esta sección presenta una categorización general de los problemas principales y, dentro de esas categorías, perfila las áreas de políticas que pueden ayudar a dirigir la fase siguiente del Proyecto de Calidad del Aire de la Ciudad de México, al idear intervenciones más detalladas para confrontar, simultáneamente, los retos de movilidad y calidad del aire que la ciudad enfrenta.

8.1 Capacidad institucional, financiera, de planificación y de administración

Varios estudios han identificado los problemas institucionales como un obstáculo primordial en el progreso del sector de transporte en el AMCM. Por ejemplo, la Cometravi (vol. 7, 1999) observa algunos problemas institucionales en el AMCM, que incluyen:

- la falta de una institución metropolitana de alta capacidad que se ocupe de la planificación y aplicación de políticas;
- el fracaso para integrar la planificación y el análisis del uso del suelo, el transporte y la calidad del aire;
- la falta de compatibilidad, uniformidad y centralismo en términos de herramientas de modelación y análisis, y
- la falta de recursos financieros adecuados e iniquidades en términos de subsidios que deben aplicarse con objetividad (tanto entre el Edomex y el DF como entre las categorías de ingresos y usuarios).

Por supuesto, estos problemas no son exclusivos del AMCM, ya que el transporte metropolitano en cualquier ciudad grande y de crecimiento acelerado invariablemente involucra a muchos actores tanto del ámbito público como del privado, cada uno con intereses y responsabilidades propios, que compiten entre sí. De hecho, las dificultades institucionales son citadas con frecuencia como la principal barrera para la aplicación de una estrategia coherente de transporte urbano (véase, p. ej., Anderson *et al.*, 1993; Gakenheimer, 1993). Este estudio refuerza las conclusiones de la Cometravi en cuanto a la grave carencia de una autoridad centralizada de planificación, de captura de datos y de desarrollo de modelos, con una capacidad profesional adecuada para el AMCM. Asimismo, ha vertido luz en las diversas manifestaciones de estos defectos institucionales que incluyen:

- inconsistencias evidentes e importantes incertidumbres relacionadas con los datos de viaje (tanto los actuales como las proyecciones futuras) y con la disponibilidad de esos datos para propósitos de planificación;
- datos inconsistentes en relación con el tamaño del parque vehicular, crecimiento, uso (KRV), emisiones, y su distribución respecto a las áreas geográficas y la modalidad final (p. ej., colectivos contra taxis), y
- carencia de criterios de evaluación consecuentemente aplicados a proyectos (es decir, valor económico del tiempo, de la gasolina, costos operativos, etc.), que son cruciales para asegurar la elección de las mejores inversiones de transporte disponibles.

La creación de una institución de alta capacidad, económicamente afianzada y adecuada a la escala del AMCM, y el establecimiento de criterios sólidos de evaluación de proyectos pueden ser las formas más productivas para abordar los problemas regionales de transporte y calidad del aire del AMCM. Tal institución podría fusionar las funciones de planificación de calidad del aire y del transporte en una sola autoridad. Por lo menos debe haber lazos firmes y continuos, así como intercambio de información entre las autoridades encargadas de la calidad del aire y del transporte, para que los datos sobre tipo de vehículos, distribución por edad, tasas de utilización, velocidad de viajes, etc., sean captados de manera consistente y las técnicas modernas de predicción de viajes se integren con los modelos de la calidad del aire. El objetivo fundamental debería ser la creación de una herramienta para el desarrollo de modelos de uso del suelo, transporte y calidad del aire en conjunto para el AMCM.

Por lo demás, la gama de efectos del transporte (accidentes, contaminación por ruido, etc.) tendría que ser cuantificada e incorporada a los esfuerzos de planificación. Esto requiere inversión financiera, política e intelectual en una dependencia de transporte regional, y una cercana colaboración con las autoridades de vigilancia, inspección y actualización de bases de datos, etc. No es claro cómo alcanzar esta integración de funciones y recursos, en especial dadas las diferencias políticas y la competencia entre el DF y el Estado de México (y el gobierno federal), y las grandes disparidades en infraestructura disponible y en capacidad financiera e institucional entre el Edomex y el DF. Las cuestiones clave que se han de abordar deben seleccionarse con el propósito de proveer de autonomía fiscal a las dependencias metropolitanas, así como de poder legal para reglamentación y ejecución.

8.2 Uso del suelo, crecimiento urbano e infraestructura

El desarrollo urbano ha sido ignorado continuamente en el AMCM como una herramienta para el mejoramiento del transporte. De acuerdo con Molinero (1999), el crecimiento urbano descontrolado en gran parte de la región ha llevado a priorizar la movilidad por encima de la accesibilidad, rompiendo la cohesión del área metropolitana. La ciudad padece segregación espacial (en términos de uso del suelo) y no ha sido capaz de controlar la rápida expansión territorial de los usos comerciales y residenciales. La Sedesol (1997) señala que los esfuerzos organizativos hasta la fecha no han utilizado la infraestructura de transporte como herramienta para estructurar el desarrollo urbano; también reconoce que mientras que los patrones de viaje actuales muestran la necesidad de carreteras troncales en la periferia, estas nuevas carreteras sólo producirían más urbanización y más demanda de transporte. La Cometravi (vol. 7, 1999) también destaca el fracaso de la mayoría de los planes para acabar con la tendencia a la expansión de la infraestructura que, debido a la demanda inducida, genera más viajes en el largo plazo.

8.2.1 *El caso de la demanda inducida*

El fracaso de los muchos proyectos de expansión de infraestructura por intentar acabar con la demanda generada puede poner en peligro las metas a largo plazo de calidad del aire y movilidad del AMCM. "Demanda generada" es el incremento en la demanda de viajes provocado por las características o las mejoras en la infraestructura. En el corto plazo, a este aumento en la demanda se le conoce como tráfico inducido (o generado) —un incremento del tráfico en las instalaciones afectadas por la nueva infraestructura (Lee *et al.*, 1997)—. Este tráfico nuevo ha sido desviado de otras rutas y destinos; incluye viajes hechos por personas que estaban desde antes "en el mercado" de viajes, pero que elegían no viajar hasta que las nuevas vías fueran construidas. También es posible que algunas personas ajusten las horas de salida de sus recorridos. De mediano a largo plazos, el mejoramiento de las condiciones de viaje potenciales produce un aumento general de la demanda inducida o generada. La demanda inducida representa un incremento en el número total de viajes, aquellos que no hubieran ocurrido sin la expansión de la oferta de infraestructura; se caracteriza también por flujos más altos en las horas pico.

Cuando los congestionamientos son severos, la demanda inducida puede deshacer rápidamente cualquier esfuerzo por mejorar la situación, a no ser que los precios reflejen con exactitud el costo verdadero de los viajes (es decir, cargos por congestión de tráfico o algún equivalente aproximado [Small, 1992]). Los efectos son especialmente intensos en áreas de crecimiento rápido; aunque los impactos fundamentales dependen de los contextos específicos, casi todos los estudios empíricos confirman el fenómeno (véase SACTRA, 1994; TRB, 1995). Por ejemplo, un estudio reciente en Estados Unidos estima que entre 60 y 90% de la capacidad carretera ampliada se ocupa durante los primeros cinco años con viajes que *no habrían ocurrido* sin la ampliación (Hansen y Huang, 1997). Un análisis de la evidencia recopilada en el Reino Unido concluye que la ampliación de carreteras produce 50% más viajes en el corto plazo y 100% en el largo plazo (SACTRA, 1994).

En un análisis de México, Eskeland y Feyzioglu (1997b) estiman que hay una relación positiva entre el consumo de gasolina por auto y los kilómetros en autopista por auto: "Así, la construcción de nuevas carreteras, más que mejorar la eficiencia en el consumo de gasolina mediante mejores caminos y menor congestión, fomenta el uso del automóvil". Tales resultados cuestionan los efectos de la expansión que la infraestructura carretera tiene en las distancias recorridas por los vehículos y en la contaminación que se produce. En efecto, la Cometravi (vol. 1, 1999) señala que después de la terminación de una autopista de cuota en el noroeste del AMCM han aparecido rápidamente nuevos desarrollos residenciales, industriales y de servicios, lo que resulta en la generación de nuevos viajes vehiculares.

8.2.2 ¿Un camino hacia adelante?

El desafío para integrar el uso del suelo y el transporte es difícil en la práctica. La dispersión rápida e intensificada de las actividades en el AMCM está creando nuevos patrones de viaje e interacciones del DF y el Edomex, que el actual sistema de transporte no satisface adecuadamente. Mientras que la construcción de infraestructura para satisfacer esta demanda es crucial, esto sólo reforzará las tendencias hacia la dispersión de las actividades y fortalecerá más la rápida suburbanización ya en curso. El dilema se agrava por el hecho de que los destinos de la mayoría de los viajes permanecen en la parte central del AMCM, lo que crea viajes de mayor distancia y peores embotellamientos. Conforme el índice, relativamente bajo, de viajes realizados por los residentes de la periferia se acerque a los niveles ya vistos en el DF, el problema aumentará.[4] Al identificar estos problemas, Molinero (1999) recomienda que: "los territorios de la periferia deberán acercar los servicios al usuario, la casa y el vecindario, promoviendo el uso del suelo mixto" y evitando "la expansión que incrementa la movilidad y la infraestructura para el automóvil que depende de una fuerte centralización de actividades".

Lo dicho sugiere que se necesitan esfuerzos en diferentes frentes: 1] dar forma al modo de crecimiento actual de la periferia urbana para maximizar la accesibilidad y reducir al mínimo la movilidad (esto es, densificar y combinar el uso del suelo); 2] concentrar las mejoras en infraestructura carretera en aquellas áreas con el déficit más extremo, en particular las áreas periféricas; 3] desarrollar y desplegar una estrategia para aprovechar al máximo la infraestructura actual antes que enfocarse en expansiones (es decir, crear incentivos para concentrar el desarrollo urbano alrededor de la subutilizada red del Metro —el llamado "desarrollo orientado al tránsito"— y establecer rutas de autobuses en los corredores principales de viajes). Hay una necesidad apremiante no sólo de hacer los planes y las realidades del desarrollo urbano compatibles con los planes de desarrollo del transporte, sino de que estos dos sean compatibles con un plan de mejoramiento de la calidad del aire que sea viable a largo

---

[4] El hecho de que las proyecciones actuales (cuadro 6.2) aparentemente no explican el crecimiento futuro de la tasa de viajes de los residentes de la periferia (en cambio sí predicen una disminución en los viajes por persona) puede empeorar el problema al no anticiparlo.

plazo. De nuevo, esta tarea sería facilitada sobremanera con el desarrollo y la puesta en práctica (en colaboración estrecha con las autoridades pertinentes) de un modelo integral de transporte y uso del suelo. El anuncio reciente del esfuerzo conjunto entre la Federación y el DF para restaurar el Centro Histórico de la Ciudad de México plantea una oportunidad y un desafío para tomar en cuenta estas recomendaciones. El proyecto propuesto incluye medidas para mejorar las condiciones socioeconómicas de los residentes del centro, la revitalización de éste y el remozamiento de edificios seculares, así como un paquete fiscal que sirva como incentivo para atraer inversionistas al Centro Histórico de la Ciudad de México (Reuters, 2001).

8.3 Administración de la demanda de viajes y de la infraestructura

Una herramienta importante para contrarrestar las presiones por la expansión de la infraestructura y la tendencia hacia la demanda inducida es la administración de la demanda de viajes. La Cometravi (vol. 7, 1999) hace notar lo ineficaces que han sido hasta ahora los intentos de establecer medidas adecuadas para ello.

Como los costos (es decir, contaminación, congestionamientos) producidos por la actividad del transporte urbano rebasan los precios que pagan los usuarios, la demanda está por encima de lo que es económicamente eficiente. Una solución al problema sería una valuación más exacta de los costos marginales. Con el diseño y la aplicación de mecanismos eficientes de fijación de precios, la demanda de viajes motorizados se reducirá, la necesidad de expansión de la infraestructura será mitigada y el área urbana se volverá más compacta (véase, p. ej., Lee, 1995). Sin embargo, la aceptación generalizada de mecanismos eficientes de fijación de precios (ahora facilitada por las tecnologías de sistemas inteligentes de transportación, SIT) entre economistas e ingenieros del transporte está más que contrarrestada por el rechazo casi unánime a tales medidas por quienes definen las políticas, los funcionarios de gobierno y el público en general (Gillen, 1997). El AMCM no es la excepción a este fenómeno y, desgraciadamente, no parece haber mucho entusiasmo en poner en práctica una fijación de precios eficiente, ni siquiera entre los profesionales de la planificación del transporte en México.

Mientras que puede haber pocas esperanzas a corto plazo para medidas como la valuación de los congestionamientos en el contexto del AMCM, el problema de la calidad del aire ofrece una plataforma ideal para presentar tales medidas de fijación de precios a quienes definen las políticas y al público en general. Al mismo tiempo, se debe desarrollar y distribuir rápidamente un conjunto de herramientas de valuación complementarias o de "segunda mejor opción". Esto incluye impuestos a las gasolinas en el área metropolitana, incremento a las cuotas de estacionamiento y cuotas por uso y posesión de vehículos basadas en niveles de emisiones y en tamaño y peso del vehículo. Además de mejorar la eficacia en el mercado del transporte, tales medidas podrían reducir drásticamente el gran déficit financiero que enfrenta hoy día el sector.

Las medidas para manejar la demanda deberían ser complementadas con la administración de los bienes existentes de infraestructura y con la búsqueda de medidas económicas de bajo costo de administración de la oferta (tales como mejoras en las intersecciones). Un enfoque compatible entre el transporte y la calidad del aire debería apuntar a maximizar el uso de los activos del capital existente por medio de: una clasificación jerárquica de la red de carreteras, un sistema de mantenimiento adecuado (con cuotas al usuario para apoyar este mantenimiento), señalización y control de tráfico efectivos, iniciativas que den prioridad a los vehículos de alta capacidad (esto es, rutas y carriles de autobuses), e infraestructura complementaria, como paradas de autobús bien definidas con información clara para el usuario. Tales medidas no sólo promoverían un uso eficiente de la red, sino también tendrían efectos benéficos como la reducción de accidentes de tráfico (véase, p. ej., Ragland *et al.*, 1992). También debería ponerse atención en la infraestructura para transporte no motorizado, tanto a pie como en bicicleta. El tráfico lento, las vías peatonales y las redes de transporte no motorizado podrían mejorar significativamente la seguridad y la comodidad de estos modos no contaminantes de viaje y estimular su uso (véase, p. ej., Pucher, 1997).

8.4 Tecnologías vehiculares y de combustible

Quizá el aspecto en el cual el AMCM ha mostrado el mayor progreso a fin de contrarrestar la contaminación ocasionada por el transporte ha sido la adopción de tecnología vehicular mejorada y de combustibles más limpios. Desde 1994, las reducciones importantes en emisiones de CO y COV medidas al margen de las carreteras se atribuían al despliegue acertado de tecnologías de control de emisiones. El paso a la gasolina sin plomo, la incorporación de convertidores catalíticos en la flota a gasolina, así como el seguimiento apropiado del remplazo de las unidades más viejas, la adopción (desde 1999) de los estándares de emisiones Tier 1 de Estados Unidos para vehículos ligeros y la introducción gradual de las tecnologías DAB son pasos importantes en la reducción de emisiones de vehículos automotores en el AMCM. Sin embargo, quedan desafíos importantes, que incluyen reducir las emisiones del aún vasto número de vehículos viejos en circulación y acelerar la remoción de estos vehículos mediante estándares estrictos de verificación y mantenimiento, cuotas más altas de uso y subsidios cuando sea apropiado. La renovación de la flota vehicular de uso intensivo, taxis y colectivos, es especialmente importante y puede lograrse con cuotas crecientes para los permisos de circulación conforme los vehículos envejecen. Los vehículos de uso intensivo que sean retirados de la circulación deberán ser desechados como chatarra y no transferidos al parque vehicular privado en el AMCM. Algún logro en este sentido fue obtenido por el gobierno del DF en 2001, con la creación de un fondo fiduciario de 80 millones de pesos para ofrecer a 1 200 dueños de microbuses colectivos créditos de hasta 100 000 pesos para la compra de autobuses nuevos a diesel. Este programa está dirigido a los microbuses modelo 1990 y anteriores, que deben ser desechados para obtener el nuevo autobús. Los controles de emisiones deberán ser extendidos a los vehículos de uso rudo, en especial camiones, y a un creciente número de autobuses (como se vio en la sección 5, los camiones son responsables de una porción desmesurada de los contaminantes criterio). Se necesitará combustible diesel con bajo contenido de azufre para los controles de emisiones más avanzados que están siendo desarrollados fuera de México. En un volumen subsecuente de esta colección se presentarán medidas más detalladas con respecto a tecnologías vehiculares y mejoramiento de combustibles (incluyendo posibilidades de usar otros combustibles).

8.5 Administración del transporte público y proporción de modalidades

El AMCM manifiesta cuatro tendencias principales que afectan el mercado de transporte público:

- continuo deterioro de la imagen pública debido a la falta de seguridad vial, criminalidad, incomodidad y otros defectos reales y teóricos del servicio;
- cambio en la proporción de modalidades de alta capacidad (es decir, Metro y autobuses) hacia modalidades de baja capacidad (colectivos y automóviles);
- conflictos por la viabilidad comercial de los colectivos y autobuses en competencia, impulsados por el crecimiento masivo de los colectivos, el peso político de sus dueños y conductores, y la subsecuente dificultad para dar en concesión de manera satisfactoria los servicios de autobús, y
- altos subsidios para los modos de transporte público que operan en el DF (Metro, trolebuses, tren ligero y autobuses) y estancamiento o deterioro de la clientela, debido en parte a los altos índices de adquisición de automóviles y a la carencia de una coordinación entre las distintas modalidades.

Asesores, autoridades gubernamentales y otros han propuesto una gama de medidas para tratar los desafíos que enfrenta el sistema de transporte público del AMCM. La mayoría de estas medidas está dirigida a reducir el uso de los colectivos, que son vistos generalmente como los culpables de crear un caos sistémico. Con frecuencia se presentan varios argumentos en contra de los colectivos:

- su gran número relativo y su baja capacidad conducen a incrementar los niveles de contaminación y congestionamiento por cada pasajero transportado;
- la estructura atomizada de propietarios-operadores de la flota de colectivos resulta en una intensa competencia por las calles y en prácticas de conducción peligrosas;
- la carencia de compañías formales de colectivos produce prácticas de operación

y mantenimiento deficientes, así como efectos negativos, como el servicio informal de terminales y el almacenamiento de vehículos en las calles, y
- el "cabildeo" de las asociaciones de colectivos conduce a una fijación de precios oligopólica (tarifas altas), mientras que también limita (por medio, p. ej., de la amenaza de huelgas) la capacidad de las autoridades para administrar eficazmente el sistema de transporte en su totalidad.

Algunas de las políticas identificadas por las autoridades gubernamentales para tratar el problema de los colectivos y, en general, para mejorar las operaciones del transporte público en la ciudad incluyen:

- fomentar la creación de compañías formales de colectivos;
- introducir programas de capacitación tanto para profesionalizar las compañías (es decir, mejorar las capacidades de gerencia y administración) como para mejorar las prácticas de conducción, operación y mantenimiento de los vehículos;
- desarrollar esquemas financieros para adquirir autobuses y promover la transición de compañías de colectivos a compañías de autobuses;
- permitir que los autobuses cobren tarifas más altas para mejorar la rentabilidad del servicio, e
- integrar de manera más eficaz el servicio de autobuses y colectivos con el servicio del Metro.

El enfoque general para reducir la preponderancia de los colectivos proviene de la percepción de los efectos negativos de este modo de transporte en el número de pasajeros y la viabilidad de otros modos de transporte público. Mientras que es cierto, desde luego, que el sistema de colectivos crea una gama de efectos negativos en el sistema entero, también ha respondido, aparentemente, a una demanda real del mercado al ofrecer un servicio más o menos atractivo, ubicuo y a menudo casi de puerta a puerta. Esto ha sido impulsado por el rápido crecimiento urbano en las décadas recientes (los colectivos pueden responder con mayor rapidez a los nuevos mercados urbanos).[5] Mientras que la preponderancia de los colectivos ha surgido debido al poder del oligopolio, a las prácticas rapaces y a las limitaciones que efectivamente tienen las normas oficiales, es importante reconocer que los colectivos son también una respuesta directa al usuario que desea un sistema de transporte que satisfaga la demanda.

Las políticas de transporte para el AMCM deben reconocer los beneficios de los colectivos, integrarlos eficazmente al conjunto del transporte público y aprender de este mercado atractivo que promueve otro tipo de servicios. El éxito de este servicio

---

[5] Por supuesto, la oferta de colectivos quizá fomenta también la expansión urbana, ya que la gente puede viajar desde orígenes, o hasta destinos, más distantes gracias al servicio de los colectivos.

en el mercado sugiere que el gobierno podría seguir una política de servicio de transporte público formalmente diferenciado y tratar de apelar a una variedad de grupos de usuarios con base en su disposición a pagar por rapidez, conveniencia, seguridad y comodidad. En ese marco, autobuses de costo elevado, alta calidad y frecuencia podrían atraer con éxito usuarios de mayores ingresos, en especial si los derechos de paso asignados (es decir, carriles exclusivos para autobuses) pueden mejorar la velocidad y confiabilidad del recorrido. El gobierno ha expresado el deseo de desarrollar un sistema "jerárquico" de colectivos en el que éstos sirvan como un sistema alimentador de una red de autobuses de alta velocidad, que opere con rutas troncales que se utilizan de manera intensiva.

Un sistema así sólo podría funcionar de manera eficaz y realmente tener éxito en atraer usuarios (y operadores de servicio) si las transferencias de pasajeros entre colectivos y autobuses estuvieran bien coordinadas y sincronizadas, y si las tarifas fueran bajas o integradas en los diferentes modos de transporte. Poner en práctica tal servicio no sería una empresa fácil, en particular frente a la oposición casi segura de los operadores de colectivos.

Independientemente de los últimos datos concretos para la solución del transporte público de superficie, es muy claro que el gobierno debe desarrollar un sistema de administración responsable y vigilante. Las barreras políticas para ello no son triviales; no obstante, sin el desarrollo de un esquema regulador eficaz se puede esperar muy poco progreso. Un ejemplo útil, por lo menos, de los beneficios potenciales de la regulación del sistema de transporte público de propiedad privada viene de Santiago de Chile. Después de una completa liberalización del sistema durante los años setenta y ochenta, las autoridades finalmente reunieron suficiente peso político para cambiar el papel del sistema de transporte público, a fin de que respondiera a los terribles problemas de contaminación y congestionamiento de la ciudad. El primer paso fue la compra estatal, al contado, de los vehículos más viejos —2 600 autobuses a un costo para el gobierno de 14 millones de dólares.

Esta compra y otras medidas abrieron muy pronto la puerta para un proceso de licitación transparente y en apariencia eficaz de las rutas, el cual ha producido resultados notables en años recientes y que incluyen: reducción y modernización de la flota de autobuses (el número se redujo de 13 500 a 9 000 y el promedio de edad de 14 a 4 años); inversión del sector privado por 500 millones de dólares en el parque vehicular; mejoramiento en la calidad del servicio (uniformidad en la señalización, vehículos más confortables, etc.); características de emisiones vehiculares mejoradas (más de la mitad de la flota cumple con los estándares EPA 91 o 94); modernización de las compañías de autobuses, y, muy importante, estabilización de las tarifas de autobús (Dourthé *et al.*, 2000). Para el caso de la Ciudad de México queda por ver si el terrible problema de la contaminación atmosférica propicia los cambios necesarios para superar la crisis del transporte público.

8.6 Verificación y mantenimiento vehicular

Para hacer más eficaz la detección y el control de los vehículos contaminantes se debe dedicar un mayor esfuerzo en supervisar el proceso, medir las emisiones de los tubos de escape durante el recorrido e introducir nuevas pruebas para vehículos más viejos y para los de uso pesado a diesel. Será necesario revisar la relación costo-rendimiento que supone verificar los vehículos cada seis meses. Deberán aplicarse incentivos para reducir la frecuencia de las revisiones de vehículos nuevos y limpios con el fin de fomentar la renovación de la flota. Se deberán considerar las siguientes acciones: a] el uso regular de sensores remotos para revisar el programa, b] la introducción de pruebas dinámicas para vehículos a diesel y c] la introducción de pruebas periódicas para inspeccionar los sistemas de control de emisiones evaporativas, la integridad del sistema de distribución de combustible y la detección de fugas de combustible en vehículos viejos.

Además, para hacerse más eficiente, el Programa de Verificación Vehicular Obligatoria tendría que ser adoptado e integrado por las tres entidades responsables del parque vehicular en circulación en el AMCM: el DF, el Estado de México y la SCT. Deberá imponerse el cumplimiento de las normas del programa con penas lo bastante severas como para fomentar la observancia de las reglas y con recursos suficientes para revisar y supervisar el programa. Los estados adyacentes al AMCM, incluyendo Hidalgo, Puebla y Morelos, pueden ser alentados para que adopten el mismo sistema. El dueño de un vehículo de ninguna manera debería encontrar provechoso acudir a un VerifiCentro más indulgente.

Finalmente, ya que los vehículos con altos niveles de emisiones y de mal funcionamiento pertenecen a gente con medios económicos limitados, será necesario pensar en un alivio financiero u otros incentivos para que los propietarios puedan obtener reparaciones duraderas o sustituir vehículos defectuosos.

8.7 Conclusiones

De acuerdo con lo presentado en este capítulo, lo que más contribuye al total de emisiones en el AMCM son las fuentes móviles. Como en numerosas megaciudades del mundo, muchos residentes del AMCM sufren altos niveles de congestionamiento, contaminación, salud deteriorada y otros problemas exacerbados por obstáculos políticos e institucionales. Las seis áreas políticas descritas aquí crean una red de oportunidades para mejorar la movilidad al tiempo que se reduce el impacto ambiental negativo del sistema de transporte.

El continuo crecimiento económico en el AMCM conducirá a una demanda de transporte aún mayor. Será una tarea difícil y compleja crear un sistema de transporte en equilibrio adecuado con el medio ambiente. No depende de la puesta en práctica de cualquiera de las opciones sino de la aplicación concertada e integrada de la política en muchas dimensiones. Debemos tener presente que el AMCM es un sistema complejo; hacer predicciones de qué va a ocurrir cuando sean puestas en práctica nuevas políticas es incierto. El éxito de las mejores políticas dependerá del apoyo público; por ello, el proceso de la puesta en práctica es muy importante. Hay que estar alerta frente a los cambios generales e inesperados que puedan ocurrir y diseñar una manera colectiva de acercarnos desde la perspectiva de sistemas complejos.

7. Conclusiones: hallazgos clave y recomendaciones

Mario J. Molina[a] · Luisa T. Molina[a]

1. Introducción

Durante el último decenio del siglo xx, las autoridades del Área Metropolitana de la Ciudad de México lograron enormes progresos en el mejoramiento de la calidad del aire. Se ha asegurado una disminución sustancial en las concentraciones de los contaminantes criterio (como plomo, monóxido de carbono y bióxido de azufre, entre otros) con el desarrollo y la implementación de amplios programas de gestión de la calidad del aire; mejoras en la supervisión y evaluación de la calidad del aire; vigilancia en el cumplimiento y fortalecimiento de los sistemas de verificación vehicular; remplazo de combustóleo por gas natural en la industria y en el sector de energía; acciones específicas para reducir las emisiones evaporativas en estaciones de gasolina y tanques de almacenamiento en industrias; mejora de las especificaciones para el combustible destinado a transporte e industria, y otras medidas. El cierre de la refinería 18 de Marzo y la transición a gas natural de las centrales eléctricas también han contribuido a una importante reducción de contaminantes, sobre todo de bióxido de azufre. Además, programas como el "Hoy no circula" han servido como incentivos eficaces para modernizar el parque automovilístico y para promover un mantenimiento más apropiado de los vehículos. También se han emprendido esfuerzos específicos para enfrentar las barreras institucionales y para integrar las preocupaciones respecto a la calidad del aire con el transporte y asuntos relacionados.

Sin embargo, a pesar de estos importantes logros, los problemas de la contaminación del aire en el AMCM siguen siendo muy serios. Algunas de las medidas identificadas en los planes de manejo de la calidad del aire no han sido aplicadas debido a la falta de recursos financieros, de información y de un adecuado seguimiento. Los residentes del AMCM continúan expuestos a concentraciones insalubres de contaminantes transportados por el aire, especialmente ozono y partículas suspendidas, los dos contaminantes más importantes desde el punto de vista de la salud pública.

Aunque se podrían utilizar muchas estrategias para mejorar la calidad del aire del AMCM, ninguna "fórmula mágica" podrá solucionar por sí sola este tenaz problema. Para lograr un efecto apreciable se deberán identificar e implementar una serie de estrategias apropiadas.

[a] Massachusetts Institute of Technology, EUA.

En este libro hemos usado un enfoque integral de evaluación para elaborar recomendaciones haciendo énfasis en la interacción de una amplia gama de disciplinas, que incluyen la salud, las ciencias de la atmósfera, la economía, la tecnología y la política. Este capítulo resume los hallazgos clave y las recomendaciones de los capítulos previos. La lista exhaustiva de recomendaciones sobre políticas que resaltan el valor de una evaluación integral y una perspectiva a largo plazo fue elaborada con la participación de un grupo inter y multidisciplinario de investigadores de instituciones mexicanas y de Estados Unidos (véase la lista de participantes al final del libro).

2. Marco integral para los planes de manejo de la calidad del aire

Uno de los desafíos fundamentales para el desarrollo de planes de manejo de la calidad del aire coordinados, sólidos y rentables es abordar todos los aspectos científicos, tecnológicos, políticos, institucionales, económicos y administrativos del problema. Al evaluar las necesidades del AMCM es esencial incluir no sólo todos estos acercamientos analíticos, sino también la participación y opinión de los principales afectados.

Por ejemplo, medidas draconianas para reducir la contaminación del aire que limitan la movilidad de los ciudadanos del AMCM pueden ser ambientalmente benéficas; sin embargo, en el mediano y largo plazos, estas estrategias tendrían efectos insostenibles sobre el crecimiento económico y la calidad de vida. Las soluciones técnicas al problema de la contaminación del aire en el AMCM deben ser también política y socialmente viables.

3. Beneficios para la salud como consecuencia del control de la contaminación

Como se analizó en el capítulo 4, la contaminación del aire tiene una gama de efectos sobre la salud y, en potencia, costos económicos considerables para la sociedad. Buena parte de nuestro conocimiento acerca de los efectos de la contaminación del aire sobre la salud proviene de los estudios sobre las variaciones diarias en mortalidad, ingresos a hospitales y síntomas respiratorios como respuesta a fluctuaciones diarias en los niveles de contaminación en la Ciudad de México y otras ciudades en todo el mundo. Estos estudios en series cronológicas sobre mortalidad y morbilidad aguda han revelado los efectos de diversos contaminantes (por lo general, PM_{10}, O_3, CO, NO_2 y SO_2).

La observación de los niveles y las tendencias de las concentraciones de contaminantes en el AMCM permite a los investigadores conocer la magnitud del problema y entender mejor las implicaciones para la salud de los niveles actuales de exposición al ambiente. En el AMCM, la concentración media anual de contaminantes en el ambiente, ponderada por el tamaño de la población (promedio diario), es cercana a 90 µg/m³ para PM_{10} y de cerca de 40 ppb para el ozono. Las concentraciones varían en el AMCM, con niveles más altos de PM_{10} en el noreste y mayores niveles de ozono en el suroeste; las concentraciones también varían día con día. No obstante, la mayoría de los enfoques para una evaluación cuantitativa de riesgo no utiliza la información de estas variaciones y se apoya en cambio en las estimaciones de la media anual de los niveles de exposición a los contaminantes atmosféricos ponderada por el número de habitantes.

3.1 Consecuencias de la exposición a partículas suspendidas

Los hallazgos epidemiológicos más consistentes demuestran un incremento en la mortalidad causada por PM_{10} (partículas suspendidas con un diámetro menor a 10 µm). Se calcula que por cada incremento de 10 µg/m³ en los niveles diarios de PM_{10} puede esperarse un aumento en la mortalidad diaria del orden de 1%. La mayoría son muertes por complicaciones cardiovasculares, quizá entre personas de edad relativamente avanzada que ya padecen alguna afección coronaria. Sin embargo, evidencia reciente que no ha sido aún corroborada de manera independiente sugiere que algunas de las muertes prematuras en el AMCM suceden entre los infantes. Estos estudios sobre efectos en la salud sugieren que, en una población tan grande como la de la Ciudad de México (cerca de 20 millones de personas), una reducción de 10% en las concentraciones de PM_{10} podrían disminuir en alrededor de 1 000 casos por año el número de muertes prematuras en el AMCM.

Una de las cuestiones más importantes sin resolver es si la exposición a largo plazo a PM_{10} puede conducir a incrementos de mortalidad aún mayores que los vistos en los estudios en series cronológicas. Dos grandes investigaciones realizadas en Estados Unidos (American Cancer Society y Harvard Six Cities) sugieren que tales efectos de "mortalidad crónica" pueden existir; los efectos predominantes mostrados en estos estudios son las muertes por complicaciones cardiovasculares. No se han hecho estudios comparables en México y aún quedan preguntas acerca de la interpretación de los estudios por cohorte. Sin embargo, si los efectos vistos en Estados Unidos se deben a la contaminación atmosférica por partículas, y si en México se presenta una "mortalidad crónica" similar, esto tendría consecuencias significativas en las políticas concomitantes. Esto se debe a que el número de muertes implicadas y el efecto potencial en la esperanza de vida de la población son sustancialmente mayores en los estudios por cohorte que en los de mortalidad en series cronológicas.

Las concentraciones de PM_{10} también han sido asociadas con consecuencias para la salud, no necesariamente fatales, que incluyen incrementos en los casos de bronquitis crónica, ingresos a hospitales por cuestiones respiratorias o cardiovasculares, solicitudes de atención en las salas de emergencia por problemas respiratorios o cardiovasculares, ataques de asma, síntomas en las vías respiratorias superiores y días de actividad restringida.

3.2 Consecuencias de la exposición al ozono

Los efectos del ozono en la función respiratoria (síntomas menores, como irritación de los ojos y tos) y en los ingresos a hospitales por asma y otras condiciones respiratorias están bien establecidos. Sin embargo, las consecuencias del ozono en la mortalidad son menos evidentes. En estudios realizados sobre fluctuaciones diarias de mortalidad y niveles de ozono ha sido difícil diferenciar el efecto independiente de éste del de las partículas suspendidas y del clima. No obstante, algunos estudios de mortalidad en series cronológicas indican que puede existir un ligero efecto independiente. Los artículos sobre mortalidad crónica no muestran evidencia del efecto del ozono.

3.3 Consecuencias de la exposición a otros contaminantes atmosféricos

Aunque las personas en el AMCM están expuestas a muchos contaminantes además de PM_{10} y ozono, nuestro análisis cuantitativo sugiere que los efectos de estos contaminantes (incluyendo CO, NO_x, SO_2 y muchos tóxicos del aire) son comparativamente menores. Éste es un hallazgo importante porque mientras muchas personas asocian los tóxicos del aire con efectos sustanciales en la salud, parece improbable que sus consecuencias en el AMCM sean significativas comparadas con las de PM_{10} u ozono.

3.4 Valor monetario de los beneficios para la salud derivados del control de la contaminación atmosférica

Es difícil estimar con precisión el valor monetario de los beneficios para la salud que se pueden esperar con el control de la contaminación atmosférica. No sólo hay incertidumbres importantes acerca de la existencia y magnitud exacta de los efectos en la salud, sino también dificultades para asignar valores monetarios a la reducción de estos riesgos.

La mayoría de las estimaciones del valor monetario de las reducciones en riesgos de mortalidad se obtiene calculando la disposición de la sociedad a pagar por tales mejoras. Esto puede lograrse al estudiar los salarios más altos que se pagan a los trabajadores cuyos empleos implican riesgos de muerte mayores a lo normal, o realizando encuestas entre el público para determinar su disposición manifiesta a pagar por reducir el riesgo de mortalidad. Ninguno de los dos enfoques es del todo satisfactorio, pero cuando se utilizaron en Estados Unidos ambos produjeron estimaciones del "valor de salvar una vida estadística" en el rango de uno a 10 millones de dólares, con valores medios de cerca de seis millones de dólares.

Hasta ahora no se ha hecho este tipo de estudios en México, así que es necesario extrapolar las estimaciones obtenidas en Estados Unidos. Es común usar métodos de transferencia de beneficios, en los que los probables valores mexicanos se obtienen al ajustar los valores de Estados Unidos para que reflejen las diferencias del producto nacional bruto per cápita entre los dos países. Sin embargo, debido al limitado conocimiento del efecto que tienen sobre el valor de la salud las diferencias económicas y culturales entre los dos países, este proceso presenta una considerable incertidumbre. De acuerdo con nuestras estimaciones, el valor de salvar una vida estadística en México puede estar entre los 100 000 y los 2 000 000 de dólares.

Nuestros resultados sugieren que el valor monetario de una reducción de 10% en las concentraciones de PM_{10} en el ambiente podría estar en el orden de los 2 000 millones de dólares por año, y el beneficio de una reducción de 10% en las concentraciones de ozono podría estar en el orden de los 200 millones de dólares anuales. Sin embargo, la gama de estimaciones plausibles es muy grande, con una variación que va desde varios cientos de millones de dólares por año (usando valores bajos para la vida estadística y asumiendo que la mortalidad crónica vista en los estudios por cohorte no está causalmente relacionada con la contaminación atmosférica) hasta quizá varios miles de millones de dólares anuales (usando valores altos para la vida estadística y suponiendo una interpretación causal de la mortalidad crónica en los estudios por cohorte). Los beneficios estimados del control de la contaminación atmosférica son mucho mayores para PM_{10} que para ozono y están regidos por las reducciones en el riesgo de mortalidad.

Los beneficios económicos del control de la contaminación atmosférica representan el cálculo del valor esperado de los bienes de consumo y servicios a los cuales los residentes del AMCM estarían dispuestos a renunciar para reducir los riesgos para la salud causados por la contaminación atmosférica.

3.5 Recomendaciones para futuras investigaciones sobre beneficios para la salud

Es claro que los esfuerzos de investigación en diferentes áreas pueden ayudar a quienes definen las políticas a definir las estrategias de control de la contaminación atmosférica que rindan los mayores beneficios sociales. Aunque nuestro análisis no caracteriza cuantitativamente las incertidumbres en nuestras estimaciones, la magnitud relativa de los beneficios del control de los diferentes contaminantes y sus efectos en la salud, junto con nuestro análisis cualitativo del origen de las principales incertidumbres, nos ayuda a priorizar los problemas. Cuestiones importantes, aunque no las únicas por dilucidar, son:

- si la exposición a PM$_{10}$ contribuye a la mortalidad crónica en el AMCM;
- la importancia relativa de las fracciones finas y gruesas de las partículas suspendidas en términos de cómo afectan la salud en el AMCM;
- si la mortalidad infantil está entre los riesgos observados en los estudios de mortalidad en series cronológicas, y
- cómo valorar las mejoras en morbilidad y mortalidad en el AMCM.

Muchas cuestiones acerca de los efectos de la contaminación atmosféricas en la salud y la valoración de éstos permanecen sin resolver. Algunas podrían ser esclarecidas, al menos parcialmente, por medio de investigación científica adicional. Una evaluación cuidadosa de los posibles costos y beneficios, tanto de las estrategias de control como de las de investigación, puede establecer las ventajas y desventajas entre actuar ahora sobre la base de información poco convincente o hacerlo más adelante con mejor información. Dos herramientas de la estadística bayesiana —el análisis de decisiones y el análisis del valor de la información— pueden ser útiles para conducir tal evaluación.

4. La ciencia de la contaminación atmosférica: conocimiento de la relación entre fuente y receptor

El propósito de la ciencia de la contaminación atmosférica es proveer un conocimiento cuantitativo de cómo las emisiones de diversas fuentes afectan las concentraciones de contaminantes en diferentes lugares de toda el área urbana, y dónde pueden perjudicar la salud, la visibilidad y los ecosistemas.

Mientras que el plomo y el monóxido de carbono son contaminantes primarios —emitidos de manera directa por fuentes como los vehículos automotores—, el ozono es un contaminante secundario, que se forma en la atmósfera por procesos químicos que involucran compuestos orgánicos volátiles (COV), óxidos de nitrógeno (NO$_x$) y luz solar. Las partículas finas son en parte primarias y en parte secundarias. Ahora hay evidencia significativa de que las PM$_{2.5}$ (partículas menores a 2.5 μm) tienen consecuencias significativas y perjudiciales para la salud humana; por consiguiente, los futuros programas de control de contaminación del aire necesitarán enfocarse con mayor precisión en las PM$_{2.5}$.

Tanto el ozono como las PM$_{2.5}$ provienen de algunas fuentes similares y están regidos en parte por la misma química. Por lo tanto, las reducciones de COV y NO$_x$ destinadas a disminuir el ozono tenderían también a disminuir las PM$_{2.5}$ orgánicas y de nitratos, aunque las interrelaciones podrían no ser lineales. Los programas de control futuros deberían desarrollarse con ambos objetivos en mente.

4.1 Formación de ozono

La planeación de estrategias de control adecuadas para mejorar la calidad del aire requiere el conocimiento de las características de las fuentes de emisión (como las proporcionadas por los inventarios de emisiones), así como de la naturaleza del transporte atmosférico y de las transformaciones químicas que producen los contaminantes presentes en el AMCM. Para integrar toda esta información se utilizan cálculos con base en modelos fotoquímicos que simulan la física, la química y la meteorología de la atmósfera del AMCM. También se pueden usar para predecir las consecuencias de la reducción de emisiones en diversos escenarios.

En principio, el ozono puede reducirse controlando COV, NO_x o ambos. En general, las medidas para reducir COV son menos costosas que aquéllas para reducir NO_x. Las estrategias de control de emisiones se han enfocado a limitar COV, aunque se ha alcanzado un cierto control de NO_x, por ejemplo, por medio del uso de convertidores catalíticos de tres vías en los automóviles. Sin embargo, mediciones del ambiente del AMCM tomadas temprano por la mañana (antes de que ocurran las reacciones fotoquímicas) han demostrado que la relación COV/NO_x es mayor que la de la mayoría de las ciudades de Estados Unidos. La experiencia sugiere que, con estas proporciones elevadas, las concentraciones de ozono responden más a los cambios en las emisiones de NO_x que de COV, esto es, que la formación de ozono es sensible a NO_x.

Los estudios que utilizan modelos fotoquímicos y los experimentos de cámara de *smog* también indican que la formación de ozono es sensible a NO_x. Sin embargo, cada uno de estos indicadores presenta problemas. Las mediciones de COV en el ambiente del AMCM sólo se toman periódicamente en un número limitado de lugares y las relaciones COV/NO_x en el ambiente no explican por completo el transporte ni la química de la formación del ozono; los experimentos de cámara de *smog* tampoco logran explicar el transporte. A la luz de las consecuencias del diseño adecuado de estrategias de control, la conclusión preliminar de que la formación de ozono en el AMCM es sensible a NO_x debe ser confirmada con mediciones adicionales. En particular, el monitoreo de algunas especies intermedias, tales como ácido nítrico (HNO_3), nitrato de peroxiacetilo (PAN) y peróxido de hidrógeno (H_2O_2), en algunos lugares y momentos clave de la atmósfera del AMCM deberían proporcionar información crucial sobre el control de NO_x frente al de COV.

4.2 Formación de partículas finas

Como se mencionó antes, las partículas finas suspendidas son en parte contaminantes primarios y en parte secundarios. En México, no menos de 50% de la masa de $PM_{2.5}$ consiste en partículas formadas de carbono elemental y carbono orgánico emitidas sobre todo durante la combustión. La emisión de partículas carbónicas aún no ha sido cuantificada en la Ciudad de México pero se sabe que los vehículos (especialmente camiones y autobuses a diesel) son su fuente principal. La formación de materia particulada secundaria está regida en parte por la misma química que genera el ozono. Aunque queda mucho por aprender acerca de las propiedades y los mecanismos de la formación química de partículas secundarias orgánicas, los precursores son los mismos que los del ozono —COV y NO_x—, mientras que los precursores principales de partículas secundarias inorgánicas son SO_2, NO_x y amoniaco. Las mediciones atmosféricas en el AMCM parecen indicar que las concentraciones de amoniaco en su fase gaseosa son relativamente altas, lo que sugiere que la reducción de las emisiones de esta especie no tendría un efecto significativo en el total de la materia particulada.

4.3 Inventarios de emisiones

Los inventarios de emisiones son reconocidos internacionalmente como uno de los elementos clave en las políticas relativas a calidad del aire. Proporcionan información crucial sobre las fuentes de contaminación que respalda la formulación de estrategias efectivas de control para mejorar la calidad del aire. Además, estas herramientas fundamentales evalúan si las medidas aplicadas han producido los resultados esperados. Resulta así evidente la importancia de continuar los esfuerzos para mejorar la precisión y confiabilidad de los inventarios de emisiones.

Se piensa que los inventarios de emisiones de COV son especialmente pobres. Los estudios con modelos fotoquímicos relacionados con The Mexico City Air Quality Research Initiative (la iniciativa para la investigación de la calidad del aire en la Ciudad de México —MARI, por sus siglas en inglés), realizados en 1994, encontraron que las concentraciones de ozono observadas no se podían predecir usando los inventarios de emisiones disponibles. Además, la alta proporción de COV/NO_x no concordaba con los datos del inventario de emisiones, que pronosticaban proporciones más bajas. La experiencia en otras partes sugiere que las emisiones de COV están con frecuencia subestimadas. Por consiguiente, las emisiones de COV de todas las fuentes fueron multiplicadas por un factor de cuatro en el proyecto MARI, a fin de alcanzar una mejor concordancia entre las concentraciones de ozono pronosticadas y las observadas. Esta corrección es mayor que cualquier otra aplicada en Norteamérica; por otra parte, una comparación de las estimaciones obtenidas con esta corrección contra las concentraciones de hidrocarburos en el ambiente pronosticadas por nuestro reciente trabajo con modelos fotoquímicos, junto con las últimas mediciones, sugiere que una corrección con un factor de cuatro es muy grande y que un factor de dos o tres parece más apropiado.

Para determinar la importancia relativa de las diversas fuentes es importante señalar que algunos COV son más reactivos que otros y contribuyen proporcionalmente más a la formación de ozono y de partículas secundarias finas. Por ejemplo, el propano y el butano —los principales componentes del gas licuado de petróleo— son poco reactivos comparados con los hidrocarburos aromáticos como el tolueno y el xileno, que son componentes de los solventes, de las gasolinas y del diesel. Es importante llevar a cabo más mediciones rutinarias no sólo de los COV totales, sino de su composición química para fortalecer nuestra capacidad de pronosticar los niveles de ozono y partículas suspendidas en el AMCM.

Actualmente no hay inventarios de emisiones para $PM_{2.5}$ disponibles. Sin embargo, cierta información sobre la composición de estas partículas se obtuvo de las mediciones llevadas a cabo en el AMCM durante 1997 como parte de la campaña Imada-AVER (Investigación sobre Materia Particulada y Deterioro Atmosférico-Aerosol and Visibility Evaluation Research). Cerca de 30% de la materia particulada fina parece ser de origen orgánico secundario, mientras que las partículas de origen geológico (polvo) tienden a formar las partículas de mayor tamaño.

A pesar de las incertidumbres asociadas con los inventarios de emisiones, es claro que los camiones y autobuses a diesel contribuyen con una fracción muy significativa a las emisiones de NO_x y de PM_{10}; de hecho, las emisiones de PM_{10} de estos vehículos son predominantemente $PM_{2.5}$. Cuando se reconoce la importancia de las emisiones de NO_x en la formación de ozono y de partículas finas secundarias es claro que las estrategias de control que incluyen camiones y autobuses deberían recibir más atención que en el pasado. Parece haber dudas significativas respecto al número de camiones a diesel que circulan en el AMCM, así como sobre los factores utilizados para estimar las emisiones reales. De manera fortuita, un cálculo de las emisiones de NO_x de los camiones a diesel basado en el consumo de combustible en el AMCM produjo valores que concuerdan en forma razonable con los presentados en los inventarios de emisiones oficiales.

4.4 Emisiones de gases de efecto invernadero

Los nexos que existen entre los problemas locales de la calidad del aire y las consecuencias del cambio climático global son cada vez más claros. México ha tenido una participación activa en la Convención sobre Cambio Climático. El Congreso de la Unión ratificó el Protocolo de Kyoto en abril de 2000, con lo que confirmó la intención del país de ser un socio activo en los esfuerzos por mitigar el cambio climático.

Los inventarios de emisiones de gases de efecto invernadero para el AMCM están hoy día en preparación. Estas emisiones se han estimado para México a escala nacional; están incluidas en la Primera Comunicación Nacional de México para la Convención Estructural sobre Cambio Climático de la ONU (CECC) en 1997 y fueron actualizadas en la Segunda Comunicación Nacional ante la CECC en 2001. El inventario nacional de emisiones sitúa a México en la posición 14 entre las naciones con más altos niveles de emisiones de CO_2; sólo la Ciudad de México contribuye con 13% de las emisiones nacionales de CO_2. El inventario nacional desglosa las emisiones de CO_2 por sector pero no geográficamente. De acuerdo con la Segunda Comunicación

Nacional, las emisiones de CO_2 de México en 2000 tienen su origen en: 61% quema de combustibles; 30.6% cambio de uso del suelo y silvicultura, y 8.2% procesos industriales. La contribución por quema de combustibles se distribuye de la siguiente forma: 32.3% industria, 30.8% transporte, 26.2% generación de electricidad, 9.0% residencial y comercial, y 1.7% agricultura. Se presume que las mayores fuentes de emisiones de metano son la fermentación entérica del ganado, las emisiones por fugas en operaciones con petróleo y gas natural, y la disposición y el tratamiento de desechos sólidos.

En años recientes México ha puesto en práctica políticas para enfrentar los desafíos del cambio climático y para promover el desarrollo sustentable. Por ejemplo, Pemex, la empresa petrolera nacional, se ha comprometido a reducir sus emisiones de gases de efecto invernadero. Cabe destacar que se espera que el conjunto de recomendaciones orientadas a resolver la congestión del tráfico, a controlar el crecimiento del parque vehicular y a incrementar la eficiencia energética en el sector del transporte y en otros sectores (industrial, comercial, residencial) no sólo mejore la calidad del aire, sino que también contribuya a la reducción de emisiones de gases de efecto invernadero.

De acuerdo con lo estipulado en el Protocolo de Kyoto, se está diseñando un "Mecanismo de Desarrollo Limpio", que pudiera ser un instrumento para la transferencia sustancial de recursos financieros para el abatimiento rentable de emisiones en el país, lo que también traería amplios beneficios domésticos. La integración de los planes para la disminución de la contaminación atmosférica local con los esfuerzos contra la contaminación atmosférica global conforme al Protocolo de Kyoto aseguraría que estos esfuerzos fueran concertados.

4.5 Recomendaciones para futuras investigaciones en la ciencia de la contaminación atmosférica

El capítulo 5 describe incertidumbres importantes en la ciencia atmosférica y cómo éstas pueden ser abordadas mediante investigaciones futuras. Sin embargo, el valor de la investigación futura depende no sólo de qué tan grandes son las incertidumbres, sino también, y lo que es más importante, de que la solución de esas incertidumbres cambie las decisiones respecto a las políticas. Por esta razón hemos puesto énfasis en la importancia de las cuestiones e incertidumbres científicas para la toma de dichas decisiones.

Las mediciones de campo en el AMCM han proporcionado un cuerpo sustancial de datos. Las principales fuentes de emisión han sido identificadas y en general se puede esperar que las acciones para controlar las emisiones de estas fuentes mejoren la calidad del aire. Se sabe con bastante certeza que las autoridades mexicanas pueden y deben avanzar en la promulgación de una legislación para reducir emisiones. Por otro lado, es claro también que muchas cuestiones científicas importantes están aún sin respuesta y que la capacidad para cuantificar la relación entre fuente y receptor permanece muy incierta. Por consiguiente, las medidas políticas no pueden ser evaluadas con precisión en términos de su rentabilidad para reducir las concentraciones atmosféricas o la exposición de la población.

Aun así, en la revisión de estudios anteriores, el capítulo 5 ha proporcionado un conocimiento general de cómo diversos controles de emisiones serían eficaces para reducir las concentraciones atmosféricas de ozono y materia particulada. En la siguiente sección enumeramos algunas recomendaciones clave para la investigación, necesarias para caracterizar mejor la calidad del aire en el AMCM y para ayudar a desarrollar y evaluar los modelos usados para la proyección de cambios en el futuro.

4.5.1 Recomendaciones para mejorar los inventarios de emisiones

Los inventarios de emisiones precisan ser mejorados en tres áreas críticas. Primero, es necesario elaborar un inventario de emisiones para $PM_{2.5}$ enfocándose en las fuentes de partículas orgánicas primarias y de hollín. Segundo, es importante resolver la seria subestimación de las emisiones de COV. Tercero, el inventario de emisiones de NO_x debe ser mejorado.

Para verificar los inventarios de emisiones, incluyendo una caracterización más precisa del parque vehicular, se deben emplear simultáneamente varios enfoques:

- elaborar un inventario especial de $PM_{2.5}$ primarias (enfocado en hollín y aerosoles orgánicos) y separar los inventarios de PM_{10} y $PM_{2.5}$ primarias por composición química de cada fuente;
- preparar un inventario referido a combustibles utilizando datos de sensores remotos;
- elaborar una base de datos coherente relacionada con la energía para el AMCM;
- realizar estudios de túnel o equivalentes;
- hacer un análisis detallado de fuente y receptor (incluyendo todas las emisiones de tubos de escape y evaporativas);
- mejorar la caracterización del parque vehicular y el conocimiento de los ciclos de conducción de vehículos;
- elaborar un inventario de emisiones de COV que contenga información sobre las especies químicas de las emisiones y exprese dichas emisiones según se consideren por su reactividad fotoquímica o por su potencial de formación de ozono, y
- realizar mediciones directas de los factores de emisiones y del perfil de las fuentes, tanto para vehículos como para fuentes de origen biológico, industriales y residenciales.

4.5.2 Recomendaciones para estudios de medición

Las mediciones ambientales deberían ampliar el proceso de conocimiento de la atmósfera y de las relaciones entre fuente y receptor, más que sólo caracterizar las concentraciones de contaminantes criterio en la superficie y cerca del centro de la ciudad. Las concentraciones de contaminantes deberían ser monitoreadas fuera del área metropolitana y a varias altitudes sobre la superficie para caracterizar mejor los flujos de aire y los precursores dentro y fuera de la cuenca atmosférica de la Ciudad de México, así como para acotar mejor las condiciones iniciales y los límites de los modelos. También se debería medir una variedad de especies químicas que no son contaminantes criterio, pero que pueden ser importantes para pronosticar la respuesta de las concentraciones de contaminantes a los cambios en las emisiones.

Dada la importancia de las partículas para los efectos en la salud es necesario incrementar la frecuencia y el grado de detalle de las mediciones de partículas, incluyendo la composición y distribución por tamaño de éstas. Una segunda alta prioridad debe ser el incremento en la frecuencia y cobertura espacial de las mediciones de COV y la especiación de COV.

Tanto las mediciones rutinarias como las intensivas son necesarias para los propósitos del uso de modelos. Las mediciones intensivas tomadas anteriormente para un periodo en invierno, cuando la contaminación es a menudo más severa, han proporcionado información muy útil. Sin embargo, no se ha entendido bien qué tan representativas son estas condiciones. Las mediciones rutinarias pueden ayudarnos a entender cualquier variabilidad en las condiciones atmosféricas y también en el seguimiento de los cambios a largo plazo. Además, puesto que los datos de la RAMA (Red Automática de Monitoreo Atmosférico) son usados extensamente en la ciencia de la contaminación atmosférica y en la evaluación de los controles de esta contaminación, es importante consolidar mejor la calidad de los datos. Todas las condiciones para efectuar las mediciones, tanto suposiciones como procedimientos para garantizar la calidad o incertidumbres, deberían ser documentadas para el usuario cada vez que se obtengan datos de la RAMA (incluso en la página web).

Recomendaciones clave:
- realizar mediciones de campo de especies traza indicadoras, tales como HCHO, HNO_3, H_2O_2 y NH_3;
- aumentar la frecuencia y cobertura espacial de las mediciones de COV y su especiación;
- mejorar la frecuencia y el grado de detalle de las mediciones de partículas;
- llevar a cabo mediciones de campo de emisiones vehiculares;
- tomar mediciones de perfil vertical de la calidad del aire, usando aviones, globos o tecnología de sensores remotos, y
- aumentar la frecuencia y calidad de las mediciones meteorológicas en los alrededores de la cuenca atmosférica del AMCM.

4.5.3 *Recomendaciones para estudios de desarrollo de modelos y análisis de datos*

El uso de modelos es un paso necesario para entender los efectos de los cambios en las emisiones en las concentraciones ambientales. Además de reproducir concentraciones ambientales, los modelos deberían usarse más que en el pasado para abordar importantes cuestiones de política, como verificar la eficacia de los controles de emisiones, acotar los inventarios de emisiones mediante el uso de modelación inversa y probar la sensibilidad de los resultados frente a diversos parámetros del modelo que son inciertos.

Los modelos de balance químico de masa deberían seguir usándose para identificar la importancia relativa de las fuentes en las que están disponibles las mediciones de COV o de aerosoles por especie. Las investigaciones futuras también deberían hacer mayor hincapié en los métodos para extrapolar los modelos de unos cuantos días a la diversidad de condiciones encontradas durante todo el año. Finalmente, los modelos también deberían usarse, junto con mediciones meteorológicas y de la RAMA, para mejorar el pronóstico de contingencias por contaminación elevada y para evaluar los planes de manejo de estos eventos.

Recomendaciones clave:
- realizar estudios de modelación de aerosoles inorgánicos y orgánicos usando datos de medición de campo;
- modelar la formación de ozono usando datos de mediciones de campo;
- usar modelos de ozono y de aerosoles para probar la sensibilidad a las emisiones de COV, NO_x y otras especies;
- usar modelos de ozono y de aerosoles para probar la sensibilidad a parámetros del modelo (p. ej., condiciones de frontera del modelo, condiciones iniciales, parámetros de difusión, tasas de las reacciones fotoquímicas);
- usar métodos de modelación inversa para determinar la contribución relativa de fuentes y revisar los inventarios de emisiones, particularmente para COV y partículas de carbono orgánico y elemental;
- llevar a cabo estudios de desarrollo de modelos relacionados con la sincronización óptima para la introducción de vehículos Tier 2 y combustibles con bajo contenido de azufre en México;
- usar modelos y métodos estadísticos para mejorar el pronóstico de las contingencias de contaminación atmosférica y para evaluar la eficacia de los planes de manejo de contingencias;
- modelar a gran escala los flujos de contaminantes hacia dentro y hacia afuera de la cuenca atmosférica de la Ciudad de México;
- modelar la meteorología del AMCM a lo largo del año, y
- desarrollar un modelo de simulación para diferentes escenarios de consumo de energía.

5. Opciones para reducir las emisiones de fuentes móviles y mejorar la movilidad

El transporte es un factor decisivo de la actividad económica y de muy diversas interacciones sociales. A pesar de ello, el sector del transporte es también una importante fuente de contaminación del aire en el AMCM, ya que se le considera como responsable de casi todo el CO, 80% de NO_x, 40% de COV, 20% de SO_2 y 35% de PM_{10} generados en 1998. Los crecientes problemas de congestionamiento, accidentes y falta de seguridad son también muy inquietantes. La pregunta clave, por lo tanto, es cómo reducir los impactos ambientales adversos y otros efectos negativos del transporte sin sacrificar los beneficios de la movilidad.

Este dilema se vuelve más apremiante en condiciones de crecimiento urbano acelerado, lo cual es probable que aumente sensiblemente la demanda de viajes. Dadas las tendencias actuales, para 2020 la población del AMCM alcanzará los 26 millones —con un mayor crecimiento en el Estado de México, más aún que en el Distrito Federal. Si se incluyen las ciudades cercanas de Puebla, Tlaxcala, Cuernavaca, Toluca y Pachuca, la megalópolis entera contará con unos 36 millones de habitantes.

Aunque en algunos casos el ritmo de crecimiento poblacional proyectado puede reducirse, es probable que incluso un crecimiento poblacional moderado conduzca a aumentos sustanciales en la demanda de viajes de pasajeros y de carga en la región. La creciente dispersión geográfica de la población metropolitana probablemente aumentará de igual forma la demanda agregada de transporte, ya que la mayoría de los viajes serán también más largos y el transporte público menos eficiente.

Conforme la población ha crecido y las áreas residenciales se han descentralizado, los patrones para elegir la modalidad de viaje por pasajero en el AMCM también han cambiado dramáticamente: el número de automóviles particulares ha aumentado de manera considerable en años recientes, en la mayoría de los cálculos a un ritmo de 6% anual. Por otra parte, para la década por venir se espera un ritmo de crecimiento económico promedio anual entre 3 y 5% (sin embargo, los cálculos recientes son mucho más modestos, con un ritmo estimado entre 1 y 3% debido a la caída de la economía mundial en 2001). Esto puede significar un mayor número de vehículos en circulación, una proporción más alta de vehículos por habitante y la posibilidad de que los viajes y las distancias aumenten aún más como resultado de la intensificación de las actividades económicas y sociales.

Entre tanto, el porcentaje de viajes totales hechos por autobuses grandes de rutas fijas ha disminuido rápidamente como resultado del surgimiento y el predominio creciente de otros sistemas de transporte, como los colectivos, que compiten por la clientela de las rutas, con frecuencia en condiciones de competencia encarnizada y con una reglamentación limitada. El porcentaje de viajes totales realizados en el sistema del Metro también ha disminuido, a pesar del aumento en la capacidad del sistema y de los sustanciales subsidios gubernamentales.

En contraste, el servicio de los colectivos (sobre todo microbuses) ha aumentado de manera dramática y se ha vuelto el modo predominante de transportación masiva. Aun con tarifas más altas, estos vehículos ofrecen un servicio más conveniente que los hace cada vez más atractivos comparados con el Metro y con los relativamente inflexibles autobuses de rutas fijas. Sin embargo, la intensa competencia entre miles de propietarios y operadores de los microbuses genera caos, exceso de contaminación y accidentes, ante la falta de una reglamentación efectiva. Además de esto, la flota de colectivos se está haciendo más vieja y contaminante.

En general, los pasajeros utilizan los medios de transporte de alta capacidad con menos frecuencia (autobuses y transporte ferroviario) y usan cada vez más los vehículos de tránsito masivo de mediana capacidad (en especial colectivos) y de baja capacidad (taxis y autos particulares). Frente a la ausencia de un cambio sustancial en las políticas actuales y en la organización de los servicios, se puede esperar que estas tendencias continúen conforme aumenten los ingresos en la región.

En gran medida, estos cambios han ocurrido porque el sistema de transporte existente no se ha adaptado adecuadamente a los cambios en la distribución socioeconómica de la población y a los nuevos patrones de viaje resultantes. Debido a una limitada planificación y un pobre control del uso del suelo, las viviendas de interés social o las construidas con escasos recursos se establecen en lugares sin vialidades adecuadas y que carecen de opciones de transportación masiva. El nuevo desarrollo comercial para estos asentamientos se produce con una construcción insuficiente de caminos y de accesos para el tránsito.

A pesar de algunos esfuerzos notables, la región ha luchado sin éxito tratando de suministrar la infraestructura carretera necesaria para mantener el ritmo de la masiva expansión demográfica, situación que se agrava por la carencia de planes coordinados a escala metropolitana. Por ejemplo, no se ha desarrollado el tránsito ferroviario en las áreas con los aumentos de población y la demanda de transporte mayores. Asimismo, hasta la fecha no ha sido posible superar las barreras que impiden la operación eficaz de los autobuses que componen los sistemas de transporte metropolitano entre el Estado de México y el Distrito Federal.

El transporte de carga tiene una especial importancia por sus emisiones altamente contaminantes, la edad excesiva de la flota y su impacto en las condiciones de tráfico del AMCM. La concentración de la actividad económica convierte al AMCM en el principal destino de envíos. Hay un tráfico intraurbano de camiones muy considerable y también mucho flete interurbano de carga que atraviesa la Ciudad de México con rumbo a otros destinos. La ciudad carece de rutas periféricas o libramientos adecuados.

El crecimiento poblacional y económico, la demanda de viajes en aumento, la dispersión metropolitana y una expansión inadecuada de la infraestructura de caminos y ferroviaria en las áreas de mayor crecimiento se han combinado para producir embotellamientos de tráfico cada vez más severos en toda el AMCM. Esta creciente congestión da lugar a una operación vehicular ineficiente que, a su vez, genera niveles de contaminación más altos por kilómetro recorrido.

Las autoridades gubernamentales en el AMCM ya han tomado medidas importantes para reducir las emisiones contaminantes del transporte. Las más notables son: *1]* se han impuesto medidas estándar de control de emisiones cada vez más severas; *2]* se ha mejorado la calidad del combustible, en particular con la eliminación del plomo en las gasolinas, la reducción del contenido de azufre, tanto en la gasolina como en el diesel, y la introducción de gasolina reformulada y oxigenada, y *3]* un Programa de Verificación Vehicular Obligatoria cada vez más estricto y técnicamente complejo que ahora impone inspecciones semestrales de los vehículos para el control de emisiones.

Sin embargo, los serios problemas derivados de la edad de la flota y de la aplicación de los requisitos reglamentarios mantienen altas las emisiones del transporte en la zona de la Ciudad de México. Muchos vehículos carecen incluso de controles básicos de contaminación. Alrededor de 40% de los autos particulares en servicio en 1999 eran anteriores a los modelos 1991, para los que se requirieron por primera vez los convertidores catalíticos. A pesar de las estrictas normas acerca de la edad máxima permitida para los vehículos, las flotas de taxis y de colectivos están envejeciendo. Muchos son más viejos de lo permitido y han mantenido mal sus controles de emisiones; su uso diario intensivo exacerba el problema de la contaminación. La flota de camiones a diesel en México es también vieja (cerca de 30% tiene 15 años o más), se renueva muy lentamente, está mal mantenida y carece de controles de emisiones —un problema serio dado el consiguiente volumen de emisiones de NO_x y de partículas.

Estos problemas plantean un gran desafío para el control de la contaminación atmosférica, en especial cuando vienen asociados con el crecimiento conjunto proyectado de la demanda de viajes de pasajeros y de carga, y con congestionamientos de tráfico cada vez más severos.

5.1 Tendencias clave

Las tendencias siguientes son materia de preocupación para el futuro desarrollo del sistema de movilidad en el AMCM:

- la dispersión rápida y en aumento de las actividades en toda el AMCM está creando nuevos patrones de viaje e interacciones entre el DF y el Edomex, que el actual sistema de transporte no satisface adecuadamente;
- las tendencias en la distribución de los medios de transporte se están apartando de las modalidades de alta capacidad (autobuses y Metro) en favor de las modalidades de baja capacidad (colectivos y autos);
- el sistema de colectivos, impulsado por el crecimiento masivo en el número de vehículos, la influencia política de sus dueños y operadores, y la dificultad para concesionar con éxito los servicios de autobuses, amenaza la viabilidad del sistema de autobuses;

- los altos subsidios para las modalidades de transporte público operado por el gobierno del DF (Metro, trolebús, tren ligero) se justifican cada vez menos dada la clientela estancada o en franca disminución;
- las grandes disparidades en el suministro de infraestructura y en la capacidad institucional entre el Estado de México y el DF. La planificación del transporte está orientada a la infraestructura y se enfoca en ampliar la oferta de vías, pero fracasa en controlar la consiguiente multiplicación de viajes, los cambios en el uso del suelo y la generación de contaminantes atmosféricos;
- los datos de los viajes reales (tanto los actuales como las proyecciones a futuro) parecen inconsistentes e inciertos;
- los datos sobre el tamaño del parque vehicular, su crecimiento y su distribución tanto en áreas geográficas como en su uso final (colectivos contra taxis) son inconsistentes, y
- los recursos humanos y financieros, así como la autoridad necesaria para establecer una planeación, una recopilación de datos y un uso de modelos centralizados para el AMCM son insuficientes.

5.2 Opciones de políticas propuestas para reducir las emisiones relacionadas con el transporte

Para plantear opciones de políticas para el transporte, la movilidad y el medio ambiente en el AMCM es útil considerar la estructura presentada en la figura 7.1.

Los patrones de uso del suelo impulsan la demanda de transporte tanto para pasa-

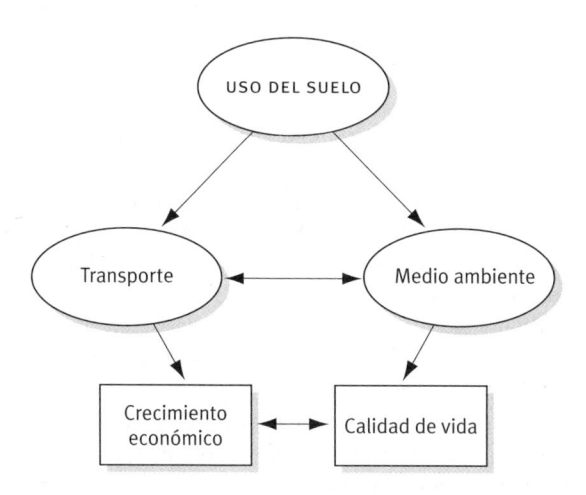

Figura 7.1 Estructura de la relación entre el transporte y el medio ambiente.

jeros como para carga. Mientras que el transporte y la movilidad son indispensables para la actividad y el crecimiento económicos, son también una causa fundamental de contaminación del aire urbano. El sector del transporte en el AMCM es, con claridad, el que contribuye de forma más considerable al problema de la contaminación del aire urbano. La pregunta clave es cómo balancear las necesidades de movilidad de la población del AMCM con los impactos ambientales de la actividad del transporte. Esta pregunta se plantea en un momento en que los patrones de uso del suelo en el AMCM se extienden cada vez más y nuevos centros de población crecen en la periferia, lo que estimula todavía más la gran demanda de transporte.

Un proceso de evaluación integral de las políticas es lo más apropiado para analizar estos vínculos críticos de las cuestiones ambientales que enfrenta el AMCM. Cada estrategia política tendrá un conjunto diferente de efectos potenciales. Ya que contamos con un crecimiento económico continuo en el AMCM, lo que aumentará aún más la demanda de transporte, la creación de un sistema de transporte en equilibrio adecuado con el ambiente será una tarea difícil y compleja, imposible de realizar con sólo una de las opciones, ya que requiere la puesta en práctica concertada e integral de las diferentes opciones tecnológicas y de política social. La prioridad de la política para la reducción de riesgos en materia de salud pública es controlar los contaminantes más importantes —ozono y materia particulada—, como se analizó en el capítulo 4.

Lo que sigue es un conjunto de cuestiones políticas en las que el AMCM puede trabajar para crear un sistema sostenible que abarque las necesidades de transporte, de movilidad y de un medio ambiente sano para esta megaciudad. Cualquier conjunto de opciones debe considerar los efectos, tanto a corto como a largo plazos, en el sistema de transporte y el medio ambiente. Es importante, desde luego, tomar en consideración la relación costo-efectividad de las diversas estrategias y los efectos diferenciados que éstas tienen para los distintos sectores interesados del AMCM. Mientras que es mucho lo que se sabe, es más todavía lo que está velado por la falta de entendimiento y de datos sobre los factores que intervienen.

5.2.1 *Composición y operaciones del parque automovilístico*

Los camiones, autobuses, colectivos, taxis y autos privados son los principales medios que operan y proporcionan movilidad en el AMCM. También son la fuente de las emisiones nocivas al medio ambiente. En cuanto a los vehículos automotores es importante tomar en cuenta el hecho de que pueden tener un impacto ambiental negativo aun cuando no estén en funcionamiento. Por ejemplo, al hacer un análisis del parque automovilístico se deben considerar las emisiones evaporativas de los autos, incluso cuando están estacionados.

Las emisiones causadas por camiones que operan a base de diesel son especialmente considerables. Podrían ser muy valiosas las estrategias dirigidas a equipar esos camiones con nuevas tecnologías para reducir sus emisiones y también a crear incentivos para retirar de la circulación los camiones más viejos. Vale la pena notar que con la flota camionera la tensión entre desarrollo económico y movilidad es más fuerte. El movimiento de mercancías dentro y alrededor del AMCM es fundamental para el crecimiento económico de la región, pero los efectos ambientales asociados con la movilidad de la carga son muy altos. Pueden usarse estrategias similares con las flotas de autobuses, colectivos y taxis, así como con la flota de autos privados. Sería muy valioso plantear estrategias para retirar de la circulación en la región los vehículos más viejos y altamente contaminantes, y crear estándares para reducir las emisiones de todas estas flotas vehiculares. Serán de gran importancia tanto el mejoramiento continuo de la tecnología de control de emisiones en los vehículos nuevos, incluyendo las garantías de durabilidad y reparación, como una aplicación más rigurosa de las normas de verificación y mantenimiento. Las políticas que se dirijan a convencer a la gente para que sustituya los autos privados por medios de transporte menos contaminantes deberán ser de gran influencia.

Recomendaciones clave:
- sería conveniente proporcionar incentivos para acelerar el ritmo de renovación de las flotas de camiones, taxis, colectivos y autos privados. Los pagos por placas, por registro y el impuesto de tenencia anual deberán aumentarse gradualmente, de manera que los vehículos más viejos paguen montos más altos. El ingreso adicional de estas cuotas se puede utilizar para subsidiar la renovación de la flota y suministrar, a aquellos vehículos que sean los apropiados, equipos mejorados de control de emisiones;
- deberían aplicarse las normas ya existentes sobre límites máximos de edad para taxis y colectivos;
- convendría desarrollar incentivos para fomentar la instalación de dispositivos modernos de control de emisiones en camiones a diesel;
- deberían mejorarse la aplicación de las normas existentes para el registro vehicular, la remoción de taxis y colectivos ilegales, y los certificados actuales de verificación vehicular de emisiones, y
- considerar la restricción del uso de vehículos privados en las zonas de la ciudad que presenten tránsito muy pesado.

5.2.2 *Transporte público*

El uso de modalidades de alta capacidad debería ser fomentado ampliamente. Es en especial importante estimular el uso del transporte público como un sustituto de los viajes en autos particulares. Para atraer pasajeros, el transporte público deberá ser mejorado. Tal estrategia incluye hacer más eficiente el cada vez más popular sistema de los colectivos —un sistema que a menudo ofrece un buen servicio pero con efectos colaterales negativos, en particular en términos de congestionamientos—. Vale la pena diseñar estrategias que se basen en los puntos fuertes del transporte en colectivos en tanto se mejoran los puntos débiles.

Será esencial también desarrollar una estrategia eficaz para mejorar las características de funcionamiento del Metro y de los servicios que ofrece. Las dos estrategias mencionadas son ejemplos de cómo usar mejor lo que ya tenemos para el transporte en el AMCM. Además, es importante pensar en forma explícita en un servicio de transporte público intermodal.

Recomendaciones clave:
- dar prioridad a la organización del sistema de transporte a escala metropolitana, incluyendo el mejoramiento y la coordinación de todas la modalidades de transporte actuales, con la perspectiva de optimizar la seguridad y la comodidad de los servicios, al igual que la reducción de emisiones;
- la calidad del servicio, el funcionamiento y la seguridad personal en el sistema del Metro deberían mejorarse sustancialmente;
- las transferencias entre varios medios de transporte deberían facilitarse para mejorar la utilidad y la velocidad del transporte público;
- la planificación de la ampliación propuesta de la red del Metro debería tomar en consideración la necesidad de dar servicio a puntos de origen importantes y a destinos estratégicos;
- la planeación del uso del suelo y los incentivos financieros deberían usarse para fomentar una mayor densidad demográfica y un desarrollo comercial a lo largo de las líneas del Metro existentes y nuevas, y
- los nuevos camiones a diesel podrían tener un papel fundamental remplazando los colectivos viejos con motor a gasolina, a condición de que estas unidades tengan estándares de bajas emisiones y un adecuado mantenimiento.

5.2.3 *Calidad de los combustibles*

Las emisiones de los vehículos y sus efectos en la calidad del aire están muy ligados a los combustibles que usan. Mejoras en los combustibles para reducir el contenido de azufre, así como otros cambios, pueden tener una repercusión importante en la calidad del aire, aun si no disminuyen los kilómetros recorridos por vehículo.

Petróleos Mexicanos ha solicitado cerca de 6 000 millones de dólares en inversiones privadas para modernizar sus seis refinerías y elevar su capacidad de refinación de petróleo. Este programa tiene ventajas potenciales significativas para el medio ambiente, así como mayores ventajas económicas para el país. Los principales objetivos del programa de refinerías incluyen: producir combustibles de mejor calidad y de combustión más limpia; reducir las importaciones de gasolina; satisfacer la demanda nacional de turbosina, diesel, gasolina y otros combustibles, y aumentar su rentabilidad.

Además, el uso del gas natural como combustible potencial para la actividad del transporte es una estrategia que merece ser estudiada.

Recomendaciones clave:
- establecer nuevas especificaciones para un contenido más bajo de azufre en la gasolina y el diesel, que permita la introducción de nuevas tecnologías vehiculares más limpias;
- la utilización del gas natural como un combustible potencial para usarse en autobuses urbanos y camiones intraurbanos debería ser explorado más a fondo, y
- debería evitarse la conversión ilegal de vehículos de gasolina a GLP sin un adecuado control de emisiones.

5.2.4 *Infraestructura y tecnología*

El suministro de nueva infraestructura puede tener un efecto positivo tanto en el medio ambiente como en la movilidad y el transporte. Por ejemplo, contar con infraestructura que permita a los camiones que sólo están de paso por la ciudad evitar el congestionado corazón del área metropolitana tendría consecuencias positivas en la calidad del aire y en el tránsito.

Por el lado de la tecnología, los sistemas inteligentes de transportación (SIT) están mostrando al mundo entero su prometedor manejo del tráfico y la reducción de congestionamientos. Menos costosos y molestos que los sistemas convencionales, los SIT pueden ser muy útiles para tratar los problemas del transporte y el medio ambiente en el AMCM.

Una aplicación particular de los SIT tiene que ver con la fijación de precios para hacer explícitas a los conductores las repercusiones por el uso del automóvil privado (p. ej., los costos por embotellamientos y ambientales). Con el diseño y la implementación de mecanismos efectivos de fijación de precios se reduce la demanda de viajes motorizados, se mitiga la necesidad de expansión de la infraestructura y el área urbana, en principio, se hace más compacta. Aunque es una estrategia difícil de aplicar, los mecanismos de fijación de precios enfocados al problema de la calidad del aire del AMCM ofrecen una plataforma ideal para presentar al público, y a quienes definen las políticas, esta estrategia de manejo.

Recomendaciones clave:
- construir nueva infraestructura que evite que el tráfico de camiones interurbano transite por el centro de la ciudad, a fin de mejorar la calidad del aire y reducir el congestionamiento vehicular;
- debería ser evaluada la viabilidad de la implementación de los SIT para mejorar el manejo del tráfico y así reducir la contaminación, y
- deberían considerarse políticas alternativas de fijación de precios al transporte, facilitadas por los SIT, para reducir el volumen de tráfico y la contaminación.

5.2.5 Estrategias regionales de uso del suelo

Como ya se mencionó, la dispersión continua y el crecimiento absoluto del tamaño del AMCM producen la necesidad de recorrer más kilómetros por vehículo. Los asentamientos, casi todos irregulares, de comunidades en la periferia crean problemas tanto de movilidad como ambientales. El establecimiento de una Comisión Regional de Planeación con una sólida capacidad de ejecución es fundamental para crear un sistema de transporte ambientalmente sustentable en el AMCM. Defendemos esto con pleno conocimiento de las dificultades que representa desde las perspectivas política, social y económica. Sin embargo, debemos ser realistas y reconocer que muchas de las estrategias de las políticas mencionadas antes pueden no resultar eficaces sin un cambio fundamental en los patrones de uso del suelo en el AMCM.

Recomendaciones clave:
- el establecimiento de una comisión de uso del suelo que cuente con una gran capacidad de ejecución, y
- el desarrollo de una estrategia a largo plazo para controlar el uso irregular del suelo.

5.2.6 Dependencias de gobierno

La planificación ambiental y la del transporte se llevan a cabo por instituciones distintas. Es crucial crear un marco institucional en el que estas organizaciones puedan trabajar conjuntamente para desarrollar y poner en práctica opciones de política viables. Algunos de los problemas institucionales críticos son:

- transportación y medio ambiente: se debería establecer una conexión más efectiva entre la planificación del transporte y la planificación ambiental. La clave para esto es el desarrollo de una estructura de planeación regional que vincule de manera eficaz estos segmentos;
- enlaces entre el DF y el Estado de México: las conexiones institucionales eficaces entre el DF y el Edomex son especialmente importantes para el sector del transporte. Hay grandes disparidades en el suministro de infraestructura y la capacidad institucional entre estas dos jurisdicciones, y por lo general hay una completa desconexión entre sus servicios de transporte;
- reglamentación: las instituciones reguladoras deberían ser desarrolladas para supervisar de manera correcta los aspectos de monitoreo del sistema del AMCM, incluyendo el control de los políticamente poderosos colectivos y la imposición de la verificación, el mantenimiento, etc., y
- perspectiva regional: según lo observado en la sección 5.2.5, las instituciones capaces de realizar planes de uso del suelo a escala nacional son muy importantes.

Recomendaciones clave:
- la promoción de un sistema integral de instituciones a escala regional es esencial para lograr resultados positivos;
- debería fortalecerse la coordinación entre las instituciones locales y federales responsables del manejo del transporte en el AMCM. Con este fin se debería conceder a la Comisión Metropolitana de Transporte y Vialidad (Cometravi) una mayor capacidad ejecutiva y facultades legales para implementar eficazmente la coordinación;
- para el diseño y la aplicación de una política homogénea del transporte se deben crear mejores eslabones operacionales entre las dependencias de transporte del DF y del Edomex;
- se debería desarrollar y adoptar una política integral de transporte, uso del suelo y calidad del aire a escala metropolitana;
- en conexión con la verificación vehicular, es necesario continuar la modernización tecnológica y la homogenización completa de los programas del DF y del Estado de México para desalentar las prácticas deshonestas, y
- es esencial una base de datos regional de registro vehicular para implementar normas ambientales y de transporte.

5.2.7 *Verificación vehicular*

Para aumentar la eficiencia en la detección y el control de vehículos contaminantes sería necesario introducir nuevas tecnologías en los procedimientos de prueba tanto en los VerifiCentros como en la vía pública. Las siguientes acciones deberían ser consideradas: *a*] el uso regular de sensores remotos para controlar el PVVO, *b*] el empleo de pruebas dinámicas con carga para vehículos a diesel y *c*] la introducción de pruebas para monitorear los sistemas de control de emisiones evaporativas y detectar fugas de gasolina.

A fin de mejorar el grado de eficiencia en toda la región, las tres entidades responsables del parque vehicular que circula en el AMCM, a saber, el DF, el Estado de México y la Secretaría de Comunicaciones y Transportes, deberían adoptar las normas más estrictas del PVVO. Es aconsejable que los estados adyacentes al AMCM, incluyendo Hidalgo, Puebla y Morelos, adopten el mismo sistema.

Al considerar cuán complejo puede ser el proceso para llevar a cabo esta integración, las siguientes son las principales recomendaciones en el mediano plazo:

- completa homologación en el manejo de los VerifiCentros del DF, el Edomex y la SCT, o la clasificación de la inspección de emisiones de acuerdo con el número de matrícula vehicular;
- aplicación de pruebas dinámicas de emisiones en los VerifiCentros para vehículos con motor a diesel, especialmente para aquellos vehículos con matrícula federal;

- integración de la revisión técnica de los vehículos de transporte público y de carga en los procedimientos de los VerifiCentros, para mejorar el cumplimiento de las normas tanto ambientales como de seguridad;
- empleo de auditorías periódicas, independientes y públicas;
- integración del sistema computarizado del PVVO en el sistema de registro de vehículos automotores, para mejorar el grado de observancia de las normas y la seguridad contra el robo de autos y de calcomanías que muestran que un vehículo ha pasado la verificación;
- centralización de la recolección de datos y del procesamiento de la información sobre inspección de emisiones (los gobiernos del Edomex y del DF debieran compartir y fusionar sus bases de datos);
- introducción de una inspección periódica adicional de emisiones evaporativas para los vehículos a gasolina más viejos;
- aplicación rutinaria de mediciones a los vehículos en la vía publica para revisar el funcionamiento de las estaciones de prueba y monitorear el progreso del PVVO y de la renovación del parque, y
- aplicación de un programa de inspección rutinaria de emisiones para camiones de carga pesada.

6. Opciones para reducir las emisiones de fuentes fijas

En el AMCM, diversas actividades, además del transporte, contribuyen a la contaminación atmosférica. Entre las más importantes están la generación de energía, la producción de bienes y servicios, el uso de combustibles y solventes en los hogares, y el manejo y la distribución de combustibles. El polvo se emite a la atmósfera como resultado de la erosión del suelo. Por otro lado, la vegetación emite COV; se están llevando a cabo estudios para evaluar la importancia de estas emisiones.

6.1 Plantas generadoras de energía

En los últimos 15 años ha habido un progreso significativo en la reducción de contaminantes generados por las termoeléctricas Jorge Luque y Valle de México. Esto se ha logrado principalmente con la sustitución de combustóleo pesado por gas natural, pero también con la instalación de quemadores de NO_x de baja emisión en algunas unidades, mejoras en el mantenimiento, monitoreo continuo de emisiones, etcétera.

Están ya en curso algunos proyectos adicionales para reducir las emisiones de la termoeléctrica Valle de México. En 2000, la CFE comenzó un proyecto para convertir una de las cuatro unidades de generación de esta central eléctrica en una unidad de generación de ciclo combinado (244 MW). Este proyecto está destinado a reducir las emisiones de NO_x para cumplir con las normas actuales y, al mismo tiempo, para satisfacer la creciente demanda de electricidad en el AMCM y reforzar la estabilidad y regulación del sistema eléctrico (voltaje, frecuencia y corriente) en el área central. No obstante, las plantas de energía instaladas en el AMCM son muy viejas y la reducción de emisiones se ha vuelto cada vez más difícil y costosa. La termoeléctrica Valle de México empezó sus operaciones en 1963 y la Jorge Luque ha estado en operación durante más tiempo (una de sus unidades tiene más de 48 años), lo que explica la capacidad de producción relativamente baja y los altos niveles de emisiones de contaminantes. Se puede decir que las dos plantas han completado su vida útil económica y técnica, ya que requieren altos costos de mantenimiento y administración para que sigan funcionando.

Otra estrategia, la conservación de la energía, ayudaría a satisfacer la creciente demanda de electricidad y a reducir emisiones de manera simultánea. La conservación y el uso racional de la energía en los sectores público y privado tienen múltiples beneficios, como ahorros económicos y mejoras en la eficiencia del proceso. La planificación integral de las políticas de energía y calidad del aire, así como de las políticas de transporte y uso del suelo, es fundamental para que las futuras inversiones en energía sean eficaces.

Recomendaciones clave:
- modificar y equipar con nuevas tecnologías de control de la contaminación las centrales eléctricas ya existentes para reducir las emisiones;
- reducir la capacidad de producción de las termoeléctricas existentes y remplazarlas con nuevas instalaciones, posiblemente fuera de la cuenca atmosférica del AMCM, e
- introducir un esquema de aranceles que promuevan las mejoras en la eficiencia de la producción de energía.

6.2 Producción industrial

En años recientes, la tendencia de las emisiones del sector industrial en el AMCM ha disminuido como resultado de medidas ambientales, como cambios a combustibles menos contaminantes, el cierre o la reubicación de algunas industrias y la instalación de mecanismos de control de emisiones. La contribución del sector industrial del DF al producto interno bruto ha disminuido de 28% en 1970 a 23% en 1998. En el Estado de México ha permanecido en 10% después de un aumento de 8.6% en 1970 a 11% en 1985. También la fuerza laboral empleada en el sector industrial se redujo de 932 000 empleados en 1993 a menos de 545 000 en 1998.

Las emisiones del sector industrial fueron reglamentadas por primera vez en los años setenta. Sin embargo, no fue sino hasta la década de los noventa cuando la introducción de combustibles industriales más limpios y el establecimiento de normas más estrictas hicieron posible la reducción de emisiones en las fábricas. El combustóleo pesado fue prohibido en el AMCM en 1992; actualmente, la mayoría de las industrias usa gas natural.

Por otro lado, el sector industrial contribuye con 55% del total de emisiones de SO_2, con 15% de las emisiones de PM_{10}, 8% de las de NO_x y 5% de las de COV. Estas emisiones están asociadas sobre todo con el consumo de combustibles y con procesos industriales, así como con el manejo del transporte y almacenamiento de productos y materia prima. Las industrias que comprenden metales, productos químicos, alimentos y minerales están entre los principales emisores de contaminantes en este sector.

La gran industria, que representa 2% de los establecimientos industriales en el AMCM, y una fracción de la mediana industria cumplen en general con las normas ambientales. Sin embargo, gran parte de la mediana industria, así como la mayoría de la pequeña y micro industria, continúa emitiendo cantidades significativas de contaminantes.

Las normas oficiales mexicanas son el elemento central del esquema de comando y control en México para la reglamentación directa de las emisiones industriales. Estas normas definen una serie de requerimientos mínimos para realizar las operaciones industriales. Aunque las normas se han hecho cada vez más completas y abarcan un gran número de actividades, todavía hay procesos industriales que permanecen sin reglamentación alguna.

En 1995, autoridades ambientales del gobierno federal comenzaron también a promover instrumentos de autorregulación para reducir emisiones industriales. Estos instrumentos incluyen acuerdos entre empresas y gobierno, estándares voluntarios y auditorías ambientales. Estas propuestas de manejo tienden a mejorar las relaciones entre la comunidad industrial con el gobierno y con el público en general.

El Programa Nacional de Auditoría Industrial, también conocido como Programa de Industria Limpia, tiene como objetivo reducir los efectos negativos en el ambiente o en la salud con la aplicación de una serie de medidas preventivas y correctivas. La auditoría no es obligatoria por ley; sin embargo, las autoridades ambientales pueden requerirla si, a su juicio, una instalación industrial representa un problema potencial. Cuando se usa de esta forma, el programa se convierte en un instrumento de regulación directa. El Programa Nacional de Auditoría Industrial ha sido el más importante y exitoso esfuerzo de autorregulación en México hasta la fecha. Entre 1992 y 2000 se realizaron más de 1 400 auditorías y se otorgaron 465 certificados de "Industria Limpia" a las instalaciones que cumplieron con todas las normas ambientales. La Procuraduría Federal de Protección al Ambiente está actualmente examinando formas de mejorar el sistema de auditoría para estimular a las industrias a ir más allá del mero cumplimiento de los estándares obligatorios, como ocurre hoy día.

Recomendaciones clave:
- cambio de combustibles líquidos por gas natural;
- introducción de calentadores solares de agua para reducir el consumo de combustible fósil;

- introducción de una "producción más limpia" y de prácticas de prevención de la contaminación;
- modernización de tecnologías y procesos, y
- reubicación de la industria altamente contaminante fuera del AMCM.

6.3 Sectores comercial, de servicios y residencial

Una gran variedad de establecimientos comerciales y de servicios en el AMCM producen contaminantes atmosféricos. Entre éstos se encuentran hoteles, hospitales, centros deportivos, baños públicos, lavanderías, panaderías, tortillerías, restaurantes, elaboración de comida al aire libre, talleres de pintura, estaciones de gasolina, talleres de imprenta, hornos ladrilleros, etc. Estas empresas están distribuidas en todo el territorio del AMCM. La eliminación del uso de combustóleo a principios de los años noventa y la introducción de combustibles con bajo contenido de azufre han reducido considerablemente las emisiones relacionadas con procesos de combustión en los sectores comercial y de servicios. Aun así, el uso de equipos viejos, manejados por lo general de manera que producen emisiones significativas de contaminantes, plantea todavía un problema serio. Además, más de 5 millones de hogares producen contaminantes atmosféricos con actividades diarias como cocinar alimentos o calentar el agua, y con el uso de electrodomésticos y solventes. Este sector consume la mayor parte del GLP que se vende en el AMCM, así como pequeñas cantidades de madera como combustible y una cantidad cada vez mayor de gas natural y electricidad. Los contaminantes principales producidos por el sector residencial son hidrocarburos, óxidos de nitrógeno y monóxido de carbono.

Almacenamiento y distribución del gas licuado de petróleo. Una de las principales fuentes de emisión de hidrocarburos son las fugas y la combustión incompleta durante el almacenamiento, la distribución y el uso de GLP, que está compuesto en su mayoría de butano y propano. Estos hidrocarburos son relativamente inactivos en la formación de ozono, pero se acumulan en la atmósfera en grandes concentraciones y tienen, por tanto, un efecto significativo en la generación de ozono. Más de 75% de las emisiones de GLP son producidas por instalaciones domésticas. Se pueden lograr considerables reducciones de estas emisiones con acciones simples, como usar tuberías y conexiones que estén herméticamente selladas, así como sustituir o eliminar los pilotos en calentadores de agua y estufas de gas. También son muy importantes la educación del usuario y la capacitación de quienes ofrecen el servicio.

Con objeto de reducir el uso de GLP y las emisiones que se derivan de él, la Comisión Ambiental Metropolitana está llevando a cabo estudios para determinar la viabilidad de introducir el uso de energía solar en forma masiva como un sistema auxiliar para el calentamiento de agua. En el largo plazo, esta medida podría ayudar a reducir el uso de GLP en los sectores residencial y de servicios. Mientras tanto, la red de suministro de gas natural para consumidores residenciales e industriales en al AMCM se está expandiendo.

Almacenamiento y distribución de gasolina. Los tanques de almacenamiento de gasolina en las terminales de distribución del AMCM ya cuentan con sistemas de control de emisiones evaporativas. La instalación de equipo de recuperación de vapores de gasolina en todo el sistema de distribución, incluyendo gasolineras, los camiones-cisterna para distribución y las terminales de distribución, está casi terminada. Sin embargo, el programa actual de inspección y vigilancia tendrá que ser fortalecido para asegurar la función apropiada y continua de estos controles.

Productos consumibles. Las normas para reducir emisiones relacionadas con productos consumibles, como solventes, están en realidad limitadas a la elaboración de pintura y su aplicación en autos nuevos. El uso de pintura y solventes a cielo abierto es una práctica generalizada en el AMCM. La importancia de las emisiones relacionadas con estas prácticas es desconocida y requiere un mayor análisis. La experiencia en otras ciudades con problemas de ozono, como Los Ángeles, muestra que la reglamentación de este tipo de productos y prácticas puede ser valiosa. Además de su toxicidad intrínseca, algunos de estos compuestos pueden participar como precursores en la formación de ozono y de partículas respirables secundarias.

Conservación de energía. El ahorro de energía es una opción importante para reducir emisiones, con múltiples beneficios que incluyen ahorros económicos y un aumento de la eficiencia del proceso. Estudios hechos en Estados Unidos, Europa y México muestran que la inversión en productos relacionados con la eficiencia de energía tiene un impacto significativo en la emisión de contaminantes locales y de gases de efecto invernadero. Además, la conservación puede ahorrar cantidades de energía equivalentes al incremento en la producción, con costos más bajos que los requeridos para inversión en infraestructura.

Recomendaciones clave:
- control de fugas de GLP;
- regulación de los productos de consumo, como solventes y otras sustancias tóxicas y reactivas;
- sustitución y control de emisiones de solventes, y
- conservación de energía.

6.4 Sector informal

El AMCM constituye uno de los más grandes mercados de trabajo en el mundo, con más de siete millones de personas económicamente activas. Cerca de 40% de quienes trabajan en el AMCM fueron clasificados dentro del sector informal de la economía; la mayoría de ellos vende productos o servicios en las aceras. Estas empresas son por lo general de pequeña escala, cuentan sólo con inversiones mínimas de capital y tienen bajos niveles de productividad. Los salarios son bajos y el personal ocupado en el sector informal generalmente no tiene seguridad social ni otras formas de protección de asistencia pública. Se estima que este sector contribuye con alrededor de la tercera parte del PIB de México, con un estimado en su producción de 150 000 millones de dólares en 1998 (OCDE, 1999), aunque la Secretaría de Hacienda de México calculó la contribución del sector informal en sólo 10% del PIB. La discrepancia se puede atribuir a la falta de una definición precisa del sector informal, así como a la dificultad para calcular el número de personas involucradas en estas actividades.

La contribución del sector informal a la emisión de contaminantes no está bien caracterizada. Por ejemplo, las emisiones de cientos de hornos ladrilleros y de miles de puestos de comida en la calle podrían ser significativas y deberían ser investigadas.

Recomendaciones clave:
- caracterizar las diversas actividades del sector informal y sus contribuciones a la contaminación atmosférica, y
- diseñar estrategias de control para tratar el problema de los mayores emisores.

6.5 Fuentes de emisiones de origen biológico y por erosión

La erosión es una causa importante de emisión de partículas suspendidas. Para minimizar la pérdida de suelo es necesario reforzar la protección de tierras de conservación, así como el manejo y la restauración de los recursos naturales. Para lograr esto es necesario restructurar y mejorar el marco legal, incluyendo la elaboración, actualización y homologación de los programas de planificación ecológica; la rehabilitación de las áreas naturales protegidas, y el refuerzo de las medidas legales para la protección de las áreas de conservación. El sistema de inspecciones, encuestas y sanciones se debe incrementar y mejorar para asegurar esta protección. Otras medidas incluyen aumentar la conservación y centrarse en el uso adecuado de la tierra para mejorar la productividad agrícola, apoyar el desarrollo apropiado de la agricultura y mejorar las condiciones de trabajo en el campo.

La vegetación es una parte importante del hábitat natural del AMCM; sin embargo, también contribuye a las emisiones de COV y en menor escala de NO_x. Tanto el clima local como los recursos hídricos están muy influidos por la cubierta vegetal que en los últimos 40 años se ha reducido en forma considerable por el crecimiento urbano. Como el AMCM se convirtió en el más importante centro económico de México, el uso del suelo se modificó para apoyar el desarrollo de la ciudad, con lo que se crearon cinturones industriales, campos para agricultura, una red de carreteras y autopistas, zonas residenciales y de recreación, etc. El gobierno del DF estima que en promedio se pierden 5 km² de bosques cada año; a ese ritmo, el área forestal se habrá reducido significativamente en la próxima década. Como ya puede observarse, este panorama afectará el clima local, los recursos hídricos, la flora y la fauna, y la calidad del suelo.

Recomendaciones clave:
- reforestación;
- protección de las reservas naturales, y
- desarrollo sustentable de áreas rurales para prevenir el deterioro de los ecosistemas y asegurar la calidad de vida de la gente que vive en esas zonas.

7. Marco institucional para el manejo de la calidad del aire

Los problemas institucionales y de gobierno constituyen barreras fundamentales para mejorar la calidad del aire. Algunos ejemplos incluyen las acciones y las relaciones entre el Estado de México y el DF, que se manifiestan en la falta de coordinación de las operaciones de transporte entre estas dos jurisdicciones administrativas, descrita en la sección 5.

A pesar de contar con instituciones especializadas, la estructura, las disposiciones y los recursos para el manejo de la calidad del aire siguen siendo débiles o insuficientes. Las instituciones encargadas de la formulación y la aplicación de normas respecto a la calidad del aire deberían ser restructuradas a fondo.

El objetivo de la CAM es coordinar las políticas y los programas que son aplicados en el área metropolitana para proteger el medio ambiente y para preservar y restaurar el balance ecológico de esa área. Sin embargo, la CAM no tiene un presupuesto propio para su operación ni tampoco está definida su estructura operativa organizacional. Además, hay una falta de continuidad en el personal pues los representantes locales y federales se sustituyen en respuesta a los cambios y sucesos políticos.

Habría que incrementar la autoridad de la CAM y debería dársele una estructura institucional competente para poder llevar a cabo la planeación, integración y aplicación de políticas. La CAM requiere poderes constitucionales para negociar desde una posición de fuerza, no sólo con los representantes involucrados en el tema de la contaminación del aire en el ambiente metropolitano, sino también con las mismas instituciones gubernamentales responsables de tomar decisiones con respecto a cuestiones ambientales en los ámbitos local, estatal y federal.

La solución al problema de la contaminación atmosférica depende tanto de las medidas dirigidas a controlar directamente las fuentes de contaminación como de la aplicación de una política de desarrollo urbano, de energía, industrial, comercial, educativa, de población, y de la gestión adecuada de otras políticas que afectan el medio ambiente. El manejo de la calidad del aire es en realidad un problema multisectorial que requiere un tratamiento a esa escala. Para asegurar la continuidad en la aplicación de planes de acción a largo plazo, la CAM debería ser restructurada para incorporar: *1*] la definición de sus objetivos con metas a corto, mediano y largo plazos; *2*] un área de coordinación de política ambiental que comprenda los problemas del aire, el agua y el uso del suelo; *3*] un área específica dedicada a la integración de las políticas ambientales entre los diferentes sectores de la administración pública en los ámbitos local, estatal y federal; *4*] un área de evaluación política cuya función sería proporcionar retroalimentación sobre la efectividad de la aplicación de las diversas políticas ambientales, y *5*] un área que supervise el cumplimiento de leyes y reglamentos.

La CAM debería también aumentar sus esfuerzos por fomentar la participación pública y la contribución de los interesados en el diseño y supervisión de las políticas ambientales. La participación de los sectores más comprometidos puede proporcionar apoyo a las medidas impopulares pero rentables que se adopten en favor del interés público; esto garantiza la responsabilidad de los funcionarios públicos y de las instituciones, y facilita la continuidad a largo plazo a pesar de los cambios de personal en las dependencias de gobierno.

Recomendaciones clave:
- fortalecer las dependencias ambientales locales y federales dotándolas de recursos financieros y humanos adecuados para realizar de manera eficiente sus actividades de gestión ambiental;
- reestructurar la Comisión Ambiental Metropolitana, y
- fomentar la participación pública y la contribución de los interesados en el diseño y la supervisión de las políticas ambientales.

8. Educación y capacitación

El éxito y la sustentabilidad de las políticas ambientales dependen en gran medida de una alta conciencia ciudadana y de la participación activa e informada de todos los sectores involucrados. Para que los cambios en actitud y conducta sean permanentes se requiere el desarrollo de una cultura ambiental y el mejoramiento de la educación. También es esencial mejorar la capacidad de los recursos humanos, necesaria para diagnosticar problemas ambientales, así como formular, ejecutar y evaluar las políticas y los programas dirigidos a mejorar la calidad del aire. Personal mejor calificado hará más eficaz el desempeño del gobierno, de los sectores privados y académicos, y de las organizaciones no gubernamentales.

Recomendaciones clave:
- apoyar las actividades educativas en curso del gobierno mexicano dirigidas a elevar la conciencia ambiental de la población en general;
- asignar recursos financieros para programas de educación ambiental;
- apoyar la investigación sobre contaminación del aire en las universidades e instituciones de gobierno para reforzar la capacidad de gestión ambiental en las

dependencias gubernamentales federales, estatales y locales, así como en los sectores industrial y académico, y
- desarrollar programas de investigación aplicada y de adiestramiento técnico en el campo de la prevención y el control de la contaminación atmosférica y del manejo de residuos peligrosos.

9. Mecanismos de financiamiento para programas relativos a la calidad del aire

Los programas ambientales sustentables requieren recursos financieros adecuados y confiables. Convendría reconocer que los esfuerzos por mejorar la calidad del aire deben basarse ante todo en la autogeneración de recursos.

La sociedad debe admitir que los beneficios ambientales que se reciben de la naturaleza no son gratuitos y que es necesario pagar para conservarlos. Los costos de preservar, mantener y restaurar los ecosistemas deberían ser transferidos a quienes contaminan y a los que reciben los beneficios. Los recursos invertidos para prevenir y remediar la contaminación, junto con los costos de operación de programas, infraestructura y sistemas, deberían ser recuperados para mantener los beneficios de manera eficiente.

En el AMCM están disponibles importantes instrumentos financieros para apoyar la puesta en práctica de estrategias y medidas específicas para el control de la contaminación del aire. Entre éstos se encuentra el Fideicomiso Ambiental del Valle de México, operado por la CAM mediante un comité técnico presidido por la Secretaría de Hacienda y Crédito Público. Los recursos para este fideicomiso se obtuvieron mediante un pequeño impuesto ambiental agregado al valor de la gasolina vendida en el AMCM. Este sobreprecio se cobró desde principios de 1995 hasta finales de 1997; desde entonces, la SHCP no ha renovado su aplicación. El Fideicomiso Ambiental debe mantenerse y la aplicación del sobreprecio debe restablecerse. Además, es recomendable que la CAM incremente este gravamen aplicado a las gasolinas y otros combustibles.

El sistema de la banca mexicana de desarrollo dispone de recursos considerables (la mayoría cofinanciados por organismos internacionales, como el Banco Mundial, el Banco Interamericano de Desarrollo y el Banco de Importación y Exportación de Japón). El Banco Nacional de Obras y Servicios Públicos y Nacional Financiera tienen el capital suficiente y un marco legal que les permite adaptarse casi a cualquier requerimiento. Sin embargo, la experiencia obtenida en la pasada década muestra que la existencia de programas financieros es una condición necesaria, pero no suficiente, para desarrollar proyectos de mejoramiento de la calidad del aire. En el pasado reciente, barreras económicas, sociales e institucionales han obstaculizado la disponibilidad y el uso de los recursos financieros. Para que éstos sean usados en forma adecuada se debe diseñar y poner en práctica un marco regulador a fin de crear incentivos para no contaminar y sanciones para quienes contaminan.

Por razones económicas y sociales, algunos programas no pueden ser autofinanciados. Para ello es necesario explorar una gama más amplia de recursos financieros.

10. Resumen

Resulta de gran importancia reducir la incertidumbre científica en torno a la contaminación atmosférica acelerando la investigación. El conocimiento científico existente no está basado en verdades irrefutables o monolíticas, sino en un cuerpo de conocimientos incompleto y en proceso de evolución, que es por lo general incierto y algunas veces incluso controversial y ambiguo. La correcta incorporación de los resultados científicos al proceso de toma de decisiones sienta las bases para un diseño sólido de políticas. Adicionalmente, es posible evitar errores costosos aprendiendo de las experiencias exitosas y de las lecciones obtenidas en México y otros países. Las políticas para reducir la contaminación del aire deben descansar sobre la base del mejor conocimiento científico disponible, aunque su eficacia no dependa por completo de este conocimiento. Las estrategias eficaces deben conciliar los factores políticos, incluyendo la aplicación acertada de reglamentos y leyes pertinentes, la disponibilidad de recursos financieros y humanos, y la capacidad de negociación del gobierno. El conocimiento sobre las causas y consecuencias de la contaminación no significa que dicho conocimiento se traducirá automáticamente en soluciones a los problemas existentes. Para que esto sea posible, la voluntad y la capacidad políticas deberán transformar el mejor conocimiento disponible en acción.

En suma, la solución del problema de la contaminación del aire en el AMCM requiere un gran esfuerzo a largo plazo. Deberá ponerse un énfasis cada vez mayor respecto a las medidas preventivas en el diseño de estrategias para mejorar la calidad del aire. El desarrollo y la aplicación eficaz de soluciones no es un lujo sino una necesidad para garantizar la salud de los habitantes del AMCM y el bienestar de la sociedad. Los ciudadanos, el sector privado, la comunidad académica, las organizaciones sociales y el gobierno tienen que contribuir a la solución de los problemas ambientales mediante la puesta en práctica de diferentes estrategias específicas para múltiples campos de acción.

El mejoramiento sustentable de la calidad del aire en el AMCM requiere un compromiso político y social permanente. Cualquier estrategia tecnológica o social deberá ser parte de una visión a largo plazo e incluir un proceso permanente de implementación y renovación. Algunas de las medidas necesarias pueden parecer costosas e inconvenientes. No obstante, las demoras actuales para frenar el problema de la contaminación del aire pueden crear la necesidad de medidas más drásticas en el futuro o pueden poner en un riesgo más alto la salud y los recursos financieros de los habitantes del Área Metropolitana de la Ciudad de México.

DELEGACIONES:

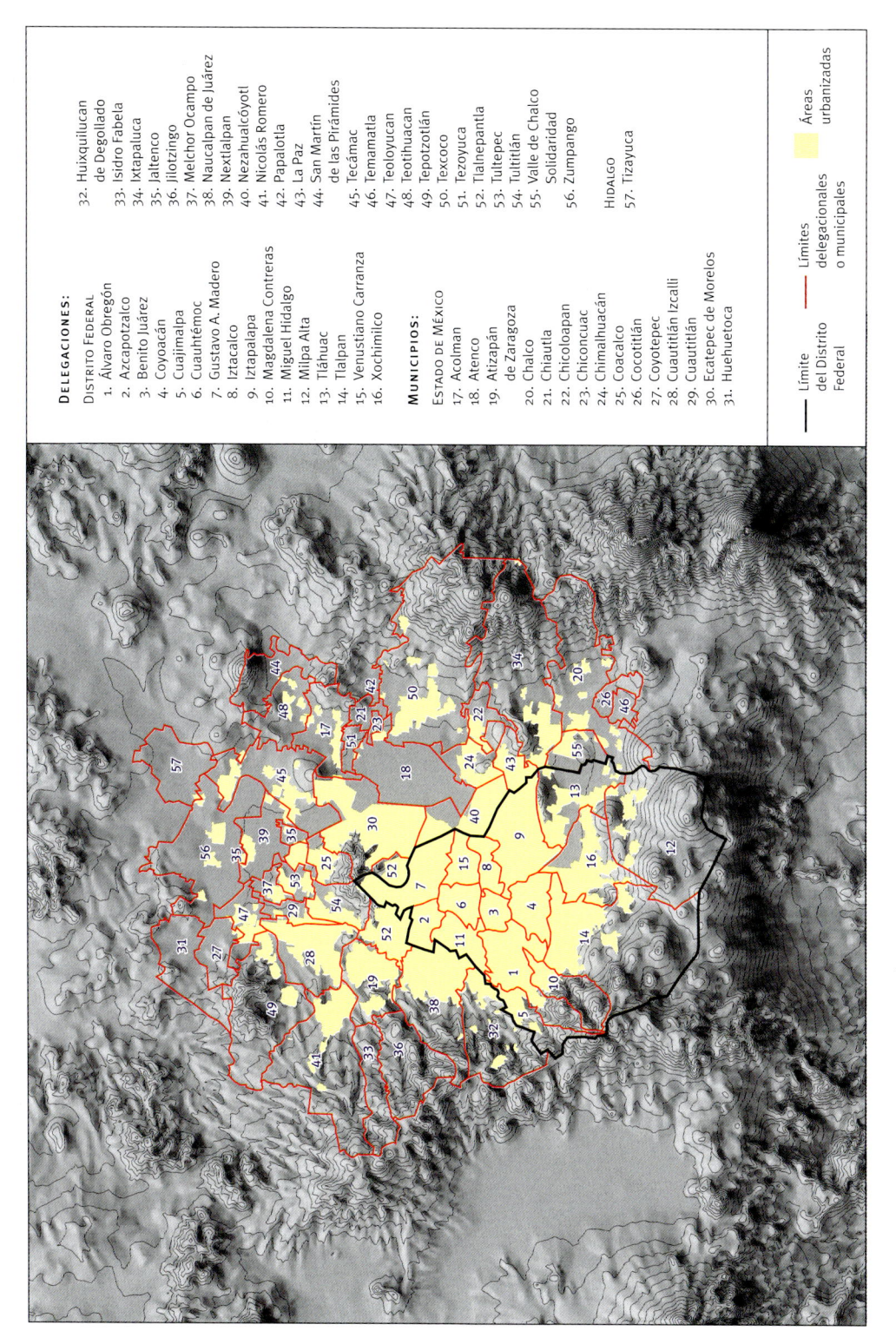

DISTRITO FEDERAL
1. Álvaro Obregón
2. Azcapotzalco
3. Benito Juárez
4. Coyoacán
5. Cuajimalpa
6. Cuauhtémoc
7. Gustavo A. Madero
8. Iztacalco
9. Iztapalapa
10. Magdalena Contreras
11. Miguel Hidalgo
12. Milpa Alta
13. Tláhuac
14. Tlalpan
15. Venustiano Carranza
16. Xochimilco

MUNICIPIOS:

ESTADO DE MÉXICO
17. Acolman
18. Atenco
19. Atizapán de Zaragoza
20. Chalco
21. Chiautla
22. Chicoloapan
23. Chiconcuac
24. Chimalhuacán
25. Coacalco
26. Cocotitlán
27. Coyotepec
28. Cuautitlán Izcalli
29. Cuautitlán
30. Ecatepec de Morelos
31. Huehuetoca
32. Huixquilucan de Degollado
33. Isidro Fabela
34. Ixtapaluca
35. Jaltenco
36. Jilotzingo
37. Melchor Ocampo
38. Naucalpan de Juárez
39. Nextlalpan
40. Nezahualcóyotl
41. Nicolás Romero
42. Papalotla
43. La Paz
44. San Martín de las Pirámides
45. Tecámac
46. Temamatla
47. Teoloyucan
48. Teotihuacan
49. Tepotzotlán
50. Texcoco
51. Tezoyuca
52. Tlalnepantla
53. Tultepec
54. Tultitlán
55. Valle de Chalco Solidaridad
56. Zumpango

HIDALGO
57. Tizayuca

— Límite del Distrito Federal
— Límites delegacionales o municipales

Áreas urbanizadas

Lámina 1. Mapa del Área Metropolitana de la Ciudad de México, 1995. (Garza, 2000; cortesía de El Colegio de México.)

| 1910 | 1930 | 1950 | 1970 | 2000 |

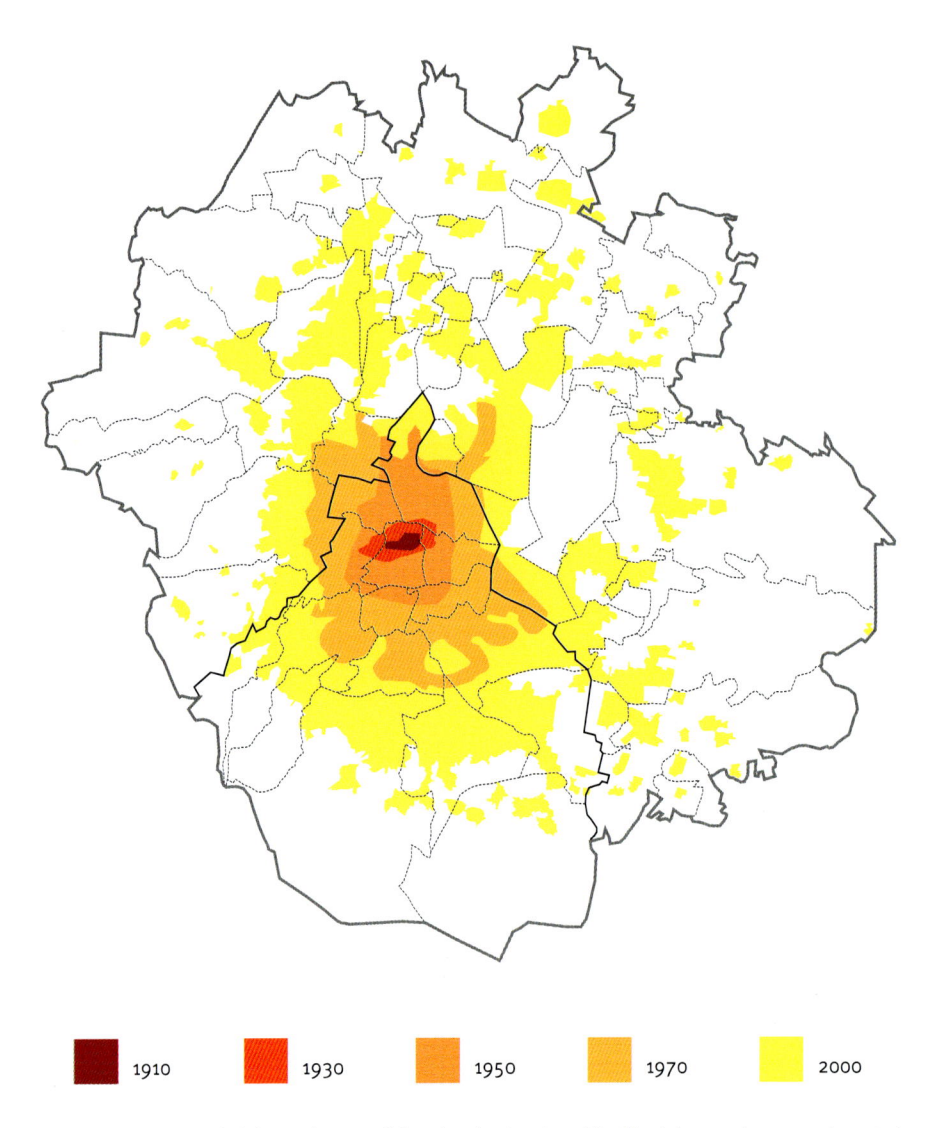

Lámina 2. Durante el siglo xx, la superficie urbanizada y la población del AMCM han experimentado un crecimiento extraordinario.

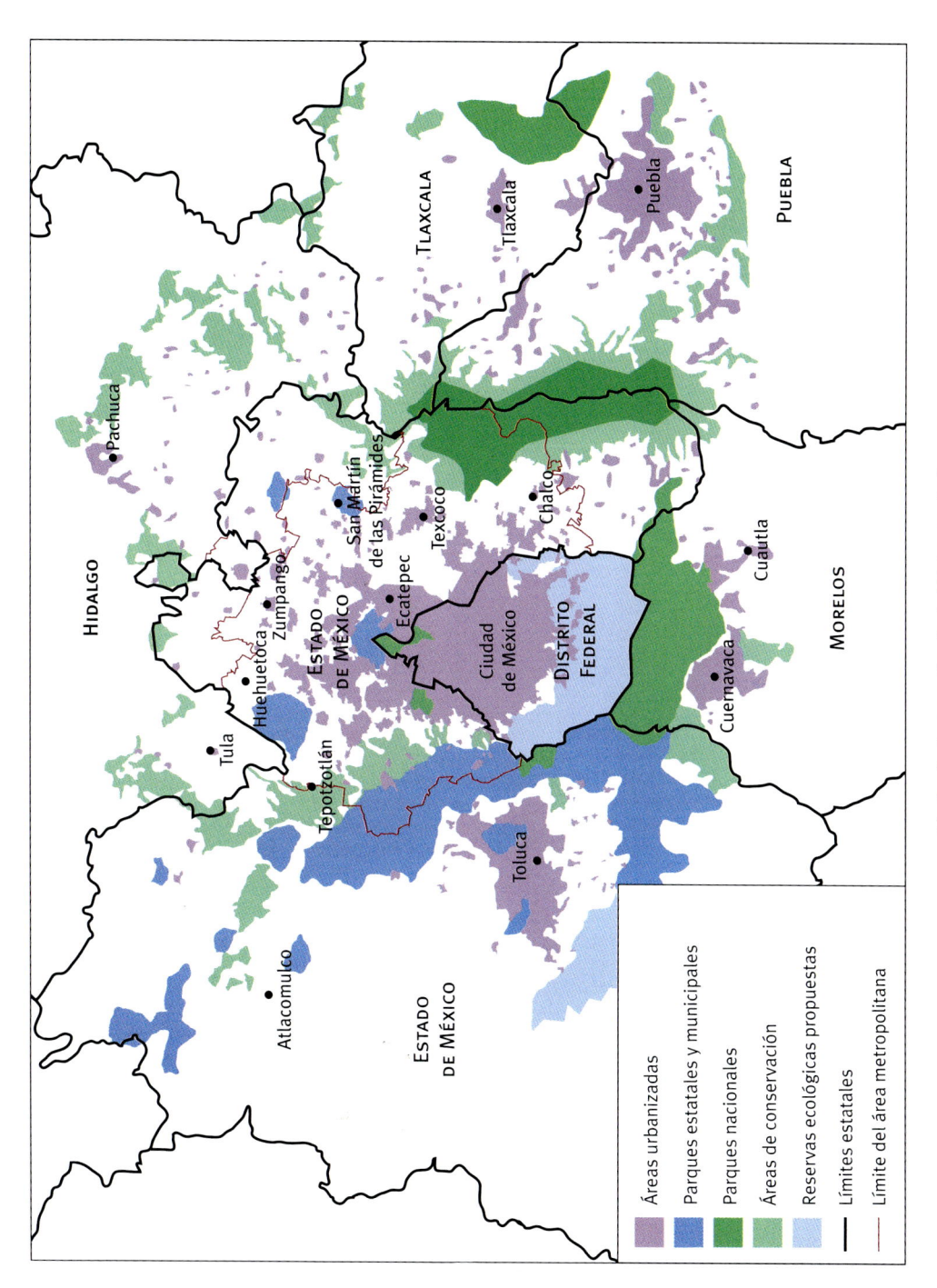

Lámina 3. La megalópolis de México en el año 2000.

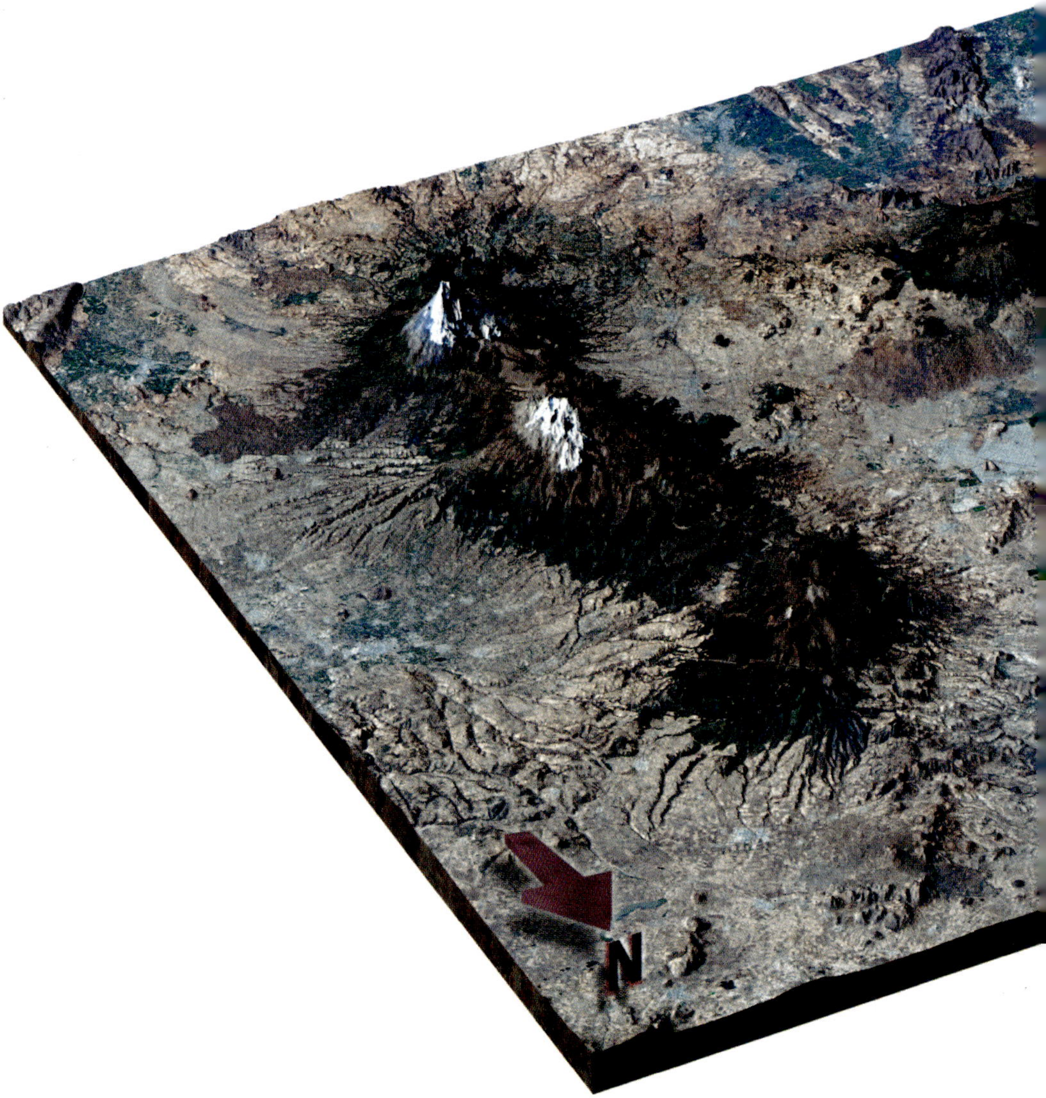
N

Lámina 4. Modelo de la cuenca de México. Cartografía digital de K.F. Link, a partir de una imagen satelital proporcionada por la Conabio.

Nivel de ozono ppm

- 0.000 - 0.037
- 0.037 - 0.073
- 0.073 - 0.110
- 0.110 - 0.146
- 0.146 - 0.183
- 0.183 - 0.219
- 0.219 -

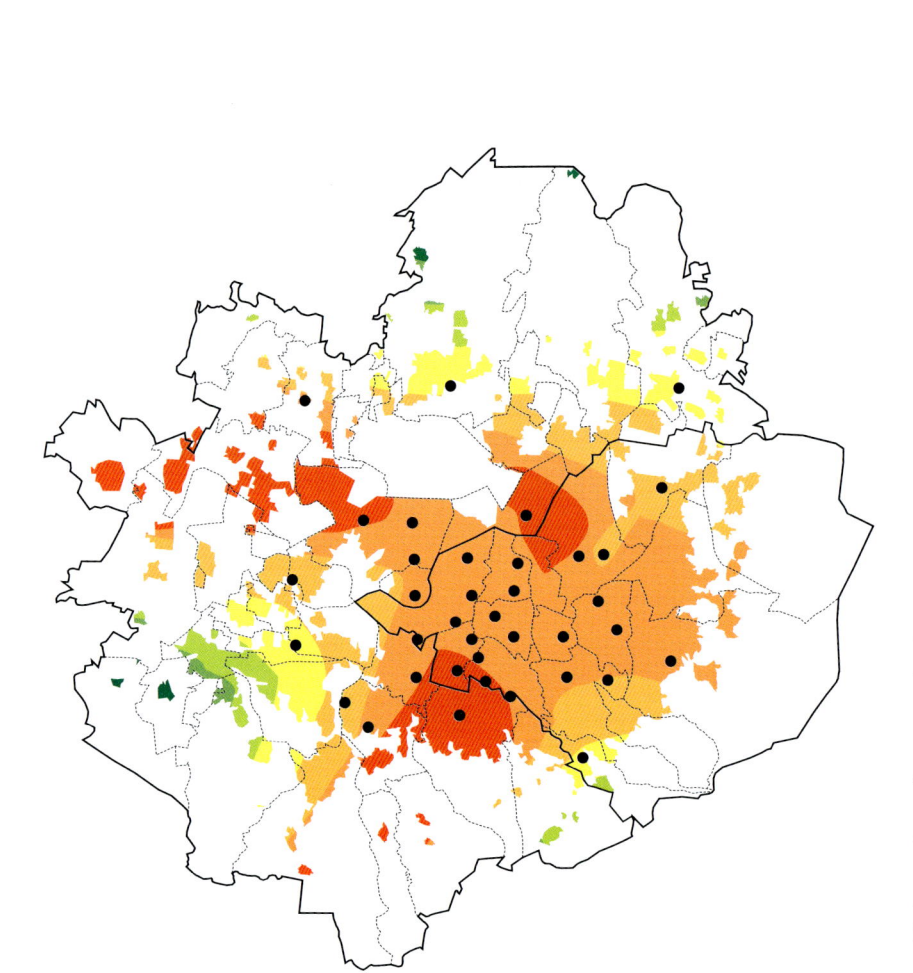

• Estación de monitoreo de ozono

Lámina 5. Promedios mensuales de concentraciones máximas de ozono, según mediciones diarias de una hora en el AMCM, en 1998.

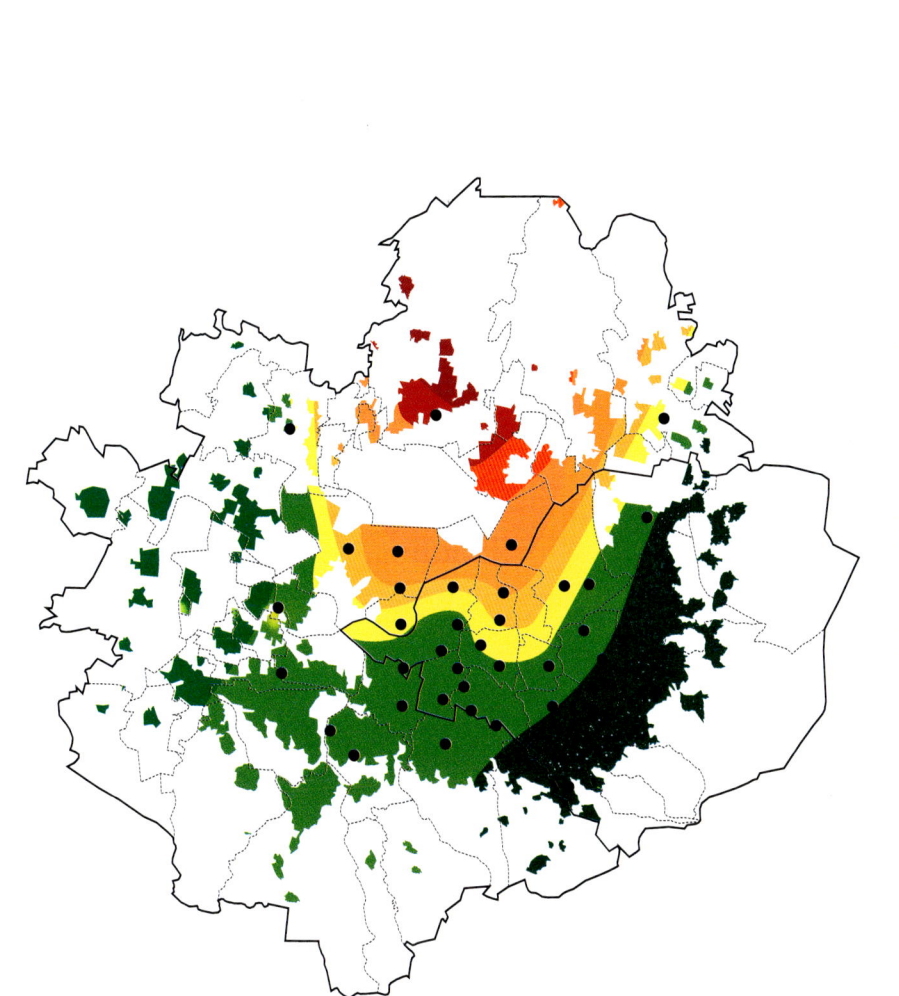

Lámina 6. Análisis SIG de registros de PM₁₀ en el AMCM, en 1998.

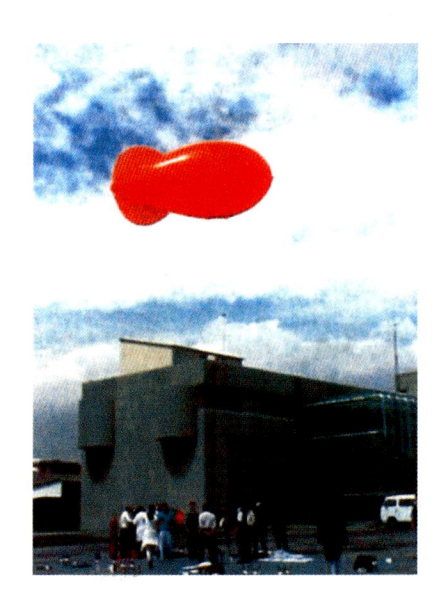

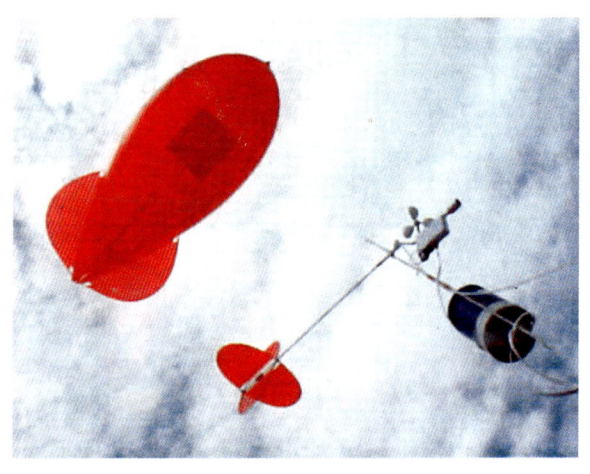

Lámina 7. Los contaminantes del aire en el AMCM son registrados de manera rutinaria por la RAMA. Los globos sonda miden varios parámetros meteorológicos y la composición del aire a diferentes altitudes.

Apéndice A
El Índice Metropolitano de la Calidad del Aire y el Programa de Contingencia Ambiental

Las mediciones de la calidad del aire en el Área Metropolitana de la Ciudad de México se comunican diariamente al público mediante un índice de valores, el Índice Metropolitano de la Calidad del Aire (Imeca). Éste se basa en gran medida en el National Ambient Air Quality Standard de Estados Unidos (NAAQS), que a su vez deriva del índice de Ott y Thom (Ezcurra *et al.*, 1999). El cuadro 1 muestra una comparación del Imeca contra el índice de Ott y Thom y el del NAAQS de Estados Unidos.

Cuadro 1 Comparación del Índice Metropolitano de la Calidad del Aire contra el índice de Ott y Thom y la norma del National Ambient Air Quality Standard de Estados Unidos para niveles similares de contaminación del aire

Índice	Descripción Imeca	Ott y Thom	NAAQS
0-50	Situación muy favorable para la realización de todo tipo de actividades físicas	Bueno	Bajo la norma NAAQS
51-100	Situación favorable para la realización de todo tipo de actividades	Satisfactorio	Bajo la norma NAAQS
101-200	Aumento de molestias en personas sensibles	Malo para la salud	Sobre la norma NAAQS
201-300	Aumento de molestias e intolerancia relativa al ejercicio en personas con padecimientos respiratorios y cardiovasculares. Aparición de ligeras molestias en la población en general	Peligroso	Alerta
301-400	Aparición de diversos síntomas e intolerancia al ejercicio en la población sana	Peligroso	Llamado de atención
401-500	Aparición de diversos síntomas e intolerancia al ejercicio en la población sana	Peligroso	Emergencia
501 +	(No se describe)	Daño significativo para la salud	Daño significativo para la salud

FUENTE: Ezcurra *et al.* (1999).

La función principal del Imeca es informar acerca de la calidad del aire en la Ciudad de México. También se usa para observar el comportamiento de diferentes contaminantes y para comparar la calidad del aire entre zonas con índices similares. El cálculo del Imeca hace que el umbral crítico para cada contaminante (el límite máximo permitido por la norma) equivalga a 100 puntos (véase el cuadro 3). Existe un programa de contingencia para hacer frente a lapsos prolongados de altos niveles de contaminación, cuando el Imeca rebasa ciertos valores (actualmente, 240 puntos Imeca o alrededor de 0.28 ppm de ozono).

Programa de Contingencia Ambiental

En los casos en que se presentan muy altos niveles de contaminación se declaran contingencias de contaminación del aire para advertir al público y para que se puedan reducir las emisiones. Las contingencias son establecidas con base en las concentraciones de contaminantes ambientales medidos en las estaciones de la Red Automática de Monitoreo Atmosférico (RAMA) y en las predicciones meteorológicas hechas por los científicos de ésta. Una vez declarada la contingencia, se da a conocer al público y entra en vigencia al día siguiente. Durante ese lapso se toma una serie de acciones tendientes a reducir las emisiones de contaminantes. Estas medidas incluyen reducir la actividad de industrias altamente contaminantes y restringir la circulación vehicular. En casos extremos, las escuelas primarias se cierran de manera temporal para prevenir un daño potencial a la salud de los niños y, además, para disminuir el tráfico vehicular. El cuadro 2 resume el Programa de Contingencia Ambiental bajo el sistema en vigor.

Actualmente se declara la contingencia en la Fase I si el nivel de ozono excede 240 puntos Imeca (equivalentes a 0.28 ppm de ozono). La contingencia se levanta si el nivel de ozono baja de los 0.21 ppm y si las PM_{10} están por debajo de 250 $\mu g/m^3$ (INE, 2000). La Fase II se declara cuando la Fase I ha estado en vigor por tres días consecutivos, independientemente de cuánto sobrepasen los niveles el umbral del Imeca. Asimismo, se puede declarar una precontingencia cuando las concentraciones de ozono alcanzan 0.23 ppm o cuando las PM_{10} alcanzan 310 $\mu g/m^3$. Detalles sobre cómo se implementan los planes de contingencia se encuentran en la página de internet de la Secretaría del Medio Ambiente (SMA): <http://www.sma.df.gob.mx>.

Cálculo del Imeca

El Imeca se basa en dos algoritmos fundamentales: el primero se usa para obtener el índice de diferentes indicadores de la calidad del aire, mientras que el segundo se utiliza para combinar los resultados en un índice global. El primer algoritmo involucra segmentos de funciones compuestas por dos puntos de quiebre principales, que se

Cuadro 2 Planes de contingencia en el AMCM

Plan de contingencia	Nivel límite del índice Imeca a partir del cual se activa la contingencia (y se desactiva)	Principales acciones implicadas
Precontingencia	• $200 < O_3 < 240$ ($O_3 < 180$) • $160 < PM_{10} < 175$ ($PM_{10} < 150$)	• Impedir las actividades al aire libre de los niños en las escuelas • No permanecer bajo el sol • No producir asfalto • Suspender los trabajos de mantenimiento de caminos
Fase I	• $O_3 > 240$ ($O_3 < 180$) • $PM_{10} > 175$ ($PM_{10} < 150$), o • Modalidad combinada: $O_3 > 225$ y $PM_{10} > 125$ ($O_3 < 180$)	Las indicadas arriba y: • Vigilancia epidemiológica • Notificar a la población para que evite realizar actividades al aire libre • Mantener 50% de los vehículos con holograma de verificación 2 y los transportes de carga fuera de circulación • Después del segundo día consecutivo de contingencia, todos los vehículos con holograma de verificación 2 deberán quedar fuera de circulación • Cerrar las estaciones de gasolina que carezcan de sistemas de recuperación de vapores • Reducir en 50% la operación de las plantas termoeléctricas en el AMCM
Fase II	• $O_3 > 300$ ($O_3 < 180$) • $PM_{10} > 250$ ($O_3 < 150$)	Todas las indicadas arriba y: • Reducir en 60% las actividades industriales • Prohibir la circulación de todos los vehículos con holograma de verificación 2

FUENTE: <http://www.sma.df.gob.mx>.

obtienen a partir de los umbrales mexicanos de la calidad del aire y con niveles en los cuales se han detectado daños significativos para la salud. Se asignó un valor de 100 para el primero y uno de 500 para el segundo. Entre estos dos puntos se definieron tres más para clasificar el intervalo en diferentes términos descriptivos de la calidad del aire.

Las siguientes fórmulas describen el uso del algoritmo para la estimación del Imeca.

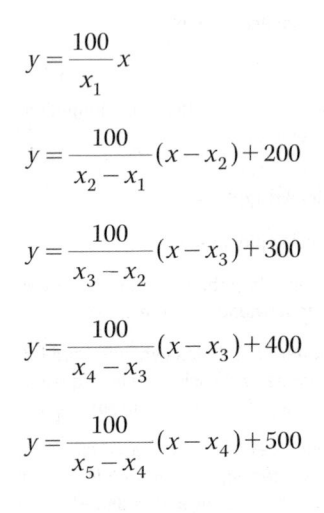

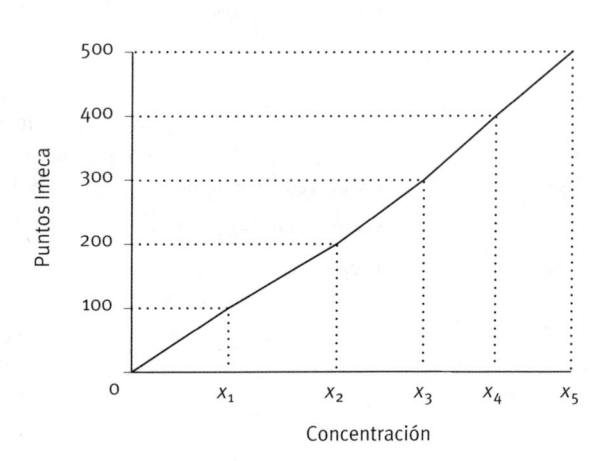

$$y = \frac{100}{x_1} x$$

$$y = \frac{100}{x_2 - x_1}(x - x_2) + 200$$

$$y = \frac{100}{x_3 - x_2}(x - x_3) + 300$$

$$y = \frac{100}{x_4 - x_3}(x - x_3) + 400$$

$$y = \frac{100}{x_5 - x_4}(x - x_4) + 500$$

Cuadro 3 Valores para el uso de algoritmos en la estimación del Imeca

Punto de algoritmo	PST (µg/m³)	PM$_{10}$ (µg/m³)	SO$_2$ (ppm)	NO$_2$ (ppm)	CO (ppm)	Ozono (ppm)
x_1*	260	150	0.13	0.21	11	0.11
x_2	546	350	0.35	0.66	22	0.23
x_3	627	420	0.56	1.10	31	0.35
x_4	864	510	0.78	1.60	41	0.48
x_5	1 000	600	1.00	2.00	50	0.60

FUENTE: INE (2000), Gestión de la calidad del aire en México.
* Este valor corresponde a la norma de calidad del aire para México.

Apéndice B
El Programa "Hoy no circula"

El Programa "Hoy no circula" (HNC), iniciativa que surge de la sociedad en 1987, es quizá una de las medidas más conocidas y controversiales que se han puesto en práctica en el Área Metropolitana de la Ciudad de México (AMCM).

En 1987, un grupo ambiental llamado Mejora tu Ciudad, conducido por Cecilia Kramer, persuadió a muchos conductores en el AMCM a participar en una iniciativa voluntaria para evitar el uso del automóvil una vez a la semana. La respuesta inicial a este programa voluntario, conocido como "Hoy no circula", fue muy favorable; sin embargo, el apoyo al programa disminuyó rápidamente por falta de recursos y de promoción.

El programa se volvió obligatorio el 20 de noviembre de 1989 como parte del programa de emergencia de corto plazo que el gobierno aplicó durante los meses de invierno en el AMCM, cuando se elevaron mucho las concentraciones de ozono debido a inversiones térmicas severas. Con base en el último dígito del número de las placas, se prohibió la circulación de 20 % de los autos particulares cada día de la semana; la prohibición no se aplicó durante los fines de semana. El objetivo del programa era reducir el congestionamiento vehicular, la contaminación y el consumo de gasolina al reducir los kilómetros recorridos por vehículo. Los estudios de ese invierno indicaron que el consumo de gasolina efectivamente disminuyó, mientras que el número de pasajeros del Metro y la velocidad de circulación en las calles aumentó (Onursal y Gautam, 1997). Debido a su éxito inicial, el HNC se convirtió en una medida permanente. Cuando el primer Programa Integral contra la Contaminación Atmosférica (PICCA) entró en vigor en 1990 con un horizonte de cinco años, el HNC fue un componente principal del mismo.

Este programa fue muy apoyado por el público al principio. Sin embargo, mientras que muchas personas estaban dispuestas, temporalmente, a hacer el esfuerzo adicional de no utilizar su auto una vez a la semana, no estaban dispuestas a hacerlo en forma permanente. Muchos consideraban el transporte público como ineficiente, inconveniente e inseguro. Por lo tanto, para aquellos que podían permitírselo, la solución fue tener más de un auto, de manera que los automóviles viejos permanecían en la casa como un segundo auto adicional a los nuevos.

En un análisis empírico, Eskeland y Feyzioglu (1997a, b) estimaron que desde la puesta en efecto del HNC, el AMCM pasó de ser un exportador neto de autos usados (con un promedio de 74 000 por año) a ser un importador neto (85 000 por año). También señalan que la puesta en práctica del HNC coincide con una disminución en el número de pasajeros del Metro. Con respecto a los efectos económicos, además de la incomodidad que el programa presenta, hay comentarios sobre la ineficiencia en el uso de recursos: "El hecho de que éste acapara e inmoviliza capital artificialmente, implica que es costoso para la nación".

Un estudio del gobierno mexicano en 1995 señaló que 22% de los conductores adquiría un segundo vehículo en respuesta a la extensión de la prohibición de circular (Onursal y Gautam, 1997, p. 156). Además, dicha prohibición sólo afectó a los conductores sin recursos suficientes para adquirir un segundo vehículo. Una consecuencia involuntaria importante de esta política fue que la disponibilidad de un segundo vehículo pudo haber inducido viajes adicionales. Específicamente, en el caso de las familias con dos autos, cada uno con la prohibición de circular en diferentes días, hay tres días de la semana (además de los fines de semana) en que los dos vehículos se pueden usar. Por consiguiente, los patrones de tráfico se modificaron, en particular los fines de semana, ya que todos los vehículos tienen permiso de circular siempre y cuando no haya contingencia ambiental. Cada miembro de la familia puede conducir un auto diferente y los sábados se han vuelto uno de los días de la semana con tráfico más intenso (CAM/Banco Mundial, 2000).

Es difícil determinar los efectos cuantitativos a largo plazo del programa HNC sobre la calidad del aire. Al analizar la tendencia en el consumo de gasolina en el AMCM, Eskeland y Feyzioglu (1997b) concluyeron que el programa condujo a un incremento estadísticamente importante en el consumo a principios de los años noventa. Un estudio hecho por investigadores de la UNAM (Mendoza *et al.*, 1997) llegó a una conclusión opuesta: concretamente, que el programa HNC condujo a una disminución del consumo de gasolina de cerca de 6% en ese mismo periodo. Un problema con estos estudios es que en el análisis de las tendencias respecto al consumo de la gasolina se confunden factores como la crisis económica de diciembre de 1994 y el aumento en el precio de autos usados después de la introducción del programa HNC.

A fin de hacer más eficiente el programa HNC, desde su inicio en 1989 se han hecho modificaciones importantes a la prohibición de circular y a las políticas asociadas: éstas modificaciones incluyen la extensión del programa a los vehículos de transporte público (taxis y microbuses) en 1991 y la aplicación de un sistema de restricción a la circulación vehicular basado en calcomanías de verificación acordes con el nivel de emisiones y la tecnología con que viene equipado cada vehículo (véase el cuadro 1).

Una mejora importante del programa fue la inclusión de los taxis en el HNC en 1991. Entre todas las modalidades vehiculares, los taxis tienen el mayor nivel de emisiones por kilómetro y por pasajero debido a que circulan vacíos en busca de clientes. La policía de los gobiernos del Distrito Federal y del Estado de México es la encargada de hacer cumplir el programa en sus respectivas jurisdicciones. El programa HNC es ahora obligatorio para todos los vehículos del AMCM, incluyendo taxis, microbuses, autobuses de pasajeros, camiones de carga pesada y camionetas de carga ligera.

Otro cambio importante en el programa HNC fue la modificación en su objetivo principal de ser un instrumento de restricción a la circulación vehicular para convertirse en un incentivo para la renovación del parque. Específicamente, los autos más viejos tienen ahora prohibida la circulación uno o dos días de la semana, así como algunos fines de semana, desde la creación de la nueva medida "Doble hoy no circula" en 1995, que prohíbe la circulación de todos los vehículos con calcomanía 2 cuando se alcanzan los niveles de contaminación de emergencia (véase el cuadro 1). Sin embargo, los vehículos con convertidores catalíticos y con estándares de emisión más estrictos pueden quedar exentos si cumplen con ciertos requerimientos de la prueba de verificación.

Las calcomanías "cero", que otorgan al vehículo el derecho a circular los siete días de la semana, sólo pueden obtenerse para los vehículos modelo 1993 o más recientes, que vienen equipados con convertidores catalíticos que satisfacen estándares de inspección rigurosos. Los vehículos equipados con convertidores catalíticos anteriores a cinco años tienen que sustituirlos para poder calificar. El remplazo del convertidor catalítico en vehículos anteriores a seis años fue un programa voluntario hasta 1999. Una auditoría del programa de control de emisiones vehiculares publicada en 2000 informa que el número de remplazos de catalizadores aumentó más de cinco veces; no obstante, el informe también indica que algunos de los catalizadores nuevos pudieron haber resultado peores que los que intentaban remplazar. El informe recomienda no usar la edad como el único criterio para la sustitución de convertidores catalíticos; debería usarse, en cambio, una combinación de edad, distancia recorrida y resultados en las pruebas de emisión para decidir si es necesario sustituir el catalizador. Además, los mecánicos deberían ser adiestrados para que sepan instalar adecuadamente los dispositivos y se pueda llevar a cabo una prueba de emisiones. (Klausmeier y Pierce, 2000).

En 1999, el INE anunció que a los vehículos modelo 1999 y posteriores que satisfagan los límites de emisiones Tier 1 (EPA, 1994) se les puede otorgar la calcomanía "doble cero" a partir del año 2000. Estos vehículos están exentos del HNC los siete días de la semana y de la verificación semestral requerida por el Programa de Verificación Vehicular Obligatoria (PVVO) durante los primeros dos años. La calcomanía "doble cero" se instituyó como un incentivo para que los autos mexicanos se fabricaran a fin de satisfacer los estándares Tier 1 de la Agencia de Protección Ambiental de Estados Unidos (EPA, por sus siglas en inglés).

En 2000, la CAM logró un acuerdo importante con la Asociación Mexicana de la Industria Automotriz (AMIA). A partir de 2001, los fabricantes de automóviles introdujeron gradualmente los sistemas de diagnóstico a bordo de segunda generación (DAB II) y emitieron garantías para alcanzar de forma creciente los estándares para emisiones de durabilidad de hasta 80 000 km de uso. Para 2005, todos los vehículos tendrán DAB II y alcanzarán los estándares. Adicionalmente, los más estrictos estándares de emisiones Tier 2 serán alcanzados por los vehículos mexicanos con un retraso de no más de dos años a partir de la fecha en que estos estándares se introduzcan en Estados Unidos (la EPA anunció una introducción gradual en el plazo de

Cuadro 1 Sistema de hologramas del Programa de Verificacion Vehicular Obligatoria para el segundo semestre de 2001 en el DF

Tipo de holograma	CO (% vol.)	HC (ppm)	NO_x (ppm)	Opacidad del humo (m^{-1})	Modelo	Requisitos tecnológicos del vehículo
00 (Doble cero)	1	100	1 200		2000, 2001 y 2002	Vehículos a gasolina que satisfacen los estándares de Tier 1
0 (Cero)	1	100	1 200		1999 y posteriores	Vehículos a gasolina con peso bruto < 3 856 kg, fabricados con sistema de control de emisiones e inyección electrónica
0 (Cero)	1	100	1 200		1995 y posteriores	Vehículos a gasolina con peso bruto < 2 727 kg, fabricados con sistema de control de emisiones e inyección de gasolina
0 (Cero)	1	100	1 200		1993-1995	Vehículos a gasolina con peso bruto < 2 727 kg, fabricados con sistema de control de emisiones e inyección de gasolina, y que han acreditado el remplazo del convertidor catalítico
0 (Cero)				1.0	1994 y posteriores	Vehículos a diesel fabricados con sistema de inyección de combustible, certificados de origen como vehículos en cumplimiento a los límites de emisión establecidos por la NOM-044-ECOL-1993 (equivalente a EPA 94 o mejor)
0 (Cero)	1	100	800		No restringidos	Vehículos a GLP o a gas natural comprimido. En el caso de los vehículos convertidos deberán estar equipados con dispositivos de conversión certificados, incluyendo circuito cerrado y convertidor catalítico de tres vías
1 (Uno)	2	200	1 500		1993-1995	Vehículos de reparto y carga a gasolina, equipados de origen con sistemas de control de emisiones y con inyección a gasolina, que acrediten el remplazo del convertidor catalítico
2 (Dos)	1	100	1 200		1993-1995	Vehículos de transporte público a gasolina, equipados de origen con sistemas de control de emisiones y con inyección a gasolina, que acrediten el remplazo del convertidor catalítico

2	(Dos)	1	100	1 200		1996 y posteriores	Vehículos de transporte público a gasolina, equipados de origen con sistemas de control de emisiones y con inyección a gasolina
2	(Dos)				1.99	1990 y anteriores	Vehículos a diesel con peso bruto > 2 727 kg
2	(Dos)				1.27	1991 y posteriores	Vehículos a diesel con peso bruto > 2 727 kg
2	(Dos)				1.99	1995 y anteriores	Vehículos a diesel con peso bruto < 2 727 kg
2	(Dos)				1.07	1996 y posteriores	Vehículos a diesel con peso bruto < 2 727 kg
2	(Dos)	3	300	1 500		1990 y anteriores	Vehículos privados a gasolina
2	(Dos)	2	200	1 500		1991 y posteriores	Vehículos privados a gasolina
2	(Dos)	1	100	1 500		1996 y posteriores	Vehículos de transporte público a gasolina
2	(Dos)	3	350	1 500		1993 y anteriores	Vehículos de uso múltiple
2	(Dos)	2	200	1 500		1994 y posteriores	Vehículos de uso múltiple
2	(Dos)	1	200	1 000		1996 y posteriores	Vehículos a GLP o a gas natural comprimido o a cualquier combustible alternativo

2004 a 2007). A cambio, estos vehículos estarán exentos del Programa de Verificación Vehicular Obligatoria por un periodo de dos años, así como del programa HNC mientras satisfagan los límites de emisiones.

Así, el "Hoy no circula" ha evolucionado de ser un programa de acuerdo con el cual, sobre una base aleatoria, una cierta cantidad de autos no circulaba, independientemente de sus niveles de emisiones con respecto a un sistema diferenciado, a otro que permite a los autos limpios (con bajos niveles de emisiones) circular todo el tiempo. De esta manera, ahora se usa como un instrumento para acelerar la modernización del parque vehicular. Conforme los modelos más antiguos van quedando fuera de circulación, el programa HNC se puede modificar de nuevo para reducir las emisiones vehiculares aún más.

Conclusión

Las restricciones originales del programa "Hoy no circula" han producido resultados diversos. A pesar de su éxito inicial basado en la reducción del congestionamiento vehicular y una contaminación atmosférica restringida, el programa, sin embargo, puede haber contribuido al aumento del número de vehículos en el AMCM, por las familias que conservaban los vehículos viejos como un segundo auto para usarlo el día que no podía circular el nuevo. Esto creó la preocupación de que el segundo vehículo propiciara viajes adicionales de la familia y produjera un aumento en las emisiones, ya que la mayoría de los segundos autos eran viejos.

Las enmiendas al HNC original —la creación del "Doble hoy no circula" y el acoplamiento de éste con el PVVO— ofrecen fuertes incentivos para remplazar los vehículos más viejos con altos niveles de emisiones por autos más nuevos y limpios.

El "Hoy no circula", tal como se aplica actualmente, debería continuar con modificaciones adicionales. El programa tendrá que mejorarse para acelerar la renovación de los vehículos de uso intensivo como taxis y otros vehículos de la flota de transporte público. El HNC y el PVVO deberán estar integrados para asegurar que todo vehículo de transporte público cumpla con los estándares de emisiones y que esté equipado con dispositivos de control de emisiones que funcionen correctamente. Como las flotas vehiculares están cambiando constantemente, el programa debe incorporar también un enfoque que evolucione de manera continua para que pueda reducir en forma eficaz y permanente las emisiones de los principales emisores. Los funcionarios del DF estiman que el HNC retira de la circulación alrededor de 6 000 000 de vehículos diariamente. En fines de semana y días festivos, cuando el HNC no se aplica, se presentan severos congestionamientos. Por consiguiente, eliminar el programa aumentaría el número de vehículos y crearía graves congestionamientos, con lo que aumentaría la contaminación vehicular en el AMCM (Klausmeier y Pierce, 2000).

Apéndice C
Siglas y acrónimos

ACS	American Cancer Society
ADEP	Análisis por dispersión elástica de protones
AMCM	Área Metropolitana de la Ciudad de México
AMD	Analizador de movilidad diferencial
APCD	Los Angeles Air Pollution Control District
AQMD	Air Quality Management District (California)
BAR	Bureau of Automotive Repair (California)
CAL/EPA	California Environmental Protection Agency
CAM	Comisión Ambiental Metropolitana
CARB	California Air Resources Board
CDM	Ciudad de México
Cecadesu	Centro de Educación y Capacitación para el Desarrollo Sustentable
Cenica	Centro Nacional de Información y Capacitación Ambiental
Censa	Centro Nacional de Salud Pública
CECC	Convención Estructural sobre Cambio Climático de la Organización de las Naciones Unidas
CFC	Clorofluorocarbonos
CFE	Comisión Federal de Electricidad
CG	Cromatografía de gases
CIT	California Institute of Technology/Carnegie Institute of Technology (modelo fotoquímico tridimensional de la calidad del aire)
CLFC	Compañía de Luz y Fuerza del Centro
CMPCCA	Comisión Metropolitana para la Prevención y el Control de la Contaminación Ambiental
COA	Cédula de Operación Anual
Cometah	Comisión Metropolitana de Asentamientos Humanos
Cometravi	Comisión Metropolitana de Transporte y Vialidad
Conae	Comisión Nacional para el Ahorro de Energía
Conapo	Consejo Nacional de Población
Conecol	Comisión Nacional de Ecología
Corena	Comisión de Recursos Naturales y Desarrollo Rural del Distrito Federal
COV	Compuestos orgánicos volátiles
CPA	Contaminante peligroso del aire

CTA	Contaminante tóxico del aire
DAB	Diagnóstico a bordo
DAP	Disposición a pagar
DAR	Días de actividad restringida
DDF	Departamento del Distrito Federal
DF	Distrito Federal
DMAR	Días de menor actividad restringida
DOF	*Diario Oficial de la Federación*
EAOD	Espectroscopía de absorción óptica diferencial
Edomex	Estado de México
EEMC	Enfoque empírico de modelación cinética (modelo fotoquímico de la EPA)
EIA	Energy Information Administration (EUA)
EIA	Evaluación de Impacto Ambiental
EM	Espectrometría de masas
EPA	Environmental Protection Agency (EUA)
ERXIP	Emisión de rayos X inducida por protones
FCAA	Federal Clean Air Act (EUA)
Fide	Fideicomiso para el Ahorro de Energía Eléctrica
FRX	Fluorescencia de rayos X
GATT	Acuerdo General sobre Aranceles Aduaneros y Comercio
GCL	Gasolina de combustión limpia
GDF	Gobierno del Distrito Federal (a partir de 1997)
GEF	Global Environment Facility (Fondo Fiduciario para el Medio Ambiente Mundial)
GEI	Gas de efecto invernadero
GLP	Gas licuado de petróleo
GNC	Gas natural comprimido
GOR	Gases orgánicos reactivos
GS	Grados de servicio
HAP	Hidrocarburos aromáticos policíclicos
HNC	Programa "Hoy no circula"
HR	Humedad relativa
I/M	Inspección y mantenimiento
Imada-AVER	Investigación sobre Materia Particulada y Deterioro Atmosférico-Aerosol and Visibility Evaluation Research
Imeca	Índice Metropolitano de la Calidad del Aire
IMP	Instituto Mexicano del Petróleo
IMTA	Instituto Mexicano de Tecnología del Agua
INAH	Instituto Nacional de Antropología e Historia
INE	Instituto Nacional de Ecología
INEGI	Instituto Nacional de Estadística, Geografía e Informática

ININ	Instituto Nacional de Investigaciones Nucleares
INSP	Instituto Nacional de Salud Pública
IPCC	Intergovernmental Panel on Climate Change
IPN	Instituto Politécnico Nacional
IRIS	Integrated Risk Information System (EUA)
IRND	Infrarrojo no dispersivo
ISAT	Instituto de Salud, Ambiente y Trabajo
JICA	Japan International Cooperation Agency
KRV	Kilómetros recorridos por vehículo
LANL	Los Alamos National Laboratory
LAU	Licencia Ambiental Única
LGEEPA	Ley General del Equilibrio Ecológico y Protección al Ambiente
MARI	The Mexico City Air Quality Research Initiative (Iniciativa de investigación sobre la calidad del aire en la Ciudad de México)
MIA	Manifiesto de Impacto Ambiental
MIT	Massachusetts Institute of Technology
MM5	Modelo meteorológico de escala media de Penn State/NCAR
MODTRAN	Transmitancia de resolución moderada
MOVP	Microbalance oscilatorio de variación progresiva
MTBE	Éter metil-terbutílico
MTOMCA	Modelo de turbulencia de orden mayor para la circulación atmosférica
MTPHC	Modelo de transporte de partículas híbridas y concentración
NAAQS	National Ambient Air Quality Standard (EUA)
NOM	Norma Oficial Mexicana
NRC	Natural Research Council (EUA)
OCDE	Organización para la Cooperación y el Desarrollo Económico
OECF	Overseas Economic Cooperation Fund (Japón)
OMS	Organización Mundial de la Salud
ONG	Organización no gubernamental
OPS	Organización Panamericana de la Salud
OZIPM-4	Modelo fotoquímico de trayectoria de caja de la EPA
PAN	Nitrato de peroxiacetilo
PARC	Prueba automotriz de rendimiento de combustible
PAS	Procedimiento de aceleración simulada
PCG	Potencial de calentamiento global
PEMA	Prueba de escaneo multiangular
Pemex	Petróleos Mexicanos
PIB	Producto interno bruto
PICCA	Programa Integral contra la Contaminación Atmosférica
PM_{10}	Masa de materia particulada con diámetro aerodinámico menor de 10 µm

PM$_{2.5}$	Masa de materia particulada con diámetro aerodinámico menor de 2.5 μm
PNB	Producto nacional bruto
PNUD	Programa de las Naciones Unidas para el Desarrollo
PNUMA	Programa de las Naciones Unidas para el Medio Ambiente
ppb	Partes por miles de millones (partes en 10^9)
ppbC	Partes por miles de millones de moléculas de carbono (ppb multiplicadas por el número de átomos de carbono por molécula)
ppb/v	Partes por miles de millones/unidad de volumen
ppm	Partes por millón (partes en 10^6)
Proaire	Programa para Mejorar la Calidad del Aire en el Valle de México
Profepa	Procuraduría Federal de Protección al Ambiente
PST	Partículas suspendidas totales
PVR	Presión de vapor de Reid
PVVO	Programa de Verificación Vehicular Obligatoria
R-100	Autobuses Urbanos de Pasajeros Ruta-100
RAMA	Red Automática de Monitoreo Atmosférico
RECLAIM	Regional Clean Air Incentives Market (California)
RETC	Registro de Emisiones y Transferencia de Contaminantes
RIM	Reactividad incremental máxima, en una escala de reactividad del ozono para compuestos orgánicos volátiles
RTP	Red de Transporte de Pasajeros
SCAQMD	South Coast Air Quality Management District (cuenca atmosférica de Los Ángeles, California)
SCT	Secretaría de Comunicaciones y Transportes
Sedesol	Secretaría de Desarrollo Social
Sedue	Secretaría de Desarrollo Urbano y Ecología (hasta 1992)
Seduop	Secretaría de Desarrollo Urbano y Obras Públicas (Estado de México)
Seduvi	Secretaría de Desarrollo Urbano y Vivienda (Distrito Federal)
Semarnap	Secretaría de Medio Ambiente, Recursos Naturales y Pesca (hasta 2000)
Semarnat	Secretaría de Medio Ambiente y Recursos Naturales (desde 2000)
Sener	Secretaría de Energía
Setravi	Secretaría de Transportes y Vialidad
SHCP	Secretaría de Hacienda y Crédito Público
SIG	Sistema de información geográfica
SIN	Sistema Interconectado Nacional
SIP	State Implementation Plan (EUA)
Sirg	Sistema Integrado de Regulación Directa y Gestión Ambiental de la Industria
SIT	Sistemas inteligentes de transportación
SMA-GDF	Secretaría del Medio Ambiente, Gobierno del Distrito Federal

SMAR	Sistema de modelación atmosférica regional
SMN	Servicio Meteorológico Nacional
SPECIATE	Base de datos de la EPA para perfiles especializados del total de compuestos orgánicos y materia particulada originados de varias fuentes
SSA	Secretaría de Salud
STC	Sistema de Transporte Colectivo-Metro
STE	Sistema de Transporte Eléctrico
SUV	Vehículo de uso deportivo
TDEO	Transporte y difusión de emisiones ocasionales
TLC	Tratado de Libre Comercio para América del Norte
UAM	Universidad Autónoma Metropolitana
UNAM	Universidad Nacional Autónoma de México
UNESCO	Organización de las Naciones Unidas para la Educación, la Ciencia y la Cultura
UV	Ultravioleta
VC	Valuación contingente
VEB	Vehículo de emisiones bajas
VPC	Ventilación positiva del cárter
VEV	Valor estadístico de una vida
VAEV	Valor por año estadístico de vida

Apéndice D
Glosario

Aerosol. Suspensión de partículas (sólidas o líquidas) en un volumen de aire.

Aerosoles carbónicos. La suma de aerosoles de carbono orgánico y carbono elemental.

Agencia de Protección Ambiental (Environmental Protection Agency). La institución de Estados Unidos encargada de establecer políticas y directrices, así como llevar a cabo los mandatos legales para la protección de los intereses nacionales sobre recursos ambientales.

Aire ambiente. El aire ubicado fuera de las casas o edificios; por lo general se usa indistintamente aire exterior o extramuros.

Análisis costo-beneficio. Método para comparar los beneficios de políticas o actividades específicas con los costos de su aplicación, generalmente expresándolos en términos económicos.

Análisis del valor de la información. Enfoque analítico que evalúa el cambio en los beneficios netos esperados mediante la adición de información perfecta o imperfecta acerca de un parámetro incierto dentro de un análisis de decisión; se usa para establecer prioridades entre áreas de investigación.

Balance químico de masa. Técnica para la distribución proporcional de las fuentes de contaminantes, mediante la cual se estiman las mediciones de varias especies de contaminantes en un receptor, por ejemplo la suma de emisiones de varias fuentes, cada una de las cuales tiene su propio perfil suponiendo que no se presentan reacciones químicas. Ha sido utilizado exitosamente para explicar la especiación de los cov y de los componentes de aerosoles elementales y orgánicos.

Bióxido de azufre (SO_2). Gas incoloro con un fuerte olor que se forma por la quema de combustibles fósiles que contienen azufre. El SO_2 en la atmósfera se convierte en ácido sulfúrico, que contribuye al problema de la depositación ácida. Es un contaminante criterio.

Bronquitis crónica. Enfermedad caracterizada por la presencia de tos con flema por periodos de casi treinta días, al menos tres meses al año y por un lapso de dos años consecutivos sin la presencia de ninguna otra enfermedad existente.

Capa de mezcla. La capa de la atmósfera más cercana al suelo, en donde el aire se mezcla verticalmente debido a la convección. La altura de la capa de mezcla es baja durante las inversiones térmicas y tiende a elevarse cuando se calienta la superficie por la luz solar.

CAPA RESIDUAL. La capa de aire por encima de la capa de mezcla (aún en la troposfera).

CLOROFLUOROCARBONOS (CFC). Sustancias orgánicas que consisten en cloro, flúor y carbono. Se utilizan principalmente en refrigeración, aires acondicionados y espumas para empaques, como solventes y propelentes. Se ha demostrado que ocasionan el agotamiento de la capa de ozono de la atmósfera que protege la superficie terrestre de la radiación ultravioleta perjudicial.

COMPUESTOS ORGÁNICOS VOLÁTILES (COV). Mezcla volátil que existe como gas bajo condiciones atmosféricas típicas. Contiene carbono combinado con átomos de otros elementos, por lo común hidrógeno, oxígeno y nitrógeno. Una mezcla simple que contiene derivados del carbono, tales como monóxido y bióxido de carbono, generalmente se clasifica como compuestos inorgánicos. Los COV contribuyen a la formación de *smog* y pueden ser por sí mismos tóxicos. Por lo común tienen olor y algunos ejemplos incluyen la gasolina, el alcohol y los solventes utilizados en las pinturas.

CONDICIONES DE FRONTERA. Las concentraciones supuestas de contaminantes que existen fuera de los límites de una simulación de calidad del aire y que pueden ser transportados dentro del terreno de la modelación.

CONSEJO DE RECURSOS ATMOSFÉRICOS DE CALIFORNIA (CARB, por sus siglas en inglés). La principal autoridad sobre calidad del aire del estado de California, Estados Unidos, compuesta por nueve miembros designados por el gobernador. Es responsable de lograr y mantener las normas estatales y federales de calidad del aire, así como el control de la contaminación por vehículos automotores. Vigila los programas de gestión de la contaminación atmosférica regionales y de los condados.

CONTAMINANTES ATMOSFÉRICOS CRITERIO. Grupo de seis contaminantes atmosféricos comunes (monóxido de carbono, plomo, bióxido de nitrógeno, ozono, material particulado y bióxido de azufre) regulados por el gobierno con base en la información sobre salud y los efectos ambientales de cada uno.

CONTINGENCIA. La violación de cualquier norma de calidad del aire para uno o más contaminantes. De conformidad con la severidad de la contingencia, se advierte al público y pueden llevarse a cabo acciones para reducir las emisiones y proteger la salud pública.

CONVERTIDOR CATALÍTICO DE DOS VÍAS. Convertidor catalítico de primera generación diseñado para reducir emisiones de CO y COV de los vehículos que usan gasolina como combustible.

CONVERTIDOR CATALÍTICO DE TRES VÍAS. Convertidor catalítico diseñado para reducir las emisiones de CO, COV y NO_x de los vehículos a gasolina.

CONVERTIDORES CATALÍTICOS. Dispositivos que reducen las emisiones de los automóviles (u otros contaminantes) desde los escapes al proveer superficies para reacciones químicas, tales como la reducción de NO_x a NO_2 y O_2, y la oxidación de hidrocarburos a CO_2.

CORONA. Las ciudades de Puebla, Tlaxcala, Cuernavaca, Cuautla, Pachuca y Toluca, distantes entre 75 y 150 kilómetros del centro de la Ciudad de México.

Depositación. La remoción de contaminantes de la atmósfera que se depositan en la superficie de la Tierra; puede ser depositación húmeda (remoción por lluvias) o depositación seca (remoción por sedimentación).

Día de actividad restringida (dar). Día en que un individuo es forzado a reducir sus actividades normales debido a condiciones agudas o crónicas del aire.

Dinamómetro. Dispositivo que permite que los vehículos sean probados bajo condiciones de carga de circulación normal.

Disposición a pagar (dap). Enfoque para evaluar las mejoras en salud, definido como el valor máximo en dinero u otros recursos que los individuos afectados estarían dispuestos a pagar voluntariamente para obtener dichas mejoras.

Distribución proporcional de fuentes (*source apportionment*). Estimación de las contribuciones relativas de diferentes fuentes o categorías de fuentes a la concentración total de un contaminante medido en un receptor. Normalmente se realiza con un enfoque de balance químico de masa o mediante la modelación de las emisiones y el transporte de una cierta masa de aire hacia un receptor.

Dosis. Cantidad de contaminante absorbido o depositado en el cuerpo de un organismo expuesto durante un intervalo de tiempo, por lo general a partir de un solo ambiente. La dosis total es la suma de las dosis de un contaminante recibidas por una persona en un intervalo dado y que resulta de la interacción con todos los ambientes que contienen el contaminante. Las unidades de dosis y dosis total (masa) generalmente se convierten en unidades de masa por volumen de fluido fisiológico o masa de tejido.

Dosis respuesta/concentración respuesta. Relación entre la dosis o concentración de un contaminante y la respuesta en la salud de la población correspondiente. La mayoría de los estudios epidemiológicos evalúa concentraciones, el nivel de un contaminante en un medio específico, más que la dosis, y la cantidad de un contaminante que cruza el límite exterior de un organismo.

Efecto agudo en la salud. Efecto adverso en la salud que ocurre en un periodo relativamente corto de tiempo (p. ej., minutos y horas).

Efecto crónico en la salud. Efecto adverso en la salud que ocurre en un periodo relativamente largo de tiempo (p. ej., meses o años).

Elasticidad del ingreso. El porcentaje de cambio en la demanda de un bien como respuesta a un porcentaje de cambio en el ingreso; por ejemplo, la elasticidad del ingreso de la gasolina es el porcentaje de cambio en la demanda de ésta asociado con una unidad de cambio en el porcentaje del ingreso.

Epidemiología. Estudio en el que se observa la relación entre enfermedades u otros estados relacionados con la salud en humanos y las exposiciones a la contaminación atmosférica u otros factores de riesgo.

Estudio por cohorte. Estudio epidemiológico (en el caso de este libro) en el cual un grupo de individuos sanos se define con base en la presencia o ausencia de exposición a un factor de riesgo del que se sospecha y al que se da seguimiento en el tiempo para evaluar la ocurrencia de la enfermedad en cuestión. Un estudio prospectivo por cohorte considera exposiciones que todavía no han sucedido, mientras que uno retrospectivo trata con exposiciones y resultados que ya han ocurrido.

Estudio de compensación diferencial del salario. Estudio que evalúa el monto extra de salario pagado a los trabajadores que asumen riesgos laborales adicionales; es utilizado para estimar el valor de una vida estadística.

Estudio de corte transversal. Estudio epidemiológico en el que la exposición y el estado de enfermedad se evalúan simultáneamente entre individuos de una población predefinida. Estos estudios consideran los resultados de prevalencia más que la incidencia.

Estudio de riesgo. Evaluación cuantitativa y cualitativa del riesgo planteado a la salud humana o al ambiente debido a contaminantes o procesos específicos. Generalmente se describe como un proceso de cuatro etapas, incluyendo la identificación del peligro, la evaluación dosis-respuesta, la evaluación de exposición y la caracterización del riesgo.

Estudio en series cronológicas. Estudio epidemiológico que correlaciona los cambios en las exposiciones a lo largo del tiempo con los cambios en los efectos en la salud.

Estudios de casos cruzados *(case cross-over)*. Estudio epidemiológico de efectos agudos por exposición variable o intermitente, en el cual los individuos actúan como sus propios controles comparando las exposiciones poco después de un efecto en la salud con exposiciones en otros periodos.

Etanol. Alcohol etílico; un alcohol volátil que contiene dos átomos de carbono (CH_3CH_2OH). Como combustible, el etanol se produce por la fermentación del maíz o de otros productos vegetales.

Excedencia. Caso de contaminación del aire en el cual la concentración ambiental de un contaminante excede una norma de calidad del aire.

Exposición. Caso que ocurre cuando hay contacto entre un humano y el ambiente con un contaminante a una concentración específica durante un intervalo de tiempo; las unidades de exposición representan la concentración multiplicada por el tiempo.

Factores de emisión. Las emisiones de una categoría de fuentes dada por unidad de actividad. Los factores de emisión se multiplican por las medidas de actividad (tales como población, masa de producción de una industria o kilómetros recorridos por vehículo) para estimar las emisiones de una categoría de fuentes. Por ejemplo, en el caso de las emisiones de fuentes móviles, las emisiones estimadas son el producto de un factor de emisión en masa de contaminante por unidad de distancia (p. ej., gramos por kilómetro) y una actividad estimada en función de la distancia (p. ej., promedio de kilómetros recorridos).

Fuentes fijas. Fuentes no móviles como plantas de electricidad, refinerías e instalaciones de manufacturas que emiten contaminantes atmosféricos (contrarias a fuentes móviles).

Fuentes móviles. Fuentes de contaminación atmosférica como automóviles, autobuses, motocicletas, vehículos no destinados al transporte, barcos y aeroplanos (contrarias a fuentes fijas).

Gases de efecto invernadero (GEI). Gases que absorben la radiación infrarroja, con lo que se altera el balance radiativo de la Tierra. Los principales gases de efecto invernadero responsables del cambio climático de origen antropogénico (calentamiento global) son CO_2, CH_4, N_2O y los clorofluorocarbonos (CFC).

Gasolina oxigenada *(oxyfuel)*. Gasolina que contiene compuestos oxigenados, normalmente éter metil-terbutílico (MTBE) o etanol, que se quema de manera más completa que la gasolina regular y reduce la producción de monóxido de carbono, un contaminante criterio.

Globo cautivo. Globo de clima con instrumentos para medir variables meteorológicas sobre la superficie, a la que se mantiene fijo.

Hidrocarburo (HC). Cualquiera de un grupo muy amplio de compuestos que contienen varias combinaciones de hidrógeno y átomos de carbono. Pueden emitirse al aire como resultado de la quema de combustibles fósiles, la volatilización de combustibles y el uso de solventes, y son el principal contribuyente del *smog* (véase también COV).

Hoy no circula (HNC). Programa que prohíbe circular un día de la semana en el AMCM a los vehículos automotores con base en el último dígito de sus placas de circulación (véase apéndice B).

Indicadores fotoquímicos. Especies de sustancias químicas en la atmósfera cuyos niveles de concentración pueden ser utilizados para inferir si la formación de ozono es sensible a NO_x o a COV.

Inspección y mantenimiento (I/M) (Programa de Verificación Vehícular). Examen periódico de los vehículos para asegurar que cumplan con las normas de seguridad y de emisiones, así como para exigir reparaciones o ajustes en caso de que el vehículo no cumpla dichas normas.

Inventario de emisiones. Estimación de la cantidad de contaminantes emitidos a la atmósfera por fuentes fijas, de área, móviles y naturales en un periodo específico de tiempo como un día o un año.

Inversión térmica. Caso en el que el aire frío (en la superficie) permanece debajo del aire caliente. En esta estructura térmica el aire tiende a no mezclarse verticalmente y los contaminantes emitidos cerca de la superficie se acumulan cerca del suelo.

Kilómetros recorridos por vehículo (KRV). Número de kilómetros que un solo vehículo o una flota de vehículos recorre en un periodo establecido de tiempo, como un día, un mes o un año.

Ley de Aire Limpio (Clean Air Act, CAA). Ley federal promulgada en 1970 y modificada en 1977 y 1990, que es la base para el esfuerzo nacional de control de la contaminación en Estados Unidos. Los elementos básicos de la ley incluyen las normas nacionales de calidad del aire para los principales contaminantes, normas para los tóxicos atmosféricos, medidas de control de lluvia ácida y las disposiciones para su aplicación.

MATERIAL PARTICULADO. Suspensión de partículas sólidas o líquidas en un gas, como el humo, la niebla o el *smog*. El término representa un estado de la materia más que una sustancia química específica y generalmente se caracteriza por el tamaño de las partículas. Las categorías típicas incluyen partículas suspendidas totales (PST), partículas menores de 10 micrómetros de diámetro aerodinámico (PM_{10}), partículas menores de 2.5 micrómetros de diámetro aerodinámico ($PM_{2.5}$, partículas finas) y partículas entre 2.5 y 10 micrómetros de diámetro aerodinámico ($PM_{2.5-10}$, partículas gruesas).

MATERIAL PARTICULADO DE CARBONO ELEMENTAL (CE). Material particulado compuesto de carbono y que está principalmente en forma elemental (carbono ligado directamente con carbono).

MATERIAL PARTICULADO DE CARBONO ORGÁNICO (CO). Material particulado que está compuesto por especies que contienen carbono y donde éste no se encuentra en forma elemental.

MATERIAL PARTICULADO FINO ($PM_{2.5}$). Partículas atmosféricas con diámetro aerodinámico menor a 2.5 micrómetros.

MATERIAL PARTICULADO GRUESO. Partículas atmosféricas con diámetro aerodinámico mayor a 2.5 micrómetros.

MATERIAL PARTICULADO PRIMARIO. Material particulado emitido directamente como partículas y transportado por el aire.

MATERIAL PARTICULADO SECUNDARIO. Material particulado que se forma en la atmósfera mediante reacciones químicas de especies en fase gaseosa y la subsecuente condensación (o nucleación) de productos de reacción para formar partículas. Las partículas secundarias se distinguen de las primarias en que no son emitidas directamente a la atmósfera.

MEGACIUDAD. Aglomeración urbana con 10 millones de habitantes o más.

MEGALÓPOLIS. En México, se refiere a la región que incluye el Área Metropolitana de la Ciudad de México (AMCM) y la "corona" de ciudades circundantes.

META ANÁLISIS. Un análisis que agrupa los resultados de múltiples estudios acerca de la misma exposición y sus efectos en la salud, ya sea mediante métodos estadísticos (p. ej., ponderación por varianza inversa) o mediante la evaluación subjetiva de la solidez del estudio.

MÉTODOS INVERSOS. Uso de mediciones de la calidad del aire para inferir las emisiones de contaminantes (o las emisiones relativas de contaminantes). Estos métodos incluyen la utilización de la proporción medida de contaminantes, los métodos de balance químico de masa y el uso de un modelo de calidad del aire.

MODELO DE CALIDAD DEL AIRE. Modelo matemático de computadora utilizado para predecir la calidad del aire con base en las emisiones y los efectos del transporte, la dispersión y la transformación de los compuestos emitidos.

MODELO VIAJE/DEMANDA. Procedimiento de análisis que utiliza sistemas heurísticos o formales de ecuaciones para estimar el número, las distribuciones y la modalidad de transporte o de ruta de los viajes hechos por una familia o un individuo y que pueden agregarse para estimar el número de viajes iniciados y concluidos en un área geográfica específica. El modelo determina la cantidad de actividad de transporte que ocurre en una región con base en el conocimiento de las actividades diarias de las personas y los trabajadores, así como los recursos y la infraestructura de transporte disponible para las familias o los individuos cuando realizan su actividad diaria y toman sus decisiones de traslado.

Monóxido de carbono (CO). Gas incoloro y sin olor que resulta de la quema incompleta de combustibles fósiles. Cerca de 80% del CO emitido en áreas urbanas se atribuye a los vehículos automotores. El CO interfiere con la capacidad de la sangre para transportar oxígeno a los tejidos del cuerpo y da por resultado varios efectos adversos a la salud; es un contaminante criterio.

National Ambient Air Quality Standard (naaqs). Normas establecidas por la Agencia de Protección Ambiental de Estados Unidos, que establecen las concentraciones de los contaminantes de interés que son ubicuos y peligrosos para la salud humana (actualmente, el material particulado, el ozono, el monóxido de carbono, el bióxido de azufre, los óxidos de nitrógeno y el plomo).

Óxidos de nitrógeno (NO_x). Término genérico relativo a los compuestos de monóxido (NO) y bióxido de nitrógeno (NO_2). Los óxidos de nitrógeno normalmente se forman durante los procesos de combustión y son los principales contribuyentes a la formación de *smog* y la depositación ácida. El NO_2 es un contaminante criterio y puede ocasionar numerosos efectos adversos en la salud; absorbe la luz azul, lo que da un aspecto café-rojizo a la atmósfera, y reduce la visibilidad.

Oxigenados. Compuestos orgánicos que contienen oxígeno (alcoholes y éteres) y que se agregan a los combustibles para incrementar su contenido de oxígeno. Aunque existen otros, el éter metil-terbutílico (mtbe) y el etanol son los oxigenados más comunes que se utilizan actualmente.

Ozono (O_3). Gas tóxico, reactivo, azul pálido y con fuerte olor, cuyas moléculas constan de tres átomos de oxígeno. El ozono existe en la atmósfera superior (ozono estratosférico), así como en la atmósfera baja (ozono troposférico) y en la superficie de la Tierra, donde es un componente principal del *smog*. Puede causar daño a las plantas y efectos adversos en la salud; es un contaminante criterio.

Perfil de fuente. La composición química de las emisiones de una sola fuente o categoría de fuentes por lo general se obtiene mediante la recolección y el análisis de muestras de las emisiones directas de la fuente.

Peso bruto vehicular (pbv). El valor especificado por el fabricante como peso máximo de carga de diseño de un solo vehículo (p. ej., el peso del vehículo más la capacidad de carga).

Plan Estatal de Implementación (State Implementation Plan, sip). Documento preparado por cada entidad de Estados Unidos y que describe las condiciones existentes de la calidad del aire y las medidas que serán tomadas para alcanzar y mantener los estándares nacionales de calidad del aire ambiente.

$PM_{2.5}$ (material particulado menor de 2.5 micrómetros). Subconjunto de material particulado que incluye aquellas partículas con un diámetro aerodinámico menor a 2.5 micrómetros nominales. Esta fracción de material particulado penetra profundamente en los pulmones y causa la mayor reducción de la visibilidad.

PM$_{10}$ (material particulado menor de 10 micrómetros). Uno de los principales contaminantes atmosféricos, consiste de partículas con un diámetro aerodinámico menor a 10 micrómetros nominales (casi un décimo del diámetro de un cabello humano).

POLVO FUGITIVO. Partículas de polvo que se introducen al aire provenientes de ciertas actividades tales como los cultivos, los vehículos no destinados a transporte o cualquier vehículo que opere en campos abiertos o carreteras sucias.

PRECURSORES DE OZONO. Sustancias químicas como los hidrocarburos y óxidos de nitrógeno, de origen natural o derivadas de las actividades humanas, que contribuyen a la formación del ozono como componente principal del *smog*.

PREFERENCIA REVELADA. Método para la evaluación económica de los efectos en la salud que supone que la gente prefiere su selección de bienes y ocupaciones a todas las opciones disponibles.

PRESIÓN DE VAPOR DE REID. Presión de vapor del combustible (normalmente expresada en unidades de libras por pulgada cuadrada) a 100 grados Fahrenheit.

PRODUCTO DE CONSUMO. Productos como detergentes, compuestos de limpieza, ceras, productos de jardinería, productos de cuidado personal y productos específicos para vehículos automotores que son parte de nuestras vidas diarias y que, mediante su uso por el consumidor, pueden producir emisiones atmosféricas que contribuyen a la contaminación del aire.

PRODUCTO INTERNO BRUTO (PIB). Valor de mercado de bienes y servicios finales producidos por el trabajo y los medios de producción dentro de las fronteras de un país.

PRODUCTO NACIONAL BRUTO (PNB). Valor de mercado de bienes y servicios finales producidos por el trabajo y los medios de producción de un país. Para obtener el PNB a partir del PIB es necesario agregar el factor de ingresos netos del extranjero al PIB (factor de ingresos netos del extranjero: el ingreso recibido, más el capital de un país fuera de sus fronteras, menos los pagos hechos al capital extranjero localizado dentro de las fronteras del país).

PROGRAMA DE INSPECCIÓN Y MANTENIMIENTO (Programa de Verificación Vehicular Obligatoria). Programa periódico de inspección de las emisiones de los vehículos en circulación para asegurar que el catalizador u otros dispositivos de control de emisiones estén operando bien. La inspección puede consistir en una prueba de emisiones estática o cargada con dinamómetro.

RADIOSONDA DE VIENTO. Globo meteorológico dotado de instrumentos para medir variables sobre la superficie y que sigue libremente las corrientes de viento.

REACCIÓN FOTOQUÍMICA. Término referido a las reacciones químicas ocasionadas directa o indirectamente por la radiación solar. Las reacciones de los óxidos de nitrógeno con fragmentos de hidrocarburos en presencia de luz solar para formar ozono son ejemplos de reacciones fotoquímicas.

RIESGO ABSOLUTO. Incremento total de enfermedades asociado con una población expuesta cuando se compara con una población no expuesta (o menos expuesta), combinando el riesgo relativo y las tasas basales de enfermedad.

Selección de modalidad de transporte *(mode choice)*. Proceso por el que un individuo selecciona la modalidad de traslado (p. ej., automóvil o bicicleta) a utilizar para un viaje, en virtud del propósito, origen y destino del mismo.

Sensible a cov. Condición en la cual la formación de ozono es más sensible a los cambios en las concentraciones (emisiones) de cov que a las de NO_x. Esto tiende a ocurrir donde los NO_x son relativamente abundantes.

Sensible a NO_x. Condición en la cual la formación de ozono es más sensible a los cambios en las concentraciones (emisiones) de NO_x que a las de cov. Esto tiende a suceder donde los cov son relativamente abundantes.

Sensores remotos. Método para medir los niveles de contaminación en el escape de un vehículo mientras éste circula. Los sistemas de sensores remotos emplean un principio de absorción infrarroja que mide emisiones de cov y monóxido de carbono relacionadas con las emisiones de bióxido de carbono. Estos sistemas comúnmente operan proyectando de manera continua un haz de radiación infrarroja en las vialidades. Cuando un vehículo pasa por el haz, el dispositivo mide las proporciones de CO y cov respecto al bióxido de carbono en el tubo de escape del vehículo.

Sistemas de diagnóstico a bordo (dab). Dispositivos incorporados a las computadoras de los vehículos automotores nuevos que monitorean la entrada de combustible y los controles de emisión. La computadora activa una luz indicadora en el tablero cuando los controles no funcionan, lo que alerta al conductor para que dé mantenimiento al vehículo.

Sodar. Instrumento similar al radar que usa ondas de sonido para medir el perfil vertical del viento.

Tasa de prevalencia. Número de casos existentes de una enfermedad dividido entre el total de la población en un momento determinado.

Tóxicos atmosféricos. Término genérico referido a un químico o grupo de químicos dañinos en el aire. Normalmente, sustancias que son en especial dañinas para la salud, como las consideradas en el Programa de Contaminantes Peligrosos del Aire de la epa.

Valor estadístico de una vida (vev). La disposición social a pagar por una unidad de reducción del riesgo de mortalidad. Por ejemplo, si un individuo está dispuesto a pagar $500 para reducir su riesgo de morir ese año 1/10 000, su valor de vida estadística implícito sería de $500/(1/10 000), o $5 000 000.

Valor por año de vida estadística. La disposición social a pagar por una unidad de incremento en la esperanza de vida. En general se calcula prorrateando el valor convencional estadístico de una vida entre la esperanza de vida de la población.

Valuación contingente (vc). Método para la evaluación económica de los efectos en la salud, en el cual se pregunta a los individuos sobre su disposición a pagar por mejoras hipotéticas en el estado de salud u otros efectos a ser evaluados.

Vehículos de carga ligera (vcl). Automóvil de pasajeros o vehículos "utilitarios" con capacidad de 12 pasajeros o menos. Están incluidos todos los vehículos o camiones menores de 3 800 kg de pbv (este límite antes era de 2 700 kg). Pueden incluir también las *Pick up*, las *Van* y los vehículos de uso deportivo.

Vehículos de carga pesada (vcp). Cualquier vehículo de motor de más de 3 800 kg de peso bruto vehicular, que tiene un peso vehicular de más de 2 700 kg o que tiene un área frontal básica que excede los 4 metros cuadrados. Se excluye los vehículos que puedan ser clasificados como vehículos de pasajeros de carga media para los propósitos de las normas de emisión Tier 2.

Vehículos Tier 0. Vehículos que cumplen las normas de escape Tier 0. En Estados Unidos, la aplicación de estas normas inició con los vehículos modelo 1981 y concluyó para el modelo 1995 de los vehículos de pasajeros y casi todos los vehículos de carga ligeros.

Vehículos Tier 1. Vehículos que cumplen las normas de escape Tier 1. En Estados Unidos, la aplicación de estas normas inició con los vehículos modelo 1994.

Vehículos Tier 2. Vehículos que cumplen las normas de escape Tier 2. En Estados Unidos, la aplicación de estas normas iniciará con los vehículos modelo 2004.

Sobre los autores

Mario J. Molina (coordinador) es Institute Professor del Massachusetts Institute of Technology (EUA). Cursó la carrera de ingeniería química en la Universidad Nacional Autónoma de México y posteriormente obtuvo el doctorado en fisicoquímica en la University of California, en Berkeley. Sus áreas de investigación se centran en los aspectos científicos y de políticas de la contaminación global y urbana del aire, la cinética química y la fotoquímica. Es fundador del Integrated Program on Urban, Regional, and Global Air Pollution del MIT. Es miembro de la National Academy of Sciences y del Institute of Medicine (EUA). Entre los reconocimientos que ha recibido por su trabajo científico se incluye el Premio Nobel de Química en 1995.

Luisa T. Molina (coordinadora) es investigadora en química de la atmósfera en el Department of Earth, Atmospheric and Planetary Sciences del MIT y directora ejecutiva del Integrated Program on Urban, Regional, and Global Air Pollution. Obtuvo el doctorado en fisicoquímica en la University of California en Berkeley. Sus áreas de investigación incluyen la espectroscopía molecular, la cinética química y la química atmosférica. Se ha dedicado en particular a los aspectos químicos de la reducción del ozono estratosférico y la contaminación del aire urbano.

Mario Caballero Ramírez es investigador del Departamento de Higiene Ocupacional del Instituto de Salud, Ambiente y Trabajo. Sus áreas de interés incluyen estimaciones ocupacionales y métodos alternos de control, y la evaluación de la exposición a insecticidas.

Margarita Castillejos Salazar es investigadora de la Universidad Autónoma Metropolitana-Xochimilco. Se ha dedicado a los efectos de la contaminación sobre la salud en México, particularmente en niños.

Stephen R. Connors trabaja en el Laboratory for Energy and the Environment del MIT. Durante la última década se ha enfocado en la investigación sobre la utilización de escenarios basados en el análisis multidisciplinario para identificar las estrategias de reducción de emisiones. Además de ser utilizada en la Ciudad de México, esta técnica ha sido aplicada en varias regiones de Norte y Suramérica, Europa y China.

John Evans es Senior Lecturer en ciencias ambientales y codirector del Program in Environmental Science and Risk Management en la Harvard School of Public Health. Obtuvo su licenciatura en ingeniería y la maestría en administración de recursos hídricos de la University of Michigan, y el doctorado en salud ambiental de la Harvard University. Colabora en Harvard desde 1983. Es miembro del Science Advisory Board de la EPA y del Panel on Estimating the Benefits of Air Pollution Control de la NAS. Es miembro de la Society for Risk Analysis.

Rodrigo Favela es jefe de evaluación de operaciones en Petróleos Mexicanos. Ingeniero químico con una maestría en diseño de procesos y de sistemas del Imperial College de Londres. Tiene experiencia en planeación estratégica, inversión y operaciones en los sectores de la industria y de la energía.

Adrián Fernández Bremauntz tiene una licenciatura en biología, con especialización en ecología, de la Universidad Autónoma Metropolitana, una maestría en tecnología ambiental y un doctorado en contaminación del aire del Imperial College de Londres. Fue director general de Administración Ambiental de 1955 a 2000 y actualmente funge como director general de Investigación sobre Contaminación Urbana, Regional y Global en la Secretaría de Medio Ambiente y Recursos Naturales.

Ralph Gakenheimer es profesor de desarrollo urbano en el Department of Urban Studies and Planning del MIT. Se ha especializado en el estudio de transporte urbano y desarrollo y aspectos relacionados en países en desarrollo, con énfasis en las consecuencias de la motorización creciente. Ha pasado cerca de siete años en América Latina como investigador, profesor universitario y consultor.

Luis Miguel Galindo se desempeña en la Facultad de Economía de la Universidad Nacional Autónoma de México, donde ocupa la cátedra Narciso Bassols sobre métodos cuantitativos. Es miembro del Sistema Nacional de Investigadores. Sus áreas de investigación principales son la economía monetaria y del ambiente.

James K. Hammitt es profesor asociado de economía en la Harvard School of Public Health. Obtuvo una maestría en matemáticas aplicadas y un doctorado en políticas públicas de la Harvard University. Su investigación se refiere al desarrollo y aplicación de métodos cuantitativos que incluyen estudios de costo-beneficio, toma de decisiones y análisis de riesgo en relación con las políticas ambientales y de salud, tanto en países industrializados como en desarrollo.

Mauricio Hernández Ávila es profesor de epidemiología en el Centro de Investigaciones sobre Salud Poblacional del Instituto Nacional de Salud Pública. Su investigación se enfoca en las consecuencias para la salud de la contaminación del aire en la Ciudad de México.

Arnold M. Howitt es director ejecutivo del Taubman Center for State and Local Government en la Kennedy School of Government, de Harvard University. Sus investigaciones se centran en transportes, normatividad ambiental y manejo de situaciones de emergencia.

María Eugenia Ibarrarán trabaja en economía ambiental en el Departamento de Economía de la Universidad de las Américas, en Puebla, México. Su investigación se centra en el análisis del sector de energía, el diseño de políticas ambientales que utilizan incentivos económicos y la evaluación económica del cambio ambiental.

Rodolfo Lacy es jefe de asesores del secretario de la Semarnat. Es ingeniero ambiental y experto en calidad del aire y manejo ambiental. Es miembro del Leadership for the Environment and Development International Program.

Jonathan Levy es Assistant Professor en el Department of Environmental Health de la Harvard School of Public Health. Tiene una maestría en matemáticas aplicadas y un doctorado en ciencias ambientales y administración de riesgos, ambos de la Harvard University. Su investigación fundamental se enfoca sobre la evaluación cuantitativa de los impactos ambientales y sobre la salud de la contaminación del aire, a escalas local y nacional, incluyendo tanto la evaluación de los resultados a la exposición como la de las pruebas epidemiológicas y toxicológicas.

José Luis Lezama es investigador en el Centro de Estudios Demográficos y de Desarrollo Urbano de El Colegio de México. Obtuvo un doctorado en política ambiental de la University College de Londres. Es sociólogo especializado en política ambiental y ha publicado tres libros sobre el tema.

Gregory McRae es Bayer Professor en el Department of Chemical Engineering del MIT. Obtuvo la maestría y el doctorado en el California Institute of Technology. Sus investigaciones incluyen ciencias e ingenierías ambientales, análisis y optimización de modelos de procesos y numéricos.

Jonathan T. Makler fue investigador asistente sobre estrategias regionales para el Sustainable Intermodal Transportation Enterprise del Center for Transportation Studies del MIT. Ha investigado el impacto de las arquitecturas regionales en la integración del transporte y la planeación ambiental. Actualmente trabaja en Harvard University con Arnold Howitt.

Horacio Rojas Rodríguez es médico epidemiólogo ambiental. Es director de Salud Ambiental del Instituto de Salud, Ambiente y Trabajo. Su área de experiencia incluye la evaluación de riesgos para la salud, contaminación del aire y salud, contaminación en espacios interiores y evaluación de exposición a la contaminación.

Leonora Rojas-Bracho es directora de Evaluación de la Dirección General de Salud Ambiental de la Secretaría de Salud. Obtuvo su doctorado en la Harvard School of Public Health. Sus investigaciones incluyen la evaluación de la exposición de la población a los contaminantes del aire en México.

Federico San Martini estudia el doctorado en el Department of Chemical Engineering del MIT. Sus investigaciones incluyen los modelos de aerosoles secundarios inorgánicos y el desarrollo de estrategias óptimas de control para reducir sus concentraciones.

Sergio Sánchez Martínez es consultor en los sectores gubernamental, privado y académico. Es ingeniero ambiental con quince años de experiencia en prevención y control de la contaminación del aire y en manejo ambiental.

Carlos Santos-Burgoa fue director del Instituto de Salud, Ambiente y Trabajo. Es director general de Salud Ambiental en la Secretaría de Salud desde 2001.

Paulina Serrano Trespalacios es candidata a doctorado en el Environmental Health Department de la Harvard School of Public Health. Sus investigaciones incluyen la evaluación de exposición y riesgo, manejo de la calidad del aire y prevención de la contaminación.

Claudia Sheinbaum Pardo es secretaria del Medio Ambiente del Gobierno de la Ciudad de México desde diciembre de 2000. Egresada de la Universidad Nacional Autónoma de México, donde es profesora en el Instituto de Ingeniería.

Robert Slott es consultor. Sus investigaciones incluyen monitoreo remoto de vehículos, emisiones, programas de verificación y mantenimiento, y de control de emisiones.

Gustavo Sosa Iglesias es investigador del Programa de Investigación en Medio Ambiente y Seguridad del Instituto Mexicano del Petróleo. Experto en modelos de calidad del aire y validación de inventarios de emisiones basados en mediciones ambientales y modelos.

John Spengler es Akira Yamaguchi Professor de salud ambiental y vivienda humana en el Department of Environmental Health de la Harvard School of Public Health. También es director del Environmental Science and Engineering Program. Obtuvo su doctorado en la State University of New York, Albany. Sus investigaciones incluyen la evaluación de la exposición de la población en relación con la epidemiología.

Helen Suh es Asistant Professor en el Environmental Health Department de la Harvard School of Public Health. Su investigación se centra en las relaciones entre las exposiciones a la contaminación del aire y los efectos cardiovasculares en la salud.

SOBRE LOS AUTORES

Joseph Sussman es East Japan Railway Professor de ingeniería civil y ambiental e ingeniería de sistemas en el MIT. Trabaja en el área de tecnología de transportes, sistemas, políticas institucionales con especial atención a temas de planeación regional y ambiental. Es autor del libro de texto *Introduction to Transportation Systems*.

Alejandro Villegas López actualmente es profesor visitante en el MIT y colabora con el Integrated Program on Urban, Regional, and Global Air Pollution: Mexico City Case Study. Tiene una licenciatura en ingeniería de transportes del Instituto Politécnico Nacional, México, y una maestría en administración pública de la George Washington University. Fue director general de Regulación del Transporte (2000) y de Desarrollo Integral del Transporte (1994-1995) de la Secretaría de Transportes y Vialidad del Gobierno del Distrito Federal.

J. Jason West es investigador asociado posdoctoral del Integrated Program on Urban, Regional, and Global Air Pollution del MIT. Obtuvo su doctorado de los Departments of Civil and Environmental Engineering y Engineering and Public Policy de la Carnegie Mellon University. Sus investigaciones se centran en las ciencias y políticas ambientales en relación con la contaminación del aire y el cambio climático.

Miguel A. Zavala es investigador del Integrated Program on Urban, Regional, and Global Air Pollution del MIT. Trabaja en la evaluación de la relación entre modelos atmosféricos, sistemas de información geográfica e impacto sobre la salud en áreas urbanas.

P. Christopher Zegras es investigador asociado del Laboratory for Energy and the Environment del MIT. Su trabajo se centra en temas de transporte urbano en las regiones menos industrializadas del mundo.

SOBRE LOS AUTORES

Participantes en las investigaciones que realiza el Integrated Program on Urban, Regional, and Global Air Pollution: Mexico City Case Study (Programa Integral sobre la Contaminación del Aire Urbano, Regional y Global: Estudio de Caso de la Ciudad de México)

Por parte de México

Mónica Alegre González
Gema Andraca
Sandra Luz Bacelis
Mariano Bauer
Darrel Baumgardner
Víctor Borja Aburto
Mario Caballero
María del Carmen Carmona Lara
Margarita Castillejos
Telma Castro
Xóchitl Cruz Núñez
Rodrigo Favela
Adrián Fernández Bremauntz
Andrés Flores Montalvo
Luis Miguel Galindo
Agustín García
Jorge Raúl Gasca Ramírez
José Miguel González Santaló
Alejandro Guevara-Sanginés
Francisco Guzmán
Mauricio Hernández
Valentín Ibarra Vargas
María Eugenia Ibarrarán
Rosa María Igartúa
Alfonso Iracheta
Rodolfo Lacy
José Luis Lezama
María Teresa Limón Sánchez

Amparo Martínez
Leonardo Martínez
Gerardo Mejía-Velázquez
Fernando Menéndez Garza
Bernardo Navarro Benítez
Rafael Navarro-González
Gustavo Oláiz Fernández
Graciela Raga
Horacio Riojas Rodríguez
Luis Arturo Rivas
María del Carmen Rodríguez
Nicolás Rodríguez
Roberto Rojas
Leonora Rojas-Bracho
María Esther Ruiz Santoyo
Luis Gerardo Ruiz Suárez
Sergio Sánchez
Carlos Santos-Burgoa
Martha Schteingart
Claudia Sheinbaum Pardo
Gustavo Sosa
José Luis Texcalac
Enrique Tolivia
Oscar Turcott
Víctor Urquidi
Penélope Vargas Estrada
Alejandro Villegas López

Por parte de Estados Unidos

Chizuru Aoki
Anas Benbarka
Stephen Connors
George Darido
Richard de Neufville
Rebecca Dodder
John Evans
James Foster
Ralph Gakenheimer
Matthew Gardner
Barclay Gibbs
Michael Gilat
James Hammitt
Arnold Howitt
Dan Krebs
Jonathan Levy
Jonathan Makler

Laurie McNair
Gregory McRae
Luisa Molina
Mario Molina
Kellyn Roth
Federico San Martini
Paulina Serrano
Robert Slott
John Spengler
Jeffrey Steinfeld
Helen Suh
Joseph Sussman
Samudra Vijay
Jason West
P. Christopher Zegras
Miriam Zuk

Referencias

ABBEY, D.E., F. PETERSEN, P.K. MILLS y W.L. BEESON. 1993. Long-Term Ambient Concentrations of Total Suspended Particulates, Ozone, and Sulfur Dioxide and Respiratory Symptoms in a Non-Smoking Population. *Arch. Environ. Health* 48:33-46.

ABBEY, D.E., M.D. LEBOWITZ, P.K. MILLS, F.F. PETERSEN, W.L. BEESON y R.J. BURCHETTE. 1995. Long-Term Ambient Concentrations of Particulates and Oxidants and Development of Chronic Disease in a Cohort of Nonsmoking California Residents. *Inhal. Toxicol.* 7:19-34.

ABBEY, D.E., N. NISHINO, W.F. MCDONNELL, R.J. BURCHETTE, S.F. KNUTSEN, W.L. BEESON y J.X. YANG. 1999. Long-Term Inhalable Particles and Other Air Pollutants Related to Mortality in Nonsmokers. *Am. J. Respir. Crit. Care Med.* 159:373-382.

ACOSTA, L.R. y W.F.J. EVANS. 2000. Design of the Mexico City UV Monitoring Network: UV-B Measurements at Ground Level in the Urban Environment. *J. Geophys. Res.* 105:5017-5026.

ADALPE, F., M.J. FLORES, R.V. DÍAZ, J.R. MORALES, T.A. CAHILL y L. SARAVIA. 1991a. Seasonal Study of Atmospheric Aerosols in Mexico City. *Int. J. PIXE* 1:355-371.

ADALPE, F., M.J. FLORES, R.V. DÍAZ, J. MIRANDA, T.A. CAHILL y J.R. MORALES. 1991b. Two-Year Study of Elemental Composition of Atmospheric Aerosols in Mexico City. *Int. J. PIXE* 1:373.

ADAMS, P.F. y M.A. MARANO. 1995. Current Estimates from the National Health Interview Survey. 1994. *Vital Health Stat.* 10(193). National Center for Health Statistics.

AFGL (Air Force Geophysics Laboratory). 1989. MODTRAN: A Moderate Resolution Model LOWTRAN 7GL-TR-89-0122.

ALBERINI, A., M. COPPER, T.T. FU, A. KRUPNICK, J.T. LIU, D. SHAW y W. HARRINGTON. 1996. Value of Reduced Morbidity in Taiwan, en: R. MENDELSOHN y D. SHAW (eds.), *The Economics of Pollution Control in the Asian Pacific.* Edward Elgar Publishing, Reino Unido.

ALLEN, J.G., C. SIOUTAS, P. KOUTRAKIS, R. REISS, F.W. LURMANN y P.T. ROBERTS. 1997. Evolution of the TEOM Method for Measurement of Ambient Particulate Mass in Urban Areas. *J. Air Waste Manag. Assoc.* 47:682-689.

ANDERSON, W., P. KANAROGLOU y E. MILLER. 1993. *Urban Form, Energy, and the Environment: A Review of Issues, Evidence, and Policy.* McMaster University, Department of Geography, Hamilton, Ontario.

ANSARI, A.S. y S.N. PANDIS. 1998. Response of Inorganic PM to Precursor Concentrations. *Environ. Sci. Tech.* 32:2706-2714.

AQMD (Los Angeles County Air Quality Management District). 1997. *The Southland's*

War on Smog: Fifty Years of Progress Toward Clean Air. Versión electrónica disponible en: <http://www.aqmd.gov/newsi/marchcov.html>.

AREY, J. 2000. Urban Air: Causes and Consequences of Urban Air Pollution, en: L. MOLLER (ed.), *Environmental Medicine*. Joint Industrial Safety Council, Suecia, pp. 52-71.

ARMSTRONG, J. 2001. Fourth Workshop on Air Quality, 8 a 10 de marzo de 2001. El Colegio de México. Organizado por el MIT Integrated Program on Urban, Regional and Global Air Pollution.

ARRIAGA, J.L., S. ESCALONA, A.D. CERVANTES, R. ORDÓÑEZ y T. LÓPEZ. 1997. Seguimiento de COV en aire urbano de la ZMCM, 1992-1996, en: L. GARCÍA COLÍN S. y J.R. VARELA (eds.), *Contaminación atmosférica*, vol. 2. Universidad Autónoma Metropolitana-lztapalapa, México, pp. 67-98.

ARROW, K., *et al.* 1995. Economic Growth, Carrying Capacity, and the Environment. *Science* 268:520-521.

AZUELA, A. 2001. The Enforcement of Environmental Legislation. *Procuraduría Federal de Protección al Ambiente, informe trianual 1995-1997* (versión en inglés).

BÁEZ, A.P., H. PADILLA, M.C. TORRES y R. BELMONT. 2000. Ambient Levels of Carbonyls in Mexico City. *Atmósfera* 13:121-131.

BÁEZ, A.P., R. BELMONT y H. PADILLA. 1995. Measurements of Formaldehyde and Acetaldehyde in the Atmosphere of Mexico City. *Environ. Pollution* 89:163-167.

BÁEZ, A.P., R.D. BELMONT, O.G. GONZÁLEZ e I.P. ROSAS. 1989. Formaldehyde Levels in Air and Wet Precipitation at Mexico City, Mexico. *Environ. Pollution* 62:153-169.

BANCO MUNDIAL. 1992. *Transport Air Quality Management Project for the MCMA*. Staff Appraisal Report No. 10673-ME.

BANCO MUNDIAL. 1994. *Brazil-São Paulo Integrated Urban Transport Project*. Public Information Center.

BANCO MUNDIAL/CAM. 2000. *Population of Vehicles in Mexico City's Metropolitan Area and Their Emission Levels*. Washington, D.C.

BANCO MUNDIAL/CAM. 2001. *World Development Indicator*. Versión electrónica disponible en: <http://www.worldbank.org>.

BARRO, R.J. y X. SALA-I-MARTIN. 1995. *Economic Growth*. McGraw Hill, Nueva York.

BARTH, M.C. y A.T. CHURCH. 1999. Regional and Global Distribution and Lifetimes of Sulfate Aerosols from Mexico City and Southeast China. *J. Geophys. Res.* 104 (D23):30231-30239.

BAUMGARNDER, D., G.B. RAGA, G. KOK, J. OGREN, I. ROSAS, A. BÁEZ y T. NOVAKOV. 2000. On the Evolution of Aerosols Properties at a Mountain Site Above Mexico City. *J. Geophys. Res.* 105(D17):22243-22253.

BAZÁN, G., G. HADDAD y R. ARIAS. 2000. *Balance de energía de la zona metropolitana del Valle de México. Metodología y vinculación de energía/Calidad del aire*. Informe del Programa Universitario de Energía al Banco Mundial.

BEATON, S.P., G.A. BISHOP y D.H. STEDMAN. 1992. Emission Characteristics of Mexico City Vehicles. *J. Air & Waste Manag. Assoc.* 42:1424-1429.

BENBARKA, A. 2001. *Air Pollution in the Mexico City Metropolitan Area, Analyzing Three Policies to Reduce Emissions from In-Use Vehicles* (tesis de maestría). MIT Integrated Program on Urban, Regional and Global Air Pollution Report No. 22. Cambridge, Massachusetts.

BISHOP, G.A., D.H. STEDMAN, J. DE LA GARZA CASTRO y F.J. DÁVALOS. 1997. On-Road Remote Sensing of Vehicle Emissions in Mexico. *Environ. Sci. Technol.* 31(12):3505-3510.

BISHOP, G.A., S.J. POKHAREL y D.H. STEDMAN. 2000. On-Road Remote Sensing of Automobile Emissions in the Los Angeles Area: Year 1. *Final Report Prepared for CRC*, abril de 2000.

BLAKE, D.R. y F.S. ROWLAND. 1995. Urban Leakage of Liquefied Petroleum Gas and its Impact on Mexico City Air Quality. *Science* 269:953-956.

BOBAK, M. y D.A. LEON. 1992. Air Pollution and Infant Mortality in the Czech Republic, 1986-1988. *Lancet.* 340:1010-1014.

BORJA-ABURTO, V.H., D.P. LOOMIS, S.I. BANGDIWALA, C.M. SHY y R.A. RASCÓN-PACHECO. 1997. Ozone, Suspended Particulates, and Daily Mortality in Mexico City. *Am. J. Epidem.* 145(3):258-268.

BORJA-ABURTO, V.H., M. CASTILLEJOS, D.R. GOLD, S. BIERZWINSKI y D.P. LOOMIS. 1998. Mortality and Ambient Fine Particles in Southwest Mexico City, 1993-1995. *Environ. Health Persp.* 106(12):849-855.

BOSSERT, J.E. 1997. An Investigation of Flow Regimes Affecting the Mexico City Region. *J. Appl. Met.* 36:119-140.

BOWMAN, F.M., J.R. ODUM, J.H. SCINFELD y S.N. PANDIS. 1997. Mathematical Model for Gas-Particle Partitioning of Secondary Organic Aerosols. *Atm. Environ.* 31(23): 3921-3931.

BRAVO, A.H. 1960. Variation of Different Pollutants in the Atmosphere of Mexico City. *J. Air Pollut. Control Assoc.* 10:447-449.

BRAVO, A.H. 1987. *La contaminación en México.* Ed. Fundación Universo Veintiuno, México.

BRAVO, A.H. et al. 1982. Correlation Between T.S.P., F.S.P., and Visibility in a High Altitude City (Mexico City). *Sci. Tot. Environ.* 24:177-182.

BRAVO, A.H., et al. 1988. Particulate Carbon, a Significant Contributor to the Visibility Reduction of Mexico City. *Geof. Int.* 27-2:241-261.

BRAVO, A.H. y O.G. VINIEGRA. 1958. Informe preliminar acerca de la polución atmosférica en la Ciudad de México. *Memorias de la VII Reunión Anual de la Sociedad Mexicana de Higiene Industrial.* Puebla, México.

BRAVO, J.L., M.T. DÍAZ, C. GAY y J. FAJARDO. 1996. A Short Term Prediction Model for Surface Ozone at Southwest Part of the Mexico Valley. *Atmósfera* 9:33-45.

CALBO, J., W. PAN, M. WEBSTER, R.G. PRINN y G.J. MCRAE. 1998. Parameterization of Urban Subgrid Scale Processes in Global Atmospheric Chemistry Models. *J. Geophys. Res.* 103(D3):3437-3451.

CAM (Comisión Ambiental Metropolitana). 1999. *Inventario de emisiones 1996 de la zona metropolitana del Valle de México.* México.

CAM. 2000a. *Inventario de emisiones 1998 de la zona metropolitana del Valle de México*, versión preliminar (informes de julio y octubre de 2000). México.

CAM. 2000b. *Evaluación del cierre del programa para mejorar la calidad del aire en el Valle de México 1995-2000*. México.

CAM. 2001. *Inventario de emisiones 1998 de la zona metropolitana del Valle de México*, versión preliminar (informe de agosto de 2001). México.

CAM/IMP (Comisión Ambiental Metropolitana/Instituto Mexicano del Petróleo). 2000. *Auditoría integral al programa de verificación vehicular*. Informe publicado por la Comisión Ambiental Metropolitana y el Instituto Mexicano del Petróleo en noviembre de 2000. México.

CAM/IMP. 2001. *The 2001 California Almanac of Emissions & Air Quality*.

CARTER, W.P.L. 1994. Development of Ozone Reactivity Scales for Volatile Organic Compounds. *J. Air Waste Manag. Assoc.* 44:881-899.

CARTER, W.P.L. 1998. *Updated Maximum Incremental Reactivity Scale for Regulatory Applications*. Informe preliminar para el California Air Resources Board, convenio núm. 95-308.

CASS, G.R. y F.H. SHAIR. 1984. Sulfate Accumulation in a Sea Breeze/Land Breeze Circulation System. *J. Geophys. Res.* 89(D1):1429-1438.

CASS, G.R. y H.A. GRAY. 1995. Regional Emissions and Atmospheric Concentrations of Diesel Engine Particulate Matter: Los Angeles as a Case Study, en: *Diesel Exhaust: A Critical Analysis of Emissions, Exposure, and Health Effects*. Health Effects Institute, Cambridge, Massachusetts.

CASTILLEJOS, M. 1999. Comportamiento y distribución de las partículas respirables finas y gruesas en el norte y sureste de la Ciudad de México. Conserva (Consejo de Estudios para la Restauración Ambiental), Estudios 1998, pp. 23-29.

CASTILLEJOS, M., V.H. BORJA-ABURTO, D.W. DOCKERY y D. LOOMIS. 2000. Coarse Particles and Mortality in Mexico City. *Inhalation Toxicol.* 12(1):61-72.

CASTRO, T., L.G. RUIZ-SUÁREZ, C. GAY, M. HELGUERA y J.C. RUIZ-SUÁREZ. 1995. Direct Measurements of NO_2 Photolysis Rates for Mexico City. *Atmósfera* 8: 137-142.

CASTRO, T., L.G. RUIZ-SUÁREZ, J.C. RUIZ-SUÁREZ, M.J. MOLINA y M. MONTERO. 1997. Sensitivity Analysis of a UV Radiation Transfer Model and Experimental Photolysis Rates of NO_2 in the Atmosphere of Mexico City. *Atm. Environ.* 31(4):609-620.

CDM (Ciudad de México). 1996. *Programa general de desarrollo urbano del Distrito Federal*. Secretaría de Desarrollo Urbano y Vivienda, México.

CERVERO, R. 1997. *The Transit Metropolis: A Global Inquiry*. Island Press, Washington, D.C.

CFE (Comisión Federal de Electricidad). 1998. *Unidades generadoras en operación (sistema eléctrico nacional)*. Gerencia de Programación de Sistemas Eléctricos, México.

CFE. 2000. *Acciones realizadas para disminuir las emisiones de NO_x a la atmósfera en la central termoeléctrica del Valle de México*. México.

CHAMEIDES, W.L., R.W. LINDSAY, J. RICHARDSON y C.S. KIANG. 1988. The Role of Biogenic Hydrocarbons in Urban Photochemical Smog: Atlanta as a Case Study. *Science* 241:1473-1475.

CHOW, J.C., J.G. WATSON, D.H. LOWENTHAL, P.A. SOLOMON, K.L. MAGLIANO, S.D. ZIMAN y L.W. RICHARDS. 1993. PM_{10} and $PM_{2.5}$ Compositions in California's San Joaquin Valley. *Aer. Sci. Tech.* 18:105-128.

CHOW, J.C., J.G. WATSON, E.M. FUJITA, Z. LU, D.R. LAWSON y L.L. ASHBAUGH. 1994. Temporal and Spatial Variations of $PM_{2.5}$ and PM_{10} Aerosol in the Southern California Air Quality Study. *Atmos. Environ.* 28(12):2061-2080.

CMPCC (Comisión Metropolitana para la Prevención y Control de la Contaminación Ambiental en el Valle de México). 1994. *La contaminación atmosférica en el Valle de México, acciones para su control, 1988-1994*. México.

COMETRAVI (Comisión Metropolitana de Transporte y Vialidad). 1999. *Diagnóstico de las condiciones del transporte y sus implicaciones sobre la calidad del aire*. Estudio integral de transporte y calidad del aire en la zona metropolitana del Valle de México, vol. 1. Cometravi, en coordinación con la Comisión Ambiental Metropolitana, México.

COMETRAVI. 1999. *Definición de políticas para el transporte urbano de carga*. Estudio integral de transporte y calidad del aire en la zona metropolitana del Valle de México, vol. 3. Cometravi, en coordinación con la Comisión Ambiental Metropolitana, México.

COMETRAVI. 1999. *Definición de políticas de modernización, inspección, sustitución, eliminación, definición, adaptación de vehículos y combustibles alternos*. Estudio integral de transporte y calidad del aire en la zona metropolitana del Valle de México, vol. 5. Cometravi, en coordinación con la Comisión Ambiental Metropolitana, México.

COMETRAVI. 1999. *Definición de políticas para la infraestructura del transporte*. Estudio integral de transporte y calidad del aire en la zona metropolitana del Valle de México, vol. 6. Cometravi, en coordinación con la Comisión Ambiental Metropolitana, México.

COMETRAVI. 1999. *Definición de políticas para el transporte público concesionado conforme a las implicaciones financieras y ambientales*. Estudio integral de transporte y calidad del aire en la zona metropolitana del Valle de México, vol. 7. Cometravi, en coordinación con la Comisión Ambiental Metropolitana, México.

COMETRAVI. 1999. *Estrategia integral de transporte y calidad de vida*. Estudio integral de transporte y calidad del aire en la zona metropolitana del Valle de México, vol. 8. Cometravi, en coordinación con la Comisión Ambiental Metropolitana, México.

CONAPO (Consejo Nacional de Población). 1990. *Censo de población y vivienda 1990*. México.

CONAPO. 1998. *Proyecciones de la población de México, 1996-2050*. México.

CONAPO. 2000. *Censo de población y vivienda 2000*. México.

CONOLLY, R.B., D.A. ANDJELKOVICH, M. CASANOVA, H.D. HECK, D.B. JANSZEN, J.S. KIMBELL, K.T. MORGAN y L. RECIO. 1995. Multidisciplinary, Iterative Examination of the Mechanism of Formaldehyde Carcinogenicity: The Basis for Better Risk Assessment. *CIIT Activities* 15(12):1-11.

COX, L.A. 1997. Does Diesel Exhaust Cause Human Lung Cancer? *Risk Anal.* 17: 807-829.

CROPPER, M.L. y W.E. OATES. 1992. Environmental Economics: A Survey. *J. Econom. Lit.* XXX(junio):675-740.

CRUMP, K. 1999. Lung Cancer Mortality and Diesel Exhaust: Reanalysis of a Retrospective Cohort Study of U.S. Railroad Workers. *Inhal. Toxicol.* 11:1-17.

DARIDO, G.B. 2001. *Managing Conflicts Between Environment and Mobility: The Case of Road-Based Transportation and Air Quality in Mexico City* (tesis de maestría). MIT Integrated Program on Urban, Regional and Global Air Pollution Report No. 23. Cambridge, Massachusetts.

DAWSON, S.V. y G.V. ALEXEEFF. 2001. Multi-Stage Model Estimates of Lung Cancer Risk from Exposure to Diesel Exposure, Based on a U.S. Railroad Worker Cohort. *Risk Anal.* 21:1-9.

DDF (Departamento del Distrito Federal). 1990. *Programa integral contra la contaminación atmosférica: un compromiso común (PICCA)*. Departamento del Distrito Federal, México.

DDF, Gobierno del Estado de México, Secretaría de Medio Ambiente, Recursos Naturales y Pesca, y Secretaría de Salud. 1996. *Programa para mejorar la calidad del aire en el Valle de México, 1995-2000 (Proaire)*. México.

DICKERSON, R., S. KONDRAGUNTA, G. STENCHIKOV, K. CIVEROLO y B. DODDRIDGE. 1997. The Impact of Aerosols on Solar UV Radiation and Photochemical Smog. *Science* 278:827-830.

DOCKERY, D.W., C.A. POPE, X. XU, J.D. SPENGLER, J.H. WARE, M.E. FAY, B.G. FERRIS y F.E. SPEIZER. 1993. An Association between Air Pollution and Mortality in Six U.S. Cities. *N. Engl. J. Med.* 329:1753-1759.

DOF *(Diario Oficial de la Federación)*. 1988. Ley General del Equilibrio Ecológico y la Protección al Ambiente. Publicada el 28 de enero.

DOF. 1994a. Decreto que reforma, adiciona y deroga diversas disposiciones de la Ley Orgánica de la Administración Pública Federal. Publicado el 28 de diciembre.

DOF. 1994b. Norma Oficial Mexicana NOM-086-1994. *Contaminación atmosférica. Fuentes fijas*. Publicada el 2 de diciembre.

DORAN, J.C. *et al.* 1998. The Imada-AVER Boundary Layer Experiment in the Mexico City Area. *Bull. Am. Met. Soc.* 79(11):2497-2508.

DOURTHÉ, A., H. MALBRÁN y M. WITYK. 2000. Santiago de Chile's Experience with the Regulation of the Public Transport Market. Reporte presentado en la 79th Annual Meeting of the Transportation Research Board (TRB). Washington, D.C.

EDGERTON *et al.* 1999. Particulate Air Pollution in Mexico City: A Collaborative Research Project. *J. Air Waste Manag. Assoc.* 49:1221-1229.

EIA (Energy Information Administration). 1999. *Energy Balance of Mexico 1998, 1999*. U.S. Department of Energy. Versión electrónica en: <http://www.eia.doe.gov>.
EIA. 2000. *World Primary Energy Consumption and Supply 1980-1999, 2000*. U.S. Department of Energy. Versión electrónica disponible en: <http://www.eia.doe.gov>.
EKINS, P. 2000. *Economic Growth and Environmental Sustainability*. Routledge.
ELLIOTT, S. et al. 1997. Ventilation of Liquefied Petroleum Gas Components from the Valley of Mexico. *J. Geophys. Res.* 102(D17):21197-21207.
EPA (Environmental Protection Agency). 1994. *Documentation of De Minimis Emission Rates/Proposed 20 CFR Part 63, Subpart B, Background Document*. Office of Air Quality Planning and Standards, Research Triangle Park, Carolina del Norte.
EPA. 1996. *Air Quality Criteria for Particulate Matter: Volume III*. EPA/600/AP-95/001 cF. Office of Research and Development, Washington, D.C.
EPA. 1998. *Health Risk Assessment of 1,3-Butadiene*. EPA/600/P98/001 A. National Center for Environmental Assessment, Washington, D.C.
EPA. 1999. *The Benefits and Costs of the Clean Air Act: 1990 to 2010*. EPA Report to Congress. EPA-410-R-99-001. Office of Air and Radiation and Office of Policy, Washington, D.C.
EPA. 2001. <http://www.epa.gov/iris> (consultada el 12 de septiembre de 2001).
ESCAMILLA-CEJUDO, J.A., et al. 2000. Ambient Carbon Monoxide and Fatal Myocardial Infarction: A Casecrossover Study. *New Eng. J. Med.* (sometido).
ESKELAND, G. y T. FEYZIOGLU. 1997a. Is Demand for Polluting Goods Manageable? An Econometric Study of Car Ownership and Use in Mexico. *J. Devel. Econ.* 53:423-445.
ESKELAND, G. y T. FEYZIOGLU. 1997b. Rationing Can Backfire: 'Day without a Car' in Mexico City. *The World Bank Economic Review* 11(3):383-408.
EVANS, J.S., J.D. GRAHAM, G.M. GRAY y R.L. SIELKEN. 1994. A Distributional Approach to Characterizing Low-Dose Cancer Risk. *Risk Anal.* 14:25-34.
EZCURRA, E., M. MAZARI-HIRIART, I. PISANTY y A.G. AGUILAR. 1999. *The Basin of Mexico: Critical Environmental Issues and Sustainability*. United Nations University Press.
FAST, J.D. y S. ZHONG. 1998. Meteorological Factors Associated with Inhomogeneous Ozone Concentrations within the Mexico City Basin. *J. Geophys. Res.* 103 (D15): 18927-18946.
FERNÁNDEZ BREMAUNTZ, A. 2001. *Air Quality Management in Mexico, a Few Stories*. Simposio Haagen-Smit, Lake Arrowhead, California, 9 a 12 de abril de 2001, organizado por el California Air Resources Board.
FERNÁNDEZ BREMAUNTZ, A. y M.R. ASHMORE. 1995. Exposure of Commuters to Carbon Monoxide in Mexico City: Comparison of In-Vehicle and Fixed-Site Concentrations. *Atm. Environ.* 29:525-532.
FINLAYSON-PITTS, B.J. y J.N. PITTS JR. 2000. *Chemistry of the Upper and Lower Atmosphere*. Academic Press, San Diego, California.
FLORES, J., F. ADALPE, R.V. DÍAZ, B. HERNÁNDEZ-MÉNDEZ y R. GARCÍA. 1999. PIXE

Analysis of Airborne Particulate Matter from Xalostoc, Mexico: Winter to Summer Comparison. *Nucl. Instrum. Meth. Phys. Res. B.* 150:445-449.

FUJITA, E.M., B.E. CROES, C.L. BENNETT, D.R. LAWSON, F.W. LURMANN y H.H. MAIN. 1992. Comparison of Emission Inventory and Ambient Concentration Ratios of CO, NMOG, and NO_x in Califomia's South Coast Air Basin. *J. Air Waste Manag. Assoc.* 42(3):264-276.

GAFFNEY, J.S., N.A. MARLEY, M.N. CUNNINGHAM y P.V. DOSKEY. 1999. Measurements of Peroxyacyl Nitrates (PANS) in Mexico City: Implications for Megacity Air Quality Impacts on Regional Scales. *Atm. Environ.* 33:5003-5012.

GAKENHEIMER, R. 1993. Land Use/Transportation Planning: New Possibilities for Developing and Developed Countries. *Transp. Quart.* Abril de 1993.

GARFIAS, J. y R. González. 1992. Air Quality in Mexico City. En D.A. Dunnette y R.J. OBrien (eds.), *The Science of Global Change: The Impact of Human Activities*, pp. 149-161. American Chemical Society, Washington, D.C.

GARZA, G. 1996. Uncontrolled Air Pollution in Mexico City. *Cities* 13(5):315-328.

GARZA, G. (coord.) 2000. *La Ciudad de México en el fin del segundo milenio*. El Colegio de México, México.

GARZA, G. y C. RUIZ. 2000. La Ciudad de México en el sistema urbano nacional, en: G. GARZA, *La Ciudad de México en el fin del segundo milenio*. El Colegio de México, México.

GILLEN, D. 1997. Efficient Use and Provision of Transportation Infrastructure with Imperfect Pricing: Second Best Rules, en: GREENE, JONES y DELUCCHI (eds.), *The Full Costs and Benefits of Transportation: Contributions to Theory, Method and Measurement*. Springer, pp. 193-218.

GOLD, D.R., G. ALLEN, A. DAMOKOSH, P. SERRANO, C. HAYES y M. CASTILLEJOS. 1996. Comparison of Outdoor and Classroom Ozone Exposures for School Children in Mexico City. *J. Air Waste Manag. Assoc.* 46:335-342.

GORSE, R.A. 1999. In-Use Phoenix Vehicle Evaporative Emissions, en: *Proceedings of the 9th Coordinating Research Council On-Road Workshop*, 19-21 de abril, 1999:2.15-2.21. San Diego, California.

GRAIZBORD, B.L., E. BABCOCK y R.L. NAVA. 1999. *Estructura urbana, energía, calidad ambiental en la ZMCM: indicadores de sustentabilidad*. El Colegio de México, México.

GRAY, H.A. y G.R. CASS. 1998. Source Contributions to Atmospheric Fine Carbon Particle Concentrations. *Atmos. Environ.* 32(22):3805-3825.

GRIFFIN, R.D. 1994. *Principles of Air Quality Management*. Lewis Publishers.

GROSSMAN, G.M. y A.B. KRUEGER. 1995. Economic Growth and Environment. *Quart. J. Econ.* mayo:353-377.

GUZMÁN, F., M.E. RUIZ y E. VEGA. 1996. Response to Blake and Rowland (1995). *Science* 271:1040-1041.

HAGERMAN, L.M., V.P. ANEJA y W.A. LONNEMAN. 1997. Characterization of Non-Methane Hydrocarbons in the Rural Southeast United States. *Atmos. Environ.* 31(23):4017-4038.

Hammitt, J.K., J.T. Liu y J.L. Liu. 2000. *Survival is a Luxury Good: The Increasing Value of a Statistical Life.* Harvard Center for Risk Analysis, Cambridge, Massachusetts.

Hammitt, J.K. y Y. Zhou. 2000. *Economic Value of Reducing Health Risks by Improving Air Quality in China.* Sino-U.S. Research Workshop on Economy, Energy, and Environment, Tsinghua University, Beijing. Enero de 2000.

Hanley, N., J.F. Shogren y B. White. 1997. *Environmental Economics in Theory and Practice.* Oxford University Press.

Harley, R.A., A.G. Russell, G.J. McRae, G.R. Cass y J.H. Seinfeld. 1993. Photochemical Modeling of the Southern California Air Quality Study. *Envir. Sci. Tech.* 27:378-388.

HEI (Health Effects Institute). 1999a. *Diesel Emissions and Lung Cancer: Epidemiology and Quantitative Risk Assessment.* Health Effects Institute, Cambridge, Massachusetts.

HEI. 1999b. *Characterization of Exposure to and Health Effects of Particulate Matter,* Report RFA 98-1. Washington, D.C.

Hennekens, C.H. y J.E. Burning. 1987. *Epidemiology in Medicine.* Little, Brown and Company, Boston.

Hernández Ortega, F. 1998. *Evaluación del efecto del propano en el aire ambiente sobre la acumulación de ozono en la atmósfera de la Ciudad de México.* UNAM, Facultad de Ingeniería.

Hidy, G.M., P.M. Roth, J.M. Hales y R. Scheffe. 1998. *Oxidant Pollution and Fine Particles: Issues and Needs.* Informe oficial para la 1998 North American Research Strategy for Tropospheric Ozone (NARSTO) critical review series. Versión electrónica disponible en: <http://www.cgenv.com/Narsto/Hidy.pdf>.

Hilton, F.G.H. y A. Levinson. 1998. Factoring the Environmental Kuznets' Curve: Evidence from Automotive Lead Emissions. *J. Environ. Econom. Manag.* 35(2):126-141.

Hodrick, R.J. y E.C. Prescott. 1997. Postwar U.S. Business Cycles: An Empirical Investigation. *J. Money, Credit and Banking* 29(1):1-16.

Hoyert, D.L. y S.L. Murphy. 1999. Deaths: Final Data for 1997. Centers for Disease Control and Prevention, National Center for Health Statistics, National Vital Statistics Report 47(19).

IEA (International Energy Agency). 1997. CO_2 *Emissions from Fuel Combustion: A New Basis for Comparing Emissions of a Major Greenhouse Gas.* IEA, París.

IMP (Instituto Mexicano del Petróleo). 1998. *Investigación sobre materia particulada y deterioro atmosférico.* Subdirección de Protección Ambiental, 1994-1998.

INE (Instituto Nacional de Ecología). 1998. *Segundo informe sobre la calidad del aire en ciudades mexicanas, 1997.* México.

INE. 2000a. *Gestión de la calidad del aire en México.* México. Octubre de 2000.

INE. 2000b. *Almanaque de datos y tendencias de la calidad del aire en ciudades mexicanas.* JICA, INE, Cenica, México.

INE/Cenica/PNUD (Instituto Nacional de Ecología/Centro Nacional de Investigación y Capacitación Ambiental/Programa de las Naciones Unidas para el Desarrollo).

2000. *Elementos para un proceso inductivo de gestión ambiental en la industria.* México.
INEGI (Instituto Nacional de Estadística, Geografía e Informática). 1986. *Estadísticas históricas de México.* México.
INEGI. 1990. *Estadísticas históricas de México.* México.
INEGI. 1997. *Anuario estadístico de los Estados Unidos Mexicanos.* México.
INEGI. 1998. *Encuesta de origen-destino de los viajes de los residentes del AMCM 1994.* México.
INEGI. 1999a. *Sistema de cuentas nacionales de México: producto interno bruto por entidad federativa.* México.
INEGI. 1999b. *Estadísticas del medio ambiente del Distrito Federal y zona metropolitana, 1999.* México.
INEGI. 1999c. *Banco de información económica, sector comunicaciones y transportes.* Versión electrónica disponible en: <http://www.inegi.gob.mx/economia/espanol/feconomia.html>.
INEGI. 1999d. *Estadísticas históricas de México.* México.
INEGI. 2000. *Resultados preliminares del censo general de población y vivienda.* México.
IPCC (Intergovernmental Panel for Climate Change). 2001. *Third Assessment Report, IPCC.* Ginebra.
IPURGAP (Integrated Program on Urban, Regional and Global Air Pollution). 1999. *Report of the First Workshop on Mexico City Air Quality, February 16, 1999, Mexico City.* MIT Integrated Program on Urban, Regional and Global Air Pollution Report No. 2. Cambridge, Massachusetts.
IPURGAP. 2000a. *Report of the Second Workshop on Mexico City Air Quality, January 24-25, 2000, MIT Cambridge, MA.* MIT Integrated Program on Urban, Regional and Global Air Pollution Report No. 3. Cambridge, Massachusetts.
IPURGAP. 2000b. *Report of the Third Workshop on Mexico City Air Quality, June 12-13, 2000, Cuernavaca, Mexico.* MIT Integrated Program on Urban, Regional and Global Air Pollution Report No. 6. Cambridge, Massachusetts.
JACOB, D.J., J.W. MUNGER, J.M. WALDMAN y M.R. HOFFMANN. 1986. The H_2SO_4-HNO_3-NH_3 System at High Humidities and in Fogs. 1. Spatial and Temporal Patterns in the San Joaquin Valley of California. *J. Geophys. Res.* 91(Dl):1073-1088.
JÁUREGUI, E. y E. LUYANDO. 1999. Global Radiation Attenuation by Air Pollution and its Effects on the Thermal Climate in Mexico City. *Int. J. Climat.* 19(6):683-694.
JICA (Japan International Cooperation Agency). 1988. *The Study on Air Pollution Control Plan in the Federal District, Final Report.* JICA, en colaboración con el Departamento del Distrito Federal, México. Octubre de 1988.
JICA. 1991. *The Study on Air Pollution Control Plan of Stationary Sources in the Metropolitan Area of the City of Mexico, Final Report.* JICA, en colaboración con el Departamento del Distrito Federal, México. Septiembre de 1991.
JONES-LEE, M., M. HAMMERTON y P. PHILIPS. 1985. The Value of Safety: Results of a National Survey. *Econom. J.* 95:49-72.

JORDAN-TANK, M. y C.L. WRIGHT. 2000. Inter-Views with Matthew Jordan-Tank and Charles L. Wright. Transport Economists at the Inter-American-Development Bank. Julio de 2000.

JOSKOW, P.L., R. SCHMALENSE y E.M. BAILEY. 1998. The Market of Sulfur Dioxide Emissions. *American Economic Review,* septiembre:669-685.

KELLY, T., J. MUKUND, C.W. SPICER y A.J. POLLACK. 1994. Concentrations and Transformation of Hazardous Air Pollutants. *Environ. Sci. Tech.* 28:378-387.

KERNS, W.D., K.L. PAVKOV, D.J. DONOFRIO, E.J. GRALLA y J.A. SWENBERG. 1983. Carcinogenicity of Formaldehyde in Rats and Mice After Long-Term Inhalation Exposure. *Cancer Res.* 43:4382-4392.

KHAN, M., Y.J. YANG y A.G. RUSSELL. 1999. Photochemical Reactivities of Common Solvents: Comparison between Urban and Regional Domains. *Atmos. Environ.* 33:1085-1092.

KLAUSMEIER, R. y D. PIERCE. 2000. *Audit of Vehicle Emission Control Programs.* De la Torre-Klausmeier Consulting Inc. and ICF Consulting. Informe para la Comisión Ambiental Metropolitana, México.

KLECKNER, N. y J.E. NEUMANN. 1999. *Recommended Approach to Adjusting WTP Estimates to Reflect Changes in Real Income.* Memorándum para Jim DeMocker, U.S. EPA. Industrial Economics, Inc., Cambridge, Massachusetts.

KREBS, D.J. 1999. *A Tale of Two Cities: The Regulation of Particulate Air Pollution in Mexico City and Los Angeles* (tesis de maestría). MIT Integrated Program on Urban, Regional and Global Air Pollution Report No. 1. Cambridge, Massachusetts.

KREWSKI, D., R.T. BURNETT, M.S. GOLDBERG, K. HOOVER, J. SIEMIATYCKI, M. JARRETT, M. ABRAHAMOWICZ, W.H. WHITE y otros. 2000. *Particle Epidemiology Reanalysis Project Part 11: Sensitivity Analysis.* Health Effects Institute, Cambridge, Massachusetts.

KUZNETS, S. 1955. Economic Growth and Income Inequality. *American Economic Review* 45(1):1-28.

LANL/IMP (Los Alamos National Laboratory/Instituto Mexicano del Petróleo). 1994. *Mexico City Air Quality Research Initiative.* Los Álamos, Nuevo México.

LEE, D. 1995. Full Cost Pricing of Transportation. Estudio presentado en la Conference of the Eastern Economic Association.

LEE, D., L. KLEIN y G. CAMUS. 1997. Modeling Induced Highway Travel Versus Induced Demand. Estudio (núm. 971004) presentado en la Transportation Research Board Annual Meeting.

LENTS, J. 2000. Cleaning the Air Today and Tomorrow: The Los Angeles Experience. *Report of the Third Workshop on Mexico City Air Quality, June 12-13, 2000. Cuernavaca, Mexico.* MIT Integrated Program on Urban, Regional and Global Air Pollution Report No. 6. Cambridge, Massachusetts.

LEVIN, S. 1999. *Fragile Dominion, Complexity and the Commons.* Helix Books, Perseus Publishing.

LEVY, J.I., J.K. HAMMITT y J.D. SPENGLER. 2000. Estimating the Mortality Impacts of

Particulate Matter: What Can Be Learned from Between-Study Variability? *Environ. Health Perspect.* 108:109-117.

LEVY, J.I., T.J. CARROTHERS, J. TUOMISTO, J.K. HAMMITT y J.S. EVANS. 2001. Assessing the Public Health Benefits of Reduced Ozone Concentrations. *Environ. Health Perspect* (en prensa).

LEZAMA, J.L. y V.I. VARGAS. 2000. *Las fuerzas rectoras de la contaminación del aire en la Ciudad de México.* MIT Integrated Program on Urban, Regional and Global Air Pollution Report No. 8. Cambridge, Massachusetts.

LIPFERT, F.W. y R.E. WYZGA. 1995. Air Pollution and Mortality: Issues and Uncertainties. *J. Air Waste Manag. Assoc.* 45:949-966.

LIU, J.T. y J.K. HAMMITT. 1999. Perceived Risk and Value of Workplace Safety in a Developing Country. *J. Risk Res.* 2:263-275.

LIU, J.T., J.K. HAMMITT y J.L. LIU. 1997. Estimated Hedonic Wage Function and Value of Life in a Developing Country. *Econom. Lett.* 57:353-358.

LIU, J.T., J.K. HAMMITT, J.D. WANG y J.L. LIU. 2000. Mother's Willingness to Pay for Her Own and Her Child's Health: A Contingent Valuation Study in Taiwan. *Health Econom.* 9:319-326.

LLENDERROZOS, H. y L. BABCOCK. 1988. Health Risks of Mobile Source Emissions in Mexico City. Reporte presentado en la 81st Annual Meeting of the Air Pollution Control Association. Dallas, Texas, 19-24 de julio.

LOOMIS, D., M. CASTILLEJOS, D.R. GOLD, W. MCDONNELL y V.H. BORJA-ABURTO. 1999. Air Pollution and Infant Mortality in Mexico City. *Epidemiology* 10:118-123.

MAKLER, J.T.N. 2000. *Regional Architecture and Environmentally-Based Transportation Planning: An Institutional Analysis of Planning in the Mexico City Metropolitan Area* (tesis de maestría). MIT Integrated Program on Urban, Regional and Global Air Pollution Report No. 4. Cambridge, Massachusetts.

MALBRÁN, H. 1994. *Urban Transport Planning and Models in Latin America: Perspectives from the Chilean Experience.* Borrador. International Institute for Energy Conservation, Washington, D.C.

MÁRQUEZ, M.E. 1977. *Informe sobre la calidad de aire en algunas ciudades del país.* Proyecto México, PNUMA.

MARTÍNEZ, L. 2001. *Proposed Site Location for New International Airport in Mexico City.* Fourth Workshop on Air Quality, 8 a 10 de marzo de 2001. El Colegio de México. Organizado por el MIT Integrated Program on Urban, Regional and Global Air Pollution.

MAYER, M., C. WANG, M. WEBSTER y R.G. PRINN. 2000. Linking Local Air Pollution to Global Chemistry and Climate. *J. Geophys. Res.* 105:22,869-22,896.

MCNAUGHTON, D.J. y R.J. VET. 1996. Eulerian Model Evaluation Field Study (EMEFS): A Summary of Surface Network Measurements and Data Quality. *Atmos. Environ.* 30:227-238.

MENDOZA, M.A., C. MARTÍNEZ, C. GONZÁLEZ y E. BRAVO. 1997. *Situación actual y perspectivas del Programa Hoy no Circula.* PUEC-UNAM, México.

MENÉNDEZ-GARZA, F. 2000. Funding Mechanisms for Air Quality Programs, en: M.J. MOLINA y L.T. MOLINA (eds.), *Estrategia integral de gestión de la calidad del aire en el Valle de México.* MIT Integrated Program on Urban, Regional and Global Air Pollution Report No. 7. Cambridge, Massachusetts.

MENG, Z., D. DABDUB y J.H. SEINFELD. 1997. Chemical Coupling between Atmospheric Ozone and Particulate Matter. *Science* 277:116-119.

MENZIE, C.A., B.B. POTOCKI y J. SANTODONATO. 1992. Exposure to Carcinogenic PAHs in the Environment. *Environ. Sci. Technol.* 26:1278-1284.

MIDDLETON, J.T., J.B. KENDRICK y H.W. SCHWALM. 1950. *Injury to Herbaceous Plants by Smog or Air Pollution. USDA Plant Dis. Rep.* 34:245-252.

MILFORD, J.B., A.G. RUSSELL y G.J. MCRAE. 1989. A New Approach to Photochemical Pollution Control: Implications of Spatial Patterns in Pollutant Responses to Reductions in Nitrogen Oxides and Reactive Organic Gas Emissions. *Environ. Sci. Technol.* 23(10):1290-1301.

MIRANDA, J., E. ANDRADE, A. LÓPEZ-SUÁREZ, R. LEDESMA, T. CAHILL y P.H. WAKABAYASHI. 1996. A Receptor Model for Atmospheric Aerosols from a Southwestern Site in Mexico City. *Atmos. Environ.* 30(20):3471-3479.

MIRANDA, J., I. CRESPO y M.A. MORALES. 2000. Absolute Principal Component Analysis of Atmospheric Aerosols in Mexico City. *Environ. Sci. and Poll. Res.* 7(1):14-18.

MIRANDA, J., J.R. MORALES, T.A. CAHILL, F. ADALPE y M.J. FLORES. 1992. A Study of Elemental Contents in Atmospheric Aerosols in Mexico City. *Atmósfera* 5:95-108.

MIRANDA, J., T.A. CAHILL, J.R. MORALES, F. ADALPE, M.J. FLORES y R.V. DÍAZ. 1994. Determination of Elemental Concentrations in Atmospheric Aerosols in Mexico City Using Proton Induced X-Ray Emission, Proton Elastic Scattering, and Laser Absorption. *Atmos. Environ.* 28:2299-2306.

MITCHELL, R.C. y R.T. CARSON. 1986. *Valuing Drinking Water Risk Reductions Using the Contingent Valuation Method: A Methodological Study of Risksfrom THM and Giardia.* Resources for the Future, Washington, D.C.

MOLINA, M.J. y F.S. ROWLAND. 1974. Stratospheric Sink for Chlorofluoromethanes: Chlorine Atom Catalyzed Destruction of Ozone. *Nature* 249:810.

MOLINA, M.J. y L.T. MOLINA. 1992. Stratospheric Ozone, en: D.A. DUNNETTE y R.J. O'BRIEN (eds.), *The Science of Global Change: The Impact of Human Activities on the Environment.* American Chemical Society, Washington, D.C., pp. 24-35.

MOLINA, M.J. y L.T. MOLINA. 1998. Chlorofluorocarbons and Destruction of the Ozone Layer, en: W.N. ROM (ed.), *Environmental and Occupational Medicine.* Tercera edición. Lippincott-Raven, Philadelphia, pp. 1639-1648.

MOLINA, M.J. y L.T. MOLINA. 2000. *Estrategia integral de gestión de la calidad del aire en el Valle de México.* MIT Integrated Program on Urban, Regional and Global Air Pollution Report No. 7. Cambridge, Massachusetts.

MOLINA, M.J., L.T. MOLINA, G. SOSA, J. GASCA y J. WEST. 2000a. *Análisis y diagnóstico del inventario de emisiones de la zona metropolitana del Valle de México.* MIT Integrated Program on Urban, Regional and Global Air Pollution Report No. 5. Cambridge, Massachusetts.

MOLINA, M.J., L.T. MOLINA, J. WEST, F. SAN MARTINI, G. SOSA y C. SHEINBAUM. 2000b. *Estado actual del conocimiento científico de la contaminación del aire en el Valle de México.* MIT Integrated Program on Urban, Regional and Global Air Pollution Report No. 9. Cambridge, Massachusetts.

MOLINA, M.J., L.T. MOLINA, T.B. FITZPATRICK y P.T. NGHIEM. 2000c. Ozone Depletion and Human Health Effects, en: L. MOLLER (ed.), *Environmental Medicine.* Joint Industrial Safety Council, Suecia, pp. 28-51.

MOLINERO, A. 1991. Mexico City Metropolitan Area Case Study. *Built Environment* 17(2):122-137.

MOLINERO, A. 1999. Interview with R. Gakenheimer and C. Zegras.

MOLINERO, A. 2000. Lo que se debe y lo que no se debe de hacer: la Ciudad de México, en: O. DÍAZ y C. JAMET (eds.), *Urban Transportation and Environment.* Balkema, Rotterdam, pp. 403-408.

MOORE, M.J. y W.K. VISCUSI. 1988. *The Quantity-Adjusted Value of Life. Economic Inquiry* 26:369-388.

MORA, P.V.R. 1999. *Análisis histórico de la visibilidad en el Aeropuerto Internacional Benito Juárez y Tacubaya de la Ciudad de México e impacto de la contaminación atmosférica en el deterioro de la visibilidad.* IMP, informe GCA-02599.

MORALES, D.R. 2001. *Identificación de barreras y oportunidades para reducir emisiones de gases efecto invernadero y de contaminantes locales, con prioridad en las emisiones de NO_x en termoeléctricas de la zona metropolitana de la Ciudad de México.* Informe proporcionado por la Comisión Ambiental Metropolitana, México.

MOSCHONAS, N. y S. GLAVAS. 1996. C_3-C_{10} Hydrocarbons in the Atmosphere of Athens, Greece. *Atmos. Environ.* 30:2769-2772.

MOSCHONAS, N. y S. GLAVAS. 2000. Non-Methane Hydrocarbons at a High-Altitude Rural Site in the Mediterranean (Greece). *Atmos. Environ.* 34:973-984.

MOYA, M., A.S. ANSARI y S.N. PANDIS. 2001. Partitioning of Nitrate and Ammonium between the Gas and Particulate Phases during the 1997 IMADA-AVER Study in Mexico City. *Atmos. Environ.* 35(10):1791-1804.

MROZEK, J.R. y L.O. TAYLOR. 2001. What Determines the Value of Life? A Meta Analysis. *J. Policy Anal. Management* (en prensa).

MÚGICA, V., E. VEGA, J.L. ARRIAGA y M.E. RUIZ. 1998. Determination of Motor Vehicle Profiles for Nonmethane Organic Compounds in the Mexico City Metropolitan Area. *J. Air Waste Manag. Assoc.* 48(11):1060-1068.

NAUSS, K.M., *et al.* 1995. Critical Issues in Assessing the Carcinogeneity of Diesel Exhaust: A Synthesis of Current Knowledge, en: *Diesel Exhaust: A Critical Analysis of Emissions, Exposure, and Health Effects.* Health Effects Institute, Cambridge, Massachusetts.

NAVARRO BENÍTEZ, B., S.L. BACELIS ROLDÁN y P. VARGAS ESTRADA. 2000. *El caso de los taxis colectivos con itinerario fijo: limitantes institucionales para la imple-*

mentación de políticas en el transporte público de la Ciudad de México. MIT Integrated Program on Urban, Regional and Global Air Pollution Report No. 18. Cambridge, Massachusetts.

NEGRETE-SALAS, M.E. 2000. Dinámica demográfica, en: G. GARZA (comp.), *La Ciudad de México en el fin del segundo milenio.* Gobierno del Distrito Federal y El Colegio de México, México, pp. 247-255.

NG, Y.K. 1992. The Older the More Valuable: Divergence between Utility and Dollar Values of Life as One Ages. *J. Econom.* 55:1-16.

NICKERSON, E.C., G. SOSA, H. HOCHSTEIN, P. MCCASLIN, W. LUKE y A. SCHANOT. 1992. Project Aguila: In Situ Measurements of Mexico City Air Pollution by a Research Aircraft. *Atmos. Environ.* 2613:445-451.

NORDHAUS, W.D. 1994. *Managing the Global Commons: The Economics of Climate Change.* MIT Press, Cambridge, Massachusetts.

NRC (National Research Council). 1991. *Rethinking the Ozone Problem in Urban and Regional Airpollution.* National Academy Press, Washington, D.C.

NRC. 2000. *Modeling Mobile Source Emissions.* National Academy Press, Washington, D.C.

NRC. 2001a. *Global Air Quality: An Imperative for Long-Term Observational Strategies.* National Academy Press, Washington, D.C.

NRC. 2001b. *Evaluating Vehicle Emissions Inspection and Maintenance Programs.* National Academy Press, Washington, D.C.

NTP (National Toxicology Program). 1984. *Toxicology and Carcinogenesis Studies of 1,3-Butadiene (CAS 106-99-0) in B6C3FI Mice (Inhalation Studies).* National Toxicology Program.

ODUM, J.R., T.P.W. JUNGKAMIP, R.J. GRIFFIN, R.C. FLAGON y J.H. SEINFELD. 1997. The Atmospheric Aerosolforming Potential of Whole Gasoline Vapor. *Science* 276:96-99.

OJEDA, O. 2001. *Identificación de medidas de política pública que permitan reducir la intensidad energética y mejorar la calidad del aire en la* ZMVM. Informe proporcionado por la Comisión Ambiental Metropolitana, México.

OMS (Organización Mundial de la Salud). 2000. *Guidelines for Air Quality.* OMS, Ginebra.

ONURSAL, B. y S.P. GAUTAM. 1997. *Vehicular Air Pollution: Experiences from Seven Latin American Urban Centers.* World Bank Technical Paper No. 373. Washington, D.C.

OPS (Organización Panamericana de la Salud). 1982. Red Panamericana de Muestreo de la Contaminación del Aire: *Informe final 1967-1980.* OPS, Perú.

ORTIZ-ROMERO. 1999. *Indicadores de base para estudios de efectos en la salud en la Ciudad de México.* Consejo de Estudios para la Restauración y Valoración Ambiental, 1998.

OSNAYA, R.P. y J.R.R. GASCA. 1998. Inventario de amoniaco para la ZMCM, revisión de diciembre de 1998. Proyecto DOB-7238: 23. IMP, México.

OSTRO, B.D. y S. ROTHSCHILD. 1989. Air Pollution and Acute Respiratory Morbidity: An Observational Study of Multiple Pollutants. *Environ. Res.* 50:238-247.

PANAYOTOU, T. 1998. *Instruments of Change: Motivating and Financing Sustainable Development.* UNEP, Earthscan Publications Ltd., Londres.

PANDIS, S.N., R.H. HARLEY, G.R. CASS y J.H. SEINFELD. 1992. Secondary Organic Aerosol Formation and Transport. *Atmos. Environ.* 26A:2269-2282.

PEMEX [Petróleos Mexicanos] (Pemex Refinación). 1999. *Estadística de calidad de productos 1990-1998.* Enero de 1999.

PEMEX (Pemex Refinación). 1999. *Tier 2: requerimientos de azufre en gasolinas.*

PEMEX. 2000. *Evaluación del plan de negocios 1995-1999 y opciones estratégicas 2000-2010.* Octubre de 2000.

PÉREZ VIDAL, H. y G.B. RAGA. 1998. On the Vertical Distribution of Pollutants in Mexico City. *Atmósfera,* 11:95-108.

PERKINS, H.C. 1974. *Air Pollution.* McGraw-Hill, Nueva York

PEZZOLI, K. 2000. *Human Settlements and Planning for Ecological Sustainability.* MIT Press, Cambridge, Massachusetts.

PICK, J.B. y E.W. BUTLER. 1997. *Mexico Megacity.* Westview Press, Boulder, Colorado.

PNUMA (Programa de las Naciones Unidas para el Medio Ambiente). 2000. *Global Environmental Outlook 2000.* UNEP's Millennium Report on the Environment. Earthscan Publications Ltd., Londres.

PNUMA/OMS (Programa de las Naciones Unidas para el Medio Ambiente/Organización Mundial de la Salud). 1992. Urban Air Pollution in Megacities of the World. Blackwell Publications Ltd., Londres.

POPE, C.A., D.V. BATES y M.E. RAIZENNE. 1995. Health Effects of Particulate Air Pollution: Time for a Reassessment? *Environ. Health Perspect.* 103(5):472-480.

POPE, C.A., M.J. THUN, M.M. NAMBOODIRI, D.W. DOCKERY, J.S. EVANS, F.E. SPEIZER y C.W. HEALTH. 1995. Particulate Air Pollution as a Predictor of Mortality in a Prospective Study of U.S. Adults. *Am. J. Respir. Crit. Care Med.* 151:669-674.

POPP, P.J., S.S. POKHAREL, G.A. BISHOP y D.H. STEDMAN. 1999a. *On-Road Remote Sensing of Automobile Emissions in the Denver Area: Year 1.* Informe para el Coordinating Research Council.

POPP, P.J., G.A. BISHOP y D.H. STEDMAN. 1999b. *On-Road Remote Sensing of Automobile Emissions in the Chicago Area: Year 2.* Informe para el Coordinating Research Council.

PUCHER, J. 1997. Bicycling Boom in Germany: A Revival Engineered by Public Policy. *Transp. Quart.* 51(4), otoño de 1997.

PURVIS, C. 1989. Survey of Travel Surveys II. Reporte presentado en la Mid-Year Meeting and Conference. Transportation Data and Information Systems.

RAGA, G.B. y A.C. RAGA. 2000. On the Formation of an Elevated Ozone Peak in Mexico City. *Atmos. Environ* (sometido).

RAGA, G.B., D. BAUMGARDNER, G. KOK e I. ROSAS. 1999b. Some Aspects of Boundary Layer Evolution in Mexico City. *Atmos. Environ.* 33:5013-5021.

RAGA, G.B., G.L. KOK, D. BAUMGARDNER, A. BÁEZ e I. ROSAS. 1999a. Evidence for Volcanic Influence on Mexico City Aerosols. *Geophys. Res. Lett.* 26(8):1149-1152.

RAGA, G.B. y L. LE MOYNE. 1996. On the Nature of Air Pollution Dynamics in Mexico City I. Nonlinear analysis. *Atmos. Environ.* 30(23):3987-3993.

RAGLAND, D.R., R.J. HUNDENSKI, B.L. HOLMAN y J.M. FISHER. 1992. Traffic Volume and Collisions Involved in Transit and Non-Transit Vehicles. *Accident Analysis and Prevention* 24(5).

RICHARDS, L.W., C.S. SLOANE, J.G. WATSON y J.C. CHOW. 1990. Extinction Apportionment for the Denver Brown Cloud. *Transactions of the Air & Waste Management Association Specialty Conference on Visibility and Particles:* 394-409.

RINSKY, R.A., A.B. SMITH, R. HORNUNG, T.G. FILLOON, R.J. YOUNG, A.H. OKUN y P.J. LANDRIGAN. 1987. Benzene and Leukemia: An Epidemiologic Risk Assessment. *N. Engl. J. Med.* 316:1044-1050.

RINSKY, R.A., R.J. YOUNG y A.B. SMITH. 1981. Leukemia in Benzene Workers. *Am. J. Ind. Med.* 2:217-245.

RIVASPLATA, C., S. ARCUSÍN, P. BRENNAN, A. TEMAVASIO y N. TURCO. 1994. Un análisis comparativo de la movilidad en Buenos Aires y San Francisco. *Memorias del VII Congreso Latinoamericano de Transporte Público y Urbano.* Buenos Aires.

RIVEROS, H.G., A. ALBA, P. OVALLE, B. SILVA y E. SANDOVAL. 1998a. Carbon Monoxide Trend, Meteorology, and Three-Way Catalysts in Mexico City. *J. Air Waste Manag. Assoc.* 48:459-462.

RIVEROS, H.G., J.L. ARRIAGA, J. TEJEDA, A. JULIÁN-SÁNCHEZ y H. RIVEROS-ROSAS. 1998b. Ozone and its Precursors in the Atmosphere of Mexico City. *J. Waste Manag. Assoc.* 48(9):866-871.

RIVEROS-ROSAS, H., G.D. PFEIFER, D.R. LYNAM, J.L. PEDROZA, A. JULIÁN-SÁNCHEZ, O. CANALES y J. GARFIAS. 1997. Personal Exposure to Elements in Mexico City Air. *Sci. Total Environ.* 198:79-96.

ROE, D., W. PEASE, K. FLORINI y E. SILBERGELD. 1997. *Toxic Ignorance.* Environmental Defense Fund, Nueva York.

ROGERS, J. 2001. *Population of Vehicles in Mexico City Metropolitan Area and their Emission Levels.* Fourth Workshop on Air Quality, 8 a 10 de marzo de 2001. El Colegio de México. Organizado por el MIT Integrated Program on Urban, Regional and Global Air Pollution.

ROGERS, J. y S. SÁNCHEZ. 2001. Fourth Workshop on Air Quality, 8 a 10 de marzo de 2001. El Colegio de México. Organizado por el MIT Integrated Program on Urban, Regional and Global Air Pollution.

ROGGE, W.F., L.M. HILDEMANN, M.A. MAZUREK, G.R. CASS y B.R.T. SIMONEIT. 1996. Mathematical Modeling of Atmospheric Fine Particle-Associated Primary Organic Compound Concentrations. *J. Geophys. Res.* 101(D14):19379-19394.

ROMANO, R.S. 2000. *Sintomatología respiratoria asociada a partículas menores de 10 μm (PM_{10}) en el centro de la Ciudad de México* (tesis de maestría). Instituto Nacional de Salud Pública, Cuernavaca.

ROMIEU, I., L.M. CORTÉS, S. COLOME, G.A. MERCADO, M. HERNÁNDEZ-ÁVILA, A. GEYH, V.S. RUIZ y R. PALAZUELOS. 1998. Evaluation of Indoor Concentration and Predictors of Indoor-Outdoor Ratio in Mexico City. *J. Air Waste Manag. Assoc.* 48:327-335.

ROMIEU, I., M. CORTÉS-LUGO, S. RUIZ-VELASCO, S. SÁNCHEZ, F. MENESES y M. HERNÁNDEZ. 1992. Air Pollution and School Absenteeism among Children in Mexico City. *Am. J. Epidemiol.* 136:1524-1531.

ROMIEU, I., M. RAMÍREZ, F. MENESES, D. ASHLEY, S. LEMIRE, S. COLOME, K. FUNG y M. HERNÁNDEZ-ÁVILA. 1999. Environmental Exposure to Volatile Organic Compounds among Workers in Mexico City as Assessed by Personal Monitors and Blood Concentrations. *Environ. Health Perspect.* 107:511-515.

ROWLAND, F.S. y M.J. MOLINA. 1994. Ozone Depletion: 20 Years after the Alarm. *C&EN News* 72:8-13.

RUIZ, M. 1999. *Report of the First Workshop on Mexico City Air Quality* (16 de febrero de 1999, México). MIT Integrated Program on Urban, Regional and Global Air Pollution Report No. 2. Cambridge, Massachusetts.

RUIZ, M.E., J.L. ARRIAGA e I. GARCÍA. 1996. Determinación de compuestos orgánicos volátiles en la atmósfera de la Ciudad de México mediante el uso de sistemas ópticos y métodos convenciales. *Atmósfera* 9:119-135.

RUIZ-SUÁREZ, J.C., L.G. RUIZ-SUÁREZ, C. GAY, T. CASTRO, M. MONTERO, S. EIDELS-DUBOVOI y A. MUHLIA. 1993a. Photolytic Rates for NO_2, O_3, and HCHO in the Atmosphere of Mexico City. *Atmos. Environ.* 27A(3):427-430.

RUIZ-SUÁREZ, J.C., O.A. MAYORA-IBARRA, J. TORRES-JIMÉNEZ y L.G. RUIZ-SUÁREZ. 1995. Short-Term Ozone Forecasting by Artificial Neural Networks. *Adv. Eng. Software* 23:143-149.

RUIZ-SUÁREZ, L.G., T. CASTRO, B. MAR, M.E. RUIZ-SANTOYO y X. CRUZ. 1993b. Do We Need an Ad Hoc Chemical Mechanism for Mexico City's Photochemical Smog? *Atmos. Environ.* 27A(3):405-425.

RUSSELL, A., J. MILFORD, M.S. BERGIN, S. MCBRIDE, L. MCNAIR, Y. YANG, W.R. STOCKWELL y B. CROES. 1995. Urban Ozone Control and Atmospheric Reactivity of Organic Gases. *Science* 269:491-495.

SACTRA (Standing Advisory Committee on Trunk Road Assessment). 1994. *Trunk Roads and the Generation of Traffic.* UK Department of Transportation and HMSO, Londres.

SÁNCHEZ, S. 2000. Air Quality Management Programs in the MCMA: Overview and Assessment. *Report of the Third Workshop on Mexico City Air Quality, Cuernavaca, Mexico.* MIT Integrated Program on Urban, Regional and Global Air Pollution Report No. 6. Cambridge, Massachusetts.

SÁNCHEZ, I. 2001. *Transportation Planning for the State of Mexico.* Fourth Workshop on Air Quality, 8 a 10 de marzo de 2001. El Colegio de México. Organizado por el MIT Integrated Program on Urban, Regional and Global Air Pollution.

SANDOVAL, F.J., *et al.* 1992. Meteorología y contaminación en la Ciudad de México. *Ciencia y Desarollo* 18(103). México.

SANDOVAL, F.J., O. MARROQUÍN, J.L. JAIMES L., V.A. ZÚÑIGA L., E. GONZÁLEZ O. y F. GUZMÁN L.F. 2001. Effect of Hydrocarbons and Nitrogen Oxides on Ozone Formation in Smog Chambers Exposed to Solar Irradiance in Mexico City. *Atmósfera* 14:17-27.

SANTOS-BURGOA, C., L. ROJAS BRACHO, I. ROSAS PÉREZ, A. RAMÍREZ SÁNCHEZ, G. SÁNCHEZ RICO y S. MEJÍA HERNÁNDEZ. 1998. Modelaje de exposición a partículas en población general y riesgo de enfermedad respiratoria. *Gaceta Médica de México* 134:407-418.

SATHIAKUMAR, N., E. DELZELL, M. HOVINGA, M. MACALUSO, J.A. JULIAN, R. LARSON, P. COLE y D.C. MUIR. 1998. Mortality from Cancer and Other Causes of Death among Synthetic Rubber Workers. *Occup. Environ. Med.* 55:230-235.

SCHAUER, J.J., W.F. ROGGE, L.M. HILDEMANN, M.A. MAZUREK, G.R. CASS y B.R.T. SIMONEIT. 1996. Source Apportionment of Airborne Particulate Matter Using Organic Compounds as Tracers. *Atmos. Environ.* 30(22):3837-3855.

SCHERRER, H.C. y D.B. KITTELSON. 1994. *SAE Technical Paper 940302*. Society of Automotive Engineers, Warrendale, Pensilvania.

SCHTEINGART, M. 2000a. Urbanization and Land Use, en: *Report of the Second Workshop on Mexico City Air Quality, January 24-25, 2000, MIT, Cambridge, MA*. MIT Integrated Program on Urban, Regional and Global Air Pollution Report No. 3. Cambridge, Massachusetts.

SCHTEINGART, M. 2000b. Urban Development and the Environment, en: *Report of the Third Workshop on Mexico City Air Quality, June 12-13, 2000. Cuernavaca, Mexico*. MIT Integrated Program on Urban, Regional and Global Air Pollution Report No. 6. Cambridge, Massachusetts.

SCHWARTZ, J. 1993. Particulate Air Pollution and Chronic Respiratory Disease. *Environ. Res.* 62:7-13.

SCHWARTZ, J., D.W. DOCKERY y L.M. NEAS. 1996. Is Daily Mortality Associated Specifically with Fine Particles? *J. Air Waste Manag. Assoc.* 46:927-939.

SECTRA (Secretaría Ejecutiva de la Comisión de Planificación de Inversiones en Infraestructura de Transporte). 1991. *Encuesta origen-destino de viajes del Gran Santiago: 1991*. Santiago de Chile.

SEDESOL (Secretaría de Desarrollo Social). 1997. *Programa de Ordenación de la Zona Metropolitana del Valle de México*. Sedesol, en colaboración con la Ciudad de México y el Estado de México.

SEINFELD, J.H. y S.N. PANDIS. 1998. *Atmospheric Chemistry and Physics: From Air Pollution to Climate Change*. John Wiley & Sons, Nueva York.

SELDEN, T. y D. SONG. 1994. Environmental Quality and Development: Is There a Kuznets Curve for Air Pollution Emissions? *J. Econom. Manag.* 27:147-162.

SEMARNAP (Secretaría de Medio Ambiente, Recursos Naturales y Pesca). 2000. *Gestión ambiental hacia la industria, logros y retos para el desarrollo sustentable, 1995-2000*. Secretaría de Medio Ambiente, Recursos Naturales y Pesca, México.

SENER (Secretaría de Energía). 1998. *Prospectiva del sector eléctrico 1998-2007*. Secretaría de Energía, México.

SENER. 2000. *Balance nacional de energía 1999.* Secretaría de Energía, México.
SENER. 2000. *Prospectiva del sector eléctrico 2000-2009.* Secretaría de Energía, México.
SERRANÍA, F. 2001. *Transport Planning and Air Quality Program for MCMA 2001-2010*, Fourth Workshop on Air Quality, 8 a 10 de marzo de 2001. El Colegio de México. Organizado por el MIT Integrated Program on Urban, Regional and Global Air Pollution.
SERRANO-TRESPALACIOS, P. 1999. *Indicadores ambientales de compuestos orgánicos volátiles en el aire de la Ciudad de México.* Conserva, Consejo de Estudios para la Restauración Ambiental. Estudios 1998, pp. 58-64.
SETRAVI (Secretaría de Transporte y Vialidad). 2000. *Programa integral de transporte y vialidad 1995-2000.* México.
SHAFIK, N. 1994. Economic Development and Environmental Quality: An Econometric Analysis. *Oxford Economic Papers* 46:757-773.
SHANMUGAM, K.R. 1997. Compensating Wage Differentials for Work Related Fatal and Injury Accidents. *Indian J. Labour Econom.* 40:251-262.
SHCP (Secretaría de Hacienda y Crédito Público). 2000. *Estadísticas oportunas de finanzas públicas y deuda pública.*
SHEINBAUM, C., L.V. OZAWA, O. VÁSQUEZ y G. ROBLES. 2000. *Inventario de emisiones de gases de efecto invernadero asociados a la producción y uso de energía en la zona metropolitana del Valle de México.* Informe final del Energy and Environmental Group y la UNAM para el GEF y el CAM.
SHEINBAUM, C., M. MARTÍNEZ y L. RODRÍGUEZ. 1996. Trends and Prospectus in Mexican Residential Energy Use. *Energy* 21(6):493-504.
SHEINBAUM, C. y O. MASERA. 2000. Mitigating Carbon Emissions while Advancing National Development Priorities: The Case of Mexico. *Climatic Change* 47:259-282.
SHEPARD, D.S. y R.J. ZECKHAUSER. 1984. Survival Versus Consumption. *Management Science* 30:423-439.
SILLMAN, S. 1999. The Relation between Ozone, NO_x, and Hydrocarbons in Urban and Polluted Rural Environments. *Atmos. Environ.* 33:1821-1845.
SILLMAN, S. 2000. *The Method of Photochemical Indicators as a Basis for Analyzing O_3-NO_x-Hydrocarbon Sensitivity.* NARSTO Critical Review Series. Versión electrónica disponible en: <http://www.cgenv.com/Narsto/>.
SIMON, N.B., L. MAUREEN, A.A. CROPPER y A. SEEMA. 1999. *Valuing Mortality Reductions in India: A Study of Compensating Wage Differentials.* Banco Mundial.
Sistema de Transporte Colectivo del Gobierno del Distrito Federal. 1999. *Plan de empresa 2000-2006.* México.
Sistema de Transporte Colectivo del Gobierno del Distrito Federal. 2000. *Compendio de datos técnicos del Metro 2000.* México.
SMA/GDF (Secretaría del Medio Ambiente/Gobierno del Distrito Federal). 2000. *Compendio estadístico de la calidad del aire, 1986-1999.* México.
SMALL, K. 1992. *Urban Transportation Economics.* Harwood.

SOBRINO, J. 2000. Participación económica en el siglo XX, en: G. GARZA (comp.), *La Ciudad de México en el fin del segundo milenio*. Gobierno del Distrito Federal y El Colegio de México, México, pp. 162-169.
SOLOMON, P.A., E.B. COWLING, G.M. HIDY y C.S. FURINESS. 1999. *Comprehensive Overview of Scientific Findings from Major Ozone Field Studies in North America and Europe*. NARSTO critical review, TR-114238.
SOZZI, R., A. SALCIDO, R. SALDAÑA FLORES y T. GEORGIADIS. 1999. Daytime Net Radiation Parameterisation for Mexico City Suburban Areas. *Atmos. Res.* 50:53-68.
STARR, T.B. 1990. Quantitative Cancer Risk Estimation for Formaldehyde. *Risk Anal.* 10:85-91.
STRADER, R., F. LURMANN y S.N. PANDIS. 1999. Evaluation of Secondary Organic Aerosol Formation in Winter. *Atmos. Environ.* 33(29):4849-4863.
STREIT, G.E. y F. GUZMÁN. 1996. Mexico City Air Quality: Progress of an International Collaborative Project to Define Air Quality Management Options. *Atmos. Environ.* 30(5):723-733.
TAYLOR, J.B. 1997. A Core of Practical Macroeconomics. *Am. Econom. Rev.* Papers and Proceedings. Mayo de 1997, pp. 233-235.
TÉLLEZ-ROJO, M.M., I. ROMIEU, S. RUIZ-VELASCO, M.A. LEZANA y M. HERNÁNDEZ-ÁVILA. 2000. Daily Respiratory Mortality and Air Pollution in Mexico City: Importance of Considering Place of Death. *Eur. Resp. J.* 16:391-396.
TRB (Transportation Research Board). 1995. *Expanding Metropolitan Highways: Implications for Air Quality and Energy Use*. Reporte especial 245. National Research Council, Washington, D.C.
TURPIN, B.J. y J.J. HUNTZICKER. 1995. Identification of Secondary Organic Aerosol Episodes and Quantization of Primary and Secondary Organic Aerosol Concentrations During SCAQS. *Atmos. Environ.* 29(23):3527-3544.
TURPIN, B.J., J.J. HUNTZICKER, S.M. LARSON y G.R. CASS. 1991. Los Angeles Summer Midday Particulate Carbon: Primary and Secondary Aerosol. *Environ. Sci. Technol.* 25(10):1788-1793.
UNIKEL, L., G. GARZA y C. RUIZ. 1976. *El desarrollo urbano en México: diagnóstico e implicaciones futuras*. El Colegio de México, México.
VEGA, E., I. GARCÍA, D. APAM, M.E. RUIZ y M. BARBIAUX. 1997. Application of a Chemical Mass Balance Receptor Model to Respirable Particulate Matter in Mexico City. *J. Air Waste Manag. Assoc.* 47:524-529.
VEGA, E., V. MÚGICA, R. CARMONA y E. VALENCIA. 2000. Hydrocarbon Source Apportionment in Mexico City Using the Chemical Mass Balance Receptor Model. *Atmos. Environ.* 34:4121-4129.
WALSH, M. *CarLines*. Julio de 2000. Versión electrónica en: <http://walshcarlines.com>.
WARD, E.M., J.M. FAJEN, A.M. RUDER, R.A. RINSKY, W.E. HALPERIN y C.A. FESSLER-FLESCH. 1996. Mortality Study of Workers Employed in 1,3-Butadiene Production Units Identified from a Large Chemical Workers Cohort. *Toxicology* 113:157-168.
WARD, P. 1998. *Mexico City*. John Wiley and Sons, Nueva York.

WEST, J.J., A.S. ANSARI y S.N. PANDIS. 1999. Marginal PM$_{2.5}$. Nonlinear Aerosol Mass Response to Sulfate Reductions in the Eastern U.S. *J. Air Waste Manag. Assoc.* 49:1415-1424.

WHITEMAN, C.D., S. ZHONG, X. BIAN, J.D. FAST y J.C. DORAN. 2000. Boundary Layer Evolution and Regional Scale Diurnal Circulations over the Mexico Basin and Mexican Plateau. *J. Geophys. Res.* 105(D8):10081-10102.

WILLIAMS, M.D., M.J. BROWN, X. CRUZ, G. SOSA y G. STREIT. 1995. Development and Testing of Meteorology and Air Dispersion Models for Mexico City. *Atmos. Environ.* 29:2929-2960.

WINNER, D.A., G.R. CASS y R.A. HARLEY. 1995. Effect of Alternative Boundary Conditions on Predicted Ozone Control Strategy Performance: A Case Study in the Los Angeles Area. *Atmos. Environ.* 29:3451-3464.

WOODRUFF, T.J., J. CALDWELL, V.J. COGLIANO y D.A. AXELRAD. 2000. Estimating Cancer Risk from Outdoor Concentrations of Hazardous Air Pollutants in 1990. *Environ. Res.* 82:194-206.

WOODRUFF, T.J., J. GRILLO y K.C. SCHOENDORF. 1997. The Relationship between Selected Causes of Postneonatal Infant Mortality and Particulate Air Pollution in the United States. *Environ. Health Perspect.* 105:608-612.

YOUNG, A.T., E.A. BETTERTON y L. SALVIDAR DE RUEDA. 1997. Photochemical Box Model for Mexico City. *Atmósfera* 10:161-178.

ZEGRAS, C. 1997. Costos estimados de accidentes de tránsito en Santiago de Chile, 1994, en: F. MARTÍNEZ (ed.), *Actas del VIII Congreso Chileno de Ingeniería de Transporte*. Santiago, Chile, pp. 223-234.

ZHANG, J. y P.J. LIOY. 1994. Ozone in Residential Air: Concentrations, 1/0 Ratios, Indoor Chemistry, and Exposures. *Indoor Air* 4:95-105.

Índice analítico

acetaldehído (CH_3–CHO), concentraciones de: 204; medición de: 205
acetileno (CH≡CH), y la formación de COV: 203-204
acetona (CH_3COCH_3), medición de: 205
ácido nítrico (HNO_3): 31, 195; en fase gaseosa: 248; medición de: 199, 226, 242, 248, 265, 357; óxido de nitrógeno convertido en: 196
ácido sulfhídrico (HS), como contaminante natural: 29
ácido sulfúrico (H_2SO_4): 30; bióxido de azufre convertido en: 196
Acuerdo General sobre Aranceles Aduaneros y Comercio (GATT): 128
Adventist Health Study of Smog: 148, 150
adventistas del Séptimo Día, estudios sobre: 168
aeropuerto, de la Ciudad de México: 277, 286; propuestas para nuevo: 337
aerosoles, en Los Ángeles: 247; en el AMCM: 253; carbónicos: 199, 244, 254; componentes químicos: 252; concentraciones de: 248-249; efectos de los: 43, 188; especiación de: 251-252, 263, 265, 267; de hollín: 253-254; impacto radiativo de los: 200; inorgánicos secundarios: 187, 226, 246-249; medición de: 199-202, 226-227, 246, 249, 363; modelo de equilibrio de: 247-248; modelo de formación de: 251; de nitrato de amonio: 247, 255; orgánicos y hollín: 249-252; orgánicos primarios: 251-252; orgánicos secundarios: 187-188, 244, 252-253; propiedades ópticas de los: 201-203; reducción en los niveles de: 249; relación entre gas y: 226; separación de: 250-251; visibilidad y propiedades ópticas de los: 254-255
Agencia Alemana de Control Técnico, entrega de recursos a la CAM: 74
Agencia Internacional de Energía: 219

Agencia Japonesa para la Cooperación Internacional (JICA), y la elaboración de inventarios de emisiones: 212-213; entrega de recursos a la CAM: 74; y financiamiento para transporte: 331
agenda ambiental, café: 72; verde: 72
agricultura, afectación de la: 31, 43; en el AMCM: 105; consumo de energía: 118; disminución de la: 112; emisiones contaminantes de la: 60, 221; generadora de PM_{10}: 42; quemas en la: 41
agua(s): 15; acidificación del, dulce: 43; demanda de: 111; hidrocarburos convertidos en: 35; manejo del: 72; sobreexplotación de: 92; suministro insuficiente de: 23; tratamiento de, residuales: 135; uso intensivo de: 70
aire, composición del: 32; contaminantes del: 33; flujos de: 198; regeneración del: 15; sintético: 31. *Véase también* calidad del aire; contaminación del aire; viento
Ajusco, reforestación del: 138; mediciones de superficie de aerosoles en el: 200
Alamos National Laboratory, Los, y el proyecto MARI: 196
alcanos: 231; concentraciones de: 204
alcantarillado, emisión de NH_3 por: 219
Alemania, programas de inspección vehicular: 321
Alianza de Camioneros de México (ACM): 303
alimentos, aerosoles orgánicos derivados de elaboración de: 251; emisiones relacionadas con la elaboración de: 122, 134, 221, 244, 377, 379; industria de: 130, 376
alquenos, hidrocarburos aromáticos, contaminante primario: 36
American Cancer Society Study: 148-150, 152, 353
American Lung Association: 59

amoniaco (NH_3): 32; contaminante primario: 36; emisiones de: 196, 219, 244, 255; en fase gaseosa: 248, 358; inventario de emisiones para: 264; medición de: 192, 199, 226, 248, 265, 362; permanencia en la atmósfera del: 35; reducción en los niveles de: 247

amonio (NH_4), como componente de aerosoles: 246; medición de: 195, 199

Ángeles, Los: 23, 44; antecedentes del control de la calidad del aire: 47; avances en el mejoramiento ambiental: 49; calidad del aire: 28, 39; como una de las ciudades más contaminadas: 27; comparación estadística con el AMCM: 46; estudios de túnel en: 235; instituciones de control: 52; inversión térmica en: 31, 38; población: 45-46, 49, 52; programas de control: 51, 55-56; similitudes y diferencias con el AMCM: 45, 47, 61-62, 86-87, 89-90; situación geográfica: 35, 45, 48, 61; *smog* de: 26, 30-31, 45, 51-52, 323; territorio: 46

Anillo Megalopolitano, proyecto: 337

animales, emisiones de amoniaco por: 219, 247; emisiones de metano por: 222, 360. *Véase también* fauna

aparatos eléctricos, saturación de: 127

área metropolitana, definición de: 92

Área Metropolitana de la Ciudad de México (AMCM), abastecimiento de combustible: 118-121; actividad económica: 110; agricultura: 105; avances en el control de la contaminación: 61; calidad del aire en el: 39, 44, 64, 67; cantidad de vehículos en el: 290; comparación estadística con Los Ángeles: 46; concentraciones pico: 67; consumo de energía: 118, 124-125, 127, 220-221; contaminación del aire: 19, 23-25; crecimiento poblacional: 93-99, 104; crecimiento urbano: 121; demanda de: 127; dependencias para la gestión ambiental: 72-74; descentralización del: 274; división del: 85, 92; estructura institucional: 269-270; expansión del: 103-106; industrias: 24, 129-130, 269, 376; infraestructura de transporte: 288; inversiones térmicas: 24, 62, 92; mapa del: 63; mediciones meteorológicas en el: 190-191; migración hacia el: 91, 101; población: 17, 24, 45-46, 91, 104, 147; pobreza: 17; principales carreteras: 286-287; principales combustibles utilizados en el: 117; programa de contingencia: 64, 70, 126; programas de control: 68-72; pronóstico de crecimiento de la población: 364; recursos financieros: 69; reducción de la contaminación: 119; servicios: 105-106; similitudes y diferencias con Los Ángeles: 45, 47, 61-62, 86-87, 89-90; situación geográfica: 17, 24, 35, 45, 61-62, 64, 92, 260, 269; territorio: 17, 46, 104-105, 273; tóxicos atmosféricos: 160; tramos de viaje al día: 278, 282-283; vegetación recomendada para el: 139. *Véase también* Distrito Federal; Estado de México; megaciudades; megalópolis; México, Ciudad de

áreas erosionadas, restauración de: 76

áreas protegidas, asentamientos en: 103; manejo de las: 72

áreas urbanas: 46; expansión horizontal de: 111. *Véase también* ciudades; urbanización

argón (A), gas: 32

arrastre, fenómeno de: 226

arsénico (As): 43

artes gráficas, emisiones relacionadas con las: 377; medición de perfiles de emisión de: 206

asadores, control en el uso de: 58

asentamientos humanos, en áreas protegidas: 103; en áreas rurales: 76; control de: 76; en ejidos: 140; irregulares: 101, 103, 276, 365, 372; programas de control de: 140

asfalto, aplicación de, emisiones relacionadas con la: 244; medición de perfiles de emisión de: 206

Asociación Mexicana de la Industria Automotriz (AMIA), acuerdos con la CAM: 298, 319

Atlanta, emisiones biogénicas de COV: 187

atmósfera, componentes traza de la: 33; composición de la: 32; contaminantes de la: 32-33; degradación de la: 15; división de la: 33; eliminación de químicos de la: 34-35; estratopausa: 34; estratosfera: 33, 35; mecanismos de limpieza de la: 35; mesopausa: 34; mesosfera: 34; inferior: 40; presión de la: 34; como recurso natural: 15; superior: 40; temperatura de la: 33-34, 44; termosfera: 34; tropopausa: 33-34; troposfera: 33, 38

auditoría ambiental: 75; impuestas por la Profepa: 84, 376

autobuses, concesiones para: 299-300; control de: 53; controlados por el gobierno: 299; créditos para adquisición de: 344-345; eléctricos: 338; emisiones relacionadas con: 313, 345; integrados al servicio del Metro: 346; introducción de nuevos: 76, 338, 369; insuficiencia de: 272; inventario de, en el DF: 301; menor uso de: 121, 284, 365; subsidios a: 299, 336, 345; tamaño, edad y aprovechamiento de la flota de: 306; tarifas: 312, 347; tramos de viaje en: 279. *Véase también* Ruta-100; transporte público

autorregulación, programas de: 133

aviones, control de: 53

azufre(s), combustibles con bajo contenido de: 136, 366; en el combustóleo: 83; concentraciones de: 201; en el diesel: 56, 75, 79-80, 119, 140; efectos ambientales del: 43; en la gasolina: 56, 64, 78-81, 89, 118; reducción de niveles de: 118, 141. *Véase también* bióxido de azufre

Banco Mundial (BM): 27; entrega de recursos a la CAM: 74; estudios sobre el parque vehicular: 291, 293, 295; y financiamiento para transporte: 331

Banco Nacional de Obras y Servicios Públicos: 382

basura, combustión de: 60; programas de recolección de: 51; tiraderos de: 51. *Véase también* desperdicios

Beijing, calidad del aire: 28; como una de las ciudades más contaminadas: 27

Bélgica, muertes por contaminación en: 15

benceno (C_6H_6), en el AMCM: 161; como cancerígeno: 160-161, 164, 169, 188; concentraciones de: 204; contaminante primario: 36; efectos en la salud: 42, 229; y la formación de ozono: 204; en la gasolina: 56, 75, 78-79, 118; medición de: 192, 194, 209

beneficios para la salud, cálculos de: 143, 145; evaluación sintética de: 175-177; fuentes de incertidumbre en los: 144-145, 157, 169-170, 179-180, 354; investigación sobre: 143, 145; recomendaciones para futuros estudios sobre: 355-356; por la reducción de 10% de ozono: 165-166, 168-169, 176-178, 355; por la reducción de 10% de PM_{10}: 165-169, 176-178, 353, 355; por la reducción de 10% de tóxicos atmosféricos: 165, 167, 176-177; transferencia de: 179; valor económico de: 144-145, 169-175, 177-178, 182, 354-355; valor social de los: 176. *Véase también* salud

benzo(a)pireno ($C_{20}H_{12}$), como posible cancerígeno: 163-164

bienes, demanda de: 102; emisiones relacionadas con la producción de: 122, 374

biodiversidad, afectación de la: 103; conservación de la: 26

bióxido de azufre (SO_2): 30, 32, 107; en el AMCM: 25, 27, 65-67, 70, 83, 121, 124, 130, 135; características del: 41; concentraciones de: 238, 243; como contaminante natural: 29; contaminante primario: 36; convertido en ácido sulfúrico: 196; dispersión de: 224; efectos en el medio ambiente: 43; efectos en la salud: 41, 229, 354; emisiones de: 181, 218, 244, 246; inventario de emisiones para: 264; investigación sobre: 68; medición de: 192, 194, 197, 200, 218, 225, 237, 260; en las megaciudades: 28; mortalidad y exposición a: 168, 352; normas de la OMS para el: 27; reducción del nivel de: 17, 59-60, 64, 77, 89, 108, 141, 186, 243, 246-247, 351

bióxido de carbono (CO_2): 32; contaminante primario: 36; efectos en el clima: 44, 219; emisiones de: 220, 222, 359-360; hidrocarburos convertidos a: 35

bióxido de nitrógeno (NO_2): 32; en el AMCM: 65-67; características del: 41; concentraciones de: 243; conversión a óxido nítrico: 195; destrucción fotoquímica de (J_{NO_2}):

240-241; efectos en el medio ambiente: 43; efectos en la salud: 229; medición de: 192, 194, 266; en las megaciudades: 28; mortalidad y exposición a: 352; normas de la OMS para el: 27; reducción de: 59; y reducción de visibilidad: 254; tasas de fotólisis de: 205
Bombay, *véase* Mumbai
bosques, manejo de los: 72; que se pierden al año: 138, 380; restauración de: 220
Buenos Aires, densidad de población: 101; tramos de viaje en: 278
butadieno ($CH_2 \colon CHCH \colon CH_2$): 30; en el AMCM: 162; como posible cancerígeno: 162; efectos en la salud: 42
1,3-butadieno, como cancerígeno: 160-161, 164, 169; concentraciones de: 204; contaminante primario: 36; medición de: 209
butano ($CH_3 \cdot CH_2 \cdot CH_2 \cdot CH_3$): 204; efectos del: 135; y la formación de COV: 203; y la formación de ozono: 228, 230, 358; en el GLP: 204, 358; reactividad del: 359
i-butano: 204; y la formación de ozono: 242
n-butano: 204; tasas de ventilación para: 261

cadmio (Cd), riesgos de cáncer por: 164-165; en el AMCM: 164
Cairo, El, calidad del aire: 28; como una de las ciudades más contaminadas: 27
calcio (Ca), en agua de lluvia: 195
Calcuta, calidad del aire: 28; densidad de población: 101
calentadores domésticos de agua: 57
calidad del aire, avances en el control de: 59, 89; antecedentes en el control de la: 29-30; estrategias para mejorar la: 25-26, 54-58, 86; evaluación de la: 19-20, 27, 351; evaluación de los programas de: 76-86; investigación en: 76, 131, 179; mediciones de: 188, 189, 192-196, 198-200, 258, 260; mediciones de superficie continuas de: 211; mediciones verticales de: 210, 362; en las megaciudades: 23, 27-28, 39, 64; monitoreo de la: 27, 29, 64, 68-69, 191; normas de: 31, 40, 48, 51, 53, 67, 183, 196, 260; y las ONG: 88; programas de gestión de la: 68-72; mejora de 10% en la: 165-169, 176-178; Proyecto de: 339; urgencia de mejorar la: 179
calidad de vida, en el AMCM: 68; salud y: 16, 24
California, Air Pollution Control Act (APCD): 47, 51; Bureau of Automotive Repair (BAR): 55; Bureau of Smoke Control: 47; California Air Resources Board (CARB): 48, 53-56, 58, 61; California Environmental Protection Agency (CAL/EPA): 53; California Motor Vehicle Pollution Control Board: 54; California Smog Check Program: 55; Departamento de Salud: 47; Diesel Risk Reduction Plan: 55; investigación sobre contaminación: 48; Motor Vehicle Emission Control Program: 54; Natural Resources Committee: 58; Regional Clean Air Incentives Market (RECLAIM): 57; South Coast Air Quality Management District (SCAQMD): 52-54, 57-58n, 59, 61; State Implementation Plan (SIP): 52, 54, 59; Technology Advancement Office: 57. *Véase también* Ángeles, Los
Camacho Solís, Manuel: 73n
cambio climático: 25-26; México y el: 219, 359
camiones, *véase* autobuses; transporte de carga
capa, de inversión: 38-39; de mezcla: 237-238; residual: 237-238
Carabias, Julia: 72n
Caracas, densidad de población: 101
carbón: 116; consumo de: 118; marino: 29; rico en azufre: 30; subsidios al: 128; uso doméstico del: 29, 43
carbono (C): aerosoles a base de: 199, 244; elemental: 183, 199, 202, 244, 253, 357; emisiones producidas por: 183; orgánico: 183, 199, 202, 244, 357
Cédula de Operación Anual (COA): 83, 132; implementación de la, en el DF y el Edomex: 136-137
cenizas, su influencia en la calidad del aire: 218
centrales de energía, emisiones relacionadas con las: 130, 374; uso de gas natural: 71, 374. *Véase también* Jorge Luque; Valle de México

Centro Nacional de Información y Capacitación Ambiental (Cenica): 192; mediciones del: 202, 205
centros de verificación vehicular: 80; corrupción en los: 326-327; homologación en el manejo de los: 373; número de: 323-324; supervisión de: 326; verificaciones realizadas: 325
Cerro de la Estrella (CES), estación de monitoreo: 147, 198; medición de PM_{10} y $PM_{2.5}$: 202
certificación ISO-14000: 133-134
certificados de industria limpia: 133, 376
cetano ($CH_3(CH_2)_{14}CH_3$), en el diesel: 79
cetonas ($R-CO-R'$), reacción fotoquímica de: 241
Chalco, mediciones meteorológicas en: 198, 261
Chapman, Sydney: 33
chimeneas, en los centros urbanos: 30
China, estudio sobre disposición a pagar: 174; producción de energía: 128; uso doméstico de carbón: 43
ciencia, y el control de la contaminación: 19, 23, 51, 182
Ciudad Azteca, medición de hidrocarburos: 205
ciudades, crecimiento de las: 262; con más de diez millones de habitantes: 27; con más de tres millones de habitantes: 27; con más de un millón de habitantes: 24; migración hacia las: 23, 91, 101-102, 111, 140; satélites: 337. *Véase también* megaciudades; las distintas ciudades
Clean Air Act (G.B.): 30
clima, alteración del: 44; deforestación y cambio de: 138. *Véase también* cambio climático
clorofluorocarbonos (CFC): 26; contaminante primario: 36; efectos en el medio ambiente: 44; permanencia en la atmósfera de los: 35
cloruro de hidrógeno (HCl), permanencia en la atmósfera del: 35
Coalición de Agrupaciones de Taxistas (CAT): 303
colectivos, 84; acuerdos con el gobierno: 305; antecedentes de los: 302-303; beneficios de los: 346; cantidad de pasajeros transportados en: 304; características del servicio: 304-305; control de los: 372; conversión de, en autobuses de gran capacidad: 338, 346; desventajas de los: 345-346; edad límite para: 76, 318, 369; edad promedio: 303, 318, 366; estado de las unidades: 304-305; expansión de los: 303-304, 345, 366; fomento de menor uso de: 345; importancia del servicio de: 304; integrados al servicio del Metro: 346; mayor uso de: 121, 140, 284, 364-365; poder de las organizaciones de: 334, 345; porcentaje en conteos de tráfico: 291; renovación de: 318, 344-345, 369-370; tarifas: 312, 347; tramos de viaje en: 280; verificación de: 322. *Véase también* transporte público
comando y control, medidas de: 131-132, 376
combustibles, abastecimiento de, en el AMCM: 118-121; alternativos: 56, 58, 75, 80, 321; calidad de los: 77-80, 89, 117-121, 314-316, 370-371; celdas de: 57; consumo de: 125, 220; control de: 53, 56-57; especificaciones para: 116n; fósiles: 24, 113, 116-117, 127, 201, 219; fugas de: 135; impuestos a: 116, 134; industriales: 119-120; limpios: 54-57, 375; mejora de: 71, 74, 76, 80, 122, 136, 141, 345, 366; pesados: 64; plomo en: 107; principales, utilizados en el AMCM: 117; quema de: 360; sólidos: 43, 117; tanques de almacenamiento de: 75. *Véase también* los distintos combustibles
combustóleo, alto en azufre: 116; consumo de: 118; pesado: 75, 126; prohibición de uso de: 130, 136; sustituido por gas natural: 70, 75, 83, 119, 126, 222, 351, 374; sustituido por gasóleo: 75, 83
comercio, establecimientos de, aumento de áreas de: 106; concentración de, en la Ciudad de México: 275; consumo de combustibles: 220; consumo de energía: 117-118; emisiones relacionadas con: 75, 122, 134-137, 221-222, 377; informal: 122
Comisión Ambiental Metropolitana (CAM):

72, 88, 332; acuerdos con la AMIA: 298, 319; fortalecimiento de la: 85; Grupo de Trabajo del Inventario de Emisiones de la: 218, 291; inventario de emisiones de la: 213, 257; investigaciones de la: 137, 293, 295, 377; modelo meteorológico regional (MM5): 260; objetivos de la: 73, 380; organización de la: 73-74, 127; restructuración de la: 380-381

Comisión Federal de Electricidad (CFE): 116; y los programas para la calidad del aire: 127

Comisión Intersecretarial de Saneamiento Ambiental: 68

Comisión Metropolitana de Asentamientos Humanos (Cometah): 332

Comisión Metropolitana para Prevención y Control de la Contaminación Ambiental: 71-73

Comisión Metropolitana de Transporte y Vialidad (Cometravi): 85, 88, 332; administración de la: 334-335, 373; y los costos del tráfico: 271; sobre demanda inducida: 342; sobre demanda de transporte: 290; sobre demanda de viajes: 343; Estudio Integral de Transporte y Calidad del Aire: 336; estudio sobre nivel de servicio del transporte: 288; estudio sobre transporte y calidad del aire: 332; logros de la: 332; sobre colectivos: 305; sobre el parque vehicular: 291, 296; Plan de Trabajo 1995-1996: 336; sobre problemas institucionales: 339; propuestas de la: 86; sobre rutas metropolitanas: 301

Comisión Nacional del Agua (CNA): 72; mediciones de la: 191

Comisión Nacional de Derechos Humanos: 71

Comisión Nacional de Ecología (Conade): 68-69

Comisión de Recursos Naturales (Corena): 139

Comisión Regional de Planeación: 372

Compañía de Luz y Fuerza del Centro (CLYFC): 116; y los programas para la calidad del aire: 127

compuestos orgánicos volátiles (COV): 31, 42-43, 57, 356; en Los Ángeles: 213; concentraciones de: 204, 230; emisiones de: 46, 57, 87, 181, 183, 186-188, 216, 224, 229, 237, 244, 257, 374, 379; especiación de: 204, 239-240, 263, 265, 362; formación de ozono sensible a los: 225, 229-234, 236, 243; inventario de emisiones de: 358, 361; medición de: 195, 203-204, 263, 267, 357, 359, 362-363; producidos por la vegetación: 138; reactividad de los: 231, 239-240, 358, 361; reducción de niveles de: 81, 83, 184, 187-188, 206, 229, 236, 243, 255, 344. *Véase también* COV/NO$_x$

concentraciones ambientales, de contaminantes criterio: 183; relaciones entre emisiones y: 182

Consejo para el Desarrollo Sustentable: 338

construcción, de caminos, y emisiones de polvo: 246; control de equipos de: 53; emisiones producidas por la: 183;

contaminación, avances en el control de la: 59-60; efectos económicos de la: 121; efectos globales de la: 44; estrategias de reducción de la: 26, 86, 122; como imperfección del mercado: 134; incentivos para reducir la: 57, 134; indicadores de: 16; investigación sobre: 48, 68, 74, 131, 152, 179; mayores ingresos y: 107, 112; medición y evaluación de la: 16, 23; meteorología de la: 191; de origen humano: 25-26, 29, 185; prevención de la: 131, 134; procesos de: 16; reducción de la: 16, 119, 126; por ruido: 340; sector energético y precursores de: 113-115. *Véase también* las distintas instituciones; programas

contaminación del agua: 24, 92; en el AMCM: 112

contaminación del aire: 33, 92; análisis de la: 17, 23; antecedentes de la: 29; en el AMCM: 17, 23-25, 112; causas y consecuencias de la: 19, 25; ciencia de la: 17, 23, 182, 184; demografía y: 98; disminución de la visibilidad: 26, 36, 42-43, 87, 92, 254, 356; dispersión de la: 258; efectos de la: 39-44; fuentes de la: 32-39; medición de la: 68; monitoreo de la: 17, 23, 48; mortalidad y: 148, 223; políticas sobre: 58-59; procesos de: 23; programas para el control de la: 51-52, 57, 59; reducción de la: 70, 76; salud y: 16-18, 23, 25-27, 29-31, 39-42, 53, 61, 68, 78, 87, 352; trans-

portación (flujo) de la: 32-39, 52; vínculos entre, urbano, regional y global: 260-262
contaminantes, acumulación de: 44; concentraciones pico de: 40, 190; criterio: 31, 39-40, 42, 64-66, 69, 158, 165, 169, 183, 194, 196-197, 243, 345; dispersión de: 25-26, 38, 44, 188, 190, 198; efectos en la salud: 144-145, 228-229; eliminación de: 38; en espacios interiores: 43, 145, 158, 169, 208-209; exportación de: 260-262; naturales: 29; que es necesario reducir: 143; permanencia de los: 258; primarios: 35, 37, 182, 356; principales y sus efectos: 36-37; reducción de: 108, 351; secundarios: 31, 35, 37, 42, 182, 356; tóxicos del aire (CTA): 55; transportación (flujo) de: 38, 44, 188, 190-191, 225, 257; traza: 31. *Véase también* los distintos contaminantes
contaminantes peligrosos del aire (CPA), cantidad de: 42
contingencia ambiental: 185, 194; autos que no circulan durante: 324; costos sociales de la: 258; efectos en la salud: 258; predicción de: 259-260, 363; programas de: 64, 70, 126
Convención sobre Cambio Climático: 359
Convención Estructural sobre Cambio Climático (CECC): 359
Coordinación General de Transporte (CGT): 303
costo-beneficio, análisis político de: 17, 58, 69, 117, 145, 169
Cottrell, F.C.: 30
COV/NO_x, proporción, en inventarios de emisiones: 204, 213, 216, 235, 243, 358; medición de: 230, 233-234, 241, 357; en el proyecto MARI: 235
cromatografía de gases/espectrometría de masas (CG/EM), análisis de: 203
cromo (Cr), riesgos de cáncer por: 164, 169
Cuautitlán, mediciones meteorológicas en: 198, 261
Cuautla, área incluida en la megalópolis: 273; y el proyecto Anillo Megalopolitano: 337
Cuernavaca, área incluida en la megalópolis: 273, 364; consumo de electricidad: 124; crecimiento de: 262; y el proyecto Anillo Megalopolitano: 337
Cumplimiento de la Normatividad Ambiental, Índices de: 133

deforestación: 92; y cambio de clima: 138; erosión y: 137-138
Delhi, calidad del aire: 28
demografía: 28, 91; contaminación del aire y: 98; disminución de la fertilidad: 102. *Véase también* población
Deportivo Los Galeana, concentraciones de ozono en: 196
depositación, ácida: 25, 35, 43, 195-196; húmeda: 35, 195; medición de: 195; seca: 195; tasas de: 242
Des Voeux, H.A.: 30
desarrollo, económico: 15, 28, 89, 106-112, 364; social: 15, 28, 86; sustentable: 72, 107, 360, 380
desarrollo urbano: 24; descontrolado: 340; estudios sobre: 336; y el Metro: 310; políticas ambientales y: 71, 86; programas deficientes de: 117. *Véase también* ciudades; urbanización
desengrasado, medición de perfiles de emisión por: 206
desperdicios, acumulación y desecho de: 24; control de: 130; emisiones producidas por: 135; manejo de los: 72; peligrosos: 112; sólidos: 85
diagnóstico a bordo de segunda generación (DAB II), sistema: 298, 320, 330, 344
días de actividad restringida (DAR): 354; relación entre ozono y: 159-160
días de menor actividad restringida (DMAR): 159, 165, 174, 180; función concentración-respuesta en los: 160; reducción de: 168-169
1,4-diclorobenceno, concentraciones de: 204
18 de Marzo, refinería, cierre de la: 64, 75, 88-89, 119, 130, 351; efectos del: 224
diesel, con bajo contenido de azufre: 56, 64, 75, 78, 119, 130, 345; calidad del, vehicular: 79; combustión del, como cancerígeno: 161, 163, 169; consumo de: 46, 116, 118-120,

140, 220; emisiones de: 55; precios del: 82; vehículos a: 57, 60, 75, 359
Dirección General de Gestión Ambiental del Aire de la Ciudad de México: 192
dispersión elástica de protones, análisis de: 201
disposición a pagar (DAP), por beneficios en la salud: 170, 172, 174, 354; estimación: 173; para reducir el riesgo de mortalidad: 175
Distrito Federal, agricultura: 112; área urbanizada: 274-275; Asamblea de Representantes: 74; cantidad de vehículos en el: 290; Centro de Estudios y Capacitación para el Transporte y la Vialidad: 335; comercio: 277; crecimiento poblacional: 93-100, 111; disminución de la población: 102, 104; economía: 110-111; emisiones producidas por la vegetación: 139; empresas: 69; industria: 69, 106, 129, 274, 375; infraestructura de transporte: 286; ingresos fiscales: 335; Instituto de Transporte Urbano: 335; mayor cooperación entre el Edomex y el: 373-374, 380; PIB: 111, 129, 276-277, 375; patrones de viaje entre el Edomex y el: 342, 366; Plan General de Desarrollo Urbano: 336; Programa Integral de Transportes y Vialidad: 336; programas de control: 70; promedio de viajes diarios en el: 279; propuestas para nuevas vialidades: 337; reservas ecológicas: 276; Secretaría de Desarrollo Urbano y Vivienda: 332, 338; Secretaría del Medio Ambiente: 71, 73, 338; servicios: 112; transporte: 69; viajes en el: 281-284. *Véase también* AMCM; México, Ciudad de
Distrito Federal, delegaciones: 62, 92, 105, 273; crecimiento poblacional por: 94-98; distribución de la población: 100, 103; elección de delegados: 333; población por edades: 151
Documento de Impacto Ambiental, *véase* Manifiesto de Impacto Ambiental

Ecatepec, concentraciones de hidrocarburos: 207
economía ambiental, e ingreso: 107, 112
ecosistemas, alteración de los: 44, 356; degradados: 186

Echeverría, Luis: 68
Eduardo I, y prohibición de uso del carbón marino: 29
educación ambiental: 19, 74, 131, 381; programas de: 76
efecto invernadero, *véase* gases de efecto invernadero
ejidos, asentamientos irregulares en: 140
elasticidad del ingreso, y beneficios para la salud: 174, 177; definición de: 172; incertidumbre sobre, apropiada: 173; VEV y: 176
electricidad, consumo de: 118; demanda de: 111, 125, 127; emisiones relacionadas con la producción de: 124, 222; generación de: 124-128; oferta y demanda de: 124-126. *Véase también* energía
elevadores de carga, control de: 53
embarcaciones privadas, control de: 53
emisión de rayos X inducida por protones (ERXIP), mediciones con el método de: 197, 201
emisiones tóxicas, antropogénicas: 107, 181, 186, 200; autorregulación para reducir las: 133-134; de camiones de carga a gasolina y a diesel en al AMCM: 218; concentraciones ambientales y: 182; control de: 41, 52, 117, 126-128, 130-132, 136-137, 196; dispersión de las: 15; especiación de: 257; evaporativas: 83, 236, 296, 319-320, 323, 368, 373, 378; falta de información sobre: 25; investigación sobre: 144, 179; mediciones de perfil de fuentes de: 206; normas de: 83, 130, 319; de origen biológico: 236; reducción de: 54, 56, 69, 77, 81, 137, 144, 184; no relacionadas con el transporte: 122-137; vehiculares: 74
emisiones, inventarios de: 184, 204, 222, 224, 227, 239, 244, 357; y aerosoles: 251; para amoniaco: 264; y carbono elemental: 253; para CO: 264; para COV: 358, 361; de fuentes móviles: 217, 313-316; emisiones totales en el AMCM reportadas en: 217; enfoques *bottom-up* para: 212, 236, 256-257, 264; historia de los: 212-218; mejoras en los: 256-257, 263, 264-265, 361; de 1989: 212; de 1998: 121-124, 129-130, 135-136, 139, 213-215, 231; para NO_x: 243, 264, 361; para $PM_{2.5}$:

263-264, 359, 361; para PM_{10}: 255, 264; primer: 69, 212; procedimiento para la elaboración de: 185; por regiones: 262; para SO_2: 264; verificación de los: 252; verificación *top-down*: 256, 264

empleo, demanda de: 102

empresas, acuerdos entre gobierno y: 133; emisiones relacionadas con: 236; falta de control en las, pequeñas y medianas: 89; pago de permiso de operación: 53; su participación en el control de la contaminación: 59; de servicios públicos: 59. *Véase también* bienes; comercio; industria; servicios

encuestas, sobre demanda de transporte: 290; de origen y destino (O-D): 277-278, 334

ENEP-Acatlán, medición de hidrocarburos: 205

energéticos, planeación en: 27. *Véase también* los distintos energéticos

energía; 89-90; ahorro de: 128, 378; centrales de, en el AMCM: 124-126; consumo de: 46, 117-118, 127, 140; demanda de: 102, 107, 113, 128, 140; y emisión de GEI: 220; emisiones relacionadas con la generación de: 221, 374; eólica: 117; fuentes de: 116-117; generación de: 118, 122, 125; primaria: 116; renovable: 128, 220, 222; solar: 117, 137, 222, 376-377. *Véase también* electricidad

enfermedad, ausentismo laboral y escolar y: 16, 160; y medio ambiente: 15

enfermedades causadas por contaminación: 15; agudas: 40; asma: 40-41, 354; bronquitis crónica: 156-157, 165, 167, 353; cáncer: 36, 42, 56, 145, 149, 160-165, 167, 169, 177-178, 249; cardiopulmonares: 36, 40, 149; cardiovasculares: 41, 158, 168, 353-354; crónicas: 40; daño hepático: 36, 42; daño neurológico: 42; dolor de cabeza: 40; estrés: 16; infarto al miocardio: 158; náusea: 30; irritación de los ojos: 30-31, 40, 354; neuroconductuales: 36, 41; neurológicas: 161; problemas de aprendizaje: 36; respiratorias: 26, 30-31, 36, 40-42, 64, 92, 145, 161, 352-354; vómito: 30. *Véase también* mortalidad; salud

enfoque empírico de modelación cinética (EEMC): 224

Environmental Defense Fund, y evaluación de tóxicos atmosféricos: 160

Environmental Protection Agency (EPA): 39-40, 47, 53, 55, 156, 159, 212; base de datos SPECIATE: 227, 252; certificación de estaciones de monitoreo: 194; clasificación de tóxicos: 164; estándares Tier de la: 298, 319, 324, 344; estudios de la: 160-161, 171, 173; modelo fotoquímico de caja móvil (OZIPM-4): 224; modelo MOBILE5: 236, 257, 320-321; normas para $PM_{2.5}$: 183

erupciones volcánicas: 25, 29

espectrómetro de absorción óptica diferencial (EAOD), mediciones con: 192, 197, 205

esquemas de autorregulación: 75

estacionamientos, aumento de cuotas de: 343; costo de: 290; déficit de: 289

Estado de México (Edomex), agricultura: 112; ampliación del Metro al: 310, 335; asentamientos irregulares: 101; cantidad de vehículos en el: 290; comercio: 276-277; Congreso: 74; crecimiento poblacional: 93-99, 101, 111, 274, 364; demanda de transporte: 282; densidad de población: 101; distribución de la población: 102; economía: 111; emisiones producidas por la vegetación: 139; industria: 106, 112, 129, 274, 276, 289; infraestructura de transporte: 286, 288; ingresos fiscales: 335; inventario de emisiones de fuentes móviles: 315; mayor cooperación entre el DF y el: 373-374, 380; migración hacia el: 101, 274; número de VerifiCentros en el: 323-324; patrones de viaje entre el DF y el: 342, 366; PIB: 111, 129, 277, 375; Plan de Desarrollo Urbano: 336; Plan Rector: 336; Programa de Reordenación: 336; programas de control: 70; propuestas para nuevas vialidades: 337; PVVO en el: 322, 348; Secretaría de Desarrollo Urbano y Obras Públicas: 332; Secretaría de Ecología: 71, 73; transporte: 296, 301, 304-305, 338; urbanización: 138, 275-276; viajes en el: 281-282, 284

Estado de México, municipios conurbados: 62, 92, 104-105, 273; crecimiento poblacional en los: 94-102; distribución de la población en los: 103. *Véase también* AMCM

Estados Unidos, Academia Nacional de Ciencias: 320; activismo ambiental: 47; calidad del aire: 39; demanda inducida en: 341; encuestas de viajes de pasajeros: 277; emisiones relacionadas con vehículos: 318; investigación sobre contaminación: 48, 156; medición con sensores remotos: 319; mortalidad infantil: 150; muertes por contaminación en: 15; población por edades: 151, 178; PNB: 173; programas de inspección vehicular: 321, 328; valor de efectos en la salud: 172. *Véase también* Ángeles, Los; California

Estudio de Campo para la Evaluación del Modelo Euleriano: 249

etano (CH_3CH_3), y la formación de COV: 203

éter metil-terbutílico (MTBE), en la gasolina: 75; concentraciones de: 204; 242

etileno ($CH_2{=}CH_2$), y la formación de COV: 204

Evaluación del Impacto Ambiental (EIA): 132

evidencia econométrica de formas reducidas: 107

fábricas: 51; reubicación de: 70. *Véase también* industria

fauna: 15; efectos de la deforestación en la: 138; efectos de la contaminación en la: 26, 39. *Véase también* animales

FEAT (Fuel Efficiency Automotive Test), equipo: 206

Federal Clean Air Act (FCAA): 47, 52, 54, 68, 145

fenómenos naturales: 25

ferrocarril: 286

Fideicomiso Ambiental del Valle de México: 74, 382

flora: 15; efectos de la contaminación en la: 26, 31, 39-40, 43; efectos de la deforestación en la: 138; extinción de: 103. *Véase también* vegetación

flúor (F): 43

fluorescencia de rayos X (FRX): 201

formaldehído (HCHO): 31, 42; en el AMCM:

163; como cancerígeno: 160-164, 169; concentraciones de: 204; contaminante primario: 36; emisiones de: 130, 135; y la formación de ozono: 242; medición de: 192, 194, 205, 209, 265, 362; reacción fotoquímica del: 241; tasas de fotólisis de: 205

fósforo (P), en la gasolina: 56

fotólisis, constantes de la tasa de reacción de: 240-241

Fox, Vicente: 72

fuentes geotérmicas: 116

fundidoras de metales: 24

gas licuado de petróleo (GLP): 75, 200; almacenamiento y distribución de: 377-378; componentes del: 358; consumo de: 118, 220; emisiones producidas por: 135, 137, 231, 237, 377; fugas de: 204, 216, 230, 236, 261, 378; medición de perfiles de emisión de: 206; precios del: 82; reducción del uso de: 137; usado en vehículos: 80-81

gas natural: 116; consumo de: 118-119, 220; fomento del uso de: 82, 370-371, 376; fugas de: 360; mayor uso de: 71, 140; sustituto del combustóleo: 70, 83, 119, 126, 130, 222, 374

gas natural comprimido (GNC): 75; precios del: 82; usado en vehículos: 81

gases, analizadores manuales de: 323; criterio: 192; mediciones de: 197, 241-242; mediciones de superficie intensivas de: 210; permanentes: 32; precursores: 246, 248; relación entre aerosoles y: 226; traza: 62, 241-242; turbina de: 127; variables: 32. *Véase también* los distintos gases

gases de efecto invernadero (GEI): 44, 128, 218; contribución del AMCM a las emisiones de: 220-222; inventario de: 220, 359; reducción de: 219-222, 360

gasóleo, consumo de: 118, 220; industrial: 119, 130; sustituto del combustóleo pesado: 75, 83

gasolina, almacenamiento y distribución de: 236, 378; calidad de la: 316; consumo de: 46, 108, 110, 118, 120, 220; emisiones producidas por: 137; escape de gases de hidrocarburos: 51; fugas de: 330, 373; impuestos

a la: 343; limpia: 56; Magna: 206; medición de perfiles de emisión de: 206; normas para la: 56; Nova: 206; oxigenada: 56, 116, 118, 366; con plomo: 77, 201, 313; sin plomo: 56, 64, 70-71, 75, 77-78, 89, 118, 141, 344, 366; precios de la: 82; Premium: 141; reformulada: 79, 116, 118, 366
gasolineras, control de las: 53
gobierno, acuerdos entre empresas y: 133; descentralización del: 331, 333, 335; estudios sobre el parque vehicular: 291; plan de crecimiento programado: 274; programas de control: 51-52, 57, 59, 70. *Véase también* las distintas instituciones; políticas; programas
Grupo de Política de Combustibles: 80
grupos de intereses: 58, 88; públicos: 59
grupos de presión, importancia de los: 59, 61; programas legislativos de los: 59
grupos más vulnerables a la contaminación, ancianos: 18, 40, 102; enfermos: 18, 40; niños: 18, 40, 170, 174-175, 353, 356
Guadalupe, cerro de, reforestación del: 138

Haagen-Smit, Arie, y la naturaleza y causas del *smog*: 31
Hartley, W.N.: 40
helio (He), gas: 32
Hidalgo, estado, área incluida en la megalópolis: 104; municipio conurbado de: 62, 103, 105, 273; recomendación para que se incluya en el PVVO: 330, 348, 373. *Véase también* AMCM
hidrocarburos, en el AMCM: 124, 197, 199, 232; C_3: 231; C_4: 231; concentraciones de: 225; control de emisiones de: 51, 54, 60, 70-71; conversión de, en agua y bióxido de carbono: 35; emisión de: 208, 236, 295; especiación de: 232; medición de: 197, 199-200, 203-206, 225, 227-228, 230, 231, 237; reactividad incremental máxima de (RIM): 231-232, 240; producidos por la vegetación: 139; reducción en los niveles de: 207; volátiles: 199. *Véase también* los distintos hidrocarburos
hidrocarburos aromáticos policíclicos (HAP): 42, 56, 78-79; en el AMCM: 164, 186; como cancerígeno: 161, 163, 169, 249; contaminante primario: 36; en el diesel: 79; medición de: 164, 199; reducción de niveles de: 118; totales: 192
hidrógeno (H), gas: 32
hidroxilo, radical (OH): 35
hollín: 87, 183; aerosoles de: 253-254; aerosoles orgánicos y: 249-252; y la formación de ozono: 239
Honk Kong, densidad de población: 101
Huixquilucan, concentraciones de hidrocarburos: 207
humedad relativa, medición de la: 190-192
humo: 87

Imada-AVER (Investigación sobre Materia Particulada y Deterioro Atmosférico/Aerosol and Visibility Evaluation Research), proyecto: 188, 191, 203; mediciones: 197-201, 204, 236, 237, 242, 244-245, 248-251, 253, 258, 261, 266, 359; modelos en las campañas de la: 225-226
impermeabilización, aerosoles orgánicos derivados de: 251
incendios forestales: 26, 29, 41; emisiones por: 138; programas de control y prevención de: 140; prevención de: 76
incineradores: 24, 51
India, estudios de compensación diferencial de salarios: 173; uso doméstico de carbón: 43
Índice Metropolitano de la Calidad del Aire (Imeca): 64, 194, 385
Índice Mexicano de Precios al Consumidor: 305
industria(s), de alimentos: 130, 376; altamente contaminantes: 70, 129; en el AMCM: 24, 83, 129; automotriz: 59-60, 77; combustibles para la: 119-120, 130, 201; consumo de combustibles: 130, 220; consumo de energía: 117-118, 140; control de emisiones de la: 53, 75, 89; descentralización de la: 105, 129; emisiones relacionadas con la: 122, 128-134, 183, 221, 236, 244, 246, 375-376; como una de las fuentes principales de contamina-

ción: 51; limpias: 84, 89, 133, 375; manufactureras: 112, 130; maquiladoras: 128; metalmecánica: 130, 376; no metálica: 130; mineral-metálica: 130; participación de la, en el control: 60; petrolera: 59; química: 24, 130, 221, 376; reducción de emisiones de la: 83-84; reubicación de: 70, 75, 130, 262, 375, 377; con tecnología de emisión baja o cero: 57; textil: 130; uso del carbón en la: 29; uso de gas natural: 71
industriales, cinturones: 138; puertos: 129. *Véase también* industria
industrialización, acelerada: 186; aumento de la: 87, 99, 269; contaminación e: 25-26, 28, 30, 107
información, falta de, sobre emisiones tóxicas: 25; sobre mejoramiento del medio ambiente: 16; sobre riesgos para la salud: 29
Inglaterra, muertes por contaminación en: 15, 30
Inner-City Fund (ICF), programas de control de emisiones: 326
inspección ambiental: 75, 83
instituciones, capacidad de las: 87-88, 333-335, 339-340; fortalecimiento de las: 333. *Véase también* las distintas instituciones
Instituto Mexicano del Petróleo (IMP), auditorías ambientales del: 326; experimentos de cámara de *smog* de: 233, 357; investigación sobre aerosoles: 252; mediciones del: 197, 199-200, 202-203, 206, 219, 263; sobre el parque vehicular: 295; y el proyecto MARI: 196; sistema de datos de calidad del aire: 194
Instituto Mexicano de Tecnología del Agua (IMTA): 72
Instituto Nacional de Ecología (INE): 71; sobre mediciones de calidad del aire: 260; y el PVVO: 324; reestructuración del: 72
Instituto Nacional de Estadística, Geografía e Informática (INEGI), y las encuestas O-D: 278, 334
Instituto Nacional de la Pesca (INP): 72
Instituto Nacional de Salud Pública (INSP): 147
Instituto Politécnico Nacional (IPN), mediciones ambientales en: 196

instrumentos, de medición meteorológica: 191, 194, 196-197, 202; de medición de emisiones: 254
Integrated Risk Infomation System (IRIS): 161-162; estudios sobre tóxicos: 164
International Agency for Research on Cancer, estudios de la: 161
Inventario de Emisiones, *véase* emisiones, inventario de
inversión térmica: 24; en Los Ángeles: 31, 38; en el AMCM: 24, 62, 92, 186, 198; marina: 38; por radiación: 38; rompimiento de la: 223; por subsidencia: 38, 48
iones, en agua de lluvia: 195

Japón, programas de inspección vehicular: 321
Jakarta, calidad del aire: 28; como una de las ciudades más contaminadas: 27
Jilotepec, y el proyecto Anillo Megalopolitano: 337
Jorge Luque, planta termoeléctrica: 83, 124, 127, 374; antigüedad de la: 126, 375

keroseno, consumo de: 220
kriptón (Kr): 32
Kuznets, curva de: 107

lagos, desecación de: 137, 186; recuperación de: 138
leyes ambientales: 71-72; más rigurosas: 117
Ley Federal para la Prevención y Control de la Contaminación Ambiental: 68
Ley Federal de Protección al Ambiente: 68
Ley General del Equilibrio Ecológico y la Protección Ambiental (LGEEPA): 69
Licencia Ambiental Única (LAU): 83, 132
Licencia de Funcionamiento Local, implementación en el DF y el Edomex: 136
Lichtinger, Víctor: 74n
lluvia, y eliminación de contaminantes: 35, 62
lluvia ácida: 36, 52; medición de: 195-196
locomotoras, con combustible alternativo: 58
López Obrador, Andrés Manuel: 338
López Portillo, José: 68, 307

madera, uso doméstico de la: 29
Madrid, Miguel de la: 68
magnesio (Mg), en agua de lluvia: 195
manganeso (Mn), en la gasolina: 56
Manifiesto de Impacto Ambiental (MIA): 132
Manila, calidad del aire: 28
MARI (The Mexico City Air Quality Research Initiative), proyecto: 188, 191, 196, 206, 213, 229; campañas del: 197; y la formación de ozono: 230; inventario de emisiones del: 216; mediciones del: 203, 206, 225, 237, 257, 358; sobre la proporción COV/NO_x: 235, 358; uso de modelos en el: 223-225
Marzo, 18 de, refinería, *véase* 18 de Marzo
Massachusetts Institute of Technology (MIT), inventario de emisiones del: 216
materia orgánica policíclica, como cancerígena: 160
material particulado, en el AMCM: 25, 27, 67, 87, 89, 186, 243; aumento del: 25; control del: 247; efectos en la salud: 44, 145-146, 183; en el inventario de emisiones: 244; medición de: 148, 192, 243; reducción de niveles de: 55, 361; secundario: 35, 358
material particulado fino ($PM_{2.5}$), en el AMCM: 150: composición promedio de: 245; contaminante primario: 36; efectos en la salud: 42, 150, 183, 243, 356; emisiones de: 244; inventario de emisiones para: 263-264, 359, 361; medición de: 150, 194, 198-199, 201; mortalidad y exposición a: 149, 155, 159, 168, 179; normas para el: 183; reducción en los niveles de: 184, 255; relación entre ozono y: 184
material particulado respirable (PM_{10}): 42; en Los Ángeles: 50; en el AMCM: 50, 67-68, 77, 89, 121, 124, 130, 138, 146-147; beneficios en la salud por la reducción de 10% de: 165-169, 176-178, 353, 355; y bronquitis crónica: 156-157, 167-168, 180, 353; composición promedio de: 245; concentraciones de: 46, 77, 179, 353; contaminante primario: 36; efectos de acuerdo con la edad: 155; efectos en la salud: 43, 183; emisiones de: 244; inventario de emisiones para: 255, 264; medición de: 146-147, 150, 192, 195, 197-199,

202, 267; monitoreo de: 68; mortalidad y exposición a: 148-149, 152-155, 158-159, 179-180, 352-353, 356; principales fuentes de emisión de: 138; reducción del: 60
Mecanismo de Desarrollo Limpio (MDL): 220, 222, 360
medición, *véase* modelos de medición
medio ambiente, como bien público: 134; degradación del: 92; enfermedad y: 15; importancia de la protección del: 23; investigación en: 76, 131, 179; normas para el: 71
megaciudades: 17, 19, 44; calidad del aire: 23, 27-28, 39; definición de: 27; evaluación de la calidad del aire: 27; monitoreo de la calidad del aire: 29. *Véase también* las distintas ciudades
megalópolis, área que compone la: 104, 273; estimación del crecimiento de la población: 364; PIB: 273; población: 274
Merced, La, medición de COV: 204; medición de hidrocarburos: 205, 227
Merced, La (MED), estación de monitoreo: 147, 156, 191-192, 197-199, 203, 226; mediciones de ácido nítrico y amoniaco: 248
metales, cancerígenos: 161, 164; inorgánicos traza: 252; pesados: 192. *Véase también* los distintos metales
metano (CH_4): 32, contaminante primario: 36; efectos en el clima: 44; emisiones de: 222, 360
meteorología: 28; de la contaminación: 191; mediciones de: 185, 188, 190-191, 196-198, 259, 363; topografía y: 38-39; sinóptica: 198, 257. *Véase también* humedad; temperatura; viento
Metro, administración del: 309; ampliación al Edomex: 310, 335; cantidad de pasajeros transportados en: 307, 309; características del, por línea: 308; y desarrollo urbano: 310; expansión del: 76, 307, 335, 337; ingresos y egresos del: 336; menor uso de: 121, 140, 272, 284, 303, 307, 364-365, 367; número de viajes del: 309; pronósticos de viajes: 334; subsidios al: 299, 310, 335-336, 345, 364, 367. *Véase también* transporte público

México, crecimiento de la población: 92-93; mortalidad infantil: 150; población por edades: 151, 178; PNB: 173

México, Ciudad de, Aeropuerto internacional de la: 277, 286; calidad del aire: 28; como una de las ciudades más contaminadas: 15, 27, 269; contaminación del aire: 17, 27; crecimiento poblacional: 93-99, 275; falta de vías de circunvalación en: 272; meteorología de la: 17; población: 25, 140; Programa para la: 19-20; Proyecto de Calidad del Aire: 339; restauración del Centro Histórico de la: 343; situación geográfica: 62, 186; terremotos de 1985: 69-70; tramos de viaje en: 278. *Véase también* Área Metropolitana de la Ciudad de México (AMCM); Distrito Federal

microbalance oscilatorio de variación progresiva (MOVP): 146-147; monitoreo de: 192, 195, 202

microbuses, *véase* colectivos

micropartículas, dispersión de: 29

migración, a las ciudades: 23, 101-102, 111, 140

minería, generadora de PM_{10}: 42

modelos de medición, de balance químico de masa: 267, 363; de caja con múltiples niveles verticales: 227; del CIT: 224, 228; desarrollo de: 233; de equilibrio de aerosoles: 247-248; estudios de cámara de *smog*: 230, 357; estudio de desarrollo de: 227-228; de flujos de viento: 225; de formación de aerosoles: 251, 253; de formación de ozono: 230, 234, 241, 263; fotoquímico de caja móvil (OZIPM-4): 224, 228; fotoquímicos: 260, 358; lagrangiano de dispersión de partículas: 225; meteorológico regional (MM5): 260; MOBILE5: 236, 257, 320-321; predictivo de las concentraciones pico de ozono: 223; recomendaciones para: 362-363; de regresión simple: 259; de sensibilidad del ozono: 234; sistema de modelación atmosférica regional (SMAR): 225; de transferencia radiativa de resolución moderada (MODTRAN): 255; de transporte de partículas híbridas y concentración (MTPHC): 225; tridimensional completo de cuenca: 248, 261; de turbulencia de orden mayor para la circulación atmosférica (MTOMCA): 223-225; uso de: 267

monóxido de carbono (CO): 32, 43; en Los Ángeles: 213; en el AMCM: 25, 27, 65-67, 121; características del: 41; concentraciones de: 227; como contaminante natural: 29; contaminante primario: 36; control de emisiones de: 54; dispersión de: 224; efectos en la salud: 41, 229, 354; emisiones de: 181, 183, 206-208, 216, 295; y la formación de ozono: 243; inventario de emisiones para: 264; medición de: 192, 194, 200-201, 203, 206, 225, 228, 238; mortalidad y exposición a: 158, 352; reducción de niveles de: 17, 64, 77, 81, 206-207, 320-321, 344, 351

morbilidad: 352; estimación en: 144, 146; evaluación de mejoras en: 180, 356; tasas de: 145

Morelos, estado, área incluida en la megalópolis: 104; recomendación para que se incluya en el PVVO: 330, 348, 373

mortalidad, por cohorte: 148-152, 167-168, 178, 180, 353, 355; contaminación del aire y: 148, 223; crónica: 353; datos básicos de: 151; estimación en: 144; estudios sobre: 145; evaluación de mejoras en: 180, 356; infantil: 150, 155, 170, 180, 353, 356; ocupacional: 172; prevención de la, por reducción de contaminantes: 167-168; reducción de riesgos de: 170, 175, 177; en series cronológicas: 152-155, 158, 168, 178-179, 352-354, 356; tasas de: 145, 149-150, 155

motocicletas, control de: 53

Moscú, como una de las ciudades más contaminadas: 27

mujeres, su inclusión en la fuerza laboral: 104

Mumbai (Bombay), calidad del aire: 28; densidad de población: 101

Nacional Financiera: 382

natalidad, descenso de la: 102

Natural Resources Defense Council: 59

neón (Ne), gas: 32

Nezahualcóyotl, estación de monitoreo: 199

Nezahualcóyotl, Ciudad, concentraciones de hidrocarburos: 207; medición de PM_{10} y $PM_{2.5}$: 202
niebla: 33, 38; "asesina": 30
níquel (Ni), como cancerígeno: 164-165; en el AMCM: 164
nitrato de peroxiacetilo (PAN): 31, 195; medición de: 199, 242, 357
nitratos, en agua de lluvia: 195; como componente de aerosol: 246; concentración de: 192, 226; medición de: 195, 202, 242; reducción de los niveles de: 184
nitrógeno (N), como componente del aire: 32; total (NO_y): 263, 265
Nixon, Richard: 47
Norma Federal NOM-086: 118
normas ambientales para la calidad del aire (NAAQS): 39, 131
normas oficiales mexicanas (NOM): 132
nubes: 38
Nueva York, calidad del aire: 28; densidad de población: 101

olefinas, en la gasolina: 56, 75, 78-79, 118; en el GLP: 204-205
Organización para la Cooperación y el Desarrollo Económico (OCDE): 128, 219
Organización Mundial de la Salud (OMS), normas de calidad del aire de la: 27, 39
Organización Panamericana de la Salud (OPS), apoyo para instalación de estaciones de monitoreo: 192
organizaciones no gubernamentales (ONG), participación de, en la calidad del aire: 88; en transporte: 331
Osaka, calidad del aire: 28
oxidantes: 40
óxido de azufre (SO), reducción de: 57. *Véase también* azufre
óxido nítrico (NO), características del: 41; concentraciones de: 227; convertido a bióxido de nitrógeno: 195; emisiones de: 238; medición de: 194, 206, 208
óxido nitroso (N_2O): 32, 41; efectos en el medio ambiente: 44
óxidos de nitrógeno (NO_x): 31, 356; en el AMCM: 25, 27, 46, 70, 121, 124, 130; características del: 41; concentraciones de: 238; contaminante primario: 36; control de: 54, 236; convertido en ácido nítrico: 196; efectos en el ambiente: 43; efectos en la salud: 41, 354; emisiones de: 46, 87, 181, 183, 186, 207-208, 216, 224, 229, 244, 247, 359, 379; inventario de emisiones para: 243, 264, 361; limitación por: 229; medición de: 203, 237; permanencia en la atmósfera del: 35; producido por la vegetación: 138-139; reducción de los niveles de: 57, 60, 71, 77, 89, 126, 184, 187, 216, 243, 247; relación entre ozono y: 225, 259
oxigenados, en la gasolina: 56, 116, 118
oxígeno (O), como componente del aire: 32; diversas formas de: 33; en la gasolina: 78-79; medición de: 194; molecular: 33
ozono (O_3): 18, 32-33; altitud y: 34; en Los Ángeles: 48-50, 137, 184; en el AMCM: 25, 27, 46, 49-50, 61-62, 64-67, 69, 77, 89, 92, 196, 233; beneficios en la salud por la reducción de 10% de: 165-166, 168-169, 176-178, 355; características del: 40; concentraciones de: 46, 49, 51, 59, 157, 179, 213, 223-225, 237, 243, 353; contaminante secundario: 40, 356; destrucción de: 35; dilución de: 237; efectos en el medio ambiente: 43-44; efectos en la salud: 40, 42-44, 145, 157-158, 165, 183, 228; emisiones de: 181; estratosférico: 25-26, 52; intramuros: 209; isopletas de: 242, 261; medición de: 192, 194, 200-201, 203, 209, 226; modelos de sensibilidad del: 234; mortalidad y exposición a: 158-159, 165, 179, 352, 354; como parte del *smog*: 31; reacción fotoquímica del: 197, 227, 241; reducción de niveles de: 59-60, 71, 77-78, 87, 184, 188, 313, 357, 361; relación entre DAR y: 159-160; relación entre NO_x y: 225; relación entre $PM_{2.5}$ y: 184; significado del término: 40; tasas de fotólisis de: 205; troposférico: 44, 229
ozono, formación de: 181, 204, 224, 265; butano y propano y: 228, 230, 358; desarrollo de modelos de: 230, 233-234, 241; disminución en la: 249; efecto de mezcla vertical

en la: 237-239; hollín y: 239; modelos fotoquímicos de: 242; sensible a COV: 225, 229-234, 236, 243, 363; sensible a NO$_x$: 229-233, 238-240, 249, 259, 261, 357, 363; troposférico: 229

Pachuca, área incluida en la megalópolis: 273, 364; consumo de electricidad: 124; crecimiento de: 262; mediciones meteorológicas en: 198; y el proyecto Anillo Megalopolitano: 337

países en vías de desarrollo, y el gasto para reducir el deterioro ambiental: 24

Panel Intergubernamental sobre Cambio Climático: 219

parque vehicular: 46; aumento del: 49, 51, 60, 87, 269, 339; composición del: 269, 368; créditos para la modernización del: 134; envejecimiento y renovación del: 316-320, 366; estimación del tamaño del: 291-293, 314, 340, 367; estudios sobre el: 291; a gasolina: 293-296; modernización del: 75, 77, 82, 117, 119; reemplacamiento del: 290; rotación del: 82; sustitución del: 80-81, 89, 321, 338, 369; uso del: 269. *Véase también* transporte; vehículos automotores

parques nacionales, manejo de los: 72

parques tecnológicos: 106. *Véase también* industria

partículas, absorbentes: 239; características de las: 148; disminución de la concentración de: 49; efectos en la salud: 228, 265, 362; ficticias: 225; finas: 228; formación de: 229; medición de: 244; mediciones de superficie intensivas de: 209; secundarias: 60; tóxicas: 30

partículas suspendidas totales (PST): 18, 41, 107; en el AMCM: 27, 67, 70; bronquitis crónica y: 156; concentración de: 243; investigación sobre: 68; medición de: 195, 197, 202, 260, 267; en las megaciudades: 28; mortalidad y: 159; normas de la OMS para las: 27; reducción de: 60, 71

pavimento, aerosoles orgánicos derivados de: 251; calidad del: 289; demanda de: 111

Pedregal, concentraciones de hidrocarburos: 207; concentraciones de ozono: 259; medición de COV: 204

Pedregal (PED), estación de monitoreo: 147, 192, 199, 203; medición de hidrocarburos: 227

peróxido de hidrógeno (H$_2$O$_2$): 242, 263; medición de: 242, 357, 362

peróxido orgánico: 242

petróleo: 112; crudo: 116; exportación de: 116; fugas de: 360; ingresos por: 116; subsidios al: 128

Petróleos Mexicanos (Pemex): 77; y la calidad de los combustibles: 118; y el control de distribución de combustibles: 116; infraestructura: 119; y la mejora de la calidad del aire: 89, 118; modernización de refinerías: 78, 117, 370; y la reducción de gases de efecto invernadero: 360. *Véase también* 18 de Marzo; refinerías

pesca, manejo de la: 72

pinturas, sin COV: 57; emisiones producidas por: 137, 377-378; medición de perfiles de emisión de: 206

Plan de Contingencia: 126. *Véase también* contingencia ambiental

Plan de Uso del Suelo del Distrito Federal: 278. *Véase también* suelo, uso del

planeación, en energéticos: 27; en transporte: 27

plantas, de energía: 53; emisiones relacionadas con las: 122; petroquímicas: 24; procesadoras de desperdicios animales: 51; termoeléctricas: 83

plataformas logísticas: 337

Plateros, medición de hidrocarburos: 205

plomo (Pb), características del: 42; en combustibles: 107; concentración de, en el AMCM: 24-25, 27, 70, 89; contaminante primario: 36, 356; efectos en la salud: 42; gasolina sin: 56, 64, 70-71, 75, 77-78, 89, 118, 141, 344, 366; reducción de niveles de: 17, 59, 64, 76, 118, 141, 186, 351

población: 89-90; en Los Ángeles: 45; en el AMCM: 17, 45; concentración de la: 26; crecimiento de la: 23, 25, 28, 45, 60, 91-99, 104, 140-141, 186, 269, 271, 364; densidad de:

46-47, 100-101, 147; dispersión geográfica de la: 364; distribución de la: 102; en las megaciudades: 28; reducción de la: 102, 104, 110
pobreza, distribución de la: 102
podadoras, control de: 53, 57
Polanco, concentraciones de hidrocarburos: 207
políticas, sobre contaminación del aire: 58-59, 90; para controlar la contaminación: 18-19, 23, 74-76; costos y beneficios de las: 17, 58, 69, 117, 145, 169; culturales: 86; demográficas: 86; desarrollo urbano y: 71, 86; diseño de: 112; educativas: 86; falta de continuidad en las: 85; de gestión ambiental industrial: 131; integrales: 373; participación pública en las: 88; para revertir la contaminación: 16. *Véase también* gobierno; las distintas instituciones; programas
polvo, en el AMCM: 68, 183, 196; emisiones de: 246; erosión del suelo y: 374; mediciones de: 192, 246; partículas de: 245-246; proveniente de lagos desecados: 186; sedimentable: 243; tormentas de: 137
Popocatépetl, volcán, cenizas arrojadas por el: 218
potasio (K), en agua de lluvia: 195
precipitador electrostático: 30
preferencia revelada, método de: 171
presión de vapor de Reid (PVR): 56
Primer Informe Nacional para la Convención de las Naciones Unidas sobre Cambio Climático: 221-222
procedimiento de aceleración simulada (PAS): 323
Procuraduría Federal de Protección al Ambiente (Profepa): 71, 72, 133; auditorías de la: 84, 376; tareas de la: 83; y la verificación vehicular: 326
producto interno bruto (PIB) per cápita: 46-47, 87, 109; del AMCM: 276; aumento del: 110, 119; disminución del: 129; en el DF: 111, 129, 276-277, 375; en el Edomex: 111, 129, 277, 375; de la megalópolis: 273; de México: 379; de la región Centro de México:

104; relación entre VEV y: 173; tasa de crecimiento del, mexicano: 110
producto nacional bruto (PNB): 173
Programa de Auditoría Ambiental: 133
Programa Coordinado para Mejorar la Calidad del Aire en el Valle de México (Proaire): 69, 71; sobre contingencias: 258; y el control de emisiones de COV: 187, 204; inventario de emisiones del: 213, 216, 228, 235n, 243; objetivo de: 196
Programa "Hoy no circula" (HNC): 70, 75, 389; beneficios del: 351; críticas al: 298; Doble: 82; exenciones en el: 82, 298-299; objetivos del: 82, 297; unido con el PVVO: 321, 324-326
Programa Integral contra la Contaminación del Aire (PICCA): 70-71, 297; y el control de emisiones de COV: 187; y emisiones de polvo: 243; y la elaboración de inventarios de emisiones: 212; y la organización del transporte público: 84
Programa Nacional de Auditoría Industrial: 376
Programa de las Naciones Unidas para el Medio Ambiente (PNUMA): 27; programas de calidad ambiental: 192
Programa de Verificación Vehicular Obligatoria (PVVO): 70, 366; administración del: 322; calcomanías del: 324, 328; datos del: 295; desarrollo del: 322; estadísticas relacionadas con el: 323-324; en el Edomex: 322; exenciones en el: 298-299, 324; fortalezas y debilidades del: 328-329; normas más estrictas en el: 373; objetivos del: 320-321; procedimientos de prueba: 323; recomendaciones al: 327-330, 348; resultados del: 321; taxis y: 318; unión con el Programa HNC: 321, 324-326. *Véase también* centros de verificación
Programa Voluntario de Gestión Ambiental: 133
programas ambientales, de control de asentamientos humanos: 140; de autorregulación: 133; de conservación del suelo: 140; de contingencia: 64, 70, 126; de control de emisiones: 326; deficientes de desarrollo

urbano: 117; para detener la erosión: 137; de educación ambiental: 76; de evaluación de calidad del aire: 76-86; de gestión de calidad del aire: 68-72; de inspección y mantenimiento vehicular (I/M): 320, 326; legislativos de grupos de presión: 59; de planificación ecológica: 379; presión política por: 88; de prevención y control de incendios: 140; de protección de recursos naturales: 140; de recolección de basura: 51; de recuperación de lagos: 138; recursos humanos: 88-89; de reducción de emisiones: 54, 56, 69, 137; de reforestación: 138; de verificación vehicular: 265, 273. *Véase también* las distintas instituciones y programas

propano ($CH_3CH_2CH_3$), concentraciones de: 204; efectos del: 135; y la formación de COV: 203; y la formación de ozono: 204, 228, 230, 358; reactividad del: 359; tasas de ventilación para: 261

Protocolo de Kyoto: 222, 359-360

Protocolo de Montreal sobre las Sustancias que Agotan la Capa de Ozono: 26

Proyecto Águila: 197; mediciones del: 239, 261

Proyecto Azteca: 200-201; y medición de aerosoles: 253-254

Puebla, área incluida en la megalópolis: 104, 273, 364; crecimiento de: 262; medición de la calidad del aire: 260; recomendación para que se incluya en el PVVO: 330, 348, 373

Querétaro, crecimiento de: 262; medición de la calidad del aire: 260

quimiluminiscencia, medición por: 194-195

radiación, fotosintéticamente activa: 192; infrarroja: 38; medición de: 191-192; solar: 33-35, 202, 240, 242; total: 192; ultravioleta (UV): 31, 40; UV-A: 192; UV-B: 191

radicales, producción de: 35

radón (Rn), gas: 43

reacciones fotoquímicas: 33, 40, 49, 62, 92, 184, 186; de los COV: 361; NO_3: 241; de ozono: 197, 229; rayos UV-B y: 191; durante la salida del Sol: 236

reactividad incremental máxima (RIM), de los hidrocarburos: 231-232, 240

recursos financieros, uso eficiente de: 24; insuficiencia de: 29

recursos naturales, agotamiento de los: 92; hídricos: 138; manejo de los: 72, 379; programas de protección de: 140; renovables: 116, 118; restauración de: 71, 379

Red Automática de Monitoreo Atmosférico (RAMA): 64-66, 89, 146, 156-157; cobertura de la: 195; mediciones de la: 162, 164, 188, 191, 192, 194-195, 197, 199-200, 202-203, 205, 223, 225-226, 362-363; recomendaciones para mediciones de la: 266-267; ubicación de las estaciones de la: 193. *Véase también* las distintas estaciones de monitoreo

Red de Transporte de Pasajeros (RTP): 300. *Véase también* autobuses; transporte

refinerías: 24, 116, 224; control de las: 53; modernización de: 78, 117, 370. *Véase también* 18 de Marzo, refinería; Petróleos Mexicanos

reforestación: 380; de lechos lacustres secos: 243; programas de: 138; y reducción de emisiones de polvo: 246; rural y urbana: 76, 246

Registro de Emisiones y Transferencia de Contaminantes (RETC): 132

regulaciones ambientales para la industria y su cumplimiento: 133

Reino Unido, demanda inducida en el: 341

rellenos sanitarios, medición de perfiles de emisión de: 206

residuos tóxicos: 24

Río de Janeiro, calidad del aire: 28

riqueza, distribución de la: 102

Ruta-100: 84; creación de: 303; menor uso de: 303; quiebra de: 299; tramos de viaje en: 279

salones de clase, medición de exposición y contaminación en: 208

salud, calidad de vida y: 16, 24; contaminación y: 15, 17-18, 25-27, 30-31, 39-44, 53, 61, 68, 78, 87, 228, 356; demanda de: 102; evaluación de los efectos en la: 169-172; información sobre riesgos para la: 29; valor so-

cial de la: 144. *Véase también* beneficios para la salud; enfermedades
San Agustín, medición de hidrocarburos: 205
San Martín, y el proyecto Anillo Megalopolitano: 337
Santa Catarina, cerro, reforestación del: 138
Santiago de Chile, accidentes de tráfico: 271; encuestas de viajes de pasajeros: 277; tramos de viaje en: 278, 284; transporte público privado en: 299, 347
São Paulo, calidad del aire: 28; como una de las ciudades más contaminadas: 27; densidad de población: 101; tramos de viaje en: 278; transporte: 284
Schönbein, C.F.: 40
Secretaría de Agricultura: 72
Secretaría de Comunicaciones y Transportes (SCT), planes regionales de la: 336; y la verificación vehicular: 326, 330
Secretaría de Desarrollo Social (Sedesol): 71; sobre autopistas interurbanas: 337; sobre desarrollo urbano: 341
Secretaría de Desarrollo Urbano y Ecología (Sedue): 68-69, 71
Secretaría de Energía: 81
Secretaría de Hacienda y Crédito Público: 379, 382
Secretaría de Medio Ambiente, Recursos Naturales y Pesca (Semarnap): 71; funciones de la: 72; y verificación vehicular: 323
Secretaría de Medio Ambiente y Recursos Naturales (Semarnat): 72, 132
Secretaría de Salud: 180; Subsecretaría de Mejoramiento del Ambiente: 68
Secretaría de Transportes y Vialidad (Setravi): 277; sobre autobuses: 300; sobre déficit económico del transporte: 336; sobre el parque vehicular: 291; Programa Integral de Transportes y Vialidad: 338
sector público, consumo de combustibles: 220; consumo de energía: 117-118
sedentarismo: 149
segregación social, en el AMCM: 106
Segundo Informe sobre la calidad del aire: 213
sensores remotos: 57; mediciones con: 319, 330, 348, 361

servicios, en el AMCM: 105; aumento de áreas de: 106; demanda de: 102, 111
servicios, empresas de, aumento de: 112; consumo de combustibles: 119; emisiones relacionadas con las: 122, 134, 236, 374, 377; reducción de emisiones de: 83-84
Shanghai, calidad del aire en: 28
Sierra Club, grupo: 59
sierras de cadena, control de: 53
silvicultura, emisiones de CO_2 y: 360
Sistema Eléctrico Nacional: 124
sistema de información geográfica (SIG): 147
Sistema Integrado de Regulación Directa y Gestión Ambiental de la Industria (Sirg), objetivos del 131-132
Sistema de Transporte Colectivo-Metro (STC-Metro), *véase* Metro
Sistema de Transporte Eléctrico (STE): 302; creación del: 303. *Véase también* transporte; tren ligero; trolebús
Six Cities Study: 148, 353
smog: 33, 42; de Los Ángeles: 26, 30-31, 51-52, 323; en el AMCM: 68, 203; y cambios de temperatura: 203; componentes del: 31; control del: 54; enfermedades causadas por el: 26, 52; estudios de cámara de: 230, 357; experimentos de cámara de: 233; formas de generación del: 31; fotoquímico: 26, 30-31; inspección de: 323; de Londres: 30-31; reducción del: 56; significado del término: 30
Smoke Abatement League : 30
soberanía del consumidor, concepto de: 170-171
sociedad, participación de la: 331; toma de conciencia de la: 26, 381
sodio (Na), en agua de lluvia: 195
solventes, componentes de los: 359; sin COV: 57; emisiones producidas por: 135, 137, 236, 374, 378; reactividad fotoquímica de: 240; regulación de: 51
suelo: 15; acidificación del: 43; calidad del: 138; contaminación del: 92; humedad del, y emisiones de polvo: 246; industrial: 106; programas de conservación del: 140
suelo, erosión del: 71, 92, 122; causas históricas de la: 137; y emisión de partículas sus-

pendidas: 379; polvo y: 374; como principal fuente de emisiones de PM_{10}: 138
suelo, uso del: 89-90; crecimiento urbano e infraestructura: 340-343; escasez de estudios sobre: 139; estrategias regionales de: 372; estudios sobre: 336, 339; mixto: 274, 342; modelos de: 340; modificación del: 103-106, 138, 219, 222, 360, 367, 379; planeación de: 74, 76, 85-86, 339; segregación y: 341; transporte y: 331-333, 342-343, 367
sulfatos, en agua de lluvia: 195; como componente de aerosol: 246; concentración de: 192, 246; medición de: 199, 202

tabaquismo: 148-149, 152
Taiwán, estudios de compensación diferencial de salarios: 173
taxis, colectivos: 302-303; con convertidor catalítico: 84, 317; crecimiento descontrolado de la flota de: 296, 338; ecológicos: 318; edades límite de: 76, 318, 369; edad promedio de los: 296-297, 318, 366; del Edomex: 296; estimación del número de: 296; mayor uso de: 121, 284, 365; porcentaje en conteos de tráfico: 291; en el programa "Hoy no circula": 298; en el Programa de Verificación Vehicular: 318; remplazo de: 76, 84, 318, 344, 369; de sitio: 296-297; tarifas: 312; tramos de viaje en: 278-280; verificación de: 322. *Véase también* transporte público
tecnologías: 15; automotriz: 79, 122, 271, 316, 344, 345; de combustión: 112; de control de emisiones vehiculares: 46, 54, 56-57; desarrollo de la: 86; de final de tubo: 220; fomento de, avanzadas: 57, 77; de turbina de gas de ciclo combinado: 127; de medición de contaminantes: 82; nuevas: 24, 71, 89; insuficiencia de: 29; obligatoria: 54; para reducir la contaminación: 16, 19, 23, 51
tecnología limpia: 24; automotriz: 371; costos y beneficios de la: 16; difusión de: 108; incentivos fiscales para promover la: 75
temperatura: 38; de la atmósfera: 33-34, 44; medición de la: 190-192, 203, 259; perfil invertido de: 33

Teotihuacan, mediciones meteorológicas en: 198, 261
Texcoco, lago de, restauración del: 76, 138
Tier (estándares de emisiones de la EPA) 0, 1 y 2: 46, 298, 319, 324, 344
Tierra, calentamiento de la: 33
tintorerías, control de: 53; medición de perfiles de emisión de: 206
Tizayuca, *véase* Hidalgo, municipio conurbado de
Tláhuac, lago, recuperación del: 138
Tlalnepantla, medición de PM_{10} y $PM_{2.5}$: 202
Tlalnepantla (TLA), estación de monitoreo: 147, 199
Tlaxcala, área incluida en la megalópolis: 104, 273, 364
Tokio, calidad del aire: 28; como la ciudad más grande: 27, 91; densidad de población: 100
Toluca, área incluida en la megalópolis: 273, 364; consumo de electricidad: 124; crecimiento de: 262; medición de calidad del aire: 260; y el proyecto Anillo Megalopolitano: 337
tolueno ($C_6H_5CH_3$), concentraciones de: 204; y la formación de COV: 203; y la formación de ozono: 204; medición de: 192, 194; reactividad del: 359
topografía: 28; meteorología y: 38-39
tormentas, de arena: 26; de polvo: 137
tortillerías, emisiones relacionadas con: 236, 377
Toxic Release Inventory: 132
tóxicos atmosféricos, beneficios para la salud por la reducción de 10% de: 165, 167, 176; concentraciones de: 179; efectos en la salud: 160-165, 169, 176-177, 188. *Véase también* benceno; cromo; diesel; formaldehído; HAP; 1,3-butadieno
trabajo, lugares de, medición de exposición y contaminación en: 208
tráfico, aumento del: 87; congestionamiento de: 24, 48, 271-272, 288, 341, 364; conteos de: 334; generador de PM_{10}: 42; inducido: 341; planificación del: 333. *Véase también* transporte; vehículos automotores

tránsito, desarrollo orientado al: 342; ferroviario: 307-311; señalamientos de: 289
transporte: 17, 23, 89-90; accidentes: 271, 305, 340, 364; administración de demanda de viajes e infraestructura: 343-344, 364, 366; alternativo: 338; ambientalmente sustentable: 372; beneficios del: 270; círculo vicioso del: 270-271; consumo de combustibles: 220; consumo de energía por: 117-118; demanda de: 269, 282, 290, 368; demanda inducida de: 341-342; desregulación del: 303; y difusión de emisiones ocasionales (TDEO): 224-225; distribución espacial y temporal: 280-282; distribución de modalidades de: 280; efectos económicos del: 121; emisiones relacionadas con el: 123, 218, 221-222, 244, 313-314; estimación del tamaño de, por combustible, tipo y servicio del: 293; evolución de la distribución por modalidades de: 285; infraestructura de: 286; inventario de suministro de: 273; modernización del: 112; no motorizado: 122, 344; normas para el: 76; planeación del: 27, 74, 76, 270, 310, 336, 367, 372; problemas de salud y: 271; regulación del: 347; sistemas inteligentes de (SIT): 371; tarifas: 270, 312, 347, 371; tráfico: 276; trayectos: 270; uso del suelo y: 331-333, 342-343, 367; más veloz: 270; viajes de pasajeros: 277-284. *Véase también* autobuses; Metro; colectivos; taxis; tren ligero; vehículos automotores
transporte de carga: 284; demanda de: 273; edad del: 365, 369; emisiones de: 365, 369; flujo en horas pico: 289; porcentaje en conteos de tráfico: 291; prohibiciones a: 285; vialidades para: 337, 371
transporte privado, estimación del número de: 296; mayor uso del: 284, 365; ocupación del: 296; porcentaje en conteos de tráfico: 291; renovación del: 369; restricciones al: 369; tramos de viaje en: 278, 280
transporte público: 69; administración del, y proporción de modalidades: 345-347; calidad del servicio: 345; cambio de motor a: 70; capacitación para conductores de: 338, 346; control de: 53; controlado por el gobierno: 299, 303; con convertidor catalítico: 84, 317; deficiencias en el: 86, 117, 121; demanda de: 102, 104, 111-112, 140, 273, 276-277; eficiente: 122; eléctrico: 70; ingresos por: 336; insuficiente: 272; intermodal: 370; interurbano: 277; mantenimiento del: 346; mejoramiento del: 84, 89, 346; metropolitano: 277; nivel del servicio del: 288-289; planificación y regulación del: 336; sector informal del: 272, 302; subsidios al: 299, 302, 310-311, 335-336, 345, 364, 367; de superficie: 299-305; tarifas: 312; terminales de autobuses: 284; tramos de viaje en: 278; uso de GNC en: 81; uso de, más pequeño: 140, 284. *Véase también* Metro; colectivos; taxis; tren ligero; trolebús; vehículos automotores

Tratado de Libre Comercio para América del Norte (TLC): 108, 219, 275

tren ligero, administración del: 302; expansión del: 76; indicadores de tránsito del: 311; ingresos y egresos del: 336; subsidios al: 299, 311, 336, 345, 367; superficie del: 311. *Véase también* transporte público

trenes, control de: 53

Tres Marías, mediciones meteorológicas en: 198

trolebús, baja aceleración del: 301; características del sistema de: 302; expansión del: 76; menor uso de: 121, 303, 365, 367; subsidios al: 302, 345, 367. *Véase también* transporte público

tropopausa: 33-34

Tula, crecimiento de: 262; y el proyecto Anillo Megalopolitano: 337; refinería de: 224

Tultitlán, concentraciones de hidrocarburos: 207

turbosina, consumo de: 220

TÜV-Rheinland, compañía, y la elaboración de inventarios de emisión: 212-213

UAM-Azcapotzalco, medición de PM_{10} y $PM_{2.5}$: 202

UAM-Iztapalapa, medición de hidrocarburos: 205

UNAM, Centro de Ciencias de la Atmósfera: 191; Grupo de Energía y Atmósfera del Instituto de Ingeniería de la: 220; mediciones ambientales en: 196, 198

uranio (U): 116

urbanización: 23, 25, 26; corredores de: 274; crecimiento de la: 103-104, 138, 141; desordenada: 92, 112, 140; planeación de la: 106; migración y: 101; sub: 103. *Véase también* las distintas ciudades; megalópolis

valor constante por año estadístico de vida (VAEV): 174-175

valor estadístico de una vida (VEV): 170, 172, 355; por edad y esperanza de vida: 174-175; y elasticidad del ingreso: 176; estimaciones: 173; relación entre ingreso y: 173

valuación contingente (VC), método: 171, 174

Valle de México, planta termoeléctrica: 83, 124, 127, 374; antigüedad de la: 126, 375; mediciones ambientales en: 196

vanadio (V), concentraciones de: 201

vapor de Reid, reducción de la presión de: 75

vapor de agua (H_2O): 32; cantidad en el aire: 33; efectos en el medio ambiente: 44

vapores, equipos de recuperación de: 51, 75, 137, 187, 378; fugas de: 330

variables confusoras: 148n-149, 167; evaluación de las: 150

vegetación, descomposición de la: 29; y emisiones de polvo: 246; emisiones producidas por la: 122, 138-139, 183, 374, 379; quema de: 236. *Véase también* flora

vehículos automotores: 15, 42; afinación de: 62; de alta capacidad: 338, 344; en el AMCM: 17, 24, 121; cantidad de, en el AMCM: 290; control de: 53-55; a diesel 57, 60, 75, 83, 119, 163; edad promedio de los: 46, 293, 295; eléctricos: 57, 70; de emisiones bajas y cero: 55, 57; emisiones producidas por: 52, 80, 218, 237, 244, 269, 295, 317; como una de las fuentes principales de contaminación: 29, 51, 53, 121, 269, 348, 364, 368; impuestos a: 116; inspecciones a: 55, 75, 82-83; introducción de estándares Tier 1 en: 319, 324, 344; inyección directa de combustible: 207; kilómetros recorridos por (KRV): 122, 141, 295, 340; limpios: 56-57, 60, 134, 297; mantenimiento de: 71, 75, 82-83, 207, 273, 348; medición de exposición y contaminación dentro de: 208; menor contaminación por: 60; percepción remota de emisiones de: 206-208, 265; programa de desechos de: 317; programa de inspección y mantenimiento (I/M): 320, 326; reducción de impuestos a, nuevos: 317; de reparto y entrega: 306-307, 369; sistema computarizado de diagnóstico a bordo (DAB): 55, 344; sobrepago en el registro de: 54; con tecnología nueva: 79, 81; total de viajes diarios de, en al AMCM: 283; uso de gas licuado en: 80-81; uso intensivo de: 112; ventilación positiva del cárter (VPC): 54; verificación de: 70-71, 80, 117, 207, 265, 273, 348. *Véase también* parque vehicular; transporte

vehículos con convertidor catalítico, que no cuentan con: 227, 323; de dos vías: 54, 75; exentos en el programa "Hoy no circula": 298, 324; introducción de: 64, 77, 89, 320, 322, 344, 357, 366; porcentaje de: 117, 295-296, 316-317; reducción de contaminantes por: 41, 76, 108, 187, 206-207, 316, 220, 228, 318, 320; renovación del convertidor: 324, 326; taxis: 84, 317; de tres vías: 24, 77, 108, 187, 357; uso obligatorio de: 71

ventilación de montaña, fenómeno de: 226

vías de comunicación, clasificación de carreteras: 344; entre el DF y el Edomex: 286; propuestas para nuevas: 337

viento, efecto del, en concentraciones contaminantes: 200; y emisión de polvo: 246; medición de la velocidad y dirección del: 190-192, 194n, 198, 257, 259; modelo de flujos de: 225. *Véase también* aire

vigilancia epidemiológica, sistema de: 76

Villa, La, medición de PM_{10} y $PM_{2.5}$: 202

vivienda: 23; consumo de combustibles: 220; consumo de energía: 117-118; demanda de: 102; demanda de combustible: 120; desarrollo de construcción de: 138; emisiones relacionadas con la: 122, 221-222; medición de exposición y contaminantes en: 208-209

Warren, Earl: 47

Xalostoc (XAL), estación de monitoreo: 147, 192, 198-199, 203; medición de aerosoles: 201; medición de COV: 204; medición de hidrocarburos: 227
xenón (Xe), gas: 32

xilenos ($C_6H_4(CH_3)_2$), concentraciones de: 204; medición de: 192, 194; reactividad de: 359
p-xilenos, y la formación de ozono: 204
Xochimilco, concentraciones de ozono en: 196; recuperación del lago de: 138

Zedillo, Ernesto: 72
zonas urbano-industriales: 129
Zumpango, lago de, recuperación del: 138

*La calidad del aire en la megaciudad de México:
Un enfoque integral*
se terminó de imprimir y encuadernar
en el mes de junio de 2005 en los talleres de
Impresora y Encuadernadora Progreso, S.A. (IEPSA),
calzada de San Lorenzo 244, 09830 México, D.F.

Se tiraron 3 000 ejemplares

Diseño y formación:
José Luis Acosta
con tipos Kepler de 10 : 12 puntos

Preparación del material gráfico:
*Sergio Bourguet,
Guillermo Huerta González*

Preparación del índice analítico:
Luz María Bazaldúa

Corrección y cuidado de la edición:
Eugenia Huerta y *Antonio Bolívar*

Coordinación editorial:
María del Carmen Farías